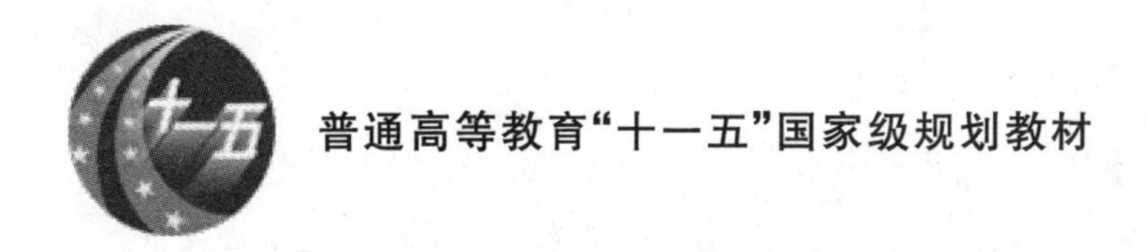

大学基础化学

（生物医学类）

杨晓达　主编

内容简介

化学是医学和生命科学的重要理论基础和工具箱。本书针对生物、医学类的专业需求和学生的兴趣特点，来讲解重要的化学原理和化学方法。内容包括：(1) 物质结构原理，即原子通过化学键形成功能分子，分子通过分子间作用力和自组装形成生命物质；(2) 化学热力学和动力学，即化学反应所应遵循的能量流动和转化的基本物理规则及相应数学方法；(3) 应用物质结构和反应原理，分析溶液性质和基本类型化学反应(如：酸碱反应、沉淀反应、氧化还原反应和配位反应)；(4) 化学分析等一些基本化学方法及实验操作规范。

本书可供高等学校医学类和生命科学类本科生作为教材使用，也可供相关科研人员参考。

图书在版编目(CIP)数据

大学基础化学：生物医学类/杨晓达主编. —北京：北京大学出版社，2008.6
(普通高等教育"十一五"国家级规划教材)
ISBN 978-7-301-13708-6

Ⅰ. 大…　Ⅱ. 杨…　Ⅲ. 化学－高等学校－教材　Ⅳ. 06

中国版本图书馆 CIP 数据核字(2008)第 056736 号

书　　名：大学基础化学(生物医学类)
著作责任者：杨晓达　主编
责 任 编 辑：郑月娥
封 面 设 计：张　虹
标 准 书 号：ISBN 978-7-301-13708-6/O・0754
出 版 发 行：北京大学出版社
地　　址：北京市海淀区成府路 205 号　100871
网　　址：http://www.pup.cn　电子信箱：zye@pup.pku.edu.cn
电　　话：邮购部 62752015　市场营销中心 62750672　编辑部 62767347　出版部 62754962
印　刷　者：北京宏伟双华印刷有限公司
经　销　者：新华书店
787 毫米×1092 毫米　16 开本　22.5 印张　600 千字
2008 年 6 月第 1 版　2017 年 9 月第 3 次印刷
定　　价：40.00 元

序　言

21世纪是信息科学和生命科学的时代。我国在经历近30年的改革开放后，经济发展，国力逐渐强盛，建立创新型社会成为未来的发展方向，同时也呼唤着对创新型人才的培养。化学教育是医学教育的重要基础，然而给生命科学、医学相关学科的学生讲化学课一直是较困难的事情。美国西北大学化学系哥德文(H. A. Godwin)教授曾发表感言："We often find ourselves in the classroom teaching the same introductory courses that our own mentors taught to previous generations of students. How do we convey our enthusiasm for the dynamic nature of chemical biology when we have so many basic principles and materials to cover? Many of us have tried to incorporate biological examples into our introductory chemistry courses, but these often end up feeling like a Band-Aid that has been applied to a problem requiring major surgery."(引自 Nature Chemical Biology，2005，1：176—179)如何实现化学与生物、医学应用的完美结合，一直是在医学院校从事化学基础教育的教师不断追求的目标。

我们教研室从事医/药学类基础化学教育几十年。2001年来，我们参加了教育部农、林、医基础化学教育研究课题。在调研的基础上，我们提出了新的教学思路和课程改革方案[参见：大学化学，2004，19(5)：15—17]。我们的教学实践受到学生的好评，也得到了国内同行的关注。为建设医学基础化学精品课程的需要，我们根据自己的教学实践，在参考以往各学校"基础化学"教材的基础上，针对生物、医学类的专业需求和本科生的兴趣特点，编写了这本新教材。

在未来生物、医学领域的主要学科基础中，结构生物学(Structure Biology)、分子生物学(Molecular Biology)和复系统生物学(Systems Biology)将占据重要的地位，而化学将渗透于这些学科的根本思想和基础方法之中。基于上述思路，本书在介绍物质的组成、性质和物质间转化的化学变化规律时，力图展示化学与生物和医学有关的基本思想、方法及其原理。此外，针对21世纪信息技术(IT)对现代教育带来的革新理念——即弱化知识教育，加强能力培养，我们努力使本书在内容选择和讲解方式上有所改变，使基础化学学习不仅仅是基础知识的传授，更重要的是有利于学生主动学习和培养独立创新等能力。可以说，本书是基础化学教育面向生物、医学应用教学的一个新的尝试，希望能够对基础化学教学和学习有所帮助。

本书由教研室老师集体创作，第1章和第2章、第3章的第1～2节、第5章的第1节由杨晓达执笔，第6章和第9章由刘会雪执笔，第5章的第2～3节和第10章由尹富玲执笔，第3章的第3节和第8章由黄健执笔，第4章和第7章由张悦执笔，其他部分由夏青负责整理。全书由杨晓达统稿，由刘湘陶老师审订。此外，美国惠氏药物公司计季女士对有关GLP的内容提出了宝贵的修改意见。北京大学公共卫生学院2005级的陈远帆、闵燕、方凯、倪婧、奥登、朱琳和2006级的史睿智同学参与了全书的审订工作，并从学生的角度提出了宝贵的修改意见。北京大学的李克安老师对本书的编写也提供了帮助。这里一并致谢！

我们由于能力有限，书中不免存在各种错误和遗漏，欢迎各位老师和读者批评指正。

编　者

2007年10月

目　　录

第1章 绪论

子曰：名不正，则言不训；言不训，则事不成。对于学习生物和医学专业的人来说，为什么要学习化学原理呢？仅仅是一门作为大学教育必需的基础知识还是具有其使用意义呢？古人云：以史为鉴，可以知兴替。让我们从生物医学历史中的化学开始讲起。

1.1 生物医学历史中的化学

世界医药学可以说主要有两大体系：西方医药学和中国传统医药学。中国传统医药学如同中国的象形文字一样，是迄今仅存于世的源自于古代神秘主义哲学的医药学。虽然中医具有完整的理论体系和千百年来的临床实用性，但由于多种原因，中医在现代的发展基本处于停滞的状态。而西方医药学则因其科学的理论基础和方法，在经历两千多年的发展后成为现代在世界范围内具有统治地位的医学体系。

西方医药学的源头是古希腊和罗马医药学，因此现代西方医药学在西方世界也被称为传统医学，而其他医学如中医、各种民族草药学则被视为替代医学。西方医学经历了不同的历史时期，在古典时代，希波克拉底（Hippokrates）以他杰出的才智和能力，将他那个时代所有的医学知识统一成一种疾病的理论。他将医学从原始巫医中引出，抛弃神的作用，而代之以临床的观察研究。希波克拉底因此被誉为“医学之父”。而另一位医学史上的巨人克劳丢斯·盖伦（Galen）则将古代所有医学知识总结并系统化，并将所有推理、论证都基于观察和实践。解剖学是盖伦医学理论的重要部分。盖伦在公元203年去世后，解剖学和生理学的研究基本停滞，因为每件所要见就的事情都已经被盖伦研究过了。因此，盖伦的医学理论在后来的一千多年中保持了高高在上的地位。在经历了中世纪的沉寂之后，医学发生革命性变革是在文艺复兴时期。文艺复兴带给医学的两大重要影响是人道主义和解剖学。文艺复兴带来了许多革命性的创新，终结了盖伦学说

图1-1 帕拉塞萨斯画像

“我写的书不像其他医生，
只是复制希波克拉底和盖伦的书，
我所写的是基于我的经验所得到的结论”
——帕拉塞萨斯

统治地位,带来了物理医学和化学医学的兴起。18 世纪后,自然科学逐渐启蒙发展。随着物理学、化学和生物科学对医学的不断渗入,逐渐形成现代西方医药学体系。科学方法和不断探索、创新的精神使现代医药学硕果累累。

化学和物理学一样在现代西方医学的形成中起到了重要的作用。化学在传统医学中真正有意义的介入可以说是从帕拉塞萨斯(Para Celsus,1493—1541)开始。帕拉塞萨斯 1493 年生于瑞士。他把“para”这个前缀加在“Celsus”前给自己命名,由此表示他和著名罗马医学作家塞尔苏斯一样伟大。帕拉塞萨斯在奥地利学习矿物学和金属学,虽然当时化学仍然和炼金术纠缠在一起。帕拉塞萨斯在 1517—1526 年期间游历了欧洲各国,过着流浪医生的生活。从巴塞尔大学开始,他开始激烈抨击盖伦医学理论。在对学生的演讲中,帕拉塞萨斯说他憎恨和蔑视那些在“死人”掌握里过日子的人。书籍是死东西,自然却是真实和有吸引力的,实验才是一付灵丹妙药。帕拉塞萨斯公开烧毁盖伦和其后的阿维森纳的著作。帕拉塞萨斯认为人体的表现形式是遵循化学规则的。他提出新陈代谢的概念,将化学疗法引用到医学中,使药理学典籍中增添了许多新的药物。其中最出色的是他关于外科的著作和对梅毒及其治疗方法(使用汞制剂有效,而愈创木的树脂无效)的研究。帕拉塞萨斯的特立独行带动了对旧医学知识的突破,最终结束了长期以来正确和错误交织的盖伦医学体系。在此后包括帕雷在内的许多著名医生的推动下,医学实践重新被人们所重视。

17 世纪之前,药品的使用是有限的。当时的医生无论对什么病,总是使用相同的老方法——灌肠剂、放血和导泻。1604 年约翰·托德《锑的胜利战车》使锑制剂成为广泛使用的药物。锑制剂有较大的药物毒性。在中国,酒石酸锑钾被加入到复方甘草合剂中,直到 2004 年才被取消使用。奎宁在 1632 年传入欧洲。奎宁是植物金鸡纳树皮的成分,印加巫医们用它在秘鲁治愈了一位天主教传教士的疟疾。奎宁的使用是药物发展史中的一个伟大进步。除了其不可忽视的治疗价值,它还在推翻盖伦错误学说中起了重要的作用,因为后者无法解释奎宁的药理作用。之后,化学药物逐渐发展和获得普遍使用。

到 17 世纪中期,从古代教条到自由医学思想的转变已基本完成。在这个时期,物理医学和化学医学——即对医学的物理和化学研究出现了。化学医学学派由法国人弗朗西斯克斯·西尔维厄斯建立。西尔维厄斯确认所有生理现象都可以用化学方式来解释。托马斯·威利斯是化学医学在英国的代表人物之一。他第一个注意到糖尿病患者的尿的味道是甜的。化学医学学派的医生们尝试用静脉注射的方法,向人体提供药物和营养物质。许多研究者甚至相信生命可以在实验室中创造出来。

17 世纪中期以前,人们仅靠裸眼观察事物。马塞罗·马尔皮基是对活的组织进行显微解剖的创始人。显微镜的使用实现了对裸眼观察的超越。在显微镜的发展中,安托尼·冯·列文霍克是一个先驱性的人物。列文霍克制作了 400 多架显微镜,经过不断改进设计和制作,显微镜的放大倍数达到了 200 倍。通过显微镜,他发现了一个新的微生物世界:原生动物、各种细菌以及精子等。他还确认了马尔皮基发现的毛细循环。但促使微生物学迅速发展的是各种微生物化学染色方法的发明,使所有微生物成为可观察对象。丹麦医生汉斯·克里斯蒂安·革兰(Christian Gram)在 1884 年创立了革兰氏染色法,最初用来鉴别肺炎球菌与克雷白氏肺炎菌之间的关系。细菌细胞壁上的主要成分不同,利用革兰氏染色法,可将细菌分成两大类,这是微生物学研究中最常用的方法之一。现在,对细菌或病毒的观察,无论是光学还是电子显微镜方法,化学染色都是一个必不可少的步骤。

安东尼·L·拉瓦锡(1743—1794)既是现代化学之父,也是一位著名的生理学家。他发现了氧元素,从而终结了"燃素"学说。拉瓦锡发现氧气在肺部由血液携带到全身,他证实呼吸是像燃烧一样的氧化过程,表现在氧气的利用和二氧化碳的生成,从而揭示了呼吸作用的真正机制。

由于疼痛等棘手的问题,外科手术在有效的麻醉剂发明前并没有受到医学界的真正重视。1846年,威廉·摩顿在马萨诸塞州综合医院第一次使用了乙醚进行麻醉手术。摩顿原是一名牙医,他从化学家那里认识了乙醚。在狗身上进行了多次实验后,摩顿首次在一个患者拔牙之前用乙醚进行了麻醉。继乙醚之后,各种麻醉剂在手术中获得广泛的使用,如琥珀酰胆碱、可卡因、普鲁卡因和利多卡因等。1899年,合成的阿司匹林被德国人引入医学中。阿司匹林的主要成分是乙酰水杨酸,是某些草药的有效成分。阿司匹林可以退烧、治疗风湿病、预防流产和心血管病等,还可以止痛,但效果逊于乙醚和大麻。不过,由于用途广泛和使用方便,它被人们滥用,特别是随意作为家庭用镇痛药,仅美国一年就消耗10吨以上。

图1-2 拉瓦锡像

19世纪上半叶,伤口感染困扰着外科和内科的医生们。匈牙利产科医生伊格那兹·菲利普·塞梅尔魏斯1846年在维也纳的一所医院产科病房工作的第一个月中,目睹在208名孕妇中有36人死于产后感染。塞梅尔魏斯发布一条规定:每个医护人员在探视病人之前一定要把手洗干净,病房一定要用氯化钙消毒。自此以后的两年间,产房内死于产褥热的病人数目显著下降,由原来的20%几乎降低到了零。不幸的是,当塞梅尔魏斯把这些发现通报给维也纳医学协会时,立即遭到了几乎所有同行的反对和攻击,他被迫解职并痛苦地返回布达佩斯。但与此同时,另一位外科手术史上的名人约瑟夫·李斯特在另一个地方也开始把消毒制度引入医院。李斯特对巴斯德的微生物理论非常熟悉,他坚持对病房、手术器械和病人衣物进行细致的消毒。在实验了多种消毒剂后,李斯特发现了石炭酸(苯酚)。1865年,他建立了简单有效的石炭酸消毒法,试验取得了惊人的成功,大大降低了手术的感染率。消毒法和麻醉法一起,使外科手术取得了突破性的进展。

虽然早已确认了病菌是造成感染的原因,但在抗生素出现前,西方医学对感染性疾病并没有多少解决办法。德国化学家保罗·埃利希对奎宁的结构进行了606次的化学改造,得到一种新药物606。606成功用于梅毒等一些特定的疾病治疗。但直到1935年,格哈德·杜马克发明了百浪多息(偶氮磺胺)才可以算作是现代化学疗法的开端。1938年,磺胺吡啶首先被用于治疗肺炎,从此磺胺类药物成为药典中永久重要的一种抗生素。另一种非常重要的抗生素——青霉素则是由亚历山大·弗来明于1928年发现的。但是直到1940年,化学专业出身的恩斯特·才恩首次将一种新的物理化学分离技术——冷冻干燥技术应用于青霉素的提取过程,才成功解决了青霉素的稳定性问题。青霉素从此能够从成千上万加仑的发酵液中被生产出来。自青霉素发现以来,抗生素的种类越来越多,人们基本解除了细菌感染对生命的威胁,这是西方医学20世纪最重要的医学成就之一。

"激素"这个术语在1902年出现。欧内斯特·斯塔林用激素来描述新发现的协调身体生理过程的化学信使。激素的发现开启了内分泌学的研究。胰岛素在1927年被分离出来,它是胰岛细胞产生的调节血糖的多肽类激素。缺乏胰岛素是先天性糖尿病的原因。1965年,我国科学工作者首次人工合成了具有生物活性的牛胰岛素结晶(图1-3)。

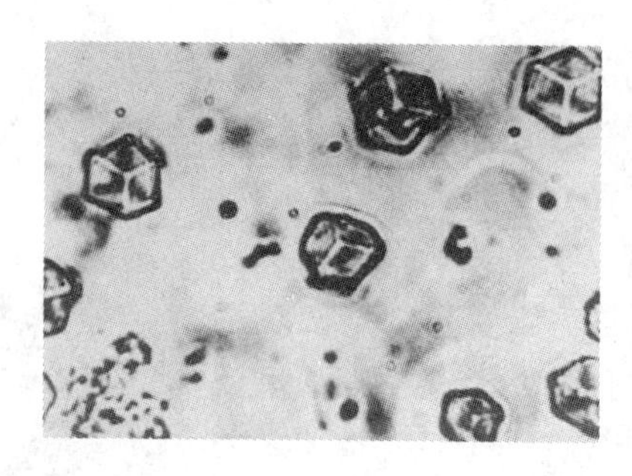
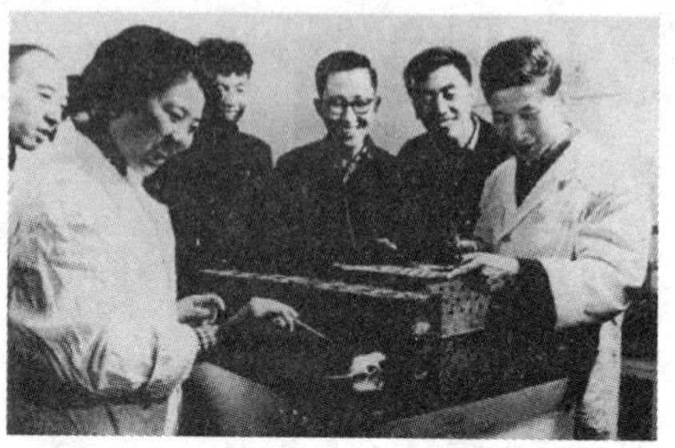

图 1-3　结晶牛胰岛素和参与合成工作的一些科学工作者

1910 年,在科学史上极其著名的玛利亚·居里夫人成功分离出了放射性金属元素——镭,从而开启了放射化学和同位素化学研究。镭可以被注入到人体内恶性病变组织中,用于治疗如子宫癌、膀胱癌和舌部肿瘤。微量的放射性同位素也可作为示踪元素,用来确定生物分子或药物分子在体内的代谢途径。放射性同位素在基础医学研究、临床诊断和治疗中发挥了巨大的作用。

图 1-4　居里夫人在实验室

她分别于 1903 和 1911 年两次获得诺贝尔奖,成为第一个两次获此项殊荣的人

虽然生物化学家早已弄清了细胞各部分的化学组成,但到 1944 年,生物化学家奥斯沃德·艾弗里等人才精确地证明脱氧核糖核酸(DNA)具有遗传特异性。艾弗里等人的工作彻底突破了旧的流行的观点:染色体蛋白质是携带遗传信息的分子,而 DNA 只扮演次要的角色。1953 年,在罗萨林德·富兰克林的工作基础上,詹姆斯·沃森和安得鲁·克里克提出了DNA 的双螺旋结构。在 1965 年,生物化学家马歇尔·尼伦伯格完成了对遗传代码的解码工作。克里克在 1971 年提出了遗传的中心法则。这些工作的结果导致了 20 世纪 70 年代分子生物学的诞生。分子生物学是 20 世纪重要的学术进展,它带动了分子生物医学的进步及人类基因组和蛋白组研究计划的启动和实施,使 21 世纪成为生命科学的世纪。

图 1-5　沃森、克里克和 DNA 双螺旋结构

在当代,生命科学和信息科学的融合催生了复系统生物学(systems biology)。复系统生物学认为生物体不是单一体系,而是体内的各种生物分子要素构成

相互作用和相互转化的复杂网络体系。通过对体内重要生物分子标记(biomarker)的全面检验分析,人们可以在计算机信息技术的帮助下预见生物网络体系可能发生的各种疾病。复系统生物学预言:未来的医药学是一种预见性的预防医药学,并越来越重视病人的个体性。在未来医学中,迫切需要能对各种生物分子标记和能对肌体生理或病理因子进行多参数分析的化学检验和分析方法。实际上,化学检验从化学医学流派开始逐渐发展,已经成为现代医学中必不可少的诊断方法。而在未来医学中,化学检验的作用将进一步得到加强。此外,体内复杂的网络体系虽然相互交叉和重叠,但体内各种化学反应的偶联和传递必然符合物理学的能量流动规律和化学的反应规则。因此,可以预见,化学在未来的复系统分子生物医学的发展中也将发挥关键的作用。

1.2 化学在医药学中的作用和意义

从上述医学史中化学的作用可以看到,化学作为一种中心科学,在医药学中的作用包括了两大方面:

- 化学向生物医学提供了理解生命过程的基本思想和基本原理。在西方医学从蒙昧的古典时期向现代医学转化中,化学提供了两大思想:任何生理活动都具有其分子作用基础;对生命体系的规律可以通过实验进行了解。这些思想在基础医学的发展中一直处于决定性的重要位置。
- 化学向医学和生命科学研究提供了许多重要方法,包括化学检验和化学治疗方法,特别是前者在现代和未来医学中都将发挥不可替代的作用。在这个意义上,化学可以说是医学和生命科学的最重要的工具箱之一。

1.3 基础化学的学习和应用

基础化学通常是医学生大学学习的第一课。从中学学习到大学学习,在学习方法上存在重大的差别和变化。因此,有必要在学习之初谈一点大学基础化学的学习和方法。

首先,化学是一门中心科学。在中国,科学是一种舶来品,我们有必要探究其在西方语言中的含义。在英语词典中,科学是这样定义的:Science is a way of knowing and understanding the universe. 因此,科学不是教条,也不是对事物的终极结论,而是理解宇宙规律的一种“途径”(way),关键包括两点:一是思路,二是方法。科学研究使我们了解和获得真理,从而使我们获得服务于社会的能力。现代北京大学的前身之一——燕京大学的校训就是:因真理,得自由,以服务。这正是科学研究的目的和精髓。在中国的传统思想体系中,西方科学所对应的是古人所言的“格物”。《大学》开篇就说:“物格而后知至,知至而后意诚,意诚而后心正,心正而后身修,身修而后家齐,家齐而后国治,国治而后天下平”。因此研究科学(格物)是“平天下”的起点,中国的这一传统和现代科学不谋而合。中国传统的三个治学要点因此可能正是我们系统掌握科学所要努力的方面,这包括:

- “观象”:对现象的观察、归纳和表述是科学研究的起点。在《福尔摩斯探案记》中,福尔摩斯有一句经典的论述,他说他和别人的区别在于,对一件事物,别人只是在浏览(watch),而他则是在观察(observe)。

- “穷理”:在现象和过程背后,总存在内在的因果联系和逻辑关系,这就是所谓的“理”或“本质”或“规律”。通过对现象的逻辑演绎分析,这是发现物理化学原理和规律的途径。
- “极数”:任何物理化学原理都应可以用一种相应的数学关系表达,进而运算和推演。数学推算是科学演绎分析的精髓所在。牛顿把论述万有引力理论的书名为《自然科学中的数学原理》,显示了数学演绎在科学中的重要性。华人诺贝尔奖获得者杨振宁先生曾说,他取得成就的原因是在中国的大学期间学到了良好的归纳分析能力,同时在国外大学学习得到了良好的演绎分析能力。“极数”是人们利用规律和预测事物发展的根本前提,也是将物理原理工具化的基础。古人言:君子性非异也,善假于物也。现代科学的重要成就正为我们的工作生活提供了各种应用工具。

综上所述,只有完整掌握了“象”、“理”、“数”三个方面,才是真正掌握了一门科学。而“极数”能力缺乏是中国传统上学生薄弱的环节。需要同学们加强培养。

其次,大学学习应该掌握正确的方法。值得一提的是,学习方法是随时代和个人不同而不断变化的。大家知道,21世纪是信息技术(IT)和生物科学的时代。在IT时代,互联网使人们获得了无限开放和延伸的知识空间;多媒体化和虚拟现实使学习从书本方式突破成为多方位多方式的过程;多维远程教育使随意的学习过程成为可能。因此,IT技术对教育和学习方式带来巨大的冲击。知识教育必然被弱化,代之以能力培养的加强。在IT时代,四大基本的能力包括:主动学习的能力、交流和表达的能力、实验和行动的能力、独立思考和创新的能力。这些是同学们应注重的自我培养的方向。

因此,大学学习的方法必然有重要的变化。“师者,所以传道、授业、解惑也”,知识传授型的教育一直是过去特别是中学和小学教学和学习的方式。在大学学习中,这种学习的方式应当逐渐转变。在大学中,教科书、参考书、讲座和科技文献都是学习的课本,教师、图书馆、Internet网络、实验室都是学生可利用的“资源”。同学们通过和教师、同学等“资源”交流,从而获取新知识,实现自我的更新和能力的提高。正如《大学》上说:苟日新,日日新,又日新。交流和更新是大学学习的方式,在这种学习过程中“君子无所不用其极”。

最后,我们谈一下大学基础化学的内容和要点。化学科学研究物质的组成、性质和物质间转化的规律。如上所述,化学是医学的一个工具箱,化学工具处理的是物质的结构、性质和变化过程。而基础化学向大家展示的是在化学工具箱中一些基本的工具及化学工具的使用和制造原理。如同工具箱中的螺丝刀和钳子一样,这是化学工具箱最简单但最基本的部分。

物质结构是了解物质性质和功能的基础。在物质相互转化过程中,最基本的组成单元是原子;原子通过化学键形成具有各种功能的分子。分子通过分子间作用力和自组装作用形成大千世界的万物。物质的这些相互作用都可以归结到电磁作用上,因此,了解和掌握物质间的相互转化和相互作用必然从原子结构——即带正电的原子核和带负电的电子如何组成原子入手。物质间的相互转化通过各种化学反应的过程进行。基本的化学反应包括酸碱反应、沉淀反应、氧化还原反应和配位反应等类型。化学反应是一种物质的运动过程,因此必然遵循物理世界中能量的流动和转化规则。这些物理规则构成化学热力学和动力学原理,并形成一整套的数学形式和数学方法。这些是我们掌握和利用化学过程的基础方法。由于在生命体系中,绝大多数的化学反应都在溶液中进行,我们也将对不同形式的溶液的性质单独进行讨论。

化学是一门实验科学,化学物质的定量、溶液配制和合乎规范的安全操作是化学实验操作的基本要求,也是基础化学课程的重要内容。化学分析方法是化学工具箱中生命科学和医学研究最关心和感兴趣的实用的工具。化学分析方法手段繁多,不过不论什么方法,其基本原理不外乎容量分析和仪器分析两种原理,这就像螺丝刀,虽然有一字型、十字型,有各种长短、弯曲变化,但它们都是用来拧动螺丝的。在掌握了分析的基本原理和方法设计后,对各种新的分析方法我们就都能手到擒来、运用得心应手了。

思考题

1-1 在医学发展中,化学向医学研究提供了哪些思想和原理?

1-2 在医学发展中,化学向医学研究提供了哪些方法和手段?

1-3 如何完整掌握一门科学?

1-4 大学化学学习的方式是什么?

1-5 大学化学学习可利用的资源有哪些?

1-6 试列表总结一下基础化学的基本内容。

2

第2章

原子结构

*2.1　引子：对眼睛的观察过程

化学家如何观察事物呢？其答案是从解析物质的分子结构开始的。从生物结构到分子结构，这是如何联系的呢？分子结构能够预言高级而复杂的生物结构的功能吗？让我们以解剖眼睛的结构为例，来了解分子结构的作用。

眼睛是生物进化出的最神奇的一个器官。它的结构无论是直接肉眼观察，还是深入到化学的分子组成，都永远是那么引人入胜。当我们充满敬畏地将一只眼球解剖后，可以看到它的结构像一架精美的照相机一样：角膜是最前端的滤光片。虹膜是可调光圈，它可根据外界光线的强弱调节中间瞳孔的大小，以调节进入眼内光线的强度；虹膜有多种不同颜色，使我们的眼球色彩丰富。晶状体是变焦透镜，在睫状体肌肉的牵动下，晶状体的焦距根据外界观察对象的距离而变化，使观察对象在视网膜上形成一个清晰的实像。最后，视网膜将图像信息转换成神经电信号，传递给大脑，形成视觉。视觉形成的物理机制和视网膜感受光线的化学机制的阐明被公认为视觉生理研究的两项最伟大发现。

就像镜头是决定照相机质量的核心部件一样，晶状体(eye lens)则是眼睛的关键部分之一。晶状体的形状像一个双凸透镜。人眼晶状体的折光系数(refractive index)约为1.40，而鱼眼晶状体的折光系数从中心部位的1.54逐渐过渡到边缘的1.36，这使鱼眼比人眼有更为宽阔的视觉空间。晶状体是极其透明的，年轻人的晶状体对450～1200 nm波长的光线是完全透过的。随着年龄的增长，由于各种损伤可以造成晶状体染色、透明度下降，造成老年人的视觉敏锐度下降和对色彩的感受发生变化。情况严重时，会产生晶状体浑浊，形成所谓的白内障。

晶状体如何发生混浊、产生白内障之类的病变呢？需要更为细致地观察晶状体的形状细节。借助仪裂隙显微镜(slit lamp microscope)，可以看到晶状体的前部有一单层上皮细胞。晶状体的大部分由晶状体纤维组成。这些纤维实际上是生长变长的上皮细胞，但是这些上皮细胞在分化生长后失去了它们的细胞核和大多数的细胞器，因此，它们不再是细胞而成为长长的晶状体纤维组织。晶状体纤维紧密地排列堆积起来，组成一个同轴的壳层结构，有点像是洋葱(图2-1)。晶状体纤维在交汇的地方形成复杂的缝结构(sutures)。

晶状体表现出很好的透明度，其结构因素在于：① 晶状体纤维没有细胞核和细胞器，纤维细胞内充满质地均一的水溶性蛋白质，因此纤维内部基本没有散射作用存在；② 晶状体纤维间排列紧密，缝隙很小同时充

---

* 本节为选学内容，以小号字排版。本书中凡小号字部分均为选学内容，不再一一注明。

满间质蛋白质等高折光率物质，光在纤维界面的反射、折射和散射效应很小；③ 晶状体纤维有序而均一的排列方式，使从轴向入射(进入眼睛)的光线基本垂直于纤维的层结构，光线透过晶状体纤维的界面散射被控制在最低的限度。

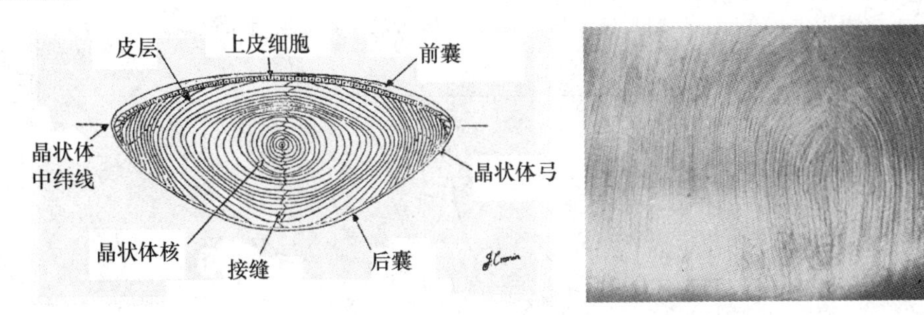

图 2-1 人眼晶状体的横截面结构和晶状体中心区的缝结构显微镜图像

来自 Stafford, http://www.optometry.co.uk

在扫描电子显微镜(scanning electron microscopy, SEM)下，可以清楚地看到晶状体纤维之间的连接方式(图 2-2)：一条纤维的侧面边缘生出许多小的突起(interdigitating)，而相应的另一条纤维的侧面则有许多凹进点，两者正好严丝合缝，如同拉链一样产生几乎无缝的连接效果。同健康人比较，白内障病人的晶状体纤维排列间的缝隙变大，缝隙间有很多小球结构——蛋白质和脂类的混合沉淀物，这是导致光散射效应增大、晶状体浑浊的原因。

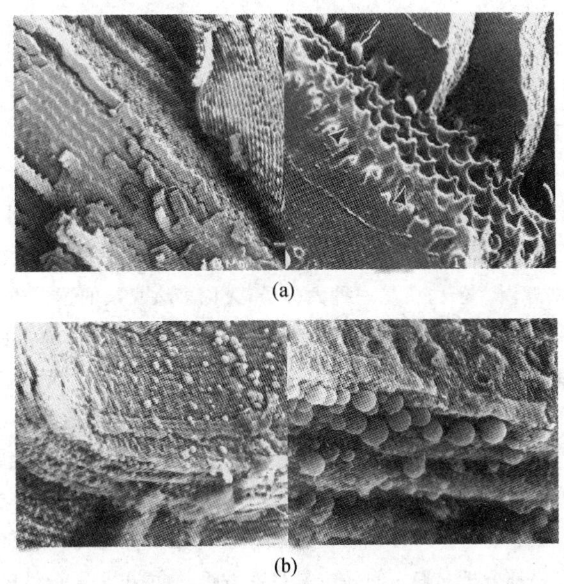

图 2-2 正常人(a)和白内障病人(b)晶状体纤维的扫描电子显微镜照片

来自 Jongebloed et al. Scanning Microscopy, 1998, 12:653—665

晶状体需要较高的折光能力，因此与其他组织比较，晶状体纤维的蛋白质含量非常高。鱼眼晶状体中蛋白质浓度从边缘的 0.13 $g \cdot mL^{-1}$ 逐渐增加到中心的 1.05 $g \cdot mL^{-1}$；人眼晶状体的蛋白质含量大约为 0.32 $g \cdot mL^{-1}$。蛋白质的水溶性是晶状体保持透明的基础。通过液相色谱分析可知，晶状体水溶性蛋白主要是三种晶状体蛋白，分别称为 α,β,γ-晶状体蛋白。当含有蛋白质的溶液通过由 Superose HR-6 填充组成的色谱柱时，蛋白质分子则按照从大到小的顺序依次流出来。由图 2-3 可以看到，α-晶状体蛋白是分子大小最大的晶状体蛋白质,γ-晶状体蛋白的分子最小,而β-晶状体蛋白的含量最高。α-晶状体蛋白有两种功能:一是维持晶状体的基本结构,二是保持其他蛋白质如γ-晶状体蛋白的稳定状态。当用基因敲除技术让实验小鼠不能生产α-晶状体蛋白时,γ-晶状体蛋白会有相当多的部分因水溶性降低而沉淀。于是,在Superose HR-6色谱图上,αA(-/-)基因敲除小鼠的γ-晶状体蛋白含量会明显下降。

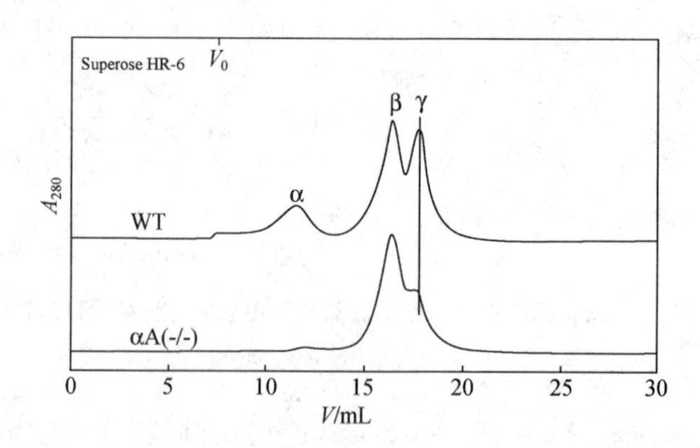

图 2-3 小鼠晶状体水溶性蛋白的 Superose HR-6 凝胶色谱图

图中蛋白质含量用 280 nm 处的吸光度表示;V_0 指示色谱流出曲线的起点;WT(wild type)表示正常小鼠的晶状体蛋白色谱曲线;αA(-/-)表示α-晶状体蛋白基因敲除小鼠的晶状体蛋白色谱曲线。本图来自 Joseph Horwitz. Experimental Eye Research, 2003,76:145—153

除了晶状体蛋白外,晶状体中还含有一些分类特异晶状体蛋白(taxon-specific crystallins)。由于晶状体纤维细胞中没有细胞器,因此晶状体蛋白是终身使用的,不会像在其他细胞中一样,衰老蛋白质分子被新合成的蛋白质不断地替代。随着岁月流逝,晶状体蛋白会因氧化等原因而损伤,导致变性和沉积,最终形成如白内障之类的病变。因此,维持晶状体蛋白的结构和功能是维持眼睛功能的基础。

从上面的论述可以看到,组成人体器官的神奇功能最终可以归结到组成器官的各种蛋白质分子上。实际上,人体的各种生命活动都是由体内的几千种蛋白质所承担的。要理解蛋白质的功能,需要解析蛋白质的结构和产生这些结构的原因。蛋白质是一种大分子,无论多么复杂的蛋白质分子,都是由20种基本氨基酸(图 2-4)组成,这些氨基酸按照一定的次序连接构成蛋白质分子,这称为蛋白质的一级结构。蛋白质的高级结构都建立在一级结构基础之上。

氨基酸是一些小的分子。如果将氨基酸燃烧分解,所有不同种类的氨基酸都会最终产生下列相同的物质:水、二氧化碳和氮气,部分可产生二氧化硫。这一结果显示,所有氨基酸都是由碳、氢、氧、氮、硫5种元素组成。换句话说,各种功能和性质千差万别的蛋白质都是五种元素的不同排列组合而已。200年前,道尔顿在研究元素相互反应从而生成各种化合物的反应,仔细分析它们之间的定量关系之后,他提出了革命性的理论——原子论,这个理论是现代化学的起点。道尔顿提出,元素的单元是原子,而不同元素的原子其质量大小不一样,原子是化学反应中最小的组成单位,各种原子按整数的方式组合形成不同化合物。

图 2-5 道尔顿画像

综上所述,有机体的功能和性质可以归结到其组成的分子及结构方式。而分子的最基本组成单元是原子;不管多么复杂的分子,都是各种原子按一定的空间关系和次序排列组合而成。因此,下面我们就从原子开始讨论,探索原子如何作用和组合形成各种分子的原因和规律。

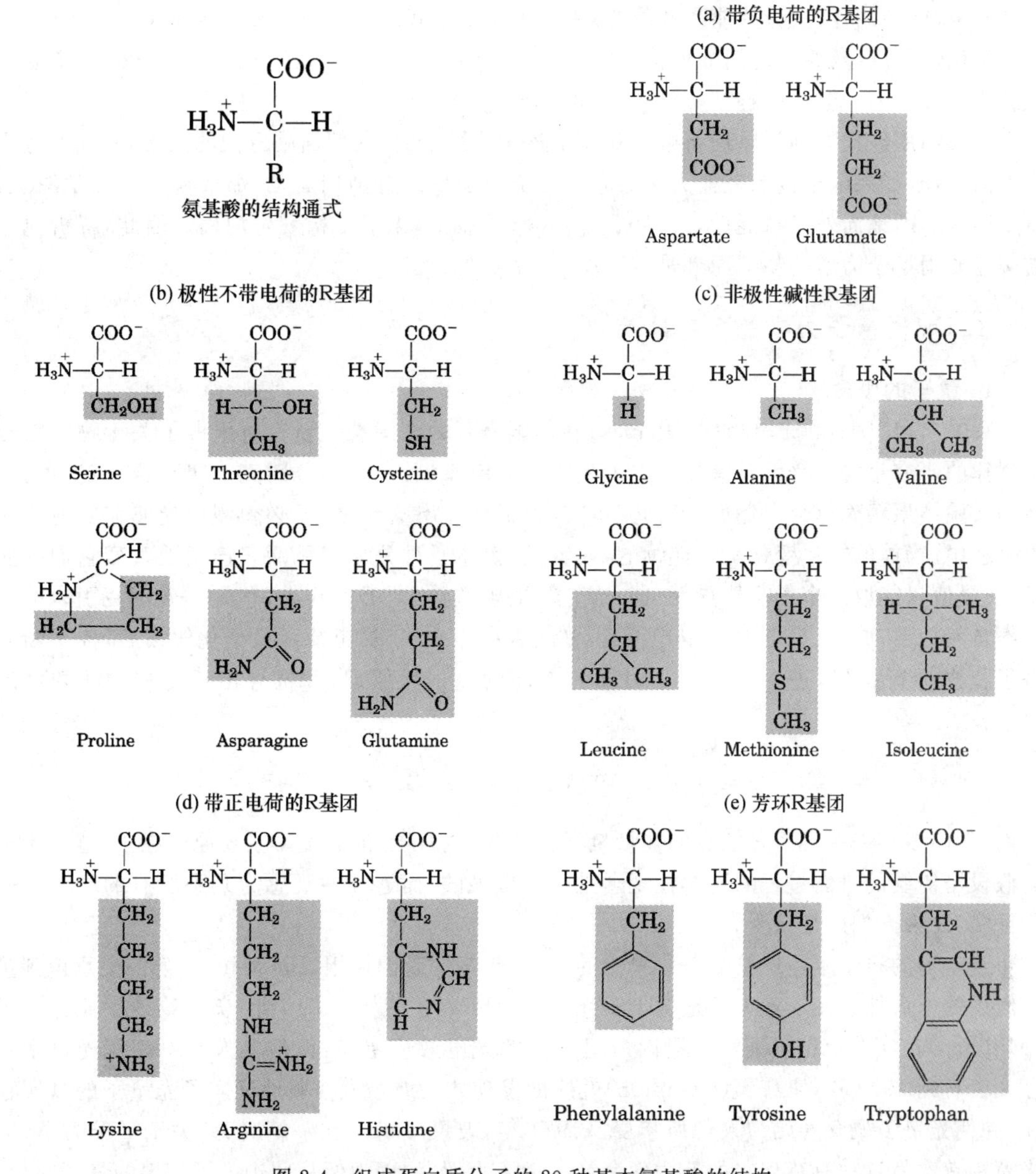

图 2-4 组成蛋白质分子的 20 种基本氨基酸的结构

2.2 原子结构

虽然化学反应的基本单位是原子，然而探索原子如何组成分子时，我们必须首先明确原子的结构和构成方式。汤姆孙(Thomson)和卢瑟福(Rutherford)的实验分别证明了原子是由带负电的电子和带正电的原子核构成。现代物理研究证明，组成原子的基本粒子包括质子、中子和电子。电子带一个基本单位的负电荷，它的质量很小，大约只有质子或中子的 1/2000。中子和质子的质量基本相等，但质子带正电荷，中子不带电荷。中子和质子组成带正电的原子核，是原子的质量中心。电子和原子核间依靠静电作用相互吸引。因此，原子中运动性最活泼的是电子，电子的存在状态(能量和位置)决定了原子之间的相互静电吸引或排斥作用。因此，至少从化学角度(及原子之间如何排列组合)上，我们关心的原子结构实际上是核外电子的存在和排列方式——电子组态结构(electronic configuration)。

当我们用经典物理学原理将电子和原子核构成原子时，我们面临巨大的困难，假如像行星绕太阳一样，如果电子按照经典力学的方式围绕原子核进行圆周运动，那么根据电磁学原理，原子应该不断地向外发射能量，最终电子落入原子核中，原子结构发生坍塌。因此，解析原子结构需要用量子力学的物理原理进行。

2.2.1 现代量子力学的基本思想

1. 量子的概念

1900 年 12 月 14 日，普朗克(Planck)在德国著名的亥姆霍兹研究所里做了关于物体热辐射规律的研究报告。普朗克首先报告了黑体辐射定律(后人称为普朗克定律)，这一定律与最新的实验结果精确符合。然后，普朗克指出，为了推导出这一定律，必须假设光波在发射和吸收过程中，物体的能量变化是不连续的，或者说，物体通过分立的跳跃非连续地改变它们的能量，能量值只能取某个最小能量元(能量量子)的整数倍，即 $E=h\nu$，其中，h 是普朗克引入的一个新自然常数，$h=6.55\times10^{-27}$ erg · s。普朗克在 1900 年提出能量量子化假设后，他不断对量子概念进行探讨，进一步提出了时间和空间的量子化假设，并推导出长度和时间的精度界限：

$$l_{\mathrm{p}} \approx \sqrt{\frac{hG}{c^3}} \approx 10^{-35}\ \mathrm{m}, \quad t_{\mathrm{p}} \approx \sqrt{\frac{hG}{c^5}} = 10^{-43}\ \mathrm{s}$$

然而，人们多年来一直对普朗克的能量量子化持怀疑和排斥的态度。主要原因在于，这一量子化假设与传统的自然过程的连续性观念是根本抵触的，而连续性观念为几乎所有的经典实验所证实，并为人们广泛接受。

当众多的科学家拒绝接受量子思想的时候，年轻的爱因斯坦(Einstein)却第一个意识到量子假设的革命性意义。他大胆地提出了光量子(photon)假设。1915 年，美国物理学家密立根(Millikan)在实验上精确证实了爱因斯坦给出的光电效应定律，但他本人并不相信光量子的存在。直到 1922 年，康普顿(Compton)效应的发现才最终令人信服地证实了光量子的真实存在，并使光量子概念开始为人们所接受。1924 年，玻恩(Born)在一篇名为“关于量子力学”的文章中首次将这一有待建立的新力学命名为量子力学，物理学便从此进入了辉煌的量子时代。

(a)

(b)

图 2-6　量子思想的两位奠基者：普朗克(a)和爱因斯坦(b)

2. 能级和跃迁

既然物体的能量变化是不连续的，光波本身就是由一个个能量子组成的，其内在原因是什么呢？1913 年，玻尔(Bohr)的《论原子结构和分子结构》给出了答案：在原子中，位于核外的电子只能处于分立的能量态，电子只在一些具有特定能量的轨道上存在，电子处于一种"静止的运动状态，即定态(stationary state)"，其间原子不发射也不吸收能量。电子的这些特定能量的轨道在原子中构成了一个个不连续的能级(energy levels)。当电子从一个能级轨道转移到另一个能级轨道时，原子会发射或吸收能量，这一过程称为电子跃迁(transition)。电子跃迁过程中，发射或吸收的光子频率符合普朗克的能量量子化关系 $E=h\nu$。由于原子轨道的能量是不连续的量子化形式，因而当电子在这些量子化的能级之间跃迁时，它所发射的光也就自然地具有分立的能量。玻尔的理论很好地解释了氢原子的光谱谱线的规律。

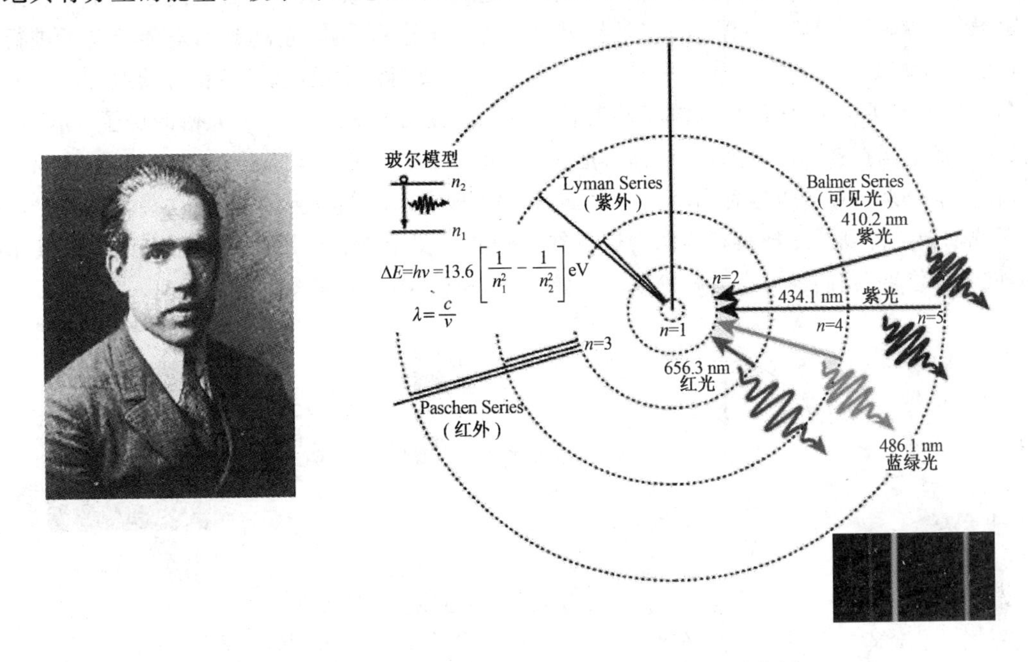

图 2-7 玻尔像以及他的氢原子轨道和电子跃迁示意图

3. 粒子和波的互补性和测不准原理

玻尔的原子结构理论带来进一步的问题：定态究竟是什么？原子为什么处于定态之中？跃迁是怎样发生的？等等。在玻尔的最初理论中，玻尔仍然沿用经典力学的轨道思想，即认为在定态中电子是进行绕核的圆周运动。但是一个严重的矛盾是，玻尔所假设的电子环绕原子核运动的轨道频率以及它们的倍频和氢原子的光谱频率不相同。人们开始意识到，经典的轨道或许是根本不适当的。那么，电子的绕核运动应该是一种什么方式呢？

爱因斯坦在提出光量子理论后，带来一个重要的新概念：光同时具有波动性和粒子性。关于光的波粒二象性的实质，爱因斯坦指出：对于统计平均现象，光表现为波动；而对于能量涨落现象，光却表现为粒子。波动和粒子这两种特性并不是彼此不相容的。爱因斯坦的思想启发了德布罗意(de Broglie)，他突然意识到，既然光波具有粒子的性质，那么物质粒子，尤其是电子，也应当具有波的性质。1923 年，德布罗意提出了物质波理论：每个物质粒子(如电子)的运动都同时符合一定的波动形式，它的波长 λ 与粒子的动量 p 之间存在关系：$p=h/\lambda$(h 为普朗克常数)。

德布罗意进一步发现,电子的波动性正可以解释玻尔原子中神秘的分立能级,因为对于束缚的电子,它的波动形式恰好是一种驻波;这样的波将只具有分立的波长和频率,从而根据关系 $E=h\nu$,电子的能量便只能是分立的或量子化的。之后,在用波动形式描述电子运动上,薛定谔(Schrödinger)于 1926 年建立了著名的薛定谔方程。在这个方程中,电子的运动状态由波函数(wave function)来描述。薛定谔的波动力学和同时期由海森堡(Heisenberg)等人提出的矩阵力学一起,形成量子力学的两种完全等价的数学表达形式。

在量子力学建立后的 1927 年,电子的波动性质被一系列电子穿过晶体发生衍射的现象证实。如何理解电子这种实物粒子的波动性呢?正如爱因斯坦指出光的波动性实质是统计平均现象一样,粒子的波动性不是存在于真实空间中的物质波,而是一种存在于数学空间中的概率波(probability wave)。简单地说,如果对一个电子只进行一次观察,我们会发现这个电子处于某一个确定的位置,并不具有波的性质;但是如果对这个电子进行多次观察,或者对多个电子进行一次观察(当观察的次数足够多或电子的个数足够多时),我们会发现,电子会在有的地方出现的机会多,有的地方机会少,表现出像波峰和波谷一样的强度分布来。举一个通俗的例子,同学们在一天中可能出现在校园的任何地方,如果把一天中某一个同学的活动范围作一个记录,我们会发现这位同学一天中在学生宿舍、教室、图书馆、食堂等地方出现的机会较多;把这些画在一张校园图上,我们于是得到了一种具有类似于峰和谷样的波动图像来。如果在某一时刻记录下某年级全体同学的位置,我们也可得另一种波动图像。这些波动图像便是概率波的展现。

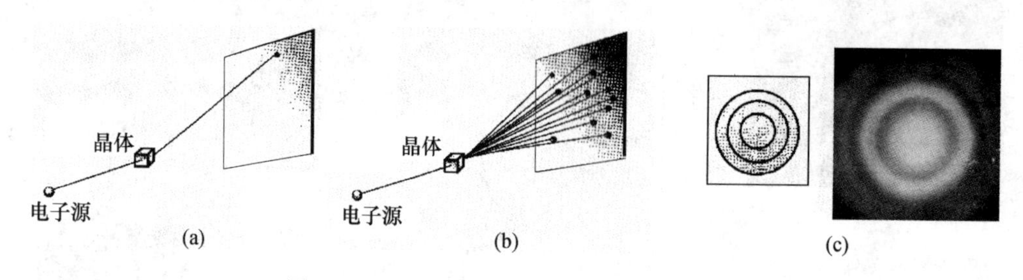

图 2-8　电子衍射实验和概率波的统计性实质

(a) 一个电子经过晶体狭缝后在屏幕上产生一个位置记录;(b) 经过狭缝的多个电子可以产生不同的位置记录,显示电子的运动具有随机性;(c) 更多的电子表现出电子在不同位置出现的概率不同,因此在衍射屏上展现干涉条纹的波动图像来

从上面知道,电子的核外运动方式并非具有特定的运动轨迹。电子的存在状态可以用一种静止的波(驻波)来描述,因此定态下的电子不向外发射能量。描述质点运动的参数主要包括位置和速度,由于物质波本质上是概率波,波动性显示了电子运动的位置和速度的客观概率,也就是电子位置和速度取值的可能性。但是,在现实的物理世界中,每一个运动质点的位置和速度取值大小都应该是明确的,那么从波动的概率到可观测的物理实在之间的联系是什么呢?

在量子力学的这个问题上,物理学大师之间存在尖锐的对立。以玻尔、海森堡、泡利、狄拉克等人代表的是哥本哈根学派,他们与以爱因斯坦和薛定谔等人为代表的学派间展开了激烈的辩论。虽然这些量子力学的大师们都已经谢世,但这一争论并没有结束。不过,哥本哈根学派的思想逐渐被多数的物理学家们接受,成为量子力学的正统观点。

量子力学的正统观点(哥本哈根学派)认为,微观粒子的运动遵循概率定律,波函数是一种概率波,代表着通过实验测量所获得的所有可能结果的概率情况,因此,纯量子态是客观的但不是真实的。一个物理量只有在被测量之后才是实在的，这种测量时所发生的由可能性到物理实在的不可逆的转变称为“量子跳跃”，或称波函数“坍塌”。另一方面，微观粒子的运动需要同时用粒子图像和波动图像两种互补方式描述。任何一幅单独的经典实在图像，如粒子或波，都无法提供关于微观现象的详尽说明。如果单独使用粒子图像或波动图像，它们的应用必将受到限制。当我们试图测量微观粒子如电子的经典力学参数（如位置和速度）时，我们的观察必然受到量子力学的限制，这种限制由海森堡的不确定关系表示：

$$\Delta x \cdot \Delta p_x \geqslant \frac{h}{4\pi}$$

从上式可以看到，不可能同时确定电子的位置和速度。它的速度（动量）越准确，位置越不确定；反之，位置越准确，速度（动量）则越不确定。这就是著名的测不准原理。对测不准原理，泡利(Pauli)在1926年致海森堡的信中曾预先给出了一个有趣的更通俗的陈述，“一个人可以用 p 眼来看世界，也可以用 q 眼来看世界（注：p 表示动量，q 表示位置），但是当他睁开双眼时，他就会头昏眼花了”。

4. 波函数的求解和特性

电子的运动状态由波函数(wave function)来描述。它的求解可以用两种数学形式解决：海森堡的矩阵力学和薛定谔波动方程。两种方法都可简写成

$$\hat{H}\psi = E\psi$$

其中 ψ 是波函数；E 是体系（整个原子）的能量；$\hat{H}$ 称为哈密顿算符，它代表对 ψ 进行能量的求算过程，因此上述方程两端的 ψ 不能被约去。

对波函数求解得到的结果是一组不连续的能量值（$E_1, E_2, \cdots$）和每一个能量值所对应的波函数的解（$\psi_1, \psi_2, \cdots$）。这些波函数的解（$\psi_1, \psi_2, \cdots$）由特定的量子数来限制。每一个能量值及其对应的波函数的解分别对应电子（或其他微观粒子）的运动速度和位置。根据测不准原理，电子的速度（能量）和位置不能同时被确定，因此，在电子的能量 E 确定后，ψ 是一种位置概率函数。根据玻恩的概率波解释，波函数 ψ 绝对值的平方 $|\psi|^2$ 代表电子在空间某区域出现的概率密度，将概率密度乘以空间区域的尺度 $|\psi(x)|^2\mathrm{d}x$ 代表电子在此空间范围 $\mathrm{d}x$ 内出现的概率。此外，波函数具有叠加性质（状态叠加原理），即除了 $\psi_1, \psi_2, \cdots$ 本身是电子的位置函数外，它们的任意线性组合都可以是电子的合理存在状态。

5. 量子世界和宏观经验的冲突

量子力学所揭示的微观世界超越了人们的通常思维，和人们在宏观世界的直观经验明显不同。爱因斯坦和薛定谔等人对量子力学的一些观点无法认同。薛定谔曾说：“要是必须承认这该死的量子跳跃，我真后悔卷入到量子理论中来。”爱因斯坦一直对量子力学的概率解释感到不满，他曾在写给玻恩的信中提到：“量子力学虽然令人赞叹，但在我的心中有个声音告诉我，它还不是那真实的东西……我无论如何不相信上帝会在掷骰子。”

在对哥本哈根学派的争论中，除了非常著名的EPR悖论外（由于理论过于深奥，这里不做介绍），另一个著名的反击是薛定谔的“猫”的思想实验。薛定谔设想将一只猫关在一金属盒内，在盒中放置一小块辐射物质，它非常小并衰变得很慢。在一个小时内，发生衰变或没有发生原子衰变的概率是相同的，各占一半。如果发生衰变，计数器便放电并通过继电器释放一个重锤，进而击碎一个盛有氢氰酸的小瓶，从而将猫毒死。假设这个过程不受猫的直接干扰。如果人们将这

个盒子放置一个小时,那么,若在此期间没有原子衰变,这只猫就是活的,而一旦发生原子衰变,猫必定被毒死。两种情况的概率相同。

图 2-9　薛定谔的"猫"佯谬

如果根据我们的宏观经验,盒中的猫要么活着,要么死掉,两者必居其一。猫的死活状态在观察者打开盒子前就已经是一种客观存在,和观察者是否打开盒子没有关系。然而,根据量子力学,盒子在被打开以前,猫的状态只是"死"和"活"的两种相同的概率,只有在观察者打开盒子时,猫的状态才从两种可能性中不可逆地转变成或"死"或"活"的实在结果。更不可思议的是,根据状态叠加原理,猫的存在不仅可以有"死"和"活"两种状态,而且还可以是两种状态的线性加和,如"不死不活"或"又死又活"等状态。薛定谔的"猫"佯谬给我们带来了巨大的思想困惑。

值得指出的是,薛定谔的"猫"佯谬对量子力学的几个基本要点(粒子运动的概率性、量子跳跃和态叠加原理)进行了非常形象的总结说明。这将有助于我们在下面理解和掌握原子中电子的存在和运动方式。

2.2.2　原子结构

1. 电子的自旋性质和泡利不相容原理

所有基本粒子都具有一种自旋(spin)的性质,并可据此将粒子分成两类:具有整数自旋量子数的是玻色子(boson),比如光子和 α 射线;具有分数自旋量子数的是费米子(fermion)。电子是费米子,它的自旋量子数 s 只有两个,$+1/2$ 和 $-1/2$,也可以用箭头符号表示为↑和↓。

费米子有个特性,叫做对易变号性。如果两个自旋相同的电子处于相同的空间位置上(即两个电子的位置可以对易),那么这两个电子的波函数必然在符号上是相反的。波函数的符号相反意味着这两个电子中,一个处于波峰时,另一个必处于波谷。两者波函数叠加的结果是波函数的相互抵消,电子的存在可能性为零。电子的这种性质好像是"一山难容二虎",此即著名的泡利不相容原理,表述为两个相同自旋的电子不能存在于同一个空间位置或原子中不可能有 4 个量子数①完全相同的电子。

根据泡利不相容原理,可以演绎出电子存在和相互作用的几种形式:

(1) 当两个电子相互接近时,如果两个电子的自旋相反,则两个电子的波函数是相互叠加增强的;但如果自旋相同,则两个电子的波函数是相互抵消的。

(2) 原子核外运动的电子是没有经典力学意义上的轨道的。电子在核外可能存在的空间位置,可以理解成核外电子的运动"原子轨道"。根据泡利不相容原理,一个原子轨道上只能存在一个电子或两个自旋相反的电子。

(3) 当两个自旋相反的电子和另一电子对相互接近时,这两个电子对的波函数一定是相互抵消的。

2. 氢原子结构

1) 球极坐标

在原子中,电子在核外运动,它的位置和能量受到电子和原子核的相互作用的约束。电荷

① 描述原子中一个电子需要 4 个量子数:3 个轨道量子数(n,l,m)和 1 个自旋量子数 s,详见下文。

间的相互作用取决于相互作用的电荷大小 z 以及两者的距离 r，即

$$F = k\frac{z_1 z_2}{r^2}$$

在常用的直角坐标系中研究电子和原子的相互作用并不方便。比如将原子核设为原点，则电子离核的距离 r 为

$$r = \sqrt{x^2 + y^2 + z^2}$$

因此，一个能直接应用距离 r 作为坐标参数的球坐标系则显得更为方便。

在球坐标系中，任何一个质点的空间位置用一个距离参数 r 和两个角度参数 θ, φ 表示。直角坐标系和球坐标系的关系如图 2-10 所示。

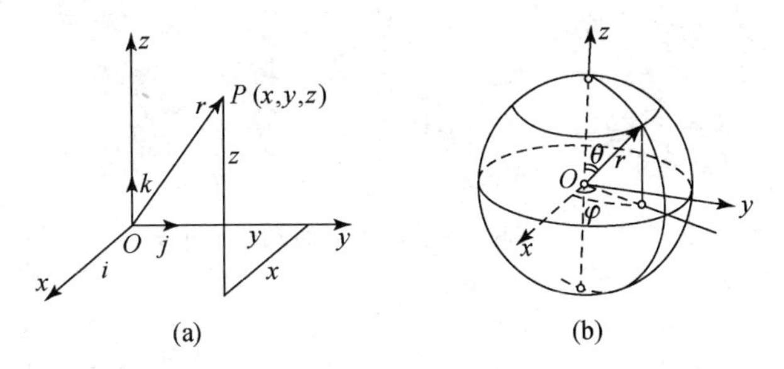

图 2-10　直角坐标系(a)和球坐标系(b)

直角坐标系中，空间的每一个点的坐标是(x,y,z)，而在球极坐标系中，每一个点的坐标是(r,θ,φ)

2）氢原子电子波函数的解

氢原子是最简单的原子，只有一个电子在由一个质子构成的原子核外运动。对电子的运动状态用波函数(ψ)来描述，求解可得一系列和不同能量 E 对应的波函数 $\psi(n,l,m)$。表 2-1 中列出了一些波函数的解。

表 2-1　氢原子电子的几个原子轨道波函数解

限制量子数			轨道能量 E/eV	轨道波函数 $\psi(n,l,m)$	轨道符号
n	l	m			
1	0	0	-13.595	$\frac{1}{\sqrt{\pi}}\left(\frac{1}{a_0}\right)^{\frac{3}{2}} e^{-r/a_0}$	1s
2	0	0	-3.3988	$\frac{1}{4\sqrt{2\pi}}\left(\frac{1}{a_0}\right)^{\frac{3}{2}}\left(2-\frac{r}{a_0}\right) e^{-r/a_0}$	2s
2	1	0	-3.3988	$\frac{1}{4\sqrt{2\pi}}\left(\frac{1}{a_0}\right)^{\frac{3}{2}}\frac{r}{a_0} e^{-r/2a_0}\cos\theta$	$2p_z$
2	1	1	-3.3988	$\frac{1}{4\sqrt{2\pi}}\left(\frac{1}{a_0}\right)^{\frac{3}{2}}\frac{r}{a_0} e^{-r/2a_0}\sin\theta\cos\varphi$	$2p_x$
2	1	-1	-3.3988	$\frac{1}{4\sqrt{2\pi}}\left(\frac{1}{a_0}\right)^{\frac{3}{2}}\frac{r}{a_0} e^{-r/2a_0}\sin\theta\sin\varphi$	$2p_y$
…	…	…	…	…	…
n	…	…	$-13.595/n^2$	…	…

注：a_0 为玻尔半径。

3) 原子轨道和能级

波函数的每一个解 $\psi(n,l,m)$描述的是电子在核外运动的一个空间位置,这里电子的空间位置是不确定的波动状态;而对应的 $E(n)$表示在这个位置运动的电子的能量大小。因此,一个 $\psi(n,l,m)$被称为一个原子轨道(atomic orbital),每一个原子轨道对应于一个确定的轨道能量数值。氢原子的原子轨道及其能级可以总结成图 2-11。

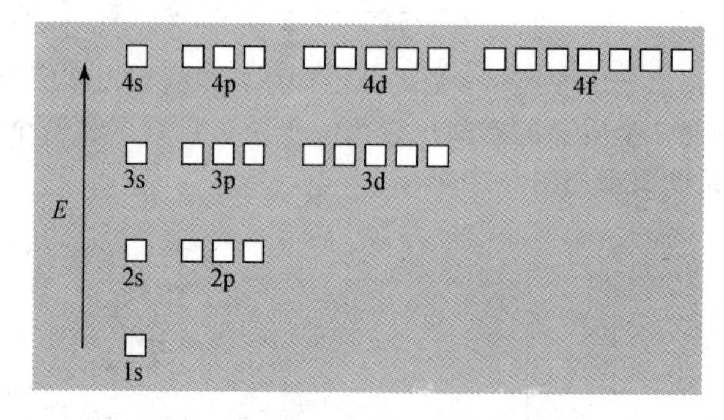

图 2-11 氢原子的轨道能级和轨道个数

4) 轨道量子数的意义和电子运动状态的表述

每一个原子轨道的波函数 $\psi(n,l,m)$都由 3 个量子数 n,l,m 确定,其中量子数 n 同时也决定原子轨道的能量大小 $E(n)$。这些量子数的取值限制和它们的基本物理意义可以总结如下:

主量子数 n(principal quantum number):可以取任意的正整数值,即 1,2,3,…。n 决定电子离核的平均距离,或者说决定了原子轨道的范围大小。n 越大,电子离核的平均距离越远,原子轨道也越大。所以 n 也被称为电子层(shell),具有相同 n 值的轨道属于同一个电子层,可用下列符号表示:

电子层符号	K	L	M	N	…
主量子数 n	1	2	3	4	…

核外电子的能量主要取决于电子离原子核的距离,因此,主量子数 n 是决定电子能量的主要因素。n 越小,能量越低。由于氢原子核外只有一个电子,n 是决定其能量的唯一因素。而在多电子原子中,由于存在电子之间的静电排斥作用,电子的能量除了取决于离核的距离外,还取决于电子之间的相对位置,这由量子数 l 来决定。

轨道角动量量子数 l(orbital angular momentum quantum number):简称角量子数。l 决定原子轨道在球坐标空间中向各角度方向的分布情况,或者说原子轨道的形状。l 的取值受主量子数的限制,只能取小于 n 的正整数和零,即 0,1,2,3,…,$(n-1)$,共可取 n 个值。因此,主量子数为 n 的原子轨道可有 n 个不同的形状。

原子轨道的形状不同,意味着处在此原子轨道的电子在空间的部位不同。而在多电子原子中,处于不同位置的电子相互之间的静电排斥作用会有差异。因此,l 值不同的轨道能量产生差别。当 n 给定时,l 值越大,原子轨道的能量越高。所以,l 又称为电子亚层(subshell, sublevel),通常用下列符号表示:

电子亚层符号	s	p	d	f	…
l	0	1	2	3	…

磁量子数 m(magnetic quantum number):当一个原子轨道有了特定的形状,那么这个轨道在空间坐标系中自然有了不同的取向问题。因为带电粒子的运动会产生磁场,因此当一个

电子在一个原子轨道里运动时会在一个特定方向产生磁场，通常称为电子的轨道磁矩。不同取向的轨道，电子运动产生的磁矩具有不同的方向，因此，这个描述原子轨道空间取向的量子数 m 被称为磁量子数。

m 的取值受到决定轨道形状量子数 l 的限制。m 只能取 $-l \sim +l$ 的整数值，即 $0, \pm1, \pm2, \pm3, \cdots, \pm l$，共 $2l+1$ 个取值。因此，l 相同的 $2l+1$ 个原子轨道各自具有不同的空间伸展方向，但其轨道的能量却是相同的，这些轨道称为能量简并轨道或等价轨道(equivalent orbital)。

综上所述，一个原子轨道 $\psi(n,l,m)$ 可以用一套更方便的符号系统来表示。例如 $\psi(2,0,0)$ 可以表示成 ψ_{2s}，简作 2s 轨道。这一套表示总结于表 2-2 中。

表 2-2　量子数组合和轨道数

主量子数 n	角量子数 l	磁量子数 m	原子轨道符号	同一电子层的轨道总数	同一电子层可容纳的电子总数
1	0	0	1s	1	2
2	0	0	2s	4	8
	1	0	$2p_z$		
		±1	$2p_x$, $2p_y$		
3	0	0	3s	9	18
	1	0	$3p_z$		
		±1	$3p_x$, $3p_y$		
	2	0	$3d_{z^2}$		
		±1	$3d_{xz}$, $3d_{yz}$		
		±2	$3d_{xy}$, $3d_{x^2-y^2}$		
…	…	…	…	…	…
n	$0 \sim (n-1)$	$0 \sim \pm l$	…	n^2	$2n^2$

氢原子只有一个电子，上述各个原子轨道都可能是这个电子所处的运动轨道。其中能量最低的是 $n=1$ 的 1s 轨道，称为氢原子的基态(ground state)。由于电子自身所具备的不同自旋性质，氢原子的这个电子在一个轨道内运动时，还具有 $s=+\frac{1}{2}$ 或 $-\frac{1}{2}$ 两种不同的自旋运动状态。因此，完整地表述这个电子的运动的能量和位置等状态信息需要用四个量子数：n, l, m 和 s。例如，处于基态的氢原子电子的运动状态可有两种，即 $1,0,0,+\frac{1}{2}$(1s, $\underline{\uparrow}$)和 $1,0,0,-\frac{1}{2}$(1s, $\underline{\downarrow}$)。

【例 2-1】 (1) 请用量子数描述 $3d_{z^2}$ 原子轨道上运行的一个电子的状态；(2) 请写出下列状态电子的原子轨道：$\left(2,0,0,-\frac{1}{2}\right)$，$\left(3,1,-1,+\frac{1}{2}\right)$，$\left(3,2,3,+\frac{1}{2}\right)$。

解 (1) 此电子状态量子数为：$\left(3,2,0,+\frac{1}{2}\right)$ 或 $\left(3,2,0,-\frac{1}{2}\right)$

(2) 原子轨道分别为：

$\left(2,0,0,-\frac{1}{2}\right)$：2s　　　　$\left(3,1,-1,+\frac{1}{2}\right)$：$3p_x$ 或 $3p_y$

$\left(3,2,3,+\frac{1}{2}\right)$：在原子轨道中，磁量子数 m 只能取 $-l \sim +l$ 的整数值。而在本套量子数中，$(m=3) > (l=2)$，因此没有这个原子轨道。

5) 轨道波函数的图示

图形表示是最直观明了的表示方式,能够使原子的轨道能级以及简并的轨道个数一目了然。由于电子的波动性质,原子轨道是一个个波函数,波函数的图示表示了电子在原子核周围空间出现的概率或概率密度,把波函数的图示形象称为“电子云”。但是,直接对原子轨道的形状和空间分布情况进行画图是比较困难的,因为原子轨道的形状比较复杂。

以比较简单的 $3p_z$ 轨道为例,按照量子力学波函数的物理意义,$\psi^2(n,l,m)$是电子在轨道分布的概率密度,而在空间的某一点 x 电子出现的概率为 $\psi^2(n,l,m)\mathrm{d}x$。此外,电子波动性的一个重要信息是电子波的波峰和波谷,反映在波函数上是其各个方向的符号不同。这一信息非常重要,因为当两个不同电子的电子云相互叠加时,符号不同决定了叠加后的波函数是相互增强还是相互减弱。将 $3p_z$ 轨道上电子在空间出现的概率画出一个等值面图①,并将轨道的“峰/谷”用“正/负”号标出,从不同视角观察,如图 2-12 所示。

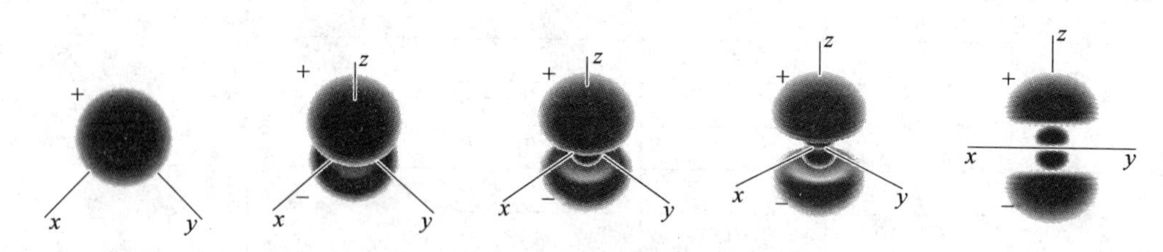

图 2-12 不同视角观察 $3p_z$ 轨道形状(实空间等值面图)

其他轨道如 d,f 轨道等情形更为复杂,即使是球形对称的 s 轨道,如果用一种图示将电子云离核的距离以及在空间不同角度分布的情形一次显示出来是非常困难的。因此,电子云(特别是在平面的、单色的书本上进行绘制时)仅用一种方式表示,不能满足同时表示电子离原子核的距离、角度和波函数的“峰/谷”信息。

实际上,多数情况下,我们也不必同时关心电子的所有信息。例如,当讨论两个原子的单电子的电子云能否叠加形成共价键时,我们更为关心的是两个电子在某一方向波函数的符号;当讨论两个电子云如何相互重叠时,我们更关注电子云的形状和取向;而当讨论形成共价键的长度时,我们更注重电子云沿成键轴方向的径向分布状况。因此,比较实用的方法是将原子轨道的电子云分成三种方式分别表示:① 径向分布图;② 轨道波函数角度分布图;③ 轨道电子云的角度分布图。还有其他多种电子云图示方法,在此不进行介绍。

下面分别介绍几个重要的原子轨道及其图示:

(1) s 轨道:s 轨道是角量子数为 0 的轨道。s 轨道只有波峰或波谷,即只有一种波函数符号。$\psi^2(n,l,m)$是电子在轨道分布的概率密度,将 $\psi^2(n,l,m)$作图时,一种形象的方式是用小黑点的疏密程度表示 ψ^2 的大小,这样得到了大家熟悉的电子云图(图 2-13)。s 轨道的电子云形状为对称的球壳形,在各个角度上波函数的数值是一样的,或者说 s 轨道与角度没有关系,其波函数大小只与离原子核的距离有关。

处于 s 轨道的电子一般处于离原子核多远的距离呢?分析一下距离原子核为 r 的位置上电子出现的概率就可以知道。对于球形对称的 s 轨道来说,距离为 r 的位置实际上是以 r 为半径的一个球形薄壳。因此,电子在 r 的位置上出现的概率为

① 图形的绘制使用了谢平、吴昉等制作的氢原子电子云演示软件(1.0 版本)。

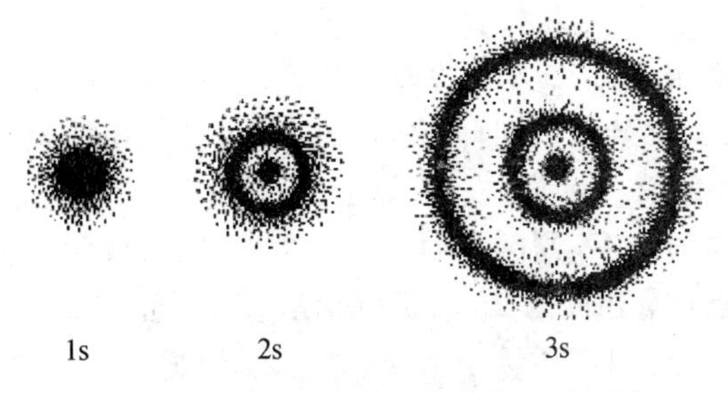

图 2-13 氢原子 s 原子轨道的电子云图

$$概率 = 概率密度 \times 体积 = \psi^2(n,l,m)4\pi r^2 \mathrm{d}r$$

其中，$\psi^2(n,l,m)4\pi r^2$ 反映距核为 r 的单位厚度的球形薄壳内电子出现的概率。因此，这个函数称为原子轨道的径向分布函数 $D(r)$。将 $\psi^2(n,l,m)4\pi r^2$ 对 r 作图，即得到原子轨道的径向分布图(图 2-14)。

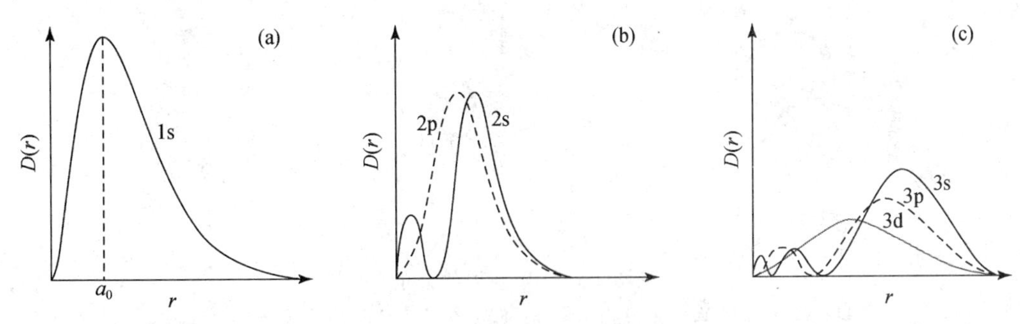

图 2-14 氢原子一些原子轨道的径向分布图

从 s 轨道的径向分布图可见，氢原子的基态 1s 轨道中有一个电子出现的最大概率处(r=52.9 pm)，这个距离和玻尔的早期模型计算出的电子绕核运动的轨道半径吻合，称为玻尔半径 a_0。虽然并不存在一个半径为 a_0 的电子轨道，但是在这个轨道距离的球壳区域内，电子出现的概率是最大的。

与 1s 轨道相比，2s 和 3s 轨道沿径向方向分别出现 2 和 3 个极值峰，而电子出现的最大概率出现在离核最远的极值峰上。这说明，随着主量子数增加、电子能量的升高，电子更多地处于离核较远的位置。但是，电子仍然可以在离原子核距离很近的区域出现。与低能级的轨道相比，处于高能级的电子具有更大的运动区域。

从径向分布图上可以发现，像 2s 轨道，在电子出现最大概率的半径之内，有一个特定的 r 位置，在此位置电子出现的概率为零。在三维空间上，这个 r 构成了一个球面。换句话说，2s 轨道中有一个球面，电子不会出现在这个球面上。这个电子出现概率为零的三维平面称为节面(nodal plane)。节面的个数取决于原子轨道量子数 n 的大小，如 1s 没有节面，2s 和 2p 都有一个节面，3s，3p 和 3d 轨道有 2 个节面。

原子轨道的节面给我们一个有趣的、看似困惑的问题：既然电子不会在节面上出现，那么电子又如何能从节面一侧的空间进入另一侧的空间呢？之所以提出这个问题，是因为我们仍然用连续空间的经典物理学思考。量子世界中的空间、时间都是不连续的，因此，电子从一个位置到另一个位置的量子跳跃过程，可以不必穿过其概率为零的节面。这正是量子空间和经典物理空间的差别所在。

(2) p轨道：p轨道是角量子数为1的原子轨道。与s轨道不同的是，p轨道是沿着对称轴分布，在空间的不同角度上分布不同；p轨道波函数包含了电子离核的距离 r 及角度因素 θ 和 φ。这是一个非常重要的特点，因为电子云角度分布的不均匀决定了一个原子在与其他原子通过p轨道形成化学键时，在不同的方向上会产生差别，形成化学键的方向性的特点。

以2p轨道为例，3个能量相同的2p轨道分别沿着3个坐标轴方向分布，分别标记为 $2p_x$，$2p_y$ 和 $2p_z$（图2-15）。$2p_z$ 轨道对应磁量子数 $m=0$。2p轨道有一个节面。对 $2p_z$ 来说，其节面是 xy 坐标轴形成的平面；对于 $2p_x$ 和 $2p_y$ 轨道，其节面分别是 yz 和 xz 坐标轴平面。p轨道波函数沿着节面是反对称的，即在节面一侧的波函数是"+"号，而另一侧是"−"号。3p轨道和2p轨道非常相似。不同的是，每个3p轨道除了有一个坐标轴平面的节面外，在径向上多了一个球形节面，因此如 $3p_z$ 轨道呈现为图2-12所示的复杂电子云形状来。

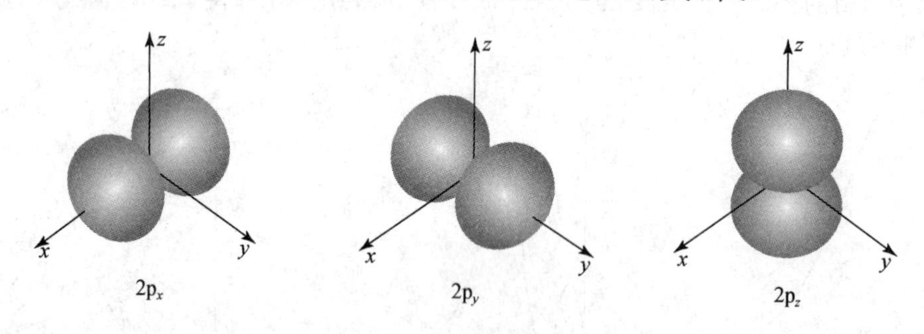

图2-15　2p轨道的分布

可以看到，$2p_x$ 的节面是 yz 平面，$2p_y$ 的节面是 xz 平面，$2p_z$ 的节面是 xy 平面

在实际应用中，有时关心的是各个轨道波函数在不同角度方向的分布，有时则是波函数沿径向的分布情况。因此，一个简化的方式是将波函数分成与 r 相关的径向波函数 $R(r)$ 和与角度因素 θ,φ 相关的角度波函数 $Y(\theta,\varphi)$ 两个部分，即

$$\psi(n,l,m) = R(r)Y(\theta,\varphi)$$

对于p轨道等具有角度分布的原子轨道来说，径向分布函数 $D(r)=R^2(r)4\pi r^2$。而对于轨道的角度分布，针对不同的目的，分别采用不同方式进行图示分析。

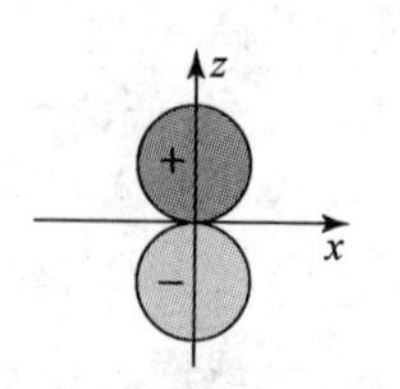

图2-16　p_z 轨道的角度分布图

最简单的是直接绘制 $Y(\theta,\varphi)$ 变化，即轨道的角度分布图。由于 $Y(\theta,\varphi)$ 仅包含角度变量，因此，对于2p，3p和其他p轨道来说，画出来的角度分布图是一样的。图2-16为 p_z 轨道在 xz 截面的角度分布图，为双波瓣的图形。以节面 xy 坐标平面呈反对称，两波瓣的波函数值符号相反。角度分布图很好地反映了原子轨道的空间对称性质。

电子云的角度分布图则表示了 $Y^2(\theta,\varphi)$ 的变化。比较p轨道的波函数角度分布和电子云角度分布（图2-17），可以看到电子云图形比相应的角度分布图形瘦，而且两个波瓣符号相同，这是由于波函数平方的缘故。虽然电子云的角度分布图忽略了原子轨道在径向分布上的差别，但大体上反映了原子轨道的空间形状。当原子轨道的径向分布只有一个极值，而没有节面时，电子云的角度分布图和原子轨道的空间形状是比较接近的。

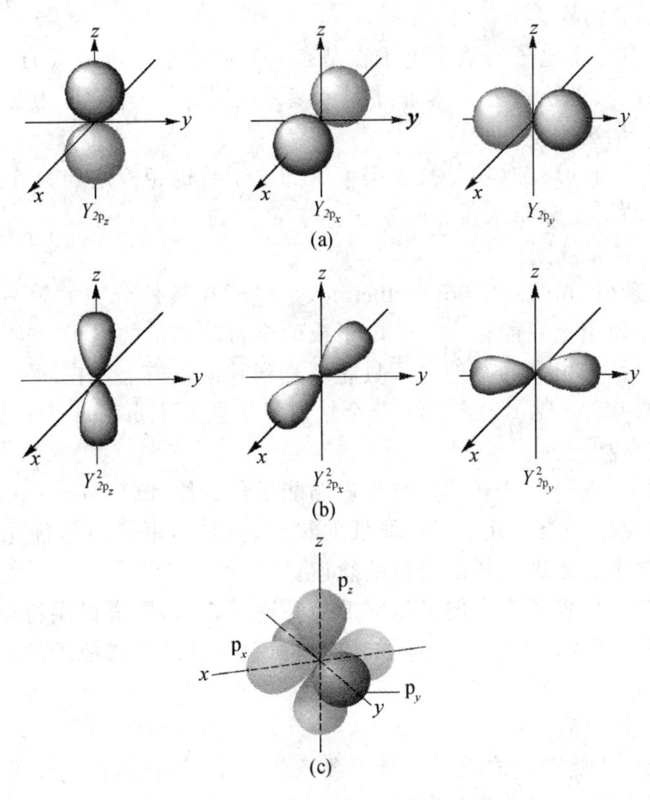

图 2-17　p 轨道的波函数角度分布(a)、电子云角度分布(b)和电子云角度分布(c)三维构象图

(3) d 轨道：d 轨道是角量子数为 2 的原子轨道。在我们将经常接触的元素中，以 3d 轨道为常见。3d 轨道的径向分布只有一个极值，因此，d 轨道的电子云角度分布基本上代表了 3d 轨道的空间形状(图 2-18)。3d 轨道是中心对称的，$3d_{z^2}$ 有两个锥形的节面，其他 4 个轨道各有两个平面形的节面。因此，3d 轨道呈复杂的花瓣形状。

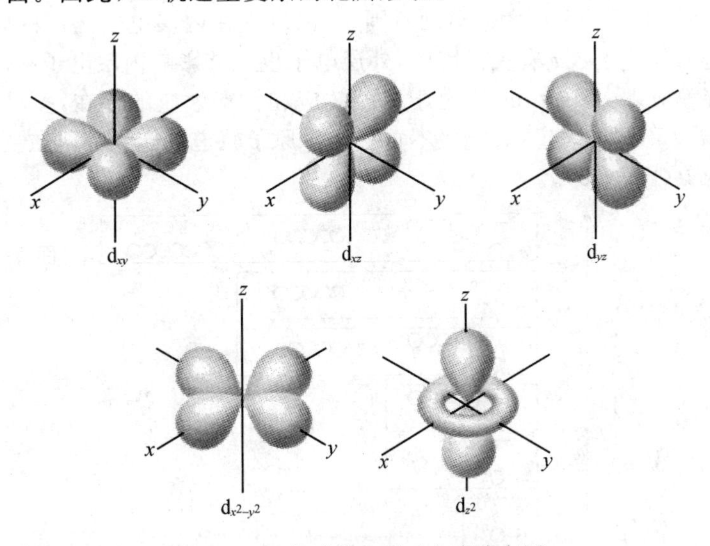

图 2-18　d 轨道的电子云角度分布图

3. 多电子原子的结构

氢原子核外只有一个电子。这个电子在基态的时候处于能量最低的1s轨道,受到激发后可跃迁到能量较高的其他轨道上。然而,整个体系仍然只是一个电子和原子核的作用。而对于多电子原子而言,情况则复杂得多。

随着原子核正电荷的增加,核外被吸引束缚的电子数也相应增加。首先的一个问题是,这些电子如何在原子轨道上分布或排布呢?

1) 核外电子的排布规则

泡利不相容原理(Pauli exclusion principle)是电子在核外分布的第一原则。根据泡利不相容原理,一个原子轨道上只能存在一个电子或两个自旋相反的电子。因此,在一个原子轨道上填充了2个电子后,多出来的其他电子只能填充到其他轨道上。在同一个原子内,任何一个电子都具有自己的一套 n,l,m,s 量子数(3个轨道量子数 n,l,m 和1个自旋量子数 s),没有两个电子的状态是完全相同的。

对于基态的原子,电子在核外的排布也遵循能量最低原理(lowest energy principle),即电子在核外的排布应使原子能量处于尽可能低的状态。因此,电子总是优先占据能量较低的轨道,当低能量轨道填满后才进入较高能量的轨道。

如果电子排布时,出现了多个能量相同的简并原子轨道,则遵循洪特规则(Hund's rule),即电子以自旋相同的方式,分别占据不同的原子轨道,按这种方式原子的总能量最低。洪特规则是对能量最低原理的补充。

2) 多电子原子的轨道能级

氢原子的原子轨道能量仅取决于主量子数 n 的大小。但是,多电子原子由于电子之间也存在强的静电作用,因此情况变得复杂起来。

优先填充在低能量轨道上的电子,它们离核的平均距离比后来填充在高能级轨道上的电子要小,它们是内层电子。这些内层电子可以部分抵消原子核对外层高能级轨道上的电子的吸引力,这种作用称为屏蔽效应(screening effect)。

如果外层电子轨道完全在内层电子之外,那么外层电子就不会影响原子核与内层电子的相互吸引作用。然而,情况并非这么简单。从前面的原子轨道的径向分布(参见图2-14)可以看到,高能级的外层电子具有更大的运动范围,可以出现在内层电子之内的区域,并且其分布情况与原子轨道的角量子数 l 有关。因此,外层电子也能够影响内层电子和原子核的作用,这种作用称为钻穿效应(penetration)。由于屏蔽效应和钻穿效应的存在,多电子原子的能级变得复杂;角量子数 l 不同的轨道,其能级不再一样。原子轨道的能级甚至在主量子数不同的能级间出现交错现象(图2-19)。

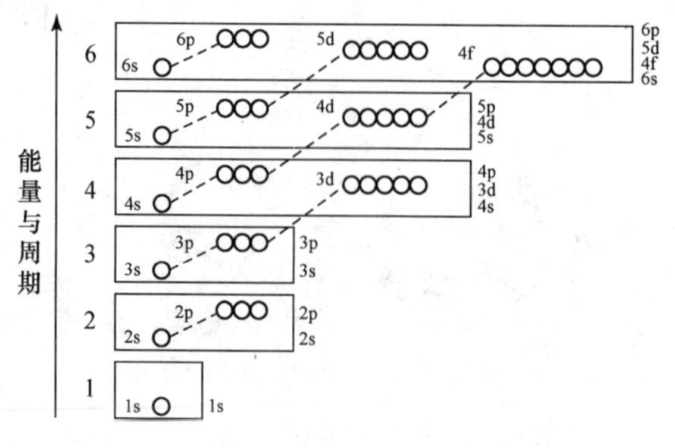

图2-19 多电子原子的轨道能级和能量分组

在总结原子光谱数据的基础上，鲍林(Pauling)绘出了多电子原子的原子轨道能级顺序图(图 2-19)，从低能级到高能级的近似顺序为

$$1s<2s<2p<3s<3p<4s<3d<4p<\cdots$$

由徐光宪院士提出的另一种估算能级顺序的方法是计算($n+0.7l$)的大小。数值越大，能级越高。其结果和上述鲍林的能级的近似顺序相同。

3) 多电子原子的电子组态

将电子按从低到高的顺序依次填充到原子轨道，便得到原子的电子组态(electronic configuration)。例如氮原子的电子组态是

$$1s^2 2s^2 2p^3$$

也可以用原子轨道方框图表示：

	1s	2s	2p		
$_7N$	↑↓	↑↓	↑	↑	↑

在书写电子组态时，应注意两个问题：

(1) 虽然从第三电子层开始出现了能级交错的现象，但书写电子组态的顺序仍然按照主量子数的大小依次进行。例如，Sc 原子的电子填充顺序是 $1s^2 2s^2 2p^6 3s^2 3p^6 4s^2 3d^1$，但 Sc 原子的电子组态仍然是 $1s^2 2s^2 2p^6 3s^2 3p^6 3d^1 4s^2$。

(2) 原子序数为 24 的 Cr 元素和原子序数为 29 的 Cu 元素，其电子组态分别为 Cr：$1s^2 2s^2 2p^6 3s^2 3p^6 3d^5 4s^1$ 和 Cu：$1s^2 2s^2 2p^6 3s^2 3p^6 3d^{10} 4s^1$。这是由于光谱实验结果表明，这些原子的简并 d 原子轨道处于全充满($3d^{10}$)或半充满($3d^5$)时，是能量较低的稳定状态。这个规律也称为洪特规则的补充规定。

为简化电子组态的书写，把内层与稀有气体电子层结构相同的部分，用稀有气体的元素符号加方括号表示，称为原子芯(atom kernel)。例如基态 Ca 原子的电子组态为[Ar]$4s^2$，基态 Cu 原子的电子组态为[Ar]$3d^{10}4s^1$，基态 Br 原子的电子组态为[Ar]$4s^2 4p^5$ 等。当原子失去或得到电子成为离子后，其离子的电子组态同样书写，例如 Fe^{3+} 离子的电子组态为[Ar]$3d^5$，Cu^{2+} 离子的电子组态为[Ar]$3d^9$ 等。

原子芯写法的优点是突出了元素的价层电子结构。在化学反应中，具有稀有气体电子组态的原子芯部分一般不参与化学键的形成，而参加反应发生结构变化的是原子芯结构以外的价电子(valence electron)，价电子构成的电子层称为价电子层或价层(valence shell)。

【例 2-2】 按照电子排布规律，写出原子序数为 25 的 Mn 元素及其+2，+4 和+7 价状态的电子组态。

解 按照能级由低到高能级的顺序：$1s<2s<2p<3s<3p<4s<3d<4p<\cdots$

Mn 元素及其不同价态时的电子组态为：

Mn：$1s^2 2s^2 2p^6 3s^2 3p^6 3d^5 4s^2$ 或 [Ar]$3d^5 4s^2$

Mn(Ⅱ)：$1s^2 2s^2 2p^6 3s^2 3p^6 3d^5$ 或 [Ar]$3d^5$

Mn(Ⅳ)：$1s^2 2s^2 2p^6 3s^2 3p^6 3d^3$ 或 [Ar]$3d^3$

Mn(Ⅶ)：$1s^2 2s^2 2p^6 3s^2 3p^6$

2.3 元素及其存在形态

2.3.1 元素周期表

将各元素基态原子的电子组态按原子序数排列下来,可以看到电子组态的周期性变化。把各原子按其电子组态的特点进行分类编排,于是我们可以得到一张元素周期表(periodic table)。这个周期表和早年门捷列夫(Mendeleev)根据元素单质的物理和化学性质(如存在状态、比重等)随原子序数的周期性变化得到的元素周期表是基本相同的。这也体现了化学研究的一个基本思想:分子的性质由其电子结构决定。

在元素周期表中,列出了每一种元素的下列性质:原子序数(即原子的核电荷数)、元素符号、元素名称、价层电子组态以及精确的平均相对原子质量,一些表也列出了元素同位素的相对原子质量。然而,更多的信息则隐含在周期表的元素排列之中。

1. 元素的族(group)

元素周期表的"列"构成元素的族。同族元素原子具有相似的价层电子结构,如第一列的IA族,其元素的价层电子结构分别为:$1s^1$(H),$2s^1$(Li),$3s^1$(Na),$4s^1$(K),$5s^1$(Rb),$6s^1$(Cs)。根据族元素的价层电子结构,可进一步将族划分为:

(1) 主族:分别为ⅠA～ⅧA族,其中ⅧA族又称为0族。主族元素内层是全充满的,外层价电子组态为$ns^{1\sim2}$或$ns^2np^{1\sim6}$。外层电子的总数等于族数。He:$1s^2$比较特殊一些,由于He只有一个电子层,已经形成全充满结构,在化学性质上,He和稀有气体的性质相似,因此He属于0族。

(2) 副族:分别为ⅠB～ⅧB族,其中ⅧB包括3列元素。副族元素的特点是,价层电子除了最外层的s电子外,还包括次外层的d电子或更内一层的f电子。因此,副族元素具有多种氧化数。由于副族元素拥有外层的$ns^{1\sim2}$电子,因此元素性质上与ⅠA/ⅡA族相似,基本为金属元素。此外,副族元素在周期表上夹在ⅠA/ⅡA和ⅢA之间,因此,副族元素也称为过渡金属元素。

2. 元素的周期(period)

元素周期表的每一行构成一个周期,共7个周期。一个周期包含价层电子排布的一个完整序列,因此元素的物理化学性质在一个周期内完成一次规律性的变化。周期的数目和原子电子层的数目是一致的。

3. 元素的分区(area)

根据价层电子组态的特征,可将周期表中的元素分成s,p,d,ds和f共5个区域:

(1) s区元素:包括ⅠA和ⅡA族元素,价层电子组态是$ns^{1\sim2}$。除H元素外,它们都是活泼金属,在化学反应中容易失去ns电子形成+1或+2价离子。

(2) p区元素:包括ⅢA～ⅧA族元素,价层电子组态是$ns^2np^{1\sim6}$。它们大部分是非金属元素,可有多种氧化数。ⅧA族元素为稀有气体元素,由于轨道是全充满的,因此不易发生化学反应。

(3) d区元素:包括ⅢB～ⅧB族元素,价层电子组态是$(n-1)d^{1\sim8}ns^{1\sim2}$。它们都是较硬的金属,并有多种氧化数。

(4) ds区元素：包括ⅠB和ⅡB族元素，价层电子组态是$(n-1)d^{10}ns^{1\sim2}$。它们都是较软的金属，可有多种氧化数。

(5) f区元素：包括镧系和锕系元素。其电子组态的特点是价层电子有$(n-2)$层的f电子。f区元素都是金属，多数具有强磁性，而且化学性质极为相似。

【例2-3】 请写出原子序数为29的元素的名称和电子组态，指出该元素在周期表中的位置，并写出该原子+1和+2价离子的电子组态。

解 原子序数为29的元素为铜元素，其元素符号为Cu，根据电子填充顺序，其电子组态为

$$Cu: 1s^2 2s^2 2p^6 3s^2 3p^6 3d^{10} 4s^1 \quad 或 \quad [Ar]3d^{10}4s^1$$

Cu在周期表中为第四周期元素，位于ⅡB族，属于ds区元素。其离子的电子组态分别为

$$Cu^+: [Ar]3d^{10}; \quad Cu^{2+}: [Ar]3d^9$$

2.3.2 原子的基本性质参数及周期变化规律

原子的化学反应性取决于价层电子的结构，因而原子核对价电子的吸引力是影响原子化学性质的主要因素。反映原子核对价电子引力的参数有多种，如有效核电荷数、原子半径、电离能、电子亲和能和电负性等。

有效核电荷数反映了原子吸引最外层电子的净电荷大小。有效核电荷数越大，对外层电子的引力增加，电子越不易失去。在同一周期中，元素的有效核电荷数随原子序数的增加而呈增加的趋势。

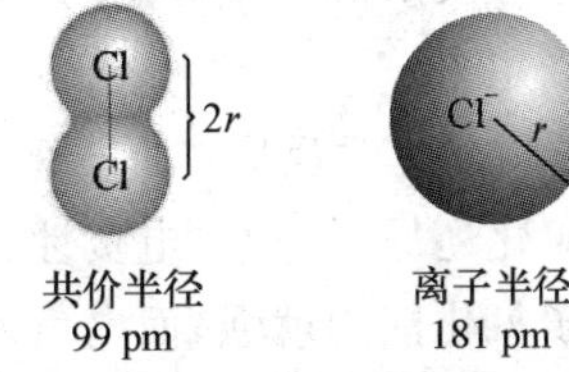

图2-20 元素的共价原子半径与离子半径比较，显然共价半径与之差别很大

原子半径(atomic radius)是原子核对核外电子吸引力的一种综合体现。原子核的引力越强，则原子半径越小。值得说明的是，元素有多种存在形式，因此从不同形式元素测定得到的原子半径是不同的。一般有三种原子半径：共价半径(以共价单键结合的两相同原子间距离的一半)、范德华半径(单质分子晶体中相邻的非成键原子间距离的一半)和金属半径(单质金属晶体相邻原子间距离的一半)。在同一周期中，原子共价半径一般随有效核电荷数增加而降低；而在同一主族中，原子半径随电子层数的增加而增加。

第一电离能是气态原子失去一个电子成为气态+1价离子所需的能量，它反映了原子失去电子的倾向。同一周期的元素，从左至右，有效核电荷数增加，原子半径减小，而第一电离能增加；在同一主族中，第一电离能随原子半径自上而下的增加而减小。

电子亲和能是气态原子结合一个电子形成气态−1价离子所释放的能量，它反映了原子获得电子的倾向。总的来说，位于周期表右侧的卤族元素有较大的电子亲和能，而左侧的金属元素的电子亲和能很小甚至为负值。

元素的电负性(electronegativity)是综合考虑电离能和电子亲和能、反映原子核吸引成键电子对相对能力的一个标度。1932年，鲍林规定F原子的电负性为4，提出了一套电负性χ值。之后不同科学家提出了新的修正的电负性数值。从图2-21元素电负性周期表可见，在同一周期中，从左到右元素的电负性递增；而在同一主族中，从上到下电负性递减。值得注意的

是,副族元素的电负性没有明显的变化规律。

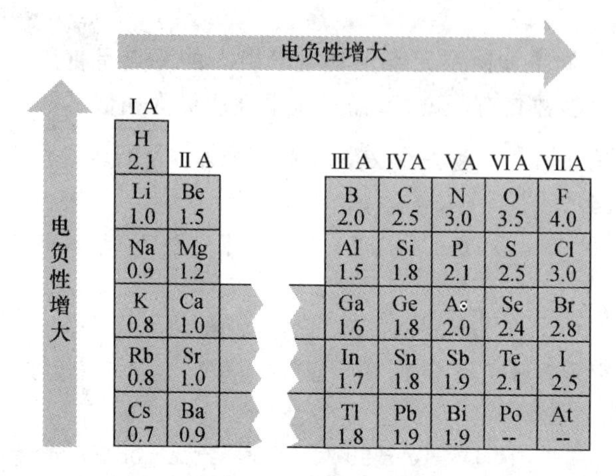

图 2-21　元素的电负性

2.3.3　电负性对元素化学性质的影响

电负性是反映原子核吸引成键电子相对能力的一个综合标度,也是最重要的一个元素参数。在化学反应和组成分子时,原子电负性大者吸引成键电子的能力强,反之就弱。因此,电负性可以用来:

(1) 预测化学反应中原子的电子得失能力。当一个电负性大的原子和一个电负性小的原子发生氧化还原反应时,电负性大的一方获得电子,电负性小的一方失去电子。因此,电负性大的原子氧化能力就强,而电负性小的原子还原能力就强。

(2) 推测与比较元素的金属性。金属元素的电负性小于2,而非金属元素的电负性则大于2。可见,从周期表的左下角到右上角,金属性递减而非金属性递增。不过,在金属和非金属间并没有严格的界限划分。

(3) 判断形成化学键的性质。电负性接近的原子,其得失电子的能力接近,因而在反应时倾向于形成共价键,而共价键的极性随电负性差别的增加而增大。电负性差别较大的原子进行反应时,则倾向于完全的电子得失,从而形成离子和离子键化合物。对于电负性小的金属元素之间,一般形成金属键。

2.3.4　元素的同位素

在一些元素周期表中也列出了元素的同位素的原子量[①]。同位素(isotope)是具有相同核电荷的原子,其原子核的质子数相同但中子数不同。例如氢元素有三种同位素,分别是氢(hydrogen, ^{1}H 或 H)、重氢(deuterium, ^{2}H 或 D)和超重氢(tritium, ^{3}H 或 T)。其中,H 的自然含量(亦称丰度,abundance)占绝大多数,为 99.985%。元素同位素间的化学性质基本相似,但也存在一些有意义的差异:

---

① 原子量、分子量的标准名称为相对原子质量、相对分子质量。为简便和沿用惯例,本书仍使用"原子量"、"分子量"表示。

(1) 原子质量的差异。根据牛顿第二定律 $F=ma$,质量越大的物体在受到相同力的作用时其加速度越小。因此,较重的同位素形成的化学键,其形成或断裂的速度都比较慢。例如在有机反应中,C—D 键的断裂速度要比 C—H 键慢 2～15 倍,即所谓的同位素效应。同位素效应在生物化学研究中有很多应用。

(2) 原子核自旋性质的差别。例如,^{12}C 原子核的自旋量子数为 0,而 ^{13}C 核的自旋量子数为 1/2。后者可以被核磁共振(nuclear magnetic resonance, NMR)仪器所检测,不过 ^{13}C 核的丰度较低(1.1%),检测的灵敏度低。^{1}H 核的自旋量子数也为 1/2,同样可为核磁共振仪检测。而且 ^{1}H 核在生物体中丰度都很高,灵敏度较高。核磁共振成像技术在当代医学诊断中非常重要。

(3) 元素的放射性差异。例如在氢的同位素中,H 核和 D 核都是稳定的,而 ^{3}H 是放射性的,它可以不断释放 β 射线,是生物医学研究中的一种重要的同位素标记。

同位素是普遍存在的。在周期表中元素的平均原子量常常为小数,这就和同位素含量有关。例如氯原子的两种同位素(^{35}Cl 和 ^{37}Cl)其精确原子量和丰度分别为:

^{35}Cl: 原子量 34.968855[①],丰度 75.8%

^{37}Cl: 原子量 36.965896,丰度 24.2%

因此,Cl 的平均原子量即为

$$75.8\% \times 34.968855 + 24.2\% \times 36.965896 = 35.453$$

2.3.5 一些重要的元素及其性质

表 2-3 列出了人体的主要元素组成。可以看到,C,H,O,N,S,P 构成了人体组成的绝大部分(占质量的 97.9%/物质的量的 99.6%);其次是 Ca^{2+},Na^{+},K^{+},Cl^{-},Mg^{2+} 等无机离子(2.1%/0.38%);其他则是微量元素,其中含量比较大的有 Fe,Zn 和 Cu。这些元素都在周期表的前四周期之内,它们的物理和化学性质决定了其在生物体中的不同作用。

表 2-3 人体的主要元素组成

元素		质量分数/(%)	摩尔分数/(%)	元素		质量分数/(%)	摩尔分数/(%)
非金属	金属			非金属	金属		
O		62.8	25.7		K	0.22	0.037
C		19.4	10.6	Cl		0.18	0.033
H		9.3	61		Mg	0.04	0.01
N		5.1	2.4		Fe	0.005	0.0006
	Ca	1.4	0.23		Zn	0.0025	0.00025
S		0.64	0.13		Cu	0.0004	0.00004
P		0.63	0.13		Mn	0.0001	0.00001
	Na	0.26	0.074	I		0.0001	0.000005

数据来源于:王夔,主编.生命科学中的微量元素(第二版).北京:中国计量出版社,1996.

① 爱因斯坦根据质能关系 $E=mc^2$,指出中子和质子组成原子核时,由于释放能量而造成原子核有质量损失。这使得原子量偏离中子和质子和的整数数值。

1. C,H,O,N

空气和水是地球上生命的基础。水分子的组成为H_2O,而干洁大气的主要成分包括氮气(N_2,78%)、氧气(O_2,21%)、惰性的氩气(Ar,0.9%)和二氧化碳气体(CO_2,0.03%～0.05%)。二氧化碳的含量虽小,但总量巨大,CO_2气体的温室效应对全球气候影响巨大,限制人类工业和其他活动向大气排放CO_2是人类面临的一个重要的环保问题。C,H,O,N元素作为空气和水的构成元素,也是生命的基本元素。

C原子的电子组态为$1s^2 2s^2 2p^2$,电负性为2.55,几乎位于所有元素的正中间(电负性最小的Cs为0.79,最大的F为3.98),这决定了C原子和其他元素反应时,基本上都是形成共价键。此外,C原子价层具有4个电子和4个原子轨道(1个s轨道和3个p轨道);由于共价键的形成要求原子轨道组合和电子成对(详见3.2节),C原子最多可以和4个其他原子以稳定的共价键结合。所有元素中,C原子形成共价键的个数是最多的。加之C原子仅有两层电子,体积很小,这些性质使它在组成分子的过程中,成为最重要的"积木块"。有机分子都是以C原子为分子的骨架结构,这将在未来"有机化学"和"生物化学"课程中详细论述。

仅仅有C原子一种,不足以形成各种复杂结构的有机分子。C原子最多形成4个共价键,与之匹配,我们需要电负性与C原子接近,分别可形成3,2和1个共价键的原子,作为组成生物分子的补充"积木块"。同样,这些补充积木原子应该是体积小并且容易从环境中得到的。不难看出,在元素周期表中符合要求的原子分别为:$N(1s^2 2s^2 2p^3)$,$O(1s^2 2s^2 2p^4)$和$H(1s^1)$原子。见图2-22。

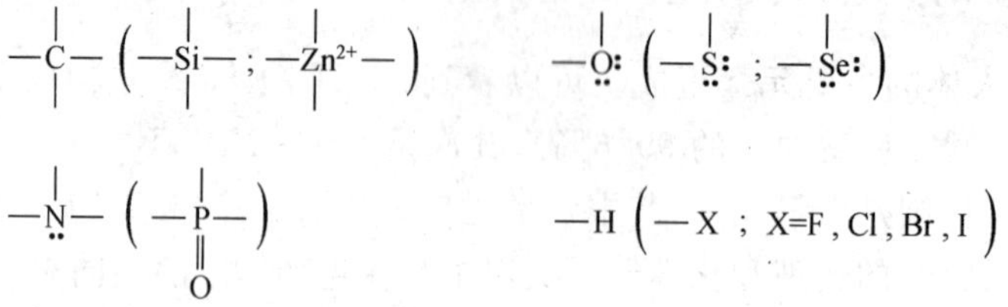

—C— (—Si—; —Zn²⁺—)　　—O: (—S: ; —Se:)

—N— (—P(=O)—)　　—H (—X; X=F, Cl, Br, I)

图2-22　构成生物分子的原子"积木"及其可形成化学键的数目(括号内为替代结构)

N原子外层2s轨道电子全充满,3个2p轨道上有3个电子,可以形成3个共价键。O原子外层2s和1个2p轨道电子全充满,2个2p轨道上有2个电子,可以形成2个共价键。H原子只有1个1s电子,显然它可以作为积木块的末端,因此H原子在生物体中数量最大(其摩尔分数达到61%)。但是,H原子的质量很小,因此其质量分数在生物体中仅占不到10%。

H,O,N元素的单质都是双原子分子(H_2,O_2,N_2)。O,N原子都有着较大的电负性,具有较高的得电子能力,即强的氧化能力,但O_2和N_2分子中原子分别以双键和叁键相结合,这使得O_2和N_2分子的稳定性很高。特别是具有叁键的N_2分子,几乎可以和稀有气体一样呈化学惰性。这是难能可贵的特点,使得生命能在一个强氧化性的大气环境内稳定存在,同时又可以通过催化氧化过程获得能量,从而生机勃勃、生生不息。

H_2O分子是生物体中的溶剂,许多科学家相信,生命起源于水中。在2004年"勇气号"探索火星生命中,寻找水或水存在的证据是其工作的重要内容。我们将在第3章,对O_2,N_2和H_2O的分子结构以及物理化学性质进行讨论。

2. P,S,Se

P是N的同族元素,S和Se是O的同族元素。但与N和O相比,它们的电负性较小,而原子半径大了很多。P,S 和 Se 的氢化物(PH_3,H_2S 和 H_2Se)都具有很强的还原性。PH_3 在空气中可以自燃,发出淡蓝色的光,在野地里形成诡秘的“鬼火(磷火)”景观。可以预见,P,S 和 Se 替代 N,O 组成生物分子时,这些结构会具有还原性;事实上,S 和 Se 在蛋白质结构中确实也发挥着氧化还原中心的作用。

P 的电子组态是[Ne]$3s^2 3p^3$。同 N 一样,P 可以用 3 个外层轨道和 3 个单电子与其他原子形成 3 个共价键;不同的是,P 剩下的一对电子需要和一个 O 原子形成双键才能稳定。因此,作为有机分子的构建“积木”,基本上是以“O═P≡”的结构形式(参见图 2-22)存在。不过在生物分子中,P 并不和 C 直接结合。实际上,人工合成的有机膦化物多数具有很强的毒性,有机膦农药是农业中重要的杀虫剂。

在生命体系中,P 主要是以无机含氧酸根——磷酸根(phosphate, PO_4^{3-})的形式存在。而在组成生物分子时,P 和其他原子结合的形式是磷酸酯键(图 2-23),涉及的生物分子包括脱氧核糖核酸(deoxyribonucleic acid, DNA)、磷酸化蛋白质分子、构成细胞膜的磷脂分子(phospholipid)和生物能量分子三磷酸腺苷(adenosine triphosphate, ATP)等。

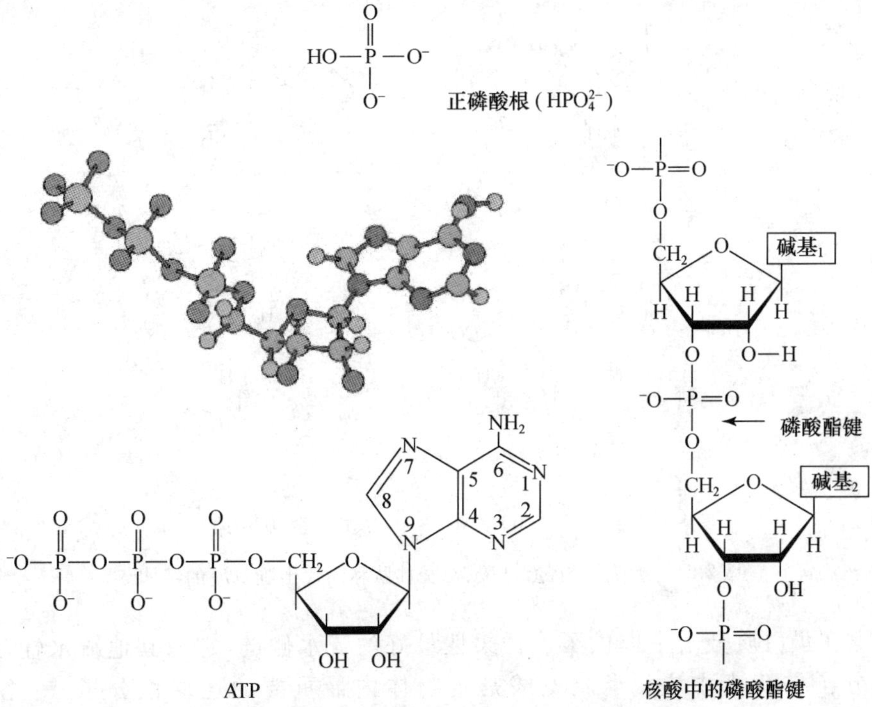

正磷酸根(HPO_4^{2-})

ATP

核酸中的磷酸酯键

图 2-23 磷酸根、ATP 以及生物分子中的重要磷酸酯键结构

磷酸酯键具有以下特点:

(1) 高能性。一方面以磷酸酯键结合的分子具有很高的稳定性,另一方面磷酸酯键的断裂可以释放大量能量。例如,生命活动的直接能量来源是靠 ATP 水解提供,ATP 是生命体系的“燃料”分子。

(2) 动态性。磷酸酯键在相应生物酶的催化下,可以很快形成或断裂。这样,DNA 分子的复制和修复就能够快速进行,细胞能够快速复制。磷酸化蛋白质是生物细胞中传递信号的分子。蛋白质的快速磷酸化和去磷酸化在细胞信号传导中是非常重要的。

(3) 亲水性。磷酸根通过磷酸酯键和生物分子结合后,这些生物分子便获得了较多的负电荷并增加了亲水性。磷脂分子亲水的头部正是磷酸根结构,在形成细胞膜的脂双层结构中起了重要的作用。

S 的电子组态是[Ne]$3s^2 3p^6$。在生物分子的构建中可以代替 O 的位置,但 S 的原子半径比 O 要大近 30 pm,而且电负性小得多。因此,含硫生物分子的结构特点是具有较好的分子柔韧性和还原性。

含硫分子柔韧性的一个表现是单质硫的性质。S_2分子只在蒸气中存在,在液态中 S 形成不同长度的链状分子,在 160～195℃时为棕色的黏稠液体。将这种液体迅速冷却,可以得到像橡胶一样的弹性硫形式;而缓慢冷却下,可以形成美丽的淡黄色斜方硫结晶,这时硫分子的构成是 S_8。在橡胶生产中,一个重要的工艺就是橡胶的硫化,硫化的橡胶具有更好的弹性和稳定性。

在组成蛋白质分子时,S 存在于两种重要氨基酸中:蛋氨酸(methionine, Met)和半胱氨酸(cysteine, Cys),见图 2-24。

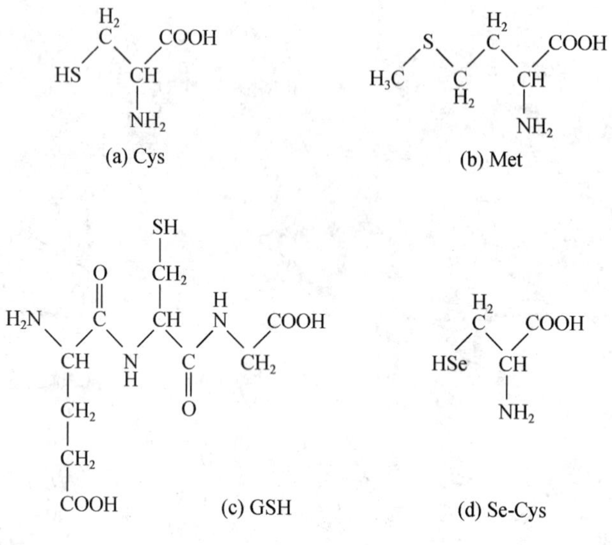

(a) Cys　(b) Met

(c) GSH　(d) Se-Cys

图 2-24　半胱氨酸、蛋氨酸、谷胱甘肽和硒代半胱氨酸的结构

蛋氨酸在蛋白质分子中提供了一种柔性最好的疏水侧链,它和其他疏水性氨基酸构成蛋白质分子的疏水中心。半胱氨酸是生物体内最重要的还原性分子——谷胱甘肽(glutathione, GSH)的成分,它起到保护细胞中重要的分子不受氧化或重金属损伤的作用。半胱氨酸的性质来自于下列氧化还原反应:

$$R_1—Cys—SH + HS—Cys—R_2 \underset{还原}{\overset{氧化}{\rightleftharpoons}} R_1—Cys—S—S—Cys—R_2$$

上式是个通式,如果反应物是谷胱甘肽,则反应为

$$2GSH \underset{还原}{\overset{氧化}{\rightleftharpoons}} GS—SG$$

这个反应的特点是 Cys 的巯基(—SH)在氧化还原反应的调解下可逆地进行二硫键(disulfide bond, —S—S—)的生成和断裂。这个反应十分巧妙地把氧化还原和分子结构的柔性变化结合在一起,使蛋白质分子结构具有了感受不同氧化还原环境的能力。

Se的电子组态是[Ar]$3d^{10}4s^{2}4p^{6}$。Se可以替代Cys中的S,成为硒代半胱氨酸(Se-Cys),见图2-24。比起S来,Se多一层电子,原子半径要大一些,不过电负性却差不多。因此,在半胱氨酸的结构中,Se—H键比S—H键要更容易解离,进行氧化还原反应的速度更快。这正是Se-Cys在蛋白质结构中的意义。Se-Cys是细胞中谷胱甘肽过氧化物酶(GSHpx)的活性中心,负责分解体内的有害氧化性分子,包括过氧化氢和脂质过氧化物。GSHpx催化的反应如下:

$$2GSH + H_2O_2 \longrightarrow GS\text{—}SG + 2H_2O$$

$$2GSH + R\text{—}OOH \longrightarrow GS\text{—}SG + R\text{—}OH + H_2O$$

上述反应式中,R—OOH代表脂质过氧化物。这一反应消耗GSH,将有害氧化性分子还原成水和无害的醇。GSHpx的功能对细胞生长至关重要。缺硒会导致GSHpx活性下降,将造成人体严重的氧化损伤,可能是癌症和地方性大骨节病等的致病原因。

硫酸根(SO_4^{2-}, sulfate)是体内的一种重要无机离子。含硫氨基酸在代谢分解后转化为硫酸根,最终排出体外。体内的磺基转移酶(sulfotransferase)可以把SO_4^{2-}通过硫酸酯键连接到进入体内的药物(drug)或毒素(toxin)分子上[①],这些结合了硫酸根的分子好像被贴上了标签,很容易通过细胞膜上的各种药物转运载体被排出体外。这是有机体抵御外来物质侵害的重要机制之一。

$$\text{Toxin-OH} + SO_4^{2-} + \text{ATP} \xrightarrow{\text{磺基转移酶}} \text{Toxin-}OSO_3^{-} \longrightarrow \text{排出体外}$$

3. Si和Al

Si的电子组态是[Ne]$3s^{2}3p^{2}$。和C具有相同的价层电子结构,仅从这个方面讲,Si可以和C一样形成多种复杂的有机分子结构。但Si的原子半径(118 pm)比C(77 pm)大40 pm还多,而且电负性较小(1.90)。因此,Si带有明显的金属性,而不像C一样可以Si—Si键形成稳定的硅链,已知的最长硅链含6个硅原子(己硅烷)。实际上,Si单质是著名的半导体金属,是世界电子工业的基础。美国加州著名的计算机和电子产品高科技工业区被冠名为"硅谷"(Silicon Valley),可见Si晶体的重要性。专家估计在21世纪,硅仍然会占半导体材料的95%以上。

虽然Si不能形成以—Si—Si—链为结构的大分子,但是,Si—O键的稳定性却非常好,能够形成很长的—Si—O—Si—链结构。石英(二氧化硅,SiO_2,纯净的晶体叫做水晶,是较贵重的宝石)具有类似金刚石一样的结构,也具有非常高的硬度和许多优异的力学性质。石英的膨胀系数小,可以耐受温度的剧变,灼烧后立即投入冷水中也不至于破裂,可用于制造耐高温的仪器(如石英坩埚)。此外,石英也具有优越的光学性质。石英玻璃具有较高的折光系数,且能透过可见光和紫外线,是制造如棱镜、透镜等光学仪器的高档材料。从高纯度石英玻璃熔融体中拉出的超细石英玻璃纤维,可以传导光,故称光导纤维。利用光导纤维可进行光纤通讯和制作各种人体内窥镜(如胃镜等),对诊断治疗各种疾病非常有利。石英的另一个特性是"压电效应",即受压时能产生一定的电场。石英薄片在高频电场的作用下,能作间歇性的伸张和收缩,石英的这种伸缩可引起周围介质产生声波。由于水晶或石英具有这种性质,因此被广泛应用

---

① 在体内,药物分子和毒素分子通常首先被细胞色素P450酶所催化氧化,使分子结构中含有至少一个OH基团,此氧化过程称为第一相代谢。代谢产物被连接上一个硫酸根或其他分子,以有利于向机体外排出,这个过程称为第二相代谢。

在钟表工业和超声技术上。

制备硅胶(silica gel)的方法是在硅酸钠(俗称水玻璃)的水溶液中加酸,形成聚合硅酸——一种透明的软质水溶胶;然后烘烤脱去大部分的水,成为干胶(图 2-25)。硅胶在结构上可以看成是含水的石英。硅胶具有很好的机械强度,可以耐受几百个大气压的压力不变形,同时内部有很多的孔洞和空穴结构。在生物界,硅藻可以吸收水中的硅,转变成聚合硅酸来建造细胞壁,一些高等植物如竹子也用聚合硅酸构建高强度的细胞壁。硅藻死亡后,细胞壁存留下来形成硅藻土。硅藻土具有强烈的吸附性,在日用化工、制糖业和净水工业等多种部门中都有广泛的用途。诺贝尔也是利用硅藻土生产出了安全炸药。

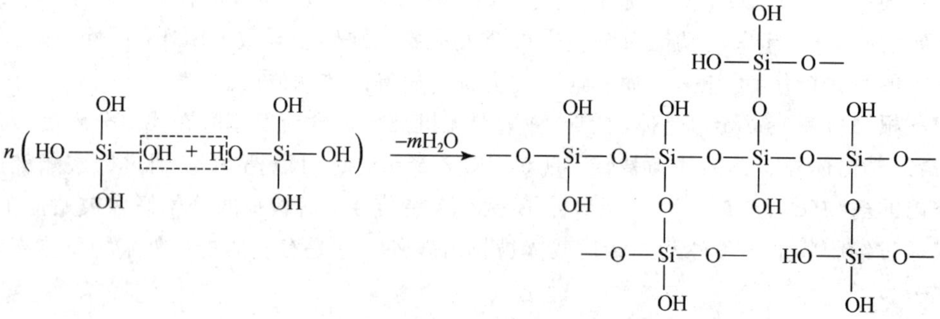

$$n\,(\mathrm{HO{-}Si(OH)_2{-}OH} + \mathrm{HO{-}Si(OH)_2{-}OH}) \xrightarrow{-m\mathrm{H_2O}} \cdots$$

图 2-25 硅胶的形成及结构示意图

硅酮(silicone),又称聚硅氧烷。常见的有聚甲基硅氧烷(polydimethylsiloxane),结构类似硅胶,但—Si—OH 基团被甲烷化(图 2-26)。硅橡胶(商业上也有称为矽胶)是线性的聚硅氧烷,它的聚合度在 2000 以上,是无色透明的弹性物质,既耐高温也耐低温,在 −100～300℃ 仍能保持弹性,且不易变形。此外,硅橡胶耐酸、耐碱、耐油,化学稳定性高;无毒、无味,生物相容性好。因此是一种优越的医用高分子材料,可以用于人造心脏瓣膜、血管和人工组织如女士隆胸用的乳房填充材料等。

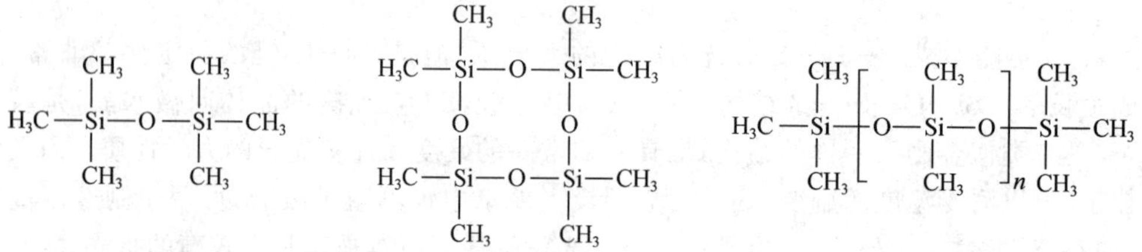

六甲基二硅醚　　八甲基环四硅氧烷　　线性高聚物

图 2-26 聚硅氧烷(硅酮)的几种结构

硅胶、聚硅氧烷结构显示了理论上可以存在以—Si—O—Si—链为骨架结构的生物分子和由其组成的生命形式。与以 C 为骨架的类似结构的有机分子比较,聚氧硅烷分子具有更为优良的耐水、耐热、抗氧化、电绝缘及耐低温等性能。不过以 Si 为结构组成的生命形式至今没有发现。为什么生命选择 C 而不选择 Si 呢?这确实是一个发人深思的问题。也许生命的特性就在于不断地更新,“耐久性”并非生命的选择。

Al 是ⅢA 族元素,其电子组态为[Ne]$3s^2 3p^1$。与 Si 相比,Al 的电负性更小,而原子半径更大，因此 Al 基本表现为金属元素的性质。它容易失去外层的 3 个电子形成 Al^{3+} 离子。但失去电子后的 Al^{3+} 半径大大减小到 50 pm，具有很高电荷密度（电荷密度的表征参数是 z/r），因此 Al^{3+} 很容易水解。在 pH 4～10 范围内，Al^{3+} 和 OH^- 结合形成 $Al(OH)_3$ 沉淀。

在临床上，$Al(OH)_3$ 水凝胶是长期以来用做治疗胃溃疡和胃酸过多的药物。$Al(OH)_3$ 凝胶是由 $Al(OH)_3$ 的微小沉淀颗粒连接而成的网络结构，中间包着相当多的水，因此是一种黏度大、吸附力强的物质。在胃中，凝胶可以附着在有病的溃疡黏膜表面（溃疡区的 pH 比正常胃黏膜要高）形成一层覆盖膜，起到保护作用。同时，$Al(OH)_3$ 也可以和过多的胃酸发生中和反应

$$Al(OH)_3(s) + H^+ \Longrightarrow Al(OH)_2^+ + H_2O$$

从而降低胃酸对黏膜的损伤。不过，$Al(OH)_3$ 用做溃疡病治疗药物也有缺点，如部分 Al^{3+} 可被人体吸收。研究发现，Al^{3+} 可以进入脑组织，引起神经细胞的损伤，长期进行透析治疗的肾病患者容易发生由于大脑 Al^{3+} 过度积累而引起的早老性痴呆症。此外，$Al(OH)_3$ 可以在肠道内和磷酸根反应生成不溶性的磷酸铝，从而影响磷的吸收。$Al(OH)_3$ 还能够引起便秘。

Al 和 Si 的一个重要化合物是铝硅酸盐，这是黏土的主要成分。在电子显微镜下观察铝硅酸盐黏土矿物，可以看到黏土的结构多为鳞片状层结构。铝硅酸盐的基本组成单元是硅氧片和水铝片。硅氧片结构类似 SiO_2，每个 Si 原子周围有 4 个 O 原子，形成一个四面体结构，称为硅氧四面体。硅氧四面体沿平面方向通过公用四面体角上的 O 原子连接形成硅氧片（而在石英中，硅氧四面体则是形成三维晶体结构）。水铝片是由铝氧八面体连接而成。高价的 Al^{3+} 周围很容易吸引多个负电荷，铝氧八面体中每个 Al^{3+} 周围有 6 个 O（或 OH）原子。图 2-27显示了硅氧四面体和铝氧八面体的结构。

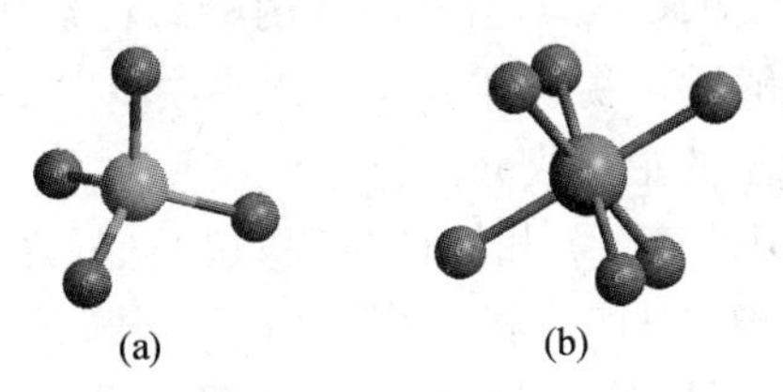

图 2-27　硅氧四面体(a)和铝(氢)氧八面体(b)的结构

硅氧片和水铝片交互重叠而形成层状的黏土结构。在黏土的层状晶体结构中，相邻的氧原子为上下层所共用。硅氧片和水铝片通过不同的交叠方式形成不同的黏度结构类型，如高岭土和蒙脱石等。黏土具有高吸水性、高吸附性和良好的黏结能力，是土壤中最活跃的部分。

我们知道，土壤为植物生长提供了必需的基础。在自然环境中，土壤是连接无机界和有机界、生物界和非生物界的中心环节。于是我们看到一个有趣的现象：Si 和 Al 形成万物生长的支持，但生物却不选择它们作为组成生命分子的骨架结构成分。为什么呢？这个引人入胜的问题期待着科学的进一步发展来寻找其答案。

4. F，Cl，Br，I

F，Cl，Br，I 都是ⅦA 族元素，俗称卤素。它们的价层电子结构的通式为 ns^2np^5，一个重要的特点是原子的电负性都较高。从价电子结构可见，卤素原子外层具有一个单电子，可以和氢原子一样作为有机分子结构的末端原子。但是，在生物分子中，只有 I 原子是甲状腺素的组成成分（图 2-28）。虽然碘的用量不多，但由于环境中碘的含量更少，因此人群中因碘缺乏造成

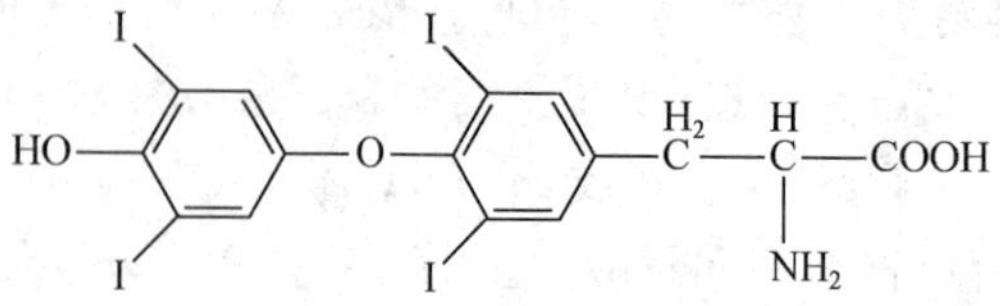

图 2-28　甲状腺素的分子结构

的地方性甲状腺肿疾病时有发生。

从卤代分子的性质上,我们也许看到了生物不用卤素作末端的原因。例如聚四氟乙烯,商品名称特氟隆(Teflon),是一种光滑不透明的材料,耐热、耐各种腐蚀,差不多是最稳定的一种有机物质,而且既不亲水,也不亲油,在工业上用来防止黏附,并用来制作不粘锅的涂层。特氟隆的效果如此显著,因此在国外报纸文章中经常用它来比喻"水火不侵"的政治人物。在生态环境保护上,卤代分子的名声不佳,氟利昂(CFCs)是公认的造成大气层臭氧空洞的罪魁祸首。2001 年世界各国签署的"关于持久性有机污染物的斯德哥尔摩公约"中,列出了 12 项规定首批淘汰的污染物:Aldrin, Dieldrin, Endrin, Chlordane, Heptachlor, Mirex, Toxaphene, DDT, Hexachlorobenzene, Polychlorinated biphenyles, Dioxin, Furan。其中除 Furan(呋喃)外,其他都是氯代有机物。DDT(对二氯二苯基三氯乙烷)曾一度被认为是有机杀虫剂的典范,其发明者也因此获得了诺贝尔奖。但现在的研究表明,DDT 是导致动物雄性退化、威胁多种物种生存的原因,因而成为在全球范围淘汰的首要对象之一。

由于卤素的高电负性,因此卤素容易获得一个电子成为卤离子 X^-。X^- 具有类似稀有气体的电子结构。与原子半径比较,X^- 的半径增大了许多(表 2-4)。因此,稳定而具有较小的电荷密度(z/r)是 X^- 的重要特征;除 F^- 外,其他 X^- 均是中性的阴离子,不会对溶液的酸碱性造成影响。这些特点几乎完美地符合了生物体维持体液和电解质平衡的需要。在海水中,Cl^- 的含量是阴离子中最高的。因此,Cl^- 是生物体体液中阴离子的主要成分。

表 2-4　卤素的原子和离子半径

	F	Cl	Br	I
原子序数	9	17	35	53
原子共价半径/pm	64	99	114.2	133.3
X^- 离子半径/pm	136	181	196	216

F^- 在结构上非常类似 OH^- 离子:相同的电荷数、类似的离子大小和中心离子的电子结构,因此 F^- 在一些性质上也像 OH^-。在水溶液中,F^- 显碱性。羟基磷灰石(hydroapatite, HAP)是骨骼的组成分子,F^- 可以替代 HAP 分子中部分的 OH^-,这种置换在一定范围内可以增加骨骼的强度,提高骨骼的耐酸腐蚀能力和降低细菌附着能力。因此,给牙齿表面进行涂氟处理是一种预防龋齿发生(特别是对青少年来说)的非常有效的手段。成人可每天用加入一定量 NaF 的牙膏刷牙。不过,F^- 容易和 Ca^{2+} 形成不溶性沉淀。由于牙膏中多数使用 $CaCO_3$ 作为摩擦剂,可以和 F^- 反应而造成牙膏防龋功能的丧失,因此如何向牙膏中有效地添加 F^- 其实并不简单。

5. Na, K, Ca, Mg

Na 和 K 都是 I A 族元素,外层电子组态是 ns^1。由于单质元素活泼,与水反应形成"火碱"溶液,因此 Na 和 K 以及本族元素被称为碱金属元素。碱金属元素的特点是电负性较小,原子半径大;外层只有一个 s 电子,极容易失去这个电子而形成+1 价离子。由于原子半径较大,碱金属离子的电荷密度(z/r)也很小。这些性质和 X^- 相映成趣。在海水中 Na^+ 和 K^+ 含量都很丰富,因此,Na^+ 和 K^+ 在生物体内和 Cl^- 搭配,成为维持体液和电解质平衡的主要阴阳离子。

在人体中，Na^+ 主要存在于血液中，而 K^+ 存在于细胞中。这种分工主要是为了维持细胞膜（特别是神经细胞）的电极性需要。为了维持膜的电极性，细胞膜要不断地有离子移动形成的离子电流通过。每种离子的移动能力（ion mobility，又称淌度）是不同的，因此电解质溶液导电时每种离子各自的导电百分数是不同的（表 2-5）。从离子的移动能力考虑，K^+ 和 Cl^- 的导电能力相互均衡匹配，因此细胞选择它们作为胞浆的电解质成分是非常合理的。

表 2-5　25℃时，几种电解质水溶液（0.1 mol·L^{-1}）离子的导电份额

电解质		盐酸（HCl）	NaCl	KCl	$AgNO_3$
导电份额/（%）	阳离子	83.1	38.5	49.0	46.8
	阴离子	17.9	61.5	51.0	53.2

数据来源于：杨文治. 电化学基础. 北京：北京大学出版社，1982.

在元素周期表中，H 也放在ⅠA 族的位置上。H 原子虽然也容易失去 1s 的电子而形成 H^+，但 H^+ 的性质却非常特殊。因为 H^+ 几乎是一个裸露的质子，其电荷密度极高。由于化学键的本质仍是静电作用，H^+ 的强大电场将严重影响与其直接接触的分子的稳定性。在水溶液中，H^+ 只能是以水合离子（H_3O^+）的形式存在。虽然水合 H^+ 体积很大，但通过水溶液中的氢键网络机制，H^+ 移动能力超强，比 Na^+ 和 K^+ 要大数倍（详见 6.3.2 小节）。对于生命体系来说，H^+ 的浓度是一个重要的溶液性质参数，因此我们将在第 6 章专门进行讨论。

Mg，Ca 都是ⅡA 族元素，也称为碱土金属元素，外层电子组态为 ns^2。同碱金属元素一样，这两个 s 电子容易失去而形成＋2 价的阳离子。显然，碱土金属离子的电荷密度要远远高于碱金属离子，因此它们的“土性”（容易生成难溶性化合物和高熔点化合物）更为显著。

Mg^{2+} 与其相邻元素离子 Al^{3+} 的共同特点是具有高的电荷密度。外层失去电子后有 3s3p3d 多（1＋3＋5）个空轨道，使得它们都具有容易在周围吸引多个阴离子的能力。它们和这些阴离子形成特殊的共价键——配位键（详见第 10 章），这些阴离子称为配体，结合了配体的金属离子称为配离子。此外，高的电荷密度也容易导致周围临近分子或基团的极化，因而这些离子都很容易水解。相比之下，Al^{3+} 有过强的水解倾向，以至于在中性环境下（pH≈7）都以 $Al(OH)_3$ 沉淀存在，而 Mg^{2+} 则可在中性环境稳定存在。

Mg^{2+} 在生物体内的主要作用是作为 ATP 酶的辅基，催化 ATP 的高能磷酸酯键水解而释放能量。这一能量是包括 DNA 和蛋白质合成、细胞信号传导、分子运输等一切生命活动的基础。Mg^{2+} 与磷酸根有强的结合倾向。当与 ATP 结合后，其高的正电荷密度可导致磷酸酯键的极化①，有利于键的水解断裂。

与 Mg 相比，Ca 的电负性要小，而 Ca^{2+} 半径（1.06 pm）要比 Mg^{2+}（0.78 pm）明显大。虽然 Ca^{2+} 也和磷酸根有强的结合倾向，但不具有 Mg^{2+} 的催化作用。因此，Ca^{2+} 主要存在于细胞外的体液中（≈10^{-3} mol·L^{-1}）；细胞内 Ca^{2+} 的浓度通常被控制得很低（≈10^{-7} mol·L^{-1}），以避免干扰细胞内 Mg^{2+}（≈10^{-2} mol·L^{-1}）的工作。细胞需要 Ca^{2+} 的时候，细胞膜上的 Ca^{2+} 通道开放或释放细胞内存储的 Ca^{2+}（这些 Ca^{2+} 存储称为钙库，calcium pool）。

Ca^{2+} 的一个主要功能是和多价的阴离子生成难溶性的生物矿物（详见第 8 章）。这些难溶盐包括碳酸钙（$CaCO_3$）和钙磷酸盐（如羟基磷灰石 HAP）。HAP 是骨骼和牙齿的成分。骨骼和牙齿的高强度和高韧性是许多合成材料都无法比拟的。现代研究表明，骨骼的优越力学

---

① 极化是原子或分子在外电场的作用下，其电子云发生变形，引起原子、原子间的共价键或分子的正负电荷重心相互偏离，产生极性的现象。

性质的原因之一是 HAP 组成骨骼的特殊方式——纳米 HAP 颗粒和骨胶原蛋白分子的有序组装。一个重要的体内 $CaCO_3$ 晶体是"耳石"(otolith)。耳石位于耳蜗的前庭中,由一组大小不同的 $CaCO_3$ 微晶体形成。通过 $CaCO_3$ 晶体的重力和惯性牵动连接的蛋白质纤维,从而使身体感觉直线变速运动以及头部静止时的位置。

Ca^{2+} 的另一个重要功能是作为细胞信号传导的"第二信使"。细胞中有一些感受 Ca^{2+} 的蛋白质,如钙调蛋白(calmodulin, CaM)。当细胞内 Ca^{2+} 浓度升高时,这些 Ca^{2+} 感受蛋白可以和 Ca^{2+} 结合。结合 Ca^{2+} 的感受蛋白会发生结构的变化,可以进一步和新的蛋白质结合并产生特定的生物酶活性,从而启动一系列细胞内的化学反应,推动细胞的生长、分化或死亡。一些高电荷、大小类似的金属离子(如 Mn^{2+}、稀土离子等)可以发挥类似 Ca^{2+} 的功能。

6. Fe, Cu, Zn

Fe, Cu, Zn 都是第四周期的过渡金属元素,它们是生物体内含量最多的微量元素,是重要的"三驾马车"。

Fe 的电子组态是 $[Ar]3d^6 4s^2$。作为金属元素, Fe 倾向于失去外层的若干电子而成为更稳定的阳离子。Fe 可以首先失去 4s 的 2 个电子,形成 Fe^{2+},如 Fe 溶于盐酸等非氧化性酸,可以放出氢气,这是我们都很熟悉的反应:

$$Fe + 2HCl \xlongequal{} H_2 \uparrow + FeCl_2$$

Fe^{2+} 在水中实际上是以 $Fe(H_2O)_6^{2+}$ 配离子形式存在,所有过渡金属离子都倾向于形成配离子。Fe^{2+} 可以继续失去其余的 3d 电子,这取决于形成配离子的稳定性。Fe^{2+} 很容易失去一个电子得到 3d 轨道半充满的 Fe^{3+},或者进一步失去一个电子形成 Fe^{4+}。Fe^{4+} 只存在于细胞色素 P450 酶氧化分解外源性毒素分子时的中间反应物(reactive intermediate)中。酶催化反应的分子称为底物(substrate)。细胞色素 P450 酶采用 Fe^{4+} 的方式氧化其底物有两个优点:一是 Fe^{4+} 具有极强的氧化性,可以氧化分解大多数的分子,如苯和含苯环的化合物;二是氧化反应同时进行双电子的转移,避免产生对细胞危害很大的活性氧等自由基分子。

Fe^{2+} 和 Fe^{3+} 都具有较大的电荷密度,因此很容易水解或者和 OH^- 离子结合形成氢氧化物沉淀。$Fe(OH)_2$ 是白色絮状沉淀,极容易被空气中的 O_2 氧化成红棕色的 $Fe(OH)_3$,后者受热脱水后形成红褐色的 Fe_2O_3。赭石和富含铁质的土壤显示红色,即是 Fe_2O_3 的颜色。在远古时代,这种鲜艳的颜色被古人类用来装饰身体和重要的仪式。

铁磁性是单质铁及铁化合物的重要性质。将 $FeCl_2$ 和 $FeCl_3$ 按反应的比例在 40℃混合,然后缓慢加入 6 mol · L^{-1} 的 NaOH 溶液并不断搅拌和保温放置。将反应后的溶液置于磁铁上使磁性颗粒沉降下来,于是便得到黑色的磁性氧化铁超微颗粒,反应式为

$$Fe^{2+} + 2Fe^{3+} + 8OH^- \xlongequal{} Fe_3O_4(FeO \cdot Fe_2O_3) + 4H_2O$$

这种磁性氧化铁超微颗粒的大小在 2~15 nm 之间,平均粒径约为 7 nm。这么大小的颗粒可以分散形成一种磁性的胶体溶液,称为磁流体。在一些依靠地磁感受方向的生物如蜜蜂体内,磁性氧化铁的纳米颗粒和生物分子结合形成磁感应器官,如同耳石感应身体位置和运动一样,这些生物微磁体可以感受地球磁场的磁力线方向,从而使生物获得神奇的辨别方向的能力。

在生物体内, Fe 的作用包括 3 个方面:

(1) 结合和运载 O_2。生物从大气吸入的 O_2 去氧化食物分子,最终生成 CO_2 和 H_2O,其间放出的能量用于合成 ATP, ATP 推动体内各种新陈代谢过程。然而, O_2 在水里溶解度很低(25℃, 31.6 mL · L^{-1})。单靠 O_2 在血液里的物理溶解,全身血液所能溶解和携带的 O_2 是极其有限的,远远不敷需求。所以,在血液里需要容量很大的氧载体(oxygen carrier)——血红蛋白(hemoglobin,

Hb)。Hb分子含有4个血红素辅基,每个辅基含有一个Fe^{2+}。Hb运载O_2的机制是一个非常引人入胜的问题。在临床上,贫血的一个重要原因是缺铁,但导致缺铁的原因却很复杂,不能够以单纯地在食物中补充铁来解决问题。

(2) 组成含铁的各种氧化酶,例如细胞色素P450和含血红素的过氧化物酶等。它们氧化分解外来的异物分子,保护细胞不受外源性毒素的损害。

(3) 组成含铁的电子运载蛋白,例如细胞色素a~c和Fe-S蛋白等。它们在细胞的线粒体中,负责将电子高效率传递到O_2上,释放能量而合成生命的能量分子ATP。实际上,食物氧化释放能量的过程是相当复杂的,在葡萄糖($C_6H_{12}O_6$)氧化过程中,电子传递的路线如下:

$$C_6H_{12}O_6 \xrightarrow[\searrow 4ATP]{\text{醣酵解/柠檬酸循环}} NADH/FADH_2 \xrightarrow[\searrow 32ATP]{\text{氧化磷酸化}} O_2$$

$$C_6H_{12}O_6 + 6O_2 \longrightarrow 6CO_2 + 6H_2O\ (+36ATP)$$

上述过程中,绝大多数的ATP由氧化磷酸化(oxidative phosphorylation)过程获得。当NADH或$FADH_2$被O_2氧化时,需要克服两个困难:第一,反应必须在十分温和的条件下进行,而在常温常压下直接进行氧化反应的速率太慢;第二,氧化反应不能一次完成。要使反应释放的能量能够高效率地用来合成ATP,分步反应是必需的。因此,电子由NADH到O_2的传递需要一个周转分子,而$Fe^{3+} \rightleftharpoons Fe^{2+}$互变可以起到传递单个电子的作用。这样氧化磷酸化过程能够迅速而温和地进行。

Fe^{2+}有一个非常重要的反应——Fenton反应。1894年Fenton在研究有机合成时发现硫酸亚铁加过氧化氢可以产生下列反应:

$$Fe^{2+} + H_2O_2 \longrightarrow Fe^{3+} + \cdot OH + OH^-$$

这个反应的重要之处是导致了一种重要的分子——羟自由基(·OH)的生成。单看这个反应,Fe^{2+}在里面是反应物,每生成一个·OH就要消耗一个Fe^{2+},而体内很少有游离的Fe^{2+},生成的·OH微乎其微。但是,Fe^{3+}可以被体内另一种自由基分子$\cdot O_2^-$或其他还原剂还原成Fe^{2+}:

$$\cdot O_2^- + Fe^{3+} \longrightarrow O_2 + Fe^{2+}$$

其中,$\cdot O_2^-$在细胞代谢过程中、从线粒体中连续产生,并且在SOD酶(超氧化物歧化酶)的作用下分解成H_2O_2。如此,两个反应相互配合,使Fe^{2+}得以反复再生使用。于是体内任何游离存在的铁离子(Fe^{2+}或Fe^{3+})都成为下面反应的催化剂。

$$\cdot O_2^- + H_2O_2 \xrightleftharpoons{Fe^{2+}/Fe^{3+}} O_2 + \cdot OH + OH^-$$

上述反应被称为铁催化的Haber-Weisz反应。即使微量的游离铁离子都能够产生大量的·OH。·OH是生物体内最活泼和氧化性最强的分子之一,可对生物体造成很大的损伤,许多疾病如动脉硬化、糖尿病和老年痴呆症等都和肌体受到严重的氧化应激(oxidative stress)有关。因此,生物体必须将游离铁离子(其实也包括其他重金属离子)严格地控制在很低的浓度之下。实际上,细胞中游离金属离子的浓度不超过1 atom/per cell。这种对金属离子的有效控制是通过各种金属转运蛋白实现的。金属离子在体内的运输和变化称为金属代谢(metal metabolism)或金属流通(metal trafficking),这是当代生物医学和生物化学都十分关注的问题。

Cu是ⅠB族元素,原子的电子组态是[Ar]$3d^{10}4s^1$。虽然ⅠB族元素和ⅠA族元素外层都有ns^1的电子结构,但ⅠB族元素单质却都比较稳定,一般不容易失去其电子。具有高熔点和富于延展性是"贵金属"的特性,例如金可以打制成透明的箔片。ⅠB族金属都是十分优异的电子导体,银是金属中导电性最好的,铜的导电、导热性能仅次于银。一些含铜的氧化物是高温超导材料,例如 1987 年研制出 $YBa_2Cu_3O_7$ 体转变温度达到 95K,零电阻温度达 78 K,首次实现了在廉价的液氮温度下获得超导性质,使超导材料开始具有实用价值。之后,又研制出转变温度提高到 110～125 K 的 $Bi_2Sr_2Ca_2Cu_3O_x$ 和 $Tl_2Ba_2Ca_2Cu_3O_y$ 等超导陶瓷材料。至今,这些超导材料仍是科学家研究的热点之一。

Cu 原子被强氧化剂氧化、失去 1～2 个电子后分别得到 Cu^+ 化合物或水溶液中较稳定的 Cu^{2+}。固体状态的 Cu(Ⅰ)化合物还比较稳定,它们溶解在有机溶剂(如氯仿 $CHCl_3$)里时还比较稳定,但是不能接触水,甚至不能接触湿气。Cu^+ 化合物一遇到水,马上发生歧化反应(disproportionation 或 dismutation):

$$2Cu^+ = Cu^{2+} + Cu$$

在反应中,两个 Cu^+ 之间传递电子,一个 Cu^+ 把另一个 Cu^+ 还原,前者失去一个电子变成 Cu^{2+},后者得到这个电子变成单质铜。Cu^+ 离子只在难溶性沉淀或一些配合物中存在。

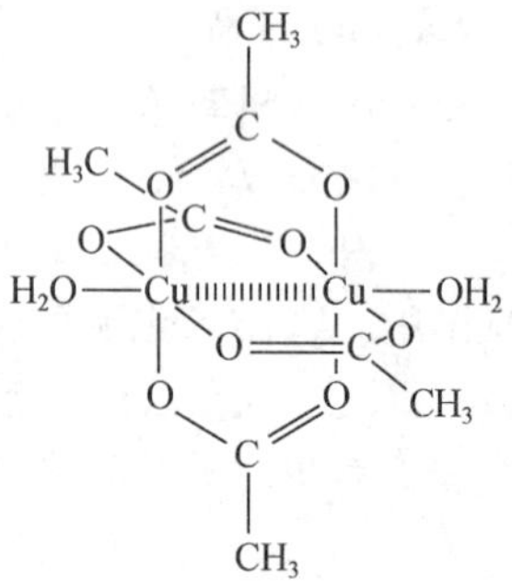

醋酸铜的结构如图 2-29 所示。它是一个二聚体分子,化学式为 $Cu_2(CH_3COO)_4 \cdot 2H_2O$。由于 Cu^{2+} 的 3d 轨道上有一个单电子,因此在两个铜原子间形成一种特殊的金属-金属相互作用——δ 键。形成这种具有 δ 键的双核配合物是 Cu^{2+} 离子较为独特的一个性质。

图 2-29 醋酸铜的结构
中间虚线表示两个铜原子间的金属-金属 δ 键相互作用

在生物体内,Cu 和 Fe 构成了十分有趣的一对微量元素。一些科学家借用了一本畅销书《男人来自火星,女人来自金星》[①]的书名来表述 Cu 和 Fe 的关系——"Fe 来自火星,Cu 来自金星"。这种形象的比喻概括了生物体内 Cu 的一些重要功能以及与 Fe 相应相随的关系:

(1) Cu 具有和 Fe 类似的作用,包括组成运载氧、氧化还原酶和电子传递蛋白(表 2-6)。哺乳动物的血是红色的,这是因为它们用红细胞里含铁的血红蛋白(Hb)来运载 O_2。而很多低等海洋生物的血是蓝色的,如蜗牛、乌贼、螃蟹等,它们则是靠一种含铜的蛋白质——血蓝蛋白来完成。单胺氧化酶是肝脏药物代谢中的一类氧化酶,和细胞色素 P450 一样重要。而在线粒体的氧化磷酸化中,也有如细胞色素 c 氧化酶在内的一些铜蛋白参与其中的电子传递过程。

表 2-6 一些重要的铜蛋白及其功能和结构特点

类 型	金属蛋白	金属蛋白功能	金属结构中心
氧载体	血蓝蛋白	双氧运输	双核 Cu 络合物
氧化/电子传递	原生质蓝素	光合作用中电子传递	Cu(Ⅱ)-组氨酸-含硫氨基酸络合物
	血浆铜蓝蛋白,抗坏血酸氧化酶,赖氨酸氧化酶,细胞色素 c 氧化酶,单胺氧化酶	氧化还原	多核 Cu 络合物
	酪氨酸羟化酶,多巴胺-β-羟化酶	氧化还原	多核 Cu 络合物
	铜锌超氧化物歧化酶	催化·O_2^- 歧化,分解超氧化物	Cu(Ⅱ)-组氨酸络合物

① 《男人来自火星,女人来自金星》由美国心理学博士 John Gray 所著,本书探讨了建立良好男女两性关系的各种理论。1992 年出版以来,全球的销量已超过 1.4 亿册。

(2) 与铁离子通过 Fenton 或 Haber-Weisz 反应催化自由基产生相对应，Cu^{2+} 配合物和一些含 Cu^{2+} 的酶则是发挥清除体内活性氧自由基的作用。一个重要的例子是超氧化物歧化酶(superoxide dismutase, SOD)。

细胞生命活动需要不断地靠线粒体的氧化磷酸化过程生产 ATP。而在氧化磷酸化过程中，电子通过 $Fe^{3+} \rightleftharpoons Fe^{2+}$ 从 NADH 传给 O_2，途中总是有少量的电子(≤1%)从传递过程中渗漏出来，导致形成化学反应性高度活泼的$\cdot O_2^-$：

$$O_2 + e \longrightarrow \cdot O_2^-$$

ATP 生产不断进行，则$\cdot O_2^-$ 就会源源不断地产生。$\cdot O_2^-$ 可以直接氧化各种生物分子，可与 NO 反应生成更强的氧化剂 $ONOO^-$。为避免$\cdot O_2^-$ 可能引起的氧化损伤，机体需要能够催化歧化分解$\cdot O_2^-$ 的酶。在高等生物的细胞中，都表达 Cu,Zn-SOD(SOD1)：

$$2\cdot O_2^- + 2H^+ \xrightarrow{\text{Cu,Zn-SOD}} O_2 + H_2O_2$$

SOD1 是体内最高效的酶之一，其催化反应的速率常数高达 $10^9 \sim 10^{10}$ $L \cdot mol^{-1} \cdot s^{-1}$，几乎只要$\cdot O_2^-$ 和酶分子接触，就会完成歧化分解。SOD1 的每一个催化单位中有一个 Cu^{2+} 离子和一个 Zn^{2+} 离子。其中，Cu^{2+} 离子可能通过 Cu(Ⅰ)⇌Cu(Ⅱ)周转的方式传递电子，在两个$\cdot O_2^-$ 中间起到了一个电子"超导体"的作用。迄今为止，SOD1 的这种极高效的电子传递的机制仍然不完全清楚，吸引了很多科学家进行研究。

$\cdot O_2^-$ 歧化反应的产物 H_2O_2 分子较为稳定。但是高浓度时，H_2O_2 会发生歧化反应，释放出氧化杀伤能力很强的单重态 $^1O_2$ 分子①；此外，细胞中微量的游离铁离子在还原剂的辅助下可以催化 H_2O_2 分解产生$\cdot OH$。在某些细胞中，这些反应可以用来杀伤侵入的病毒和细菌。H_2O_2 浓度过高或细胞内有多余游离铁离子的情况下，会导致细胞的死亡。因此，细胞内的 H_2O_2 通常被多种细胞保护性酶如含铁的过氧化氢酶(catalase)或含硒的谷胱甘肽过氧化物酶(GSHpx)所分解：

$$H_2O_2 \xrightarrow{\text{过氧化氢酶}} O_2 + H_2O$$

$$H_2O_2 + 2GSH \xrightarrow{\text{GSHpx}} GS\text{-}SG + 2H_2O$$

机体缺铜会导致 SOD 和其他含铜酶的水平低下，会引起机体的积累性病理损伤。流行病学研究表明，相对或绝对的铜缺乏是冠心病病因学的一个重要因素。

(3) Cu 在体内的 Fe 移动(mobilization)中发挥了关键的作用。Fe 从食物中吸收，直到在细胞中合成各种含铁蛋白或酶，或以铁蛋白的形式储存起来。在此运输过程中，Fe 需要经历多次的 $Fe^{3+} \rightleftharpoons Fe^{2+}$ 的转变。而每次氧化或还原反应都需要一种分子中含有多个 Cu^{2+} 离子的蛋白——泛称为多铜氧化酶进行，例如血液中的铜蓝蛋白。机体如果从食物中摄入铜不足，会导致血浆铜蓝蛋白水平下降，进而可能造成铁吸收减少而导致贫血症。

(4) Cu^+ 离子在一些条件下，会发生类 Fenton 反应，像游离 Fe^{2+} 一样催化自由基的生成。例如在家族性肌萎缩性侧索硬化症病人中，研究发现大约有 25%的 SOD1 基因发生突变，这种突变使 SOD1 由一个抗氧化保护性酶转变为具有毒性的氧化剂，这是神经科学中一个令人迷惑的现象。突变型 SOD1 致病的一种比较合理的解释是：基因突变导致了 SOD1 蛋白质分

---

① 普通的 O_2 分子为三重自旋态，记为 $^3O_2$，不活泼。$^3O_2$ 受到某种原因激发后形成单重自旋态的 $^1O_2$ 则具有强的氧化能力。详见 3.2.4 小节。

子对 Zn^{2+} 结合能力的减弱,而缺锌的 SOD 容易被细胞内的还原剂(如谷胱甘肽)还原,形成含有 Cu^{+} 离子的 SOD 酶。这种 Cu^{+} 容易传递一个电子给 O_2 生成 $\cdot O_2^-$,造成氧化损伤、导致神经元细胞的凋亡。因此,当有充足的 Zn 供应时,结合了 Zn^{2+} 的 SOD 不再具有毒性。

从上面的例子可看到 Zn^{2+} 的重要作用。Zn 元素属ⅡB 族,原子的电子组态是[Ar]$3d^{10}4s^2$。与 Cu 相比,Zn 原子的半径大而电负性低;Zn 原子很容易失去其 4s 电子形成+2 价的 Zn^{2+}。Zn^{2+} 只有这一种氧化数,和 Na^+,K^+,Ca^{2+},Mg^{2+} 一样稳定,但 Zn^{2+} 具有较小的离子半径,因而 z/r 值较小,离子的电荷密度较高。

在生物体内,Zn^{2+} 的主要作用包括两个方面:

(1) 稳定蛋白质分子的动态结构。蛋白质分子在发挥作用时,不仅需要维持一定的结构,而且需要具有分子结构进行动态变化的能力。Zn^{2+} 的化学性质稳定,并可以和蛋白质分子的基团形成 4 个配位键;配位键的特点是高度稳定并具有动态变化的能力(详见第 10 章)。因此,Zn^{2+} 可以作为组建生物分子的一个特殊"积木块"(参见图 2-22)。

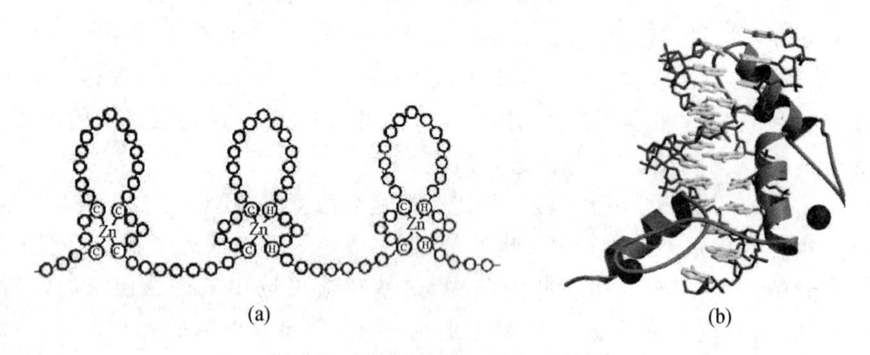

图 2-30 "锌指"(zinc finger)结构

(a) 每个小圆圈代表蛋白质分子的一个氨基酸单位,其中 C 代表半胱氨酸,H 代表组氨酸;

(b) 锌指结构和 DNA 结合的三维示意图

除了在 SOD1 结构中的作用外,在胰岛素中,Zn^{2+} 位于中心形成稳定的胰岛素六聚体;在核酸结合蛋白中,Zn^{2+} 与 2 个组氨酸和 2 个半胱氨酸形成特异而稳定的正四面体结构,这种结构在蛋白质中具有相对独立性和一定的普遍性,称为"锌指"(zinc finger)结构。含锌指结构的蛋白通常具有重要的生物功能,它们经常作为转录因子(transcription factor)和 DNA 修复蛋白的主要结构元,维系基因组的完整性并且影响和调控细胞的基因表达等。

(2) 发挥酸碱催化的功能。Zn^{2+} 的高电荷密度,使它可以催化一系列酸碱相关的反应,如蛋白质的水解和 CO_2 的水合反应等。CO_2 是有机分子相互流动转化过程的最重要的中间环节。在植物体内,吸收的 CO_2 需要首先转化成碳酸氢根(HCO_3^-)才能在光合作用中合成葡萄糖和淀粉等碳水化合物储能分子。在动物体内,有机体氧化分解碳水化合物生成 CO_2 和 H_2O,而 CO_2 需要首先被水化成为 HCO_3^- 才能通过血液运输;在肺中,HCO_3^- 需要被分解成 CO_2 而排出到大气。碳酸酐酶(carbonic anhydrase)则催化 CO_2 和 HCO_3^- 的相互转化:

$$HCO_3^- + H^+ \rightleftharpoons CO_2 + H_2O$$

通常 HCO_3^- 只在加热的条件下,才能迅速分解。而在碳酸酐酶的催化下,反应在温和的生理条件下速率常数可达 $10^7 \sim 10^8\ L \cdot mol^{-1} \cdot s^{-1}$,碳酸酐酶也是体内最高效的酶之一。模拟碳酸酐酶的工作原理,人们可以用 CO_2 与环氧烷烃生产出具有安全和易降解等特性的环保碳酸树脂(图 2-31)。

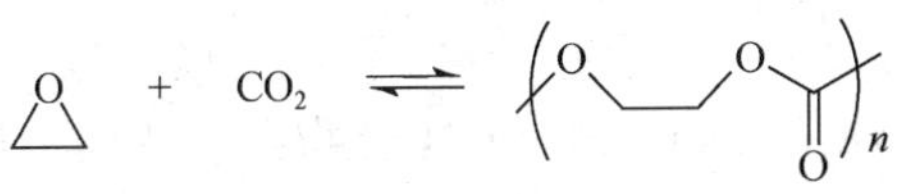

图 2-31 二氧化碳与环氧烷烃聚合反应生成碳酸树脂

除碳酸酐酶外，Zn^{2+} 也是羧肽酶、胶原酶和血管紧张素肽转换酶等酶分子的活性中心。在生物体内，Zn^{2+} 与 300 多种酶的活性有关。

7. V，Cr，Mn，Co，Ni

钒(V)、铬(Cr)、锰(Mn)、钴(Co)、镍(Ni)都是第四周期的过渡金属元素，其电子组态的特点是[Ar]$3d^{1\sim8}4s^{1\sim2}$。它们具有过渡元素的典型特点：① 具有丰富的不同氧化数(图 2-32)；② 离子能够形成多种配合物；③ 由于 d 轨道处于外层，可在配体的影响下发生能级的分裂，所以过渡元素的离子和配合物具有多种颜色；④ d 轨道中电子排列会出现有或没有单个电子的情况，形成化合物的磁性变化。

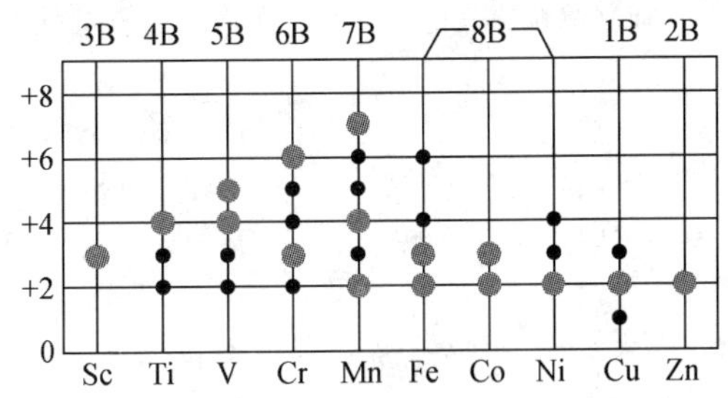

图 2-32 第四周期过渡金属的不同氧化数

● 稳定氧化数；● 不稳定氧化数

从图 2-32 可以看出除 Sc 以外，其他过渡元素都有氧化数为＋2 的化合物。从 Sc 到 Mn 正氧化态数目增多，最高氧化数为＋3，＋4，＋5，＋6，＋7，随原子序数依次增加；从 Mn 到 Zn 正氧化态数目一个一个地减少，而且最高氧化数降低。对于生物体系而言，单电子氧化还原是一个很重要的氧化还原反应，因为这样的反应可以传递电子，同时也可能诱发活性氧生成和转化。可以看出，几乎所有过渡金属都有发生这种反应的可能性，因为几乎都有上下只差 1 的氧化数。除了上面讲过的 Fe^{2+}/Fe^{3+} 和 Cu^{+}/Cu^{2+} 外，在生物体中有意义的类似作用离子对还包括 VO^{2+}/VO_3^-，Mn^{2+}/Mn^{3+} 和 Co^{2+}/Co^{3+}。

V，Cr，Mn，Co，Ni 是生物体内的必需元素，它们是一些重要金属蛋白/酶的活性中心，在生物体内发挥着非常重要的作用。V，Cr，Mn，Co，Ni 的一些重要的金属蛋白及其功能和结构特点总结于表 2-7 中。

表 2-7 一些重要的 V，Cr，Mn，Co，Ni 的金属蛋白

过渡金属元素	金属蛋白	金属蛋白功能	金属结构中心
V	卤素过氧化酶	卤离子氧化和有机物的卤代反应	V(Ⅴ)-组氨酸络合物
Cr	葡萄糖耐受因子[a]	葡萄糖代谢	Cr(Ⅲ)-烟酸-氨基酸络合物
Mn	Mn-SOD	催化·O_2^- 歧化，分解超氧化物	Mn(Ⅱ)-组氨酸络合物
	精氨酸酶	精氨酸水解	双核 Mn(Ⅱ)-氨基酸络合物
Co	蛋氨酸合成酶[b]	催化甲基转移	Co(Ⅲ)-卟啉络合物(维生素 B_{12})
Ni	尿素酶	尿素水解	双核 Ni(Ⅱ)-氨基酸络合物

[a] 胰岛素的一种辅助因子，因此 Cr(Ⅲ)络合物被认为可用于糖尿病的治疗。

[b] 蛋氨酸合成酶利用叶酸和维生素 B_{12} 将同型半胱氨酸转化成蛋氨酸，同型半胱氨酸是心脏病的重要的独立危险因子。

8. Pt,Ag,Au,As,Bi

铂(Pt)、银(Ag)、金(Au)、砷(As)、铋(Bi)化合物是重要的金属药物。金属和无机化合物在医药中的应用可以追溯到古代。那时人们已经开始使用各种矿物如石膏、雄黄、砒霜、朱砂和龙骨等治疗疾病。在魏晋时代,士大夫阶层曾经流行服用“五石散”。不过现代药物中,重金属的使用受到谨慎的限制。目前使用和将进入广泛使用的金属和无机药物是很有限的,表2-8列出了一些主要的金属药物。无机药物在疾病治疗中具有独到之处,其作用是不可替代的。

表 2-8 一些常见的金属药物

金属药物	靶分子/可能的作用机制	商品名称/用途
抗癌药物		
cis-[$Pt(NH_3)_2Cl_2$]	抑制肿瘤细胞 DNA 复制	顺铂(cisplatin),对睾丸癌和卵巢癌最为有效
$(NH_3)_2Pt(CO_2)_2C_4H_7$	抑制肿瘤细胞 DNA 复制	碳铂或卡铂(Carbplatin),第二代低毒抗癌药物
As_2O_3	抑制端粒酶表达	Trisenox,对白血病(APL)特效
抗菌药物		
磺胺嘧啶银(Ⅰ)	(不明)	Flamazine,治疗严重烧伤
纳米金属银微粒	(不明)	治疗严重烧伤
胂凡钠明(arsenical salvarsan)	(不明)	俗称六零六,治疗梅毒和昏睡病
抗炎药物		
$Au(CH_2(CO_2^-)CH(CO_2^-)S)$	(不明)	Auranofin,风湿性关节炎
硝酸铈 $Ce(NO_3)_3$	(不明)	与磺胺嘧啶银联用,治疗严重烧伤
抗糖尿病		
吡咯酸铬	增强胰岛素的作用	唐安一号,降糖食品添加剂
麦芽酚氧钒,乙酰丙酮氧钒	磷酸酶,ATP 酶	类胰岛素口服降糖药物
精神药物		
Li_2CO_3	(不明)	Camcolit,抗抑郁病
消化道用药		
胶体次柠檬酸铋	抑制幽门螺杆菌生长	丽珠得乐(De-Nol),胃溃疡和十二指肠溃疡
碳酸镧	与磷酸根形成不溶性沉淀	Fosrenol,晚期肾病患者高血磷症
蒙脱石	吸附病毒及毒素	思密达(Smecta),急、慢性腹泻

顺铂(顺二氯二氨合铂,cis-DDP)是第一个临床上成功的合成金属药物。1965 年 Rosenberg 偶然发现顺铂对大肠杆菌的分裂有抑制作用,进而发现了顺铂具有很强的抗癌活性。目前,顺铂以及第二代药物碳铂是目前重要的抗癌药物,广泛应用于各种癌症的治疗。研究表明,顺铂具有抗癌活性主要是由于它能够使癌细胞 DNA 复制发生障碍而抑制癌细胞的分裂。

早在公元前 2500 年,我国就有以金(Au)作为各种药物和营养品的记载,但真正应用于临床却还是近 70 年的事。目前,应用最广泛的是金的硫醇类化合物 Myocrisin,用于治疗风湿性关节炎、牛皮癣和支气管炎。但对于 Au 药物的作用机制还不十分清楚。

银(Ag)及其化合物作为抗菌剂也已有很长的历史。低浓度银有很强的活性,并且具有低毒的性能。如用 1%硝酸银溶液滴洗刚出生婴儿的眼睛以预防新生儿眼部感染性炎症,这在很多国家应用仍然十分普遍。目前用途最为广泛的当数磺胺嘧啶银,它作为一种抗菌剂单独或与硝酸铈联合使用,广泛用于严重烧伤时的抗菌消毒以防止细菌感染。

胂凡钠明(arsenical salvarsan,俗称六零六)是由德国化学家保罗·爱利诗(Paul Ehrlish)经过对天然药物奎宁进行了606次的化学改造后获得,用来治疗梅毒和昏睡病,这是第一个现代化学药物。Ehrlish因此获得1908年的诺贝尔化学奖,他不断进取和百折不挠的精神也激励了一代又一代后世的科学工作者。Trisenox(As_2O_3注射液)是一种有效治疗白血病的药物,这是从中药砒霜的应用得到启发而偶然发现。临床试验表明,该药疗效极佳,对正常细胞影响较小。研究表明,砷化合物具有两面性,它既是一种致癌物质,同时也是一种很好的抗癌药物。砷抗癌的机制可能是抑制细胞端粒酶(telomerase)的活性,促使癌细胞死亡。

铋(Bi)的化合物被用做药物已近200年,被用于治疗腹泻和消化不良。目前,胶体次柠檬酸铋被广泛应用于治疗胃溃疡和十二指肠溃疡,而且不断有新的铋剂用于临床。各种研究表明,铋制剂治疗胃溃疡的机制包括两个方面:一是胶体次柠檬酸铋的高分子结构在胃中选择性地附着在溃疡表面,形成一种保护性薄膜,从而阻止胃酸的侵蚀;二是铋离子(Bi^{3+})可以抑制胃中幽门螺杆菌(*Helicobacter pylori*)的生长。幽门螺杆菌被证明是导致各种慢性胃炎、溃疡甚至胃癌的病原体。

9. Pb,Cd,Hg

铅(Pb)、镉(Cd)、汞(Hg)是在我们的"文明"时代中非常重要的重金属环境污染物。它们共同的特点是金属单质都很"软",金属离子容易形成硫化物沉淀,而在形成配合物时容易和硫原子结合。此类亲硫的金属元素还有Zn,Cu,Ag,Au等①。Pb,Cd,Hg的生物作用及其机制都十分复杂,迄今为止许多问题还有待进一步研究。

Pb是ⅣA族(碳族)元素,有较大的原子半径,但是较高的电负性。Pb主要有+2和+4价态,水溶液中Pb^{2+}比较稳定。由于电负性较大,Pb可以和C形成共价化合物,如传统的汽油抗爆剂——四乙基铅。Pb^{2+}和其他阴离子成键多少带有共价键的性质。

环境中铅污染是伴随人类社会发展的一个长期问题。在罗马帝国时代,由于广泛地使用含铅的水管和器皿,铅中毒成为一个严重的问题;罗马人生育水平低下可能和铅中毒有关。当代社会中,由于汽车工业的成长,含铅汽油和铅酸蓄电池是环境中铅污染的主要来源。现代人体内铅含量比进入工业时代前高1000倍。虽然各国政府都逐步意识到铅污染的严重性,如我国已经从2000年起全面禁止使用含铅汽油,但含铅气体仍是空气污染的主要问题,城市中空气的大规模污染可能引起铅在土壤中的蓄积,在人群中形成低水平铅暴露。研究证明,婴儿、儿童和孕妇最容易在低水平铅暴露环境下发生铅中毒。大量调查数据表明,儿童发育期铅暴露可引起认知和神经行为功能的障碍、简单反应速度减慢、探究行为能力减弱、注意力和学习能力下降以及语言理解力降低等问题。

铅进入体内后主要集中在骨骼和中枢神经系统等重要的组织中,在人脑中Pb/Ca的比率比骨中高30倍。其原因主要因为Pb^{2+}在体内可以和一些Zn^{2+},Ca^{2+}蛋白结合并替代其中的Zn^{2+}和Ca^{2+}(图2-33),这种替代可以导致金属酶的失活。Pb^{2+}是Ca^{2+}的一个竞争者,Pb^{2+}可以通过细胞膜上的Ca^{2+}通道直接进入到细胞内。在Ca^{2+}蛋白中,有一种称为C2的Ca^{2+}结合区域,C2可以感受细胞内Ca^{2+}浓度变化而调节该蛋白的功能。Pb^{2+}可以较强地结合在C2功能区Ca^{2+}结合部位上。受这种结合影响的蛋白包括蛋白激酶C(PKC)和Synaptotagmin。低浓度铅可以代替Ca^{2+}持续激活大鼠海马神经元细胞的PKC的活性,这可能是导致大脑学习

---

① 这些亲硫金属离子也被称为软酸离子,详见10.2.2小节。

和记忆功能异常的原因之一。Synaptotagmin 的功能是感受 Ca^{2+} 变化而促进神经递质①的释放,因此,Pb^{2+} 可能干扰神经递质的正常释放功能。

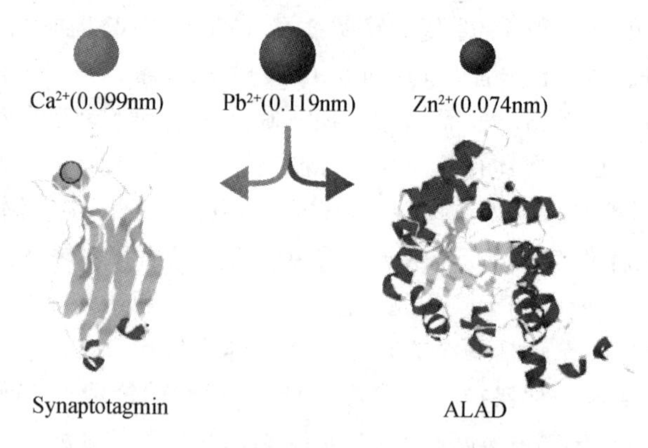

图 2-33 Pb^{2+} 及其生物体内的主要作用靶蛋白

Synaptotagmin 感受 Ca^{2+} 变化而促进神经递质的释放;ALAD 则是血红素合成中的关键酶之一

受 Pb^{2+} 影响更显著的是 Zn^{2+} 结合蛋白。Pb^{2+} 可以与多数 Zn 蛋白结合,而且结合能力比 Zn^{2+} 要强,虽然 Pb^{2+} 比 Zn^{2+} 的离子半径要大得多。胆色素原合成酶(ALAD)催化血红素合成的第二步反应,它特别容易受到 Pb^{2+} 的攻击而失去活性。铅中毒的一个特异性症状是贫血,Pb^{2+} 抑制 ALAD 活性是一个主要原因。人精蛋白 2(protamine 2, HP2)也是一个容易受到 Pb^{2+} 攻击的 Zn 蛋白,精蛋白 2 失活可能是慢性铅中毒引起生育力低下的原因。

镉(Cd)和 Zn 属于同一族元素,因此,Cd^{2+} 和 Zn^{2+} 的化学性质极其相似。Cd^{2+} 极容易取代 Zn 蛋白中的 Zn^{2+},然而这种替代的结果是蛋白活性的丧失。同 Pb^{2+} 一样,Cd^{2+} 还可以干扰 Ca^{2+} 的吸收和代谢。因此,Cd^{2+} 是毒性很强的重金属离子,很低浓度的 Cd^{2+} 就可以将人体的精子全部杀死。Cd 中毒的一个重要表现是骨痛病——以骨软化症,骨质疏松症为主体的病理变化。患者全身疼痛,后期甚至咳嗽就可以引发骨折。20 世纪 50 年代,发生于日本富山县的骨痛病事件是由于当地居民长期食用 Cd 污染区种植的稻米而形成的慢性积累性中毒。

环境中 Cd 污染的主要来源包括 Zn 采矿业、电池工业、颜料、电镀和半导体工业等,其中废旧电池是 Cd 污染的一个重要来源。养成节约和回收废电池的生活习惯是我们每个人都可以从身边做起的事情。

汞(Hg)和 Zn 也属同一族元素。Hg 有较大的原子半径,但较高的电负性,这和 Pb 很相似,Hg 与其他原子形成的化学键都带有相当的共价键成分。然而,Hg 却有一些特殊而神秘的性质。

Hg 是室温下唯一呈液态存在的金属,俗称水银,并容易蒸发成 Hg 蒸气。在自然界中,Hg 和 Au 一样都比较稳定,可以单质形式存在;Hg 单质形成的 Hg 湖是一道十分迷人的风景。在自然界中,另一种 Hg 的存在形式是红色的朱砂矿物,其成分是 HgS,它也是一种很稳定的化合物,只能溶于王水中。朱砂是中药中重要的矿物之一。在传统中药复方中,大约有 10%含有朱砂成分。然而,朱砂药物的作用机制现在仍不清楚。

---

① 神经递质是神经传送体通过神经键传递神经脉冲的化学物质,如碱性有机化合物或多巴胺。多巴胺的减少是帕金森病的直接原因。

Hg 单质的一个特性是可以“溶解”许多软金属如 Zn，Ag，Au，Cu，Sn，Pb 等形成汞齐(amalgam)。早期的牙医用 Ag，Cu，Sn，Zn 等加入汞调成银白色泥膏，充填于牙齿因龋齿等原因形成的腔洞内，经硬化后成为坚硬的固体质块，来修复牙齿的损伤。早期的金矿工业也用 Hg 将矿石中的 Au 溶解下来，然后将 Hg 蒸发而回收金子。这些成为环境 Hg 污染的来源。不过，更大量的 Hg 污染来自于化学工业，如氯碱工业的水银电解法使用 Hg 作阴极，是最大的无机汞排放源之一。

由于 Hg 在化学工业中的广泛使用，因此 Hg 污染一直是重金属污染中的首要问题。20世纪 50 年代，发生于日本熊本县的水俣病事件即是一个举世闻名的环境污染案例。水俣病事件原因是，当地的一家化工公司生产聚氯乙烯塑料和醋酸，其中大量使用了 $HgSO_4$ 作为催化剂。Hg^{2+} 流入环境后，和环境中的有机物反应或被微生物转化形成甲基汞(CH_3HgCl)和二甲基汞(CH_3HgCH_3)，然后这些甲基化的汞化合物在污染区的鱼和贝类身体中富集起来。而当地居民长期食用被污染的鱼和贝后，即引起了甲基汞中毒。

和 Pb，Cd 类似，脑神经系统是汞化合物主要产生作用的一个组织。推测 Hg^{2+} 可能结合于一些含巯基的蛋白质分子上，但目前汞化合物对神经系统作用的机制仍然并不清楚。甲基汞的毒性非常强，它导致神经细胞的损伤，致人发狂并死亡。而另一种有机汞化合物硫柳汞(Merthiolate)，过去长期用做疫苗的防腐剂。2003 年以来发现，疫苗中的硫柳汞可能是导致儿童自闭症(autism)的原因。

值得说明的是，虽然现代工业使重金属污染成为重要环境问题，但是 Pb，Cd 和 Hg 等重金属元素在环境中原本是存在的，而且生物体具有保护自己免受这些重金属离子损害的措施。例如，微生物对 Hg^{2+} 的甲基化作用其实是微生物的一种排汞解毒机制，不幸的是，甲基汞对高等动物具有很大的毒性。高等动物包括人在内，体内的一种重要的重金属解毒机制是谷胱甘肽和金属硫蛋白(metallothionine, MT)能与重金属离子结合。谷胱甘肽可以和各种重金属离子形成稳定的配合物，并通过肾脏排出体外。金属硫蛋白含有很多半胱氨酸残基，可以稳定结合 Pb^{2+}，Cd^{2+} 和 Hg^{2+} 离子并可修复这些离子对蛋白质分子功能的破坏。当生物体受到重金属离子(特别是 Cd^{2+})刺激时，各组织细胞(特别是肝脏细胞)都会大量表达金属硫蛋白。

*2.3.6 生物元素周期律和无机离子的相似性作用规律

生命体在选择元素上有着其内在的合理性，我们可以总结出以下规律来：

(1) 丰度原则。生命主要元素(C，H，O，N，S，P，Ca，Na，K，Cl，Mg，Fe，Zn，Cu 和 Mn 等)基本上都是空气、水和海水中溶解物质的元素，而土壤中的元素(Si，Al 等)在生物体内使用的量较少。显然这和生命起源于海洋的理论是非常相符的。生命在发生和发展过程中，可能是首先利用环境中含量丰富和容易获得的元素进行生物体的构建，并在进化过程中逐渐扩大活动的范围，不断吸收利用新环境中的有用元素，生物体也因此变得更加高级和复杂。

(2) 必需和非必需元素。生物体所利用的元素，几乎包括了元素周期表中所有的元素族。通过对生物体元素限制供应的研究发现，生物体对元素的依赖是不一样的。可以总结成两种对元素量(浓度)的依赖方式(图 2-34)：

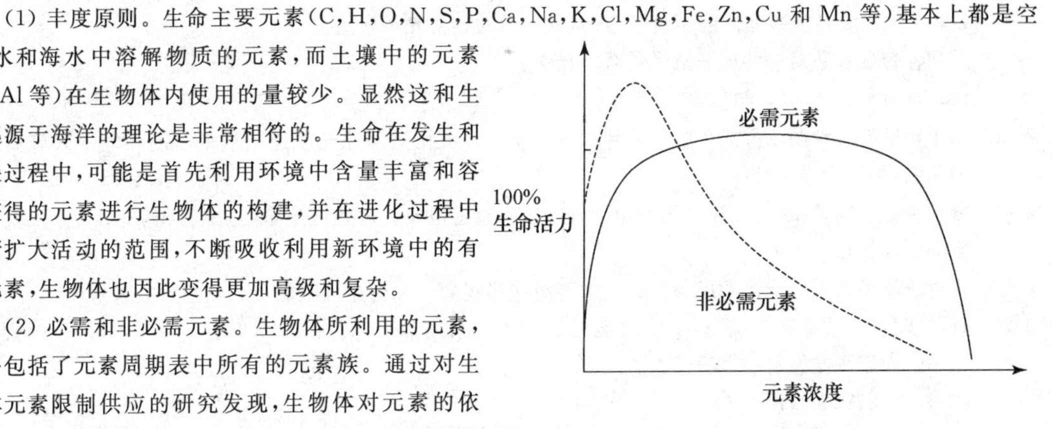

图 2-34 生物生长对必需元素和非必需元素的浓度依赖曲线

必需元素：当环境缺乏这些元素时，生物不能生长和存活。在一个比较宽的浓度范围内，生物体都可以正常生长，因为生物体对这些元素的利用建立了完善的吸收和利用的控制系统。当然，超过了生物体的控制能力时，过量的必需元素也导致生物体生长的抑制。

非必需元素：当环境缺乏这些元素时，生物的正常生长不受影响或影响轻微。生物体对这些元素浓度的响应是一种连续变化的"钟"形曲线，即在一定的低浓度范围内，这些元素促进生物的生长，但浓度过高时，生物的生长则受到抑制。在"抑制生长"和"促进生长"的两种效应之间，没有明显的浓度界限或作用的平台区。

(3) 轻元素倾向。在生物体元素组成上，有明显的优先利用轻元素的倾向。可以看到，除了碘外，其他必需元素都在前四周期。这和生命体不断新陈代谢的过程相一致。重元素的毒性一般较强，几种著名的有毒元素 Pb,Cd,Hg,As,Tl,Ba 等，都是重元素。

(4) 相似性作用规律。非必需元素或离子一般是通过干预某种必需元素或离子的功能而发挥作用。因此，非必需元素或离子的生物作用可以从它们与相应必需元素/离子的结构和性质的相似或偏离程度进行预测。例如，AsO_4^{3-} 和 VO_4^{3-} 都在结构上类似 PO_4^{3-}，因而 AsO_4^{3-} 和 VO_4^{3-} 都是细胞内各种磷酸酯酶的强烈的抑制剂。在前面讨论 Pb,Cd,Hg 时，我们也是从分析这些离子分别与 Ca^{2+} 和 Zn^{2+} 的相似性和差异性，来探讨这些离子的作用规律和分子机制的。

思考题

2-1 白内障形成的结构化学原因是什么？

2-2 你对分子结构变化和病理机制之间的关系有何理解？

2-3 量子力学指出微观粒子的运动有哪些特征？

2-4 同一空间可以同时存在几个电子，为什么？

2-5 什么是原子轨道，它是否具有确定的运动轨迹？

2-6 量子力学中描述一个原子轨道需要用哪几个量子数，描述原子中一个电子的运动状态需要用哪几个量子数？这些量子数的物理意义是什么？它们的取值范围有什么要求？

2-7 根据表 2-1 中的公式，计算氢原子原子轨道的能级并作图。其能级分布的特点是什么？将 1 mol H 原子电子从 1s 基态激发到 2p 轨道，需要吸收多少能量？

2-8 指出下列各组量子数哪些是合理的哪些是不合理的：
(2,2,1,1/2),(3,2,1,1/2),(2,3,0,−1/2),(3,1,2,−1/2),(2,0,1,1/2),(0,1,1,−1/2),(3,2,2,1/2),(3,0,−1,1/2),(2,2,2,2),(1,0,0,0)。

2-9 指出 5s,4p,3d 各能级相应的主量子数、角量子数和各有几个轨道。

2-10 下列各套量子数对应的原子轨道符号是什么？
(2,1,−1),(4,0,0),(5,2,0)。

2-11 原子轨道有几种图示方式？各代表什么物理意义？波函数、"原子轨道"、概率密度和电子云等概念有何联系和区别？

2-12 分别画出径向分布图、轨道波函数角度分布图和轨道电子云的角度分布图，说明 3s,3p,3d 原子轨道的空间分布特点。

2-13 多电子原子轨道的能级顺序为什么发生能级交错现象？如何用屏蔽效应或钻穿效应来解释？

2-14 H 原子的 1s 轨道和 Li 原子的 1s 轨道相比，其能量相等否？为什么？

2-15 写出下列原子基态时的电子组态：
C,N,O,Cl,P,S,Na,K,Zn,Fe。

2-16 写出下列离子基态时的电子组态：
Mg^{2+},Cr^{3+},Mn^{7+},Co^{3+},Ni^{2+},Cu^{2+},Cu^{+},Ca^{2+},F^{-},H^{-}。

2-17 周期表中的区是如何划分的？各区元素原子的电子构型有什么特征？

2-18 元素周期表中原子的性质有哪些变化规律？

2-19 电负性反映了原子的什么性质？它如何影响元素的物理和化学性质？

2-20 写出具有下列电子构型的元素：

(1) $1s^2 2s^2 2p^4$；(2) [Ar]$3d^5 4s^1$；(3) [Ar]$3d^6 4s^2$；(4) [Ar]$3d^{10} 4s^2 4p^6$；

(5) 第二周期具有 2 个 p 电子；(6) 3d 为全充满、4s 只有 1 个电子的元素。

2-21 给出下列元素原子的电子组态：

(1) 第四周期的ⅡB族元素；(2) 第三周期的稀有气体元素；

(3) 原子序数为 28 的元素；(4) 4p 轨道半充满的主族元素。

2-22 按所示格式填充下表：

原子序数	元素符号	电子排布式	价层电子组态	周期	族
17					
	Mg				
		$1s^2 2s^2 2p^2$			
			$5s^2 5p^5$		
				4	ⅥA
	Fe^{3+}				

2-23 什么是元素的同位素？同位素间有哪些物理或化学性质的差别？

2-24 什么是同位素效应？相同条件下，下列哪个反应的速率更大？

(1) $C_2H_5OH \longrightarrow C_2H_4 + H_2O$；

(2) $C_2D_5OD \longrightarrow C_2D_4 + D_2O$。

2-25 组成生命分子的元素有哪些？可以分成哪些“原子积木”类型？

2-26 什么是磷酸酯键？在组成生命分子中有什么特点？

2-27 细胞内和细胞外主要的电解质离子是什么？这些离子有什么特点？

2-28 人体最主要的三种微量元素是什么？分别组成哪些生物分子？

2-29 哪些元素的化合物是环境污染的主要分子？

3

第3章

分子结构和分子间作用力

3.1 化学键和分子形成

分子是由原子相互连接而成，使原子相互连接的吸引力就是化学键(chemical bond)。化学键的类型有多种，但本质上都是一种静电吸引力，来源于原子核对核外电子的吸引作用(图3-1)。不同原子轨道上的电子，其空间分布以及受原子核的吸引力不同，因此不同的电子结构形成的化学键性质不同。

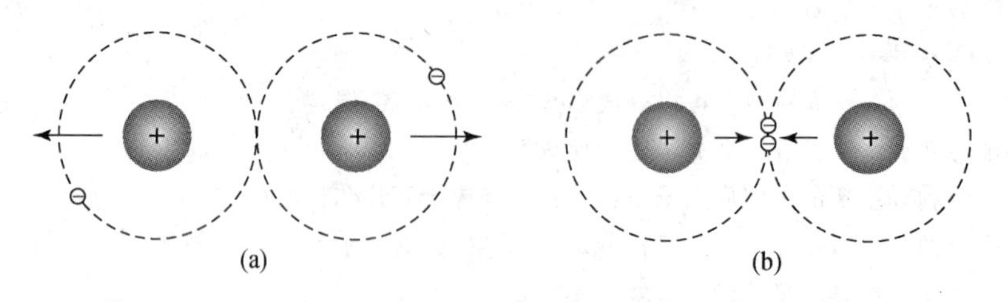

图 3-1　原子间的吸引和排斥

(a) 电子电荷分布于两原子核外缘：原子相斥；

(b) 电子电荷分布于两原子核中间：原子相吸

电子作为费米子(Fermions)，有分数自旋量子数 s(+1/2 和 −1/2)。电子在空间的分布服从泡利不相容原理(见 2.2.2 小节)，因此，原子轨道中内层全充满的轨道在形成化学键时没有贡献。因为在这些全充满的轨道上，电子已经全部成对。按照泡利不相容原理，原子相互靠近时，这些已成对电子的波函数是相互抵消的，即在两原子间电子云相互叠加的地方电子不会出现，这意味着两个靠得太近的原子核间会出现正电荷的斥力。因此，形成化学键主要依靠：原子得失电子后的离子电荷；有单电子或空轨道存在的原子价层轨道。

根据原子相互吸引和连接的不同方式，化学键可以分成离子键、金属键和共价键几种主要类型。共价键包括普通共价键和配位共价键两种。由于金属键只在金属单质中存在，而且成键理论较为复杂，在此不作介绍。

3.1.1 对路易斯化学键理论的复习

美国化学家路易斯(Lewis)对化学键的形成最早进行了理论阐述,他提出了著名的八电子规则(octet rule),即原子倾向于通过得到电子、失去电子或公用电子,形成外层类似稀有气体原子结构的 8 个电子的稳定状态。在此基础上,路易斯提出了著名的描述分子中原子成键方式的路易斯结构式。

离子键是最容易理解的化学键合方式。用路易斯结构式可以对氯化钠的形成进行很好的描述:

$$\mathrm{Na\cdot + \cdot\ddot{\underset{\cdot\cdot}{Cl}}\!: \longrightarrow Na^{+}[:\ddot{\underset{\cdot\cdot}{Cl}}:]^{-}}$$

在上式中,电负性低的 Na 原子失去其最外层的 $3s^1$ 电子,形成外层为 $2s^2 2p^6$ 的八电子结构的 Na^+ 阳离子;同时,电负性高的 Cl 原子得到这个电子,形成外层为 $3s^2 3p^6$ 的八电子结构的 Cl^- 阴离子。阴阳离子相互吸引形成 NaCl 晶体。由于阴阳离子均为球形,因此离子在所有方向上都可以相互吸引,即离子键没有方向性。

再如氟化钙的形成:

$$\mathrm{2\,:\!\ddot{\underset{\cdot\cdot}{F}}\cdot + \cdot Ca\cdot \longrightarrow [:\ddot{\underset{\cdot\cdot}{F}}:]^{-}\,Ca^{++}\,[:\ddot{\underset{\cdot\cdot}{F}}:]^{-}}$$

Ca 原子失去其外层的 2 个 $4s^2$ 电子,形成外层为 $3s^2 3p^6$ 的八电子结构的 Ca^{2+} 阳离子;同时,2 个 F 原子得到电子,形成外层为 $2s^2 2p^6$ 的八电子结构的 F^- 阴离子,形成 CaF_2 晶体(萤石,fluorspar)。

除了得失电子外,通过共用电子的方式也可以形成八电子外层稳定结构,这种方式形成的化学键即共价键。以 HF 为例说明共价键的形成过程为

$$\mathrm{H\cdot + \cdot\ddot{\underset{\cdot\cdot}{F}}\!: \longrightarrow H:\!\ddot{\underset{\cdot\cdot}{F}}\!:}$$

H 原子的单电子和 F 原子的单电子形成电子对,由两个原子共用。这一对形成共价键的共用电子,称为成键电子对(bonding pair),而其他的成对电子并不对共价键有贡献,称为孤对电子(lone pair)。为方便起见,成键电子对可以用"—"代替,写成

$$\mathrm{H-\ddot{\underset{\cdot\cdot}{F}}\!:}$$

成键后,H 为类 He 的电子结构,而 F 为类 Ne 的电子结构,两者形成闭壳层的电子结构。原子如果是非闭壳层结构的,一般意味着原子核有一些正电荷没有完全得到利用,会使原子的能量处于较高位置;同样,如果在原子的闭壳层结构加入富余的电子,同样也会使原子的能量升高。通过形成共价键、共用电子,可使成键的原子双方都达到闭壳层结构,体系的能量降低而形成稳定的 HF 分子。值得强调的是,达到能量最低是原子自发形成化学键的根本原因。

一些多原子分子如 H_2O, H_3O^+ 和 CCl_4 的路易斯结构如下:

$$\mathrm{H:\!\ddot{\underset{\cdot\cdot}{O}}\!:H} \qquad \begin{array}{c}\mathrm{H}\\ \mathrm{H:\!\ddot{\underset{\cdot\cdot}{O}}\!:H}\end{array} \qquad \begin{array}{c}\mathrm{:\ddot{Cl}:}\\ \mathrm{:\ddot{\underset{\cdot\cdot}{Cl}}:\ddot{\underset{\cdot\cdot}{C}}:\ddot{\underset{\cdot\cdot}{Cl}}:}\\ \mathrm{:\underset{\cdot\cdot}{Cl}:}\end{array}$$

$$\mathrm{H-\underset{\cdot\cdot}{\ddot{O}}-H} \qquad \begin{array}{c}\mathrm{H}\\ |\\ \mathrm{H-\underset{\cdot\cdot}{O}\rightarrow H}\end{array} \qquad \begin{array}{c}\mathrm{:\ddot{Cl}:}\\ |\\ \mathrm{:\ddot{\underset{\cdot\cdot}{Cl}}-C-\ddot{\underset{\cdot\cdot}{Cl}}:}\\ |\\ \mathrm{:\underset{\cdot\cdot}{Cl}:}\end{array}$$

上面 H_3O^+ 即是通常所说的水溶液中的氢离子。其中，H^+ 和 O 形成的 H—O 共价键，2 个电子全部来自 O，这种特殊的共价键称为配位键(coordination valence bond, dative bond)，可以写成 O→H。此外，值得说明的是，分子的路易斯结构并不需要一定反映分子的立体形状，而只是一种分子的布局类型(topological pattern)。

路易斯结构式的优点是简单而有效的。除了上述简单的单键形成的分子外，路易斯结构式也可以有效地表达更为复杂的分子结构，包括：

(1) 多重键分子。成键原子间共享两对或三对电子可以形成双键(二重键)和叁键(三重键)，分别用"="和"≡"表示，如 O_2，N_2，乙烯和乙炔：

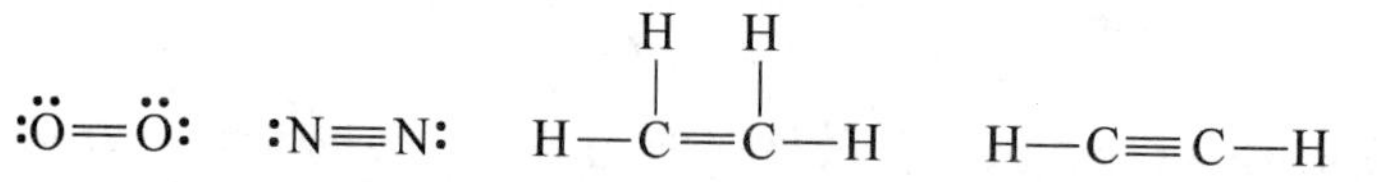

```
                          H   H
                          |   |
:Ö=Ö:   :N≡N:   H—C=C—H    H—C≡C—H
```

在生物分子中，目前没有发现四重键的分子。多重键的强度一般高于单键。

(2) 分子结构的共振。例如 H_3O^+，我们无法分辨究竟是哪一个 H 和 O 形成配位共价键，因此，存在下列可相互变化的三种情况：

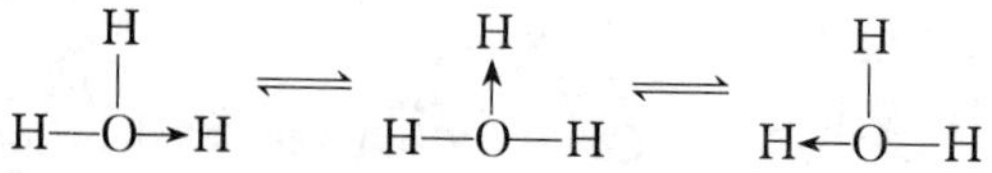

```
   H              H              H
   |              ↑              |
H—O→H   ⇌   H—O—H   ⇌   H←O—H
```

真实分子的路易斯结构应该是上述所有三种结构的叠加，符合量子力学的波函数的状态叠加原理(见 2.2.2 小节)，称为"共振"(resonance)结构。

(3) 不符合八电子规则的分子。虽然路易斯结构的主要规则是形成八电子闭壳层结构，但分子形成的根本原则仍然是通过形成共价键，使体系的能量达到最低。因此，我们可以写出不符合路易斯八电子规则的分子来，而这些分子稳定性的原理可以通过量子力学对化学键形成的机制来理解。

一些不符合路易斯八电子规则的分子如：

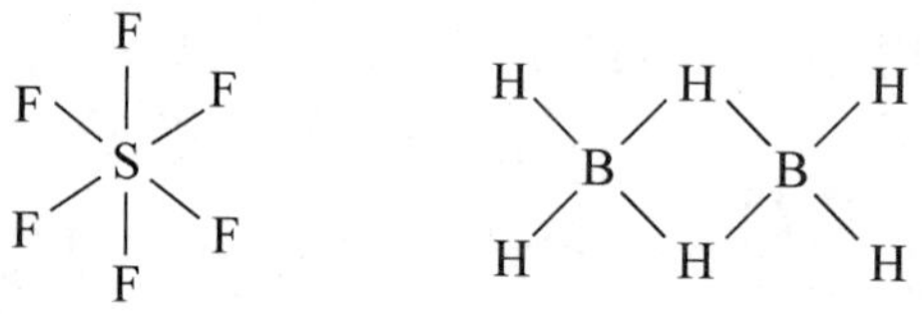

```
     F
  F  |  F        H     H     H
   \ | /          \   / \   /
     S              B     B
   / | \          /   \ /   \
  F  |  F        H     H     H
     F
```

其中 SF_6 的中心原子 S 形成了十二电子结构，而 B_2H_6 的每一个 B 原子只有 6 个电子。BF_3 是工业上常见的催化剂，其结构可以写成

```
   F
   |
F—B—F
```

也可以写成符合八电子规则的共振结构：

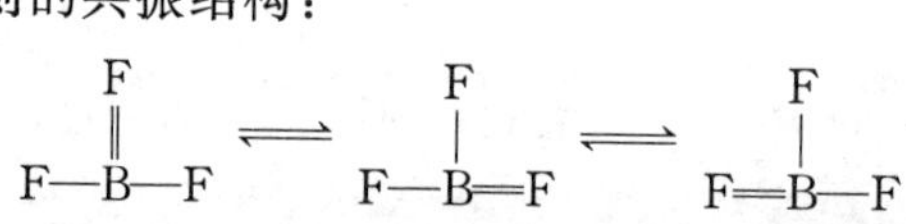

```
   F             F             F
   ‖             |             |
F—B—F   ⇌   F—B=F   ⇌   F=B—F
```

3.1.2 离子键

离子键(ionic bond)的形成是电负性低的原子失去电子形成阳离子，同时电负性高的原子得到电子形成阴离子，阴阳离子依靠静电引力相互吸引在一起。但仔细分析 Na 和 Cl 原子的

原子参数,可以发现离子键的形成并非这么简单。

Na的第一电离能是498.3 kJ·mol^{-1},而Cl的电子亲和能只有−351.2 kJ·mol^{-1}。发生电子得失的过程首先是Na的电子离开,这需要消耗498.3 kJ·mol^{-1}的能量,Cl得到这个电子,将释放351.2 kJ·mol^{-1}的能量。仅从电子转移这一点看,整个体系的能量变化为498.3+(−351.2)=147.1 kJ·mol^{-1},即能量不仅没有降低,反而升高了很多。那么,为什么还会发生电子转移和形成离子键呢?其原因在于,形成的阴阳离子相互吸引在一起时,能量会降低,特别是当很多的这些阴阳离子相互吸引形成固体——离子晶体的时候,将会有更多的能量释放,因此体系的能量变得更低而稳定。

伯恩-哈伯(Born-Harbor)循环分析了由原子形成离子晶体的能量变化过程。下面以NaCl晶体的形成为例,进行具体的讨论。由图3-2所示,由金属钠和氯气反应生成固体NaCl

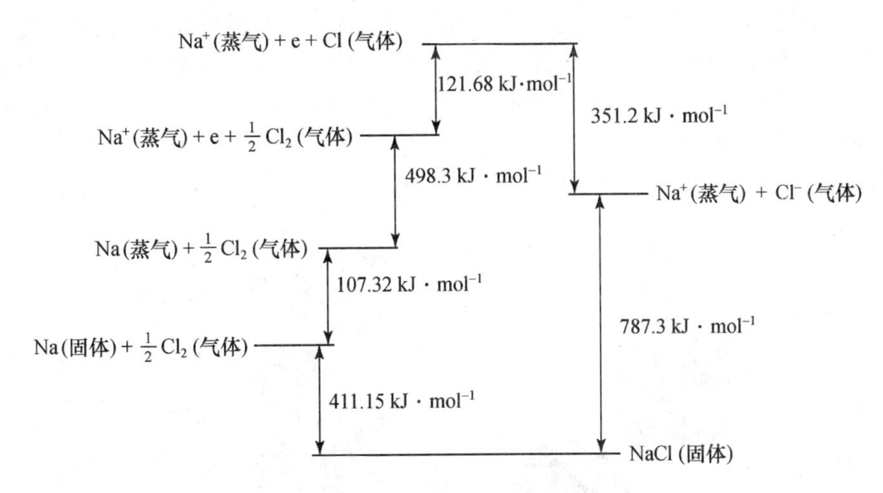

图3-2 氯化钠生成过程的伯恩-哈伯循环图

的过程,要放出411.15 kJ·mol^{-1}的能量,说明NaCl比生成它的元素单质的能量低,更为稳定。但是仔细分析反应的能量变化过程,可以看到,在生成NaCl的过程中,有3个步骤需要吸收能量,即金属钠蒸发为气体Na原子,Na原子失去一个电子(第一电离能),以及氯气分子分解成Cl原子。而两个释放能量的步骤分别是Cl接收电子形成Cl^-(第一电子亲和能),Na^+和Cl^-形成离子晶体。在形成离子晶体的过程中,阴阳离子交错排列,每一个Na^+周围都有6个Cl^-环绕,而每一个Cl^-也同样被6个Na^+围绕,这样,正负电荷的相互吸引得到了最大限度的利用(图3-3)。因此,形成离子晶体的过程可以释放很大的能量,称为晶格能(lattice energy)。显然这一步是对体系能量降低贡献最大的步骤。因此,离子键是离子晶体中阴阳离子相互吸引的整体效果,决定了离子晶体的固体性质。

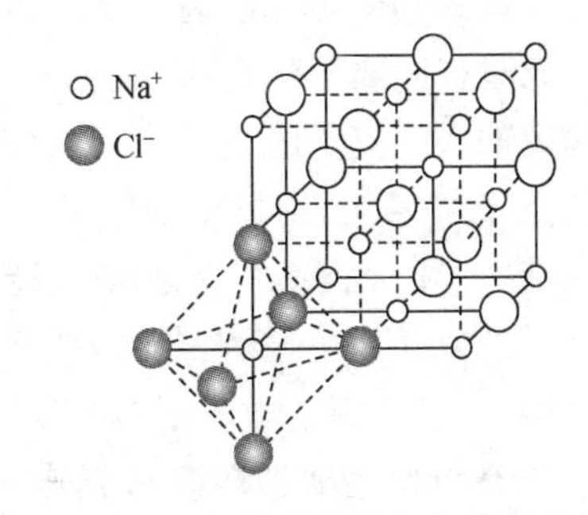

图3-3 NaCl晶体中的阴阳离子排列方式

从氯化钠生成过程的伯恩-哈伯循环图可以看到,金属Na的蒸发和Cl_2的分解需要的能量较小,因此影响离子键形成的主要因素包括:

(1) 阳离子的电离能。电离能如果太大,后面释放能量的步骤不能补偿时,则离子键不会生成。这即是只有金属才能形成离子键的原因。而且形成金属键时所失去的电子一般不会超过 3 个,因为之后的电离能太高。

(2) 阴离子的电子亲和能。能形成离子键的一般只有卤素离子 X^-,及 O^{2-},S^{2-} 离子或含氧酸根等。

(3) 晶格能。这是最重要的一个因素。晶格能的大小取决于离子的电荷、离子的大小和排列方式。根据电荷的库仑定律,离子电荷越高、半径越小,则相互作用力越强、晶格能越大。对于离子的排列方式来说,离子周围环绕的相反电荷越多、阴阳离子相互围绕的情况越均匀,则晶格能越大。例如 Al_2O_3,虽然 Al^{3+} 的电离能很大,而且 O^{2-} 的电子亲和能相对较小,但 Al^{3+} 和 O^{2-} 由于高电荷、小的离子半径和非常紧密的排列方式,使得晶格能非常大,从而最终形成高硬度和高熔点的 Al_2O_3 离子晶体,即刚玉晶体(蓝宝石和红宝石)(图 3-4)。金红石(TiO_2)的情况也是类似的(请想一想)。晶格能对离子排列的相对位置的依赖决定了离子键化合物的另一个性质——易脆性。无论是晶体(如萤石)还是非晶体(如玻璃和陶瓷),都容易在外力作用下产生裂纹和破碎。这是因为当外力冲击导致离子间位置错动的话,原先离子间的相互吸引就会因位移而变弱乃至变成相互排斥,于是固体便沿着外力造成离子位移的方向形成断裂,进而整个结构碎裂。

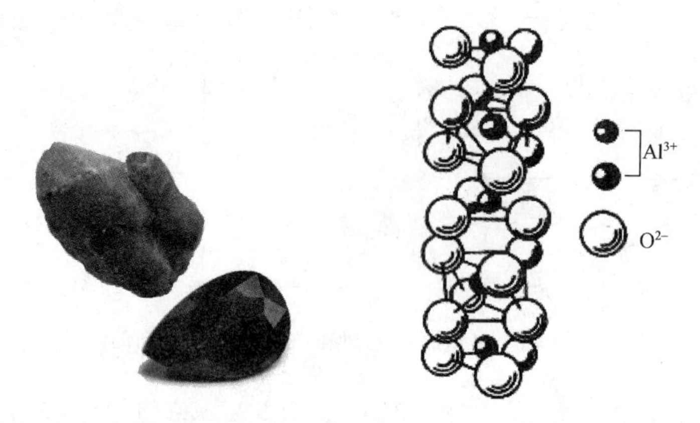

图 3-4 红宝石(刚玉)天然矿物、加工晶体和刚玉晶体中阴阳离子的排列方式

离子化合物的特征是在熔融状态或溶解的溶液状态可以导电,导电性质证明了在化合物中阴阳离子的存在。熔解过程是离子形成晶体的相反过程。由于离子的蒸发气化能量相对较小,熔解过程主要需要克服巨大的晶格能。离子晶体一般都有较高的熔点、沸点和硬度。

离子化合物在水中的溶解过程,如 NaCl 的溶解,包含了两个主要过程:首先,晶体结构解离成为裸露的 Na^+ 和 Cl^- 离子;然后,这些裸离子与溶剂水分子结合,形成水合 Na^+ 和 Cl^- 离子。解离过程同离子化合物的熔解一样,因克服晶格能而需要吸收大量能量;而在裸离子形成更为稳定的水合离子的过程中,则将释放能量,称为离子的水合能(hydration energy)。如果水合能大于解离能,则离子晶体很容易溶解,这类化合物通常称为强电解质;如果水合能小于解离能,则化合物不容易溶解,相反在水溶液中的离子却很容易从溶液中结晶沉淀出来,因而是一些难溶性离子化合物(slightly soluble ionic compounds)。晶格能很大的离子化合物如 Al_2O_3,TiO_2 等基本上不溶于水。强电解质在生物的体液平衡中发挥重要作用,而难溶性离子化合物如碳酸钙和磷酸钙则是动物骨骼的组成部分。这两类化合物都将在第 7 章专门讨论。

3.1.3 晶体结构和硬组织

固体物质是生物体的重要组成部分。固体有晶体(crystal)和非晶体的区别。晶体的特点是从直观上有规则而整齐的几何外形,物理学性质上有确定的熔点和晶体的各向异性等。晶体的这种外在的规则性质是由于其内在结构的有序性决定的,即晶体内部的原子(或离子、分子)是按照一定的方式在三维空间作有规律的重复排列,体现出晶体结构的周期性。而固体中原子(或离子、分子)不具备在空间呈现周期性有序排列的是非晶体,介于两者之间的则称为准晶体。非晶体物质如玻璃、塑料等的内部原子排列无规律,与液体相似,故也可看做是一种凝固的液体。反过来,一些物质虽然具有液体的流动性,但内部结构却呈现周期性的有序排列,表现出各向异性的物理性质,这一类物质则是“液晶”(liquid crystal)。生物体的细胞膜便是典型的液晶。

晶体内部的原子(或离子、分子)在三维空间作周期性重复排列,每个重复单位的化学组成、原子排列方式及周围环境(不包括表面)都相同。这种周期性包括两个要素:一是周期性重复的结构单位,称为晶体结构的“基元”(unit);二是周期性重复的方式(重复周期的长度和方向)。每个基元所包含的内容可以是一个原子、离子或分子,也可以是若干个原子、离子或分子。例如在 NaCl 晶体中,每一个基元由一个 Na^+ 和一个 Cl^- 组成,而在复杂的蛋白质晶体中则可以包含若干个蛋白质分子。

如果把每个结构基元抽象成一个几何点,那么晶体结构就可以简化成一个具有方向性的点阵结构——矢量点阵。这时,晶体结构的简化形式为“点阵+结构基元”,可使晶体学的计算和研究变得更为方便。

如果把晶体按内部的排列周期性划分成一个个平行六面体的单位,这种重复性的结构单位称为晶胞(图 3-5)。由于晶胞是平行六面体,整个晶体可由晶胞在三维空间周期性重复排列堆砌而成。晶胞的形状和大小由晶体的点阵结构决定,它可以包含一个晶体点阵的结构基

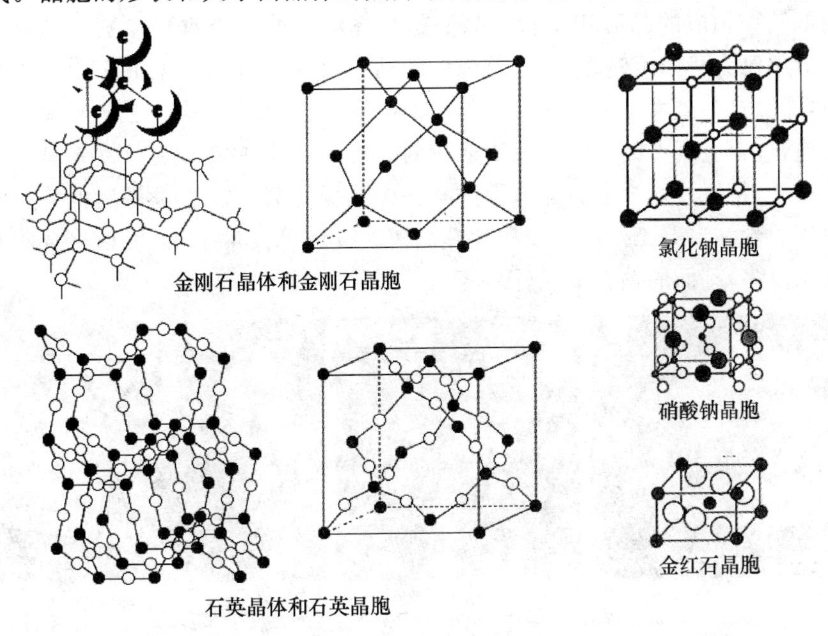

图 3-5 一些晶体的晶胞

元，也可以包含多个结构基元，从而更好地反映晶体结构的对称性质。重要的是，知道了晶胞的大小、形状和内容，就知道了相应晶体的结构。实际上，晶体结构的测定就是测定晶体晶胞的大小、形状和其中各原子的位置。

晶胞的形状和大小的描述参数包括晶胞的三个边长 a,b,c 和三个边分别的夹角 α,β,γ（图3-6）。根据晶胞参数和晶体对称性，可以将晶胞划分成立方、四方、正交、三方、六方、单斜和三斜 7 个类型，称为 7 种晶系。

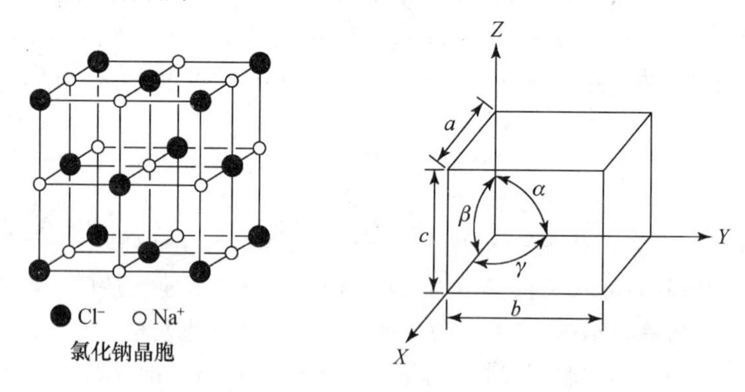

图 3-6　晶胞和晶胞参数

晶胞中各原子的位置则以三个边为坐标轴，以三个边长为坐标轴的矢量单位而确定其相对的位置。例如 NaCl 晶体属于立方晶系，其晶胞参数的特点是 $a=b=c,\alpha=\beta=\gamma=90°$，若以其中一个 Cl^- 为原点，则各离子的位置分别为

Cl^-：(0,0,0)，　(1/2,0,1/2)，　(0,1/2,1/2)，　(1/2,1/2,0)，…

Na^+：(1/2,0,0)，　(0,1/2,0)，　(0,0,1/2)，　(1/2,1/2,1/2)，…

晶面是晶体中原子（或离子）形成的一个个平行等间距的点阵平面，实际晶体外形的每个表面都与内部某一相应的晶面相平行。晶面是晶体结构的一个重要参数。光彩夺目的钻石（金刚石）的形象已为我们所熟悉，一般首饰中的钻石为具有 58 个刻面的形状。金刚石是硬度最大的物质，那么这些刻面是如何被切割出来的呢？早在两千多年前，工匠们就利用金刚石晶面的解理性质，选择金刚石的自然或人工造成的裂痕（如不断的敲击或用另一块金刚石刻画），沿裂隙钉入楔子，使坚硬的金刚石晶体沿其某一个晶面分裂开。这也是其他各类宝石加工的基本技术原理。现在宝石工业用激光和计算机辅助设计等技术手段，可以将金刚石切割加工成 81 个（甚至更多）刻面的钻石形状（图 3-7）。

(a)　(b)　(c)

图 3-7　天然钻石(a)、人工钻石单晶(b)和加工成 58 个面的经典钻石形状(c)

单晶(single crystal),顾名思义是一种具有完整周期性结构的晶体。在单晶中,晶体的结构基元按照一个点阵排列模式堆砌构成。这种结构的完整性是单晶的可贵之处,单晶体具有物理性质(如光学性质)上的各向异性,方解石晶体可以区分光的不同偏振性。单晶体进行X射线衍射实验时,每一组晶面都在自己不同的方向上发生衍射。对所有晶面的距离和方向进行测定后,我们就能画出晶胞中每个原子的位置来,这就是X射线单晶结构测定技术。现在大多数的生物大分子如蛋白质分子的结构都是通过单晶X射线衍射方法测定的。生物大分子的结构测定是"结构生物学"的基础,因此,单晶制备技术和X射线衍射技术是"结构生物学"的基础方法。

和单晶相对的是多晶。多晶是由小的单晶体有序或无序结合而成的晶块或粉末体,美丽的雪花正是由许许多多微小的冰晶组成的多晶体。在多晶体中,小晶体的排列即使在某种程度上是有序的(如雪花),但总体上小晶体的取向是多样化的。多晶体也可以进行X射线衍射,可以获得其中一些重要的晶面的距离等信息。多晶体内部小晶体排列的方式会对晶体的性质产生影响,例如冰块和雪花的差别。

晶体可以根据化学键的不同分成金属晶体、离子晶体、原子晶体(或共价晶体)和分子晶体等。除了植物中的无定形硅石为原子晶体外,生物体内的矿物多数是离子晶体物质,如骨骼、牙齿、外壳等硬组织和感官晶体(如耳石、微磁体)等。生物体之所以利用离子晶体,一方面是由于离子晶体的生成容易为生物体所控制,另一方面离子晶体具有较高的物理强度,特别是多晶体可以形成不同结构和功能的生物材料。

骨骼和牙齿的组成主要都是羟基磷灰石(hydroxyapatite, HAP)和基质蛋白。在牙釉质中,HAP的含量达到95%,其他是约1%的釉蛋白和水(存在于牙釉质的结构缝隙和孔道中)。在骨骼中,有机物的含量上升到20%～24%,而无机矿物含量约65%,其中主要是HAP,但也包含一些碳酸钙和其他形式的磷酸钙。骨骼中的结构空隙更大,含水量可高达15%。

HAP的成分是$Ca_{10}(PO_4)_6(OH)_2$。HAP晶体的晶胞参数为$a=b=0.9432$ nm,$c=0.6881$ nm,$\alpha=\beta=90°$,$\gamma=120°$。HAP无法形成大颗粒的晶体,只能形成纳米尺度的微晶,其形状为一种六面柱体,约几十个纳米大小(图3-8)。因此,骨骼和牙齿都是纳米羟基磷灰石微晶构成的多晶体系,但两者的微晶的排列方式不一样。

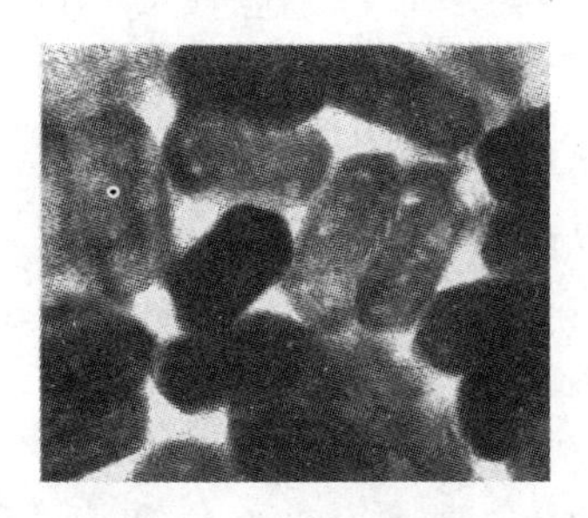

图3-8 羟基磷灰石微晶的形状以及晶体结构

在牙釉质中,HAP的晶体基本沿其长轴的方向排列成行[图3-9(a)],形成长长的釉柱[图3-9(b)],釉柱的截面接近于六角形[图3-9(c)],釉柱的延伸方向和牙齿表面大约垂直。在微晶和微晶之间、釉柱和釉柱之间填充的是牙釉基质蛋白;如果将HAP用酸全部腐蚀掉,可以看到基质蛋白形成的蜂巢般的结构[图3-9(d)]。这种组装和排列方式使牙釉质的结构致密,力学强度大,特别是在釉柱的轴向方向,可以承受很大的咬合力量。而牙釉基质蛋白虽然含量很少,但可以像混凝土中的钢筋一样,增加牙齿的韧性和机械性质。

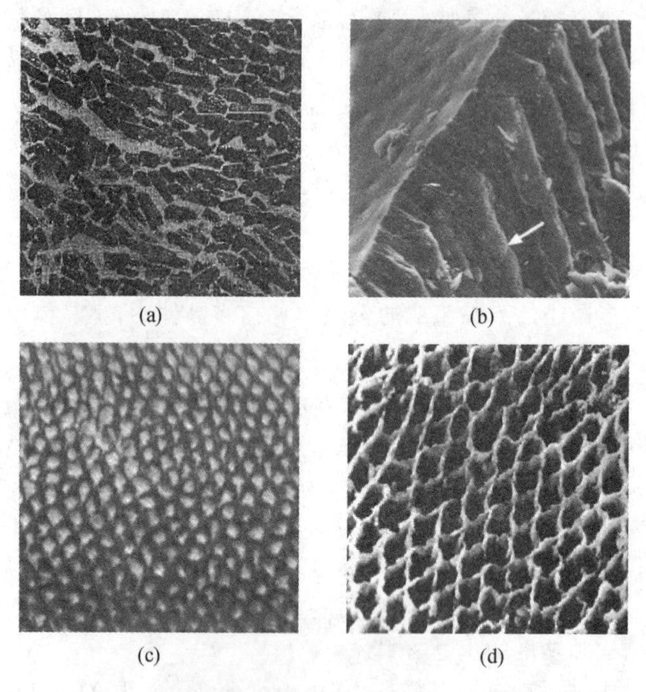

图 3-9 牙釉质的釉柱结构和羟基磷灰石排列方式

(a) 牙釉质中羟基磷灰石沿长轴方向排列的电子显微镜照片

(b) 牙釉柱结构的电子显微镜照片

(c) 光学显微镜下观察的牙釉柱的截面

(d) 牙釉质经酸蚀后剩下的基质蛋白结构的电子显微镜照片

在骨骼(图 3-10)中,HAP 的微晶体呈层状堆积,并且在层中的堆积并不是像在釉质中那样有序排列,HAP 的微晶体的大小也不是那么均一。在 HAP 的微晶体的层之间填充的是骨胶原蛋白等基质蛋白形成的网络结构。骨中的这种层结构在力学性质上具有良好的弹性和蓄能的能力。此外,层结构也容许了骨结构中存在大量的空隙结构。人们还不完全清楚骨组织形成这种结构的意义所在,但至少空隙结构使骨骼在不明显降低机械强度的条件下,重量大大减轻,并且空隙也有利于与骨骼生长有关的细胞在骨组织间的移动,有利于骨组织的生长和变化。

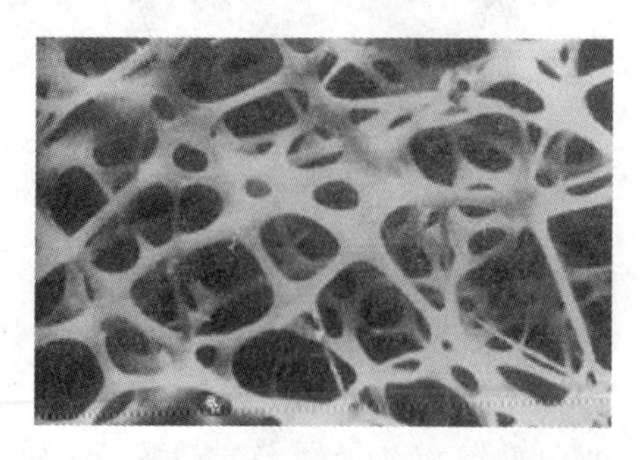

图 3-10 骨组织的多孔和片状结构

由于F^-和OH^-很相似，可以替代HAP结构中的OH^-，形成氟磷灰石。氟磷灰石晶体的晶胞参数为$a=b=0.9375$ nm，$c=0.6880$ nm。与HAP相比，氟磷灰石的晶胞略小，Ca—F的距离(0.229 nm)比HAP中的Ca—O距离(0.289 nm)明显减小，这是由于F^-的半径比OH^-小。因此，氟磷灰石的晶格能要比HAP大，稳定性增加，溶解度和溶解速率均降低。使用含氟牙膏和牙齿局部涂氟可以显著降低龋齿的发生，正是由于牙釉质表面可发生氟取代，釉质的HAP部分转化成氟磷灰石，一方面降低了釉质的溶解度，另一方面氟化物可以抑制细菌产酸。细菌产生的酸是牙釉质溶解和形成龋齿的根本原因。目前国内外牙膏均添加各种氟化物，如Na_2PO_3F，SnF_2，NaF和Na_2PO_4F。

但是，骨骼中过多的氟取代也可造成机体的严重损伤，导致氟斑牙和氟骨病。氟骨病是一种地方性疾病，原因是当地饮水中氟含量过高或氟污染(燃煤污染)。急性HF中毒的一个症状是强烈的骨痛。氟骨病也表现为腰、腿及全身关节麻木、疼痛，关节变形，严重时出现腰弯背驼、功能障碍乃至瘫痪。我国地方性氟中毒的分布极为广泛。氟骨病的病理和生化分子机制还并不清楚，有待科学工作者的深入研究。

3.2 共价键和有机分子

除了硬组织外，其他有机和生物分子基本上都是通过共价键形成的分子。共价键的特点是具有方向性和饱和性，每个原子由于其价层原子轨道数目和电子数目不同，形成独特的结构构型方式。因此，不同原子就像“立体积木”一样，可以搭建出各种结构、形状和功能各异的分子。在地球的生命体系中，C，H，O，N，S和P构建了所有生物分子的基本结构，在2.3.5小节中曾有简单的介绍。这里，我们对共价键的本质和一些共性进行讨论。

3.2.1 共价键的性质

1. 键参数

共价键的键参数(bond parameter)包括键能、键长、键角以及键的极性。

键能(bond energy)是指某一共价键断裂时所吸收的能量，是从能量角度衡量共价键强度的物理量。键能越大，共价键越牢固和稳定。

对于双原子分子来说，键能就等于分子的解离能(D)，例如H_2

$$H_2(g) \longrightarrow 2H(g) \qquad D=436\ \text{kJ} \cdot \text{mol}^{-1}$$

则H—H的键能为436 kJ·mol^{-1}。

对于多原子分子来说，键能是分子中相同键解离能的平均值，例如H_2O

$$H_2O(g) \longrightarrow H(g)+OH(g) \qquad D_1=502\ \text{kJ} \cdot \text{mol}^{-1}$$

$$OH(g) \longrightarrow H(g)+O(g) \qquad D_2=423.7\ \text{kJ} \cdot \text{mol}^{-1}$$

则H_2O中O—H的键能为463 kJ·mol^{-1}。

同一种共价键在不同的多原子分子中的键能有差别，但是一般差别不大。我们可以把不同分子中同一种共价键能平均起来，代表某键能。表3-1中列出了一些重要共价键的平均键能。

表 3-1 一些重要共价键的平均键能和键长

共价键	键长/pm	键能/(kJ·mol^{-1})	共价键	键长/pm	键能/(kJ·mol^{-1})
H—H	74	436	C—Cl	177	335
C—H	109	413	C—N	148	305
O—H	98	463	Cl—Cl	199	247
N—H	101	391	O—O	148	146
Cl—H	127	414	C═C	134	610
Si—O	164	368	C═O	120	728
C—C	154	346	O═O	120	495
C—O	142	357	C≡C	120	835
C—S	182	272	N≡N	110	946

键长(bond length)是分子中两个成键原子核间的平衡距离。光谱和晶体衍射实验表明,同一种共价键在不同分子中,其键长稍有差别,但差别很小。例如,C—C 键长在金刚石中为 154.2 pm,在乙烷中为 153.3 pm,在环己烷中为 153 pm。因此,可以用不同化合物中某键键长的平均值代表该键长(表 3-1)。

键的强度和键长有关。键长越短,则键能越大。相同原子间形成的共价键,多重键的长度要明显短,单键长>双键长>叁键长。通常,双键的键长为单键的 0.85～0.90 倍,叁键的键长为单键的 0.75～0.80 倍。

键角(bond angle)是同一原子形成的两个不同化学键之间的夹角。原子作为构建分子的基本"积木块",成键的方向将决定原子"积木"如何在三维空间进行分子搭建的立体方式。因此,键角是反映分子空间构型的一个重要参数。

当一个分子的各组成原子的键长和键角确定后,这个分子的几何构型也就确定了。例如 NH_3 分子,已知 3 个 N—H 的键长相等,为 101.9 pm,H—N—H 键角均为 107.3°,则可知 NH_3 分子呈三角锥形。每个原子一般有几种比较确定的成键方式,每种方式有其相对比较固定的键角,因此键长和键角的信息有助于我们预测甚至是比较复杂的生物分子的空间结构。

共价键的极性(polarity)是由于两个成键原子对成键电子对的吸引力不同而造成的,可间接由原子的电负性表征。当同种原子通过共用电子对形成共价键时,由于两个原子对电子的吸引能力相同,成键电子对将平衡地处于两核的中间位置,两个原子核正电荷形成的正电荷重心和成键电子对形成的负电荷重心相互重合。这样的共价键为非极性共价键(nonpolar covalent bond)。例如 H_2,O_2,F_2 和 Cl_2 分子等,这些分子中的共价键就是非极性共价键。而当不同原子间形成共价键时,由于两个原子对电子的吸引力不同,成键电子对将处于偏向电负性大的原子一方。那么,电负性大的原子一端带部分的负电荷,表示为 δ^-;而电负性小的原子一端带部分的正电荷,表示为 δ^+。于是,沿着共价键的方向形成电场矢量——电偶极(electric dipole),这样的共价键为极性共价键(polar covalent bond)。例如 HF 分子中的 F—H,在 F 原子一端带 δ^-,而 H 原子一端则带 δ^+(图 3-11)。

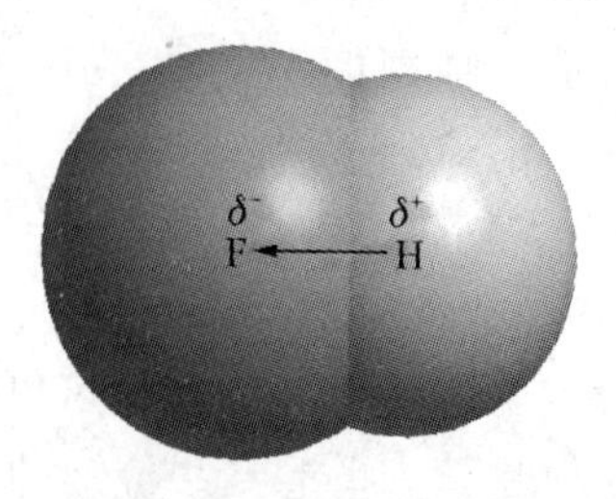

图 3-11 HF 分子共价键的极性示意图

成键原子间的电负性差值越大,则形成共价键的极性越大。当电负性差值很大时,成键电子将完全转移到电负性大的原子上，这时原子则成为离子，形成离子键。因此，从某种意义上，极性共价键是离子键到非极性共价键的一种过渡状态。不过，需要说明的是，形成离子键的决定性因素是晶格能的大小。请思考一下：电负性差为 1.9 的 HF 为极性共价键，而电负性差为 1.8 的 Al_2O_3 和电负性差＜1 的 ZnS 却为离子键，为什么呢？

2. 分子构型和价层电子对互斥理论

由共价键形成的晶体是原子晶体。无论原子晶体还是离子晶体，一块完整的单晶就是一个“大分子”。晶体的形状体现了组成晶体的原子或离子的空间排列方式。原子晶体和离子晶体的重大差别是晶体结构中原子排列的几何构型。由于离子键没有方向性，正负离子会依据离子半径的相对大小和数目比例不同，总以最大密堆积的方式排列，从而使整个晶体处于能量最低的状态，获得最大的晶格能，因此形成具有共性的几种离子晶体结构类型。而共价键则有饱和性和方向性，即每个原子有确定的成键数目和相对固定的键角；在共价分子/晶体中，原子间的相对位置是明确和固定的。例如在金刚石晶体中(图 3-12)，每个 C 原子都和其他 4 个 C 原子连接，中心的 C 原子必然呈正四面体的结构，整个晶体由这种正四面体连接而成一种碳骨架结构。在石英晶体中，每个 Si 原子和周围的 4 个 O 原子结合，形成一种 $[SiO_4]$ 正四面体的基础结构，整个晶体由 $[SiO_4]$ 四面体连接而成。连接方式是以每个 O 连接 2 个 Si，可以有共顶点、共棱边、共面等不同方式，其中 O 的 2 个 O—Si 键的键角也是固定的。

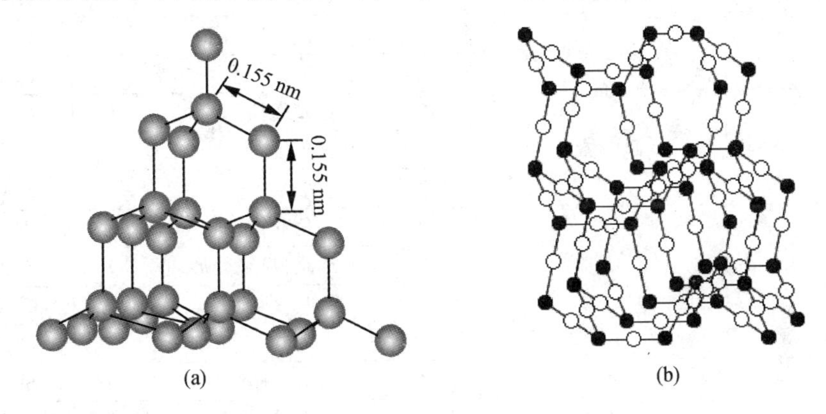

图 3-12 金刚石(a)和石英(b)的结构

晶体是个特殊的例子，对于较小分子的共价化合物，共价键的性质同样决定了分子中的原子具有确定的空间位置，分子具有确定的几何构型。例如，CO_2 分子的 2 个 C═O 键夹角为 180°，分子为线性结构；H_2O 的 2 个 O—H 键夹角为 104.5°，分子为 V 形结构。

阐述分子几何形状的理论为价层电子对互斥理论(valence shell electron pair repulsion theory, VSEPR)。VSEPR 理论从分子的路易斯电子结构发展而来，认为原子的价层电子结构是影响分子构型的主要因素。VSEPR 是一个定性的理论，并不需要量子力学的复杂计算，却可以十分有效地对一个共价分子的几何结构进行合理的推测。

路易斯结构反映的只是一种分子中成键电子的布局方式。在路易斯结构中，除了成键电子外(以“—”表示)，也表示了外层电子中不参加成键的孤对电子。VSEPR 理论假定，所有价层电子对(包括成键电子对和孤对电子)都相互排斥，分子的形状应当采用价层电子对相互远离的构型，从而使彼此间的相互排斥力达到最小。依据这一原理，我们很容易对一个原子周围共价键和孤对电子的伸展方向进行推测，非常适合预测具有中心原子的简单 AB_n 型分子的几何构型。对于较为复杂的分子，VSEPR 理论也可以推广到预测某一特定原子为中心的分子区域结构类型。

应用 VSEPR 理论预测 AB_n 型简单分子构型的方法如下：

(1) 计算中心原子中价层电子对的数目。我们可以首先画出分子的路易斯结构，然后数出共价键的数目和孤对电子的数目，两者之和就是价层电子对数目。在计算时，一个单电子等同于一对孤对电子处理，一个多重键（双键和叁键）等同于一个单键处理。

另一个方法是，计算中心原子 A 的价层电子数与配体原子 B 提供的共用电子数的总和，然后除以 2。这个计算方法规定：作为配体，卤素原子和氢原子提供 1 个共用电子，氧族元素不提供电子；作为中心原子，卤素原子提供 7 个价层电子，氧族元素提供 6 个价层电子；对于负离子，电荷数加在价层电子的总和上；对于正离子，价层电子的总和需要减去电荷数；计算电子对时，若剩余一个电子，亦当做一对电子处理。

(2) 判断价层电子对的构型。根据 VSEPR 理论，价层电子对应尽量向空间伸展开。不同价层电子对总数分别对应的结构类型列于表 3-2 中。

表 3-2　理想的价层电子对构型和分子构型

价层电子对总数	价层电子对构型	孤对电子数	分子构型	实　例
2	直线	0	直线	$HgCl_2$，CO_2
3	平面三角形	0	平面正三角形	BF_3，NO_3^-
		1	V 形	$PbCl_2$，SO_2
4	四面体	0	正四面体	CH_4，SO_4^{2-}
		1	三角锥	NH_3，H_3O^+
		2	V 形	H_2O，H_2S
5	三角双锥	0	三角双锥	PCl_5
		1	跷跷板形（变形四面体）	SF_4，$TeCl_4$
		2	T 形	ClF_3
		3	直线	I_3^-，XeF_2
6	八面体	0	正八面体	SF_6，AlF_3^-
		1	四方锥	BrF_5，SbF_5^{3-}
		2	平面四方形	ICl_4^-，XeF_4

(3) 根据孤对电子的数目和多重键的数目，判断并调整分子的几何构型。根据 VSEPR 理论，不同电子对之间的排斥能力顺序是：孤对电子-孤对电子＞孤对电子-成键电子＞成键电子-成键电子；多重键相当于一对超级成键电子，其排斥能力大于单键成键电子。根据上述这些原则，我们可对分子的几何构型进行判断，并根据排斥力的大小进行适度的调整。

【例 3-1】 XeF_4

解　其路易斯结构如下：

```
F    ••    F
  \      /
    Xe
  /      \
F    ••    F
```

分子中有 4 个成键电子对和 2 个孤对电子，即有 6 个价层电子对。也可以这样计算，Xe 有 8 个电子，每个 F 原子提供 1 个共用电子，总价层电子数为 $8+4\times1=12$ 个，同样得到总数6个价层电子对。查表3-2知道，分子的价层电子对的构型为八面体。由于孤对电子的排斥力强，孤对电子的夹角应为最大的180°；4个F原子则位于八面体的其他顶点上。这样，我们可知XeF_4分子的构型为平面四方形。

【例3-2】 SO_4^{2-}

解 其路易斯结构有多个共振结构，如下：

分子中有2个单键和2个双键，并且由于共振结构使4个O原子实际上无法区分谁形成的是单键或双键。总价层电子对数为4[也可以由(6+2+4×0)/2=4计算得来]，没有孤对电子，所以SO_4^{2-}的分子构型为正四面体。

【例3-3】 甲醛分子(HCHO)

解 其路易斯结构为

分子中总共有3个成键电子对，其中包含一个双键；无孤对电子。由于双键的排斥能力较两个单键强，因此C═O键和C—H键的夹角要大于2个C—H键之间的夹角。可知甲醛分子的几何构型为等腰三角形。

【例3-4】 HNO_3和NO_3^-

解 其路易斯结构分别为

(HNO_3)　　(NO_3^-)

两个分子都有1个单键和2个双键，共3个价层电子对；无孤对电子。但NO_3^-具有共振结构，3个O是等同的，因此，NO_3^-的分子构型是平面正三角形，键角均为120°。而HNO_3双键间的排斥力较双键-单键要大，因此其分子构型为等腰三角形：

120°　115°　130°

(NO_3^-)　(HNO_3)

3. 分子的极性

一个分子如果总体上正负电荷重心不重合，就会在分子上产生电偶极，即分子的某一端带有部分的负电荷δ^-，另一端则带部分的正电荷δ^+。有电偶极的分子称为极性分子。分子极性的大小用偶极矩(dipole moment)$\boldsymbol{\mu}$表示。偶极矩是一个矢量，其定义为电荷的电量q与正负电荷重心间的距离d的乘积：

$$\mu = q \cdot d$$

偶极矩越大,分子的极性越大。

分子极性的一个来源是分子中共价键的极性。共价键的偶极矩取决于成键原子的电负性的差别,其计算公式为

$$\mu=\sqrt{\chi_A-\chi_B} \quad (D)$$

式中,D是偶极矩的单位德拜(Debye),$1D=3.34\times10^{-30}$ C·m。

对于双原子分子来说,键的极性就是分子的极性。例如 Cl_2 分子中,Cl—Cl 是非极性键,因此,Cl_2 是非极性分子。而 HCl 分子中,H—Cl 是极性共价键,分子中 H 的一侧带 δ^+,而 Cl 的一侧带 δ^-,因此 HCl 是极性分子,分子偶极矩的方向为 $H(\delta^+)\rightarrow Cl$。

对于多原子分子来说,分子的极性不仅取决于键的极性,而且还取决于分子的几何构型。例如对于 H_2O 分子,键的极性方向是 $H(\delta^+)\rightarrow O$。H_2O 分子的几何构型是 V 形,键极性的加和形成分子的极性(图 3-13)。对于 CO_2 分子,C=O 键也是极性共价键,键偶极矩的方向是 $C(\delta^+)\rightarrow O$。但是 CO_2 分子构型是直线形,键偶极矩的方向在分子中正好相反,在加和时相互抵消,分子的总体偶极矩为零。因此,CO_2 是非极性分子。一般地,结构高度对称的分子,无论其组成的共价键是否为非极性,在总体上,分子表现为非极性。

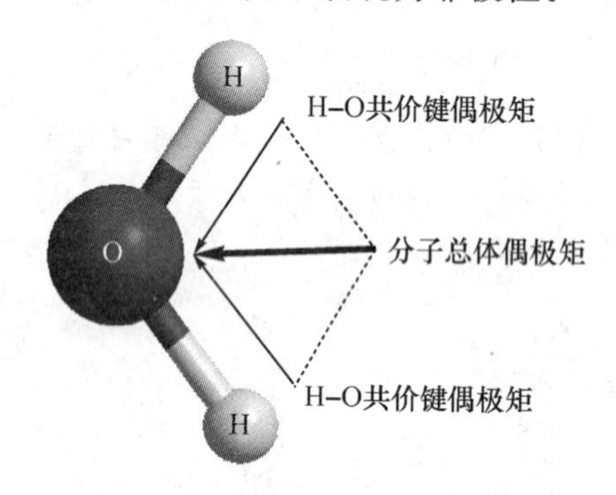

图 3-13 分子的偶极矩是其键偶极矩的矢量加和

3.2.2 共价键的本质:价键理论

前面我们讨论了共价键的基本性质、共价键的方向性以及共价分子的几何构型的预测理论。可以看到,经典的路易斯结构是十分有用的简单方法,路易斯结构指出了共价键的形成是由于两个成键的原子间共用一对(单键)或多对(多重键)电子对。然而,为什么共用电子对可以在两原子间产生吸引作用,能产生多大的吸引作用,如何影响原子间的相对位置等等问题,需要用定量的量子力学方法进行阐述。

由于量子力学的数学方法十分复杂,我们在此只选择最简单的一些分子,进行有限和主要是定性的介绍。

1. 氢分子共价键的形成

H_2 是最简单的分子,我们来分析一下它的形成过程。当两个 H 原子相互靠近时,它们的两个 1s 原子轨道就会相互重叠,处于 1s 轨道的两个电子的波函数就会相互叠加。于是,根据电子的自旋状态不同,出现两种状况:

(1) 如果两个电子的自旋方向相反,根据泡利不相容原理,这两个电子的波函数符号相

同，叠加的结果是在两个 H 原子核中间的波函数得到加强（图 3-14）。这意味着，电子将更多地出现在两个原子核的中间位置，使得中间位置的负电荷增加，这样，两个原子核以静电引力而相互吸引在一起，形成氢分子的基态。

（2）如果两个电子的自旋方向相同，根据泡利不相容原理，这两个电子的波函数符号将相反，叠加的结果是在两个 H 原子核中间的波函数被削弱（图 3-14）。这意味着，两个原子核的中间位置出现电子的机会减少，中间位置缺乏负电荷，于是两个原子核产生静电斥力，形成氢分子的排斥态。

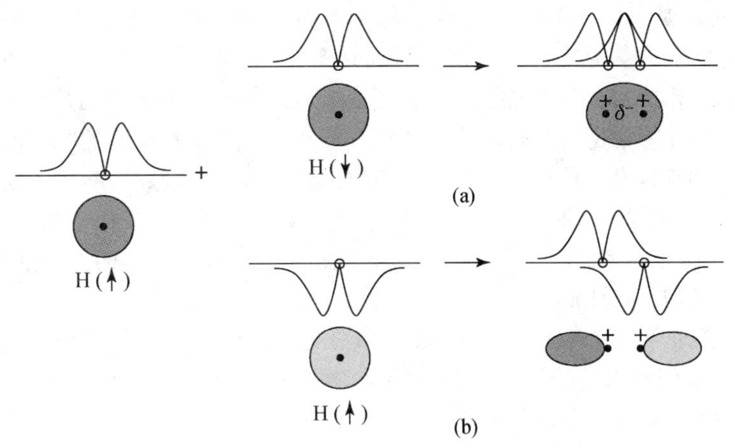

图 3-14　氢原子波函数的叠加

(a) 基态；(b) 排斥态

上述两种不同的波函数叠加方式对系统能量状态的影响可以用量子力学定量计算出来（图 3-15）。我们可以看到，理论计算的能量变化曲线和实验测量的结果非常接近。基态 H_2 分子的能量在核间距 $r=74$ pm（理论值为 87 pm）时，分子系统的能量最低。这个距离就是 H—H 键的键长。

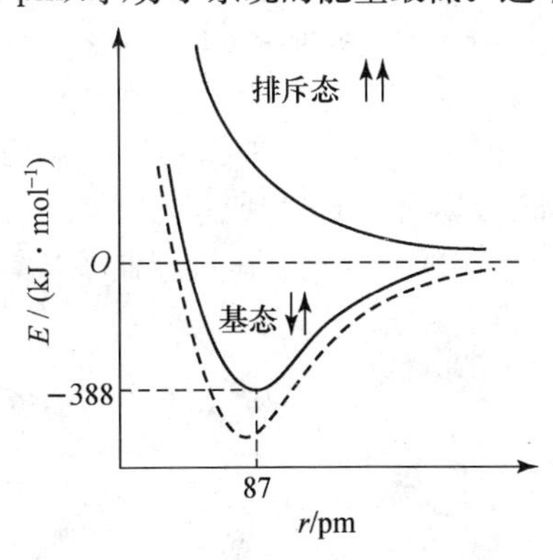

图 3-15　氢分子系统的能量随原子距离的变化曲线

图中实线为理论计算结果，虚线为实验测量结果

由此可见，共价键的形成是由于原子接近时，具有相反自旋方向的单电子的原子轨道相互重叠，电子在两核间出现的概率增加；新的电荷分布增加了两个成键原子核的相互引力，降低了整个系统的能量。由于共价键的形成需要两个自旋配对的电子，因此一个原子可以形成共价键的数目将取决于该原子的单电子数目，这就是共价键的饱和性。

除了 s 轨道是球形对称外,其他原子轨道都具有一定的形状,如 p 轨道电子云为哑铃形,沿坐标轴分布,并且在核两侧的波函数符号是相反的。因此,多数情况下,在原子轨道相互重叠形成共价键的过程中,只有沿某一特定方向在特定的距离条件下,才能使两核间的电子云密度最高,体系的能量降低最多,形成的共价键最牢固。这称为原子轨道的最大重叠原理。因此,稳定的共价键必须具有一定的键长和处于一定的方向,即共价键的方向性。

对于共价键的空间伸展方向,VSEPR 理论告诉我们取决于中心原子价层电子对的数目,形成不同键角。例如,甲烷(CH_4)分子的分子构型是正四面体形。于是,一个看似矛盾的现象是:p 轨道的夹角都是 90°,CH_4分子的中心原子 C 如果通过有单电子的 p 轨道形成共价键,那么为什么 CH_4分子中各键的夹角不是 90°,而是 109°28′呢?

回答这个问题,仍然需要依靠量子力学。各原子轨道都是电子运动的某个状态,根据态叠加原理,原子轨道的线性组合也同样是电子运动的可能状态。就像薛定谔的"猫"的死活问题一样,在原子进行化学反应前,电子是处于原始的原子轨道或是线性组合后的新原子轨道,两者有着等同的概率。最终原子轨道的选择取决于电子处于哪种轨道能够形成最稳定的共价键。这就是后面要介绍的杂化轨道理论的起点。杂化轨道理论能很好地解释共价键的方向性问题。

2. 共价键的类型:σ 和 π 键

原子轨道重叠的方式有两种,分别形成 σ 和 π 键。σ 键的特点是沿成键方向有一个对称轴;如果成键的两个原子以共价键为轴相互旋转,对原子轨道的重叠没有影响,即对共价键的强度没有影响。而 π 键是一个不能绕键轴旋转、使成键双方完全固定的共价键。一般来说,σ 键键能要比 π 键大,更为稳定。

我们以最简单的 s 和 p 轨道的重叠(图 3-16)进一步说明:

(1) 由于 s 轨道是球形对称,s 和 s 轨道之间相互重叠时没有倾向性的方向。无论是在哪个方向上相重叠,键轴都是对称轴。因此,s 和 s 轨道之间只形成 σ 键。

(2) s 和 p 轨道重叠时,由于 p 轨道在核的两侧符号相反,而 s 轨道只有一种符号,因此 s 轨道只能按照 p 轨道的坐标轴方向和 p 轨道进行重叠,才能满足最大重叠原则要求。这样,形成的共价键,其对称轴仍是键轴,即 s 和 p 轨道之间也只形成 σ 键。

(3) p 和 p 轨道重叠时,则可以看到有两种方式:一种是沿对称轴从同符号的一侧进行重叠,形象地说,这是一种"头碰头"的接触方式。可以看出,"头碰头"方式进行轨道重叠形成的是 σ 键。另一种是沿着 p 轨道的对称面方向,相同符号的电子云都分别相互重叠。形象地说,这是一种"肩并肩"的接触方式,形成的是 π 键。π 键限制了成键原子的自由转动。

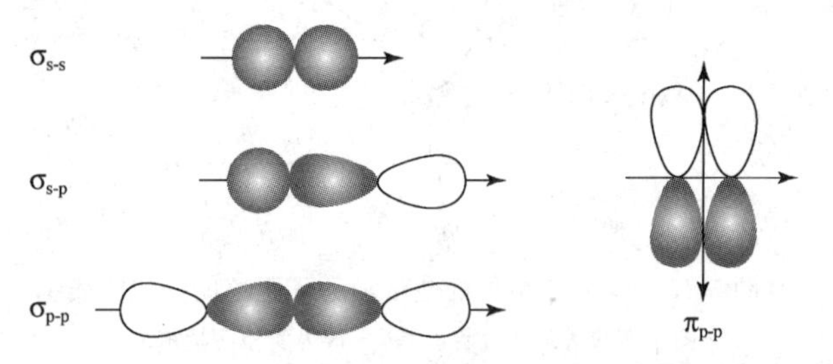

图 3-16 σ 和 π 键以及相对应 s 和 p 轨道的不同重叠方式

以 N_2分子为例,看一下 σ 和 π 键在分子形成中的相互关系(图 3-17)。N 原子有 3 个单电子,分别位于 3 个 p 轨道。将键轴方向定义为 x 轴方向,2 个 N 原子的 $2p_x$轨道首先形成一个 σ 键。其次,2 个 N 原子的 $2p_y$轨道和 $2p_z$轨道分别顺着 xy 和 xz 平面方向形成 π_y和 π_z键。这

样 N_2分子形成三重键(N≡N)。一般来说,两原子形成共价键时,首先形成一个 σ 键,然后是若干个 π 键;单键应是 σ 键,双键应是 1 个 σ 和 1 个 π 键,叁键应是 1 个 σ 和 2 个 π 键。

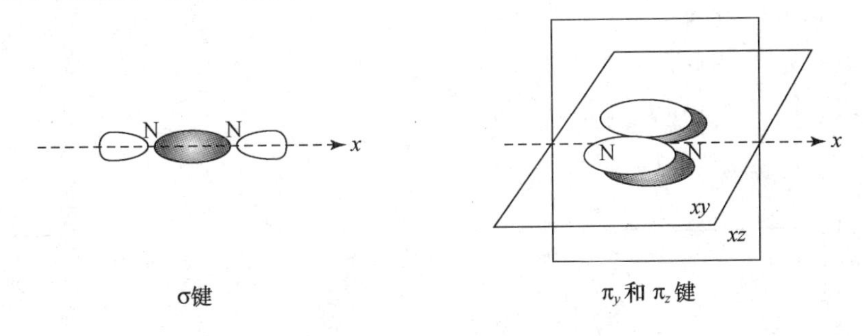

图 3-17 N_2分子价键结构示意图

3. 特殊的共价键——配位键

我们来分析一下 CO 分子的成键结构。C 的价层电子结构为 $2s^2 2p^2$,2 个 p 轨道各有 1 个电子,1 个 p 轨道是空的;O 的价层电子结构为 $2s^2 2p^4$,有 2 个 p 轨道各有 1 个电子,而 1 个 p 轨道有一对电子,是充满的。

仍然以键轴为 x 轴方向,首先 2 个 $2p_x$轨道形成 1 个 σ 键,然后有单电子的 $2p_y$轨道形成 1 个 π_y键。这时,我们可以看到,在 xz 平面方向上,C 有 1 个空的 $2p_z$轨道,O 有 1 个充满的 $2p_z$轨道。由于前面形成的两个共价键都是极性很大的共价键,因此在 C 的一侧形成较大的 δ^+,从而具备了吸引电子的能力。于是,O 充满电子的 $2p_z$轨道和 C 的 $2p_z$空轨道可以相互重叠,形成一个新的 π 共价键。这种共价键完全由一方提供电子对,因此,区别于正常共价键,称为配位共价键(coordination covalent bond 或 coordination bond)。在书写时用一个带箭头的短棒"→"表示。CO 分子的成键结构写为

形成配位键需要具有一个有空轨道的原子(通常带有一些正电荷)和一个具有孤对电子的原子,前者也称为受体(acceptor),后者为给体(donor)。金属离子特别是过渡金属离子,失去电子后的外层具有多个空轨道,因此金属离子大都很容易和具有孤对电子的原子形成配位键。将在第 10 章进行专门的讨论。

配位键的形成是对原子电极性的一种负反馈,有助于降低体系内部的静电强度,从而增加体系的稳定性。如上述的 CO 分子,C 和 O 的电负性差值为 0.89,但其分子的偶极矩仅为 0.11D,而且实验测定 δ^- 在 C 的一侧,这正是 C←O 配位键形成的结果。相比之下,电负性差值仅为 0.48 的 HI,其分子的偶极矩却高达 0.38D。

4. 原子轨道的杂化

根据量子力学的状态叠加原理,原子在形成共价键时可以采用原始的原子轨道,也可以采用由原始轨道线性组合形成的新轨道,这取决于如何成键能使形成的共价键更加牢固、体系的能量得到最大的降低。根据这一原理,鲍林(Pauling)提出了杂化轨道理论,对共价键的方向性的原因很好地作了阐述。

杂化(hybridization)的意义就是原子轨道的组合,新轨道具有参加组合的所有原始轨道波函数的成分,因此称为杂化轨道(hybrid orbital)。杂化轨道的能量是参与组合的所有原始原子轨道能量的平均值。

我们先来分析一下最简单的1个s和1个p轨道进行杂化的情况。s轨道是单符号的球形电子云,而p轨道是哑铃形的电子云,在核的一侧是波峰,另一侧是波谷。因此两个轨道组合会得到两个新的轨道(图3-18),称为sp杂化轨道。在每个sp杂化轨道中s和p轨道的成分各占1/2,电子云是一头大一头小的形状。两个轨道的夹角为180°,相互斥力达到最小。sp杂化轨道的能量位于s和p轨道的中间。

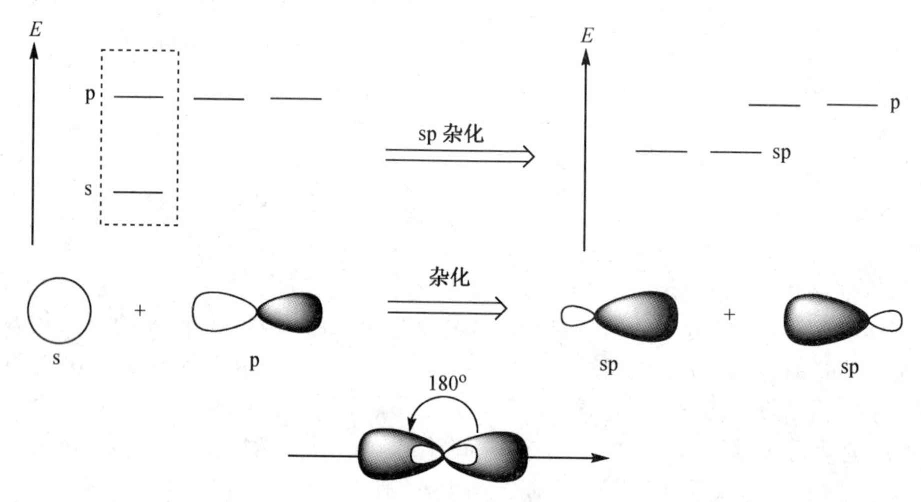

图 3-18 s和p轨道杂化形成sp杂化轨道的示意图

以sp杂化轨道形成共价键的分子有很多,一个典型的分子是乙炔(C_2H_2)分子。在乙炔分子中,两个C原子都以1个s和1个p轨道形成2个sp杂化轨道,仍然有2个2p轨道;4个电子分别占据上述4个轨道。在形成乙炔分子的过程中,每个C原子的1个sp杂化轨道与H原子形成σ_{C-H}键,剩余的2个sp杂化轨道相互间形成1个σ_{C-C}键;而每个C原子的2个p轨道再分别形成π_y和π_z键。整个过程见图3-19。

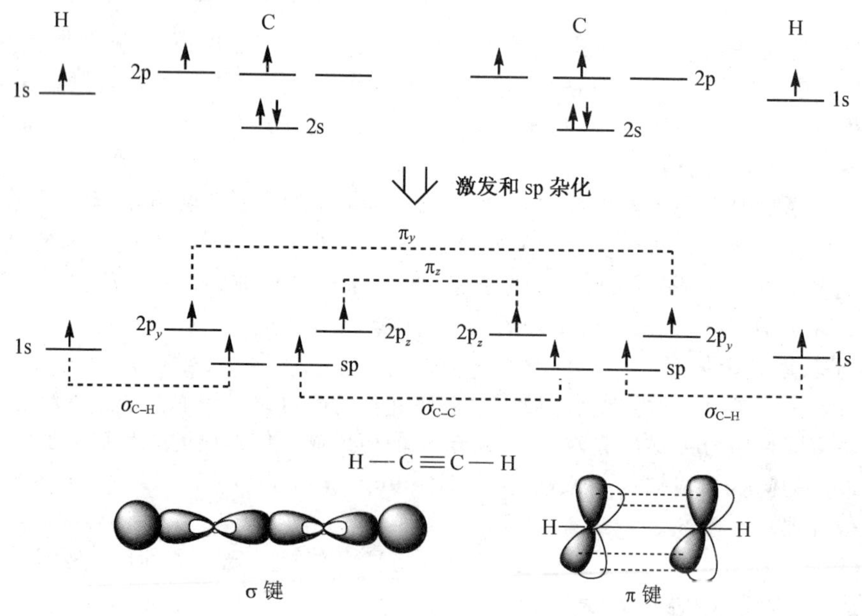

图 3-19 乙炔分子的成键过程和分子结构

与原始轨道相比，杂化轨道具有两个新的特点：① 原子轨道一般是对称的，而杂化轨道是不对称的，在某一侧电子云的密度比另一侧要大得多。这种不对称的电子云形状不利于原子间形成 π 型共价键，相反有利于原子用电子云密度大的一侧，以“头碰头”的方式与其他原子的轨道相重叠，形成更牢固的 σ 型共价键。由于 σ 键是构成分子骨架结构的键，因此原子在形成分子时所采用的杂化轨道类型对分子的几何构型起决定性的作用。② 原子轨道往往彼此正交，其夹角是直角。而杂化轨道则可以通过调整轨道的组成，使轨道之间取得最大的角度分布，最大可能地减少原本不对称的杂化轨道之间的相互斥力。于是，杂化轨道的取向与 VSEPR 理论的预测结果相互一致。

除了上述的 sp 杂化轨道外，常见的杂化轨道还有多种，可分为 sp 型和 spd 型两种主要类型。sp 型的几种常见杂化轨道方式列于表 3-3。对于 spd 型的杂化轨道来说，其中的 d 轨道可以是与 sp 轨道同一层（主量子数 n 相同）的原子轨道，也可以是次层（$n-1$）的原子轨道。形成 spd 型杂化轨道的主要是过渡金属离子，因此这一类型的杂化轨道将在后面的配位化合物中详细讨论。

表 3-3　sp 型的几种常见杂化轨道

杂化类型	sp	sp^2	sp^3
参与杂化的原子轨道	1 个 s+1 个 p	1 个 s+2 个 p	1 个 s+3 个 p
杂化轨道数目	2	3	4
等性杂化轨道夹角	180°	120°	109°28′
空间构型	直线	正三角形	正四面体

下面以几个分子为例，说明一下杂化轨道如何形成、成键并决定共价化合物的分子几何构型。

(1) 甲烷和乙烷分子。在甲烷分子中，C 原子形成 sp^3 杂化轨道，4 个电子按洪特规则分别排布于 4 个杂化轨道，每个杂化轨道均包含有 1/4 的 s 轨道成分和 3/4 的 p 轨道成分。4 个杂化轨道和 H 的 1s 轨道形成 4 个 σ 共价键，分子构型为正四面体形（图 3-20）。相似的，乙烷（C_2H_6）分子的 C 原子也形成 4 个 sp^3 杂化轨道，其中每个 C 原子用 1 个 sp^3 杂化轨道相互结合形成 1 个 σ_{C-C} 键，余下的 3 个轨道与 H 原子结合形成 σ_{C-H} 键，整个分子的构型是顶点相连的两个正四面体。

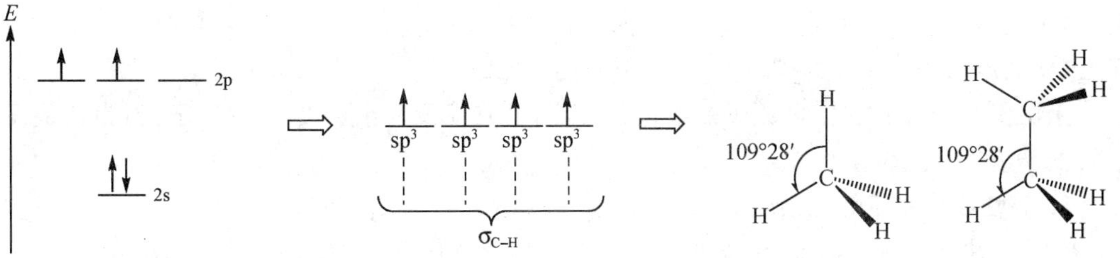

图 3-20　CH_4 的 sp^3 杂化，CH_4 和 C_2H_6 分子构型

(2) 乙烯（C_2H_4）分子。乙烯分子中，2 个 C 原子都形成 sp^2 杂化轨道，每个杂化轨道均含有 1/3 的 s 轨道成分和 2/3 的 p 轨道成分，余下 1 个 p 轨道。4 个电子仍然分别排布于 4 个轨道上以形成不同的共价键。其中，每个 C 原子用 1 个 sp^2 杂化轨道相互结合形成 1 个 σ_{C-C} 键，余下的 2 个 sp^2 轨道与 H 原子结合形成 σ_{C-H} 键，而最后 1 个 p 轨道形成 π_{C-C} 键，整个分子形成一个形状固定的双叉构型（图 3-21）。

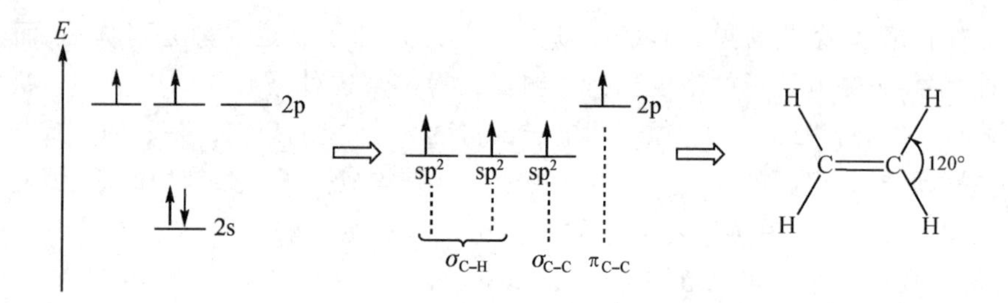

图 3-21 C_2H_4的 sp^2杂化和分子构型

(3) 苯(C_6H_6)分子。苯分子中,C 原子的杂化方式和乙烯分子相同,即每个 C 原子都形成 sp^2杂化轨道,余下 1 个电子在 p 轨道上。但苯分子结构很特殊,C 原子以 2 个 sp^2杂化轨道相互连接成一个六元环形,余下的 1 个 sp^2杂化轨道与 H 原子结合。6 个未杂化的 p 轨道一起形成一个大 π 键,写成 π_6^6键(右下角的数字表示 6 个原子,右上角的数字表示成键的 6 个电子,见图 3-22)。

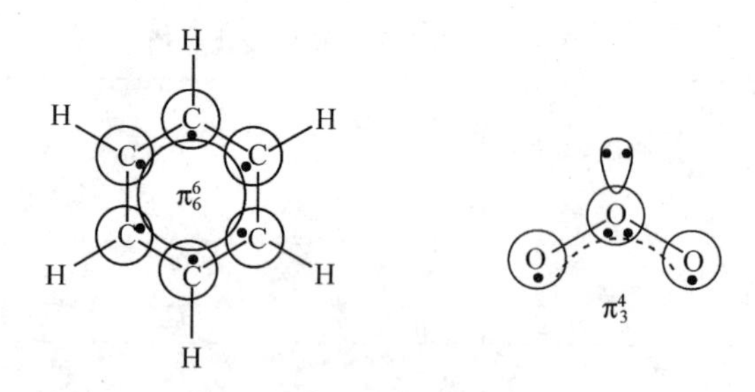

图 3-22 苯和臭氧的结构

(4) 臭氧(O_3)。臭氧分子中,位于中心的 O 原子也形成 sp^2杂化轨道,但其中 1 个 sp^2杂化轨道上有 1 对孤对电子,因而是不等性的杂化轨道(见下文)。余下的 2 个 sp^2杂化轨道分别和其他的 O 原子形成 2 个 σ_{O-O}键。中心 O 原子有 2 个电子在未杂化的 p 轨道上,它们和其余 2 个 O 原子的具有一个电子的 p 轨道共同形成一个 π 键——π_3^4键(图 3-22)。这是个特殊的 π 键,由于成键电子由 3 个 O 原子共享,但每个原子提供的电子数目却不等,使臭氧分子表现出极性(偶极矩 0.38D)。

上面仅仅分析了中心 O 原子的杂化方式,而没有提及其余的 2 个 O 原子,因为这是没有必要的。请想一想为什么。

5. 等性杂化和不等性杂化

先看乙炔的 C 原子进行 sp 杂化前后的原子能量变化:

	价层电子构型	总能量
杂化前基态原子	$2s^2 2p_x^1 2p_y^1 2p_z^0$	$2E_s + 2E_p$
杂化后反应态原子	$sp^1 sp^1 2p_y^1 2p_z^1$	$2E_{sp} + 2E_p$

由于每个 sp 杂化轨道的能量是 E_s和 E_p的平均值,所以杂化前后能量变化为

$$\Delta E = (2E_{sp} + 2E_p) - (2E_s + 2E_p) = 2E_{sp} - 2E_s = 2 \times \frac{1}{2}(E_s + E_p) - 2E_s = E_p - E_s$$

可见杂化后的反应态原子的能量较基态原子高。因此在介绍杂化轨道形成时，一般都设想先有一个基态原子的“激发”过程，不过这个设想的激发过程在量子力学中其实是没有意义的。请想一想为什么。

在上述例子中，C 原子形成的 2 个 sp 杂化轨道的能量是相同的，均含有一半的 s 和 p 轨道，称为等性杂化轨道(equivalent hybridization)。等性杂化后原子的能量一般较基态为高，但是在上面乙炔的例子中，所有杂化轨道都用来形成稳定的 σ 键，在化学反应形成乙炔分子后，体系的能量可以得到最大限度的降低，在总体能量上仍然是有利的。不过，在有些情况下，例如杂化轨道中填充有孤对电子时，由于孤对电子未来不参与形成共价键，不能在后来降低能量，这时等性杂化的方式对体系能量降低是不利的。

再来看 NH_3 的情况。中心原子 N 采用了 sp^3 杂化方式，其中 3 个 sp^3 杂化轨道各有 1 个电子，而 1 个 sp^3 杂化轨道有 1 对孤对电子。如果 sp^3 杂化是等性的，那么杂化后原子的能量比基态要高很多(请自己算一下)，而拥有一对孤对电子的那个 sp^3 杂化轨道在反应后将仍然保持较高的能级水平，这是不利的。一个更为有利的方式是有孤对电子的那个 sp^3 杂化轨道能量能够降一些(图 3-23)。虽然这样会使其他 3 个 sp^3 杂化轨道的能量提高了一些，但它们今后有机会在形成共价键时获得能量的降低；如果含孤对电子的杂化轨道的能量降低合适，那么形成 NH_3 后分子体系可以获得最大的总能量下降。

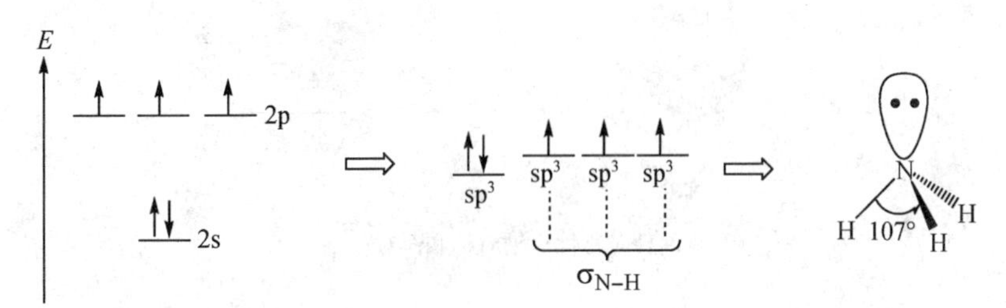

图 3-23 NH_3 的 sp^3 不等性杂化和分子的键角

这样一来，更有利的 N 原子杂化方式产生了 4 个杂化轨道，它们的能量不相同。其中填充了一对电子的轨道能量较低，更接近于原始的 s 轨道能量，也含有更多一些的 s 轨道成分。在 NH_3 中，由实验测定的分子构型推算的 s 轨道成分分别为 0.322(有孤对电子的杂化轨道)，0.226，0.226，0.226(其他 3 个用来形成 N—H 键的杂化轨道)。而这种杂化后几个杂化轨道的成分和能量不完全相同的情形，称为不等性杂化(nonequivalent hybridization)。不等性杂化有利于杂化轨道含有孤对电子的原子形成更稳定的共价化合物。不等性杂化的分子有很多，如 H_2O 和 H_2S 等。

由于不等性杂化的各轨道成分不同，带来轨道夹角对等性杂化的偏离变化。NH_3 的 3 个 N—H 键的键角为 107°，比等性杂化的 CH_4 分子的 4 个键的键角 109°28′要小。不等性杂化带来的键角变化和 VSEPR 理论对分子构型的推论是相一致的。

值得说明的是，原子采取哪种杂化(等性或不等性)方式成键而形成分子，根本的决定性因素是能量；原子总是采用能够获得最大能量降低的杂化方式成键。虽然通过定量的量子力学计算，理论上可以推测原子的杂化方式，但远不如 VSEPR 理论简单易行，两者的结果基本上是一致的。实际上在很多方面，一些简单的方法比高深的理论确实更为实用。

3.2.3 简单分子轨道

杂化轨道理论很好地阐述了分子的几何形状和结构的稳定性,但这只是分子结构的一部分。分子还有许多重要的性质如颜色、磁性、导电性质等也需要从其电子结构信息去分析说明。这时需要更加彻底地应用量子力学思想及将分子作为一个整体考虑的方法——即下面介绍的分子轨道理论。

某个分子的分子轨道同时包含了几何结构和其他电子结构信息,这是非常复杂的,不可能在本书中进行讨论。因此,我们选择简单的双原子分子,因为它们的分子构型问题无须考虑。这样可专注于分子的其他重要性质,例如,为什么 N_2 和 O_2 是无色的,而 F_2 是淡黄色的? 为什么 N_2 和 F_2 是抗磁性的,而 O_2 是顺磁性的? 等等。

1. 分子轨道理论的基本要点

分子轨道理论假设原子在形成分子时,所有电子都有贡献,分子中的电子不再属于某个原子,而是在整个分子空间范围内运动。因此,分子轨道受由多个原子核形成的电势场影响。与电子在原子轨道的填充类似,在分子轨道中,电子仍然按照能量最低原理和泡利不相容原理进行填充。

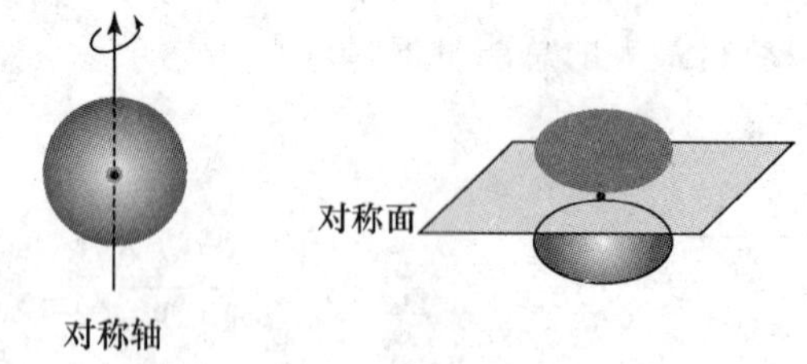

两种对称性:轴对称和面对称

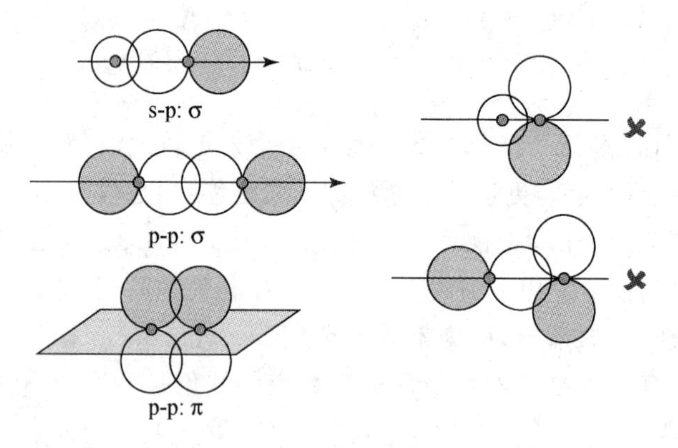

图 3-24 对称性匹配的原子轨道组成分子轨道

按照量子力学原理,分子轨道的波函数由参与成键的原子轨道线性组合形成。所谓线性组合,即波函数的一"加"(同号重叠)和一"减"(反号重叠)。因此,组合后分子轨道的总数和原子轨道的总数相同,但两种组合方式产生的轨道能量不同。同号重叠(即波函数叠加时符号相同,两核间电子云密度增加)时,产生的一半分子轨道能量较原来的原子轨道低,电子在这些轨道填充,分子体系较未反应的原子体系的能量降低,称为成键分子轨道(bonding molecular orbital);反号重叠(即波函数叠加时符号相反,两核间电子云密度减少)时,另一半分子轨道能量较原来的原子轨道高,电子在这些轨道填充,分子体系的能量升高,称为反键分子轨道(antibonding molecular orbital),为作区别,反键轨道都加一个星号(*)进行标识;而没有和其他原子轨道相组合,直接成为分子轨道的,由于对体系能量降低没有贡献,称为非键分子轨道(nonbonding molecular orbital)。

为了有效地组合成分子轨道,原子轨道组合时必须符合下列三原则:

(1) 对称性匹配原则。不同原子间的原子轨道必然沿着相同的对称轴(symmetric axis)或对称面(symmetric surface)进行组合。这和前面所讲的共价键形成方式是相似的。以"头碰头"方式沿对称轴方向组合重叠的原子轨道形成的是 σ 分子轨道;以"肩并肩"方式沿对称面方向组合重叠的原子轨道形成的是 π 分子轨道。

(2) 能量近似原则。在对称性匹配的原子轨道中,能量近似的原子轨道才能实现有效的重叠,形成分子轨道。需要说明的是,原子的能量不是从自己的原子核开始计算,相反,能量零点是原子核的无限远处。因此,能量近似的是原子的外层电子,即价层电子,而不是名称相同的原子轨道。见图 3-25。

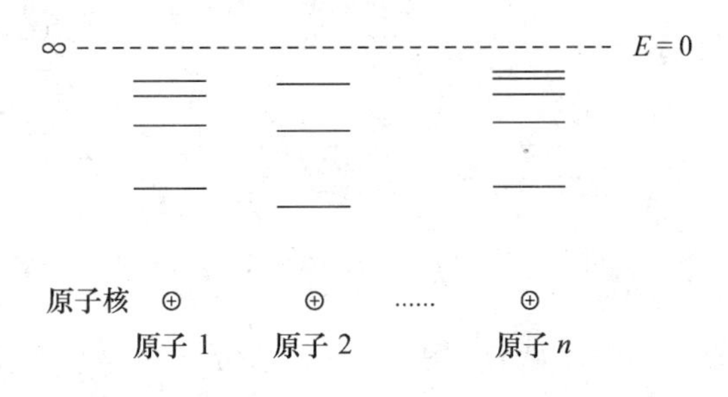

图 3-25 原子能量的零点和能量近似的轨道

(3) 轨道最大重叠原则。能量近似而对称性匹配的原子轨道进行组合时,其波函数重叠程度越大,则组合成的分子轨道能量越低,所形成的化学键越牢固,分子越稳定。

在分子轨道理论中,用键级(bond order)来定性地描述键的强度,相当于上述价键理论中键的多重性。键级的定义为:

键级=(成键轨道上的电子数-反键轨道上的电子数)/2

键级可以是整数或分数。一般说来,键级越高,键能越大,键越牢固。键级为零,则表示原子没有结合形成分子。

2. 一些简单分子轨道

H_2的分子轨道最为简单。两个 H 原子的 1s 轨道组成一个成键的 σ_{1s}轨道和一个反键 σ_{1s}^* 轨道(图 3-26)。H_2的分子结构可以写成:$H_2[(\sigma_{1s})^2]$,其中右上角的"2"代表轨道中的填充电子数。H_2分子的键级为(2-0)/2=1,和 H_2分子中有一个 σ 键是相一致的。如果 H_2分子失去一个电子,成为 H_2^+,则键级为(1-0)/2=0.5。虽然不如 H_2稳定,但分子仍然可能存在。

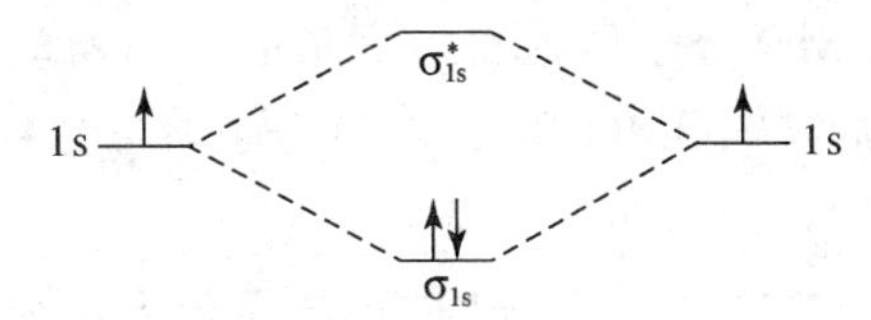

图 3-26 H_2分子的分子轨道形成

F_2是同核双原子分子。两个 F 原子组合成分子轨道时,基于能量近似原理,相同的原子轨道相互重叠组合(图 3-27)。F_2的分子结构可以写成:$F_2[KK\ (\sigma_{2s})^2(\sigma_{2s}^*)^2(\sigma_{2p_x})^2(\pi_{2p_y})^2(\pi_{2p_z})^2(\pi_{2p_y}^*)^2(\pi_{2p_z}^*)^2]$,其中 KK 是全充满的 K 层的两个分子轨道。具有类似分子结构的双原子分子还有 O_2,NO 等分子。F_2分子的键级计算为(10-8)/2=1,表明分子中是 F—F 单键。

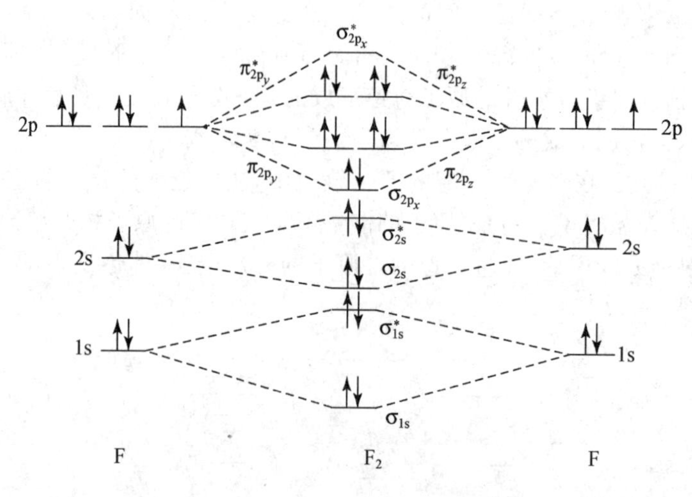

图 3-27 F_2分子的分子轨道形成

分子的颜色来源于分子的电子跃迁(图 3-28)。当分子中某些轨道的能量差别正好等于某种光的波长时,电子吸收这部分光子的能量从较低能级跃迁到较高能级。如果这种光子的能量太大而在紫外光区域,那么这个分子是无色的;而如果电子跃迁的能量较低,光子的能量落入可见光的范围内,则这个分子会产生相应的颜色(详见 10.1.5 小节)。

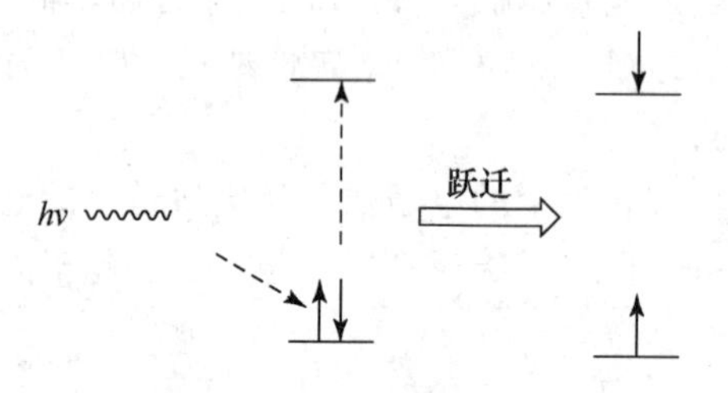

图 3-28 电子跃迁和光吸收

电子从原先占据的轨道跃迁到高能级的空轨道,能级差别最小的是从能量最高的电子占据轨道(the highest occupied molecular orbital, HOMO)到能量最低的空分子轨道(the lowest unoccupied molecular orbital, LUMO),这种能量差别较低的电子跃迁对分子的颜色产生最有意义。不仅如此,HOMO 和 LUMO 分子轨道也对分子的其他物理化学性质影响最大。因此,许多简化的量子化学计算多是以 HOMO 和 LUMO 分子轨道为基础,有兴趣的读者可以深入阅读有关书籍。

在 F_2分子中有一个空的 $\sigma_{2p_x}^*$ 轨道,位于 π_{2p}^* 的电子可以发生从 $\pi_{2p}^*\rightarrow\sigma_{2p_x}^*$ 轨道的跃迁,其能量对应于可见光波段接近紫外线的区域,因此 F_2气体表现为淡黄色。同理,同族的卤素单质

Cl_2,Br_2,I_2都是有颜色的。由于原子轨道的能量与主量子数的关系为$E=-A/n^2$,主量子数越大的轨道间能级差别是越小的(想一想为什么)。于是可知,其他卤素单质分子发生电子跃迁吸收的能量比F_2分子都要小,将进入可见光区,分子的颜色因此比F_2更深。实际上,氯气的颜色为黄绿色,Br_2蒸气为红棕色,而I_2蒸气为蓝紫色,这正是由其分子结构决定的。

N_2也是同核双原子分子。由于 N 原子的 2s 和 2p 轨道的能量相差较小,在组合成分子轨道时,一个原子的 2s 轨道不仅和另一个原子的 2s 轨道重叠,而且还与 2p 轨道发生部分重叠,导致轨道能量顺序的变化(图 3-29)。N_2的分子结构为:$N_2[KK(\sigma_{2s})^2(\sigma_{2s}^*)^2(\pi_{2p_y})^2(\pi_{2p_z})^2(\sigma_{2p_x})^2]$。分子的键级为(10-4)/2=3,$N_2$是三重键,因此$N_2$非常稳定,不容易参加化学反应。由于分子内电子跃迁能级差别大,吸收光子的能量不在可见光区,因此N_2没有颜色。

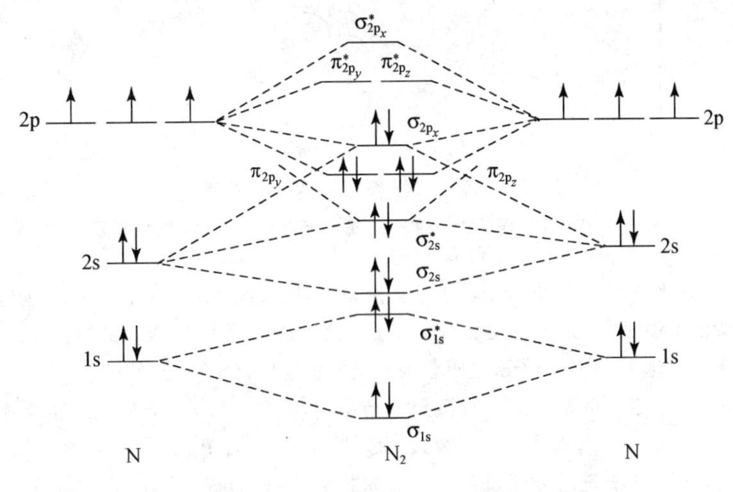

图 3-29 N_2分子的分子轨道形成

HF 是异核双原子分子。H 原子的 1s 能量和 F 原子最外层的 2p 能量接近。根据对称性匹配和能量近似的原则,H 的 1s 和 F 的 2p 轨道组合成σ分子轨道,而 F 原子的其他轨道不经过组合直接形成分子轨道——非键分子轨道(在本书中用一个 # 号标注)。此外,由于组合成分子轨道的两个能量接近的原子轨道的量子数不相同,因此书写分子结构表达式时,按能量顺序和轨道类型进行标识。HF 的分子结构为:$HF[(1\sigma^{\#})^2(2\sigma^{\#})^2(3\sigma)^2(1\pi^{\#})^4]$,键级为(2-0)/2=1。请大家判断一下,HF 分子有颜色吗?

* 前面说过,苯分子的 C 原子形成 sp^2 杂化轨道,相互连接成环形分子骨架结构,而 6 个未杂化的 p 轨道一起形成一个大 π_6^6 键(图 3-30)。在大 π 键中,分子轨道是一种离域轨道(delocalized orbital),即每个电子属于成键的全部 6 个原子,不再被限制在某一个原子上。在苯分子的 π_6^6 键中,6 个分子轨道形成 4 个能级,分别标示为 1a,1e(成键轨道)和 2a,2e(反键轨道)。大 π 键的键级为 3,大 π 键的离域性质阐明了苯的路易斯共振结构式的本质。

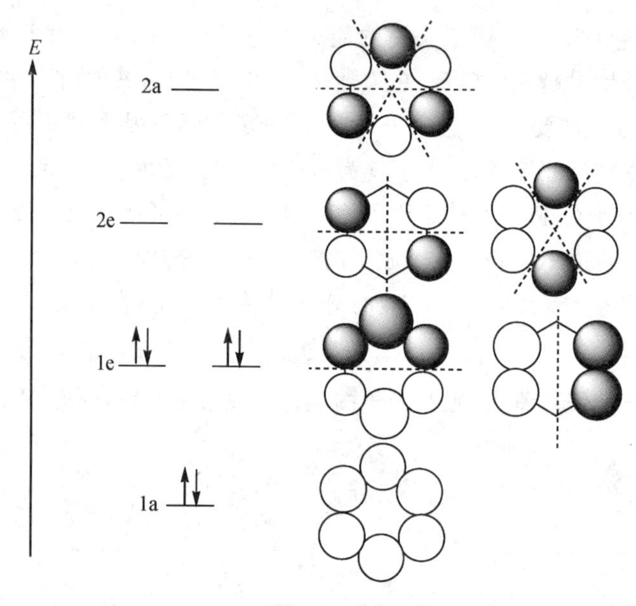

图 3-30　苯分子 π_6^6 键的分子轨道

图中虚线指示轨道的节面,节面越多则轨道能量越高

同乙烯的单个 π 键比较,大 π 键的分子轨道的能级较多,能级间的能量差较小;并且随着参与成键的原子增多(在有机化学中的术语是"共轭"π 键增加),则分子轨道的能级越多,能级间的能量差越小,成键电子的离域性越大。因此,大 π 键越大,发生电子跃迁吸收的光子能量越低,分子的颜色越深。

石墨是 C 的一种最稳定的单质形式。石墨分子结构中,C 原子以 sp^2 杂化轨道相互连接成一个平面结构,而剩余的未杂化 p 轨道在一起形成一个超级大 π 键(图 3-31)。石墨晶体由上述平面结构层层叠在一起形成。在石墨的超级大 π 键中,π 键的分子轨道能级密密排列,因此石墨为黑色的物质,这一点不难解释。此外,电子可以在整个晶体的超级大范围内作离域运动,这一点非常类似金属键,因此石墨具有金属光泽,并且是一种良导体。

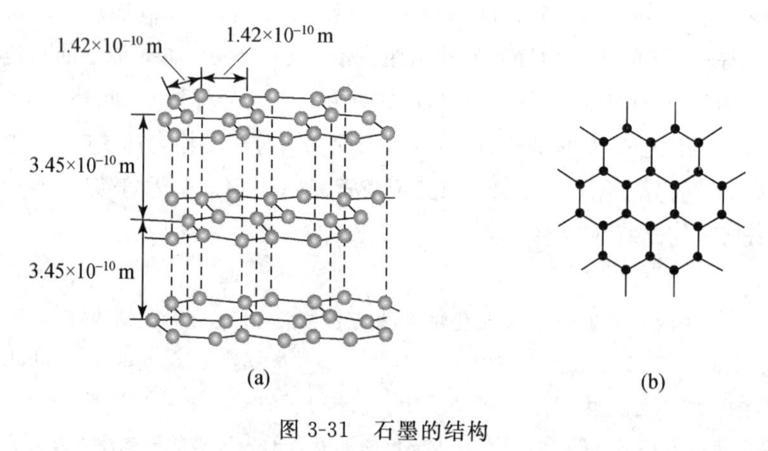

图 3-31　石墨的结构

3.2.4　O_2 分子的结构和活性氧简介

呼吸作用是生命活动的基础,拉瓦锡揭示了呼吸作用的本质是氧化过程。我们来讨论一下对生命过程有重要意义的 O_2 分子及其相关分子的结构。

双氧 O_2分子是单质氧的最主要的存在形态。O_2分子的分子轨道能级顺序和 F_2类似，其分子轨道结构为：$O_2[KK\ (\sigma_{2s})^2(\sigma_{2s}^*)^2(\sigma_{2p_x})^2(\pi_{2p_y})^2(\pi_{2p_z})^2(\pi_{2p_y}^*)^1(\pi_{2p_z}^*)^1]$。分子的键级为 2。此外，$O_2$的 π 反键轨道上各有一个单电子，电子的总自旋量子数 $S=(½)+(½)=1$，分子的自旋多重态为 $2S+1=2\times1+1=3$。因此双氧分子也被称为三重态氧(triplet oxygen)，记做$^3O_2$。

具有单电子的分子都具有顺磁性质①；O_2反键轨道上有单电子，因此也是顺磁性分子。此外，由于氧分子的键级较大，同时由于化学反应的自旋多重态守恒原则限制②，使 O_2分子相当稳定，不容易发生化学反应(试想 O_2分子如果像 F_2一样活泼世界会是怎样)。当 O_2被光、雷电或其他因素激发，π^* 上的单电子跃迁到另一个 π^* 轨道上，则反键上电子成对$[S=(½)+(-½)=0]$，分子自旋态变成单重态$(2S+1=2\times0+1=1)$，成为单重态氧(singlet oxygen)，记做$^1O_2$。$^1O_2$是一种活性氧，有很强的氧化反应能力。在生物体内，白细胞会产生$^1O_2$，以杀伤外来生物体如细菌和病毒等。但反过来，体内过多产生$^1O_2$可造成机体的氧化损伤。

在大气中，氧的另一种单质分子是臭氧 O_3。O_3分子中存在一个 π_3^4键，这个大 π 键的存在使 O_3分子可以吸收阳光中的近紫外线。π_3^4键的键级为 1，因此 O_3中每一个 O—O 之间的键级为 1.5。由于键级较低并且分子为自旋单重态，所以 O_3分子和$^1O_2$一样化学反应性质活泼。所幸的是，臭氧仅存在于大气层的上层，这样，臭氧层不仅担当起吸收紫外线的作用，也可能起到对来自外太空的微生物的消毒作用。因此，大气的臭氧层是地球生命的一道重要保护性屏障。对大气臭氧层的破坏可能造成地球生态的严重破坏和人类疾病的流行。

在生物体内，会产生一系列的氧化反应性很强的氧的分子形式，统称为活性氧物种(reactive oxygen species, ROS)。这些物种是双氧分子在体内通过一步步的单电子还原过程形成的：

$$O_2 \xrightarrow{e} \cdot O_2^- \xrightarrow{e} H_2O_2 \xrightarrow{e} \cdot OH \xrightarrow{e} H_2O$$

$\cdot O_2^-$ 在生物体内主要是从线粒体的呼吸过程中漏出的电子将 O_2还原而形成。$\cdot O_2^-$ 的分子结构为：$\cdot O_2^-[KK\ (\sigma_{2s})^2(\sigma_{2s}^*)^2(\sigma_{2p_x})^2(\pi_{2p_y})^2(\pi_{2p_z})^2(\pi_{2p_y}^*)^2(\pi_{2p_z}^*)^1]$。分子的键级降低到1.5；分子中具有一个单电子。这种具有一个单电子的分子在化学上称为自由基(free radical)，含有自由基的分子容易发生速度很快的链式反应：

$$R\cdot + A—B \longrightarrow R—A + B\cdot \longrightarrow \cdots\cdots$$

通过自由基链式反应，含氧自由基很容易导致生物分子的氧化分解，从而引起生物体氧化损伤。$\cdot O_2^-$ 是一种含氧自由基，是导致生物体氧化应激(oxidative stress)的重要原因。在生物细胞内，超氧化物歧化酶(superoxide dismutase, SOD)可以分解$\cdot O_2^-$ 形成 O_2和 H_2O_2。

---

① 在磁场中，有一些分子的重量会减轻，这些称为反磁性分子；而有一些分子重量会增加，这些称为顺磁性分子。详见第 10 章。

② 化学反应中，反应前后分子自旋多重态不变的化学反应容易进行；否则不容易进行。多数有机分子和氧化物电子全部成对，电子的总自旋量子数 $S=(½)+(-½)=0$，分子的自旋多重态为 1。因此，$^3O_2$ 参与的氧化反应$^3O_2+{}^1A \longrightarrow {}^1$产物，其反应前后自旋多重态不一样，因此不容易进行；而$^1O_2+{}^1A \longrightarrow {}^1$产物则容易发生。

在 H_2O_2 分子中,O 形成 sp^3 不等性杂化轨道。2 个 O 以一个单电子的 sp^3 杂化轨道形成一个 σ_{O-O} 单键相连接,余下的一个单电子杂化轨道分别和 H 连接成一个 σ 键。H_2O_2 分子是一个"之"字形分子,相对比较稳定。但如果浓度过高或细胞中存在微量的游离铁离子,H_2O_2 可以转化成氧化杀伤能力很强的单重态 $^1O_2$ 分子或者另一种超级氧化剂·OH。因此,细胞内的 H_2O_2 仍是一种非常危险的分子,通常被多种细胞保护性酶如含铁的过氧化氢酶(catalase)或含硒的谷胱甘肽过氧化物酶(GSHpx)所分解,其浓度被控制在 10^{-7} mol · L^{-1} 以下。

羟自由基(·OH)的分子轨道形成和 HF 类似。按照对称性匹配和能量近似的原则,H 的 1s 和 O 的 2p 轨道组合成 σ 分子轨道,而 O 原子的其他轨道不经过组合直接形成分子轨道——非键分子轨道,·OH 的分子结构为:·OH$[(1\sigma^{\#})^2(2\sigma^{\#})^2(3\sigma)^2(1\pi^{\#})^3]$(如果非键轨道保留 O 的原始轨道标记的话,结构式为:·OH$[1s^2 2s^2(3\sigma)^2 2p_y^2 2p_z^1]$)。这样,·OH 结构就像含有一个 2p 轨道单电子的 F 原子,因此化学性质也像 F 原子一样活泼,几乎可以氧化任何生物分子,导致生物体的最大氧化伤害。

含氧自由基可以在体内转化生成一种含氮的自由基分子——一氧化氮(NO)。NO 的分子轨道排布和 O_2 类似:NO$[KK\ (\sigma_{2s})^2(\sigma_{2s}^*)^2(\sigma_{2p_x})^2(\pi_{2p_y})^2(\pi_{2p_z})^2(\pi_{2p_y}^*)^1]$。分子键级为 2.5,是一个比较稳定的自由基分子。在生物体内,NO 是一种重要的信号分子。对 NO 生物效应机制的研究导致了著名男性药物"伟哥"(Viagra)的发明。

3.3 分子间作用力

3.3.1 引子

生活中有些常见的现象,却常令人惊奇不已,例如壁虎,这是一种长约 10 cm、背呈暗灰色的爬行纲四足小动物。壁虎能在光滑如镜的墙面或天花板上穿梭自如,实验发现壁虎能够在一块垂直竖立的抛光玻璃表面以 1 m/s 的速度向上高速攀爬,而且"只靠一个指头"就能够把整个身体稳当地悬挂在墙上。除了能在墙上竖直上下爬行外,壁虎还能够倒挂在天花板上爬行,捕食蚊、蝇、蜘蛛等小虫子而不会掉下来。壁虎高超的攀爬能力令其他动物望尘莫及,也一直是科研人员重点研究的对象。

多少年来,人们对壁虎飞檐走壁的秘诀一直众说纷纭。许多人习惯地认为,壁虎脚掌上存在 4 个神奇的吸盘,不过"吸盘说"无法解释壁虎在直立的玻璃表面疾步如飞的行动能力。研究发现,壁虎的每只脚底部长着数百万根极细的刚毛,而每根刚毛末端又有约 400～1000 根更细的分支(图 3-32)。这种精细结构使得刚毛与物体表面分子间的距离非常近,借助分子引力,刚毛和物体表面吸引在一起。虽然每根刚毛产生的力量微不足道,但累积起来就很可观:计算表明,一根刚毛产生的引力足够提起一只蚂蚁的重量,而 100 万根刚毛(虽然占地不到一个小硬币的面积)可以提起 20 公斤的重量。如果壁虎同时使用全部刚毛,就能够支持 125 公斤的重量。同时,由于每根刚毛的力量并不大,因此壁虎可以方便地操纵刚毛和光滑表面的接触,从而快速地在物体表面附着和脱离,做到行步如飞。壁虎堪称是自然界数一数二的"应用物理大师",它巧妙地利用弱小的分子间力(intermolecular forces)实现了令人惊叹的运动能力。

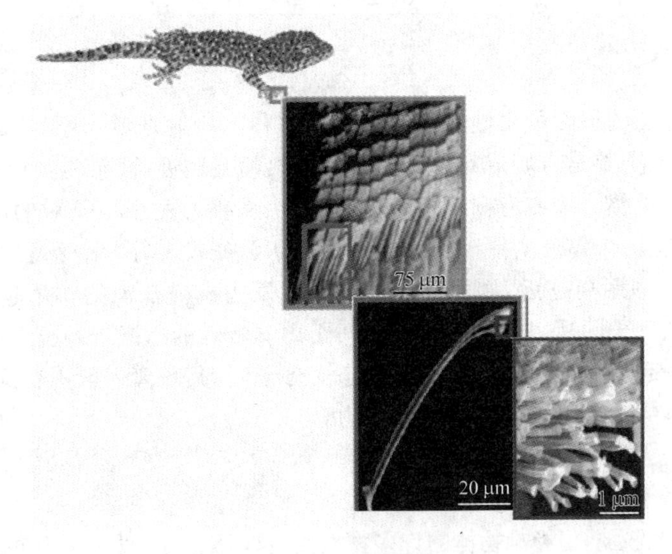

图 3-32 壁虎脚底的刚毛

分子间力是分子间非化学键的相互作用。虽然与化学键相比，分子间力弱了很多，仅有化学键能的1/10～1/100，但它对物质的物理性质和相互作用发挥了关键的作用。壁虎的飞檐走壁的运动能力即是一个例子。实际上分子间力决定物质分子的聚集状态，例如物质的固、液、气三态变化和溶解能力等。细胞是生命的最小单位，它是许多分子的一种有序聚集体，其中生命分子正是以分子间力相互作用，形成一个生命的个体。

早在1893年荷兰物理学家范德华(van der Waals)就注意到分子间力的存在并进行了卓越的研究，所以人们称分子间力为范德华力。范德华发现，近距离的分子之间存在引力和斥力两种作用。分子间的基础作用是分子间引力，它随着分子间距离的增加而快速衰减；而分子间斥力仅在分子距离接近到组成分子的原子相互紧密贴近时才迅速增加。因此分子间存在一个距离，在此距离时，分子间的引力与斥力相等，此时分子间势能最低(图3-33)。这个距离被称为分子或原子的范德华半径。

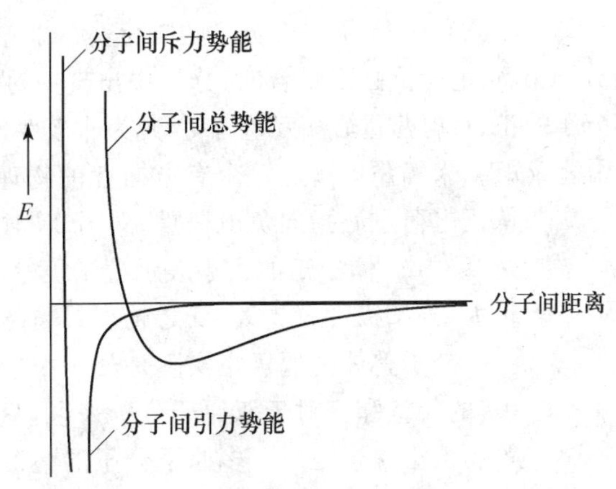

图 3-33 分子间作用力与分子间距 r 的关系示意图

1930年伦敦(London)应用量子力学原理阐明了分子间力本质上同化学键一样，也是一种静电作用。下面我们对与生命体系有关的分子间力的不同类型及其作用要点分别进行说明。

3.3.2 分子间斥力

分子间斥力存在的原因可由泡利不相容原理解释。一般来说,分子中的原子都具有闭壳层的电子结构,即电子都是自旋成对的。当分子距离相互贴近,两个相互接近的原子的闭壳层的电子云发生相互重叠。按照泡利不相容原理,发生重叠的两个电子对的波函数一定是相互抵消的。于是,在这两个靠近的原子的原子核间电子云密度减小,因此发生静电排斥作用,产生斥力。两个分子的距离越近,则闭壳层的电子云发生重叠抵消的作用越强,分子间斥力越大。这就是为什么分子间斥力仅发生于分子间距离非常近的情况下。分子间斥力保证了分子之间不会重叠在一起。但是分子间特别是气态的分子间,其距离一般不会到达如此近的情况,因此分子间在更多的情况下表现为分子间引力。

3.3.3 分子间引力

分子间引力虽然较弱,但影响物体的许多物理性质。分子间引力对物质的熔点、沸点、表面张力、稳定性等都有相当大的影响。液态物质分子间引力越大,汽化热就越大,沸点也就越高;固态物质分子间引力越大,熔化热就越大,熔点就越高。分子间引力对物质的硬度也有一定的影响。极性小的聚乙烯、聚异丁烯等物质,分子间引力较小,因而硬度不大;含有极性基团的有机玻璃等物质,分子间引力较大,故具有一定的硬度。此外,分子间引力对液体的互溶性以及固、气态非电解质在液体中的溶解度也有一定影响。溶质和溶剂的分子间引力越大,则在溶剂中的溶解度也越大。

分子从整体上不显电性,那么分子间为什么具有静电引力呢?这是由于中性分子都会在一定条件下表现出某种静电极性现象——即分子的极性。

1. 偶极矩——分子的极性表示

前面我们介绍了共价键和分子的极性。所谓分子的极性就是分子在整体上表现出电荷不均衡分布的现象。物体不论形状如何,都可以找到一个点——物体的重心,从直观上感觉,好像物体的重量都集中于这一点重心上。只要使重心落到即使是很小的一个支撑面上,我们就能够将鸡蛋成功地立起来。同样,对于分子的电荷来说,也能找到分子中的电荷集中点——称为电荷重心。所不同的是,一个物体的重心只有一个,而一个分子的电荷重心却有两个,分别是“正电荷重心”和“负电荷重心”。当分子正、负电荷重心不重合时,分子中出现一对微观的“电极”——电偶极,为极性分子;反之,当分子的正、负电荷重心相互重合时,则为非极性分子。

分子极性的大小常用偶极矩 μ 来衡量。$\boldsymbol{\mu}$ 是一个有方向性的物理量——矢量,其方向是从正电荷重心指向负电荷重心(图 3-34)。在 SI 制中,μ 的单位是 C·m。偶极矩的大小表示分子极性的强弱。分子的偶极矩越大,分子极性就越大;反之越小。非极性分子的偶极矩为零。

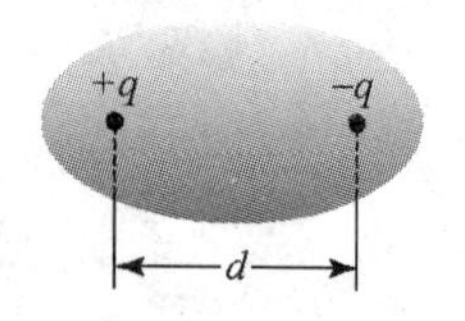

图 3-34 极性分子的偶极矩

分子整体的偶极矩实际是分子中所有价键偶极矩(简称键矩)的矢量和。对于双原子分子来说,只有一个化学键,则分子的偶极矩等于键矩。多原子分子的情况稍微复杂些,分子的偶极矩不仅取决于化学键的偶极矩,而且取决于其分子构型的对称性。例如二氧化碳(CO_2)分子,虽然 C═O 偶极矩不为零,但由于两个极性共价键呈直线形对称分布,因此从整个分子看,两个 C═O 键的键矩互相抵消,二氧化碳分子的偶极矩为零;再如臭氧(O_3)分子,由于其特殊的 π 键的存在,虽为相同原子组成,但它是极性分子。表 3-4 总结了一些常见分子的构型和偶极矩大小。读者可以用价层电子对互斥理论结合杂化轨道理论对分子的极性进行预测并与表中结果对照。

表 3-4　一些分子的偶极矩及其空间构型

分子	$\mu/(10^{-30}\ C \cdot m)$	分子空间构型	分子	$\mu/(10^{-30}\ C \cdot m)$	分子空间构型
H_2	0	直线形	H_2O	6.17	V 形
N_2	0	直线形	H_2S	3.67	V 形
HCl	3.44	直线形	SO_2	5.34	V 形
HBr	2.64	直线形	NH_3	5.00	三角锥形
HI	1.27	直线形	BF_3	0	平面正三角形
CO_2	0	直线形	CCl_4	0	正四面体
CS_2	0	直线形	CH_4	0	正四面体

上述所讲的分子的偶极矩是分子固有的，称为永久偶极矩(permanent dipole moment)。此外，分子如果处于外电场中，外电场的正极会吸引分子中的电子而排斥原子核，外电场的负极吸引原子核而排斥电子，这样，分子的正、负电荷重心产生相对位移，产生偶极矩。这个过程称为分子的极化(polarization)，由此产生的分子偶极矩称为诱导偶极矩(induced dipole moment)。诱导偶极矩会与极性分子的永久偶极矩相加和，使分子的偶极矩增加。外加电场越强，分子变形性越大，诱导偶极矩越大。

2. 色散力

非极性分子的偶极矩为零，它们之间似乎不应有相互作用，其实不然。例如，室温下苯是液体，碘是固体，氧气是气体，不同聚集状态的三种非极性分子间都存在分子引力。研究发现，即使是非极性分子，由于原子核的振动和电子的运动而不断地改变它们的相对位置，可以在某一瞬间造成正、负电荷重心分离，从而产生一个瞬间的偶极，称为瞬时偶极(instantaneous dipole)。瞬时偶极将诱导与它相邻的分子产生偶极而与它相互吸引(图 3-35)。

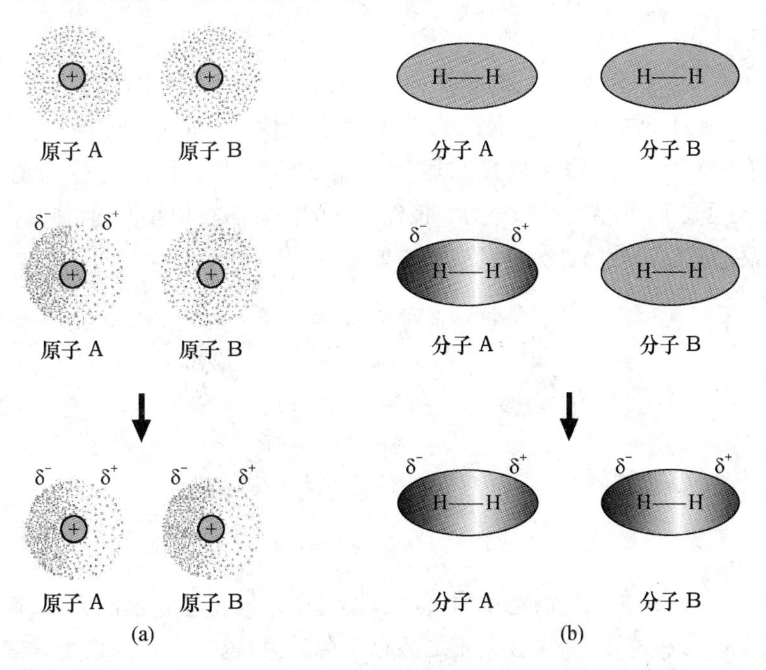

图 3-35　非极性原子(a)和非极性分子(b)间的色散力示意图

这种瞬时偶极之间的相互作用称为色散力(dispersion force)。由于瞬时偶极可以在任何方向上发生,因此色散力可在任何方向上存在,即没有明确的方向性。色散力大小与分子的变形性有关,分子变形性越大,瞬时偶极越强,则分子间色散力越大。

瞬时偶极可以发生于任何分子,不仅非极性分子间存在瞬时偶极,极性分子间也能产生瞬时偶极,并且瞬时偶极也将与分子的原有偶极相加和。因此,不仅非极性分子间存在色散力,在极性分子之间以及极性分子与非极性分子之间也同样存在色散力,色散力存在于所有分子之中。

3. 取向力

当极性分子与极性分子相邻时,一个极性分子的负极端必吸引另一极性分子的正极端,而排斥负极端。这样使原来处于杂乱无章状态的极性分子作定向排列,称之为取向,如图 3-36 所示。这种固有偶极之间的静电引力称为取向力(orientation force)。分子的偶极矩越大,分子间的取向力也越大。

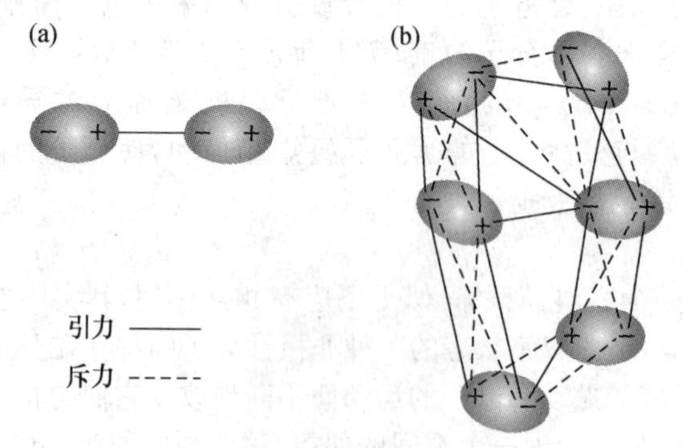

图 3-36 极性分子间的取向力示意图

4. 诱导力

当极性分子与非极性分子靠近时,极性分子固有偶极所产生的电场可以使非极性分子的电子云变形,电子云偏向极性分子固有偶极的正极,使非极性分子的正、负电荷重心不再重合而产生了诱导偶极(图 3-37)。由诱导偶极与固有偶极之间产生的作用力称为诱导力(induction force)。在极性分子之间也存在着诱导力。极性分子的固有偶极相互作用,使其电子云进一步变形,产生诱导偶极,其结果使极性分子的偶极矩增大。

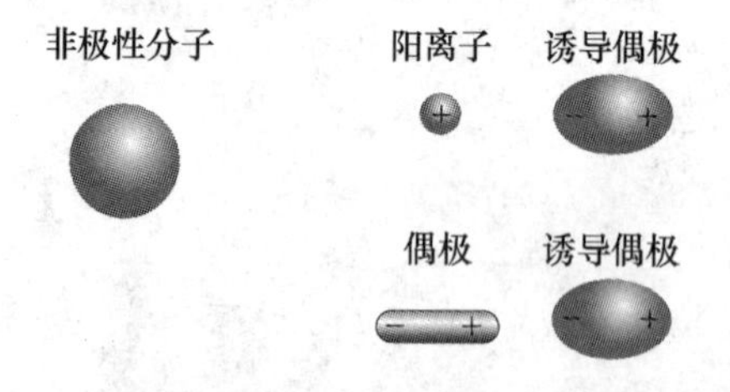

图 3-37 极性分子与非极性分子间的诱导力示意图

综上所述,分子间存在三种静电引力。非极性分子之间仅存在色散力,极性分子和非极性分子之间存在色散力和诱导力,极性分子之间存在色散力、诱导力和取向力。表 3-5 综合了一些常见分子的分子间引力。

表 3-5 分子间引力和作用能的分配

分子	偶极矩 $\mu_{实}$	取向力	诱导力	色散力	总作用力
	10^{-30} C·m	$kJ\cdot mol^{-1}$	$kJ\cdot mol^{-1}$	$kJ\cdot mol^{-1}$	$kJ\cdot mol^{-1}$
Ar	0	0.00	0.00	8.50	8.50
CO	0.39	0.003	0.008	8.75	8.75
HI	1.40	0.025	0.113	25.87	26.00
HBr	2.67	0.69	0.502	21.94	23.11
HCl	3.60	3.31	1.00	16.83	21.14
NH_3	4.90	13.31	1.55	14.95	29.60
H_2O	6.17	36.39	1.93	9.00	47.31

由表 3-5 我们可以对分子间引力总结如下：

(1) 分子间引力的键能一般在几至几十 $kJ\cdot mol^{-1}$，相比共价键($150\sim500\ kJ\cdot mol^{-1}$)要相对微弱。因此分子间位置的变化或作用一般不会影响分子内部的结构。

(2) 对于大多数分子来说，色散力是主要的；只有极性很强的分子(如水)，取向力才比较显著；而诱导力通常很小。

(3) 同系列物质间分子量越大，分子的变形性也就越大，色散力越强。由于分子间引力中色散力占主要份额，因此同系列物质间一般是随着分子量越大，其物质的熔沸点就越高。例如稀有气体、卤素等，其沸点和熔点就是随着分子量增加而升高的。

5. 氢键

从表 3-5 可以发现，NH_3和 H_2O 有着异乎寻常高的取向力。另外，比较同系列元素氢化物的沸点时，也发现 NH_3，H_2O 和 HF 的沸点异常地变化(表 3-6)。一般来说，同系物的分子间引力随其分子量增加而增大，因此同系物的沸点随着分子量增加而增加。例如对于碳族元素，它们的氢化物沸点顺序为：$CH_4<SiH_4<GeH_4<SnH_4$。但是 H_2O 在氧族元素氢化物中、HF 在卤化氢中、NH_3在氮族氢化物中，其熔点和沸点却比较反常，尽管它们在同系物中的分子量最小，但沸点却最高。特别是 H_2O，沸点达到了 100℃，远远高于所有其他氢化物。表明在 NH_3，H_2O 和 HF 分子之间除了存在范德华的三种类型的引力外，还存在另一种更强的分子间引力。这种特殊的分子间引力就是氢键(hydrogen bond)。

表 3-6 氢化物的沸点

ⅣA		ⅤA		ⅥA		ⅦA	
氢化物	沸点/K	氢化物	沸点/K	氢化物	沸点/K	氢化物	沸点/K
CH_4	113	NH_3	240	H_2O	373	HF	293
SiH_4	153	PH_3	185	H_2S	212	HCl	188
GeH_4	185	AsH_3	218	H_2Se	232	HBr	206
SnH_4	221	SbH_3	255	H_2Te	271	HI	237

1) 氢键的形成和结构特点

当氢原子与电负性很大而半径很小的原子形成 H—X(X＝F，O，N)共价键时，共价键的极性非常强，共用电子对被强烈地吸引向 X 的一方。同时由于氢原子只有一个电子，因此，H—X 强烈的偏向使氢原子核在背对 H—X 键的方向几乎完全裸露出来。这样，在氢原子背对 H—X 键的方向上呈现出了明显的正电荷。这种正电荷可以对其他原子的孤对电子产生强烈的吸引，从而形成氢键(图 3-38)。氢键的通式可表示为：

$$X—H\cdots Y$$

其中,X为电负性很强的原子(通常只有F,O,N三种原子),Y是具有孤对电子的电负性较强的原子(如F,O,N,S等)。X和Y可以是同种原子,也可以是不同种原子。

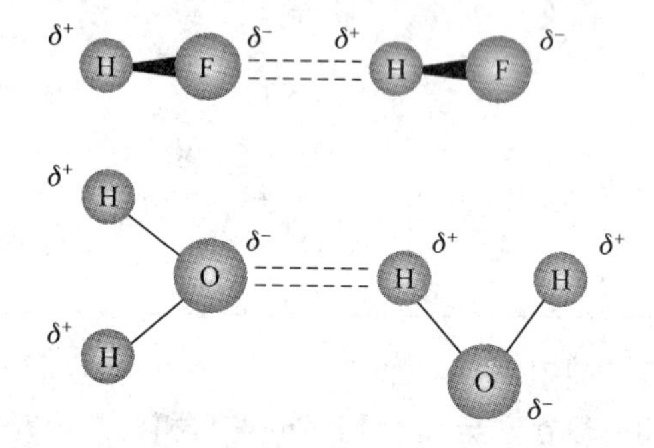

图 3-38 H_2O 和 HF 中氢键的形成示意图

氢键的电荷吸引作用要比分子偶极子的相互吸引强烈得多,因此氢键的键能较大,一般在10～42 kJ・mol^{-1}。在某些蛋白质分子中,一些超级氢键的键能甚至可以达到约100 kJ・mol^{-1},几乎可以和共价键的强度相比拟。

氢键的重要特点是具有饱和性和方向性,而取向力、诱导力和色散力则不具有这些性质。氢键的饱和性是指一个HX分子只能与一个Y原子形成氢键。氢键的方向性是指与X原子结合的氢原子尽量沿着Y原子的孤对电子云伸展方向去吸引,换句话说,X—H键的键轴尽量与Y原子孤对电子云的对称轴成一直线。这是由于氢原子半径很小,从而造成X—H(δ^+)的正电荷局限于很小的部位,并且正电荷仅在背对X—H的方向显示,因此只能允许一个Y原子靠近形成氢键。而当X—H键的键轴尽量与Y原子孤对电子云的对称轴成一直线时,可以使H(δ^+)和Y(δ^-)之间的吸引力大、X与Y间的排斥力小。

氢键可分为分子间氢键与分子内氢键两类。一个分子的X—H键与它内部的Y原子相吸引所生成的氢键叫做分子内氢键(intramolecular hydrogen bond)。例如,HNO_3分子中的分子内氢键及邻硝基苯酚中硝基和羟基间的分子内氢键(图3-39)。而在两个分子(相同或不同的物种)之间形成的氢键则是分子间氢键(intermolecular hydrogen bond)。

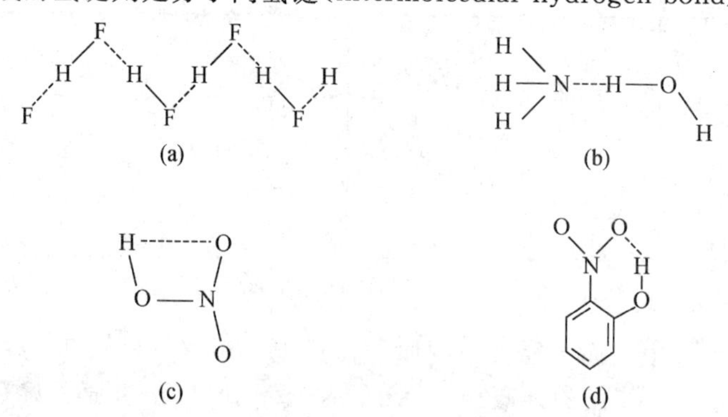

图 3-39 分子间和分子内氢键的一些例子

(a) HF的分子间氢键;(b) 氨水中的异种分子间氢键;

(c) HNO_3的分子内氢键;(d) 邻硝基苯酚中的分子内氢键

2）氢键对物质性质的影响

氢键比范德华分子间引力强得多，因而能对物质的性质造成很大的影响。同类化合物中，若能形成分子间氢键，则其物质的熔、沸点明显升高（如 NH_3，H_2O，HF 等）。氢键还影响物质在水中的溶解度。如果溶质分子与溶剂分子间能形成氢键，就会有利于溶质分子的溶解。例如，乙醇和乙醚都是有机化合物，乙醇分子中羟基（—OH）和水分子可生成分子间氢键，即 $CH_3—CH_2—OH\cdots OH_2$，故很容易溶于水；而乙醚分子则不能，因此乙醚的水溶性很差。同样，NH_3易溶于水也是形成氢键的缘故。

邻硝基苯酚和对硝基苯酚是结构类似的化合物，但两者形成不同的氢键类型。邻硝基苯酚容易形成分子内氢键，而对硝基苯酚则容易形成分子间氢键。因此相比之下，对硝基苯酚的熔、沸点比较高，水中的溶解度较大。邻硝基苯酚沸点较低，可以用水蒸气蒸馏法①将它从对邻/对硝基苯酚的混合物中分离出来。

3）氢键和水的性质

我们知道，水是生命的溶剂。水有一些独特的性质，例如较高的熔点和沸点，水在 4℃时密度最大，冰的密度比水要小，水能溶解很多物质特别是盐类，水有很大的表面张力，水和油不能互溶，等等。水的这些性质对生命来说非常重要，而它们是来源于水的氢键结构。

水分子中 O 原子以正四面体形的 sp^3 杂化方式成键，形成 2 个 O—H 键，还余下 2 个孤对电子。这种结构使每个水分子形成 4 个氢键，并在整体水分子中形成了一个氢键的网络结构。氢键网络使水分子的相互作用大大增强，使水具有了异乎寻常高的熔点和沸点。

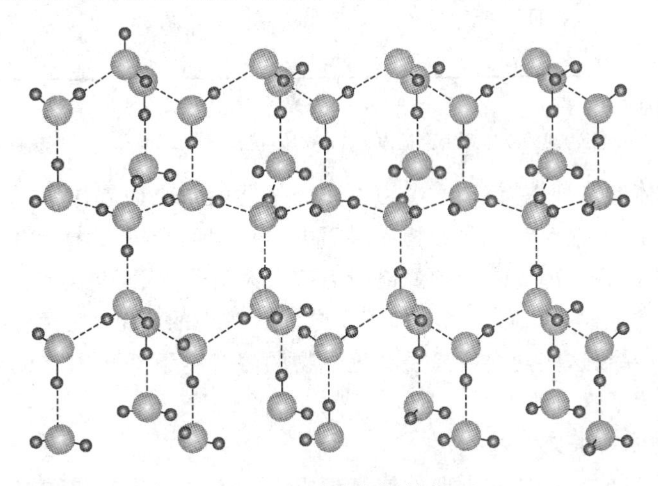

图 3-40　冰的氢键结构

当水结成冰时，全部水分子都以氢键相连，在冰中每个水分子具有类似金刚石的四面体骨架结构（图 3-40）。这种结构使冰具有了较高的硬度和机械强度。古人曾经利用在冬天向地上泼水形成冰路，以便长途运输巨大的石块来建造像金字塔这样宏伟的建筑。此外，冰的结构中存在众多的空隙，使冰的密度较轻。而当冰溶解成水后，部分氢键解离，使水结构中空隙减少，从而密度增加；在 4℃时，水的密度达到最大。当温度进一步上升时，虽然氢键进一步减

① 水蒸气蒸馏法是向混合物中通入水蒸气进行加热，使其中可挥发成分被蒸馏出来。蒸汽加热法操作简单且避免了加热温度过高而破坏被分离的物质。早年从玫瑰花瓣中提取玫瑰油就是用水蒸气蒸馏法。

少,但分子的热运动使水的体积膨胀,密度减小。冰具有较轻的密度对生命的意义是巨大的,因为如果冰的密度比水大,冬天江河湖海将会从表面开始结冰,然后沉入水底,其结果将是一切水中的生命都会被冰封于水底。幸运的是,冰的密度比水小,冰形成于水面而浮于水面,同时由于疏松的冰雪结构形成了良好的隔热层,阻止了冰下面水温的降低。这样,即使是寒冷如北极的冬季,冰封下的水底依然是一片生机世界。此外,冰中的空隙使氧气分子可以扩散透过很厚的冰层,给水下的生物供应维持生命所需的氧气。

水的氢键网络使水以集团的方式、而不是以单个水分子的形式工作。这使得水有异常大的介电常数(dielectric constant)和表面张力(或称比表面自由能)(表 3-7)。从表中可见,从水到乙醚,介电常数和表面张力都随着形成氢键网络的能力下降而大幅度下降。将结构类似的甲醇和氯仿相比较,可见氯仿的介电常数远远小于甲醇。不过氯仿分子的分子量和分子极性较大,其表面张力要大于甲醇。关于氢键和表面张力的问题,将在下文详细说明。

表 3-7 一些分子的介电常数和表面张力

溶 剂	分子式	分子量	介电常数	表面张力[a]/(dyn · cm^{-2})[b]
水(water)	H_2O	18.04	80.37	73.05
甲醇(methanol)	CH_3OH	32.04	32.35	22.55
乙醇(ethanol)	C_2H_5OH	46.07	25.00	22.32
乙醚(diethyl ether)	$C_2H_5OC_2H_5$	74.12	4.24	17.1
氯仿(chloroform)	CH_3Cl	119.38	5.59	33.25
苯(benzenei)	C_6H_6	78.11	2.284	28.87
正己烷(n-hexane)	C_6H_{14}	86.18	1.890	18.42

[a] 表面张力即比表面自由能;

[b] dyn:厘米-克-秒制的力单位,即持续作用于质量为 1 g 的物质,使其产生 1 cm · s^{-2}的加速度的力;1 dyn=10^5 N。

介电性是非导体的一种性质,即静电力可以经过此电介质而起作用,但它是通过感应、而不是传导来发挥作用的;介电常数大的物质对静电力作用的衰减较大。由于水的介电常数很大,因此溶解在水中的各种离子之间的静电引力被大大削弱,从而盐类和离子型化合物在水中可以有较大的溶解度。如果我们在水中加入介电常数较小的溶剂如乙醇,则会大大加强溶液中离子的相互吸引,导致这些盐类或离子型化合物的溶解度下降。用有机溶剂从溶液中沉淀分离蛋白质就是利用了这一原理。

4) 氢键对生物体的意义

氢键的键能、成键的饱和性和方向性使氢键成为介于分子化学键和普通分子间力之间的一种相互作用,而其性质上更接近于化学键。这一点对生命过程有着特别的意义。

生命的特征是基因中信息的代代相传。信息传递需要快速的复制过程来实现。基因的化学记录遇到了如同壁虎如何实现飞檐走壁运动能力时面临的同样难题。壁虎聪明地利用了百万弱分子间引力之合力的策略,不仅保证了稳定地附着于光滑表面,而且获得了能够快速行动的能力。对于基因来说,如果基因的信息通过共价键来记录,那么基因信息的稳定性就会很强,但是实现非常快速的化学复制则非常困难;而如果信息写入采用普通范德华力的话,那么进行非常快速的基因复制没有问题,但信息的稳定性则难以保持;如果采用壁虎的策略,每一个信息记录由很多弱力之和来维持其稳定性,其结果是基因信息库将变得非常巨大,生命信息的复制过程很不经济。因此,生命需要一种既有一定强度又能快速解离的化学键来实现基因信息的稳定性保存和快速复制，而氢键正好符合了这些要求。

我们知道，基因是由细胞核中的脱氧核糖核酸(DNA)组成的。DNA 是由核苷酸通过磷酸二酯键连接形成的。1953 年华特生(Watson)和克里克(Crick)解析了 DNA 的独特双螺旋结构。在 DNA 的结构中，骨架为脱氧核糖核酸，并在整个分子中按同样的方式重复，保持不变；可变部分为碱基顺序，正是碱基的精确序列携带了遗传信息。各种不同类型的 DNA、碱基的序列都是独一无二的。碱基只有 4 种，包括鸟嘌呤(guanine，G)、腺嘌呤(adenine，A)、胞嘧啶(cytosine，C)和胸腺嘧啶(thymine，T)。在 DNA 的结构中，鸟嘌呤总是和胞嘧啶相互识别、相互配对形成 G-C 碱基对；腺嘌呤总是和胸腺嘧啶相互识别配对，形成 A-T 碱基对。

DNA 中这种碱基配对方式依靠的正是氢键的作用。在 A-T 碱基对中，碱基间形成两组氢键；而在 G-C 碱基对中，碱基间则形成三组氢键(图 3-41)。这些氢键的取向和距离能使碱基间相互匹配，产生最强的相互作用，使之具有几何上的固定能力。碱基对中的氢键又称华特生-克里克型氢键。除此以外，在染色体的端粒[①]结构中，4 个鸟嘌呤以氢键形成一种特殊的鸟嘌呤环结构。

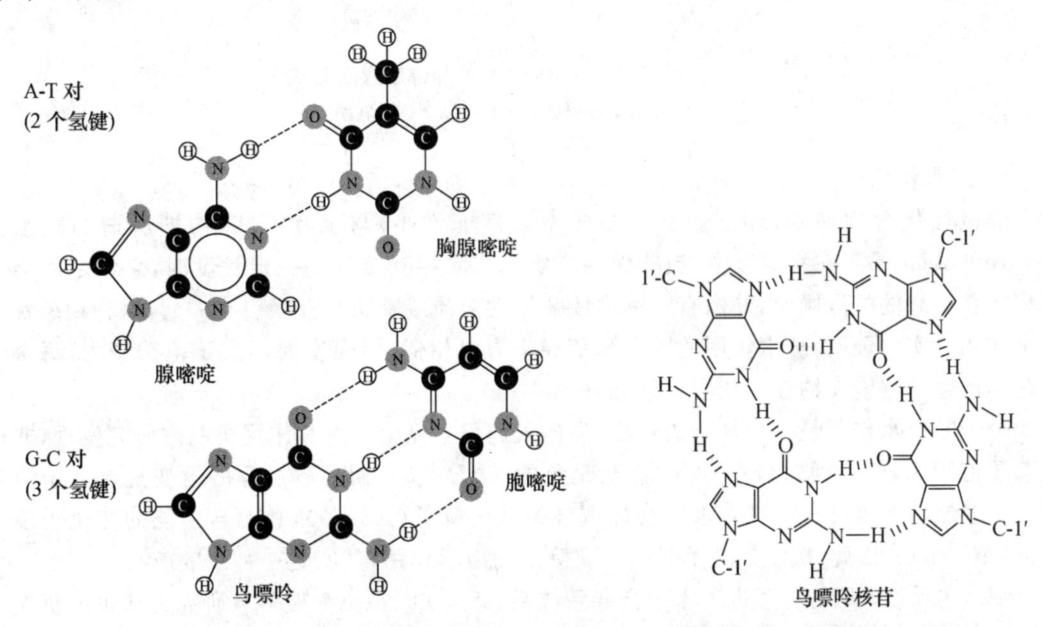

图 3-41 DNA 结构中互补碱基对中的氢键和端粒鸟嘌呤环中的氢键结构示意图

在 DNA 中，碱基之间依靠 2～3 个氢键相结合。按照氢键的平均键能约 25 $kJ \cdot mol^{-1}$ 估计，断开每一对碱基需要的能量大约在 50～75 $kJ \cdot mol^{-1}$；从动力学上(详见 5.3 节)，这个能量很好地保证了碱基对的稳定性和键开合动态能力。有意思的是，生命过程中的许多酶催化的化学过程多是保持了同样的动力学能垒(即反应的活化能)。除了 DNA 分子外，氢键在组成生命的许多大分子如蛋白质、糖类等的结构中，也发挥了非常重要的作用。有关内容读者可深入阅读生物化学有关书籍。

---

① 端粒是位于染色体末端的一种特殊结构。端粒的长度与细胞的寿命有关。细胞每次分裂，端粒长度都会缩短。

6. 其他特殊的分子间作用

1）盐键（salt bond）

盐键是溶液中带有净的正电荷或负电荷的分子或基团与相反电荷的分子或基团之间的静电吸引作用。因此，盐键又称为溶液中的离子键（ionic bond）（应与前面讲过的离子晶体中的离子键进行区别）。由于水的介电常数较大，因此溶液中盐键的作用一般不强；但存在其他物相时，盐键的作用则会变得显著。例如在蛋白质分子中，其疏水的内部介电常数较小，带负电荷的酸性氨基酸残基可与碱性带正电荷的氨基酸残基强烈相互吸引，形成盐键（图 3-42）。

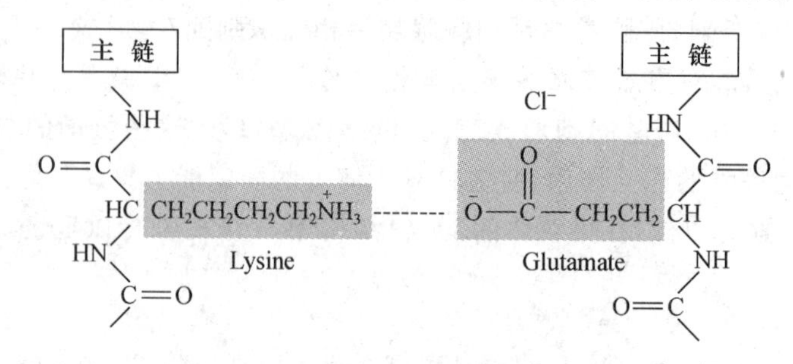

图 3-42 蛋白质分子中的盐键示意图

其中 Lysine 是赖氨酸，Glutamate 是谷氨酸

2）疏水作用（hydrophobic interaction）

非极性化合物如苯、环己烷在水中的溶解度非常小，与水互不相溶，即所谓的疏水性（hydrophobicity）。在水溶液中，当非极性溶质或基团相互接近到一定程度时，它们之间会产生聚集在一起的强烈倾向，好像有一种力使非极性溶质或基团相互吸引在一起，这种现象称为疏水作用。实验证明，疏水作用的距离和范德华力很相似，但强度要稍大于范德华力，每个疏水基团产生的键能大约在十几个 $kJ \cdot mol^{-1}$。

分子间疏水作用是一个复杂的过程，目前人们仍不完全了解其作用机制。研究发现，非极性溶质溶于水，焓变通常较小，有时甚至是负的（$\Delta H<0$），而溶解过程的焓变是有利于溶解的。实验测得非极性分子进入水中会导致体系熵的降低（$\Delta S<0$），总的自由能的变化表现为正值（$\Delta G>0$）。因此，疏水效应不是一个实际上的力学作用，其实是一种熵效应。

那么为什么非极性分子进入水中会导致体系 $\Delta S<0$ 呢？一个被多数研究者认可的机制是由于水的动态的氢键网络受非极性分子进入溶液而引起重排变化造成。当非极性分子溶于水后，为了保持氢键的数目（$\Delta H<0$ 提示水溶液中氢键的数目可能有所增加），水分子的氢键网络会发生重排，在非极性溶质表面形成更多的有序结构（图 3-43）。因此，溶液体系的熵减小。

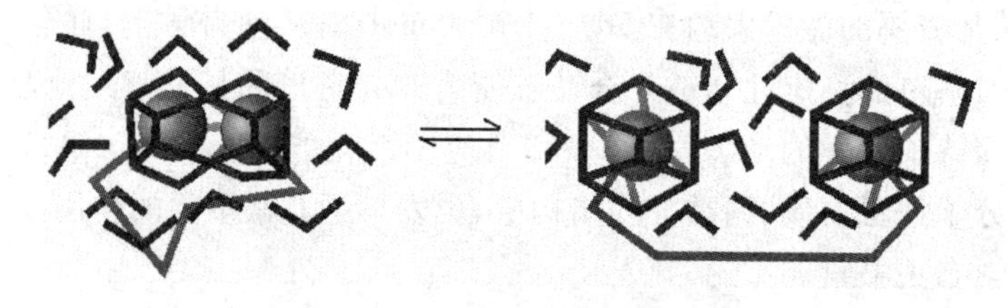

图 3-43 非极性分子溶解导致水的氢键网络重排，形成更多的有序结构的水分子

疏水作用在生物大分子的结构和性质中扮演着重要的角色，特别是在蛋白质的折叠以及

在小分子药物与生物大分子的相互作用中。在镰刀型贫血病人的血红蛋白 S 中，其 β 链上第 6 位的氨基酸由正常血红蛋白的谷氨酸突变成了缬氨酸。缬氨酸是疏水性氨基酸，于是在血红蛋白 S 表面形成一个疏水的黏斑。在缺氧条件下，血红蛋白 S 脱氧后会暴露出一个与上述黏斑互补的疏水部位，黏斑和其互补部位依靠疏水作用相互结合，这样会导致血红蛋白 S 聚集起来形成细长的螺旋纤维，从而引起红细胞变形成镰刀形状(图 3-44)。

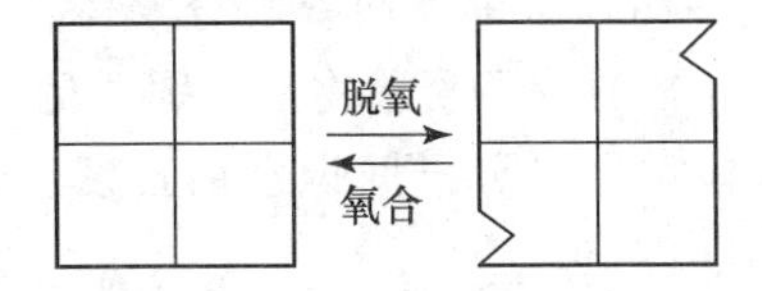

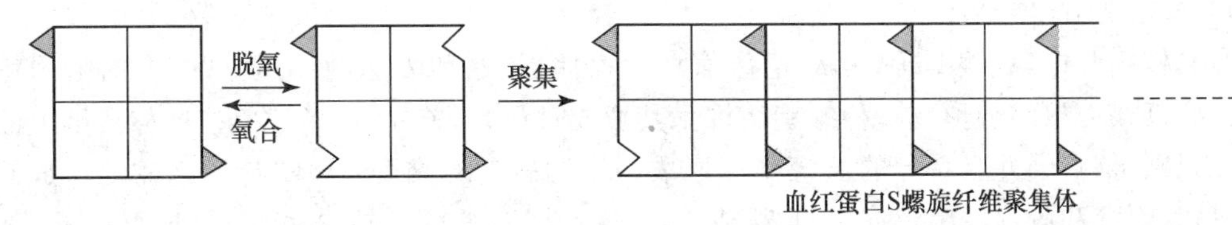

图 3-44 镰刀型贫血病人的血红蛋白 S 脱氧后靠疏水作用聚集成螺旋纤维体示意图

3.3.4 生物大分子和超分子体系

1. 生物大分子

在生物体中，生物大分子是承载各种新陈代谢功能的主要分子。我们知道，有机小分子是由原子依靠共价键结合形成。与有机小分子不同，生物大分子的形成不仅需要高强度的共价键，而且还需要多种分子间相互作用。

蛋白质是生物大分子的一个代表，它的基本结构——蛋白质主链由各种氨基酸连接而成，氨基酸之间则依靠肽键相连接，这称为蛋白质的一级结构。但是仅仅具有一级结构的蛋白质链还不能发挥酶等生物活性和功能，蛋白质肽链需要按一定的方式进行折叠。在形成的具有功能的蛋白质分子中，可以看到化学键和分子间作用力的存在(图 3-45)，依靠这些相互作用，蛋白质可形成二级到四级高级结构。在今后的生物化学及有关课程中，将会进行详尽的说明和解释。

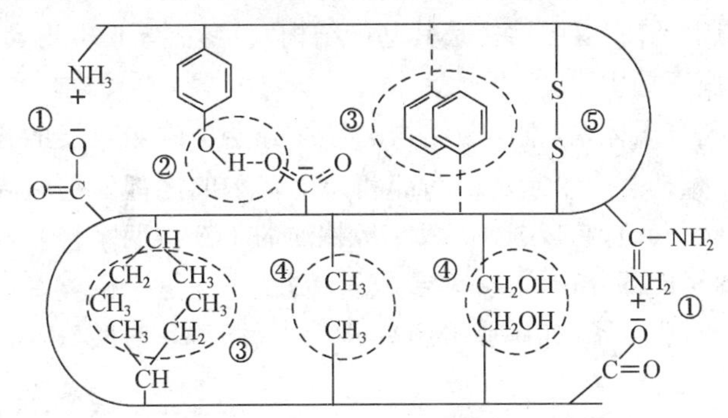

图 3-45 稳定蛋白质结构的各种作用力

① 盐键；② 氢键；③ 疏水作用；④ 范德华力；⑤ 二硫键

2. 超分子体系

生命是一个分子体系,它包括了各种小分子和生物大分子。但是,即使是简单的细胞,也不是由小分子和生物大分子直接构造。虽然人体由细胞构成,细胞要首先形成各种具有一定功能的组织和器官,然后才能形成人体。同样,在基本生命体系和生物分子之间存在一种功能性的中间结构,我们称之为超分子。

超分子(supramolecular)是两种或两种以上分子通过分子间的非共价相互作用而形成的分子聚集体。超分子化学从20世纪80年代开始兴起,是一门新兴的学科。超分子体系中的作用力是从范德华力到疏水作用等各种分子间作用,但是和普通分子凝聚物相区别的是,在超分子体系中,各组成分子之间存在着分子间的相互识别,体系通过分子间识别而自发组装形成。分子识别和自组装是超分子的两大基本特征。

下面,我们简单介绍两种超分子体系。

1) 双螺旋结构DNA

在真核细胞中,双链DNA承载遗传信息的存储、传送和表达的作用。DNA的结构特征是两条脱氧核糖核酸链形成一种螺旋结构。其形成过程是,首先,两条脱氧核糖核酸链上的碱基相互识别,依靠强并且特异的氢键作用形成固定的碱基对结合:鸟嘌呤和胞嘧啶形成G-C碱基对,腺嘌呤和胸腺嘧啶形成A-T碱基对,一般不会形成G-T或A-C的错配现象;然后,借助碱基对的结合,两条脱氧核糖核酸链相互缠绕形成DNA双螺旋结构。在细胞中,双螺旋DNA还会进一步和组蛋白识别和自组装,使DNA结构更为稳定。

双螺旋DNA结构的形成中,嘌呤碱和嘧啶碱之间的相互识别配对是自发进行的。如果将双螺旋DNA加热到一定温度如95℃,由于高温破坏氢键,双螺旋DNA会松开成单链,称为DNA的解链作用或DNA的熔解(melting)。不同长度的DNA需要的解链温度(T_m)不同,较长的DNA需要较高的T_m。如果将温度降低到T_m以下,单链的DNA便会自动重新完成碱基配对,形成双螺旋DNA,这个过程称为DNA的退火(annealing)。DNA的解链-退火过程可以反复进行,这一可逆过程反映了双螺旋DNA作为超分子的自组织、自组装和自复制的特征。著名的聚合酶链反应(PCR)[①]正是基于双螺旋DNA的这一超分子化学性质设计,从而实现了DNA的体外扩增。

2) 细胞膜

细胞膜对生命的重要性是不言而喻的。细胞膜是由脂质、蛋白质和多糖组装而成的一种薄膜状结构,其厚度约为5~8 nm。流动镶嵌式模型是目前一个公认的细胞膜结构模型(图3-46)。在细胞膜结构中,磷脂双层结构是其基础结构,膜蛋白等膜生物大分子以附着、镶嵌或贯穿的方式结合于磷脂双层中。

作为一种典型的超分子体系,细胞膜结构的形成开始于磷脂双层的自组装。磷脂是一种表面活性分子,其特点是拥有一个亲水的头部和一个疏水的尾部。细胞膜上的磷脂主要是磷酸甘油酯(phosphoglyceride),它以甘油为骨架,甘油的1,2位两个羟基与两条脂肪酸链生成脂,构成磷脂的疏水的尾巴部分;3位羟基与磷酸生成酯——这个磷酸基团可以再与其他醇生成酯,形成不同类型的磷脂分子,如磷脂酰胆碱(PC)、磷脂酰丝氨酸(PS)、磷脂酰乙醇胺(PE)

---

① 聚合酶链反应(polymerase chain reaction, PCR),是体外酶促合成、扩增DNA片段的一种方法。在分子生物学方法中已经成为一种重要、常规和卓有成效的手段。

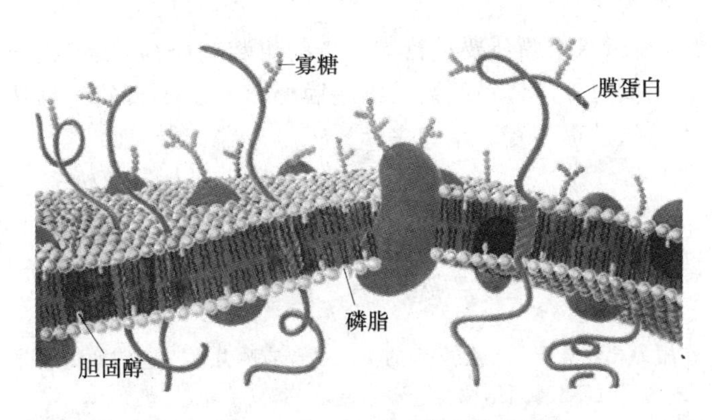

图 3-46 细胞膜结构的流动镶嵌式模型

等等(图 3-47)。这些磷脂分子亲水的头部电荷和结构各不相同,为磷脂双层膜的分子识别和下一步膜分子组装提供选择条件。

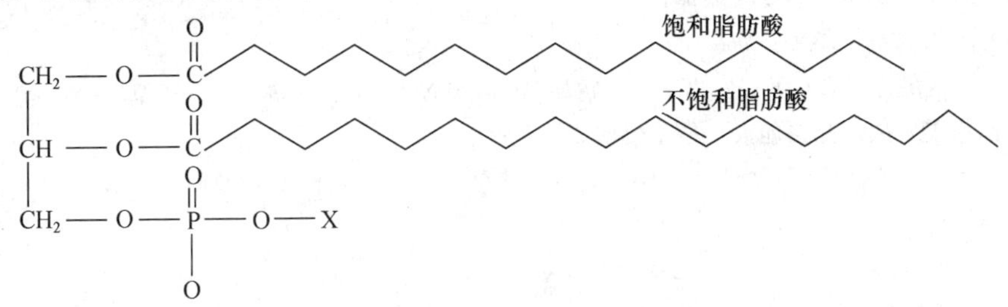

图 3-47 磷酸甘油酯的结构

图中 X=$-CH_2CH_2NH_3^+$(PE),$-CH_2CH_2N^+(CH_3)_3$(PC),$-CH_2CH(NH_3^+)COOH$(PS)

磷脂比其他一般表面活性剂有高得多的临界胶束浓度(详见 6.4.2 小节),因此依靠很强的疏水作用,磷脂分子在水溶液中会自发进行组装形成脂双层结构:两条脂肪酸链相互挨近形成疏水内层,而磷酸酯头排列在外形成亲水的外层。虽然疏水作用较强,但在脂双层中每一个磷脂分子的位置都不是固定不变的,而是处于动态的流动之中。

在磷脂双层的形成过程中,真核细胞膜通常要掺入一定比例(一般 25%)的胆固醇分子。胆固醇可以填补磷脂的脂肪酸链在横向排列中形成的空隙,同时又可以增加膜的疏水作用。因此,胆固醇组装进入磷脂双层有利于细胞膜稳定性的提高。此外,胆固醇被代谢后可以形成一些细胞信号分子,从而使细胞膜结构的变化和细胞信号传导联系起来。

基本的磷脂双层形成后,下一步是膜蛋白等其他分子的组装。一种方式是膜蛋白分子与一个磷脂分子或脂肪酸相连接,这些疏水的链可以锚定在磷脂双层中,于是膜蛋白分子得以附着或镶嵌于磷脂膜上,并能够沿着磷脂膜平面移动。另一种方式是膜蛋白分子上本身具有疏水的结构域(hydrophobic domain),膜蛋白的疏水结构域和磷脂双侧相互匹配,因此可以借疏水作用直接组装在磷脂双层的结构之中(图 3-48)。

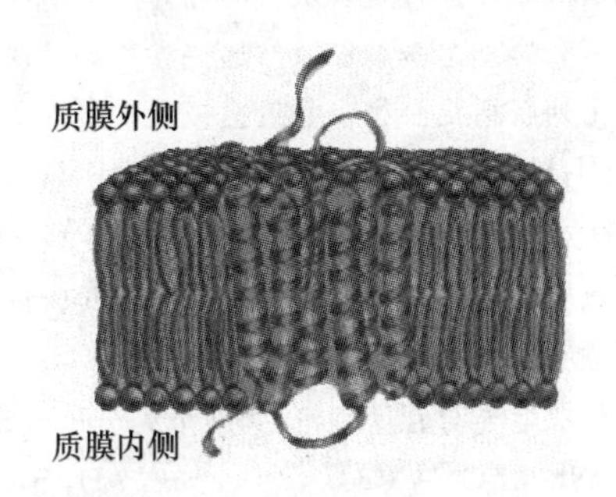

图 3-48 有疏水结构域的膜蛋白在磷脂双层中的组装

在膜蛋白组装后,磷脂双层膜还要进行进一步的组装和修饰,如多糖分子的连接等等,在此就不逐一叙述了。完成超分子体系组装的细胞膜便具有了丰富的生物功能,并且细胞膜的结构同细胞内新陈代谢的过程相互联系起来。

思 考 题

3-1 原子是依靠什么作用力相互吸引的?化学键的类型主要有哪几类?它们的特点分别是什么?

3-2 画出下列各分子(或离子)的路易斯结构:
NaF,$CaCl_2$,CO_2,CO,CN^-,CH_3CH_3,HNO_3,CH_3CHO,CH_3OCH_3,CH_2CH_2,C_2H_2,SF_6。

3-3 某一种碘化合物的分子式是 C_4HNI_4,其中 4 个碳和 1 个氮组成一个五元环,请写出它可能的路易斯结构。

3-4 写出下列分子或离子可能的共振体:
NO_2^-,O_3,SO_3,CO_3^{2-},BF_3。

3-5 离子键形成的关键因素有哪些?离子化合物如 $NaCl$,$AgNO_3$,Na_2CO_3 等,其“分子量”确切的意义是什么?

3-6 什么是晶格能?决定晶格能大小的主要因素是什么?

3-7 试以图 3-2 为例子,由以下数据画出 KCl 晶体的玻恩-哈伯(Born-Haber)循环,并计算其晶格能大小。

$K(s) \longrightarrow K(g)$　　$\Delta H_1 = 89\ kJ \cdot mol^{-1}$

$Cl_2(g) \longrightarrow 2Cl(g)$　　$\Delta H_2 = 243\ kJ \cdot mol^{-1}$

$K(g) \longrightarrow K^+(g) + e$　　$\Delta H_3 = 419\ kJ \cdot mol^{-1}$

$Cl(g) + e \longrightarrow Cl^-(g)$　　$\Delta H_4 = -349\ kJ \cdot mol^{-1}$

$K(s) + \frac{1}{2}Cl_2(g) \longrightarrow KCl(s)$　　$\Delta H_5 = -436.5\ kJ \cdot mol^{-1}$

3-8 共价晶体、离子晶体和分子晶体化合物在结构和性质上有何不同?为什么离子晶体化合物具有高熔点、高硬度、高密度和易脆的性质?

3-9 为什么离子化合物如 NaCl 易溶于水,而有些离子化合物如 $CaCO_3$ 却难溶于水呢?

3-10 晶体、非晶体和液晶体的特点分别是什么?

3-11 什么是晶胞和晶面?加工金刚石时可以随意制成任何数量的刻面吗?为什么?

3-12 单晶和多晶体的区别有哪些?蛋白质晶体结构测定时,使用的是单晶还是多晶?

3-13 实验测定某蛋白质是正交晶体,每个晶胞中有 6 个分子,单位晶胞尺寸为 $a=130\times10^2$ pm,$b=74.8\times10^2$ pm,$c=30.9\times10^2$ pm。若晶体密度为 $1.315\ g \cdot mL^{-1}$,试计算此蛋白质的分子量是多少?

3-14 骨骼和牙齿是羟基磷灰石的单晶还是多晶体?两者结构有什么差别?

3-15 羟基磷灰石和氟羟基磷灰石的晶体结构有什么差别?如何从结构差别解释其溶解度等性质的不同?

3-16 共价键有哪 4 个基本参数?这些参数如何决定分子的结构和性质?

3-17 判断下列各组化合物中共价键极性的顺序:
(1) HI,HCl,HF,HBr;(2) H_2O,H_2S,H_2Se,H_2Te;(3) NH_3,CH_4,HF,H_2O;
(4) $H_2C{=}O$,$H_2C{=}CH_2$,$R_2C{=}NR$;(5) $C{\equiv}O$,$HC{\equiv}N$,$HC{\equiv}CH$。

3-18 为什么电负性差为 1.9 的 HF 为极性共价键,而电负性差为 1.8 的 Al_2O_3 和电负性差<1 的 ZnS 却为离子键呢?

3-19 试用价层电子对互斥理论,判断下列分子或离子的空间几何构型并分析原因:
NO_2,NF_3,SO_3^{2-},ClO_4^-,CS_2,SiF_4,H_2S,AsO_3^{3-},H_2Se,$SbCl_5$,ICl_3,AlF_6^{3-},XeF_4,SO_4^{2-},NH_4^+,CO_3^{2-},PCl_3。

3-20 根据价层电子对互斥理论，写出 $COCl_2$，NH_2OH，HCOOH，CH_3OCH_3 分子的几何构型，并注明每一个键的键型和键角的大概数值。

3-21 什么是共价键的饱和性和方向性？如何用价键理论说明？

3-22 比较 σ 键和 π 键的原子轨道的重叠方式、成键原子轨道种类、成键电子的电子云分布方式、对分子结构和稳定性的作用的差异。

3-23 什么是配位键？CO 分子的极性方向是 $C^{\delta+} \rightarrow O^{\delta-}$ 还是 $C^{\delta-} \leftarrow O^{\delta+}$，为什么？

3-24 从以下诸方面比较杂化轨道和原始原子轨道的异同点：轨道的数目，电子云的形状，电子云的角度分布，原子轨道的能量，形成化学键的方式。

3-25 从以下诸方面比较 sp^3，sp^2，sp 杂化轨道的特点：用于杂化的原子轨道，s 和 p 的成分，杂化轨道的数目，杂化后剩下的 p 轨道数，杂化轨道形成键的键角。

3-26 从以下诸方面比较 sp^3 和 sp^2 等性杂化轨道和不等性杂化轨道的特点：s 和 p 的成分，杂化轨道的能量，杂化轨道的夹角。

3-27 指出下列各分子中各个 C 原子所采用的杂化轨道类型和分子的几何构型：
CH_4，$CH_2{=}CH_2$，$CH{\equiv}CH$，CH_2Cl_2，HCOOH，C_6H_6，$C_6H_6Cl_6$。

3-28 指出下列各分子中的中心原子采用什么杂化轨道(注明是等性或不等性)成键且分子具有什么几何构型：
SiF_4，PCl_5，SF_4，CCl_4，PH_3，H_2S，CO_2，NH_3，H_2O，H_3O^+，$HgCl_2$。

3-29 BF_3 的空间构型为平面正三角形而 NF_3 却是三角锥形，试用杂化轨道理论加以说明。

3-30 下列分子中哪些具有大 π 键？
乙烯，苯，甲酸，乙酸乙酯，O_3，CO_2，乙醇，丁二烯，HCN，O_2。

3-31 请说明 O_3 的分子结构并解释为什么它是极性分子。

3-32 写出 Cl_2，O_2，NO(类似 O_2)，N_2，CO(类似 N_2)，CN^-(类似 N_2)的分子轨道能级示意图和分子结构表示式，计算键级和未成对电子数，并说明其磁性。

3-33 实验测得 N_2 的键能大于 N_2^+ 的键能，而 O_2 的键能却小于 O_2^+ 的键能，试用分子轨道理论加以解释。

3-34 请用分子结构理论解释为什么 F_2 为淡黄色，Cl_2 为黄绿色，Br_2 蒸气为红棕色，而 I_2 蒸气为蓝紫色。

3-35 请用分子结构理论解释为什么石墨的颜色为黑色、柔软并具有导电性，而其同素异构体金刚石却为无色、坚硬而不导电。

3-36 请用分子结构理论比较和解释 O_2，$^1O_2$ 和 O_3 的磁性、光吸收性和化学反应性的异同。

3-37 活性氧物种有哪些，为什么容易导致生物体的氧化损伤？将活性氧物种按反应性排顺序。

3-38 分子间引力和斥力的本质是什么？为什么分子间作用力主要表现为分子间的引力？

3-39 什么是极性分子和非极性分子？分子的极性与化学键的极性有何关系？

3-40 分子间作用力有几种？各种力产生的原因是什么？在大多数分子中以哪种力的形式为主？

3-41 举例说明极性分子之间、极性分子与非极性分子之间、非极性分子之间的分子间力。

3-42 什么叫氢键？哪些分子间易形成氢键？氢键与化学键有何区别，与一般分子间力有何区别？

3-43 比较下列每对分子中分子的极性大小并解释原因：
(1) HCl 和 HI；(2) H_2O 和 H_2S；(3) NH_3 和 PH_3；(4) CH_4 和 SiH_4；(5) CH_4 和 $CHCl_3$；(6) CH_4 和 CCl_4；(7) BF_3 和 NF_3。

3-44 判断下列分子之间存在什么形式的分子间作用力：
H_2S 气体；CH_4 气体；He 气体；NH_3 气体；H_2 与 H_2O；CH_3Cl 液体；NH_3 液体；C_6H_6 与 CCl_4；C_2H_5OH 和 H_2O；C_2H_5OH 和 $C_2H_5OC_2H_5$；HBr 气体；CO_2 气体。

3-45 按沸点由低到高的顺序依次排列下列各组中的物质，并说明理由：
(1) He，Ne，Ar，Kr，Xe；(2) HF，HCl，HBr，HI；(3) CH_3OH，C_2H_5OH，C_3H_7OH；(4) HF，H_2O，NH_3，CH_4；(5) F_2，Cl_2，Br_2，I_2；(6) CH_3OH，C_2H_5OH，CH_3OCH_3。

3-46 乙醇(C_2H_5OH)的分子量比乙醚($C_2H_5OC_2H_5$)小，但乙醇的沸点比乙醚高，为什么？

3-47 邻硝基苯酚和对硝基苯酚分子量相等,结构类似,但对硝基苯酚的熔、沸点比较高,在水中的溶解度较大,而邻硝基苯酚熔、沸点比较低,水中的溶解度较小。为什么?

3-48 请说明氢键如何影响了水的各种物理性质。

3-49 什么是疏水作用?它是一种真实的分子间作用力吗?

3-50 什么是盐键?它为什么在水溶液中不明显,而在蛋白质分子中作用较强?

3-51 举例说明什么是超分子体系?超分子体系的两个特征是什么?其形成依靠的是哪些作用力?

3-52 请从下表所列的诸方面总结分子间作用力:

	分子间斥力	色散力	诱导力	取向力	氢键	疏水作用	盐键
作用距离							
作用力大小							
作用力的方向性							
作用分子类型							
作用力的本质							
影响因素							
对分子物理性质的影响							

第4章 化学方法简介

在生物化学与医学的研究和实践中,化学方法是不可缺少的工具。近年来,化学与生物学的相互融合和促进,使得化学方法和生物学技术相互汲取了营养,在不断创新中突飞猛进地发展,比如蛋白质组学方法、单分子荧光技术和生物芯片技术等等。分析技术是生命科学中应用最为广泛的化学方法,在今后的分析化学(如定量分析和仪器分析等)有关课程中,将有更为详尽的介绍。这里我们仅对化学方法的基本要点进行简单介绍。

4.1 化学反应的观察和结果

4.1.1 化学实验和观察方法

化学实验(chemical experiment)是在有控制的条件下进行某些化学反应,从而验证某种理论或假设;或者发现新的现象并阐明这个现象背后的机制;或者对某种样品的化学性质进行评价。对样品的化学组成和结构进行评价和解析的化学实验,通常称为化学分析(chemical analysis)或化学检验(chemical test)。

通俗地讲,化学实验就是预先设计确定一些化学反应的条件,并在这个条件下操作进行此化学反应,实验者来观察这个反应的结果。那么,如何观察一个化学反应的结果呢?

一个化学反应必然包含两方面的变化:

(1) 反应体系所包含的物种的变化。例如在硫酸铜溶液中加入锌粒,将发生下列置换反应:

$$CuSO_4 + Zn \longrightarrow ZnSO_4 + Cu$$

溶液中的物种由蓝色的 $CuSO_4$ 逐渐转变为无色的 $ZnSO_4$,而银灰色的 Zn 变成为棕黄色的 Cu。在物种变化中伴随了特定的重量、颜色和物质形态等的改变,我们可以通过观察颜色或重量等变化,来推测反应中物种之间的转变。

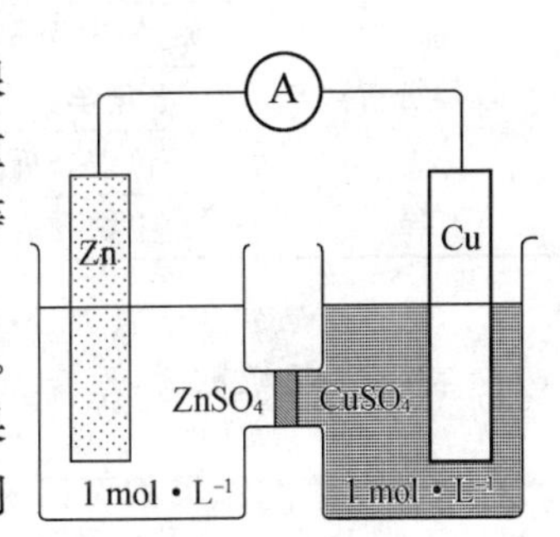

(2) 化学反应过程中能量的变化,包括能量的吸收与释放。例如在上述反应中,溶液的温度会不断升高(热的释放),而如果将上述反应在右图的装置(一种原电池)中进行,我们还能测量到

电能的释放。反应过程中能量的变化对应着化学反应进行的程度。

总之，观察一个化学反应时要对反应过程中物种的变化和能量的变化进行观测。大多数情况下，我们感兴趣的是化学反应中物种的变化。在生命科学的应用中，化学分析/检验是一种非常重要的手段。因此，这里主要对化学分析方法进行一些介绍说明。

4.1.2 化学分析方法及其分类

在生物检验、临床诊断和药物的药效学及动力学等研究中，往往需要对研究对象的组成、含量、形态和结构几个方面的信息进行系统的考察与分析。按照分析任务的不同，分析方法可分为：

(1) 定性分析(qualitative analysis)：对样品中的化学物种进行指明。如有机物的组成包括C,H,O,N元素；食物的成分包括蛋白质、脂肪和糖类；食醋的组成主要有水和醋酸；葡萄糖分子中含有醛基，因此是一种醛，等等。

(2) 定量分析(quantitative analysis)：对样品中某一种(或几种)化学组分的含量进行测定。例如对血液中胆固醇的含量进行测定，如果浓度大于 $6.72\ mmol \cdot L^{-1}$，则有较大罹患心血管疾病的危险。

(3) 形态分析(morphological analysis)：对样品中某些物种的结晶状态、形状、结合状态和价态等性质进行分析。如在尿液中二水草酸钙晶体较小，溶液随尿液排出，而一水草酸钙晶体容易聚集形成结石，通过尿中草酸钙晶体类型分析，可以预测结石形成的危险性。

(4) 结构分析(structural analysis)：对纯物质样品的分子或晶体结构进行剖析。结构分析多用波谱分析法，如紫外-可见光谱法、红外光谱法、荧光光谱法、核磁共振波谱法、圆二色散光谱法、激光拉曼光谱法、X射线衍射法和小角中子衍射法等等。

在现代化学分析中，越来越多地使用一些特定的分析仪器来工作，这些使用特定分析仪器的方法称为仪器分析法(instrumental analysis)。相对于仪器分析法，那些不使用分析仪器或仅使用常见而廉价的仪器进行分析的方法称为常规分析法(conventional analysis)。两者的比较见表4-1。

表4-1 常规分析法和仪器分析法性质比较

分析法分类	分析法实例	灵敏度	准确度(相对误差)	适合分析的浓度范围	分析费用
常规分析法	滴定分析法	0.02 mL	0.1%～0.5%	>1%	较低
	重量分析法	0.1 mg			
仪器分析法	分光光度法	1 μg	1%～5%	<1%	较高
	荧光/发光分析法	1 ng			
	电化学分析法	μg～ng			
	色谱分析法	μg～pg			
	生物分析法	μg～pg			

4.1.3 化学实验的结果

化学实验的结果都可以称为数据(data)，包括对实验现象的描述(description)、实验过程的图像(images and photos)和声音(sound)记录、定量测量的数据结果等。正确记录和表述定量数据有两个要点：有效数字和数据误差。

1. 有效数字

1) 有效数字和有效数字位数的概念

实验数据可分成两类。一类是自然数，如测量次数、化学方程式中的计量系数、在计算中常遇到的倍数或分数关系等。自然数不是由测量所得，所以它的数字的每个位数都是准确的。另一类是实测值，其位数与分析方法的准确度及仪器的精度相匹配。为了得到准确的分析结果，不仅要准确地测量，而且还要正确地记录和计算。

有效数字(significant figure)是指实际测量到的具有实际意义的数字。其具体数字表明了数值的大小，位数反映了测量所能够达到的精确度。读取有效数字时，应记录所有的准确数字和第一位不准确数字。例如，用万分之一的分析天平称得某物质的质量为0.4358 g，其中0.435是准确的，而最后一位数字“8”是不准确的，它可能有±0.0001 g的误差，即其实际质量是在0.4358±0.0001 g范围内的某一数字。0.4358包括三位准确数字和一位可疑数字，共有四位有效数字。又如，从滴定管读出滴定某溶液消耗的体积为24.23 mL，前三位24.2是准确的，而最后一位数“3”是根据滴定管的刻度估计出来的，因而是不准确的，它可能有±0.02 mL的误差，溶液的实际体积应为24.23±0.02 mL范围内的某一数字。同样，24.23也有四位有效数字。

在计算某个数据的有效数字位数时，1～9九个数字直接计算在位数内，而“0”作为数位的定位时不能计算在内。例如某物质的质量为0.02050 g，“2”之前的“0.0”只起定位作用，所以不是有效数字，因此0.02050包含四位有效数字。也就是说，在第一个数字(1～9)前的“0”均为非有效数字，在数字(1～9)中间和数字末尾的“0”均为有效数字，如0.02000 $mol \cdot L^{-1}$中的数据即含有四位有效数字。

为了准确地记录数据，通常使用科学计数法(scientific notation)。科学计数法用含一位整数的小数与10的若干幂次的乘积来表示有效数字。例如数字1000，这种写法无法判断是几位有效数字，数字中的3个“0”都可能是有效数字，也都可能仅仅起定位作用而不是有效数字。这时用科学计数法书写为1×10^3，则表明该有效数字的位数是1位；为1.00×10^3，三位有效数字；1.000×10^3，四位有效数字。

在化学中常见的pH，pK和lg等对数数值，其有效数字的位数，仅取决于小数部分数字的位数，因整数部分只起定位作用。如pH=10.30这个数的有效数字是两位而不是四位，因为它由$[H^+]=10^{-pH}=10^{-10.30}=5.0\times10^{-11}$计算得来。通常pH计的测量误差为±0.02，故pH的有效数字一般为两位。

【例4-1】 请说明下列数据的有效数字位数：pH=10.3，0.02390，0.12，2.31，3.7×10^{-6}，$10^{-4.76}$。

解 题中6个数字的有效数字位数分别为1，4，2，3，2，2。

2) 有效数字的修约规则

对有效数字进行计算处理时，各测量值的误差会传递到计算结果中去。为了避免运算结果的准确度发生改变，要采取正确的运算规则进行计算，将误差小的测量值的多余数字舍去，这个过程称为有效数字的修约。有效数字计算和修约规则包括：

(1) 计算结果最后的修约规则是“四舍六入五成双”。即当第一位不准确数字后面那一位数字≤4 时,舍去。当第一位不准确数字后面的那一位数字≥6 时,进位。而当第一位不准确数字后面那一位数字等于 5 时,如果 5 后面有非“0”的数字时,则一律进位;否则,如果第一位不准确数字是偶数,则将 5 舍去;如果是奇数,则将 5 进位,使这一位不准确数字为双数。

【例 4-2】 将 0.58764, 0.79266, 12.345, 18.735 和 15.0951 几个数均修约为四位有效数字。

解 分别为 0.5876, 0.7927, 12.34, 18.74 和 15.10。

(2) 禁止分次修约。即只能对测量值第一位可疑数字后面第一位数字按规则作一次修约,不能连续分次修约。例如,将数据 8.1457 修约为两位有效数字,应为 8.1,而不能从尾数开始连续修约,即:8.1457→8.146→8.15,最后结果为 8.2,这显然是错误的。

(3) 加减法中的误差传递是各测量值绝对误差的传递,因此计算结果的有效数字的位数由绝对误差最大的数字决定。数据相加减时,以参加运算的数字中小数点后位数最少的数为依据对结果进行修约,或先对其他数字进行修约后做加减法。例如:

$$\begin{array}{rl} 50.1 & (\pm 0.1) \\ 1.45 & (\pm 0.01) \\ +\ 0.5812 & (\pm 0.0001) \\ \hline 52.1\cancel{312} & \end{array} \qquad \text{或} \qquad \begin{array}{r} 50.1 \\ 1.4 \\ +\ 0.6 \\ \hline 52.1 \end{array}$$

(4) 乘除法中的误差传递是各测量值相对误差的传递,所以计算结果的有效数字的位数由相对误差最大的数字决定。几个数据相乘除时,以参加运算的数字中有效数字位数最少的数为依据,对其他数字进行修约后做乘除法。例如,0.0312,29.35 和 1.56488 三个数相乘,应先将各数字修约为三位有效数字后再相乘。即 $0.0312\times29.4\times1.56=1.43$,最后结果仍保留三位有效数字。

(5) 自然数和物理化学常数不受有效数字位数的限制,不论它们的位数是几位,其计算结果的有效数位不受它们的影响,由其他数据的有效数字位数决定。

【例 4-3】 计算 298.15 K 时的 RT 值。

解 $RT=8.31\ \text{J}\cdot\text{mol}^{-1}\cdot\text{K}^{-1}\times298.15\ \text{K}=2477.6\ \text{J}\cdot\text{mol}^{-1}$

(6) 计算时,可以将绝对误差最大的那个数字的有效数字为标准将其他数字再多保留一位进行计算,最后将结果修约到应有的位数即可。

2. 实验误差

任何实验测量获得的数据必然与真实数值之间或多或少地存在差别,称为实验的误差(error)。统计学探讨误差及其处理的方法,将在以后的生物统计学课程中详细介绍。我们这里仅作最基本的说明。

根据误差的来源和性质,可将误差分为系统误差、偶然误差和过失误差三大类。其中过失误差是指在测定过程中,由于实验操作人员的错误或过失所产生的误差,如弄错或遗漏试剂和试验步骤、读错数据、计算错误等。遇到这类错误,应当重新进行实验测量,其原先的实验结果应予以舍弃。而系统误差和偶然误差是实验过程中不可避免的,其数据可用统计学原理来进行处理:

(1) 系统误差(systematic error)。系统误差是实验过程中某(些)固定的因素造成的。若实验条件一致，重复测定时系统误差会重复出现。其值一般具有固定的大小和方向，因此又称为可测误差。按照来源，可将系统误差分为方法误差、仪器试剂误差和操作误差。

方法误差：由于试验设计不合理或方法不够完善所引起的误差。例如，在滴定分析中，指示剂所指示的滴定终点与化学反应的计量点并不完全重合，因此实际的滴定分析终点和真实的终点之间存在一些误差。

仪器试剂误差：由于测量所使用的仪器不够精密或者所使用的试剂纯度不够高而引起的误差。例如分析天平的砝码被弄脏而变重了一些，那么使用这个砝码称出物质的质量总是偏低一定的数值。

操作误差：实验操作人员的主观判别总是具有一定的偏向性，如老年人辨色时会偏黄，因此在判断滴定终点由红色向黄色转变时，总是会比年轻人提前一点。

(2) 偶然误差(accidental error)。偶然误差是由不可预料的随机因素所造成的，也称为随机误差。其数值的大小和方向均不确定，难以控制。测定过程中温度、湿度、气压的偶然波动以及操作者在处理平行样品时的微小差异等均可造成偶然误差。偶然误差符合统计学的概率分布规律。

3. 实验数据的精密度和准确度

实验误差是不可避免的，那么应该如何评价实验数据的好坏以及是否符合测量要求呢？有两个参数：数据的准确度与精密度。

1) 实验数据的准确度(accuracy)

准确度是指测定值(x)与真实值(μ)接近的程度。准确度的高低用误差来衡量。误差越小，表示试验结果的准确度越高；反之，则准确度越低。

误差可用绝对误差(absolute error, E)表示：

$$E=x-\mu$$

也可用相对误差(relative absolute error, RE)来表示：

$$RE=\frac{E}{\mu}\times 100\%$$

相对误差能反映出误差在真实值中所占的比例，便于各测定结果准确度的相互比较。当绝对误差一定时，试样量越高则相对误差越小。因此，在绝对误差不能改变时，我们通过提高样品的总量来降低相对误差。例如，在称量时，分析天平将产生±0.1 mg 的误差，如果想将相对误差降低到 0.1%，那么我们需要称取样品的量至少为 0.2 mg/0.1%=200 mg。

【例 4-4】 用分析天平称取两份 Na_2CO_3，其质量分别为 1.6380 g 和 0.1638 g。假如这两份 Na_2CO_3 的真实值分别为 1.6381 g 和 0.1639 g，试计算它们的误差。

解 绝对误差

$$E_1=1.6380\ \text{g}-1.6381\ \text{g}=-0.0001\ \text{g}$$

$$E_2=0.1638\ \text{g}-0.1639\ \text{g}=-0.0001\ \text{g}$$

而它们的相对误差分别为

$$RE_1=\frac{-0.0001\ \text{g}}{1.6381\ \text{g}}\times 100\%=-0.006\%$$

$$RE_2=\frac{-0.0001\ \text{g}}{0.1639\ \text{g}}\times 100\%=-0.06\%$$

由上例可见,两份 Na_2CO_3 质量称量的绝对误差相同,但称取质量较大的相对误差较小,即测定的相对准确度较高。

2) 实验数据的精密度(precision)

数据的精密度是指若干平行测量值之间的接近程度,它表示了测定结果重现性的好坏。精密度的高低用偏差(deviation)来量度。

偏差可用绝对偏差 d 表示:

$$d_i = x_i - \bar{x}$$

$$\bar{x} = \frac{1}{n} \sum_{i=1}^{n} x_i$$

其中,$\bar{x}$ 是多次测定值的算术平均值,x_i 是第 i 次测定值,n 为测定次数。

对于一组 n 次($n \leqslant 20$)的测量来说,通常用标准偏差 s 和相对标准偏差 RSD 来表示:

$$s = \sqrt{\frac{d_1^2 + d_2^2 + d_3^2 + \cdots + d_n^2}{n-1}}$$

$$RSD = \frac{s}{\bar{x}} \times 100\%$$

偏差越小,分析结果的精密度越高,实验结果的重现性越好;反之,重现性越差。

在实际工作中,对一组测量数据进行报告时,通常需要报告数据的平均值、标准偏差和测量次数:

$$\bar{x} \pm s,\ n$$

准确度与精密度的意义不同。准确度标志了测量结果的正确性,精密度标志了测量结果的重现性。数据的准确度高时,精密度不一定好;精密度很好时,准确度又不一定高,两者的关系如图 4-1 所示。

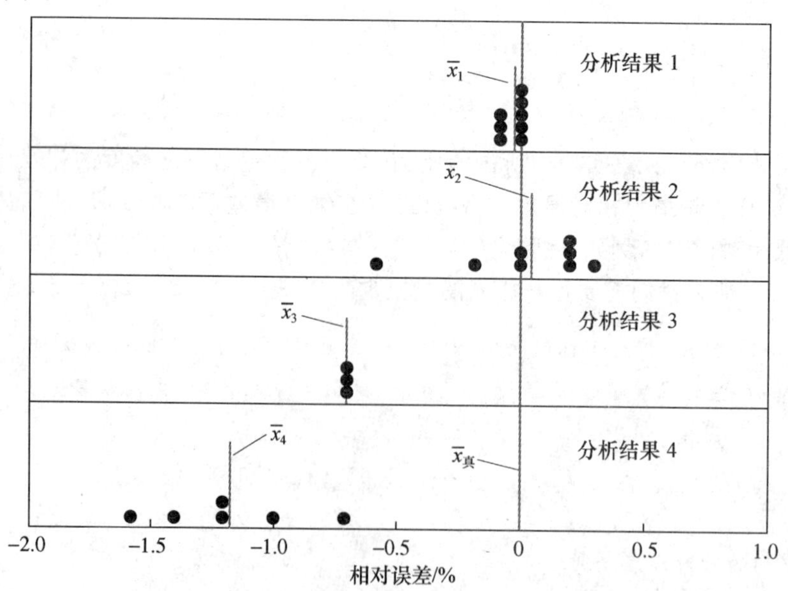

图 4-1　精密度和准确度

分析结果 1:准确度和精密度都高;分析结果 2:准确度高,精密度低;

分析结果 3:准确度低,精密度高;分析结果 4:准确度和精密度都低通常被分析物含量的真实值是未知的,因此无法保证数据的准确度。由于数据的准确度由系统误差和偶然误差决定,而精密度仅由偶然误差决定,因此精密度好是获得高准确度的一个必要条件。我们需要首先保证实验结果的精密度,努力减少系统误差,便能够不断地将实验结果的准确度提高。

如何减小偶然误差提高实验结果精密度呢?偶然误差是随机产生的,其出现服从统计学规律。因此增加测定的次数 n,则可以获得较高的精密度。通常一般化学实验要求平行测定3～5次,而对于一些不稳定的实验如动物实验等,则要增加到8～12次或者更多的测定次数。

如何减小或消除系统误差呢?其方法包括:

(1) 完善实验设计,尽可能地减少实验方法误差。

(2) 仪器校准。在精确的分析中,砝码、滴定管和移液管等仪器都必须进行校准,并采取校准值计算分析结果。

(3) 增加对照试验。在测量方法和条件相同时,对已知准确含量的标准试样进行分析测定,这称为对照试验。利用对照试验的结果对实验方法进行整体的校正。

(4) 扣除试剂空白。在不加试样的情况下,按照与试样测定相同的方法、条件和步骤进行的试验称为空白试验,所测结果称为空白值。从试样的测定结果中扣除空白值,即可以消除或减小由试剂本身或其中的杂质的干扰以及实验器皿等所引起的误差。

4.2 GLP 化学实验的操作规范和化学/生物安全

良好的实验操作是获得准确性数据的保证,无论是实验室研究工作还是医药学应用(特别是后者)都是非常重要的。保证良好的实验操作在国际上有一套 GLP 规范,GLP 规范对于临床试验之前的药物开发研究来说是有法律要求的。

4.2.1 GLP 的意义和发展简史

GLP 是英文 Good Laboratory Practice 的缩写,直译为优良实验室规范,是指为临床前期的卫生和环境安全制定的包括实验设计、实验操作、过程监督、数据记录和实验报告等一系列过程在内必须遵守的管理法规性文件,即临床试验前的研究优良实验室规范,涉及实验室工作中可影响到结果以及实验结果解释的所有方面。

GLP 建立的起因是20世纪60年代西德开发的一种孕妇止吐安眠药——反应停(Thalidomide)引发的严重药害事件。全世界共12000多名婴儿因母亲服用反应停而成为四肢短小甚至无四肢的畸形儿,近半数陆续死亡,举世震惊。此后,药品的安全性问题引起了世界各国的高度重视。70年代,美国 FDA(Food and Drug Administration)在审核某制药公司的新药申请报告时发现试验数据前后不一,并有编造迹象。于是 FDA 制定了药品临床之前实验室研究的 GLP 规范,于1979年6月正式生效。随后,英、日、法等国家先后建立了本国的 GLP 法规。1986年经济合作发展组织 OECD 制定了国际认可的 GLP 检查指导原则。GLP 法规管辖的范围包含医药、农药、食品添加剂、化妆品、兽药等诸多领域。

我国从1994年首先从医药行业实施 GLP 法规。之后国家环保部门也制定了本行业的 GLP 标准,我国农药行业 GLP 工作始于2002年。

4.2.2 GLP的目的和基本要求

制定GLP的主要目的就是要严格控制可能影响实验结果真实性的各种主客观因素,确保实验研究的可靠性和完整性,对真实结果的正确报告以及实验数据可以追溯复查。按照GLP规范进行实验工作,必然可以减少误差和发生错误的来源,提高实验数据的可靠性。因此,对一般的实验操作也推荐(不是要求)遵循GLP的规范。

GLP规范的基本原则包括下列内容:

- 完备的实验室资源。实验室必须具有一定的组织机构,拥有各项受训的工作人员(机构负责人、项目负责人和实验人员),配备需要的设施和仪器。
- 完整的实验室管理规则。特别是建立标准操作程序(standard operating procedures, SOP)。
- 实验材料的性质明确。如化学试剂及其配制的溶液的名称、纯度、组成、稳定性、杂质;试验样品和对照品的名称、缩写名、代号、批号、有关理化性质及生物特性;实验动物的种、系、数量、年龄、性别、体重范围、来源和等级,等等。
- 实验数据的记录、管理和归档。
- 具有独立的质量检验人员,对实验过程和结果进行监督和提出质疑,并写出质检报告。

4.2.3 GLP规范的几个要点

各国GLP规范标准存在差异,但都包括下列几项要点:

- 实验设计要具备良好的科学性(good science)。要求细致地确定实验条件;实验设计建立在成熟的实验方法之上;对实验条件和变动要严格控制并进行记录;仔细和完整的报告和分析实验结果;实验结果可以被公认的科学研究规范所认可。
- 实验组织要有良好的计划性(good organization)。要求有足够的实验设备、仪器和合格的实验操作人员;有详尽的实验方案和后勤工作计划;实验人员接受过相关的培训而且人员的职责明确;实验记录完善,并有很好的归档保存;有辅助的程序可对实验结果进行验证。
- 建立标准操作程序(SOP)。实验室具有一整套SOP是GLP的首要条件。因此,在GLP实践中,建立SOP最重要,而且要定期更新。建立SOP经常是最消耗时间和精力的工作。
- 完善的实验记录。完善的实验记录不仅要记录实验数据,而且实验过程应符合实验程序的要求。如果记录不完整或有数据丢失,那么实验的可信性就会大打折扣。实验记录中一项最重要的记录是原始实验记录,GLP要求的原始实验记录包括下列内容:
  - ☆ 实验操作内容(WHAT was done)。记下根据实验方法做了哪些操作,进行了哪些观察和测量等。
  - ☆ 如何进行实验操作(HOW it was done)。记下实验方案要求,如何完成的操作,是否在操作过程中进行了修改或变动,并说明为什么。
  - ☆ 实验日期(WHEN the work was performed)。必要时需要记录几点几分等准确时间。

☆ 实验操作人员(WHO performed the work)。注明操作者及合作者的姓名。

☆ 原始实验结果(Raw DATA)。实验过程中产生的所有数据必须被及时、直接、准确、清楚和用不能擦除的方式记录下来,并由记录者签名且注明日期。记录的数据需要修改时,应保持原记录清楚可辨,并注明修改的理由及修改日期,修改者须在修改处签名。

4.2.4 实验室的安全

前面GLP涉及的是如何进行实验的问题,在化学和生物实验室工作中,安全问题也是重点问题之一。化学和生物实验室工作中经常要接触化学试剂和生物制品,妥善管理、安全操作、规范处理对于试验的顺利进行及人员的安全防护是至关重要的。

1. 化学安全

许多化学试剂都有危害性,如毒性、易燃烧、不稳定而易发生化学反应等,因此在储存和使用操作时应特别注意。

(1) 化学试剂的储存。对于危害性较大的化学试剂,实验室只保存满足日常使用量即可。大量的试剂应储存在专门的房间里(混凝土建筑),设立门槛以防止外溢。易燃品单独存放,储存室保持凉爽,试剂间避免撞击,电源开关应安装在室外,电灯要安装在隔离罩内。不能共存的试剂要分开存放。

(2) 化学试剂的毒性防护。按毒性产生途径,化学试剂的毒性主要分为吸入毒性、接触毒性、食入毒性和透创毒性4种,可能对呼吸系统、血液、肺、肝脏、肾脏和胃肠道等组织器官造成不良影响或严重伤害,某些试剂还有致癌性和(或)致畸性。在使用时,应根据试剂的不同毒性性质,避免吸入、接触和食入。

(3) 化学试剂溢出处理。实验室内应常备试剂溢出处理工具,如防护服、橡胶手套、橡胶靴、扫具和清洁剂等。溢出事故发生时,闲杂人员迅速撤离,实验室负责人员到场;若溢出物易燃,熄灭明火并关闭电器;安全允许条件下,启动排风设备;具专业知识人员或专门的安全人员在防护得当的前提下,安全、迅速清理现场。

(4) 压缩气体和液化气。压缩气体钢瓶安全固定在坚固支持物上,备用瓶要另辟房间安置并贴警告标志。压缩气体钢瓶和液化气不能放置在散热器、明火或可产生电火花的电器旁边,也不能暴露于日光直晒之下。

2. 生物安全

WHO根据感染性微生物的相对危害程度制订了危险度等级的划分标准,共4个等级。各等级实验室设计特点、建筑构造、屏障设施和对工作人员的要求各不相同,现分述如下:

(1) 生物安全等级一级——P1。进行实验研究用的微生物和生物样品都是已知的,所有特性都已清楚,并且已证明不会导致疾病。实验操作可以在普通的实验台面上进行。不需要有特殊需求的安全保护措施。操作人员只需经过基本的实验室实验程序培训。在这样的环境下并不需要使用生物安全柜。

(2) 生物安全等级二级——P2。进行实验研究用的样品具有已知的中等程度危险性,并且只与人类某些常见疾病相关。操作者必须经过相关研究的操作培训,培训需要由专业科研人员指导。对于易于污染的物质或者可能产生污染的情况,需要进行预先的处理准备。一些可能涉及或者产生有害生物物质的操作过程都应该在生物安全柜内进行。在这些条件下最好使用安全级别为二级生物安全柜。

(3) 生物安全等级三级——P3。进行实验研究的样品一般来自本土或者外部,样品具有通过呼吸传染使人们致病或者有生命危险的可能。操作者需要注意,不能暴露于这些有潜在危险的物质中。这些样品也不能泄露到环境中去。因此,必须使用二级或者三级生物安全柜。

(4) 生物安全等级四级——P4。进行实验研究的样品具有非常高的危险和致命性,可以通过空气传播并且现今并没有有效的疫苗或者治疗方法来处理。操作者必须经过非常严格的相关培训,并且非常熟悉一些相关操作、保护设施、实验室设计以及对于这些高危险性物质感染的预防方法。培训也必须由在此研究领域非常有经验的科研人员进行指导。对于实验室的进出应当严格地进行控制,实验室一定要单独地建造或者建造在一栋大楼中与其他任何地方都分离开的独立房间内,并且要求有详细的关于研究的操作手册进行参考。在这样的实验研究中必须使用三级生物安全柜。

4.3 化学分析方法简介

前面对化学分析及其分类进行了简单说明,也简要说明了如何用准确度和精密度评价分析结果,如何通过 GLP 实践保证分析结果的可靠性等。下面我们对一些重要的分析方法进行一些简单介绍。

4.3.1 滴定分析

滴定分析(titrimetric analysis)又称为容量分析(volumetric analysis),是常规分析中应用非常广泛并为大家熟悉的一种。大部分滴定分析是在水溶液中进行的,非水溶液中滴定分析的应用较少。滴定分析具有方法简单、操作迅速且结果准确等优点,经常在生物化学测定、临床检验和食品分析中应用。

滴定分析法主要包括酸碱滴定法、氧化还原滴定法、沉淀滴定法、配位滴定法等。本节对滴定分析法的基础知识和共性作出说明,酸碱滴定法将在 7.4 节作详细介绍。

1. 滴定分析的基本概念

大家都知道曹冲称象的故事。曹冲将大象先放在一条大船上,刻下船下沉的水位。然后撤下大象,用小石块加载到船上直到船下沉到记号标明的水位,称量船上那些小石块的重量再加和就得到了大象的重量。

曹冲称象的原理其实就是滴定分析的原理。在滴定分析中,曹冲的大船换成了一种化学反应:

$$a\mathrm{A}+b\mathrm{R} \longrightarrow c\mathrm{P}$$

其中 A 是待测样品,相当于曹冲要称的大象;R 是已知准确浓度的分析试剂,相当于曹冲的小石块。我们将 R 的溶液逐滴加入到 A 样品溶液中进行反应,当加入的 R 的量正好和 A 按照反应方程式的化学计量关系定量完成时(称反应达到了反应的化学计量点),相当于曹冲加入小石块的量正好达到了与大象相同的下沉水位。为了指示反应达到了化学计量点,我们需要使用一种指示剂,这相当于曹冲在船上刻下的那个记号。指示剂变色,表明滴定终点到达,此时加入 R 的总量与 A 的量之比与反应方程式的比例系数关系一致,从而可以根据反应方程式的比例关系计算出待测样品A的含量来。

在滴定分析中，R通常被称为标准溶液(standard solution)。全部操作过程称为滴定(titration)。化学反应按反应方程式计量关系完全反应时，达到化学计量点(stoichiometric point)，亦称滴定反应的理论终点。指示剂(indicator)是在化学计量点或者附近可产生颜色变化以指示滴定终点到达的物质。就像曹冲在船上刻的线总是会和实际水位有那么一点误差一样，通常用指示剂指示的滴定终点和反应的计量点并不完全吻合。这样会造成分析结果的误差，称为滴定误差(titration error)。滴定终点与计量点越相吻合，分析结果的准确度越高。

2. 滴定分析的条件和要求

并非所有的化学反应都可用于滴定分析，适合滴定分析的化学反应必须具备以下条件：

(1) 反应必须按一定的反应式所确定的化学计量关系定量完成，并且要进行完全(要求达到99.9%以上)。

(2) 滴定反应必须迅速完成，最好在滴定剂加入后即可完成。对于反应速率较慢的反应，有时可通过加热或加入催化剂等方法来加速。

(3) 无副反应发生或可采取适当的方法消除副反应。

(4) 必须有适合的、简便可靠的方法确定滴定终点。也就是说，可以找到一个可以指示终点的指示剂。

凡是符合上述要求的反应，都能用标准溶液直接滴定分析组分含量，这类测定方式称为直接滴定法。对于不能被直接滴定的物质，可以设计一些特殊的滴定过程，或采用其他滴定方式进行。

3. 滴定分析的一般过程

滴定分析的一般过程包括下列部分：滴定条件的选择、标准溶液的配制和标定、滴定操作和结果分析。

1) 滴定条件的选择

选择滴定反应的类型，如酸碱滴定法、氧化还原滴定法、沉淀滴定法、配位滴定法等；选择合适的滴定剂，如氧化还原滴定时可选择 $KMnO_4$ 和 I_2 等作为滴定剂；选择合适的终点指示剂等。

选择合适的滴定反应条件，特别是选择指示剂时，常常需要使用理论滴定曲线(titration curve)作为依据。所谓滴定曲线，是以加入的滴定剂体积(或滴定百分数)为横坐标，溶液的想要观察以确定滴定终点的某种参数为纵坐标，绘制出的曲线。例如用强碱来滴定某未知酸的酸碱滴定时，随着滴定剂强碱的加入，溶液pH不断变化，到达滴定终点时溶液处于某一确定的pH，因此选取pH为滴定曲线的纵坐标(配位或沉淀滴定曲线的纵坐标为溶液的pM值(金属离子浓度的负对数)；氧化还原滴定曲线的纵坐标则为氧还电对的电极电位)。一个典型的酸碱滴定曲线如图4-2。滴定曲线具有以下特点：

(1) 从滴定开始到达化学计量点前，滴定剂的加入引起的参数变化比较平缓，变化速率与待测物的性质或反应的平衡常数有关。

(2) 化学计量点前后，溶液的参数(如pH)会发生突变，曲线变得陡直，即滴定突跃产生。滴定突跃反映了滴定反应完成的程度，为选取指示剂提供了依据。一般，指示剂的变色范围全部或部分落在滴定突跃范围内。

(3) 化学计量点后，曲线的变化趋势决定于滴定剂的性质或浓度，走势又呈平缓状态。

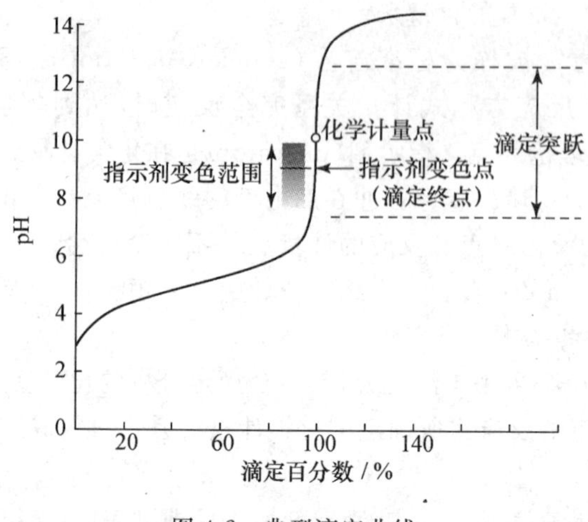

图 4-2 典型滴定曲线

2) 标准溶液的配制和标定

标准溶液在滴定分析中用做滴定剂,因此其浓度必须已知并且准确无误。标准溶液的配制可分为直接配制法和间接配制法。如果试剂在溶液中可稳定存在且纯度足够高,可用直接法配制;若试剂在溶液中不能稳定存在或纯度不够高,要改用间接法配制。

直接配制法:准确称取一定量的试剂,用适当溶剂溶解后,全部转移至容量瓶中,然后定容。可用于直接配制准确浓度溶液的物质称为一级标准物质(primary standard substance),又称为基准物质。

间接配制法:先配制成近似所需浓度的溶液,然后用一级标准物质配制的标准溶液滴定,从而获得其准确浓度。这个过程称为标定(standardization)。

3) 滴定操作

应当遵循标准操作程序进行,并且做好符合 GLP 要求的实验记录。在滴定操作中,正确判断滴定的终点是操作的关键步骤。

4) 滴定结果的分析计算

如前所述,假定滴定反应可表示为

$$aA + bR \longrightarrow cP$$

那么,到达化学计量点时,化学计量系数间的关系为

$$\frac{n_A}{a} = \frac{n_R}{b} = \frac{n_P}{c}$$

则待测组分 A 的量和浓度为

$$n_A = \frac{a}{b} n_R = \frac{a}{b} c_R V_R, \quad c_A = \frac{n_A}{V_A} = \frac{a c_R V_R}{b V_A}$$

其中,c_R,V_R,V_A分别是滴定剂的浓度、滴定剂消耗的体积和待测溶液的体积。为了使分析计算简化,我们一般选择滴定剂和待测物质等摩尔(即 $a:b=1:1$)的滴定反应。

4.3.2 仪器分析

仪器分析是使用精密仪器对化学反应进行观察,并对待测成分进行定性、定量、结构和形态分析的方式。仪器分析具有灵活、快速、准确的特点。下面对一些重要的仪器分析进行分类简单介绍。

1. 显微分析技术

显微分析技术可以观察物质的微观形貌、粒度及粒度分布情况、内部结构、表面及微区结构等重要信息。常用的方法包括:

(1) 光学显微镜。在 17 世纪,光学显微镜发明,通过它可观察到称为生命单元的细胞;为了更清晰地观察,后来倒置显微镜、相差显微镜和荧光显微镜等相继问世。光学显微镜的分辨力约为 0.2 μm,相当于将物体放大到 1000 倍左右。

(2) 电子显微镜。20 世纪 20 年代,人们发现电子也具有波的性质,利用电子束在外部磁场或电场的作用下可以发生弯曲形成类似于可见光通过玻璃时的折射这一物理效应,1932 年第一台电子显微镜问世。电子显微镜可以分为扫描电镜和透射电镜两种(图 4-3)。

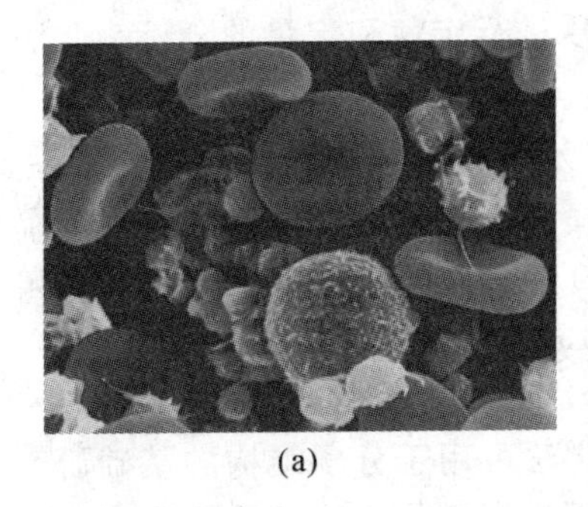
(a)

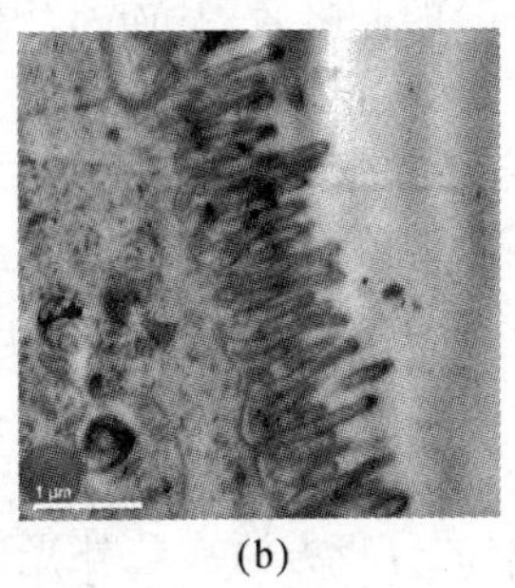

(b)

图 4-3 扫描电镜观察到的血细胞图像(a)和透射电镜观察到的结肠腺癌细胞的绒毛结构(b)

扫描电镜(scanning electron microscope, SEM):用来观察标本的表面结构。扫描电镜的分辨力为 6~10 nm。

透射电镜(transmission electron microscope, TEM):分辨力可达 0.2 nm。具有多种分析能力,既可以对样品进行一般形貌观察,也可以利用电子衍射等技术对样品的固态物相或化学组成进行分析,并可获得样品的某些晶体结构参数。

(3) 扫描隧道显微镜(scanning tunnelling microscope, STM)和原子力显微镜(atomic force microscope, AFM)。20 世纪 80 年代后产生的新技术,能够实时地观察单个原子在物质表面的排列状态和与表面电子行为有关的物化性质。

(4) 激光扫描共聚焦显微镜(laser scanning confocal microscope, LSCM)。它是在荧光显微镜成像的基础上加装激光扫描装置,利用计算机进行图像处理,从而得到细胞或组织内部微细结构的荧光图像。可对生物样品进行定性、定量、定时和定位研究,具有很大的优越性(图 4-4)。

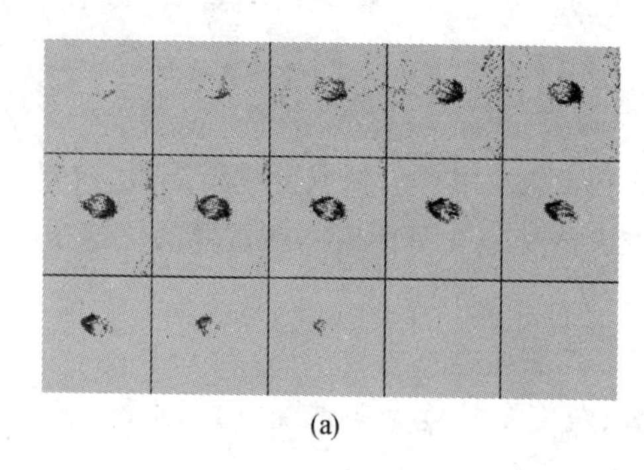

(a)

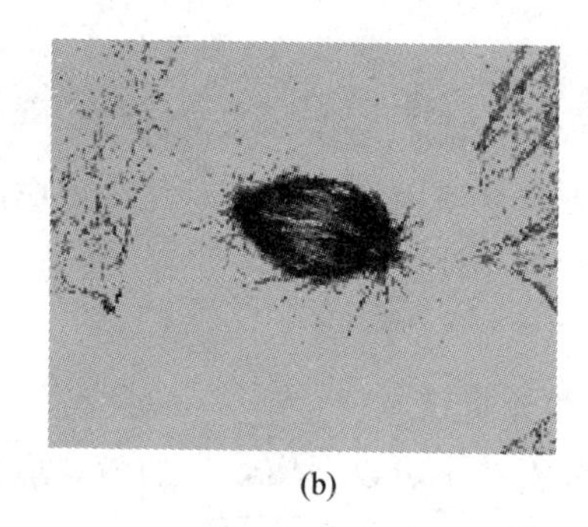

(b)

图 4-4 激光共聚焦显微镜观察细胞分裂中期的纺锤体

(a) 纺锤体不同位置的切面照片;(b) 不同切面照片的三维重建图像

2. 光谱分析技术

利用物质与辐射能相互作用引起的内部跃迁所产生的辐射能强度随波长的变化图谱进行定性、定量和结构分析的方法称为光谱分析法(spectroscopic analysis)。光谱分析法的应用非常广泛,在很多实验室中光谱分析特别是紫外-可见分光光度法已经是一种常规分析方法。

(1) 紫外-可见分光光度法(UV and Vis spectrophotometry, UV):是利用物质在紫外-可见光区(200～800 nm)的光吸收,从而对物质进行定性和定量的分析。此法灵敏度高,可测定 10^{-7}～10^{-4} g · mL^{-1}的样品;准确度一般为 0.5%。

紫外-可见分光光度法可以在水溶液中分析,并且不破坏样品的结构。因此,在生物分析中,紫外-可见分光光度法很常用。一些重要的生物分子如蛋白质和核酸都在紫外区有吸收;核酸分子的吸收波长在 260 nm,大多数蛋白质在 280 nm 附近有最大吸收峰。

对于紫外-可见分光光度法,我们将在 10.5 节详细向大家介绍。

(2) 红外光谱法(infrared spectroscopy, IR):是利用物质在红外光区(0.76～1000 μm)分子吸收光谱而建立的分析方法。红外光谱法可用于分子结构的基础研究,如测量分子的键长、键角,推断分子的立体构型等。广泛应用于有机化合物的结构鉴定,研究配体的结合和氢键间的相互作用,并在特定的环境中探测分子的构象。

(3) 荧光/发光分析法(fluorescence/luminesce spectrophotometry):是根据物质的受激辐射发出的紫外和可见光的性质,利用发光谱线位置及其强度进行物质定性和定量分析的分析方法。其中常用的是荧光(光激发导致的分子发光)分析法,其灵敏度高,选择性好,检测限可达 10^{-12} g,可监测超痕量的生物活性物质。

(4) 原子吸收分光光度法(atomic absorption spectrophotometry, AAS):是根据蒸气相中被测元素的基态原子对特征辐射的吸收来测定试样中该元素含量的方法。此法的优点是准确度和精密度高,选择性好且抗扰能力强。原子吸收分光光度法一般是测定生物样品中的金属元素含量的首选定量方法。

(5) 核磁共振波谱法(nuclear magnetic resonance spectroscopy, NMR):在外磁场作用下,某些原子核发生自旋能级分裂,产生对电磁辐射吸收,NMR 利用上述性质进行定性和定量分析。由于不是所有的原子核都具有上述性质,因此 NMR 仅能检测一些原子核,包括 ^{1}H,^{13}C,^{19}F,^{31}P 等。NMR 常用于分子的结构分析,例如测定蛋白质三维立体结构等。

(6) 电子自旋共振波谱分析法(electron spin resonance spectroscopy, ESR):在外磁场作用下,分子中的未成对电子发生能级分裂从而产生了对微波辐射的吸收。ESR 利用这一性质对分子中的单电子及其周围环境进行定性和定量的分析。在生物分析中,ESR 常用来分析检测生物体内的各种自由基分子。

3. 质谱分析法

质谱分析法(mass spectrometry, MS)是将被分析的分子载上电荷,成为分子离子,然后测定这些离子的质荷比(m/z),从而获得待测分子的分子量和结构信息。质谱分析法灵敏度很高,检测限可达 10^{-11} g。

在生物大分子的质谱中,根据获得的分子离子的 m/z 大小可计算大分子的分子量;此外,还可以采用稀有气体将这些分子离子撞击成分子的碎片,从碎片的分子量大小、碎片的类型和分子量分布,我们还可以推测这些生物大分子的结构信息,从而确认生物大分子的种类。因此,生物质谱在蛋白组研究中是一种必备的分析工具。

4. 电化学分析法

电化学分析法是分析方法中最强有力且应用最广泛的技术之一。电化学分析法包括电位分析法、极谱分析法、电导分析法和库仑分析法等多种方法。其中电位分析法采用离子选择性电极和酶电极等进行分析定量,在生物科学研究中应用最为广泛,特别是微电极更是在动物活体实验研究中常用的分析手段。我们将在 9.5.2 小节对离子选择电极进行更详细的介绍。

5. 色谱和毛细血管电泳分析法

色谱分析法(chromatography)是一种物理或化学分离方法,样品经过色谱柱分离成一个个单一组分后,可以选择上面任一种分析法(光谱分析法、质谱分析法和电化学分析法等)作为色谱分析的检测器(detector),对分离后的组分进行定性和定量的测定。根据在分离时流动介质的不同,色谱分析法可分为气相色谱、液相色谱和超临界流体色谱。色谱分析法的最大特点是其高超的分离能力,此外,还有高灵敏度、高选择性、高效能、分析速度快及应用范围广等优点。

在生物分析中,应用最为广泛的是高效液相色谱(high performance liquid chromatography, HPLC)。HPLC 应用之广泛,使之几乎成了分析方法的代名词。常见的 HPLC 采用紫外-可见分光光度计作为检测器。

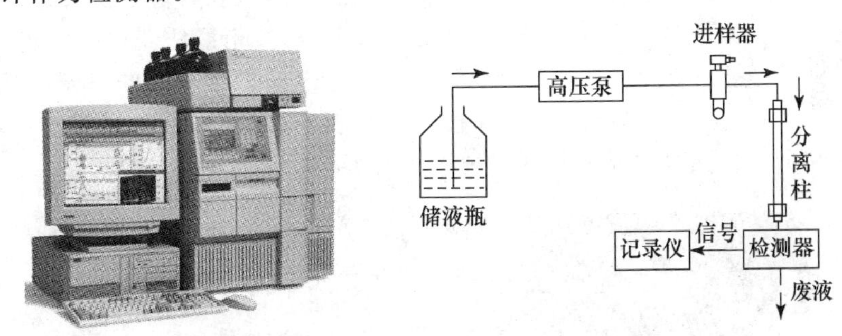

图 4-5 HPLC 外观及仪器基本结构示意图

HPLC 色谱柱分离生物样品的原理包括以下几种:

(1) 反相色谱。在色谱柱中固定了一层油膜,当水溶液样品通过色谱柱时,其中亲油的分子(非极性分子)可以吸附到固定相的油膜中,这样样品中的分子将按照极性的亲水分子在先、非极性的疏水分子在后的顺序流出色谱柱。反相色谱主要用来分离氨基酸、多肽和核苷等。

(2) 凝胶过滤色谱。在色谱柱中填充了一种凝胶颗粒,在这些颗粒内部具有细微的多孔网状结构,它可以把物质依分子大小不同,如同过筛一样进行分离。凝胶色谱的出柱顺序是分子量大的在前,分子量小的在后。凝胶层析可用于蛋白质、多肽、脂类、甾类、脂肪酸、维生素等的分离。

(3) 离子交换色谱。在色谱柱中填充了一些表面带有电荷的物质——离子交换剂。离子交换剂分为阳离子交换剂(表面带负电荷)和阴离子交换剂(表面带正电荷)。蛋白质和核酸分子在中性溶液中多数带有负电荷,因此可用阴离子交换剂进行分离。在阴离子交换柱中,蛋白质按照带有负电荷的多少分开流出色谱柱,带负电荷少的先出柱,带负电荷多的后出柱。

(4) 亲和色谱。亲和色谱法是利用蛋白质可以与某些小分子(称为配基)特异性地可逆、非共价结合这一特点而设计的。我们将配基固定在一种载体上,然后装入色谱柱。于是,可与配基结合的蛋白质分子被吸附保留于柱上,其他不与配基结合的生物大分子则很快通过色谱柱流出。

毛细管电泳分析法(capillary electrophoresis, CE)也是一种物理或化学分离方法(图 4-6)。HPLC 使用高压泵推动色谱柱中物质的流动,而 CE 则使用高压电场来驱动色谱柱中分子的流动,因此分析速度更快,可以在 3 min 内分离 30 种阴离子,4 min 内可分离 10 种蛋白质。但 CE 目前分析的稳定性还远不如 HPLC。

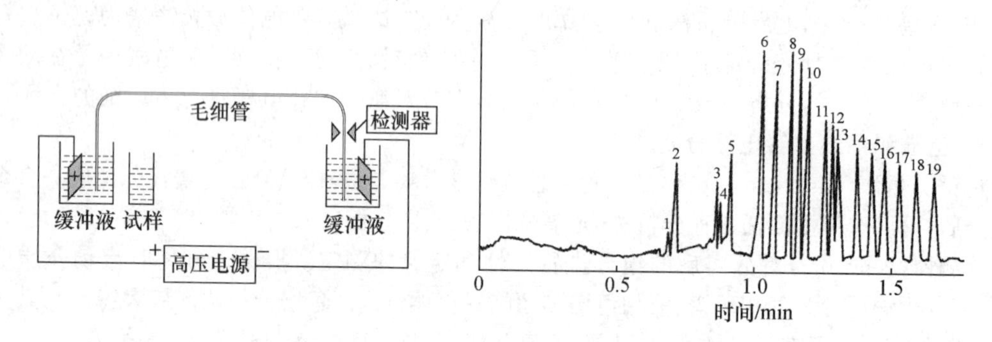

图 4-6 CE 基本结构示意图和典型色谱图

6. X 射线晶体衍射

单晶 X 射线衍射法(X-ray diffraction)是测定蛋白质、核酸和其他生物大分子三维结构的重要手段。目前一大半的蛋白质立体结构都是由单晶 X 射线衍射法获得的。实际上,从单晶 X 射线衍射得到的是蛋白质(或其他生物大分子)晶体内部三维空间的电子云密度分布(图 4-7)。根据电子云密度分布,可以通过计算机计算分析,确定蛋白质分子结构中各原子的位置、键长、键角和分子构象等情况。其基本过程如图 4-8 所示。

图 4-7 一些蛋白质的单晶(a)和血红蛋白的单晶衍射得到的电子云密度图(b)

对于粉末样品，可以进行多晶X射线衍射分析，获得粉末样品的物相、晶粒大小、某些晶面的距离等信息。

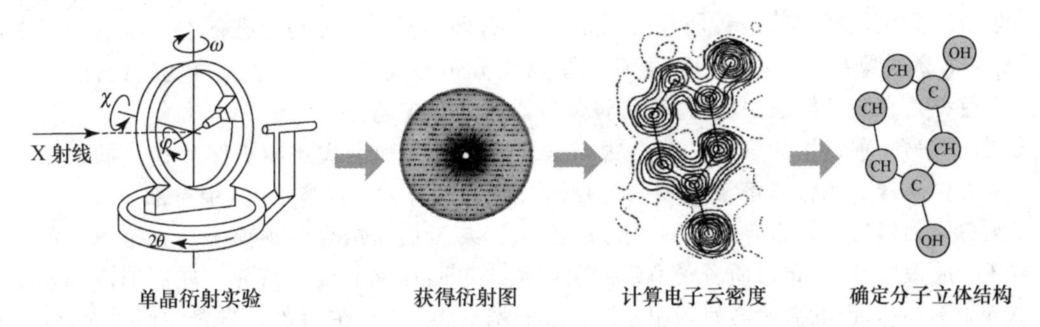

图4-8 单晶X射线衍射法得到分子三维结构的基本过程

7. 生物分析法

生物分析法(bioassays)主要包括酶法分析和免疫分析。

酶法分析是用酶将待测分子转变成一种容易被检测的分子，然后用光谱分析法等方法测定这些转化分子的量，从而推断待测分子的量。由于酶的催化作用是特异性的，因此用酶来进行分析也是高度特异的。例如，血糖和尿糖的最常用测定方法是双酶偶联反应法，此方法首先用葡萄糖氧化酶催化葡萄糖的氧化，氧化过程产生过氧化氢：

$$\text{葡萄糖} + O_2 \xrightarrow{\text{葡萄糖氧化酶}} \text{葡萄糖醛酸} + H_2O_2$$

然后，再用辣根过氧化物酶催化 H_2O_2 氧化一个分子(如KI)产生有色产物：

$$H_2O_2 + KI \xrightarrow{\text{辣根过氧化物酶}} 2KOH + I_2\text{(在试纸条上显棕色)}$$

免疫分析则是利用生物分子IgG抗体进行待测生物分子的检测。抗体具有和其抗原分子特异性结合的性质，因此免疫分析具有高度的特异性。抗体可以用共价键连接上一个荧光分子，或者放射性同位素，或者酶分子等，使抗体具有被检测的性质。根据标记方式的不同，免疫分析法分成放射免疫分析法、酶联免疫分析法、荧光免疫分析法等。其中酶联免疫分析法(ELISA)在医学检验中比较常用(图4-9)。

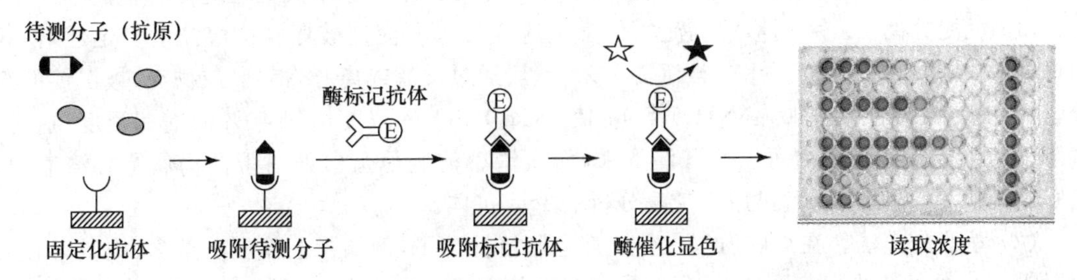

图4-9 双夹心ELISA分析过程示意图

4.3.3 生物样品的化学染色

生物样品的化学染色在生物医学研究和病理检验等应用中是一种常规的手段。化学染色使用有机或无机离子作染料，与生物大分子形成稳定的有色复合物。染色后通常需要用一些有机溶剂洗涤，除去多余的染料分子，这个过程称为脱色。

下面对一些常用的化学染色法进行简单介绍。

1. 蛋白质样品的染色

蛋白质染色最常用的染料是考马斯亮蓝,它有两种类型:考马斯亮蓝 G-250 与考马斯亮蓝 R-250。两种染料都可以和带正电荷的蛋白质分子形成蓝色的分子复合物。因此,考马斯亮蓝染色都是在酸性溶液中进行,或是将蛋白质样品事先进行酸处理。

蛋白质另一种常用的染色法称为银染法。银染过程和老式照相机照片显色的机制差不多。将蛋白质样品用银氨溶液[①]浸泡,蛋白质分子会结合大量银离子,其中有部分银离子被还原成银单质。然后加入含有还原剂甲醛的显影液,与蛋白质结合的银离子会在银单质的催化下被还原成银颗粒,使蛋白质分子显示成黑褐色。不同类型的蛋白质分子还原形成的银颗粒大小可能不一样,因此有时会显示出不同的颜色来,如一些糖蛋白染后呈黄、红、棕色,而某些脂蛋白染后呈蓝色。银染法较考马斯亮蓝染色法灵敏 100 倍。

2. 核酸样品的染色

核酸可用碱性颜料如二苯胺染成蓝色。不过在现代生物学研究中,更常用的核酸染色法是用各种荧光染料,如溴乙锭(ethidium bromide, EB)和碘丙锭(propidium iodide, PI)。这些荧光染料分子可以插入到 DNA 分子的碱基对中,与 DNA 分子形成能发射橙红色荧光的分子复合物,检测灵敏度很高。EB 和 PI 可以对分离的 DNA 分子染色,也可以对细胞中的 DNA 分子直接染色,细胞中的蛋白质分子等其他分子不会对染色有干扰。

3. 复杂样品的染色

对于细胞和组织等复杂生物样品,通常选用几种不同性质和颜色的染色剂进行染色。例如,苏木紫-伊红(haematoxylin and eosin, HE)染色法是病理技术中最常用的一种方法。HE 染色法使用了苏木紫和伊红两种染料,首先将组织切片样品用苏木紫染色,然后将样品酸化处理后用伊红染色。染色后,细胞核着蓝黑色,细胞浆着粉红色,软骨着蓝色等。这样在光学显微镜下,我们能够对细胞结构进行观察,判断组织细胞是否发生恶性病变。

4.3.4 化学分离技术

在化学方法中,化学分离是非常重要和经常使用的技术。这里我们也进行一些简单介绍。

(1) 沉淀分离法。利用形成沉淀的化学反应或加入沉淀剂破坏胶体溶液的稳定性,使我们想要的(或想除去的)样品组分被沉淀下来,然后通过过滤或离心,得到(或抛弃)被沉淀的组分。例如,向血清样品中加入$(NH_4)_2SO_4$,使$(NH_4)_2SO_4$的浓度达到 40%的饱和程度,这时,血清中的 IgG 免疫球蛋白可以被沉淀下来,而血清中的其他蛋白如白蛋白仍然留在溶液中。离心收集沉淀,便可以得到可用于免疫分析的 IgG 抗体。

(2) 萃取分离法。在细胞内很多分子都是脂溶性分子,例如肾上腺皮质激素、雄激素和雌激素等等。对于这些脂溶性分子,很容易用萃取的方式分离获得。例如,测定尿液中的皮质醇时,可以取尿液样品 10 mL 加入二氯甲烷溶剂 5 mL,在萃取瓶中激烈振荡。然后静止放置分层,取下层的有机溶剂相。尿液样品中的皮质醇便被萃取并浓缩到 5 mL 二氯甲烷中,将皮质醇的二氯甲烷溶液在氮气流中挥发除去溶剂,便可以进行下一步的分析测定了。

---

① 向硝酸银溶液中滴加氨水,先会见到大量氢氧化银沉淀,随着进一步加入氨水,沉淀会完全溶解,得到的溶液便是银氨溶液,其成分是银氨配离子 $Ag(NH_3)^+$。详见第 10 章。

(3) 色谱分离法。在前面介绍过,此处略去。

(4) 电泳分离法。在生物分析中的应用甚至比HPLC更为广泛。电泳分离法是根据带点颗粒在电场作用下向着与其电性相反的电极移动的现象而建立的。这些带电荷的分子由于不同的分子大小以及电荷的多少,在电泳过程中移动的速率不一样,因此可以有效分离如蛋白质、核酸等生物大分子。有关电泳分离的原理,将在6.4节进行相关介绍。

(5) 离心分离法。是利用胶体溶质的沉降系数的不同(详见6.4节),在离心力的作用下实现物质分离的方法。其类型包括多种,如:

沉淀和差速离心。溶液中的悬浮颗粒可以在一种离心速度的作用下完全沉淀下来,选取不同的离心速度,便可以逐次离心沉淀不同的物质。主要用于微生物(如细菌)、细胞和细胞器、病毒和染色体等的分离。

密度梯度离心。在离心时使用具有密度梯度的介质,不同密度的颗粒或生物大分子便停留在和其密度一样的介质层中,于是不同密度的分子便被分离开。密度梯度离心经常用于与细胞器、DNA和蛋白质的精细分离。

(6) 超滤分离法。超滤膜是一种半透膜,其膜上微孔的大小可因不同的制作条件而不同。例如,Millipore公司生产的Ultra-4超滤膜,其膜上微孔的大小允许分子量<5000的分子通过,而分子量>5000的分子则被截留在膜的一侧。超滤技术目前是生物大分子脱盐、浓缩、分级分离的常用方法。Ultra-4超滤膜被装入一个离心管中,可以借助离心力加速溶液的通过。

思考题

4-1 什么是系统误差和偶然误差?如何消除这两种误差?

4-2 使用天平称量某物体的质量时,下列情况哪些属于系统误差?哪些会导致偶然误差的产生?

(1) 称量前天平的零点没有校正; (2) 某次称量时天平门没有关;

(3) 天平的左右两臂不等长; (4) 称量过程中室温的波动。

4-3 某物体的真实质量是3.4978 g,使用万分之一分析天平对其平行称量了三次,得到的数据是:$m_1=3.4979$ g,$m_2=3.4980$ g,$m_3=3.4977$ g。计算此次称量试验的平均值、平均绝对误差、平均相对误差、标准偏差和相对标准偏差。

4-4 说明准确度与精密度的关系。

4-5 下列各数据分别有几位有效数字?

(1) $m=0.1538$ g; (2) $V=25.00$ mL; (3) pH=7.40; (4) $K_a=1.78\times10^{-5}$;

(5) $[H^+]=2.36\times10^{-8}$ mol·L^{-1}; (6) $\lg\gamma_{\pm}=0.896$; (7) $\varphi^{\ominus}(Cu^{2+}/Cu)=0.340$ V。

4-6 运用有效数字运算规则对下列各组数据进行计算:

(1) $3.4+5.451+6.76$; (2) $3.73\times8.15\times110.5\times2.8$;

(3) $(9.19\times10^3)/(298\times196.6)$; (4) $\lg(1.43\times10^{-6})$。

4-7 什么是滴定分析?滴定分析的适用范围和特点各是什么?

4-8 什么是一级标准物质?可作为一级标准物质的物质须符合哪些要求?

4-9 滴定分析过程中的下列操作会使测定结果偏大还是偏小?

(1) 吸取待测液的移液管未润洗; (2) 滴定管未润洗;

(3) 标准物质吸水; (4) 指示剂的变色点过早于化学计量点。

4-10 两人用滴定分析法测某物质的含量,结果(滴定剂体积)如下:

甲:25.10 mL,25.08 mL,25.12 mL; 乙:25.02 mL,25.06 mL,24.94 mL

消耗滴定剂的真实体积是 25.00 mL。评价两人试验结果的准确度和精密度。

4-11 请将本章中涉及的分析方法按定性分析、定量分析、准确度、灵敏度、适合分析试样的范围、是否用仪器等性质进行总结。

4-12 什么是 GLP 和 SOP?

4-13 应该如何进行实验记录?实验记录应该包括哪些内容?

4-14 生物安全有几个级别?从事艾滋病 HIV 病毒研究应该在什么级别的实验室进行?

4-15 有哪些主要的化学分离技术?其分离原理分别是什么?

5 第5章 化学反应的原理

生物体是一个复杂的化学体系，许多化学反应都在同时进行；一些分子是某些生物化学反应的产物，同时也是另一些化学反应的反应物。例如ATP分子，它是碳水化合物经过氧化磷酸化反应的产物，同时它又是细胞中最重要的能量提供分子，参与包括DNA复制、蛋白质合成等生命的基本化学反应。这些复杂的相互联系的化学反应背后有没有一些根本性的规律呢？

在一个复杂的体系中，分子优先参与反应速度较快的化学反应，所谓"捷足者先登"，这是基本的规律之一。另一方面，分子运动在本质上都是能量的一种承载方式，任何化学反应也都是能量转化的一种形式。因此，化学反应必然服从能量转化和流动的基本规律，这些基本规律早在一百多年前就被物理学的热力学理论所阐述。阐述化学反应基本规律的理论包括化学热力学（阐述化学反应中能量变化和化学物种变化的限度和相互关系）和化学动力学（阐述化学反应速率规律及其影响因素）。下面我们分别对它们的要点进行说明。

5.1 化学热力学基本原理

5.1.1 系统和系统的状态变化

1. 系统和环境

物理学的一个重要的方法论是在一次研究中仅对单个物体或体系进行观察。对于一个物体或体系所发生的任何过程或变化，其背后决定性的推动力都是能量。因此，研究一个过程的能量转换和变化规律，可以了解和预测物体变化或运动的方向和发生的趋势。这便是物理学中热力学的研究内容。将热力学的普遍理论应用到化学反应中，便是化学热力学。

作为热力学研究对象的单个物体或体系称为"系统"(system)，系统包括了一定量的物质和一定范围的空间。而在系统边界之外的物理存在就是"环境"(surroundings)。例如，研究有盖的试管中盐酸和锌粒的反应时，试管里的溶液和空气就是所研究的系统，试管壁是系统的边界，而试管外的一切就是环境。

系统和环境间可以进行物质或能量的交换，因此可将系统分类为：① 开放系统(open system)，系统和环境间同时进行物质和能量的交换。在上面盐酸和锌粒反应的例子中，如果盖子是打开的,盐酸和锌反应放出的氢气可以进入大气,而反应放的热量也可通过试管壁释放到环境中,这便是一个开放系统。② 封闭系统(closed system),系统和环境间只进行能量的交换,而没有物质交换。如在上例中,我们盖上盖子,反应产生的氢气即被密封于试管中,但热量仍可以通过试管壁散发。③ 孤立系统(isolated system),系统和环境没有任何物质和能量的交换。仍如上例,如果将试管换成绝热的保温瓶,则其中的盐酸和锌粒差不多是一个孤立体系了。

2. 状态和状态函数

系统的能量和物质的含量,需要一定的物理量(physical measures)来描述。物质量可以用质量或分子的数量(即摩尔数 n)来描述,而能量状态则有很多物理参数,如动能和势能等。对理想气体来说,其状态参数包括了温度 T、体积 V 和压力 p 等。当这些参数确定后,气体的状态就被确定。这些参数间存在一种数学关系——理想气体方程式:

$$pV=nRT$$

在参数 p,V,n,T 其中的 3 个被确定后,第四个即确定。像上述这些参数称为系统的状态参数(state properties)。

状态参数可以分成两种类型。一类状态参数的值和物质的量 n 成正比关系,如理想气体的 V。相同压力的体积分别为 V_1 和 V_2 的两份气体,等压混合后,其体积必然是两份气体体积之和(V_1+V_2)。这类状态参数称为广度参数(extensive properties),具有加和性。另一类状态参数和系统的物质的量无关,称为强度参数(intensive properties),如理想气体的温度 T。一杯 20℃的水和一杯 30℃的水等体积混合,不会是形成 50℃的水,而会是两者的平均值 25℃。

我们通常把如 p,V,T 等状态参数作为独立变量,而把其他参数表示成这些变量的函数,称为状态函数。系统的状态确定之后,它的每一个状态函数都有一个确定的数值;而系统的状态一旦发生变化,则系统的状态函数也将发生相应的改变。归纳起来,状态函数具有下列特点:

(1) 状态函数是状态的单值函数。一个平衡态只由一组确定的状态参数表述。

(2) 状态函数的改变量仅取决于系统的始态(initial state)和终态(final state)两者状态函数的差值,而和系统变化发生的具体过程或途径没有关系。例如,一个质量为 m 的苹果从树上掉到地面上,无论它是做自由落体运动,还是在树枝上被来回弹了几下再落到地面,或是沿着树干滑落到地面,其重力势能变化的大小只与苹果在树枝的高度 h 有关,即无论经过哪条途径落地,苹果势能的改变大小都是 $\Delta E=mgh$。

由此可知,任何循环过程的状态函数变化均为零。

(3) 状态函数之间的组合(和、差、积、商)也是状态函数。

3. 系统状态的变化过程

系统从始态到终态的变化,总要沿某一种途径进行。系统状态沿着某种途径随时间发生的变化,称为过程。化学反应也是一种系统状态变化的过程。如同物体的惯性一样,一个处于平衡状态的系统,如果没有外力——即来自环境的作用,则不会发生状态的改变。因此,系统状态变化的过程通常可以用环境对系统作用的某个特征来进行表示。有下列 4 种常见的基本过程:

(1) 等温过程(isothermal process):过程中环境温度保持恒定,而且系统通过和环境的热交换同样保持温度恒定,即有 $T_{始态}=T_{终态}=T_{环境}$。

(2) 等压过程(isobar process)：过程中系统压力保持恒定。

(3) 等容过程(isovolumic process)：过程中环境与系统的边界不变，系统体积保持恒定。因此，等容过程中系统所做的体积功为零。

(4) 绝热过程(adiabatic process)：过程中环境和系统没有任何热交换。

不管系统变化的途径多么复杂，我们都可以将这一复杂过程简化为若干个上述基本过程的组合。例如，不论苹果如何落下，总可以将下落过程分解成若干个水平运动和垂直运动的和。这样，问题的处理得以简单化。

生命体系通常存在于大气压下，并维持于某一特殊温度——体温条件，因此，等温等压过程是我们最为关心的过程。

5.1.2 系统内能的变化：功和热

1. 热力学第一定律

物理能量总体可以分成动能和势能两种。动能(kinetic energy)是物体由于运动而具有的一种能量。物体系统整体运动时，它的动能与物体的质量和速度的平方成正比($E=mv^2/2$)，这种动能是一种有序的能量。而温度 T 则是系统内部各质点无序的热运动的平均分子动能的一种量度。

与动能相区别的是势能(potential energy)。势能是物体由于在某种力场中所处的位置、状态或物体内部结构组成的不同排列而具备的一种能量。势能有很多的形式，如重力势能、弹性势能、电势能等；化学能也是一种势能，它通过化学反应的方式释放出来。

系统的内能(internal energy，符号为 U)是系统的各种动能和势能的总和。内能是一种广度性质的状态函数。系统和环境可以进行能量的传递，因此可以造成系统内能的变化。根据能量守恒和转化定律，对于任何封闭系统，其内能的增加必然等于系统从环境吸收的热加上环境对系统所做的功，这便是热力学第一定律。热力学第一定律实际上是能量守恒定律的热力学描述，其数学表述为

$$\Delta U=W+Q \tag{5-1}$$

其中 W 和 Q 分别代表功和热。物理化学规定，能量的数值以系统为主体，环境向系统做功，W 为正值，系统向环境做功，W 为负值；系统在过程中吸热，Q 为正值，系统放热，Q 为负值。

功(work)和热(heat)是在系统状态变化过程中系统和环境之间两种不同的能量传递(transference of energy)形式。功是以某种力推动系统质点移动一定距离来表述，功可以导致系统质点的定向运动或结构的有序变化。而热则是因物体温差而引起的能量传递，物体吸收热量将引起温度升高以及溶解、蒸发、膨胀等与温度变化相关的过程。热传递和系统质点的混乱运动相联系。

作为能量传递的形式，功和热是两种不等价的能量形式。等量的功可以完全转化为等量的热，但等量的热却不能转化成等量的功。

功和热都只在系统的变化中体现出来，因此它们不是状态函数，其大小都和过程的途径有关。例如，苹果挂在树上，速度和动能均为零，有 $E=mgh$ 的重力势能，但不能说此时具有多少热和功。当苹果从树上掉到地面上，如果没有空气等任何阻力，那么其势能将全部转化成动能，苹果的内能没有损失；而如果有了空气阻力，苹果下落时会克服空气阻力做功，这时便与环境(空气)有了能量的交换，因此下落的速度将会减小，苹果的内能也因此减小。两种下落过程，途径不

同时,对环境做的功不同,内能的变化也不同。功和热与特定的途径总是联系在一起。

由热力学第一定律的数学表达式可以推出,在系统不做任何非体积功的情况下,系统的等容过程的热效应(Q_V)等于系统的内能变化,即

$$Q_V=\Delta U-W=\Delta U-0=\Delta U$$

对于一个化学反应来说,等容反应热就是化学反应内能的释放。

2. 不同途径的体积功

做功的基本形式是力推动物体移动一定距离:$W=F\cdot\Delta s$。不同力的形式可衍生出不同的功的形式,如电功,其做功的表达式为:$W=U\cdot q$,式中 U 为电压。总体上,功都可以表述成一种强度函数和广度函数的乘积。

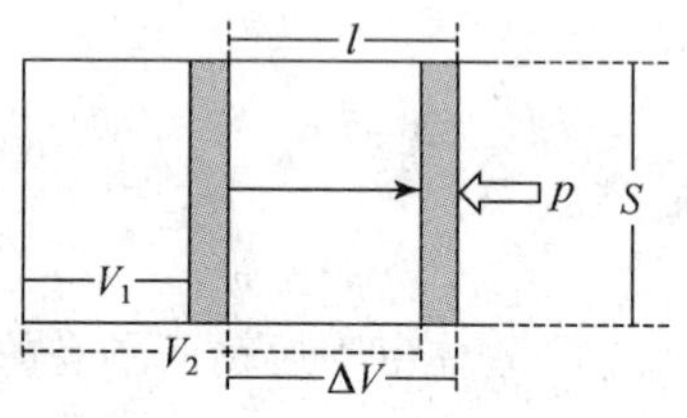

图 5-1 体积功示意图

体积功是气体膨胀时对抗外压所做的功。假定一定理想气体被封闭于一活塞中(图5-1),活塞面积为 S。气体膨胀时,活塞质量和移动过程的摩擦力可以忽略,则可以推导出气体克服外压 p 做功为

$$W=F\cdot l=p\cdot S\cdot l=-p\Delta V$$

理想气体从某一始态(p_1,V_1,T)到终态(p_2,V_2,T)的等温膨胀可以经历多种过程。不同途径完成的体积功的大小是不一样的。我们来分析图 5-1 中不同途径的体积功:

(1) 一次性膨胀。系统过程为

$$(p_1,V_1,T)\rightarrow(p_2,V_2,T)$$

显然膨胀过程将对抗外压 $p_{外}=p_2$ 做功,因此系统做功为

$$W=-p_{外}\Delta V=-p_2(V_2-V_1)$$

(2) 两次膨胀。系统过程为

$$(p_1,V_1,T)\rightarrow(p',V',T)\rightarrow(p_2,V_2,T)$$

因此系统做功为两步之和:

$$\begin{aligned}W&=W_1+W_2\\&=-p_{外1}\Delta V_1-p_{外2}\Delta V_2\\&=-p'(V'-V_1)-p_2(V_2-V')\\&=-p_2(V_2-V_1)-(p'-p_2)(V'-V_1)\end{aligned}$$

显然两次膨胀系统做的功大于一次膨胀的功。

(3) 准静态膨胀。气体的膨胀分成无穷多的无穷小步骤进行,系统过程为

$$(p_1,V_1,T)\rightarrow(p_1-\delta p,V_1+\delta V,T)\rightarrow\cdots\rightarrow(p_n-\delta p,V_n+\delta V,T)\rightarrow\cdots\rightarrow(p_2,V_2,T)$$

膨胀过程足够慢,因此途径中的各点都满足 $pV=$恒量,途径如图 5-2 所示。系统做功为每步做功之积分:

$$W=\sum-(p_n-\delta p)\delta V=-\int_{V_1}^{V_2}(p-\mathrm{d}p)\mathrm{d}V\xrightarrow{p-\mathrm{d}p=p}-\int_{V_1}^{V_2}p\mathrm{d}V=-\int_{V_1}^{V_2}\frac{nRT}{V}\mathrm{d}V$$

$$=-nRT\ln\frac{V_2}{V_1}\xrightarrow{p_1V_1=p_2V_2}nRT\ln\frac{p_2}{p_1}$$

上述 3 种不同途径下,系统所做体积功的大小可以表示为图 5-2 中阴影部分的面积。可以看到准静态膨胀过程的体积功是最大的。

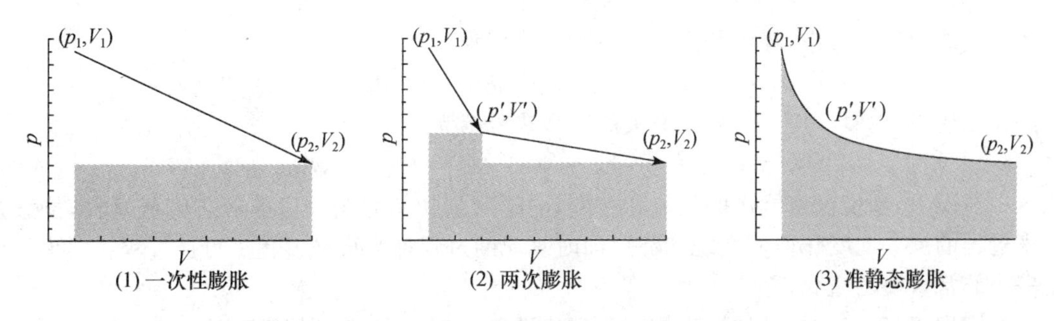

图 5-2　理想气体等温膨胀不同途径及其体积功图示

图中阴影部分显示系统分别经过途径(1)～(3)所做的功。可见途径(3)准静态膨胀过程做功最大

5.1.3　焓变和等压过程的热效应(Q_p)

状态函数焓(enthalpy，H)的定义是：$H=U+pV$。系统的焓本身没有物理意义，也无法求绝对值。对于等压的过程来说，如果系统仅做体积功，则系统的焓变(ΔH)为

$$\Delta H=\Delta U+\Delta(pV)=\Delta U+p\Delta V=\Delta U-W=Q_p$$

因此可知，系统的焓变 ΔH 的物理意义就是表示等压过程的热效应。对于一个化学反应来说，等压反应热就是化学反应系统焓的释放——ΔH。

5.1.4　不可逆过程和熵变

1. 自发过程和过程的可逆性

如果沿着一个过程途径的逆方向从终态回到始态，那么这样就构成了一个往复循环的过程。按照状态函数的性质，回到始态后系统的内能等一切状态函数的变化为零。虽然这种往复过程中系统没有变化，但环境则可能发生变化。

我们依然用理想气体从某一始态(p_1,V_1,T)到终态(p_2,V_2,T)的等温膨胀过程为例说明。首先，看一次性膨胀和压缩过程。在从(p_1,V_1,T)到(p_2,V_2,T)的膨胀过程中，系统对抗 p_2 做功，环境接受功为

$$W_{环境}=-W_{系统}=p_{外}\Delta V=p_2(V_2-V_1)$$

由于等温，系统内能不变，因此在膨胀过程中系统吸收热量，环境的热量变化为

$$Q_{环境}=-Q_{系统}=-(\Delta U-W_{系统})=W_{系统}=-p_2(V_2-V_1)$$

而在反向的压缩过程中，环境外压 p_1 做功为

$$W'_{环境}=p_{外}\Delta V=p_1(V_1-V_2)=-p_1(V_2-V_1)$$

同样地，环境的热量变化为

$$Q'_{环境}=p_1(V_2-V_1)$$

于是我们看到，在上述往复过程中，环境损失的功和热分别为

$$\Delta W=W_{环境}+W'_{环境}=-(p_1-p_2)(V_2-V_1)$$

$$\Delta Q=Q_{环境}+Q'_{环境}=(p_1-p_2)(V_2-V_1)$$

可看到环境损失了一部分的功，而转变成了热。

我们再来看准静态膨胀的情形。从(p_1,V_1,T)到(p_2,V_2,T)的膨胀过程，如上所述，环境和系统的热和功分别为

$$W_{环境}=-W_{系统}=-nRT\ln(V_2/V_1),\quad Q_{环境}=-Q_{系统}=W_{系统}=nRT\ln(V_2/V_1)$$

而在反向的压缩过程中,环境和系统的热和功分别为

$$W_{环境}=-W_{系统}=nRT\ln(V_2/V_1),\quad Q_{环境}=-Q_{系统}=-nRT\ln(V_2/V_1)$$

于是在上述往复循环过程中,环境损失的功和热分别为

$$\Delta W=W_{环境}+W'_{环境}=0,\quad \Delta Q=Q_{环境}+Q'_{环境}=0$$

在这种情况下,环境没有能量的损失和转变,同样回到初始状态。像准静态膨胀这样,能通过原来过程的反方向变化而使系统和环境同时复原的过程称为可逆过程。可逆过程在热力学中是一个非常重要的概念。

如同理想气体一样,可逆过程是一种理想过程,在现实中并不能真正地存在。在实际过程中,可以在一定限度下逼近可逆过程,即将一个过程的状态变化尽可能地分成多步骤进行,每次之间状态变化尽量小。例如,液体在近沸点温度环境中的挥发和凝结,原电池在接近电池电压条件下的充电和放电等等。如我们上面看到的,准静态膨胀中,系统做最大的体积功。可以证明,任何物理化学过程中,系统在可逆过程做最大的功。

对于不可逆过程来说,有两种发生的可能:一是不需要任何外力(即 $W\leqslant0$,不做功)就能发生,如上述等温膨胀过程,称为自发过程(spontaneous process);二是需要环境向系统做功($W>0$)时才能发生,如上述等温膨胀的逆过程——等温压缩过程,称之为非自发过程(non-spontaneous process)。

自发过程具有以下特征:

(1) 自发过程中,系统具有向环境做非体积功的趋势。实际上,自发过程是可以用来获得有用能量的过程,如水从高处向低处流是自发过程,它可以推动水轮机做机械功或带动发电机发电。

(2) 自发过程的逆过程则是非自发过程。欲使非自发过程进行,需要环境对系统做功才能进行。如欲水从低处流向高处,需要消耗电功或其他机械功将水运上。

(3) 自发性有一定限度。当自发过程的做功能力消失时,自发过程就停止进行,系统处于平衡态。如高处的水在向下流动的过程中,水位逐渐降低到和低处水位一致时,水的流动即停止,同时也失去了推动水轮机做功的能力。

(4) 自发过程可以是内能降低的过程,如物体克服空气阻力下落;也可以是内能不变的过程,如理想气体的等温膨胀;还可以是内能增加的过程,如冰在室温条件下受热熔化。同样地,我们也可以发现,自发过程可为绝热、吸热或放热过程的一种。因此,系统内能或焓的变化趋势并不能决定系统状态改变过程的自发性,真正的决定因素是下面要讲的状态函数——熵的变化。

2. 卡诺(Carnot)热机和熵

卡诺在研究如何提高热机效率时,设计出一种理想热机。热机通过可逆循环过程,从一个热源吸热而做功。卡诺热机循环过程是由两个等温可逆过程和两个绝热可逆过程组成(图5-3)。

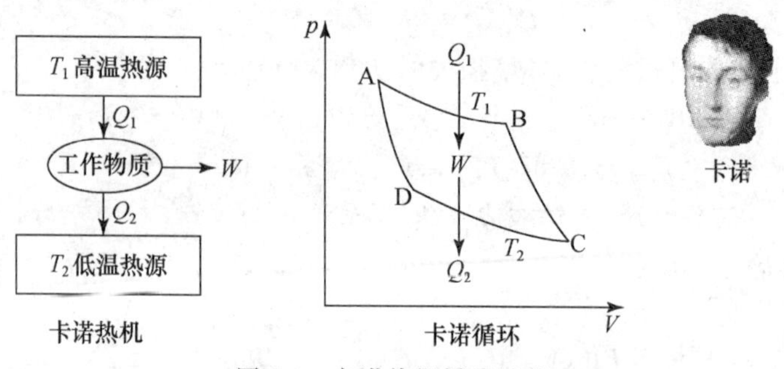

图 5-3 卡诺热机循环过程

通过推算，可知卡诺热机的效率 η 为

$$\eta = \frac{-W}{Q_1} = 1 - \frac{|Q_2|}{|Q_1|} = 1 - \frac{T_2}{T_1}$$

式中，$Q_1(Q_1 > 0)$是系统在等温过程 A→B 中从 T_1 高温热源吸收的热量；$Q_2(Q_2 < 0)$是系统向 T_2 低温热源放出的热量，是系统吸收热量后没有转化成为功的能量。从热机效率公式可以看到，热机靠吸热做功需要一个低温热源和一个高温热源，而不可能从单一热源吸热做功。同时，热机从高温热源吸收的热不可能完全转化成等量的功，其转化过程总会有 Q_2 的能量损失。

从卡诺热机的效率于是得到

$$\frac{Q_1}{T_1} + \frac{Q_2}{T_2} = 0$$

如果考虑整个卡诺循环过程，则有

$$\sum \frac{Q}{T} = 0 \quad 或 \quad \oint \frac{\delta Q}{T} = 0$$

如果在形式上把 $1/T$ 看成是力，Q 看成是位移，那么上式与物理学上保守力沿闭合路径做功为零的结论一致。于是，我们可以定义一个相当于保守力势函数的熵函数 S：

$$\mathrm{d}S = \frac{\delta Q_r}{T}$$

这即是克劳修斯(Clausius)定理。由此，克劳修斯首次引入熵(entropy)的概念。系统的熵是热力学状态函数，它的变化 ΔS 等于热温商($\delta Q/T$)沿任一可逆过程到达终点状态的积分：

$$\Delta S = S_2 - S_1 = \int_1^2 \frac{\mathrm{d}Q}{T}$$

3. 熵和能量退化

在前面我们说明了可逆过程系统获得或做出的功最大。这是由于在可逆过程中，能量全部用来做功；而在不可逆过程中，能量会从一种可全部利用来做功的形式，转变为完全不能做功的形式，这种转变是与熵变成正比的。从卡诺热机效率，可以知道热机不能做功的损失能量

$$Q_2 = T_2(Q_1/T_1) = T_2\Delta S$$

我们再来分析一个有限温度梯度下的不可逆热传导。设一卡诺热机从高温热源 1(温度 T_1)吸收热量 Q 做功，若低温热源温度为 T_0，则热机做的最大功为

$$W_1 = Q\left(1 - \frac{T_0}{T_1}\right)$$

如果热量 Q 自热源 1 传给温度稍低的热源 2，然后再利用 T_0 低温热源做功，则热机做的最大功为

$$W_2 = Q\left(1 - \frac{T_0}{T_2}\right)$$

显然，经过不可逆热传导过程后，同样的热量做功不再一样，两者的能量差别为

$$W_1 - W_2 = T_0\left(\frac{Q}{T_2} - \frac{Q}{T_1}\right) = T_0\Delta S$$

两个过程中，有数量为 $T_0\Delta S$ 的能量经过一次不可逆过程而损失掉了。由此可见，能量从可以做功到不能做功的不可逆转化与熵有关。自然界的不可逆过程连续不断地进行，能量也在不断地变成不能做功的能量，开尔文称此现象为“能量退化原理”。

4. 熵增加原理——热力学第二定律

从上面熵的性质可以看到，熵和一切不可逆过程有关。我们仍然以理想气体的等温膨胀

为例,假定系统进行一次性膨胀,这是一个自发过程,系统对外做功为 W,而吸热为 $Q=-W$。由于可逆膨胀过程做最大的功和吸收最大的热量,即 $Q_{可逆}\geqslant Q$,于是有

$$\Delta S = Q_{可逆}/T \geqslant Q/T$$

将上式推广到普通体系,即是著名的克劳修斯不等式:

$$\Delta S \geqslant \sum \frac{Q}{T} \quad 或 \quad \Delta S - \sum \frac{Q}{T} \geqslant 0$$

在克劳修斯不等式的基础上,可以得到任何与宏观热现象有关的自发过程的熵变不等式:

$$\Delta S_{总} = \Delta S_{系统} + \Delta S_{环境} \geqslant 0$$

即任何自发过程的总熵总是增加的;或者说,在孤立体系(即将环境和系统加在一起)中,任何自发过程都是熵增加的。这即是著名的熵增加原理(principle of entropy increase),或称热力学第二定律。

应用熵增加原理可以判断一个过程的自发性质。如果:

(1) $\Delta S_{总}>0$,过程自发进行;

(2) $\Delta S_{总}=0$,系统处于平衡状态,没有任何过程自发;

(3) $\Delta S_{总}<0$,过程不能自发,而其逆过程为自发的。

5. 熵的统计物理意义

我们已知,$T\Delta S$ 代表了一个不可逆过程中的能量损失。但熵的绝对意义是什么呢?统计物理学认为,熵反映了系统的微观混乱度(disorder)。

统计物理一个假设称为等概率假设,即任一微观状态出现的概率均相等。例如将两个小球分配在两个格子里共有 4 种方式,每种方式出现的概率皆为 1/4。如果某个系统有 N 个微观态,每个微观态出现的概率均为 $1/N$。某宏观态出现的概率 P 等于这一状态所包含的微观态数目 Ω 与该微观态出现的概率之乘积,可见 $P=\Omega/N$。习惯上称与宏观态对应的微观态数目 Ω 为热力学概率。按照统计物理的观点,热力学的平衡态就是 Ω 最大的状态。

统计物理认为,系统总是自发地趋于热力学概率最大的状态,这个趋势和熵增加是相互对应的。玻尔兹曼(Boltzmann)给出了熵的统计物理学公式:

$$S = k\ln\Omega$$

其中 $k=1.38\times10^{-23}\ \mathrm{J\cdot K^{-1}}$,是玻耳兹曼常数。这个公式给出了熵的统计意义:熵是反映一个系统宏观态所具有的微观态数目或热力学概率的量。热力学概率越大,表示系统的状态越混乱无序;或者说系统可选择的微观态方式越多、自由度越大。即熵是系统无序程度的量度。熵增加原理反映了自发过程总是无序化的倾向。

6. 热力学第三定律和规定熵

从熵的统计物理学意义可以知道,对于一种物质来说,从气态到液态到固态,其分子排列的方式逐渐确定,混乱度逐渐减少,因此其熵值逐渐降低。根据一系列的实验研究,可以认为:在绝对零度时,任何纯物质的完美晶体的熵值为零。这就是热力学第三定律。

在熵零点的基础上,在等压条件下,将 1 mol 纯物质从绝对零度升高到温度 T 时的熵变,作为该物质在此条件下的规定熵。而在标准压力($p=100$ kPa)和温度 T(通常为 298.15 K)条件下,纯物质的摩尔规定熵称为该物质在 T 条件下的标准熵,表示为 $S_m^{\ominus}(T)$。许多纯物质的 $S_m^{\ominus}(298.15)$ 数据已经制成表格以备查询,参见附录二。

从常见物质的标准熵数据,我们可以看到标准熵的一些规律:

(1) 同一物质,气态时的熵>液态时的熵>固态时的熵。因为微粒运动的自由度是气态>液态>固态。

(2) 相同状态的同一物质,其熵随温度升高而增大。因为温度越高,则微粒的无规则运动越大。

(3) 相同状态并且结构类似的物质,摩尔质量越大,则其熵越大,如熵值 $F_2 < Cl_2 < Br_2 < I_2$, $O_2 < O_3$, $CH_4 < C_2H_6 < C_3H_8 < C_4H_{10}$。因为随着原子数、电子数等的增加,其微观状态数目也增加。

(4) 相同状态和分子量相同的物质,其熵随结构的复杂性增加。如乙醇和甲醚为同分异构体,但乙醇分子具有复杂性更大的羟基(—OH),因此乙醇的熵>甲醚的熵。

5.1.5 吉布斯(Gibbs)自由能和过程的自发方向及限度

我们来考虑一个等温等压的过程,如果此过程是自发的,则符合克劳修斯不等式:

$$\Delta S - \sum \frac{Q}{T} \geqslant 0$$

在等温等压条件下,于是

$$\Delta S - \frac{\sum Q_p}{T} \geqslant 0$$

$$T\Delta S - \Delta H \geqslant 0 \quad 或 \quad \Delta H - T\Delta S \leqslant 0$$

这样我们可以引入一个新的状态函数吉布斯自由能(Gibbs free energy):

$$G = H - TS$$

那么,一个等温等压过程的吉布斯自由能变化

$$\Delta G = \Delta H - T\Delta S = \Delta U - (-p\Delta V) - T\Delta S \tag{5-2}$$

可以看到,ΔG 的物理意义就是等温等压过程中系统能做的最大非体积功(或称有用功)。

从上面可以看到,吉布斯自由能实际上是熵增加原理的一个数学变形。因此 ΔG 直接反映了一个过程的自发方向及限度,即:在等温等压下,如果一个封闭系统的过程能够对外做非体积功,则这个过程是自发进行的;反之,对于一个非自发过程,需要环境对系统做相应的非体积功才可以让它发生。而当一个系统处于热力学平衡态时,则其失去了任何做功的能力。这就是吉布斯自由能减少原理。可以具体表述为:

(1) $\Delta G<0$,过程自发进行,系统可向外做最大为 $W_{max}=-\Delta G$ 的非体积功;

(2) $\Delta G=0$,系统处于平衡态,没有做功能力;

(3) $\Delta G>0$,过程正方向不能自发进行,而反方向则自发进行;欲使正方向过程发生,则需要向系统做最小为 $W_{min}=-\Delta G$ 的非体积功。

由于 ΔG 的组成包括了 ΔH 和 ΔS 两个部分,并且和温度有关,可以对 ΔG 的情形进行下列更为详尽的分析:

(1) 在绝对零度($T=0$ K)时,则有 $\Delta G=\Delta H$,可以看到 ΔG 的符号取决于 ΔH。于是在 $T=0$ 时,所有放热过程都是自发的,而吸热过程都是非自发的。

(2) 对于一个放热和熵增加的过程(即 $\Delta H<0$, $\Delta S>0$)来说,不论任何温度都有 $\Delta G<0$,即此过程都可以自发进行。

(3) 对于一个吸热和熵减小的过程(即 $\Delta H>0$, $\Delta S<0$)来说,不论任何温度都有 $\Delta G>0$,

即此过程都不可以自发进行。

(4) 对于一个放热和熵减小的过程(即 $\Delta H<0$,$\Delta S<0$)来说,存在一个转变温度(T_c):

$$T_c=\Delta H/\Delta S$$

当 $T<T_c$时,$\Delta G<0$,过程正方向自发进行;$T=T_c$时,$\Delta G=0$,系统处于平衡态;$T>T_c$时,$\Delta G>0$,过程逆方向自发进行。

(5) 对于一个吸热和熵增加的过程(即 $\Delta H>0$,$\Delta S>0$)来说,也存在一个转变温度(T_c):

$$T_c=\Delta H/\Delta S$$

当 $T<T_c$时,$\Delta G>0$,过程逆方向自发进行;$T=T_c$时,$\Delta G=0$,系统处于平衡态;$T>T_c$时,$\Delta G<0$,过程正方向自发进行。

5.2 化学热力学:化学反应的焓变、熵变和吉布斯自由能变化

当讨论一个化学反应时,我们所关心的是这个化学反应:

A. 能否自发进行?比如我们人体摄入的葡萄糖能否被空气中的氧气自发氧化从而释放生命过程所需要的能量?

B. 能够释放多大的能量?包括热能和非体积功的能量。比如每克摄入的葡萄糖能够释放多大的热量以维持人体体温,或者能生产出多少 ATP 供给其他生命过程的需要?

C. 达到什么条件才会结束?反应结束时,参加反应的物种(包括反应物和产物)的浓度各是多少?比如人体摄入的葡萄糖能否被完全氧化,在氧化反应不能继续自发进行时,多少葡萄糖没有被氧化?氧化反应产生多少二氧化碳和水?

D. 需要多长时间才能完成?在这个过程中参加反应的物种(包括反应物和产物)的浓度是如何变化的?比如葡萄糖在常温常压下自发氧化的速度是多少?在反应的不同时刻释放多少二氧化碳?

E. 能否改变(加快或减慢)其反应速度?常温常压下葡萄糖在空气中放置是比较稳定的,氧化反应的进行速度几乎察觉不到,这正是葡萄糖作为生命能量储备物质的优点。但生命过程需要快速的葡萄糖氧化以及时提供足够的能量供应。因此,生命过程需要这个氧化反应在特定条件加速进行。那么如何加速这个反应速度呢?生命过程有时也需要相反的情况,如组成身体的蛋白质,我们希望其因被氧化失去功能(氧化损伤)的速度越慢越好。那么能否有办法减慢有机体分子氧化损伤的速度吗?

通过上面的热力学过程的学习,我们了解任何一个化学反应都是一个热力学过程,必将符合热力学的基本规律。因此,我们可以分析知道:

(1) 问题 A～C 的答案取决于这个反应的几个基本热力学参数的变化。由于生命过程通常在常温常压下进行,因此在反应之初,反应体系的吉布斯自由能变化 ΔG 决定了其自发进行的方向,即如果 $\Delta G<0$,反应向正方向自发进行;否则,反应不能进行。因此,$|\Delta G|$ 也被称为化学反应的势能(化学势)。随着反应进行,反应体系的化学势 $|\Delta G|$ 不断减小。当 $\Delta G=0$ 时,该反应达到平衡状态,不再进行任何自发反应,此时体系中各物种的浓度维持相对不变。

对于常温常压反应来说,反应所能释放的热量(Q_p)即是此反应的 ΔH,而 ΔG 即是此反应所能释放的最大有用能量(如用来合成 ATP、蛋白质等的能量)。因此,通过化学反应的焓变

和吉布斯自由能变化可以得到上述 A～C 问题的答案。

(2) 对于问题 D～E，它们是与时间有关的动力学(kinetics)问题。动力学问题与反应的途径有关，不像状态函数的变化只与过程起点和终点有关。关于动力学问题将在后面仔细讨论。

综上，解答化学反应的基本问题需要知道此化学反应的 ΔH 和 ΔG，这些状态函数的变化可以通过实验测量得到。大量的化学反应的热力学研究给我们提供了丰富的数据，使我们可以在这些数据的基础上通过简单计算而得到所需要的热力学参数。下面进行详细说明。

5.2.1 化学反应的焓变、熵变和吉布斯自由能变化的计算

1. 热力学标准状态

进行任何测量和计算都需要一个原点或零点。研究化学反应的焓变、熵变和吉布斯自由能变化也同样需要一个参照点，称为热力学标准状态(standard state)。在获得了化学反应标准状态下的状态变化后，我们可以将这些数据列成一个表格，从而可以非常方便地计算获得其他不同状态化学反应状态函数的变化。

大家公认处于下列规定条件下的物质是它们的热力学标准状态：

(1) 气体：规定 100 kPa 为标准压力。在指定温度下，纯气体气压或混合气体中分压 p 为标准压力的某气体为标准状态。这里假设气体具有理想气体性质。

(2) 纯液体：在指定温度下，液体处于标准压力下。

(3) 纯固体：在指定温度和标准压力下最稳定的晶体。

(4) 溶液：在指定温度和标准压力下浓度为 $1\ \mathrm{mol \cdot L^{-1}}$(或 $1\ \mathrm{mol \cdot kg^{-1}}$)的某溶质，假定溶液符合理想稀溶液定律。此外，在生命科学研究中，一般规定以中性水溶液的氢离子浓度为生物化学标准状态，即溶液中 $c^{\ominus}(H^{+})=1\times10^{-7}\ \mathrm{mol \cdot L^{-1}}$。

在标准状态的规定中，一般指定温度采用室温 25℃(或 298.15 K)。如果没有特殊温度说明，通常是指室温条件，室温条件一般不作标注。

2. 标准状态下化学反应 $\Delta S^{\ominus}$ 的计算

许多纯物质的标准熵 $S_{\mathrm{m}}^{\ominus}(298.15)$数据已经制成表格以备查询(附录二)，因此，标准熵变的计算比较简单。对于任一个化学反应来说，其标准状态下的熵变 $\Delta S^{\ominus}$即是标准状态下终态的熵(产物的标准熵之和)减去标准状态下始态的熵(反应物的标准熵之和)：

$$\Delta_{\mathrm{r}}S_{\mathrm{m}}^{\ominus}=\sum S_{\mathrm{m}}^{\ominus}(\text{产物})-\sum S_{\mathrm{m}}^{\ominus}(\text{反应物}) \tag{5-3}$$

用标准熵表中的数值只能求得室温(298.15 K)时的标准熵变。幸运的是，在一定有限的温度范围内，$\sum S_{\mathrm{m}}^{\ominus}$(产物)和 $\sum S_{\mathrm{m}}^{\ominus}$(反应物)随温度改变的幅度接近，因此可以近似地用室温下的 ΔS 代替其他温度下的 ΔS，即

$$\Delta_{\mathrm{r}}S_{\mathrm{m}}^{\ominus}(T)\approx\Delta_{\mathrm{r}}S_{\mathrm{m}}^{\ominus}(298.15)$$

值得提醒的是，在热力学数据表中，$\Delta_{\mathrm{r}}S_{\mathrm{m}}^{\ominus}$的单位是 $\mathrm{J \cdot K^{-1} \cdot mol^{-1}}$，不是像 $\Delta_{\mathrm{r}}H_{\mathrm{m}}^{\ominus}$和$\Delta_{\mathrm{r}}G_{\mathrm{m}}^{\ominus}$的单位是 $\mathrm{kJ \cdot mol^{-1}}$。J 和 kJ 之间相差 1000 倍，因此需要特别注意单位转换。

【例 5-1】 利用附录二中的热力学数据表，计算 37℃下葡萄糖氧化反应过程的标准熵变：

$$C_6H_{12}O_6(s)+6O_2(g) \longrightarrow 6CO_2(g)+6H_2O(l)$$

解 根据纯物质的标准熵 $S_m^\ominus(298.15)$表示：

$S_m^\ominus(C_6H_{12}O_6,s)=212.1\ J\cdot K^{-1}\cdot mol^{-1}$，$S_m^\ominus(O_2,g)=205.2\ J\cdot K^{-1}\cdot mol^{-1}$

$S_m^\ominus(CO_2,g)=213.8\ J\cdot K^{-1}\cdot mol^{-1}$，$S_m^\ominus(H_2O,l)=70.0\ J\cdot K^{-1}\cdot mol^{-1}$

$$\begin{aligned}\Delta_r S_m^\ominus(298.15) &= \sum S_m^\ominus(\text{产物})-\sum S_m^\ominus(\text{反应物})\\ &=(6\times213.8+6\times70.0-212.1-6\times205.2)\ J\cdot K^{-1}\cdot mol^{-1}\\ &=259.5\ J\cdot K^{-1}\cdot mol^{-1}\end{aligned}$$

$$\Delta_r S_m^\ominus(310.15)\approx\Delta_r S_m^\ominus(298.15)=259.5\ J\cdot K^{-1}\cdot mol^{-1}$$

3. 热化学方程式、燃烧热 $\Delta_c H$、赫斯定律和标准状态下化学反应 $\Delta H^\ominus$的计算

有机物燃烧放出热量是用热动力学机器(蒸汽机和内燃机)来做功时的能量来源。化学反应的热效应(反应热)规定为化学反应在等温条件下,某化学反应过程中吸收或放出的热量。表示化学反应与热效应关系的方程式为热化学方程式(thermochemical equation),其书写需要标明反应系统中各物质的状态和反应的 ΔH,如：

反应 1：$H_2(g)+\frac{1}{2}O_2(g) = H_2O(l)$ $\qquad \Delta_r H^\ominus_{m,298.15}=-285.8\ kJ\cdot mol^{-1}$

反应 2：$2H_2(g)+O_2(g) = 2H_2O(l)$ $\qquad \Delta_r H^\ominus_{m,298.15}=-571.6\ kJ\cdot mol^{-1}$

在上述反应方程式中,反应物和生成物的旁边标注了物质的存在状态,即气态(g)、液态(l)、固态(s)和溶液状态(aqueous solution, aq)。化学反应的焓变写在反应式的右侧,其中 ΔH 的左下标“r”表示任何化学反应(reaction)。右上标“⊖”表示反应中的各物种都处于标准状态,右下标“m”表示焓变大小是完成 1 mol 量的反应时所发生的变化。右下标“298.15”表明指定温度是 298.15 K,通常省略不写。

1 mol 量的反应随方程式的写法不同而不同,如上述 1 式和 2 式表示的实际上是同一个反应,但在 1 式的写法中,完成 1 mol 的反应消耗 1 mol 的 H_2 和 1/2 mol 的 O_2,产生 1 mol 的 H_2O;而在 2 式的写法中,完成 1 mol 的反应则消耗 2 mol 的 H_2 和 1 mol 的 O_2,产生 2 mol 的 H_2O,因此 2 式中反应热 $\Delta_r H_m^\ominus$是 1 式写法的 2 倍。

热化学规定,1 mol 标准状态的某物质完全燃烧(或完全氧化)生成标准状态的指定稳定产物时的焓变为该物质的标准摩尔燃烧热(standard molar heat of combustion),符号表示为 $\Delta_c H_m^\ominus$(左下标“c”表示燃烧“combustion”)。例如,上面的反应方程式 1 便是 H_2 的摩尔燃烧反应,即有 $\Delta_c H_m^\ominus(H_2)=\Delta_r H_m^\ominus(\text{反应 1})=-285.8\ kJ\cdot mol^{-1}$。一些常见物质在室温条件下的标准摩尔燃烧热 $\Delta_c H_m^\ominus$列于附录二中。

19 世纪俄国化学家赫斯(Hess)在大量实验的基础上总结出一条定律：一个化学反应不管是只经过一步或是分步完成,其反应热是相同的;换句话说,如果一个反应是若干反应的加和,则这个反应的反应热必是那些若干反应的反应热之和。在明白状态函数的性质后,赫斯定律一点也不难理解。在不做非体积功的前提下,化学反应的等压反应热实际就是反应的焓变 $Q_p=\Delta H$;等容反应热实际就是反应的内能变化 $Q_V=\Delta U$。H 和 U 都是状态函数,其变化只取决于反应的始态和终态,与中间过程无关。因此,只要反应物和最终产物确定,则整个反应最终的热效应即是一定的。赫斯定律实际上反映了广度性质的状态函数的加和性质。

因此,一个化学反应的焓变除了可以直接测量外,还可以由已知的反应热通过反应的加和关系计算得到。例如碳不完全燃烧反应：

$$反应 1：C(石墨)+\frac{1}{2}O_2(g)=CO(g) \qquad \Delta_r H_m^{\ominus}(1)=?$$

此反应的 $\Delta_r H_m^{\ominus}$ 实际无法直接测量，但是我们已知下列反应的 $\Delta_r H_m^{\ominus}$ 数据：

$$反应 2：C(石墨)+O_2(g)=CO_2(g) \qquad \Delta_r H_m^{\ominus}(2)=-393.5\ kJ\cdot mol^{-1}$$

$$反应 3：CO(g)+\frac{1}{2}O_2(g)=CO_2(g) \qquad \Delta_r H_m^{\ominus}(3)=-283.0\ kJ\cdot mol^{-1}$$

分析可知 $$反应 1+反应 3=反应 2$$

因此 $$\Delta_r H_m^{\ominus}(1)+\Delta_r H_m^{\ominus}(3)=\Delta_r H_m^{\ominus}(2)$$

即有
$$\begin{aligned}\Delta_r H_m^{\ominus}(1)&=\Delta_r H_m^{\ominus}(2)-\Delta_r H_m^{\ominus}(3)\\&=[-393.5-(-283.0)]\ kJ\cdot mol^{-1}=-110.5\ kJ\cdot mol^{-1}\end{aligned}$$

有一点需要说明：上例中应用赫斯定律计算的是标准状态下的焓变，但其焓变的加和性并不仅限于标准状态，对于其他状态的焓变（以及其他广度性质的状态函数变化），赫斯定律所表述的加和性同样适用。

【例 5-2】 已知下列反应及其标准焓变：

$$反应 1：4Fe+3O_2 \longrightarrow 2Fe_2O_3 \qquad \Delta_r H_m^{\ominus}=-1644.3\ kJ\cdot mol^{-1}$$

$$反应 2：CO+\frac{1}{2}O_2 \longrightarrow CO_2 \qquad \Delta_r H_m^{\ominus}=-283.0\ kJ\cdot mol^{-1}$$

请计算冶炼铁的反应 3 的标准焓变 $\Delta_r H_m^{\ominus}$：

$$Fe_2O_3+3CO \longrightarrow 2Fe+3CO_2$$

解 可知反应 $3=3\times$反应 $2-\frac{1}{2}\times$反应 1，所以

$$\begin{aligned}\Delta_r H_m^{\ominus}(3)&=3\times\Delta_r H_m^{\ominus}(2)-\frac{1}{2}\Delta_r H_m^{\ominus}(1)\\&=\left[3\times(-283.0)-\frac{1}{2}(-1644.3)\right]\ kJ\cdot mol^{-1}\\&=-26.9\ kJ\cdot mol^{-1}\end{aligned}$$

利用标准摩尔燃烧热 $\Delta_c H_m^{\ominus}$ 数据可以方便地计算一个反应的标准焓变 $\Delta_r H_m^{\ominus}$，其逻辑关系如下：

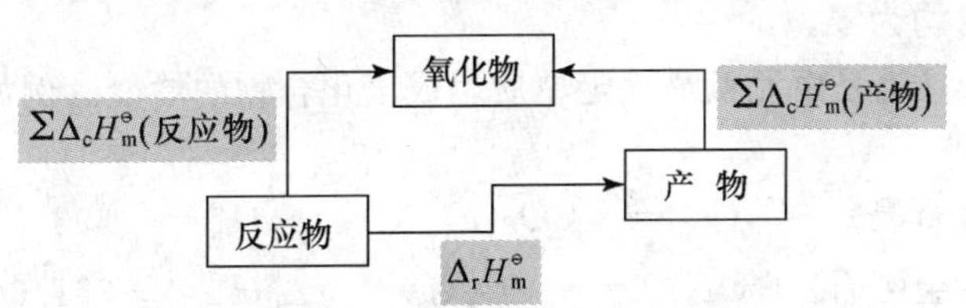

一个反应的反应物和生成物分别完全氧化后得到相同的燃烧产物，因此根据赫斯定律，有

$$\sum\Delta_c H_m^{\ominus}(反应物)=\Delta_r H_m^{\ominus}+\sum\Delta_c H_m^{\ominus}(产物)$$

于是

$$\Delta_r H_m^{\ominus}=\sum\Delta_c H_m^{\ominus}(反应物)-\sum\Delta_c H_m^{\ominus}(产物) \tag{5-4}$$

同样需要说明的是，上述计算得到的都是室温（298.15 K）条件下的 $\Delta_r H_m^{\ominus}$。其他温度的焓变

会有一些变化，不过实验结果表明，在一定有限的温度范围内，一般化学反应的标准摩尔焓变差别不大，因此可以近似有

$$\Delta_r H_m^{\ominus}(T) \approx \Delta_r H_m^{\ominus}(298.15)$$

【例 5-3】 人饮酒后，乙醇经过下列代谢变化过程：

反应 1：$CH_3CH_2OH + O_2 \longrightarrow CH_3CHO + H_2O$

反应 2：$CH_3CHO + \frac{1}{2}O_2 \longrightarrow CH_3COOH$

第一步的生成物乙醛 CH_3CHO 是毒性物质，是导致饮酒的人脸红和酒精中毒的原因；而第二步乙醛被氧化成乙酸后，则被解毒和排出。请利用燃烧热的数据表，计算室温下两个反应的标准焓变 $\Delta_r H_m^{\ominus}$。

解 查附录二可知：

$$\Delta_c H_m^{\ominus}(CH_3CH_2OH) = -1366.8\ \text{kJ} \cdot \text{mol}^{-1}$$

$$\Delta_c H_m^{\ominus}(CH_3CHO) = -1166.9\ \text{kJ} \cdot \text{mol}^{-1}$$

$$\Delta_c H_m^{\ominus}(CH_3COOH) = -874.2\ \text{kJ} \cdot \text{mol}^{-1}$$

所以

$$\begin{aligned}\Delta_r H_m^{\ominus}(1) &= \sum \Delta_c H_m^{\ominus}(\text{反应物}) - \sum \Delta_c H_m^{\ominus}(\text{产物}) \\ &= \Delta_c H_m^{\ominus}(CH_3CH_2OH) + \Delta_c H_m^{\ominus}(O_2) - \Delta_c H_m^{\ominus}(CH_3CHO) - \Delta_c H_m^{\ominus}(H_2O) \\ &= [-1366.8 + 0 - (-1166.9) - 0]\ \text{kJ} \cdot \text{mol}^{-1} = -199.9\ \text{kJ} \cdot \text{mol}^{-1}\end{aligned}$$

$$\begin{aligned}\Delta_r H_m^{\ominus}(2) &= \Delta_c H_m^{\ominus}(CH_3CHO) - \Delta_c H_m^{\ominus}(CH_3COOH) \\ &= [(-1166.9) - (-874.2)]\ \text{kJ} \cdot \text{mol}^{-1} = -292.7\ \text{kJ} \cdot \text{mol}^{-1}\end{aligned}$$

4. 标准生成焓 $\Delta_f H_m^{\ominus}$

H 作为状态函数，绝对值无法测量。为了能让标准焓变的计算如同上述标准熵变的计算一样方便，我们需要对物质焓值建立一个相对的参考点。化学热力学规定：在标准状态和指定温度下，由元素的最稳定单质生成 1 mol 某种物质时的焓变，称为该物质的标准摩尔生成焓(standard molar enthalpy of formation)，符号表示为 $\Delta_f H_m^{\ominus}$(左下标“f”表示生成“formation”)。一些常见物质在室温条件下的标准摩尔生成焓列于附录二中。

需要说明的是：

(1) 从上述定义可知，元素的最稳定单质被定义为焓变的参考点(零点)，则元素最稳定单质的标准摩尔生成焓均为零。

(2) 根据定义，$\Delta_f H_m^{\ominus}$ 是由元素最稳定单质生成该化合物的焓变。例如室温和标准状态的下列反应：

反应 1：$C(\text{石墨}) + O_2(g) = CO_2(g) \qquad \Delta_r H_m^{\ominus} = -393.5\ \text{kJ} \cdot \text{mol}^{-1}$

反应 2：$C(\text{金刚石}) + O_2(g) = CO_2(g) \qquad \Delta_r H_m^{\ominus} = -391.6\ \text{kJ} \cdot \text{mol}^{-1}$

都是生成 1 mol 的 CO_2，但反应 1 中 C 元素是最稳定的单质形式——石墨，而反应 2 中则是能量较高的金刚石形式。因此，反应 1 是生成反应。CO_2 的标准摩尔生成焓为反应 1 的焓变，即：$\Delta_f H_m^{\ominus}(CO_2) = \Delta_r H_m^{\ominus}(\text{反应 1}) = -393.5\ \text{kJ} \cdot \text{mol}^{-1}$。

(3) 生成反应并不一定是真实存在的化学反应。例如葡萄糖的生成反应，按照定义为

$$6C(\text{石墨}) + 3O_2(g) + 6H_2(g) = C_6H_{12}O_6(s)$$

$$\Delta_f H_m^{\ominus}(C_6H_{12}O_6) = -1273.3\ \text{kJ} \cdot \text{mol}^{-1}$$

但如果将石墨、氢气和氧气混合反应，只能产生 CO_2 和 H_2O，不可能得到葡萄糖。葡萄糖生成反应只是一个理论反应，其标准摩尔生成焓是在总结反应热数据的基础上计算获得的。

(4) 任何一个化学反应的标准焓变均等于标准状态下反应产物标准生成焓之和(反应的终态)减去反应物的标准生成焓之和(反应的始态)，即

$$\Delta_r H_m^\ominus = \sum \Delta_f H_m^\ominus(产物) - \sum \Delta_f H_m^\ominus(反应物) \tag{5-5}$$

其逻辑关系如下：

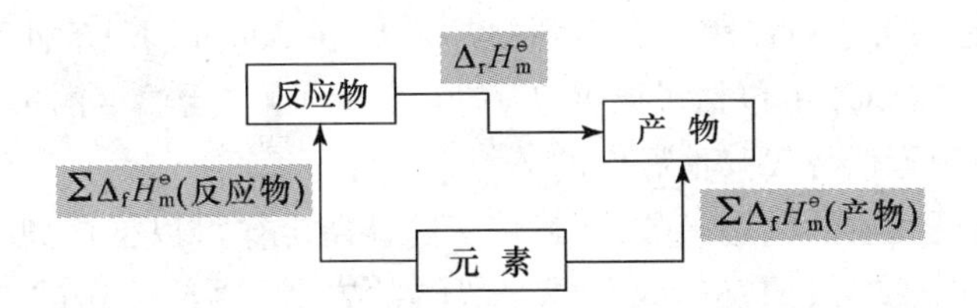

【例 5-4】 利用附录二的热力学数据表，计算 37℃下葡萄糖氧化反应过程的标准焓变：

$$C_6H_{12}O_6(s) + 6O_2(g) \longrightarrow 6CO_2(g) + 6H_2O(l)$$

解 $\Delta_r H_m^\ominus = \sum \Delta_f H_m^\ominus(产物) - \sum \Delta_f H_m^\ominus(反应物)$

$= 6\times\Delta_f H_m^\ominus(CO_2,g) + 6\times\Delta_f H_m^\ominus(H_2O,l)$

$\quad - \Delta_f H_m^\ominus(C_6H_{12}O_6,s) - 6\times\Delta_f H_m^\ominus(O_2,g)$

$= [6\times(-393.5) + 6\times(-285.8) - (-1273.3) - 6\times 0]\ kJ\cdot mol^{-1}$

$= -2802.5\ kJ\cdot mol^{-1}$

$\Delta_r H_m^\ominus(310.15) \approx \Delta_r H_m^\ominus(298.15) = -2802.5\ kJ\cdot mol^{-1}$

5. 标准状态下化学反应 $\Delta_r G^\ominus$ 的计算和标准生成自由能 $\Delta_f G_m^\ominus$

如上所述，可以用多种方法得到一个化学反应的 $\Delta_r H_m^\ominus$ 和 $\Delta_r S_m^\ominus$。在此基础上，一个化学反应的 $\Delta_r G_m^\ominus$ 可以通过 ΔG 的定义公式进行计算，即

$$\Delta_r G_m^\ominus = \Delta_r H_m^\ominus - T\Delta_r S_m^\ominus$$

不过更为方便的是同标准摩尔生成焓一样，定义一个标准摩尔生成自由能(standard molar free energy of formation)，用 $\Delta_f G_m^\ominus$ 表示。$\Delta_f G_m^\ominus$ 的定义和 $\Delta_f H_m^\ominus$ 相似，即：在标准状态和指定温度下，由元素的最稳定单质生成 1 mol 某种物质时的自由能变化。一些常见物质在室温条件下的标准摩尔生成自由能列于附录二中。

任何一个化学反应的标准自由能变化 $\Delta_r G_m^\ominus$ 均可以由下式计算得到：

$$\Delta_r G_m^\ominus = \sum \Delta_f G_m^\ominus(产物) - \sum \Delta_f G_m^\ominus(反应物) \tag{5-6}$$

【例 5-5】 利用附录二的热力学数据表，计算 25℃和 37℃下葡萄糖氧化反应过程的标准自由能变化：

$$C_6H_{12}O_6(s) + 6O_2(g) \longrightarrow 6CO_2(g) + 6H_2O(l)$$

解 25℃时的标准自由能变化为

$\Delta_r G_m^\ominus = \sum \Delta_f G_m^\ominus(产物) - \sum \Delta_f G_m^\ominus(反应物)$

$= 6\times\Delta_f G_m^\ominus(CO_2,g) + 6\times\Delta_f G_m^\ominus(H_2O,l) - \Delta_f G_m^\ominus(C_6H_{12}O_6,s) - 6\times\Delta_f G_m^\ominus(O_2,g)$

$= [6\times(-394.4) + 6\times(-237.1) - (-910.6) - 6\times 0]\ kJ\cdot mol^{-1}$

$= -2878\ kJ\cdot mol^{-1}$

在例 5-4 中已经计算得到

$$\Delta_r H_m^{\ominus}(310.15) = -2802.5\ \text{kJ}\cdot\text{mol}^{-1}$$

且 $\Delta_r S_m^{\ominus}(310.15) = 259.5\ \text{J}\cdot\text{K}^{-1}\cdot\text{mol}^{-1}$,因此,37℃下标准自由能变化为

$$\begin{aligned}\Delta_r G_m^{\ominus} &= \Delta_r H_m^{\ominus} - T\Delta_r S_m^{\ominus}\\ &= -2802.5\ \text{kJ}\cdot\text{mol}^{-1} - 310.15\ \text{K}\times 259.5\ \text{J}\cdot\text{K}^{-1}\cdot\text{mol}^{-1}/1000\\ &= -2883\ \text{kJ}\cdot\text{mol}^{-1}\end{aligned}$$

需特别说明的是,通过 $\Delta_f G_m^{\ominus}$表计算得到的都是室温(298.15 K)条件下的 $\Delta_r G_m^{\ominus}$。同上面的 $\Delta_r H_m^{\ominus}$和 $\Delta_r S_m^{\ominus}$不同,$\Delta_r G_m^{\ominus}$中包括了温度 T 一项,因此 $\Delta_r G_m^{\ominus}$受温度的影响很大,绝不能用室温下的 $\Delta_r G_m^{\ominus}(298.15)$近似替代其他温度的 $\Delta_r G_m^{\ominus}(T)$。

ΔG 作为一个广度性质的状态函数,上述焓变的赫斯定律可以推广到 $\Delta_r G_m^{\ominus}$。我们可以利用一些已知反应的 $\Delta_r G_m^{\ominus}$,按照赫斯定律求 $\Delta_r H_m^{\ominus}$的方法,通过反应的加、减求算未知反应的$\Delta_r G_m^{\ominus}$。

【例 5-6】 已知室温下下列反应及其 $\Delta_r G_m^{\ominus}$:

反应 1:$CH_3COOH + 2O_2 \longrightarrow 2CO_2 + 2H_2O \quad \Delta_r G_m^{\ominus} = -784.0\ \text{kJ}\cdot\text{mol}^{-1}$

反应 2:$2CH_3CHO + 5O_2 \longrightarrow 4CO_2 + 4H_2O \quad \Delta_r G_m^{\ominus} = -2090.8\ \text{kJ}\cdot\text{mol}^{-1}$

请计算下列反应 3 的 $\Delta_r G_m^{\ominus}$:

$$2CH_3CHO + O_2 \longrightarrow 2CH_3COOH$$

解 可知反应 3=反应 2−2×反应 1,所以

$$\begin{aligned}\Delta_r G_m^{\ominus}(3) &= \Delta_r G_m^{\ominus}(2) - 2\times\Delta_r G_m^{\ominus}(1)\\ &= [(-2090.8) - 2\times(-784.0)]\ \text{kJ}\cdot\text{mol}^{-1} = -522.8\ \text{kJ}\cdot\text{mol}^{-1}\end{aligned}$$

6. 非标准状态的 ΔG

当化学反应的物质不处于标准状态时,反应的 ΔG 将随各反应物种的浓度(溶液物种)、分压(气体物种)和外压(纯固体或纯液体)的变化而改变。对于一个等温等压条件下的化学反应来说,影响 ΔG 变化的因素是溶液物种的浓度和气体物种的分压。我们引入一个反应商(quotient of reaction, Q)来表述反应物种浓度或分压的变化。假设有下列反应

$$a\text{A(s)} + b\text{B(aq)} + c\text{C(g)} = d\text{D(l)} + e\text{E(aq)} + f\text{F(g)}$$

则此反应的反应商 Q 为

$$Q = \frac{(c_E/c^{\ominus})^e\,(p_F/p^{\ominus})^f}{(c_B/c^{\ominus})^b\,(p_C/p^{\ominus})^c} \quad (c^{\ominus} = 1\ \text{mol}\cdot\text{L}^{-1}, p^{\ominus} = 100\ \text{kPa})$$

书写 Q 的注意事项是:

(1) Q 本质上是反应产物浓度(或气体的分压)的积除于反应物浓度(或分压)的积;也就是说,当某物种 B 的化学计量系数为 b 时,在 Q 表达式中则被写成 B 浓度(或分压)的 b 次幂。从 Q 的定义可知,如果反应式中的物种都处于标准状态,则 $Q=1$。

(2) 所有浓度都换成了标准浓度(或分压)的倍数,因此 Q 没有量纲。

(3) 对溶液物种来说,$c^{\ominus} = 1\ \text{mol}\cdot\text{L}^{-1}$,但在生命体系的研究中,氢离子的标准浓度比较特殊,$c^{\ominus}(H^+) = 1\times10^{-7}\ \text{mol}\cdot\text{L}^{-1}$。

(4) 纯固体和纯液体没有浓度或分压的变化,不写在 Q 的表达式内。此外,如果是稀溶液中的反应,反应溶剂是大量的,浓度变化可以忽略,可以当做纯液体处理,也不写入表达式中。

例如氨在水中的解离反应：

$$NH_3 + H_2O \rightleftharpoons NH_4^+ + OH^-$$

其中反应物种 H_2O 一般不写在反应商公式中，即

$$Q = \frac{(c_{OH^-}/c^\ominus)(c_{NH_4^+}/c^\ominus)}{(c_{NH_3}/c^\ominus)}$$

实际上，出于同样原因，氨的解离反应通常写成

$$NH_3 \cdot H_2O \rightleftharpoons NH_4^+ + OH^-$$

式中 $NH_3 \cdot H_2O$ 作为一个反应物种看待。

可以导出等温等压(通常为标准压力)条件下某化学反应物种在任意浓度(或分压)下的 $\Delta_r G_m$ 和标准状态下 $\Delta_r G_m^\ominus$ 的关系为

$$\Delta_r G_m = \Delta_r G_m^\ominus + RT\ln Q \tag{5-7}$$

【例 5-7】 碳酸钙的分解反应为

$$CaCO_3(s) \longrightarrow CaO(s) + CO_2(g)$$

请根据下列 25℃时的热力学数据

	$CaCO_3(s)$	$CaO(s)$	$CO_2(g)$
$\Delta_f H_m^\ominus/(kJ \cdot mol^{-1})$	−1206.9	−634.9	−393.5
$S_m^\ominus/(J \cdot K^{-1} \cdot mol^{-1})$	92.9	38.1	213.8

计算说明：

(1) 标准状态下此反应在室温的 $\Delta_r G_m^\ominus$；

(2) 标准状态下，此反应能够自发进行时需要的温度；

(3) 空气中 CO_2 的实际分压约为 0.05 kPa，计算此反应在室温的 $\Delta_r G_m$；

(4) 在实际空气 CO_2 的分压条件下，此反应能够自发进行时需要的温度为多高。

解 (1) 在标准状态下：

$$\Delta_r H_m^\ominus = \sum \Delta_f H_m^\ominus(\text{产物}) - \sum \Delta_f H_m^\ominus(\text{反应物})$$
$$= [(-393.5) + (-634.9) - (-1206.9)]\ kJ \cdot mol^{-1} = 178.5\ kJ \cdot mol^{-1}$$

$$\Delta_r S_m^\ominus = \sum S_m^\ominus(\text{产物}) - \sum S_m^\ominus(\text{反应物})$$
$$= (213.8 + 38.1 - 92.9)\ J \cdot K^{-1} \cdot mol^{-1} = 0.159\ kJ \cdot K^{-1} \cdot mol^{-1}$$

所以室温下

$$\Delta_r G_m^\ominus = \Delta_r H_m^\ominus - T\Delta_r S_m^\ominus = (178.5 - 298.15 \times 0.159)\ kJ \cdot mol^{-1} = 131\ kJ \cdot mol^{-1}$$

(2) 此反应的 $\Delta_r H_m^\ominus > 0$，$\Delta_r S_m^\ominus > 0$，因此是高温自发而低温不自发的反应，其转变温度为

$$T_c = \Delta_r H_m^\ominus / \Delta_r S_m^\ominus = (178.5/0.159)\ K = 1120\ K\ (\text{即 } 847℃)$$

(3) 在空气中，CO_2 的实际分压约为 0.05 kPa，此时的反应商 Q 为

$$Q = p_{CO_2}/p^\ominus = 0.05/100 = 5 \times 10^{-4}$$

$$\Delta_r G_m = \Delta_r G_m^\ominus + RT\ln Q$$
$$= [131 + 8.31 \times 10^{-3} \times 298.15\ln(5 \times 10^{-4})]\ kJ \cdot mol^{-1}$$
$$= 112\ kJ \cdot mol^{-1}$$

(4) 若要反应自发，需要 $\Delta_r G_m < 0$，即

$$\Delta_r G_m^\ominus + RT\ln Q < 0$$
$$\Delta_r H_m^\ominus - T\Delta_r S_m^\ominus + RT\ln Q < 0$$
$$\Delta_r H_m^\ominus - T(\Delta_r S_m^\ominus - R\ln Q) < 0$$
$$T > \Delta_r H_m^\ominus / (\Delta_r S_m^\ominus - R\ln Q)$$

而 $\Delta_r H_m^\ominus(T) \approx \Delta_r H_m^\ominus(298.15)$，$\Delta_r S_m^\ominus(T) \approx \Delta_r S_m^\ominus(298.15)$，代入得

$$T > \{178.5/[0.159 - 8.31\times10^{-3}\times\ln(5\times10^{-4})]\}\ \mathrm{K} = 803\ \mathrm{K}\ (\text{即 } 505℃)$$

对于有纯固体和纯液体参加的反应来说，外压偏离标准压力的变化也会引起 $\Delta_r G_m$ 偏离 $\Delta_r G_m^\ominus$。可以推导出等温条件下，不同外压对 $\Delta_r G_m$ 影响的关系为

$$\frac{dG}{dp} = V$$

当 V 不变时，有

$$\Delta_r G_m = \Delta_r G_m^\ominus + V_m \Delta p \tag{5-8}$$

【例 5-8】 解释当外压增加时，冰的熔点如何变化。

解 水凝固为冰的过程：

$$H_2O(l, p^\ominus) \longrightarrow H_2O(s, p^\ominus)$$

在冰点时两相平衡，即

$$\Delta_r G_m = \Delta_r G_m^\ominus = 0$$

这时如果增加外压，可以知道压力变化不导致体系物种浓度的变化。但外压将导致纯固体和纯液体的自由能改变。代入公式(5-8)，可以推出当外压增加($\Delta p = p - p^\ominus > 0$)时，

对于液态水：$H_2O(l, p^\ominus) \longrightarrow H_2O(l, p)$，　$\Delta_r G_m(\text{水}) = \Delta p V_{m,\text{水}}$

对于固态冰：$H_2O(s, p^\ominus) \longrightarrow H_2O(s, p)$，　$\Delta_r G_m(\text{冰}) = \Delta p V_{m,\text{冰}}$

从而，对于新压力下的反应：

$$H_2O(l, p) \longrightarrow H_2O(s, p)$$

有

$$\Delta_r G_m = -\Delta_r G_m(\text{水}) + \Delta_r G_m^\ominus + \Delta_r G_m(\text{冰}) = \Delta p(V_{m,\text{冰}} - V_{m,\text{水}})$$

由于冰的密度比水小，冰的摩尔体积比水大，即 $V_{m,\text{冰}} > V_{m,\text{水}}$，因此 $\Delta_r G_m > 0$，即结冰的反应为非自发反应，而其逆过程——冰融化的过程为自发。因此，压力增大时冰将熔化；或者说冰的熔点将随压力增加而降低。

这个例子说明了滑冰的原理：在冰刀的压力之下，冰刀下的冰的熔点降低，化为水。这样，在冰刀和冰面之间形成一层水膜，摩擦力大大降低，于是人们就可以在冰面上快速自由滑行。

5.2.2 ΔG 与化学反应的方向、限度和平衡

1. 化学平衡——化学反应的终点

1894 年，Bodenstein 定量地研究了等压下($p = 100$ kPa)碘化氢 448℃时的加热分解反应：

$$2HI(g) \rightleftharpoons H_2(g) + I_2(g)$$

反应进行一个多小时后，体系中碘化氢的分压就保持在 $p(HI) = 80$ kPa 不再继续减少。

如果上述实验反过来进行，即在 448℃和 100 kPa 下将等摩尔的氢气和碘混合，它们将按下式进行化合反应：

$$H_2(g)+I_2(g) \rightleftharpoons 2HI(g)$$

反应进行一个多小时后，可以发现体系中碘化氢的分压达到 $p(HI)=80$ kPa 后，便不再继续增加。

上述两个反应互为逆反应，从中我们可以总结出两点：

(1) 在一定温度和压力下，化学反应不管从正反向还是逆方向进行，反应进行到一定的限度后就会停止，此时反应体系的组成及各物质的浓度或量都不再随时间而改变。

(2) 在相同的条件下进行反应，不管从反应的哪一端开始，反应都停止在相同的一个状态点[即 $p(HI)=80$ kPa]。显然，这一点是 HI 合成和分解反应的趋势达到一致的一点，我们称为反应到达了化学平衡(chemical equilibrium)。

可见，化学平衡是化学反应达到极限的终点，化学反应自发地趋于平衡是一切可逆反应的共同特征。化学平衡显然是一种动态平衡。虽然达到平衡后，体系中各物种的浓度不再发生变化，但微观上化学反应在正、逆方向上实际仍在进行。

任何一个化学反应也是一个热力学过程，因此，化学反应达到平衡必将符合热力学的基本规律，即在等温等压下进行的化学反应将服从吉布斯自由能减少原理。

2. ΔG 与化学反应的方向和限度

根据吉布斯自由能减少原理，某个化学反应自发进行的方向取决于此反应体系的 ΔG。

(1) 当 $\Delta G<0$，反应向正反应方向自发进行。

(2) 当 $\Delta G>0$，反应向逆反应方向自发进行；欲使向正反应方向进行，则需要环境向系统做最小为 $W_{min}=-\Delta G$ 的非体积功。

(3) 当 $\Delta G=0$，正、逆方向均没有净反应发生，系统处于动态平衡状态。平衡状态是化学反应的终极状态。

由于 ΔG 的组成包括了 ΔH 和 ΔS 两个部分，并且和温度有关，因此化学反应根据 ΔH 和 ΔS 情形的不同，存在一个反应自发进行的转变温度：

$$T_c=\Delta H/\Delta S$$

(1) 对于一个放热和熵减小的过程(即 $\Delta H<0$，$\Delta S<0$)(一般来说熵减小意味着分子数减少)，当 $T<T_c$时，$\Delta G<0$，反应向正反应方向自发进行；$T=T_c$时，$\Delta G=0$，系统处于平衡态；$T>T_c$时，$\Delta G>0$，反应向逆反应方向自发进行。

(2) 对于一个吸热和熵增加的过程(即 $\Delta H>0$，$\Delta S>0$)(一般来说熵增加意味着分子数增加)，当 $T<T_c$时，$\Delta G>0$，反应向逆反应方向自发进行；$T=T_c$时，$\Delta G=0$，系统处于平衡态；$T>T_c$时，$\Delta G<0$，反应向正反应方向自发进行。

3. 反应商 Q 和标准平衡常数 $K^{\ominus}$

对于一个等温等压(室温和标准压力 $p^{\ominus}$)条件下的化学反应：

$$aA(s)+bB(aq)+cC(g) \rightleftharpoons dD(l)+eE(aq)+fF(g)$$

体系的化学反应趋势 ΔG 的大小主要受该反应的反应商 Q 影响，即

$$\Delta_r G_m=\Delta_r G_m^{\ominus}+RT\ln Q$$

其中

$$Q=\frac{(c_E/c^{\ominus})^e\ (p_F/p^{\ominus})^f}{(c_B/c^{\ominus})^b\ (p_C/p^{\ominus})^c}$$

因此,当反应完成,系统处于平衡状态时,有

$$\Delta_r G_m = 0 = \Delta_r G_m^\ominus + RT\ln Q_{平衡}$$

$$\Delta_r G_m^\ominus = -RT\ln Q_{平衡} = -RT\ln K^\ominus \tag{5-9}$$

上式也称为化学反应的等温方程式。其中把 $Q_{平衡}$ 称为化学反应的标准平衡常数(standard equilibrium constant),写做 $K^\ominus$,其表达式为

$$K^\ominus = \frac{([E]/c^\ominus)^e\ (p_F/p^\ominus)^f}{([B]/c^\ominus)^b\ (p_C/p^\ominus)^c}$$

$K^\ominus$表达式与 Q 的不同之处在于,式中反应物种的浓度和分压分别为平衡浓度([E],[B])和平衡压力 p_F,p_C。其余方面 $K^\ominus$与 Q 的表达方式相同,纯固体、纯液体以及稀溶液中的溶剂均不写入表达式中。

掌握平衡常数有几个要点:

(1) $K^\ominus$与 Q。$K^\ominus$只是 Q 的一个特殊状态——平衡态的值。Q 是化学反应的某一个初始状态,而 $K^\ominus$则是反应的终极状态。因此一个化学反应可以有多个反应商 Q,但在确定条件下只能有一个 $K^\ominus$。

(2) $K^\ominus$的单位和实验平衡常数 K。同 Q 一样,$K^\ominus$表达式中的所有物种浓度都换成了标准浓度(或分压)的倍数,因此 $K^\ominus$没有量纲。但是研究者在计算平衡常数时,常常仍然使用物种的摩尔浓度,即得到实验平衡常数 K。实验平衡常数一般仅用一种浓度表达方式书写,不进行混合方式书写。如对于下列反应:

$$a\text{A} + b\text{B} \rightleftharpoons c\text{C} + d\text{D}$$

如果上述反应是溶液反应,则写成浓度平衡常数 K_c:

$$K_c = \frac{[C]^c\ [D]^d}{[A]^a\ [B]^b}$$

如果上述反应是气体反应,则写成压力平衡常数 K_p:

$$K_p = \frac{p_C^c\, p_D^d}{p_A^a\, p_B^b}$$

因此,K 可能具有单位。在实际的科学研究中,K 具有单位可以带来许多方便之处(读者可以在以后实际工作中体会)。需说明的是,K_c和 $K^\ominus$在数值上是相等的。

(3) $K^\ominus$是个广度性质的状态函数。从化学反应的等温方程式可知,$K^\ominus$和 $\Delta_r G_m^\ominus$一样具有广度性质,和反应物的量有关,具有加和性。但不同的是,$\Delta_r G_m^\ominus$是算术加和,而 $K^\ominus$是几何加和。例如,当反应 3=反应 2+反应 1 时,则有

$$\Delta_r G_m^\ominus(3) = \Delta_r G_m^\ominus(2) + \Delta_r G_m^\ominus(1)$$

$$K^\ominus(3) = K^\ominus(2) \cdot K^\ominus(1)$$

注意:由于是广度函数,$K^\ominus$的大小和方程式的写法有关。当某个反应方程式被乘以或除以某个倍数 n 时,则其 $K^\ominus$为原来的 n 次方或 n 次方根。

(4) 正、逆反应的 $K^\ominus$的关系。根据化学反应的等温方程式可知,正反应和逆反应的$\Delta_r G_m^\ominus$数值相等、符号相反,而 $K^\ominus$则互为倒数,即

$$K^\ominus(正) = 1/K^\ominus(逆)$$

(5) $K^\ominus$和化学反应的可逆性。化学反应的可逆性可有多种意义,一般而言,“可逆性”是指正反应趋势和逆反应趋势的比较,即如果某个方向的趋势大大高于另一方向的趋势,则此反

应是不可逆的；而如果两个方向的趋势接近，则称为可逆反应。由于正反应和逆反应的 $K^{\ominus}$ 互为倒数，因此可知 $K^{\ominus}$ 越接近于 1，则正、逆反应的平衡常数越接近，反应的可逆性越好。

(6) $K^{\ominus}$ 是温度的函数。让我们进一步分析不同温度 T 下的 $K^{\ominus}$：

$$\Delta_r G_m^{\ominus} = -RT\ln K^{\ominus}$$

$$\ln K^{\ominus} = \frac{-\Delta_r G_m^{\ominus}}{RT} = \frac{-(\Delta_r H_m^{\ominus} - T\Delta_r S_m^{\ominus})}{RT} = \frac{-\Delta_r H_m^{\ominus}}{RT} + \frac{\Delta_r S_m^{\ominus}}{R}$$

可以看到，对于吸热反应($\Delta_r H_m^{\ominus} > 0$)，温度升高(即 $1/T$ 减小)将导致 $K^{\ominus}$ 增大；而对于放热反应，温度升高将导致 $K^{\ominus}$ 减小。根据上述公式，可以推出不同温度下反应标准平衡常数 $K^{\ominus}$ 的关系为

$$\ln \frac{K^{\ominus}(T_2)}{K^{\ominus}(T_1)} = \frac{\Delta_r H_m^{\ominus}}{R}\left(\frac{T_2 - T_1}{T_1 T_2}\right)$$

如果知道此反应的标准摩尔焓变 $\Delta_r H_m^{\ominus}$，则可根据某一温度 T_1 下的 $K^{\ominus}(T_1)$ 计算出另一温度 T_2 下的 $K^{\ominus}(T_2)$。

4. 标准平衡常数 $K^{\ominus}$ 的应用和化学平衡计算

1) 判断化学反应进行的方向

标准平衡常数 $K^{\ominus}$ 的首要应用是用来计算反应结束(达到平衡)时参加反应的各物种(包括反应物和产物)的浓度。进行这种计算至少需要下列基本条件：① 物种变化关系明确的反应方程式；② 初始投料的反应物种浓度；③ 确定的平衡常数 $K^{\ominus}$。平衡常数的这个最重要的应用将在后面具体分析各类化学反应的章节再进行讨论。

通过比较反应初始的浓度条件——反应商 Q 和反应终止的浓度条件 $K^{\ominus}$，可以判断一个化学反应自发进行的方向。由于

$$\Delta_r G_m = \Delta_r G_m^{\ominus} + RT\ln Q = -RT\ln K^{\ominus} + RT\ln Q = RT\ln(Q/K^{\ominus})$$

可知：

(1) 如果 $Q < K^{\ominus}$，则 $\Delta_r G_m < 0$，正方向反应自发；

(2) 如果 $Q > K^{\ominus}$，则 $\Delta_r G_m > 0$，逆方向反应自发；

(3) 如果 $Q = K^{\ominus}$，则 $\Delta_r G_m = 0$，反应达到平衡状态。

【例 5-9】 反应：$H_2(g) + I_2(g) \rightleftharpoons 2HI(g)$ 在 25℃ 的 $K^{\ominus} = 8.90 \times 10^2$，试计算：

(1) 25℃ 时反应的 $\Delta_r G_m^{\ominus}$。

(2) 当 $p_{H_2} = 0.100$ kPa，$p_{I_2} = 0.500$ kPa，$p_{HI} = 0.050$ kPa 时，判断反应进行的方向。

(3) 在(2)条件下此反应的 $\Delta_r G_m$。

解 (1) $\Delta_r G_m^{\ominus} = -RT\ln K^{\ominus}$

$= [-8.314 \times 10^{-3} \times 298.2 \times \ln(8.90 \times 10^2)]$ kJ · mol^{-1}

$= -16.8$ kJ · mol^{-1}

(2) $$Q = \frac{(p_{HI}/p^{\ominus})^2}{(p_{H_2}/p^{\ominus})(p_{I_2}/p^{\ominus})} = \frac{(0.050)^2}{0.100 \times 0.500} = 0.050$$

因为 $Q < K^{\ominus}$，所以在标准态 25℃ 时上述反应正向自发进行。

(3) $\Delta_r G_m = \Delta_r G_m^{\ominus} + RT\ln Q$

$= (-16.8 + 8.31 \times 10^{-3} \times 298.15 \times \ln 0.050)$ kJ · mol^{-1}

$= -24.2$ kJ · mol^{-1}

2) 计算平衡常数

【例 5-10】 计算下列反应在 298.15 K 时的 $\Delta_r G_m^\ominus$ 和 $K^\ominus$：

$$CO(g) + H_2O(g) \rightleftharpoons CO_2(g) + H_2(g)$$

解 由附表二查得标准状态下 298.15 K 时有关的热力学数据：

	CO(g)	H_2O(g)	CO_2(g)	H_2(g)
$\Delta_f G_m^\ominus/(kJ \cdot mol^{-1})$	−137.2	−228.6	−394.4	0

则上述反应在 298.15 K 时的 $\Delta_r G_m^\ominus$ 为

$$\Delta_r G_m^\ominus = \Delta_f G_m^\ominus(CO_2) + \Delta_f G_m^\ominus(H_2) - \Delta_f G_m^\ominus(CO) - \Delta_f G_m^\ominus(H_2O)$$

$$= [-394.4 + 0 - (-137.2) - (-228.6)]\ kJ \cdot mol^{-1} = -28.6\ kJ \cdot mol^{-1}$$

代入 $\Delta_r G_m^\ominus = -RT\ln K^\ominus$，得

$$\ln K^\ominus = -\Delta_r G_m^\ominus / RT = 28.6 \times 10^3/(8.31 \times 298.15)$$

$$K^\ominus = 1.02 \times 10^5$$

【例 5-11】 试求 N_2O_4(g)的解离反应 $N_2O_4(g) \rightleftharpoons 2NO_2(g)$ 在 25℃的 $K^\ominus$ 以及 K_p。

解 查附录二表得

	N_2O_4(g)	NO_2(g)
$\Delta_f G_m^\ominus/(kJ \cdot mol^{-1})$	97.82	51.29

于是

$$\Delta_r G_m^\ominus = 2 \times \Delta_f G_m^\ominus(NO_2) - \Delta_f G_m^\ominus(N_2O_4)$$

$$= (2 \times 51.29 - 97.82)\ kJ \cdot mol^{-1} = 4.76\ kJ \cdot mol^{-1}$$

$$\ln K^\ominus = -\Delta_r G_m^\ominus / RT = -4.76 \times 10^3/(8.31 \times 298.15)$$

$$K^\ominus = 0.147$$

$$K^\ominus = \frac{(p_{NO_2}/p^\ominus)^2}{p_{N_2O_4}/p^\ominus} = \frac{p_{NO_2}^2}{p_{N_2O_4} \cdot p^\ominus} = \frac{K_p}{p^\ominus}$$

$$K_p = K^\ominus \cdot p^\ominus = (0.147 \times 100)\ kPa = 14.7\ kPa$$

【例 5-12】 在 298.15 K，0.1000 mol·L^{-1} $CHCl_2COOH$ 在水溶液中解离达到平衡后，测得$[H_3O^+]$为 0.0500 mol·L^{-1}，试求 $CHCl_2COOH$ 解离的标准平衡常数 $K^\ominus$ 和 K_c。

解 $CHCl_2COOH$ 在水溶液中的解离平衡及各种物质的浓度如下所示：

	$CHCl_2COOH + H_2O$	$\rightleftharpoons$ H_3O^+	$+ CHCl_2COO^-$
起始浓度/(mol·L^{-1})	0.1000	0	0
平衡浓度/(mol·L^{-1})	0.1000～0.0500	0.0500	0.0500

$$K^\ominus = \{([CHCl_2COO^-]/c^\ominus)([H_3O^+]/c^\ominus)\}/([CHCl_2COOH]/c^\ominus)$$

$$= 0.0500 \times 0.0500/(0.1000 - 0.0500) = 5.00 \times 10^{-2}$$

$$K_c = K^\ominus = 5.00 \times 10^{-2}$$

(注意：其中溶剂水不用写在平衡常数表达式中。)

3）计算平衡组成和转化率

【例 5-13】 合成 PCl_5 的反应为

$$PCl_3(g)+Cl_2(g) \rightleftharpoons PCl_5(g)$$

将等摩尔的 PCl_3 和 Cl_2 混合，在 250℃时达平衡，已知此温度下 $K^{\ominus}=0.540$，测得 PCl_5 的分压为 102.8 kPa。计算：

(1) 平衡时各物种的分压；

(2) PCl_3 的转化率。

解 (1) 由于

$$K^{\ominus}=\frac{(p_{PCl_5}/p^{\ominus})}{(p_{PCl_3}/p^{\ominus})(p_{Cl_2}/p^{\ominus})}=\frac{p_{PCl_5}}{p_{PCl_3}\,p_{Cl_2}}p^{\ominus}$$

所以，平衡时

$$p_{PCl_3}=p_{Cl_2}=\sqrt{\frac{p_{PCl_5}\,p^{\ominus}}{K^{\ominus}}}=\sqrt{\frac{102.8\times100}{0.540}}\ \text{kPa}=1.380\times10^{2}\ \text{kPa}$$

即平衡时各物质的分压为

PCl_3：138.0 kPa； Cl_2：138.0 kPa； PCl_5：102.8 kPa

(2) PCl_3 的转化率 r 为

$$r=\frac{p(PCl_5)}{p(PCl_3)+p(PCl_5)}\times100\%=\frac{102.8}{138.0+102.8}\times100\%=42.7\%$$

【例 5-14】 在糖酵解过程中的一个关键反应为

$$\text{葡萄糖}+\text{ATP} \rightleftharpoons \text{葡萄糖-6-磷酸}+\text{ADP}+H^{+}$$

假设此反应在 pH=7.0 的条件下进行，已知此反应 pH=7.0 条件下的标准自由能变化 $\Delta_r G_m^{\ominus'}=-4.0\ \text{kJ}\cdot\text{mol}^{-1}$。现将 1.0 $\text{mmol}\cdot\text{L}^{-1}$ 葡萄糖和 1.0 $\text{mmol}\cdot\text{L}^{-1}$ ATP 混合，在 25℃时达平衡。计算：pH=7.0 条件下，平衡时各物种的浓度和葡萄糖的转化率。

解 由 $\Delta_r G_m^{\ominus'}=-RT\ln K^{\ominus'}$，得

$$\ln K^{\ominus'}=-\Delta_r G_m^{\ominus'}/RT=4.0\times10^{3}/(8.31\times298.15)$$

$$K^{\ominus'}=5.0$$

由于在 pH=7.0 条件下，$[H^+]$处于生物化学标准状态，其浓度保持恒定，因此在平衡中此项数值始终为 1，可以不必考虑。

假定平衡时葡萄糖的转化率为 x，则

	葡萄糖	+	ATP	⇌	葡萄糖-6-磷酸	+	ADP	+	H^+
起始浓度/$(\text{mol}\cdot\text{L}^{-1})$	1.0×10^{-3}		1.0×10^{-3}		0		0		1
平衡浓度/$(\text{mol}\cdot\text{L}^{-1})$	$1.0\times10^{-3}(1-x)$		$1.0\times10^{-3}(1-x)$		$1.0\times10^{-3}x$		$1.0\times10^{-3}x$		1

$$K^{\ominus'}=5.0=[\text{葡萄糖-6-磷酸}][\text{ADP}]/([\text{葡萄糖}][\text{ATP}])=x^2/(1-x)^2$$

计算得到：$x=0.69$，即此葡萄糖的转化率为 69%。

而平衡时各物种的浓度为

$[\text{葡萄糖}]=[\text{ATP}]=[1.0\times(1-0.69)]\ \text{mmol}\cdot\text{L}^{-1}=0.31\ \text{mmol}\cdot\text{L}^{-1}$

$[\text{葡萄糖-6-磷酸}]=[\text{ADP}]=(1.0\times0.69)\ \text{mmol}\cdot\text{L}^{-1}=0.69\ \text{mmol}\cdot\text{L}^{-1}$

$[H^+]=1.0\times10^{-7}\ \text{mol}\cdot\text{L}^{-1}$（即 pH=7.0）

4) 不同温度条件下的平衡常数

【例 5-15】 已知催化合成氨的反应

$$N_2(g)+3H_2(g) \rightleftharpoons 2NH_3(g)$$

其反应的 $\Delta_r H^{\ominus}_{m,298.15}=-91.8\ \mathrm{kJ\cdot mol^{-1}}$;在 400℃时,$K^{\ominus}(400)=6.14\times10^{-4}$。试求在 500℃时 $K^{\ominus}(500)$。

解 由于

$$\ln\frac{K^{\ominus}(T_2)}{K^{\ominus}(T_1)}=\frac{\Delta_r H^{\ominus}_m}{R}\left(\frac{T_2-T_1}{T_1T_2}\right)$$

$\Delta_r H^{\ominus}_m$随温度变化不大,因此可以代入 $\Delta_r H^{\ominus}_{m,298.15}$ 数值:

$$\ln\frac{K^{\ominus}(500)}{K^{\ominus}(400)}=\ln\frac{K^{\ominus}(500)}{6.14\times10^{-4}}=\frac{-91.8\times10^3}{8.31}\left(\frac{773-673}{773\times673}\right)$$

$$K^{\ominus}(500)=7.34\times10^{-5}$$

5. 勒夏特列原理及再分析

在总结气体反应的基础上,勒夏特列(Le Chatelier)提出了著名的化学反应平衡移动原理:平衡向着消除外来影响、恢复原有状态的方向移动。实际上,根据化学热力学原理,化学平衡移动的根本原因是反应条件的改变使得反应体系的$|\Delta G|$不再为零,因此,平衡向着减少$|\Delta G|$的方向移动,直至$|\Delta G|=0$,达到新的平衡。

反应条件的变化包括某物种浓度或分压的变化、外压的变化和温度的变化等,这些变化无外乎改变两个因素:一是反应商 Q,二是标准平衡常数 $K^{\ominus}$。因此比较反应条件变化对反应商 Q 和 $K^{\ominus}$的影响,可以判断平衡移动的方向。

下面以一个简单气体反应为例来具体分析。假定下列反应已达到平衡:

$$aA+bB \rightleftharpoons cC+dD$$

此时 $Q=K^{\ominus}$。假如:

(1) 增加体系中反应物如 A 的浓度,则新条件下 $p'_A>p_A$,这将导致 Q 减小,$Q<K^{\ominus}$,因此,正方向反应自发进行,平衡向正反应方向移动——这将消耗新增的 A 的浓度。

反之,如果减少体系中反应物如 A 的浓度,则新条件下 $p'_A<p_A$,这将导致 Q 增大,$Q>K^{\ominus}$,因此,逆方向反应自发进行,平衡向逆反应方向移动——这将增加 A 的浓度。

(2) 增加体系中生成物如 C 的浓度,则新条件下 $p'_C>p_C$,这将导致 Q 增大,$Q>K^{\ominus}$,因此,逆方向反应自发进行,平衡向逆反应方向移动——这将消耗新增的 C 的浓度。

反之,如果减少体系中反应物如 C 的浓度,则新条件下 $p'_C<p_C$,这将导致 Q 减小,$Q<K^{\ominus}$,因此,正方向反应自发进行,平衡向正反应方向移动——这将增加 C 的浓度。

(3) 如果增加体系外压,对体系进行压缩,则体系中所有物种的分压都同时增加相同的倍数$n(n>1)$,则新条件下的 Q 和 $K^{\ominus}$关系为

$$\frac{Q}{K^{\ominus}}=\frac{(np_C/100)^c\ (np_D/100)^d}{(np_A/100)^a\ (np_B/100)^b}\bigg/\frac{(p_C/100)^c\ (p_D/100)^d}{(p_A/100)^a\ (p_B/100)^b}=n^{(c+d)-(a+b)}$$

可知,如果是分子数增加的反应(即 $c+d>a+b$),那么 $Q>K^{\ominus}$,因此平衡向逆反应方向移动,这将减少总分子数;而如果是分子数减少的反应(即 $c+d<a+b$),那么 $Q<K^{\ominus}$,因此平衡向正反应方向移动,这将同样减少总分子数。

反之,如果减小体系的外压,使体系膨胀,则体系中所有物种的分压都同时减小相同倍数。

可以推出，平衡的移动将增加体系的总分子数。

(4) 如果升高体系的温度，这将影响反应的标准平衡常数 $K^{\ominus}$。由于对于吸热反应($\Delta_r H_m^{\ominus} >$ 0)，温度升高将导致 $K^{\ominus}$ 增大，这将导致 $Q < K^{\ominus}$，因此平衡向正反应(吸热)方向移动；而对于放热反应，温度升高将导致 $K^{\ominus}$ 减小，这将导致 $Q > K^{\ominus}$，因此平衡向逆反应(同样是吸热)方向移动。

反之，如果降低体系温度，将导致平衡向放热方向移动。

下面用几个例子来更好地说明。

【例 5-16】 在密闭容器中，CO 和 H_2O 在 850℃时建立平衡：

$$CO(g) + H_2O(g) \rightleftharpoons CO_2(g) + H_2(g)$$

其标准平衡常数 $K^{\ominus} = 1.00$，试求：

(1) CO 和 H_2O 的起始浓度均为 1.000 mol · L^{-1}时，CO 和 H_2O 的转化率及各组分的平衡浓度。

(2) CO 和 H_2O 的起始浓度分别为 1.000 mol · L^{-1}和 3.000 mol · L^{-1}时，CO 和 H_2O的转化率。

(3) CO 和 H_2O 的起始浓度分别为 2.000 mol · L^{-1}和 3.000 mol · L^{-1}时，CO 和 H_2O的转化率。

解 设平衡体系/系统中 CO_2 的浓度为 x(mol · L^{-1})。

(1) 当 CO 和 H_2O 的起始浓度均为 1.000 mol · L^{-1}时

	CO(g)	+	H_2O(g)	$\rightleftharpoons$	CO_2(g)	+	H_2(g)
起始浓度/(mol · L^{-1})	1.000		1.000		0		0
平衡浓度/(mol · L^{-1})	$1.000-x$		$1.000-x$		x		x

代入到平衡常数表达式，于是

$$1.00 = \frac{x^2}{(1.000-x)^2}$$

解得，$x = 0.500$ mol · L^{-1}，即转化率为

$$CO: 0.500/1.000 = 0.500 = 50\%$$

$$H_2O: 0.500/1.000 = 50\%$$

平衡时各组分的浓度为

$$[CO] = [H_2O] = (1.000 - 0.500)\ \text{mol} \cdot \text{L}^{-1} = 0.500\ \text{mol} \cdot \text{L}^{-1}$$

$$[CO_2] = [H_2] = 0.500\ \text{mol} \cdot \text{L}^{-1}$$

(2) 当 CO 和 H_2O 的起始浓度分别为 1.000 mol · L^{-1}和 3.000 mol · L^{-1}时，可导出

$$1.00 = \frac{x^2}{(1.000-x)(3.000-x)}$$

解得，$x = 0.750$ mol · L^{-1}，即转化率为

$$CO: 0.750/1.000 = 75\%$$

$$H_2O: 0.750/3.000 = 25\%$$

平衡时各组分的浓度为

$$[CO] = (1.000 - 0.750)\ \text{mol} \cdot \text{L}^{-1} = 0.250\ \text{mol} \cdot \text{L}^{-1}$$

$$[H_2O] = (3.000 - 0.750)\ \text{mol} \cdot \text{L}^{-1} = 2.250\ \text{mol} \cdot \text{L}^{-1}$$

$$[CO_2] = [H_2] = 0.750\ \text{mol} \cdot \text{L}^{-1}$$

(3) CO和H_2O的起始浓度分别为2.000 mol·L^{-1}和3.000 mol·L^{-1}时，可导出

$$1.00=\frac{x^2}{(2.000-x)(3.000-x)}$$

解得，$x=1.200$ mol·L^{-1}，即转化率为

$$CO:\ 1.200/2.000=60\%$$

$$H_2O:\ 1.200/3.000=40\%$$

平衡时各组分的浓度为

$$[CO]=(2.000-1.200)\ \text{mol}\cdot\text{L}^{-1}=0.800\ \text{mol}\cdot\text{L}^{-1}$$

$$[H_2O]=(3.000-1.200)\ \text{mol}\cdot\text{L}^{-1}=1.800\ \text{mol}\cdot\text{L}^{-1}$$

$$[CO_2]=[H_2]=1.200\ \text{mol}\cdot\text{L}^{-1}$$

从上述计算结果可以看出，对于含有两个或多个反应物的反应体系/系统，若增大某一反应物的浓度，则可提高其他反应物的转化率，而该反应物的转化率则降低。在工业生产中，常常利用增大一种易得到且廉价的反应物浓度的方法来提高另一种反应物的转化率。如上例中，可通入过量的蒸汽，来提高CO的转化率。

【例5-17】 已知400℃时合成氨反应：

$$N_2(g)+3H_2(g)\rightleftharpoons 2NH_3(g)$$

标准平衡常数$K^\ominus=6.14\times10^{-4}$。以$N_2:H_2=1:3$的氮氢混合气体合成氨，分别计算体系的总压为1000 kPa和5000 kPa时，反应达到平衡后的H_2转化率。

解 (1) 总压为1000 kPa时，在开始反应前，因$N_2:H_2=1:3$，因此N_2和H_2的分压分别为

$$p_{N_2}=[1000\times1/(1+3)]\ \text{kPa}=250\ \text{kPa},\quad p_{H_2}=[1000\times3/(1+3)]\ \text{kPa}=750\ \text{kPa}$$

设平衡时N_2分压减少x，于是有

	$N_2(g)$ +	$3H_2(g)$ $\rightleftharpoons$	$2NH_3(g)$
起始分压/kPa	250	750	0
平衡分压/kPa	$250-x$	$750-3x$	$2x$

则有

$$K^\ominus=\frac{(p_{NH_3}/100)^2}{(p_{N_2}/100)(p_{H_2}/100)^3}=\frac{(p_{NH_3})^2}{p_{N_2}(p_{H_2})^3}\times10^4$$

$$=\frac{(2x)^2}{(250-x)(750-3x)^3}\times10^4=\frac{(2x)^2}{(250-x)^4}\times\frac{10^4}{3^3}$$

$$2.7\times10^{-3}\times6.14\times10^{-4}=\frac{(2x)^2}{(250-x)^4}$$

解之，得到：$x/250=0.125$，即转化率为$3x/750=x/250=0.125=12.5\%$。

(2) 总压为5000 kPa时，在开始反应前，因$N_2:H_2=1:3$，因此N_2和H_2的分压分别为

$$p_{N_2}=[5000\times1/(1+3)]\ \text{kPa}=5\times250\ \text{kPa}$$

$$p_{H_2}=[5000\times3/(1+3)]\ \text{kPa}=5\times750\ \text{kPa}$$

设平衡时N_2分压减少$5x$，于是有

$$N_2(g) + 3H_2(g) \rightleftharpoons 2NH_3(g)$$

起始分压/kPa　5×250　　5×750　　0

平衡分压/kPa　$5\times(250-x)$　　$5\times(750-3x)$　　$5\times2x$

$$K^{\ominus}=\frac{(p_{NH_3}/100)^2}{(p_{N_2}/100)(p_{H_2}/100)^3}=\frac{(p_{NH_3})^2}{p_{N_2}(p_{H_2})^3}\times10^4$$

$$=\frac{(5\times2x)^2}{5\times(250-x)\times5^3\times(750-3x)^3}\times10^4$$

$$5^2\times2.7\times10^{-3}\times6.14\times10^{-4}=\frac{(2x)^2}{(250-x)^4}$$

解之，得到：$x/250=0.35$，即转化率为 $5\times3x/(5\times750)=x/250=0.35=35\%$。

由上例看到，当体系的总压由 1000 kPa 提高至 5000 kPa 后，可使 H_2 的转化率从 12.5% 提高到 35%。因此，为了提高氨的产率，可在合成氨生产中采用高压。

5.2.3 化学反应的偶联原理

1. 多重平衡

前面讨论的都是由单一化学反应所构成的体系的化学平衡问题，但实际的生物化学过程中，往往有若干种化学平衡同时存在，一种或一种以上物质同时参与几种平衡，这种现象称为多重平衡(multiple equilibrium)。多重平衡的基本特征是参与多个反应的物质的浓度或分压必须同时满足这些平衡。例如，CO_2 溶解于 Na_2CO_3 溶液的反应分成下列过程：

反应 1：$CO_2+H_2O \rightleftharpoons H_2CO_3 \quad K^{\ominus}(1)=1.8$

在生物体内，这个反应通常需要一种生物酶——碳酸酐酶催化进行。

反应 2：$H_2CO_3 \rightleftharpoons H^+ + HCO_3^- \quad K^{\ominus}(2)=4.3\times10^{-7}$

碳酸解离产生的 H^+ 会与 CO_3^{2-} 进一步发生下列反应：

反应 3：$H^+ + CO_3^{2-} \rightleftharpoons HCO_3^- \quad K^{\ominus}(3)=1.8\times10^{10}$

上述总反应为

$$CO_2+H_2O+CO_3^{2-} \rightleftharpoons 2HCO_3^-$$

这即是一个多重平衡的例子。

平衡常数也是广度性质的状态函数，即 $K^{\ominus}$ 和 $\Delta_r G_m^{\ominus}$ 一样具有加和性。不同的是，$\Delta_r G_m^{\ominus}$ 是算术加和，例如，当反应 3＝反应 2＋反应 1 时，

$$\Delta_r G_m^{\ominus}(3)=\Delta_r G_m^{\ominus}(2)+\Delta_r G_m^{\ominus}(1)$$

而 $K^{\ominus}$ 是几何加和，即

$$K^{\ominus}(3)=K^{\ominus}(2)\cdot K^{\ominus}(1)$$

这种在多重平衡系统中，若两个或多个反应相加或相减，则总反应的标准平衡常数等于这两个或多个反应的标准平衡常数的乘积或商。这个规则叫多重平衡规则。

根据多重平衡规则，可得上述总反应的 $K^{\ominus}$ 为

$$K^{\ominus}=K^{\ominus}(1)\cdot K^{\ominus}(2)\cdot K^{\ominus}(3)=1.8\times4.3\times10^{-7}\times1.8\times10^{10}=1.4\times10^4$$

可见，总反应 $K^{\ominus}>1$ 而且较大，因此总反应是个自发反应，即 CO_2 很容易溶解于 Na_2CO_3 溶液。但是前两步不是自发过程或反应趋势很小，而第三步反应对总反应能够自发进行非常重要，正

是由于第三步较大的平衡常数才使整个反应能够进行。

在生物化学过程中,多重平衡过程是很常见的。不过多重平衡的解题比较复杂,特别是生命过程中,所涉及的平衡过程往往较多,实际上无法用简单数学方法解题,经常用的是计算机辅助的数值计算方法。有兴趣的读者可以参阅物理化学和分析化学课程的有关内容。

2. 化学反应的偶联原理

生命体系中许多基本过程如蛋白质的合成、DNA的复制等都是$\Delta G>0$的反应,需要消耗能量才能进行。G是广度性质的状态函数,具有加和性,因此理论上可以将一个$\Delta G>0$的反应和一个$\Delta G<0$的反应结合起来,使总反应的$\Delta G<0$,这样就可以实现$\Delta G>0$的反应过程。这即是化学反应的偶联。

我们来看下列反应:

反应1:$C_6H_{12}O_6+6O_2 \longrightarrow 6CO_2+6H_2O$ $\qquad \Delta_r G_m^{\ominus}=-2876\ kJ\cdot mol^{-1}$

反应2:$ADP+H_2PO_4^- \longrightarrow ATP+H_2O$ $\qquad \Delta_r G_m^{\ominus}=30\ kJ\cdot mol^{-1}$

反应3:$C_6H_{12}O_6+36ADP+36H_2PO_4^-+6O_2 \longrightarrow 6CO_2+42H_2O+36ATP$

$\Delta_r G_m^{\ominus}=-1796\ kJ\cdot mol^{-1}$

上述反应是生物体内3个非常重要的反应。反应1是葡萄糖的彻底氧化,这是一个可以大量释放能量的反应;反应2是体内重要的能量分子ATP的合成反应,这是一个非自发的反应;反应3是生物化学中所熟知的氧化磷酸化反应,它是反应1和2的加和结果。体内每一分子葡萄糖彻底氧化则生产36分子的ATP。虽然ATP的合成不能够自发进行,但通过和一个具有很大自发趋势的反应结合在一起后,ATP的自发合成成为可能。

但是若认真思考时,问题并非那么简单,例如反应1释放的自由能完全可以推动90个以上ATP的合成反应,为什么体内仅有36个ATP被合成呢(能量利用的效率仅有38%)?实际上,当向含有葡萄糖、ADP和磷酸的溶液中通入氧气,我们只能得到各种氧化产物,不可能获得任何ATP的生成。

生物化学研究表明,在体内上述反应3并不是一个真实的反应。实际上,反应1和2是在各自独立的范围内进行的。葡萄糖的彻底氧化是一个非常复杂的反应过程。葡萄糖氧化释放的自由能被转化成一种储存于细胞膜上的电势能,通过一种电动力机制推动ADP向ATP的转化[①],最终形成反应3——氧化磷酸化总反应。

氧化磷酸化反应是在一种细胞器——线粒体内进行的,因此线粒体也被称为是细胞能量的工厂。如同热力发电机将燃料燃烧氧化释放的热能转化成电能然后做功一样,这里线粒体成为了一种"做功机器"。靠这些"做功机器",可以将释放能量的反应和我们想进行的任何非自发反应偶联在一起,这是非常重要的一种能量利用方法。

那么,化学反应不通过"做功机器"可以直接实现偶联吗?答案当然是肯定的。我们来看下列反应:

反应1:$C_6H_{12}O_6+H_2PO_4^- \longrightarrow$ Glucose-6-phosphate$+H_2O+H^+$ $\qquad \Delta_r G_m^{\ominus}=13\ kJ\cdot mol^{-1}$

反应2:$ATP+H_2O \longrightarrow ADP+H_2PO_4^-$ $\qquad \Delta_r G_m^{\ominus}=-30\ kJ\cdot mol^{-1}$

反应3:$C_6H_{12}O_6+ATP \longrightarrow$ Glucose-6-phosphate$+ADP+H^+$ $\qquad \Delta_r G_m^{\ominus}=-17\ kJ\cdot mol^{-1}$

上面反应1中的产物葡萄糖-6-磷酸(glucose-6-phosphate)是葡萄糖氧化过程中一个关键的中间产物。从反应1可知,直接由葡萄糖和磷酸盐生成葡萄糖-6-磷酸不是一个自发反应。反应

① 描述线粒体ATP合成的理论称为化学渗透理论,其详细内容将在生物化学课程中学习。

2 是 ATP 的水解反应，这是一个自发的反应。当上述反应加和后得到反应 3，即葡萄糖和 ATP 反应生成葡萄糖-6-磷酸，此反应则是一个自发过程。

仔细观察上述反应的加和过程可见，反应 1 中的反应物 $H_2PO_4^-$ 是反应 2 的产物，这和前面讲的葡萄糖氧化和磷酸化偶联反应不一样——这一点非常重要。因此反应 3 中 ATP 和葡萄糖反应相当于用一个自发生成 $H_2PO_4^-$ 反应代替 $H_2PO_4^-$ 自身，也就是在很大程度上提高了反应物的浓度，按照勒夏特列原理，反应 1 的平衡自然向正反应方向——生成葡萄糖-6-磷酸产物的方向移动。因此，化学反应的直接偶联必须是一个反应的产物是另一个反应的反应物，反应偶联的原理实际上就是平衡移动的原理。

在生命体系内，当一个化学反应和 ATP 水解反应偶联时，根据状态函数的广度性质加和原理，必然使总反应的 $\Delta_r G_m^\ominus$ 减少 30 kJ · mol^{-1}，因此从化学反应的等温方程式可知

$$\frac{K^{\ominus'}}{K^\ominus}=e^{\frac{-\Delta_r G_m^\ominus}{RT}}=e^{\frac{30\times1000}{8.31\times310}}\approx1\times10^5$$

即每一分子 ATP 使偶联反应的标准平衡常数约增大 10^5 倍(37℃)。

5.3 化学动力学

成语“捷足者先登”，即说明了速率的重要性。化学反应也是一样，当一个反应有几种反应的可能性时，那个最快的反应将决定最后的生成产物是什么。例如，中学化学中用乙醇制备乙烯的化学反应：

$$C_2H_5OH \xrightarrow{\text{浓 } H_2SO_4} CH_2{=}CH_2+H_2O$$

制备乙烯的反应通常需要加入浓硫酸。这是为什么呢？因为 C_2H_5OH 加热时至少有下列几种反应的可能性：

$$C_2H_5OH \longrightarrow CH_2{=}CH_2+H_2O$$
$$2C_2H_5OH \longrightarrow C_2H_5OC_2H_5+H_2O$$
$$C_2H_5OH \longrightarrow CH_3CHO+H_2$$
$$\cdots\cdots$$

生成乙烯只是其中的一种。如果我们想要乙烯是主要的产物，那么就必须使生成乙烯的反应速率大大快于其他反应的速率。所以，在制备乙烯时，需加入浓硫酸加快生成乙烯的速率。

许多热力学上自发趋势很大的反应，往往进行得极慢，甚至是难以进行的。例如，组成我们身体的有机分子(如蛋白质、糖类、脂肪、核酸等)都有很大地被 O_2 氧化的趋势。如果这些生物分子的氧化过程很容易进行，那么地球上就只有稳定的氧化物存在，不会有生命产生。所幸的是，O_2 进行氧化的速率是极慢的，所以这些生物分子可以在空气中稳定存在，同时生物也是利用这些生物分子在催化条件下的氧化分解，为生命过程提供能量。

汽车是现代重要的交通工具，但汽车尾气给环境带来了很多问题。其中一种污染分子是汽油不完全燃烧产生的 NO，其实汽油不完全燃烧还产生其他分子如 CO，理论上 CO 可以与 NO 反应：

$$2NO+2CO \longrightarrow 2CO_2+N_2 \quad \Delta_r G_m^\ominus=-344.8\ \text{kJ}\cdot\text{mol}^{-1}$$

这个反应的热力学趋势很大，但遗憾的是，在常温常压下，该反应的反应速率非常缓慢，在汽车正常行驶下是不可能发生的。于是人们正在努力研究各种汽车的催化剂，促进上述反应的发生，减少环境污染。

总之,掌握一个化学反应,仅从热力学趋势上弄清楚是远远不够的,更重要的是能够控制化学反应的速率,研究化学反应的速率控制机制的是化学动力学(chemical kinetics)。在开始讲解化学动力学原理之前,首先应该对化学反应速率进行定量的描述。

5.3.1 化学反应速率

化学反应速率(rate of chemical reaction)通常用单位时间内反应物浓度的减少或产物浓度的增加来表示。假如下列反应:

$$a\mathrm{A} \longrightarrow b\mathrm{P}$$

那么此反应的速率 v 为

$$v=-\frac{\mathrm{d}c_{\mathrm{A}}}{\mathrm{d}t} \quad 或 \quad v=\frac{\mathrm{d}c_{\mathrm{P}}}{\mathrm{d}t}$$

显然,在上述定义中速率根据不同的表达方式,其大小是不一样的,因此书写反应速率,必须写明定义的方式。如果为了让一个反应的速率为同一个数值,可以将不同定义的反应速率除以反应方程式中该物种的计量系数,即得调整反应速率 v':

$$v'=-\frac{1}{a}\frac{\mathrm{d}c_{\mathrm{A}}}{\mathrm{d}t}=\frac{1}{b}\frac{\mathrm{d}c_{\mathrm{p}}}{\mathrm{d}t}$$

上述调整反应速率 v' 等同于用反应进度[①]表示的反应速率。反应速率用反应进度表示时,其定义为

$$v=-\frac{1}{V}\frac{\mathrm{d}\xi}{\mathrm{d}t}=-\frac{1}{\nu_{\mathrm{A}}}\frac{\mathrm{d}n_{\mathrm{A}}}{V\cdot\mathrm{d}t}=-\frac{1}{\nu_{\mathrm{A}}}\frac{\mathrm{d}c_{\mathrm{A}}}{\mathrm{d}t}$$

即单位体积的反应体系中,反应进度 ξ 随时间的变化率。不过,用 ξ 定义的反应速率在生物化学应用中极少用到。

如果检测上述反应中反应物 A 的浓度变化,可以看到 c_{A} 在不断变化,而且化学反应的速率也会随着反应的进行在不断地改变。在研究时,我们感兴趣的有下列 3 种类型的反应速率:平均速率、瞬时速率和初始速率(图 5-4)。

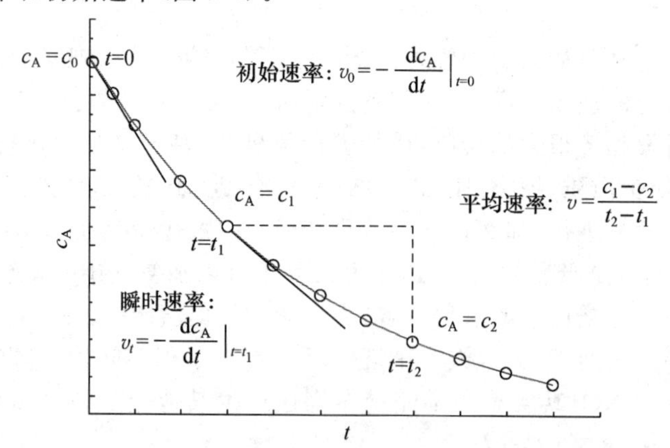

图 5-4 反应过程中反应物 A 的浓度变化曲线与平均速率、瞬时速率和初始速率的示意

---

① 反应进度即反应进行的次数,其定义为某物种 A 的变化量 Δn_{A} 除以该物质在化学反应方程式中的系数 ν_{A}:$\Delta\xi=\Delta n_{\mathrm{A}}/\nu_{\mathrm{A}}$。

(1) 平均速率(average rate)。是在反应进行的两个时间点之间反应物或产物浓度在单位时间内变化的平均值。在图 5-4 中,从时间 t_1 到 t_2,反应物 A 的浓度从 c_1 减小到 c_2,则此间的平均速率为

$$\bar{v}=-\frac{c_2-c_1}{t_2-t_1}=\frac{c_1-c_2}{t_2-t_1}$$

实际上,实验测定的反应速率都是反应的平均速率。

(2) 瞬时速率(instantaneous rate)。是某一时间点时反应物或产物浓度的变化率,它是平均速率的极限值,即当 t_2 趋近于 t_1 条件下的平均速率便是 t_1 时刻的瞬时速率:

$$v_t=-\left.\frac{\mathrm{d}c_\mathrm{A}}{\mathrm{d}t}\right|_{t=t_1}=\lim_{t_2\to t_1}\left(\frac{c_1-c_2}{t_2-t_1}\right)$$

反应的瞬时速率一般可以通过作图计算。在反应物或产物浓度曲线上求得某一时刻点切线的斜率,斜率的绝对值即为该时刻反应的瞬时速率。

(3) 初始速率(initial rate)。即 $t=0$ 时的反应瞬时速率,即

$$v_0=-\left.\frac{\mathrm{d}c_\mathrm{A}}{\mathrm{d}t}\right|_{t=0}=\lim_{t_2\to 0}\left(\frac{c_0-c_2}{t_2-0}\right)$$

【例 5-18】 340 K 时,N_2O_5 在密闭容器中的分解反应为

$$2N_2O_5(g) \longrightarrow 4NO_2(g)+O_2(g)$$

实验测得不同时间的 N_2O_5 浓度数据如下:

t/min	0.00	1.00	2.00	3.00	4.00	5.00
$c(N_2O_5)/(\mathrm{mol\cdot L^{-1}})$	1.000	0.707	0.500	0.354	0.250	0.177

请计算:

(1) 在 5 min 内的平均速率。

(2) 在第 2 分钟时的瞬时速率。

(3) 反应的初始速率。

解 (1) 在 5 min 内的平均速率为

$$\bar{v}=-\Delta c(N_2O_5)/\Delta t=(1.000-0.177)\ \mathrm{mol\cdot L^{-1}}/(5.00-0.00)\ \mathrm{min}$$
$$=0.165\ \mathrm{mol\cdot L^{-1}\cdot min^{-1}}$$

(2) 以 $c(N_2O_5)$-t 作图:

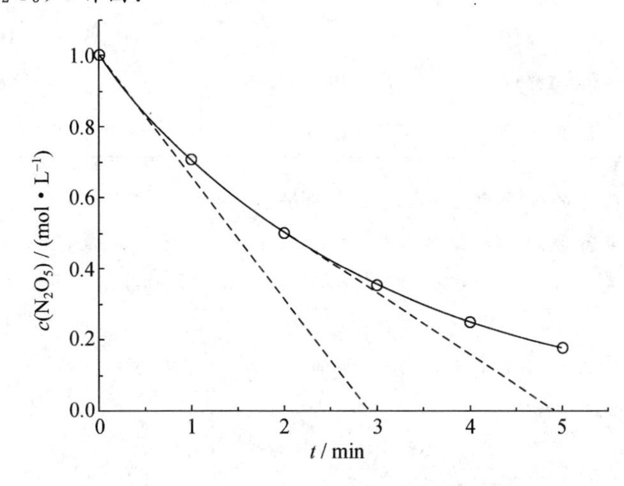

从切线读出截距,计算出在第2分钟时的瞬时速率为

$$v=-\mathrm{d}c(N_2O_5)/\mathrm{d}t|_{t=2}$$
$$=0.500\ \mathrm{mol\cdot L^{-1}}/(4.90-2.00)\ \mathrm{min}=0.173\ \mathrm{mol\cdot L^{-1}\cdot min^{-1}}$$

另外,从图中可见1~3 min的浓度变化接近直线,所以也可以1~3 min的平均速率作为第2分钟时的瞬时速率:

$$v=-\mathrm{d}c(N_2O_5)/\mathrm{d}t|_{t=2}\approx\Delta c(N_2O_5)/\Delta t$$
$$=(0.707-0.354)\ \mathrm{mol\cdot L^{-1}}/(3.00-1.00)\ \mathrm{min}=0.176\ \mathrm{mol\cdot L^{-1}\cdot min^{-1}}$$

可见两者非常接近。

(3) 作零点的切线,从切线截距可知初始速率为

$$v=-\mathrm{d}c(N_2O_5)/\mathrm{d}t|_{t=0}$$
$$=1.000\ \mathrm{mol\cdot L^{-1}}/2.88\ \mathrm{min}=0.347\ \mathrm{mol\cdot L^{-1}\cdot min^{-1}}$$

5.3.2 反应速率和反应物浓度的关系——质量作用定律

19世纪,挪威化学家古德堡(C. M. Guldberg)和瓦格(Waage)发现反应速率和反应物的浓度具有一定的关系。据此,他们提出了反应速率的唯象规律——质量作用定律(law of mass action),即在一定温度下,化学反应的反应速率与各反应物浓度幂的乘积成正比。对于任一反应

$$a\mathrm{A}+b\mathrm{B}\longrightarrow \text{产物}$$

反应速率与反应物浓度的关系为

$$v=kc_A^m c_B^n$$

这个方程称为化学反应的速率方程式(rate equation),一般都由实验获得。m,n有时分别等于a,b,有时两者不同,有时m,n的数值为小数。

【例5-19】 某温度下,测得反应A+B⟶D的有关实验数据如下:

实验序号	初始浓度/($\mathrm{mol\cdot L^{-1}}$)		初始速率/($\mathrm{mol\cdot L^{-1}\cdot s^{-1}}$)
	A	B	
1	1.00×10^{-3}	1.00×10^{-3}	5.60×10^{-6}
2	1.00×10^{-3}	2.00×10^{-3}	1.13×10^{-5}
3	1.00×10^{-3}	6.00×10^{-3}	3.37×10^{-5}
4	2.50×10^{-3}	6.00×10^{-3}	2.25×10^{-4}
5	4.00×10^{-3}	6.00×10^{-3}	5.05×10^{-4}

(1) 写出该反应的速率方程,确定反应的级数。

(2) 计算速率常数。

(3) 求该温度下,$c_A=6.00\times10^{-3}\ \mathrm{mol\cdot L^{-1}}$,$c_B=3.00\times10^{-3}\ \mathrm{mol\cdot L^{-1}}$时的反应速率。

解 (1) 设该反应的速率方程为

$$v=kc_A^m c_B^n$$
$$\ln v=\ln k+m\ln c_A+n\ln c_B$$

当固定 c_A 时，则以 $\ln v$-$\ln c_B$ 作图，其直线斜率为 n：

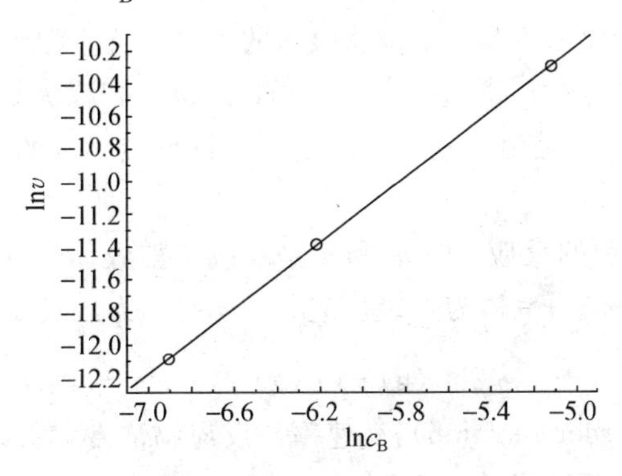

于是得到 $$n=1.00\pm0.01,\quad 即\ n=1$$

当固定 c_B 时，则以 $\ln v$-$\ln c_A$ 作图，其直线斜率为 m：

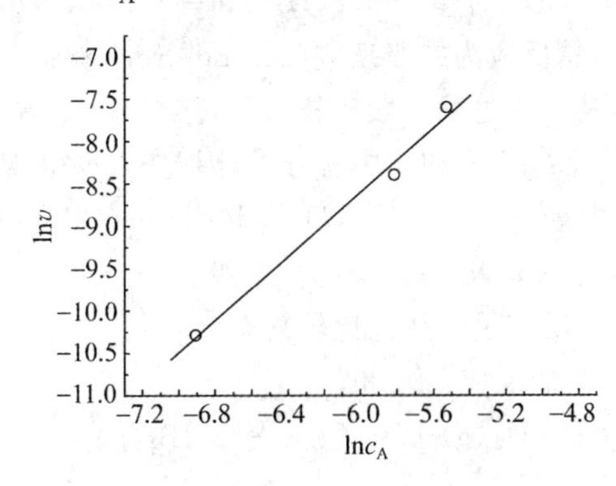

于是得到 $$m=1.97\pm0.08,\quad 即\ m=2$$

（2）以 $\ln v$-$(m\ln c_A+n\ln c_B)$ 作图，其直线的截距为 $\ln k$：

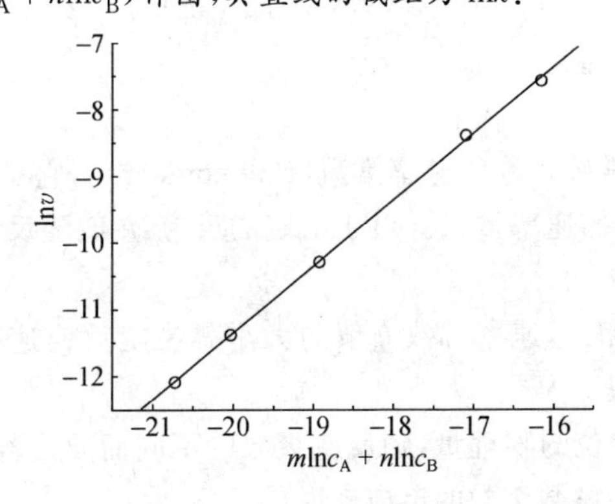

于是得到 $$\ln k=8.6\pm0.2,\quad 即\ k=5.43\times10^3\ \mathrm{L^2\cdot mol^{-2}\cdot s^{-1}}$$

故其速率方程为 $$v=5.43\times10^3 c_A^2 c_B$$

（3）当 $c_A=6.00\times10^{-3}\ \mathrm{mol\cdot L^{-1}}$，$c_B=3.00\times10^{-3}\ \mathrm{mol\cdot L^{-1}}$ 时，

$$\begin{aligned}v&=[5.43\times10^3\times(6.00\times10^{-3})^2\times3.00\times10^{-3}]\ \mathrm{mol\cdot L^{-1}\cdot s^{-1}}\\&=5.86\times10^{-4}\ \mathrm{mol\cdot L^{-1}\cdot s^{-1}}\end{aligned}$$

观察反应的速率方程，可以看到反应速率方程有两个要点：反应级数 $(m+n)$ 和速率常数 k。

1. 反应级数

首先,反应速率与反应物浓度具有浓度幂乘积的关系。反应物浓度的指数 m 和 n 对于速率方程后续的数学处理是关键的。我们把 m 与 n 的和"$m+n$"称为该反应的反应级数(reaction order)。m 和 n 的大小一般都是由实验进行测定。根据反应级数的大小,可以把化学反应分成不同类型:

(1) 具有简单整数级数的反应:即 m 和 n 是 0 或正整数,$m+n$ 也就是 0 或正整数。如果 $m+n=0$,则为零级反应;$m+n=1$,为一级反应;$m+n=2$,为二级反应;以此类推。例如

$$2N_2O(g) \xrightarrow{Au} 2N_2(g)+O_2(g) \qquad v=-dc(N_2O)/dt=k$$

此反应为零级反应(zero order reaction),其速率与反应物浓度无关。又如

$$2N_2O_5(g) \longrightarrow 4NO_2(g)+O_2(g) \qquad v=-dc(N_2O_5)/dt=k \cdot c(N_2O_5)$$

该反应是一级反应(first order reaction),其速率与反应物浓度成正比。又如

$$H_2(g)+I_2(g) \longrightarrow 2HI(g) \qquad v=-dc(H_2)/dt=-dc(I_2)/dt=k \cdot c(H_2) \cdot c(I_2)$$

该反应对 H_2 和 I_2 均为一级,总反应为二级反应(second order reaction)。

具有简单级数的反应,其反应过程一般比较简单,甚至是一步完成。

(2) 具有分数级数的反应:即 m 和 n 中有分数,因此 $m+n$ 也是分数。例如

$$H_2(g)+Cl_2(g) \longrightarrow 2HCl(g) \qquad v=-dc(H_2)/dt=-dc(Cl_2)/dt=k \cdot c(H_2) \cdot c^{0.5}(Cl_2)$$

此反应对 H_2 是一级,对 Cl_2 是 0.5 级,总反应为 1.5 级。

具有分数级数的反应,其反应过程往往比较复杂。

(3) 无法用反应级数归类的反应:例如

$$H_2(g)+Br_2(g) \longrightarrow 2HBr(g)$$

实验测得的其速率方程为

$$v=\frac{kc_{H_2}c_{Br_2}^{0.5}}{2(1+k'c_{HBr}/c_{Br_2})}$$

显然这个反应的过程非常复杂。

2. 速率常数

在速率方程中的比例常数 k 称为速率常数(rate constant),它是由反应物本性决定的特性常数。不同的反应,有不同的速率常数。对于给定的反应,k 值随反应温度、所用催化剂、反应介质等反应条件的不同而不同。

与反应物的浓度因素相比,速率常数 k 值的大小是决定反应速率的更关键因素。在相同条件下,k 值越大,反应越快。

速率常数 k 是一个有单位的物理量,随反应级数的不同而异。若浓度的单位为 $mol \cdot L^{-1}$,时间的单位为 s,则对于简单整数级数的反应来说:

(1) 零级反应:k 的单位为 $mol \cdot L^{-1} \cdot s^{-1}$;

(2) 一级反应:k 的单位为 s^{-1}。请注意,这个单位中没有浓度因素,这是一级反应的重要特点。

(3) 二级反应:k 的单位为 $L \cdot mol^{-1} \cdot s^{-1}$。

由此可见,根据给出的速率常数的单位便可以判断反应的级数。

3. 关于速率方程其他需要注意的事项

在书写反应的速率方程时,其他需要注意的事项有:

(1) 纯固体或纯液体反应物的浓度不要写入速率方程中。例如,碳的燃烧反应:

$$C(s)+O_2(g)\longrightarrow CO_2(g)$$

这是一个多相反应,反应只在碳的表面进行,对一定粉碎度的碳,其表面积为一常数,实验测得其速率方程为

$$v=-dc(O_2)/dt=dc(CO_2)/dt=kc(O_2)$$

(2) 在稀溶液中进行的反应,如果溶剂参与反应,但因它是大量的,在反应过程中可视为其浓度不变,故也不必写入速率方程。例如,蔗糖在酸中进行的水解反应:

$$C_{12}H_{22}O_{11}+H_2O\longrightarrow C_6H_{12}O_6(\text{果糖})+C_6H_{12}O_6(\text{葡萄糖})$$

溶剂水的浓度没有变化,实验测得其速率方程为

$$v=-dc(C_{12}H_{22}O_{11})/dt=kc(C_{12}H_{22}O_{11})$$

5.3.3 具有简单级数的反应的数学关系

速率方程给出了浓度与反应速率的关系,而在实际工作中人们通常更关注的是浓度如何随时间而变。因此,需要对反应速率方程进行进一步的数学变换,从而获得浓度-时间关系。下面对一些简单级数反应的数学关系进行介绍。

1. 一级反应

假定反应方程式为

$$A\longrightarrow \text{产物}$$

反应的速率方程为

$$v=-\frac{dc_A}{dt}=kc_A$$

进行数学转换和积分处理:

$$\frac{dc_A}{c_A}=-k\,dt$$

$$\int_{c_0}^{c_t}\frac{dc_A}{c_A}=\int_0^t -k\,dt$$

$$\ln\frac{c_t}{c_0}=-kt \quad 或 \quad \ln c_t=\ln c_0-kt \tag{5-10}$$

上式是一种线性关系表达式,即将 $\ln c_t$ 对 t 作图,应得一直线,其斜率为 $-k$,截距为 $\ln c_0$。也可以进一步转变成指数形式:

$$c_t=c_0 e^{-kt} \tag{5-11}$$

半衰期(half time)是反应物消耗了一半的量所需的时间,用 $t_{\frac{1}{2}}$ 表示。可以算出一级反应的半衰期为

$$\ln\frac{c_t}{c_0}=\ln\frac{c_0/2}{c_0}=-kt_{\frac{1}{2}}$$

$$t_{\frac{1}{2}}=\frac{\ln 2}{k}=\frac{0.693}{k} \tag{5-12}$$

据上式可知,一级反应的半衰期是由速率常数决定的,而与反应物的浓度无关。对于一级反应

来说,$t_{\frac{1}{2}}$是速率常数 k 的另一种表达形式。

在一定温度下,对于某个一级反应来说,其半衰期为一常数。元素的放射性衰变反应多数为一级反应,例如:

$$^{60}_{27}\mathrm{Co} \longrightarrow {}^{60}_{28}\mathrm{Ni} + {}^{0}_{-1}\mathrm{e} \qquad t_{\frac{1}{2}} = 5.26\ \mathrm{a}^{①}$$

^{60}Co 广泛应用于癌症治疗和灭菌消毒。

【例 5-20】 活着的动植物体内^{14}C和^{12}C两种同位素的比值和大气中CO_2所含这两种碳同位素的比值是相等的,但动植物死亡后,由于不断蜕变

$$^{14}_{6}\mathrm{C} \longrightarrow {}^{14}_{7}\mathrm{N} + {}^{0}_{-1}\mathrm{e} \qquad t_{\frac{1}{2}} = 5730\ \mathrm{a}$$

^{14}C/^{12}C 由于不再和外界进行物质交换,因此不断下降。今考古工作者在周口店山顶洞遗址挖掘出一块斑鹿骨化石,经测定其^{14}C/^{12}C 值为当今活着的动植物的^{14}C/^{12}C 比值的 0.109 倍。假定地球环境中的^{14}C/^{12}C 比值在过去的地质年代一直保持不变,试估算该化石的年龄。

解 首先,从 $t_{\frac{1}{2}} = 5730$ a,可计算出^{14}C 衰变的速率常数为

$$k = 0.693/t_{\frac{1}{2}} = (0.693/5730)\ \mathrm{a}^{-1} = 1.21 \times 10^{-4}\ \mathrm{a}^{-1}$$

由于^{12}C 不会衰变,因此

$$c_t(^{14}\mathrm{C})/c_0(^{14}\mathrm{C}) = ([^{14}\mathrm{C}]/[^{12}\mathrm{C}])_{\text{化石}}/([^{14}\mathrm{C}]/[^{12}\mathrm{C}])_{\text{活的动植物}} = 0.109$$

代入一级反应浓度-时间关系式(公式 5-10)

$$\ln[c_t(^{14}\mathrm{C})/c_0(^{14}\mathrm{C})] = \ln 0.109 = -kt = -1.21 \times 10^{-4} t$$

由此,计算出该化石的年龄 t 为

$$t = (-\ln 0.109/1.21 \times 10^{-4})\ \mathrm{a} = 1.83 \times 10^4\ \mathrm{a}(\text{约 } 1.8 \text{ 万年})$$

2. 二级反应

假定反应方程式为

$$\mathrm{A} \longrightarrow \text{产物}$$

反应的速率方程为

$$v = -\frac{\mathrm{d}c_{\mathrm{A}}}{\mathrm{d}t} = kc_{\mathrm{A}}^2$$

进行数学转换和积分处理:

$$-\frac{\mathrm{d}c_{\mathrm{A}}}{c_{\mathrm{A}}^2} = k\mathrm{d}t$$

$$-\int_{c_0}^{c_t} \frac{\mathrm{d}c_{\mathrm{A}}}{c_{\mathrm{A}}^2} = \int_0^t k\mathrm{d}t$$

$$\frac{1}{c_t} - \frac{1}{c_0} = kt \qquad (5\text{-}13)$$

可见,在二级反应中,$1/c$ 和 t 为直线关系,其斜率即为速率常数 k,截距为 $1/c_0$。

对于二级反应来说,其反应的半衰期为

$$t_{\frac{1}{2}} = 1/(kc_0)$$

---

① "a"代表年(annual)。

可见二级反应没有确定的半衰期长短，而与反应的起始浓度有关。因此二级反应通常不讲半衰期。

在上述的讨论中仅假设只有一个反应物 A。二级反应更为常见的形式是有两个反应物，这时反应为

$$A+B \longrightarrow \text{产物}$$

反应的速率方程为

$$v=-\frac{dc_A}{dt}=-\frac{dc_B}{dt}=kc_Ac_B$$

这种形式在数学上进一步变换是很复杂的，通常要进行简化，可用下列两种方式进行：

(1) 使反应物之一的浓度远远高于另一个反应物，例如使 $c_B \gg c_A$。于是，在反应过程中 B 的浓度变化很小，基本上成为一个常数，这样此反应可以看做一个一级反应处理，即

$$v=-\frac{dc_A}{dt}=kc_Ac_B=(kc_B)c_A=k'c_A$$

这种处理可以套用一级反应数学关系，因此也称为准一级反应（pseudo-first order reaction）。实际上，几乎所有的反应都可以作类似处理，从而转变成较容易的准一级反应。这就是一级反应数学形式非常重要的一个原因。

(2) 对于等摩尔反应，使两个反应物的浓度相同，因此两个反应物在反应过程中的浓度始终保持一样，即 $c_B=c_A$。于是反应方程式变为

$$v=-\frac{dc_A}{dt}=-\frac{dc_B}{dt}=kc_Ac_B=kc_A^2=kc_B^2$$

这时，反应可以套用只有一种反应物的二级反应数学关系。

【例 5-21】 乙酸乙酯在 25℃时的皂化反应为二级反应

$$CH_3COOC_2H_5+NaOH \longrightarrow CH_3COONa+C_2H_5OH$$

如果：(1) 乙酸乙酯与氢氧化钠的起始浓度均为 0.0200 mol·L^{-1}，反应 25 min 后，碱的浓度变化了 0.0153 mol·L^{-1}。试求该反应的速率常数和半衰期。

(2) 如果乙酸乙酯与氢氧化钠的起始浓度分别为 0.0200 mol·L^{-1}和 0.50 mol·L^{-1}，计算需要几分钟可以使乙酸乙酯水解完成(99.9%水解)?

解 (1) 两个反应物的浓度相同，而且是等摩尔反应，因此可以套用只有一个反应物的二级反应数学公式。反应 25 min 后，乙酸乙酯与氢氧化钠浓度为

$$c=(0.0200-0.0153)\ \text{mol}\cdot\text{L}^{-1}=0.0047\ \text{mol}\cdot\text{L}^{-1}$$

代入二级反应数学公式：

$$1/c-1/c_0=kt$$

$$1/0.0047-1/0.0200=25k$$

$$k=6.51\ \text{L}\cdot\text{mol}^{-1}\cdot\text{min}^{-1}$$

则

$$t_{\frac{1}{2}}=1/(kc_0)=[1/(6.51\times0.0200)]\ \text{min}=7.68\ \text{min}$$

(2) 由于 c_{NaOH} 远远高于乙酸乙酯的浓度 $c_{\text{酯}}$，所以此时反应为准一级反应，即

$$v=-dc_{\text{酯}}/dt=k\cdot c_{NaOH}\cdot c_{\text{酯}}=k'\cdot c_{\text{酯}}$$

$$k'=k\cdot c_{NaOH}=(6.51\times0.50)\ \text{min}^{-1}=3.25\ \text{min}^{-1}$$

可以套用一级反应的数学关系式：

$$\ln(c_t/c_0) = -k't$$

$$t = -\ln(c_t/c_0)/k' = -\ln(0.1/100)/\ 3.25 = 2.13\ \text{min}$$

3. 零级反应

零级反应是一种很特殊的反应,其反应速率与反应物浓度无关。设反应式为

$$\text{A} \longrightarrow \text{产物}$$

反应的速率方程为

$$v = -\frac{\mathrm{d}c_\text{A}}{\mathrm{d}t} = kc_\text{A}^0 = k$$

即

$$c_t = c_0 - kt$$

以 c 对 t 作图,得一直线,其斜率的负值等于速率常数 k。

零级反应基本上是由催化剂催化的反应,其速率常数 k 与催化剂的种类和浓度有关。

现将上面介绍的几种简单级数反应的特征归纳于表 5-1。

表 5-1 几种简单级数反应的特征

反应级数	零级反应	一级反应	二级反应
速率方程	$v = -\frac{\mathrm{d}c_\text{A}}{\mathrm{d}t} = kc_\text{A}^0 = k$	$v = -\frac{\mathrm{d}c_\text{A}}{\mathrm{d}t} = kc_\text{A}$	$v = -\frac{\mathrm{d}c_\text{A}}{\mathrm{d}t} = kc_\text{A}^2$
浓度-时间关系式	$c_t = c_0 - kt$	$\ln c_t = \ln c_0 - kt$	$\frac{1}{c_t} - \frac{1}{c_0} = kt$
直线关系	c-t	$\ln c$-t	$1/c$-t
斜率	$-k$	$-k$	k
半衰期 $t_{\frac{1}{2}}$	$c_0/2k$	$0.693/k$	$1/(kc_0)$
k 的量纲	(浓度)·(时间)$^{-1}$	(时间)$^{-1}$	(浓度)$^{-1}$·(时间)$^{-1}$

5.3.4 决定化学反应速率的因素

质量作用定律表明浓度是决定反应速率的最主要的因素之一,那么还有什么因素决定化学反应的级数和速率常数呢?下面逐步说明。

1. 反应历程/反应机制

实验研究发现,虽然化学反应的方程式可以写得很简单,但化学反应的实际过程可能是很复杂的。例如 N_2O_5 的分解:

$$2N_2O_5 \longrightarrow 4NO_2 + O_2$$

研究表明,上述反应经过了下面一系列的过程:

第一步:$N_2O_5 \longrightarrow NO_2 + NO_3$　　(慢反应过程)

第二步:$NO_3 \longrightarrow NO + O_2$　　(快反应过程)

第三步:$NO + NO_3 \longrightarrow 2NO_2$　　(快反应过程)

这种一个反应中所包含的多步反应过程,称为反应历程或反应机制(reaction mechanism)。

像 N_2O_5 分解这样,一个需要经历多个步骤或过程的化学反应,称为复杂反应(complex reaction),其中的每一步反应称为元反应(elementary reaction)。在一个元反应中,反应物分

子都是一步直接转化为生成物。多数的化学反应都是复杂反应，由两个或两个以上元反应构成。仅有少数反应是简单反应，即由一步元反应构成(或者说其本身就是一个元反应)。

研究表明，对于元反应/简单反应来说，其速率方程式的幂系数 m 和 n 等于元反应方程式中相应的化学计量系数，例如：

$SO_2Cl_2(g) \longrightarrow SO_2(g) + Cl_2(g)$ $\quad v = k \cdot c(SO_2Cl_2)$

$H_2O(g) + CO(g) \longrightarrow H_2(g) + CO_2(g)$ $\quad v = k \cdot c(H_2O) \cdot c(CO)$

$NO_2(g) + CO(g) \longrightarrow NO(g) + CO_2(g)$ $\quad v = k \cdot c(NO_2) \cdot c(CO)$

$2N_2O(g) \longrightarrow 2N_2(g) + O_2(g)$ $\quad v = k \cdot c^2(N_2O)$

$2NO(g) + H_2(g) \longrightarrow N_2O(g) + H_2O(g)$ $\quad v = k \cdot c^2(NO) \cdot c(H_2)$

$H_2(g) + 2I(g) \longrightarrow 2HI(g)$ $\quad v = k \cdot c^2(I) \cdot c(H_2)$

可以看出，元反应的反应级数等于参与反应的分子、原子或离子等粒子的数目。因此在元反应中，反应级数通常称为反应分子数(molecularity)。例如上面的例子中，

单分子反应： $SO_2Cl_2(g) \longrightarrow SO_2(g) + Cl_2(g)$

双分子反应： $H_2O(g) + CO(g) \longrightarrow H_2(g) + CO_2(g)$

$NO_2(g) + CO(g) \longrightarrow NO(g) + CO_2(g)$

$2N_2O(g) \longrightarrow 2N_2(g) + O_2(g)$

三分子反应： $2NO(g) + H_2(g) \longrightarrow N_2O(g) + H_2O(g)$

$H_2(g) + 2I(g) \longrightarrow 2HI(g)$

已知的三分子反应极少，因为要 3 个粒子同时碰在一起且能够发生反应的概率是很小的。至于三分子以上的反应，迄今为止尚未发现。

下面，我们继续讨论 N_2O_5 分解的反应机制。在分解过程的 3 个步骤中，第一步元反应的速率很慢，而后面的两步元反应的速率相对而言非常快。因此，整个反应的速率取决于第一步的慢反应过程，这一步反应称为总反应的速率控制步骤(rate controlling step)，简称“决速步”。决速步的反应速率近似等于总反应的速率。根据质量作用定律，可以写出 N_2O_5 分解反应的速率方程：

$$v_{总} = -\frac{dc_{N_2O_5}}{dt} \approx v_{决速步} = kc(N_2O_5)$$

这和实验测定得到的速率方程完全一致。

再如，氢气和碘蒸气化合生成碘化氢的反应：

$$H_2(g) + I_2(g) \longrightarrow 2HI(g)$$

研究证明，这一反应的反应机制为

第一步：$I_2 \longrightarrow 2I$ （快反应）

第二步：$H_2 + 2I \longrightarrow 2HI$ （慢反应，决速步反应）

由于第二步是决速步，总反应的速率等于此步反应的速率，即

$$v = k \cdot c^2(I) \cdot c(H_2)$$

上面的速率方程中有 I 原子的浓度，需要用反应物的浓度来进一步替代。考虑到第一步是快反应，I_2 分子很快解离为活泼碘原子并达平衡，于是有

$$\frac{[I]^2}{[I_2]} = K$$

因此

$$[I]^2=K[I_2]$$

由于第一步快反应会产生足够的I原子供第二步慢反应所需，且I_2分子的解离度很小，所以I_2的平衡浓度$[I_2]$就相当于反应物I_2的起始浓度$c(I_2)$，即有

$$c^2(I)=K\cdot c(I_2)$$

代入得到总反应速率方程为

$$v=k\cdot c^2(I)\cdot c(H_2)=k\cdot K\cdot c(I_2)\cdot c(H_2)=k'\cdot c(I_2)\cdot c(H_2)$$

这和实验测定得到的总反应的速率方程完全一致。

2. 动力学稳态

复杂反应可以经历几个元反应的步骤。现在我们分析下列一个反应中中间产物浓度的变化过程。假定反应物A经中间产物B最后生成C，即

$$A\xrightarrow{k_1}B\xrightarrow{k_2}C$$

可以推导出各物种的浓度随时间的变化为

$$c_t(A)=c_0(A)e^{-k_1t}$$

$$c_t(B)=c_0(A)\frac{k_1}{k_2-k_1}(e^{-k_1t}-e^{-k_2t})$$

$$c_t(C)=c_0(A)\left[1+\frac{1}{k_2-k_1}(k_2e^{-k_1t}-k_1e^{-k_2t})\right]$$

作浓度-时间曲线图(图5-5)，可见中间产物B在反应过程中产生，其浓度在反应过程中比较靠前的一段时间内变化很小。而且，这一段B浓度基本不变的时间和两个速率常数有关，k_2比k_1大得越多，浓度保持不变出现的时间越早，持续的时间越长。

这一段时间内B保持稳定的原因并不是反应达到了热力学平衡，而是此时，生成B的速率和B转化成C的速率相同，即

生成B的速率：　　　　　　　　　$v_1=k_1\cdot c_A$

B转化消失的速率：　　　　　　　$v_2=k_2\cdot c_B$

由于此时$v_1=v_2$，所以

$$\frac{dc_B}{dt}=k_1c_A-k_2c_B\approx0$$

因为B的浓度变化接近为0，所以B能够保持浓度稳定：$c_B\approx$常数。

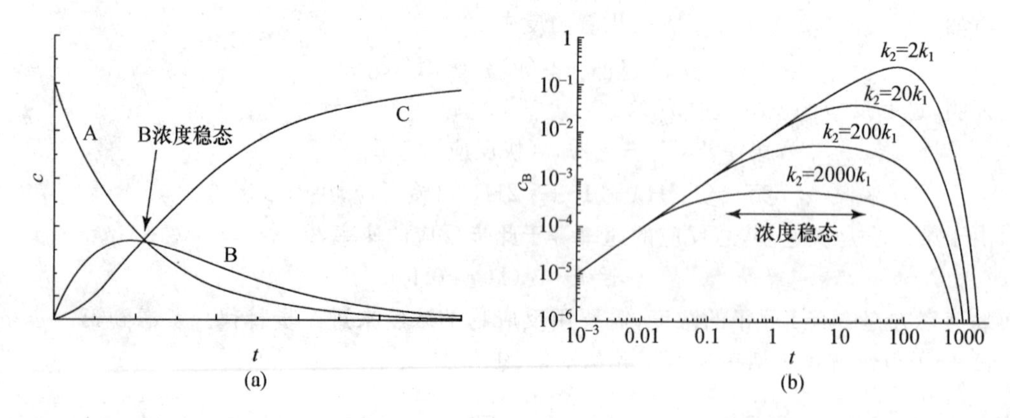

图5-5　反应物A经中间产物B最后生成C的过程中，各物种(a)及中间产物B(b)的浓度变化曲线

像中间产物 B 的这种浓度暂时保持稳定的现象，称为动力学稳态(steady state)。在生命过程中，动力学稳态是一个普遍存在的现象，特别存在于由酶催化的反应中。在某种意义上，生命过程也是一种动力学稳态。

3. 速率常数和平衡常数的关系

我们来考察一个元反应正向和逆向的动力学过程，假定此反应为

$$A+B \underset{k_{-1}}{\overset{k_1}{\rightleftharpoons}} C+D$$

那么根据质量作用定律，反应正方向的速率为

$$v_1 = k_1 \cdot c_A \cdot c_B$$

反应逆方向的速率为

$$v_{-1} = k_{-1} \cdot c_C \cdot c_D$$

反应一开始，产物 C 和 D 的浓度很小，此时 $v_1 \gg v_{-1}$。但是随着反应的进行，C 和 D 的浓度逐渐增大，而反应物 A 和 B 的浓度则逐渐减小。因此随着反应不断进行，v_1 逐渐减小，而 v_{-1} 则逐渐增大。可以预料，当 $v_1 = v_{-1}$ 时，无论是对于 A 和 B，还是 C 和 D，由于生成速率等于转化速率，其浓度便永远保持恒定不变。此时浓度的稳定不是在反应过程中出现的暂时的动力学稳态，而是达到了反应平衡。

反应达到平衡的特征是正反应和逆反应的反应速率相等。于是有

$$v_1 = k_1[A][B], \qquad v_{-1} = k_{-1}[C][D]$$

由于 $v_1 = v_{-1}$，所以

$$k_1[A][B] = k_{-1}[C][D]$$

$$\frac{[C][D]}{[A][B]} = \frac{k_1}{k_{-1}} = K_c = K^\ominus$$

也就是说，对于元反应/简单反应来说，其反应的平衡常数等于正反应和逆反应速率常数的比值。

4. 活化能：决定速率常数大小的因素

反应机制决定了一个反应的反应级数，任何一个复杂反应都经历一些元反应的过程，其中最慢一步——速率控制步骤决定总反应的速率。那么，对于元反应来说，什么因素决定其速率常数呢？

1) 化学反应的过渡态理论

分子总是处于不停的热运动之中，分子间不断地相互碰撞和接近。为什么相互接近的分子在热力学上具有很大的反应趋势，却不能发生化学反应呢？其实道理很简单，如果反应物都是稳定的分子，那么它们的价键结构必然都是饱和的。由于共价键的饱和性和方向性，这些分子不可能在结构没有发生变化的时候和其他分子形成新的共价键。在形成新的生成物分子之前，反应物分子要么旧化学键先破裂(这将需要很大的能量)，要么反应物分子的结构发生变化，在反应物之间形成一种既非反应物、又非生成物的中间态分子。理论和实验研究表明，这种中间态分子具有比反应物高的能量，但是其能量要比反应物分子先断开旧的化学键能量要低一些。因此，经过一个能量较高的中间状态复合物，是化学反应过程中一个必须经过的过程。

在 20 世纪 30 年代，艾林(H. Eyring)和波兰尼(M. Polaniyi)等人提出了化学反应速率的

过渡状态理论(transition state theory)。该理论认为,一个化学反应完成需要经历反应物分子彼此靠近,形成一种高能量的中间产物——过渡态(transition-state)复合物,然后再转化为生成物的过程。假设一个自发的化学反应为

$$A \longrightarrow P$$

反应过程中必然要经历一个过渡态 A^*,即

$$A \longrightarrow A^* \longrightarrow P$$

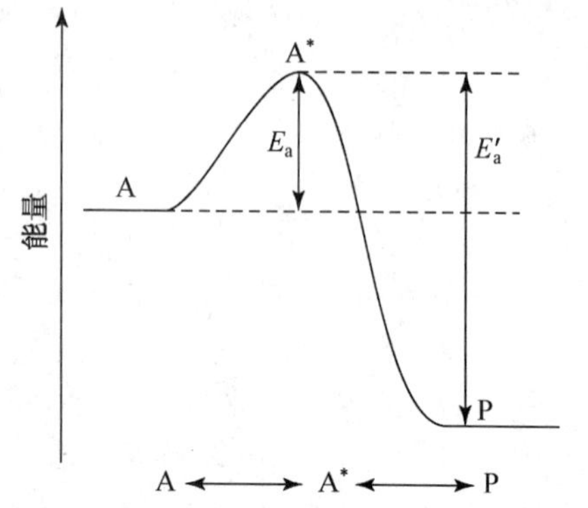

图 5-6 化学反应过程中能量变化过程示意图

这个过程的能量变化示意于图 5-6 中。由图可见,反应物要变为生成物,必须越过一个能量壁垒,称这个能垒为化学反应的活化能(activation energy),以 E_a表示。显而易见,活化能越大,能越过能垒的分子数越少,反应速率就越小;反之,活化能越小,反应速率就越大。

过渡态理论认为,一个化学反应总是按照活化能最小的途径进行。若相同反应条件下,此反应逆向进行时(即 $P \to A^* \to A$),必然要经历相同的反应途径。不过逆反应方向的活化能与正向反应是不同的,为图 5-6 中所示的 E_a'。这个原理称为微观可逆原理(microscopic reversibility)。

根据过渡态理论,可以推导出化学反应的速率常数受到反应的温度和活化能大小的影响,其近似的数学关系为

$$k = a e^{-\frac{E_a}{RT}} \tag{5-14}$$

或转换成 $\ln k$-$1/T$ 的线性方式:

$$\ln k = -\frac{E_a}{RT} + b \tag{5-15}$$

此关系式称为阿伦尼乌斯(Arrhenius)方程[①],其中 a($b=\ln a$)在一定的温度范围内是常数。

2) 不同温度下的速率常数和活化能的测定

从阿伦尼乌斯方程可以看到,活化能是由反应的过渡态能量高低决定的,是反应所固有的因素。一个给定的反应,其活化能 E_a 是一定的。这时,速率常数 k 将随温度 T 增加而增加,如图 5-7 所示。

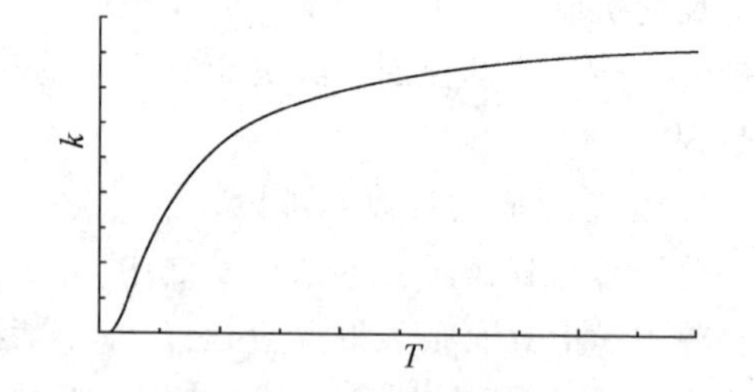

图 5-7 E_a一定时,速率常数 k 和温度 T 的关系曲线

可见,在一定范围内增加或降低反应温度,可以显著地增加或降低反应的速率常数。反应温度是实验者很容易控制的反应条件,因此控制反应温度是控制反应速率的一种直接且非常有效的方法。这个原理在人们的日常生活中也经常应用,例如夏季气温高,食物易腐败变质,储藏在冰箱里便可保存较长的时间。在实验室里,生物样品经常保存在低温冰箱(如−55～−85℃)或液氮(−196℃)中。

---

① 早期的反应速率理论是碰撞理论,阿伦尼乌斯方程实际上是从反应速率的碰撞理论得到的,不过它和过渡态理论获得的速率常数的公式形式非常接近。因此,在过渡态理论取代碰撞理论后,大家仍然沿用这个公式。

在测定了不同温度下的反应速率常数 k 后，用阿伦尼乌斯方程即可计算出这个反应的活化能。

【例 5-22】 下表列出了实验测定的反应

$$H_2(g)+I_2(g)\longrightarrow 2HI(g) \quad 和 \quad S_2O_8^{2-}+3I^-\longrightarrow 2SO_4^{2-}+I_3^-$$

在不同温度下的速率常数 k 值，请计算反应的活化能。

$H_2(g)+I_2(g)\longrightarrow 2HI(g)$		$S_2O_8^{2-}+3I^-\longrightarrow 2SO_4^{2-}+I_3^-$	
T/K	$k/(L\cdot mol^{-1}\cdot s^{-1})$	T/K	$k/(L\cdot mol^{-1}\cdot s^{-1})$
556	4.45×10^{-5}	273	8.20×10^{-4}
629	2.52×10^{-3}	283	1.90×10^{-3}
666	1.41×10^{-2}	293	4.10×10^{-3}
700	6.43×10^{-2}	303	8.30×10^{-3}

解 以 $\ln k$ 对 $1/(RT)$ 作图，则直线的斜率就是 $-E_a$。对两个反应分别作图如下：

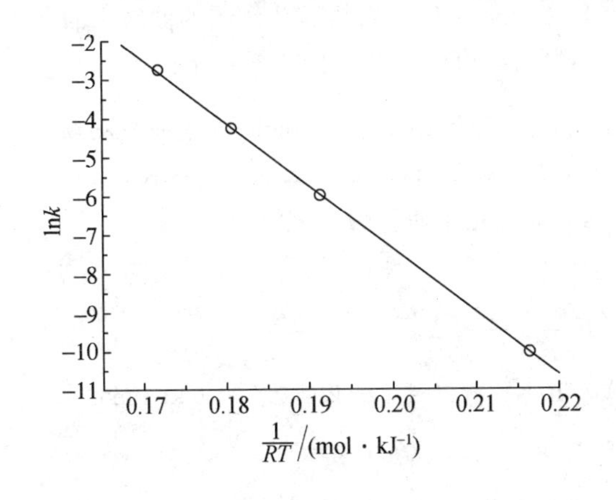

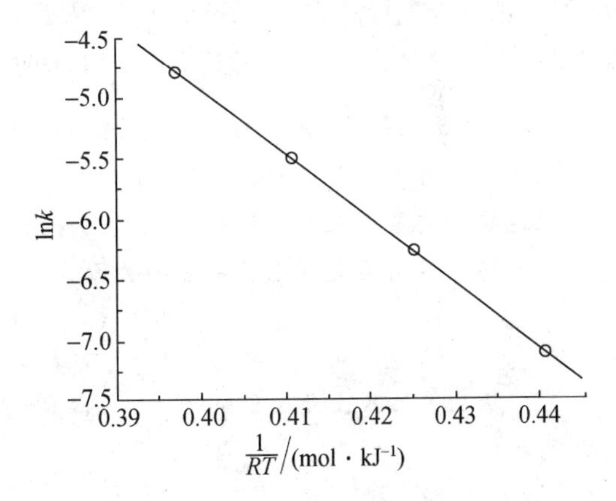

根据公式(5-15)：

$$\ln k=-\frac{E_a}{RT}+b$$

对于反应 $H_2(g)+I_2(g)\longrightarrow 2HI(g)$，求得直线斜率为 $-163\pm1\ kJ\cdot mol^{-1}$，即 $E_a=163\ kJ\cdot mol^{-1}$。

对于反应 $S_2O_8^{2-}+3I^-\longrightarrow 2SO_4^{2-}+I_3^-$，求得直线斜率为 $-53.0\pm0.3\ kJ\cdot mol^{-1}$，即 $E_a=53.0\ kJ\cdot mol^{-1}$。

在已知活化能的情况下，利用阿伦尼乌斯方程可以求出不同温度下的反应速率常数。若某反应的活化能为 E_a，设在温度 T_1 时的速率常数为 k_1，在温度 T_2 时的速率常数为 k_2，则

$$\ln k_1=-\frac{E_a}{RT_1}+b,\quad \ln k_2=-\frac{E_a}{RT_2}+b$$

由此可得

$$\ln k_2=\ln k_1+\frac{E_a}{R}\left(\frac{1}{T_1}-\frac{1}{T_2}\right)=\ln k_1+\frac{(T_2-T_1)}{RT_1T_2}E_a$$

或

$$\ln\frac{k_2}{k_1}=\frac{(T_2-T_1)}{RT_1T_2}E_a=\frac{\Delta T}{RT_1T_2}E_a$$

【例 5-23】 利用例 5-22 中计算得到的活化能,计算反应 $S_2O_8^{2-}+3I^- \longrightarrow 2SO_4^{2-}+I_3^-$ 在 298.15 K 时的速率常数。

解 例 5-22 作图得到活化能 $E_a=53.0\ \text{kJ}\cdot\text{mol}^{-1}$,且 293 K 时的速率常数为 $k_1=4.10\times10^{-3}\ \text{L}\cdot\text{mol}^{-1}\cdot\text{s}^{-1}$。代入公式

$$\ln\frac{k_2}{k_1}=\frac{(T_2-T_1)}{RT_1T_2}E_a=\frac{\Delta T}{RT_1T_2}E_a$$

得

$$\ln\frac{k_2}{k_1}=\frac{(298-293)}{8.31\times298\times293}\times53.0\times10^3=0.365$$

于是得到 298.15 K 时的速率常数 k_2 为

$$\begin{aligned}k_2&=k_1\text{e}^{0.365}=(4.10\times10^{-3}\times\text{e}^{0.365})\ \text{L}\cdot\text{mol}^{-1}\cdot\text{s}^{-1}\\&=5.91\times10^{-3}\ \text{L}\cdot\text{mol}^{-1}\cdot\text{s}^{-1}\end{aligned}$$

请注意,在例 5-22 中我们选取其中一个实验值 $k_1=4.10\times10^{-3}\ \text{L}\cdot\text{mol}^{-1}\cdot\text{s}^{-1}$ 代入计算。实际上,也可以先计算 298.15 K 时的 $1/(RT)(=0.404\ \text{mol}\cdot\text{kJ}^{-1})$,然后从作图的曲线上直接读取 $\ln k(=-5.16)$的值,从而得到 298.15 K 时的速率常数 $k_2(=5.83\times10^{-3}\ \text{L}\cdot\text{mol}^{-1}\cdot\text{s}^{-1})$。

【例 5-24】 今有两个化学反应,一个反应的活化能为 $100.0\ \text{kJ}\cdot\text{mol}^{-1}$,另一个反应的活化能为 $125.0\ \text{kJ}\cdot\text{mol}^{-1}$。试计算当二者的温度都由 298.15 K 上升至 308 K 时,反应速率分别是原来的几倍?温度变化对活化能大的还是小的影响更大?

解 不同温度下速率常数的关系为

$$\ln\frac{k_2}{k_1}=\frac{(T_2-T_1)}{RT_1T_2}E_a=\frac{\Delta T}{RT_1T_2}E_a$$

从 298.15 K 上升至 308 K 时 $\Delta T=308-298=10\ \text{K}$。所以对于活化能为 $100.0\ \text{kJ}\cdot\text{mol}^{-1}$ 的反应:

$$\ln\frac{k_2}{k_1}=\frac{\Delta T}{RT_1T_2}E_a=\frac{10}{8.31\times298\times308}\times100\times10^3=1.31$$

所以

$$k_2/k_1=\text{e}^{1.31}=3.7$$

对于活化能为 $125.0\ \text{kJ}\cdot\text{mol}^{-1}$ 的反应:

$$\ln\frac{k_2}{k_1}=\frac{\Delta T}{RT_1T_2}E_a=\frac{10}{8.31\times298\times308}\times125\times10^3=1.64$$

所以

$$k_2/k_1=\text{e}^{1.64}=5.2$$

计算结果表明,温度变化对活化能大的反应的影响更为显著。

5.3.5 化学反应的加速和减速

1. 化学反应的加速和催化剂

活化能就像一座高山在反应物和生成物之间形成阻碍,使反应只能按照一定的速率进行。有时一些我们期待发生的反应,却进行得非常慢。那么,除了提高反应温度外,有没有办法可以加快反应速率呢?

试想一下,当我们面临高山挡路时会怎么办呢?很简单,找一条平路绕过去。绕山而行虽

然走的路比直线道路要远一些，但是这条路要好走得多，因此我们前进的速率自然会更快，到达目的地的时间反而更早一些。不过这需要一个前提——一位向导的带领，因为我们并不知道哪里会有这么一条道路。

对于化学反应来说，道理是相通的。要加快一个反应的速率，需要这么一种物质，它可以像向导一样，带领反应物沿着一条新的途径进行化学反应，而这条途径反应的活化能要低一些，因而反应速率变得快一些。这种可以加快化学反应速率的物质，称为催化剂(catalyst)。例如，在通常情况下，H_2O_2的分解很缓慢，但如果加入少量的MnO_2，则H_2O_2迅速分解。再如，加热分解$KClO_3$制备氧气，加入MnO_2可以大大提高氧气的释放速率。在这两个例子中，MnO_2都是反应的催化剂。催化剂能加快反应速率的这种作用则称为催化作用(catalysis)。

催化剂为何能够改变反应的途径呢？其原因在于它可以与反应物反应，但在反应的最后又被再生。假定有如下反应：

$$A+B \longrightarrow AB \quad (\text{活化能为}E_a)$$

其活化能E_a较高，因此反应进行较慢。当加入催化剂C时，新的反应就分成两步进行：

$$\text{第一步：}A+C \longrightarrow AC \quad (\text{活化能为}E_1)$$

$$\text{第二步：}AC+B \longrightarrow AB+C \quad (\text{活化能为}E_2)$$

反应过程的能量变化如图5-8所示。

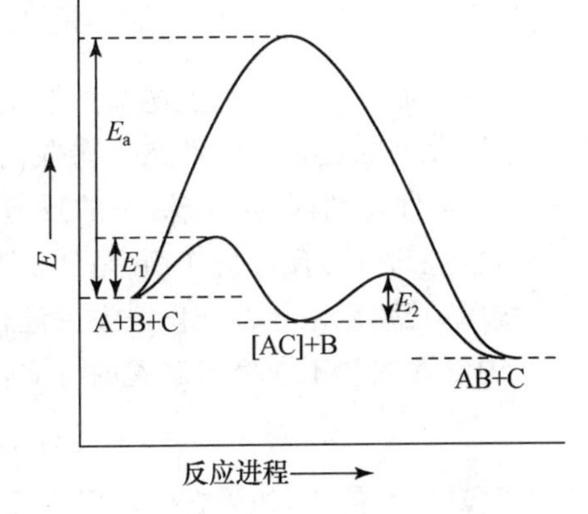

图5-8 催化剂降低反应活化能的示意图

在新的反应途径中，催化剂C先与反应物A形成AC，然后AC再与B反应重新生成催化剂C。在这两步过程中，E_1和E_2中较大的一个将成为反应的速率控制步骤，决定反应的总体速率。然而，E_1和E_2都低于原来反应的E_a，总体反应速率在催化剂的作用下大大加快。

由此可见，催化剂的作用是一个非常有效的媒介或桥梁，却不改变反应的始态和终态，即不能改变反应的热力学趋势。催化剂能够使一个反应按照一个新的活化能较低的途径进行。按照这个途径，正向反应速率增加；而逆向反应也可以循同样的途径进行(即微观可逆原理)，因此逆反应的速率也得到了同等程度的增加。因此，对于一个可逆反应，催化剂可缩短反应达到热力学平衡的时间，但不能改变反应的方向，不能使反应的平衡发生移动。

【例5-25】 在503 K下HI分解反应的活化能为184.1 kJ·mol^{-1}。该温度下用Au作催化剂，活化能降为104.6 kJ·mol^{-1}。计算催化剂增加反应速率的倍数。

解 设无催化剂时速率常数为k_1，活化能为E_1；加催化剂后速率常数为k_2，活化能为E_2。根据阿伦尼乌斯方程，有

$$\ln k_1 = -\frac{E_1}{RT}+b, \quad \ln k_2 = -\frac{E_2}{RT}+b'$$

假设催化剂不影响b，于是

$$\ln\frac{k_2}{k_1} = \frac{E_1-E_2}{RT} = \frac{(184.1-104.6)\ \text{kJ}\cdot\text{mol}^{-1}\times10^3}{8.314\ \text{J}\cdot\text{mol}^{-1}\cdot\text{K}^{-1}\times503\ \text{K}}$$

$$\frac{k_2}{k_1} = 1.80\times10^8$$

即加入Au作催化剂后，反应速率增加1.80×10^8倍。

可以推导得

$$\ln\frac{k_2}{k_1}=\frac{\Delta E_a}{RT}$$

$$\Delta E_a=RT\ln\frac{k_2}{k_1}\xlongequal{k_2=10k_1,T=310\ \mathrm{K}}(8.31\times10^{-3}\times310\times\ln 10)\ \mathrm{kJ\cdot mol^{-1}}=5.9\ \mathrm{kJ\cdot mol^{-1}}$$

也就是说,在体温条件(37℃)下,活化能每约降低 6 $\mathrm{kJ\cdot mol^{-1}}$,反应速率将增加 10 倍。

催化剂一般具有下列特点:

(1) 参与反应,但在反应过程中得到再生。

(2) 每种催化剂引导特定的反应途径。催化剂对反应途径具有或多或少的选择性,因此一种催化剂只催化一种或少数几种反应。例如,V_2O_5 可加速 SO_2 的氧化反应,但对合成氨的反应却没有作用。反过来,同样的反应物如果使用不同的催化剂,选择的反应途径不同,将得到不同的生成物。例如,乙烯和氧气的反应,在使用 Ag 或 Al_2O_3 作催化剂时得到的是环氧乙烷:

$$2H_2C{=}CH_2+O_2\xlongequal{Ag/Al_2O_3}2\left(\begin{array}{c}O\\ H_2C\text{——}CH_2\end{array}\right)$$

如果使用 Pd-Cu 催化剂,得到的则是乙醛:

$$CH_2{=}CH_2+\frac{1}{2}O_2\xrightarrow{PdCl_2\text{-}CuCl_2}CH_3CHO$$

(想一想,如果同时使用上述两种催化剂,那么产物是什么呢?)

催化剂的这种选择性在生物催化剂——酶的身上得到了极致的体现。

(3) 催化剂都具有较活泼的反应部位(对于固体催化剂来说,这些活泼部位称为活化中心),这些部位与反应物作用,是加快反应速率的原因;同样,这些活泼部位也很容易与其他分子作用,其结果是导致催化剂失去催化能力。催化剂失去催化能力称为(酶)失活或(工业催化剂)中毒。例如工业生产硝酸的反应:

$$4NH_3+5O_2\xrightarrow{Pt}4NO+6H_2O$$

此反应用 Pt 催化,如果在气体混合物中混入 $1/10^9$ 体积分数的 PH_3,就可以导致催化剂中毒,使反应速率降低甚至停止。

(4) 有些催化剂是其催化的化学反应的一种产物,这类反应称为自催化反应。例如,在酸性溶液中,高锰酸钾氧化过氧化氢的反应:

$$2KMnO_4+5H_2O_2+3H_2SO_4\longrightarrow 2MnSO_4+K_2SO_4+8H_2O+5O_2$$

反应产生的 Mn^{2+} 就是它的催化剂。因此,当向 H_2O_2 的硫酸溶液中逐滴加入 $KMnO_4$ 溶液时,起初溶液退色很慢,随着 Mn^{2+} 的生成,溶液退色越来越快。自催化是一个非常有意思的现象,在有关生命本质和起源的讨论中是一个重要的课题。

2. 生物催化剂——酶及其作用机制

生命过程由一系列复杂的化学反应构成,这些反应需要精确的过程控制,因此必须依赖一整套高度特异性的催化剂来协助进行。在生物体中,这些化学反应就是酶(enzyme)所催化的,绝大多数的酶是蛋白质分子,有少数是核酸分子。

在高中课程中,我们知道了酶有如下特征:① 高选择性。一种酶只催化一种或一类化合物,进行一种类型的化学反应,得到一定结构的生成物。例如,淀粉酶只催化淀粉水解,而不能催化蛋白质和脂肪水解。蛋白酶只催化蛋白质水解,不催化核酸水解,而且每种蛋白酶只催化蛋白质在特定的氨基端序列部位水解。这样，肉食性动物不会以植物为食，而草食性动物不会去吃肉，因为彼此都缺乏消化另一种食物蛋白质的酶。② 高的催化效率。酶催化速率是极高的，例如 SOD 酶，其催化反应的速率常数高达 $10^9 \sim 10^{10}$ L · mol^{-1} · s^{-1}，几乎只要超氧阴离子·O_2^- 和 SOD 酶分子接触，就立即分解。高效催化在于它能大大降低反应的活化能。③ 反应条件的温和性。酶都有自己的最佳工作条件，大多数的酶催化反应可在体温(37℃)和近中性(pH=7.4)条件下迅速完成。一些酶则需要较高的酸度(如胃蛋白酶，工作 pH 1～2)和较高的温度(如 Taq DNA 聚合酶，工作温度 70～80℃)。

酶催化反应的过程，一般分成下列步骤：

(1) 反应物与酶结合，在酶学中，与某个酶结合的反应物通常称为这个酶的底物(substrate，简写成 S)：

$$\mathrm{E+S \rightleftharpoons ES} \quad \text{(快过程)}$$

(2) 在酶分子中，底物 S 发生化学反应，生成产物 P：

$$\mathrm{ES \longrightarrow EP} \quad \text{(慢过程，速率控制步骤)}$$

(3) 产物与酶脱离：

$$\mathrm{EP \rightleftharpoons E+P} \quad \text{(快过程)}$$

Michaelis 和 Menten 推导出了酶催化过程的反应速率的通式：

$$v=\frac{\mathrm{d}c_{\mathrm{P}}}{\mathrm{d}t}=\frac{k_{\mathrm{cat}}c_{\mathrm{E}}[\mathrm{S}]}{[\mathrm{S}]+K_{\mathrm{M}}}$$

此式称为 Michaelis-Menten 方程。其中 k_{cat} 和 K_{M} 是两个常数，k_{cat} 是催化反应中第二步——速率控制步骤中的表观速率常数，K_{M} 是第一步中酶与底物反应的表观解离常数：

$$K_{\mathrm{M}}=\frac{[\mathrm{S}][\mathrm{E}]}{[\mathrm{ES}]}$$

在生物体内，常常$[\mathrm{S}] \ll K_{\mathrm{M}}$，因此

$$v=\frac{\mathrm{d}c_{\mathrm{P}}}{\mathrm{d}t}=\frac{k_{\mathrm{cat}}c_{\mathrm{E}}[\mathrm{S}]}{[\mathrm{S}]+K_{\mathrm{M}}} \approx \frac{k_{\mathrm{cat}}}{K_{\mathrm{M}}}c_{\mathrm{E}}[\mathrm{S}]=k'c_{\mathrm{E}}[\mathrm{S}]$$

由于酶的浓度受基因表达控制，在一定时间内也可以看做一个常数，因此酶催化的底物的反应可以视为一个准一级反应，底物转化的半衰期是酶浓度的函数：

$$t_{\frac{1}{2}}=\frac{0.693}{k'c_{\mathrm{E}}}$$

可见，若酶的浓度增加一倍，则底物的半衰期就降低一倍。生物体就这样依靠控制酶的基因表达来控制体内酶的浓度，从而有效控制体内某种反应物的转化速率，进而控制这种反应物的浓度。

上述第二步反应虽写成 $\mathrm{ES \longrightarrow EP}$，但其过程实际上是非常复杂的，常常需要经历很多步骤，例如腺苷同型半胱氨酸的水解反应：

COOH, H_2N, S, O, Ade, HO, OH $+ H_2O \rightleftharpoons$ COOH, H_2N, SH $+$ HO, O, Ade, HO, OH

在酶催化下,需要经过以下反应历程:

其中 E-NAD$^+$ 和 E-NADH 表示酶结合的辅酶 NAD$^+$ 和 NADH 分子。它们结合在酶结构中,辅助酶进行氧化还原反应。

酶也可以结合一些非底物的分子,导致酶的失活,这些分子称为酶的抑制剂。许多药物就是生物酶的特异性抑制剂。例如,减肥药物赛尼克(Xenical)就是人胃肠道脂肪酶的特异性抑制剂。如果脂肪不能分解成单酰基甘油和脂肪酸,就不能被人吸收。因此,服用赛尼克可以有效地降低人体吸收的脂肪量,使人体减肥,同时对肥胖有关的疾病也会有一些良好的效果。不过有一利必有一弊,抑制脂肪吸收会同时降低脂溶性维生素(如维生素 D,E 和 β-胡萝卜素)的吸收,因此肥胖病人在使用赛尼克时,医生同时也建议在服用 2 小时后,再服用一些复合维生素制剂,补充被药物减少吸收的维生素。

3. 降低化学反应速率的方法

当想保存或保持某些物质时,我们希望这些物质发生化学反应的速率越慢越好,例如食物变质、药品失效、材料老化、书画退色、文物腐朽等等。

一个通常的想法是:既然我们有催化剂能加快反应速率,能否找到一种负催化剂,来降低化学反应的速率呢?

我们知道,催化剂的作用是使反应有一种新的途径发生,而这种途径的活化能比原先的要低,因此反应将按照新的加快的途径发生。因此,我们不可能发现一种负催化剂,因为即使这种催化剂产生了一条活化能高的反应途径,那么反应也将会按活化能低的原途径发生,不会沿着这条活化能变高的途径进行。在理论上,负催化剂是不可能存在的。

那么有没有方法减缓反应的速率呢?前面讲过,影响反应速率的因素包括:① 反应物浓度;② 反应温度;③ 反应途径的选择和该途径的活化能。我们能够控制这些因素吗?

首先,关于反应物浓度,降低反应物的浓度可以有效降低反应速率。因此,在保存一个物质时,我们应该尽量降低这个物质或者与这个物质发生反应的物质的浓度。例如,食物和药物的氧化是变质的一个重要原因,因此在保存时,可将它们装入密封包装中隔绝空气,并在包装中加入铁粉作脱氧剂。铁粉自身被氧化后可以把密封包装中的氧气消耗殆尽,因此大大延长食物和药物的保存时间。

【例 5-26】 某药物 A 在空气中存放可被氧气氧化失效。其氧化速率方程为

$$-\frac{dc_A}{dt}=kc_A p_{O_2},\quad k=1.6\times10^{-3}\ kPa^{-1}\cdot d^{-1}$$

若 80%的药物被氧化时被认为是药物失效，请计算：

(1) 药物在空气中($p_{O_2}=20$ kPa)的有效期。

(2) 在药物密封包装中加入铁粉作脱氧封存剂，将快速发生下列消耗 O_2 的反应：

$$4Fe+3O_2 = 2Fe_2O_3 \quad \Delta_r G_m^\ominus = -1484.4\ kJ \cdot mol^{-1}$$

请计算室温下药物在包装中的有效期。

解 (1) 由于大气中氧气的分压保持不变，因此变质反应可以作为准一级反应处理：

$$k' = kp_{O_2} = (1.6\times10^{-3}\times20)\ d^{-1} = 0.032\ d^{-1}$$

因此在空气中存放的有效期为 $t_{有效}$：

$$t_{有效} = [\ln(100/20)/0.032]\ d = 50\ d$$

(2) 在密封袋中，铁粉和氧气反应，其反应的平衡常数为

$$\ln K^\ominus = -\Delta_r G_m^\ominus/RT = 1484.4\times1000/(8.31\times298)\approx599$$

$$K^\ominus = 1/(p_{O_2}/p^\ominus) = 1.4\times10^{260}$$

$$p_{O_2} = [100/(1.4\times10^{260})^{1/3}]\ kPa = 1.9\times10^{-85}\ kPa$$

故，此时

$$k' = kp_{O_2} = 1.6\times10^{-3}\times1.9\times10^{-85} = 3.0\times10^{-88}$$

$$t_{有效} = [\ln(100/20)/(3.0\times10^{-88})]\ d = 5.4\times10^{87}\ d$$

其次，降低反应温度可以有效降低反应速率。现在，我们已经普遍地将食物和药品保存在冰箱中，将生物样品保存在液氮乃至液氦条件下。不过，某些物质在低温下会发生一些意想不到的物理变化，如橡胶在低温会变得易脆等等。低温下溶剂水结冰，这些细小的冰晶会划伤正在冷冻保存的细胞或活的生物样品。因此，冷冻保存是一门专业的技术，其中大有学问，目前还是一个正在研究的新领域。

再次，关于反应的途径控制。一个反应的发生可能有不同的途径，有些途径反应很快，但是却需要催化剂或其他引发条件。例如，将氢气和氧气混合，室温下无论放置多长时间都还是稳定的混合气体，但是一旦向其中加入一些铂粉或者用明火点燃，那么就会发生爆炸。这是由于点燃或催化剂存在下，氢气和氧气是以自由基链式反应的方式进行的。对于这些反应，如果控制存放条件，让可以引发快速反应的催化剂中毒，也就能够实现使反应不能发生或发生速率较慢的目的。使用抗氧化剂阻止衰老过程正是应用了这种策略。

阻止人体衰老一直是人们不断努力的一个梦想。人体衰老有两种主要原因：一是由基因控制的过程，目前还不知道如何干预基因的表达，使人类的寿命得以延长；另一种原因是在生命过程中不断受到的氧化损伤，导致基因突变和人体的各种代谢性和退行性病变，如癌症、心脑血管疾病、老年痴呆症和糖尿病等等。因此，阻止机体受到氧化损伤可以有效地预防癌症和各种退行性病变的发生。3.2.4 小节介绍过，氧气(三重态双氧分子)直接发生氧化反应的速率是非常慢的，导致氧化损伤的是那些活性氧(ROS)物种，主要包括$\cdot O_2^-$，H_2O_2和$\cdot OH$。人体中存在一些保护性的酶如 SOD 和过氧化物酶等，它们可以催化$\cdot O_2^-$和 H_2O_2的分解，使它们的浓度降到很低的水平。但是$\cdot OH$ 是一个非常活泼的自由基，一旦产生必然导致某种分子的氧化损伤。而导致$\cdot OH$产生的是一个靠铁离子催化的反应——Fenton 反应和 Haber-Weisz 反应：

$$Fe^{2+} + H_2O_2 \longrightarrow Fe^{3+} + \cdot OH + OH^-$$

$$Fe^{3+} + e(\text{细胞内的还原剂提供}) \longrightarrow Fe^{2+}$$

因此,一旦人体细胞内出现铁的异常积累,就会导致细胞氧化损伤的发生。一些金属配合剂如水杨酸可以和铁离子结合,使之失去引发·OH 自由基生成的能力(见 9.6 节)。此外,一些植物抗氧化剂分子如番茄红素(番茄)、白藜芦醇(葡萄)和姜黄素(姜黄,咖喱粉的主要成分)等可以诱导人体细胞Ⅱ相代谢酶[①]的表达。这些Ⅱ相代谢酶中,一部分酶可以催化 ROS 自由基分解,另一部分可以将细胞因氧化而形成的有毒分子排出体外。番茄红素、白藜芦醇和姜黄素等抗氧化剂分子已被证明可以有效地预防前列腺癌、肝癌等癌症的发生。

思 考 题

5-1 举例说明什么是开放系统、封闭体系和孤立系统?地球是一个什么体系?

5-2 什么是状态函数?状态函数有哪些特性?本章中涉及的体系的状态函数有哪些,其物理意义分别是什么?

5-3 什么是功和热?体系凭什么可以做功或放热?$\Delta U=W+Q$ 的意义是什么?

5-4 什么是热力学中的可逆过程?可逆过程与不可逆过程比较,特点是什么?

5-5 可逆化学反应与热力学可逆过程的意义是一样的吗?有哪些相同点和不同点?

5-6 焓的物理意义是什么?它和系统过程中的热有什么关系?

5-7 298.15 K 时,1 mol 理想气体从 500 kPa 对抗 100 kPa 外压等温膨胀至平衡,求此过程中的 $Q,W,\Delta U$ 和 ΔH,此过程是否可逆?

5-8 在 100 kPa,273 K 条件下,冰的熔解热为 334.7 J · g^{-1},水的蒸发热为 2235 J · g^{-1},将 1 mol 的冰转变为蒸汽,试计算此过程的 ΔU 和 ΔH。

5-9 已知 298.15 K、标准压力下葡萄糖和乙醇的燃烧焓分别为:-2803.0 kJ · mol^{-1}和-1366.8 kJ · mol^{-1},试求 1 mol 葡萄糖发酵生成乙醇时放出多少热量?

5-10 已知 298.15 K 时,下列反应的 $\Delta H_m^\ominus$:

$Cu_2O+\frac{1}{2}O_2 \longrightarrow 2CuO$ $\qquad \Delta H_m^\ominus=-143.7$ kJ · mol^{-1}

$CuO+Cu \longrightarrow Cu_2O$ $\qquad \Delta H_m^\ominus=-11.5$ kJ · mol^{-1}

求 298.15 K 时 CuO 的标准生成焓 $\Delta_f H_m^\ominus$。

5-11 已知 298.15 K 时,$H_2O_2 \longrightarrow H_2O+\frac{1}{2}O_2$,$\Delta H_m^\ominus=-98.0$ kJ · mol^{-1},问:

(1) $2H_2O_2 \longrightarrow 2H_2O+O_2$, $\qquad \Delta H_m^\ominus=?$

(2) $4H_2O+2O_2 \longrightarrow 4H_2O_2$, $\qquad \Delta H_m^\ominus=?$

(3) 85 g H_2O_2分解时放热多少?

5-12 估计下列各变化过程是熵增,还是熵减?

(1) $3O_2(g) \longrightarrow 2O_3(g)$;

(2) 1 mol O_2(298.15 K,100 kPa)$\longrightarrow$ 1 mol O_2(373 K,100 kPa);

(3) 1 mol H_2O(l,298.15 K,100 kPa)$\longrightarrow$ 1 mol H_2O(g,298.15 K,100 kPa);

(4) $NH_4Cl(s) \longrightarrow NH_3(g)+HCl(g)$。

---

① 当外来物质进入人体后,人体有两套酶系统负责处理它们。第一套酶系统称为Ⅰ相代谢酶系统,负责将外来物质氧化分解;另一类酶系统为Ⅱ相代谢酶系统,负责将氧化产物排出和分解细胞内多余的氧化剂。两套酶系统一起工作,保护细胞免受外来毒物的伤害和氧化损伤。

5-13 已知 298.15 K 时，下列反应的 $\Delta S_m^\ominus$：

$2HgS+3O_2 \longrightarrow 2HgO+2SO_2$　　$\Delta S_m^\ominus=-143.4\ J\cdot mol^{-1}\cdot K^{-1}$

$S+O_2 \longrightarrow SO_2$　　$\Delta S_m^\ominus=10.9\ J\cdot mol^{-1}\cdot K^{-1}$

求 298.15 K 时反应 $2HgS+O_2 \longrightarrow 2HgO+2S$ 的 $\Delta S_m^\ominus$。

5-14 在标准压力和 298.15 K 下，C(金刚石)和 C(石墨)的摩尔熵分别为 2.439 和 5.694 $J\cdot mol^{-1}\cdot K^{-1}$，燃烧热分别为 −395.32 和 −393.44 $kJ\cdot mol^{-1}$，密度分别为 3.513 和 2.260 $g\cdot mL^{-1}$。试求：

(1) 此条件下石墨→金刚石转变的 $\Delta G_m^\ominus$；

(2) 比较此条件下石墨与金刚石中哪一个较稳定；

(3) 增加压力能否使石墨转变为金刚石？如果能，需要增加多少压力？

5-15 写出下列反应的平衡常数表达式($K^\ominus$，K_p或 K_c)：

(1) $CH_4(g)+2O_2(g) \rightleftharpoons CO_2(g)+2H_2O(l)$；

(2) $2H_2S(g)+SO_2(g) \rightleftharpoons 2H_2O(l)+3S(s)$；

(3) $PbCl_2(s) \rightleftharpoons Pb^{2+}(aq)+2Cl^-(aq)$；

(4) $ATP+H_2O \longrightarrow ADP+H_2PO_4^-$。

5-16 已知 298.15 K 时，NO_2 和 N_2O_4 的标准生成 Gibbs 自由能分别是 51.84 和 98.07 $kJ\cdot mol^{-1}$，试求 298.15 K 时，反应 $2NO_2 \rightleftharpoons N_2O_4$ 的 K_p 值。

5-17 已知 298.15 K 时，下列反应的 $\Delta G_m^\ominus$：

(1) $CO_2+4H_2 \rightleftharpoons CH_4+2H_2O$　　$\Delta G_m^\ominus=-112.6\ kJ\cdot mol^{-1}$

(2) $2H_2+O_2 \rightleftharpoons 2H_2O$　　$\Delta G_m^\ominus=-456.11\ kJ\cdot mol^{-1}$

(3) $2C+O_2 \rightleftharpoons 2CO$　　$\Delta G_m^\ominus=-272.04\ kJ\cdot mol^{-1}$

(4) $C(s)+2H_2 \rightleftharpoons CH_4$　　$\Delta G_m^\ominus=-51.07\ kJ\cdot mol^{-1}$

试求 298.15 K 时 $CO_2+H_2 \rightleftharpoons H_2O+CO$ 的 $\Delta G_m^\ominus$和平衡常数 $K^\ominus$。

5-18 三磷酸腺苷(ATP)的水解反应：

$$ATP+H_2O \longrightarrow ADP+H_2PO_4^-$$

在 37℃及 pH=7.0 时的水解平衡常数是 1.3×10^5。请求：

(1) 在生物化学标准状态下、37℃时，ATP 水解可以释放多少有用功；

(2) 如果 $\Delta H_m^\ominus=-20.08\ kJ\cdot mol^{-1}$，试计算 4℃时 ATP 的水解平衡常数；

(3) 在生物体内，实际 $c(ATP)/[c(ADP)\ c(H_2PO_4^-)]=500$，求 37℃时 ATP 水解实际释放多少有用功。

5-19 向下列各平衡体系加入一定量稀有气体并保持总压力不变，平衡如何移动？

(1) $CO(g)+N_2O(g) \rightleftharpoons CO_2(g)+H_2(g)$；

(2) $4NH_3(g)+7O_2(g) \rightleftharpoons 4NO_2(g)+6H_2O(l)$；

(3) $CaCO_3(s) \rightleftharpoons CaO(s)+CO_2(g)$。

5-20 在 400 K，往 1 L 容器中放入 0.10 mol $H_2(g)$和 0.10 mol $I_2(g)$，反应平衡后 I_2的分压为 120 Pa。试求此时反应 $H_2+I_2 \rightleftharpoons 2HI$ 的平衡常数和 I_2的转化率。

5-21 按下列数据，求反应 $2SO_2(g)+O_2(g) = 2SO_3(g)$的反应热：

T/K	800	900	1000	1100	1170
$K^\ominus$	910	42	3.2	0.39	0.12

5-22 已知：

	$\Delta_f H_m^\ominus/(kJ\cdot mol^{-1})$	$S_m^\ominus/(J\cdot mol^{-1}\cdot K^{-1})$
$NH_4Cl(s)$	−314.4	94.6
$HCl(g)$	−92.3	186.9
$NH_3(g)$	−45.9	192.8

(1) 求 25℃时 NH_4Cl 分解反应的 $K^{\ominus}$。此时下反应能够自发进行吗?

$$NH_4Cl(s) \longrightarrow HCl(g) + NH_3(g)$$

(2) 标准状态下,什么温度下上述反应可以自发进行?

5-23 已知 25 ℃下列热力学常数:

	$\Delta_f H_m^{\ominus}/(kJ \cdot mol^{-1})$	$S_m^{\ominus}/(J \cdot mol^{-1} \cdot K^{-1})$
AgCl	−127.0	96.3
Ag^+	105.6	72.7
Cl^-	−167.2	56.7

求 100℃时 AgCl 的 K_{sp} 和在纯水中的摩尔溶解度。

5-24 在生物体内葡萄糖代谢过程中有以下的反应:

$$草酰乙酸 + NADH + H^+ \rightleftharpoons 苹果酸 + NAD^+$$

此反应 25℃时的生物化学标准自由能变化 $\Delta G_m^{\ominus'}$(pH 7.0) = −29.7 $kJ \cdot mol^{-1}$。

(1) 计算上述反应在 25℃时生物化学标准平衡常数 $K^{\ominus'}$;

(2) 用缓冲溶液维持 pH=8.0,将 10 $mmol \cdot L^{-1}$ 草酰乙酸与 10 $mmol \cdot L^{-1}$ NADH 混合,计算 25℃时反应到达平衡后各物种的浓度;

(3) 假定细胞内维持 pH=7.40,[NAD^+]/[NADH]=10,[草酰乙酸]/[苹果酸]=1,计算 25℃时在此条件下,上述反应的逆反应实际能存储多少有用功。

5-25 体内一个重要的反应是 AdoHcy 水解反应:

$$AdoHcy + H_2O \rightleftharpoons Ado + Hcy$$

若将 0.010 $mol \cdot L^{-1}$ AdoHcy 在有关水解酶的存在下,298.15 K 温育达化学平衡,测定体系中[Hcy]= 1.5×10^{-4} $mol \cdot L^{-1}$。求:

(1) 反应的 $K^{\ominus}$ 和 $\Delta G_m^{\ominus}$;

(2) 若体内[AdoHcy]=1 $\mu mol \cdot L^{-1}$,[Ado]=[Hcy]=5 $\mu mol \cdot L^{-1}$,AdoHcy 水解反应是否能够自发进行?

(3) 若要控制体内[AdoHcy]=1 $\mu mol \cdot L^{-1}$,[Hcy]=5 $\mu mol \cdot L^{-1}$,Ado 的浓度需要降低到多大才行?

5-26 化学反应相偶联的条件是什么? AdoHcy 水解反应 $AdoHcy + H_2O \rightleftharpoons Ado + Hcy$ 和下列哪个反应偶联可以使水解反应自发进行? 并说明为什么。

(1) $ATP + H_2O \rightleftharpoons AMP + 2H_2PO_4^-$　　$\Delta_r G_m^{\ominus'} = -60\ kJ \cdot mol^{-1}$

(2) $Ado + H_2O \rightleftharpoons Inosine + NH_4^+$　　$\Delta_r G_m^{\ominus'} = -50\ kJ \cdot mol^{-1}$

(3) $Hcy + \frac{1}{2}GS\text{-}SG \rightleftharpoons \frac{1}{2}Hcy\text{-}S\text{-}S\text{-}Hcy + GSH$　　$\Delta_r G_m^{\ominus'} = -10\ kJ \cdot mol^{-1}$

5-27 已知 37℃血红蛋白(Hb)的结合氧的反应:

$Hb + O_2 \rightleftharpoons HbO_2$　　$K^{\ominus} = 86$

$Hb + CO \rightleftharpoons HbCO$　　$K^{\ominus} = 1.8 \times 10^4$

(1) 假设大气压力为 100 kPa,空气中 p_{O_2} = 20 kPa,求氧合血红蛋白的比例是多少?

(2) 计算 CO 置换 O_2 的反应 $HbO_2 + CO \rightleftharpoons HbCO + O_2$ 的标准平衡常数 $K^{\ominus}$;

(3) 如果空气中含有 1% 的 CO,那么血红蛋白有多少结合 O_2、多少结合了 CO?

(4) 如果 HbO_2/HbCO 的比值为 1 便导致死亡,那么空气中 CO 最大安全分压为多少?

5-28 解释下列名词:

(1) 化学反应速率;(2) 反应机制;(3) 元反应;(4) 反应分子数;(5) 速率控制步骤;
(6) 反应级数;(7) 反应速率常数;(8) 活化能;(9) 半衰期;(10) 催化剂。

5-29 根据下面所给的反应

$$Br_2(aq)+HCOOH(aq) \longrightarrow 2Br^-(aq)+2H^+(aq)+CO_2(g)$$

进行的不同时刻 Br_2 浓度的一组数据，

(1) 计算反应在 100～200 s 之间的平均速率；

(2) 作 Br_2 的浓度-时间图，计算反应在 200 s，300 s 的瞬时速率。

t/s	$c(Br_2)/(mmol \cdot L^{-1})$	t/s	$c(Br_2)/(mmol \cdot L^{-1})$
0.0	12.0	200.0	5.96
50.0	10.1	250.0	5.00
100.0	8.46	300.0	4.20
150.0	7.10	350.0	3.53

5-30 确定下列元反应是单分子反应、双分子反应还是三分子反应，并写出它们的速率方程。

(1) $H_2O_2 \longrightarrow H_2O+O$

(2) $2NO_2 \longrightarrow 2NO+O_2$

(3) $HO_2NO_2 \longrightarrow HO_2+NO_2$

(4) $NO_2+CO \longrightarrow NO+CO_2$

(5) $NOCl+Cl \longrightarrow NO+Cl_2$

(6) $HO+NO_2+Ar \longrightarrow HNO_3+Ar$

5-31 一氧化碳和氯气作用形成光气的反应：$CO+Cl_2 \longrightarrow COCl_2$，实验测得其速率方程为：$v=kc^{3/2}(Cl_2)c(CO)$。试说明下面的反应机制与实验速率方程一致。

(1) $Cl_2 \rightleftharpoons 2Cl$ （快速平衡）

(2) $Cl+CO \rightleftharpoons ClCO$ （快速平衡）

(3) $ClCO+Cl_2 \longrightarrow COCl_2+Cl$ （慢）

5-32 在酸性溶液中，反应 $NH_4^+ +HNO_2 \longrightarrow N_2+2H_2O+H^+$ 的反应机制为：

(1) $HNO_2+H^+ \rightleftharpoons H_2O+NO^+$ （快速平衡）

(2) $NH_4^+ \rightleftharpoons NH_3+H^+$ （快速平衡）

(3) $NO^+ +NH_3 \longrightarrow NH_3NO^+$ （慢）

(4) $NH_3NO^+ \longrightarrow H_2O+H^+ +N_2$ （快）

请推导此反应的速率方程。

5-33 氢气和氯气化合形成氯化氢的反应：$H_2(g)+Cl_2(g) \longrightarrow 2HCl(g)$，根据下列反应机制推导其速率方程：

(1) $Cl_2 \rightleftharpoons 2Cl$ （快速平衡）

(2) $Cl+H_2 \longrightarrow HCl+H$ （慢）

(3) $H+Cl_2 \longrightarrow HCl+Cl$ （快）

5-34 在 387℃时，反应 $2NO(g)+O_2(g) \longrightarrow 2NO_2(g)$ 的实验数据如下：

起始浓度/$(mol \cdot L^{-1})$		反应初速率/$(mol \cdot L^{-1} \cdot s^{-1})$
$c(NO)$	$c(O_2)$	
0.010	0.010	2.5×10^{-3}
0.010	0.020	5.0×10^{-3}
0.030	0.020	4.5×10^{-2}

(1) 写出上述反应的速率方程，指出反应级数；

(2) 试计算反应的速率常数；

(3) 当 $c(NO)=c(O_2)=0.025\ mol \cdot L^{-1}$ 时，反应速率是多少？

5-35 假定某元反应：$2A(g)+B(g) \longrightarrow C(g)$。若把 2.0 mol A(g) 和 1.0 mol B(g) 放在容积为 1.0 L 的容器中混合，将下列的反应速率与该反应的初始速率相比较：

(1) A(g)和B(g)都消耗了一半时的速率；

(2) A(g)和B(g)各都反应了2/3时的速率；

(3) 在1 L容器内充入了2.0 mol A(g)和2.0 mol B(g)时的初始速率。

5-36 在67℃时，获得$N_2O_5(g)$分解反应$N_2O_5(g) \longrightarrow 2NO_2(g)+\frac{1}{2}O_2(g)$的一组动力学数据如下：

t/s	0.0	60.0	120.0	180.0	240.0
$c(N_2O_5)/(mol \cdot L^{-1})$	0.160	0.113	0.080	0.056	0.040

(1) 确定$N_2O_5(g)$分解反应的反应级数和速率方程；

(2) 计算反应的速率常数。

5-37 HO_2是在大气化学中起着重要作用的具有高度活性的化学物种。其气相反应如下：

$$2HO_2(g) \longrightarrow H_2O_2(g)+O_2(g)$$

反应对HO_2是二级。在25℃，该反应的速率常数$k=1.40\times10^9$ $L \cdot mol^{-1} \cdot s^{-1}$，若$HO_2$的起始浓度为$1.00\times10^{-8}$ $mol \cdot L^{-1}$，则1.00 s后其剩余浓度是多少？

5-38 已知某药物按一级反应分解，在体温37℃时，反应速率常数为0.36 h^{-1}。若服用该药物0.20 g，问该药物在胃中停留多长时间方可分解80%？

5-39 放射性同位素钋进行β衰变时，经过15天后，它的量减少了7.32%。试求此放射性同位素的衰变速率常数和半衰期，并计算分解90.0%所需要的时间。

5-40 阿司匹林的水解为一级反应，100℃时的速率常数为7.92 d^{-1}，活化能为56.5 $kJ \cdot mol^{-1}$。计算37℃下阿司匹林水解20.0%所需的时间。

5-41 某药物的水解反应为一级反应。将浓度为3.17×10^{-4} $mol \cdot L^{-1}$的该药物在37℃，pH=5.50时水解1367 min后，测得其浓度为3.09×10^{-4} $mol \cdot L^{-1}$。若药物含量降低至原含量的90%即为失效，问此药物的有效期应为多长？

5-42 给病人注射某抗菌素后，经检测不同时刻它在血液中的的浓度，得到如下数据：

t/h	4	8	12	16
$c/(\mu g \cdot mL^{-1})$	4.80	3.26	2.22	1.51

若该抗菌素在血液中的反应级数为简单整数，

(1) 确定反应级数；

(2) 计算该抗菌素反应的速率常数和半衰期。

5-43 反应$CO(g)+NO_2(g) \longrightarrow CO_2(g)+NO(g)$的实验数据如下：

T/K	600	650	700	750	800
$k/(mol \cdot L^{-1} \cdot s^{-1})$	0.028	0.220	1.30	6.00	23.0

试以$\ln k$对$1/T$作图，求该反应的活化能。

5-44 辅酶ASH和乙酰氯反应，可以制备重要的生物化学中间体乙酰辅酶A。该反应为二级反应，两个反应物的起始浓度都是1.00×10^{-2} $mol \cdot L^{-1}$，反应2 min后，辅酶ASH的浓度减少了4.80×10^{-3} $mol \cdot L^{-1}$。求反应速率常数和半衰期。

5-45 反应：$A+B \longrightarrow P$，在1 h后A反应了75.0%，(1) 若B浓度恒定，反应对A为一级反应；(2) 若反应为二级反应，并且A和B初始浓度相等；(3) 若反应为零级反应，计算上述三种情况下2 h后反应物A还剩余多少？

5-46 在28℃时鲜牛奶大约4 h变酸，但在5℃的冰箱中可保持48 h。假定反应速率常数与变酸时间成反比，计算牛奶变酸的活化能。

5-47 某药物若分解 30.0% 即失效。今测得其在 50℃,60℃时的速率常数分别为 $7.08\times10^{-4}\ h^{-1}$,$1.77\times10^{-3}\ h^{-1}$。试计算此药物在 25℃时的有效期。

5-48 乙酸乙酯的水解：$CH_3COOC_2H_5 + NaOH \longrightarrow CH_3COONa + C_2H_5OH$ 为二级反应。在 25℃时，将 $0.0400\ mol\cdot L^{-1}$ 乙酸乙酯溶液与 $0.0400\ mol\cdot L^{-1}$ NaOH 溶液等体积混合，经 25.0 min 后，取出 100.0 mL 样品，测得中和该样品需 $0.1000\ mol\cdot L^{-1}$ HCl 溶液 15.20 mL。试求：

(1) 25℃时该水解反应的速率常数；

(2) 45.0 min 后，乙酸乙酯的转化率是多少？

5-49 在 27℃时，反应 $H_2O_2 \longrightarrow H_2O + \frac{1}{2}O_2$ 的活化能为 $75.3\ kJ\cdot mol^{-1}$。若用 I^- 催化，活化能降为 $56.5\ kJ\cdot mol^{-1}$；若用过氧化氢酶催化，活化能降为 $25.1\ kJ\cdot mol^{-1}$。试计算在相同温度下，该反应用 I^- 催化和酶催化时，其反应速率分别是无催化剂时的多少倍？

5-50 尿素水解反应 $CO(NH_2)_2 + H_2O \longrightarrow 2NH_3 + CO_2$，在 373 K 时为一级反应，速率常数为 $4.20\times10^{-5}\ s^{-1}$。若为尿素酶催化，在 310 K 时，其速率常数为 $7.58\times10^{4}\ s^{-1}$。已知无酶和有酶反应的活化能分别为 $134\ kJ\cdot mol^{-1}$ 和 $43.9\ kJ\cdot mol^{-1}$。试计算非酶催化反应按 310 K 时酶催化反应的速率进行所需要的温度。

第 6 章

溶液化学

物质都具有三种状态：气态、液态和固态。那么生物应该处于哪种物态呢？显然不能是气体，因为气体分子的距离过远。细胞和其他生命形式都是超分子体系，即分子间依靠分子间作用力实现相互识别和组装，而分子间作用力不能在气体分子的距离发挥作用。那么固体物态呢？生命在于运动，运动需要固体支撑，生物体内的固体物态是不可缺少的。生命的基本物态却只能是液态，因为只有液体才能实现生命分子在生物体内的流动性，实现各种生命化学过程。

于是，生命需要一个基本的液体介质——水；各种生物分子都存在于水中，形成溶液。与生命溶液同时存在的还有支撑生命的半固体液晶物质（细胞膜）和固体物质（细胞壁和骨骼），以及一些特殊生命功能所必需的生物矿物（如蜜蜂的纳米铁磁体）等等。三种物态并存使生命体系中存在了不同物态间的界面。了解生命就必须了解溶液和界面的各种性质。

6.1 液体分散系的分类和溶液

化学中，将一种（或几种）物质粒子分散到另一种物质里所形成的混合物，称为分散系(disperse system)。被分散的物质粒子叫做分散相(dispersed phase)，物质粒子的形式可以是分子、离子或分子聚集体。而容纳分散相的连续介质称为分散介质(disperse medium)。形成的分散系可以是气体（如云雾）、固体（如合金）和液体（生理盐水、牛奶和血液等）。我们这里将主要讨论与生命关系最为密切的液体分散系。

分散系的类型通常是根据分散相的分散程度来划分的。分散程度越大，分散相粒子的尺度越小；分散程度越小，分散相粒子的尺度越大。分散体系的很多性质常随分散相粒子的大小而改变。

按分散相粒子的大小可将液体分散系分为三类：真溶液（其粒子的线形大小在 1 nm 以下）、胶体分散系（其粒子的线形大小在 1～100 nm 之间）、粗分散系（其粒子的线形大小在 100 nm 以上），见表 6-1。

表 6-1 按照分散相颗粒大小对分散系的分类

分散相粒子大小	分散系统类型	分散相粒子的组成	一般性质	实例
<1 nm	真溶液	小分子或离子	均相；热力学稳定系统；分散相粒子扩散快，能透过滤纸和半透膜	NaCl、NaOH、蔗糖的水溶液
1～100 nm	胶体分散系：溶胶	固体小颗粒	非均相；热力学不稳定系统；分散相粒子扩散慢，能透过滤纸，不能透过半透膜	氢氧化铁、硫化砷、碘化银及金、银、硫等单质溶胶
	胶体分散系：高分子溶液	生物大分子或化学高分子	均相；热力学稳定系统；分散相粒子扩散慢，能透过滤纸，不能透过半透膜	蛋白质、核酸等水溶液，橡胶的苯溶液
	胶体分散系：缔合胶体	分子的聚集体	均相；热力学稳定系统；分散相粒子扩散慢，能透过滤纸，不能透过半透膜	脂质体
>100 nm	粗分散系（乳浊液、悬浊液）	固体粗颗粒或液滴	非均相；热力学不稳定系统；分散相粒子不能透过滤纸和半透膜	乳汁、泥浆等

1. 粗分散系

在粗分散系中，分散相粒子大于 100 nm。粗分散系按分散相状态的不同又分为悬浊液（固体分散在液体中，如泥浆）和乳浊液（液体分散在液体中，如牛奶）。

粗分散系是一种非均相体系。粗分散系的分散相粒子较大，用肉眼或普通显微镜即可观察到。由于其颗粒较大，能阻止光线通过，因而粗分散系在外观上是浑浊的、不透明的。另外，因分散相颗粒大，所以可以用滤纸把分散相分离出来。同时易受重力影响而自动沉降，因此不稳定。例如，在牛奶中加入一些食盐，然后离心，就可以将奶油（butter）分离出来。

2. 胶体分散系

胶体分散系的分散相粒子大小在 1～100 nm 之间，比蔗糖或 Cl^- 等单个分子/离子大得多，是众多分子或离子的集合体。属于这一类分散系的有溶胶、高分子化合物溶液和缔合胶体。许多蛋白质、淀粉、糖原溶液及血液、淋巴液等属于胶体溶液。

胶体粒子的重要特点就是其颗粒的尺寸。在 1～100 nm 之间大小的颗粒，称为纳米颗粒。这个大小的颗粒具有许多独特的性质，将在 6.4 节中说明。胶体粒子能透过滤纸，但不能透过半透膜。比起粗分散系，胶体溶液相对稳定，外观上不浑浊、是透明的，与真溶液差不多，但实际上胶体分散系不是一个均相体系，分散相与分散介质已不是同一相，两者之间存在两相的界面（interface）。

3. 真溶液

真溶液也称为低分子分散系，如 NaCl 溶液、葡萄糖溶液。在本书中非特别说明，一般说的溶液即是指真溶液。

溶液体系的分散相粒子半径小于 1 nm，在这个尺度上的都是小分子或离子。溶液是透明的均相体系，具有高度稳定性，无论放置多久，分散相颗粒不会因重力的下沉作用而从溶液中分离出来。也不可能用滤纸或半透膜将溶质分子（离子）从溶液中分离出来。

一个有趣的现象是,氯化钠在水中被分散成离子,形成的是溶液,而在苯中则分散成大小在 1～100 nm 之间的离子聚集体,此时则属于胶体溶液。

6.2 溶液及其性质

溶液(solution)是溶质(solute)分子分散到溶剂(solvent)中形成的分布均匀而且性质稳定的均相系统,这个分散过程叫溶解(dissolution)。例如,在生理盐水中,NaCl 是溶质,水是溶剂;对于医用消毒酒精,水是溶质,乙醇是溶剂。对生物系统来说,水溶液(aqueous solution)是非常重要的,许多重要的生化反应及生理过程都在水溶液中完成。

溶液的性质与溶质和溶剂的成分密切相关。溶液的颜色、导电性、酸碱性等性质一般由溶质的性质决定。如硫酸铜的水溶液呈蓝色,这是由于溶液中的 Cu^{2+} 存在;盐酸之所以显酸性,也是因为 HCl 解离出 H^+ 的缘故。此外,还有一些溶液的性质则由溶剂决定,如溶液的熔点、沸点等,但溶剂的这些性质受到溶质的影响,例如海水的结冰温度要比淡水低得多。

6.2.1 溶液的浓度表示

1. 物质量

物质量可以用其质量(mass,表示符号为 m)或其数量(amount)表示。国际标准规定,物质的数量(表示符号为 n)的基本单位是摩尔(mole),单位符号为 mol。1 mol 某物质的数目大致为 6.022×10^{23} 个,这个数目称为阿伏加德罗(Avogadro)常数;换句话说,每 6.022×10^{23} 个物质分子(或离子、分子团等)的物质的量为 1 mol。1 mol 某物质 B 的质量则称为 B 物质的摩尔质量(molar mass),用 M_B 表示,单位为 $g\cdot mol^{-1}$。

$$M_B=\frac{m_B}{n_B}$$

在中学化学的学习中,我们已经熟悉了原子量。某原子的原子量在数值上等于该原子的摩尔质量。在化学和生物学研究中,一个常用的术语是分子量(molecular weight, MW)。顾名思义,分子量即 1 mol 某物质分子的质量在数值上等于该种分子的摩尔质量,但它无量纲。它可以由组成该分子的原子的数目和原子量求和而方便地算出来。

【例 6-1】 计算水分子(H_2O)和由于氢键形成的水分子团[$(H_2O)_{400}$]的分子量。

解 O 的原子量为 16.0,H 的原子量为 1.0,因此 H_2O 的分子量为

$$MW(H_2O)=16.0+2\times1.0=18.0$$

由 400 个水分子构成的分子团$(H_2O)_{400}$的分子量为

$$400\times18.0=7.2\times10^3$$

需要提醒的是,书写某物质的摩尔质量时,需要同时标明该物质的化学式,即对该物质的计数依据。这是因为一些化学物质并没有明确的分子定义,需要特别指明该物质的基本计数单元是什么。例如,氯化钠是离子晶体,当溶解在水中后会发生解离,其形式是一个个的 Na^+ 和 Cl^-,而在苯中则是一些离子团[$(NaCl)_n$]。因此,我们需要明确标明:

(1) 如果写成 NaCl,则表示计数的单位是 1 个 Na^+ 和 1 个 Cl^-(1 个 NaCl 对),则其摩尔质量为58.5 $g\cdot mol^{-1}$;

（2）如果写成 2NaCl，则表示计数的单位是 2 个 NaCl 对，则其摩尔质量为 117.0 g・mol^{-1}；

（3）如果写成$\frac{1}{2}$NaCl，则表示计数的单位是半个 NaCl 对，则其摩尔质量为 29.3 g・mol^{-1}。

当然，半个 NaCl 对没有什么物理意义，仅仅强调计数方法对物质量，特别是摩尔质量的影响很大。

2. 溶液的浓度

溶液的浓度即溶质在单位体积或质量的溶液中量的多少，可以有多种不同的表示方法，如生理盐水的浓度通常表示为 0.9%。浓度的表示方式主要因使用者的方便而定，然而一些方式为多数使用者所常用，因而被广泛接受。这些方式包括：摩尔分数（mole fraction）、质量摩尔浓度（molality）和体积摩尔浓度（molarity）。

（1）摩尔分数（表示符号为 x）是某溶质 B 的摩尔数在溶液中所占的比例，即溶质 B 的摩尔数与溶液中所有物质的摩尔数之和的比值：

$$x_B = \frac{n_B}{\sum_i n_i}$$

如果溶液中只有溶质 B 和溶剂 A，则

$$x_B = \frac{n_B}{n_B + n_A}$$

$$x_A = 1 - x_B$$

摩尔分数没有量纲，在物理化学推导中使用非常方便。

（2）质量摩尔浓度（表示符号为 b）为每千克溶剂中溶解了多少溶质，即某溶质 B 的摩尔数和溶剂质量 m_A（以 kg 计）的比值：

$$b_B = \frac{n_B}{m_A}$$

质量摩尔浓度的单位是 mol・kg^{-1}。在用天平配制溶液时，质量摩尔浓度显得非常方便。在研究简单溶液并且没有溶液混合等操作时，质量摩尔浓度相当实用。许多物理化学常数都是用这种方式测定的。

（3）体积摩尔浓度通常称为摩尔浓度，在国际标准中称为物质的量浓度（amount-of-substance concentration），表示符号为 c。摩尔浓度表示 1 L 溶液中某溶质的摩尔数，即某溶质 B 的摩尔数和溶液体积（以 L 计）之比：

$$c_B = \frac{n_B}{V}$$

摩尔浓度的单位是 mol・L^{-1}，在国际上通行的科学文献中，通常简写为 M。使用摩尔浓度的方便之处是很容易实现溶液体积的混合操作。当前的化学、生物、医学研究和实际应用中，液体的体积操作是非常方便和精密的，人们可以量取大到几个 L、小到几个 nL（10^{-9} L）的溶液。因此，摩尔浓度是最广泛应用的浓度。

在稀的水溶液中，以上 3 种浓度的表示有着下列转换关系：

$$b_B = \frac{n_B}{m_A} = \frac{n_B}{V_A \rho_A} = \frac{n_B}{V_A \cdot 1} \approx \frac{n_B}{V} = c_B$$

$$x_B = \frac{n_B}{n_B + n_A} \approx \frac{n_B}{n_A} = \frac{n_B}{\frac{m_A}{MW_A}} = MW_A \frac{n_B}{m_A} = MW_A \cdot b_B = 0.018\, b_B$$

注意：上式中 ρ_A 是稀的水溶液近似为纯水的密度，m_A 用的单位是 kg，相应 MW_A 的单位是$kg \cdot mol^{-1}$。

6.2.2 稀溶液的依数性

前面说过，溶剂的性质会受到溶液中溶质的影响。在小分子的稀溶液中，溶剂性质的变化只与溶质粒子的数量有关，而与溶质本身的性质(如分子大小、电荷等)没有关系。这就是溶液的依数性(colligative properties)，它是溶液的一个最简单而基本的性质。

下面介绍有关稀溶液的4个依数性，包括溶液的蒸气压下降、沸点升高、凝固点降低和溶液渗透压。其中，溶液的蒸气压下降是溶液的沸点和凝固点变化的基础，而溶液渗透压则在生物、医学领域具有非常重要的意义。

1. 溶液的(饱和)蒸气压下降

首先，来看一个有趣的实验(图6-1)：在一密闭的环境中，两个烧杯中分别盛有蔗糖的水溶液(A)和纯水(B)，它们的体积相同。放置一段时间后，发现纯水的体积减少，而蔗糖溶液体积增加，说明水自动转移到糖水中去。

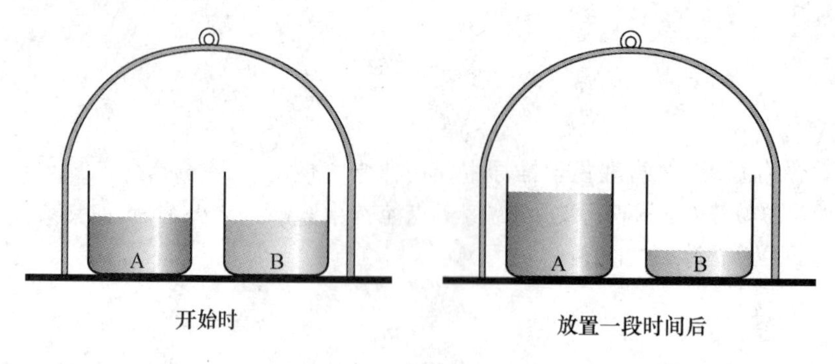

图6-1 水转移实验

这种转移显然是通过蒸汽来完成的。纯水不断蒸发，然后凝结到蔗糖的水溶液中。那么，为什么会发生这种蒸发行为呢？要弄清这个问题，首先就要弄清楚水是如何蒸发的。

假定一个封闭的容器中有一杯纯溶剂水。液面上能量较大的溶剂水分子可以克服液体分子间的引力从表面逸出，成为蒸汽分子，这个过程叫蒸发(evaporation)。液面上的空间中蒸汽分子不断运动时遇到液面，被吸引而进入液体，这个过程叫凝聚(condensation)。蒸发过程使分子变成气体，系统熵值增大，但蒸发过程由于需要克服液体分子间的引力，所以是个吸热过程；相反地，凝聚过程则放热，系统熵值减小。

当蒸发的速度和凝聚的速度相等时，蒸发和凝聚达到动态平衡(dynamic equilibrium)，液体上方空间的蒸气压力将保持恒定，此时蒸气所具有的压力叫做该温度下液体的饱和蒸气压，简称蒸气压(vapor pressure)，单位是 Pa 或 kPa。蒸气压与溶剂的本性和温度有关。温度越高，蒸气压则越大。如20℃时，水的蒸气压为2.34 kPa，而乙醚却高达57.6 kPa；当温度为100℃时，水的蒸气压则升高为101.325 kPa，即一个大气压的大小。

如果溶液中溶有难挥发性溶质，那么它的蒸气压与纯溶剂有什么不同吗？由于溶质是难挥发性的，因此溶液的蒸气压是指溶液中溶剂的蒸气压。溶液中，溶质分子要占据部分液面，使单位时间内逸出液面的溶剂分子数相应地要比纯溶剂时少，其结果是溶液中溶剂的蒸发速率比全为溶剂时小。由此可见,溶有难挥发性溶质的溶液的蒸气压要比纯溶剂的蒸气压低,这称为溶液的蒸气压下降(vapor pressure depression)。据此,可以对上面实验做出解释:由于蔗糖溶液的蒸气压比纯水要低,当密闭容器内蒸气压等于蔗糖溶液的蒸气压 p 时,蔗糖溶液与上方蒸汽达到平衡。但此时纯水并未达到平衡,所以纯水的蒸发导致容器内蒸汽的压力超过蔗糖溶液的饱和蒸气压。因此在蔗糖溶液一侧,水分子开始凝聚到蔗糖溶液中,使得上方蒸汽压不能达到 p^0。于是纯水持续蒸发,然后不断凝聚到蔗糖溶液,直到纯水一侧完全蒸发干净。

法国物理学家拉乌尔(Raoult)做了许多实验来测量溶液上方溶剂的蒸气压,归纳出经验规律:在一定温度和压力下,难挥发的非电解质稀溶液的蒸气压等于同温同压下纯溶剂的蒸气压与溶剂摩尔分数的乘积,这就是拉乌尔定律。可用下式表示:

$$p = p_A^0 x_A$$

式中 p 为溶液的蒸气压,p_A^0 为该温度下纯溶剂 A 的蒸气压,x_A 为溶剂的摩尔分数。

如果溶液只含有一种溶质 B,则拉乌尔公式可以进一步推导下去:

$$p = p_A^0 x_A = p_A^0 (1 - x_B) = p_A^0 - p_A^0 x_B \tag{6-1}$$

即有

$$p_A^0 - p = \Delta p = p_A^0 x_B \tag{6-2}$$

进一步扩展到稀溶液中,代入

$$x_B = MW_A \cdot b_B$$

则得到

$$\Delta p = p_A^0 - p = p_A^0 x_B = p_A^0 \cdot MW_A \cdot b_B = K b_B \tag{6-3}$$

上式表明,在一定温度下,难挥发性溶质稀溶液的蒸气压下降与溶液的质量摩尔浓度 b_B 成正比。

在上面的公式中,溶质没有限定其性质,可以是任何溶解在溶液中的粒子(soluble particle),也就是说,溶质的浓度是所有独立溶质粒子的浓度。因此,如果一个溶质在溶液中分解成若干个溶质粒子时,需要对其浓度进行校正。例如 NaCl 溶液中,NaCl 解离出 Na^+ 和 Cl^- 两种独立溶质粒子,因此校正后 NaCl 溶液的所有独立溶质粒子的浓度 b_B' 和蒸气压下降的公式分别为

$$b_B' = 2b_B$$

$$\Delta p = K b_B' = 2K b_B$$

关于电解质稀溶液的依数性,后面有专门论述。

2. 溶液的沸点升高和凝固点降低

溶液的蒸气压下降对溶液(溶剂)性质最直接的影响是改变了溶液的沸点(boiling point)和凝固点(freezing point)。

首先来看沸点的变化。所谓沸点就是当液体的蒸气压力与外界压力相等时,液体的气化在表面和内部同时发生,液体沸腾。此时的温度称为液体的沸点。大气压一般为 101.3 kPa,水在此压力下的正常沸点是 100℃(373.15 K)。

对溶液是一样的,当溶液的蒸气压等于外界大气压时,溶液开始沸腾。由于溶解难挥发性溶质后,溶液的蒸气压下降,因此在原来溶剂的沸点温度下,溶液的蒸气压尚达不到外界气压的强度。这样溶液需要比纯溶剂沸点更高的温度才能沸腾。溶液的沸点总是高于纯溶剂的沸点,这种现象叫做溶液的沸点升高(boiling point elevation)。

研究发现,对于难挥发性溶质的稀溶液来说,其沸点较纯溶剂升高的大小与溶液中溶质粒子浓度成正比:

$$\Delta T_b = T_b - T_b^0 = K_b b_B$$

式中 K_b 是一个常数,称为溶剂的质量摩尔沸点升高常数,不同溶剂的 K_b 存在较大差异。表6-2为几种常用溶剂的沸点 T_b^0 和 K_b 值。

表 6-2 常见溶剂的沸点(T_b^0)和凝固点(T_f^0)以及质量摩尔沸点升高常数(K_b)和质量摩尔凝固点降低常数(K_f)

溶剂	T_b^0/℃	K_b/(K·kg·mol^{-1})	T_f^0/℃	K_f/(K·kg·mol^{-1})
乙酸	118	2.93	17.0	3.90
水	100	0.512	0.0	1.86
苯	80	2.53	5.5	5.10
乙醇	78.4	1.22	−117.3	
四氯化碳	76.7	5.03	−22.9	32.0
乙醚	34.7	2.02	−116.2	1.8
萘	218	5.80	80.0	6.9

溶液的蒸气压下降同样影响溶液的凝固点。所谓凝固点,就是某一物质的液相和固相平衡时的温度。物理化学研究表明,要达到两相共存平衡的条件是液相蒸气压力和固相蒸气压力相等。

对稀溶液来说,当温度下降开始凝固后,凝固形成的固相是纯溶剂的固相。因此,在原先纯溶剂的凝固点温度下,溶液则不能达到两相平衡的条件。这是因为溶液液相的蒸气压比相同温度下纯溶剂的蒸气压小,也比溶剂固相(此时与纯溶剂液相平衡)的蒸气压小。因此,需要更低的温度才能使凝固产生的溶剂固相的蒸气压和溶液的蒸气压相同,否则溶剂固相会融化。溶液凝固点低于纯溶剂的凝固点,这种现象称为溶液的凝固点降低(freezing point depression)。海水在0℃时并不冻结,正是因为海水中溶有较高浓度的盐。

对于难挥发溶质的稀溶液来说,其凝固点降低也与溶液中溶质粒子浓度成正比:

$$\Delta T_f = T_f^0 - T_f = K_f b_B$$

式中 K_f 叫做溶剂的质量摩尔凝固点降低常数。表6-2中列出了几种常用溶剂的凝固点 T_f^0 和 K_f 值。对水溶液来说,凝固点的变化比沸点要大。

需要说明的是,溶液的凝固点变化实际上是持续的。因为当溶剂从溶液中结晶出来后,溶剂的量减少,溶液浓度会增加,这样随着溶剂不断结晶,溶液浓度不断增加,溶液的凝固点也就不断下降。

3. 对沸点/凝固点变化的利用

1) 测定分子量

利用溶液的沸点升高和凝固点降低与溶液的质量摩尔浓度的定量关系可以测定溶质分子的摩尔质量。需要说明两点:① 沸点升高和凝固点降低适合测定小分子溶质的摩尔质量,对大分子溶质并不适用。对于摩尔质量较大的物质如血色素等生物大分子可采用后面介绍的渗透压法。② 溶液的质量摩尔浓度指的是溶液中的溶质粒子的浓度。如果溶质会发生解离或缔合,溶质粒子浓度会与分析浓度不一致,计算时应特别注意。

【例 6-2】 将 1.09 g 葡萄糖溶于 20 g 水中所得溶液在一个大气压下，沸点升高了 0.156 K，求葡萄糖的摩尔质量。已知水的 $K_b = 0.512\ K \cdot kg \cdot mol^{-1}$。

解 $\Delta T_b = 0.156\ K$

$b_B = \Delta T_b / K_b = (0.156/0.512)\ mol \cdot kg^{-1} = 0.305\ mol \cdot kg^{-1}$

$b_B = n_B / m_A = m_B / (M \cdot m_A)$

$M = m_B / (m_A \cdot b_B)$

$= [1.09/(0.020 \times 0.305)]\ g \cdot mol^{-1} = 179\ g \cdot mol^{-1}$（理论值为 $180\ g \cdot mol^{-1}$）

【例 6-3】 将 0.322 g 萘溶于 80 g 苯中所得溶液的凝固点为 278.34 K，求萘的摩尔质量。已知苯的凝固点为 278.50 K，K_f 值为 $5.10\ K \cdot kg \cdot mol^{-1}$。

解 $\Delta T_f = (278.50 - 278.34)\ K = 0.16\ K$

$b_B = \Delta T_f / K_f = (0.16/5.10)\ mol \cdot kg^{-1} = 0.0313\ mol \cdot kg^{-1}$

$b_B = n_B / m_A = m_B / (M \cdot m_A)$

$M = m_B / (m_A \cdot b_B)$

$= [0.322/(0.080 \times 0.0313)]\ g \cdot mol^{-1} = 129\ g \cdot mol^{-1}$（理论值为 $128\ g \cdot mol^{-1}$）

2) 干燥剂和冷冻剂

溶液的凝固点降低原理在实际工作中很有用处。工业上或实验室中常采用某些易潮解的固态物质，如氯化钙、五氧化二磷等作为干燥剂，就是因为这些物质能吸水，在表面形成饱和溶液，蒸气压力非常低，这样，空气中蒸汽可不断凝聚——即这些物质能不断地吸收蒸汽。若在密闭容器内，直到空气中蒸汽的分压等于这些干燥剂饱和溶液的蒸气压为止。

利用溶液凝固点降低这一性质，盐和冰的混合物可以作为冷冻剂。冰的表面上有少量水，当盐与冰混合时，盐溶解在这些水里成为溶液。此时，由于所生成的溶液中水的蒸气压力低于冰的蒸气压力，冰就融化。冰融化时要吸收熔化热，使周围物质的温度降低。例如，采用氯化钠和冰的混合物，温度可以降低到－22℃；用氯化钙和冰的混合物，可以获得－55℃的低温；用 $CaCl_2$、冰和丙酮的混合物，可以制冷到－70℃以下。在严寒的冬天，为防止汽车水箱冻裂，常在水箱中加入甘油或乙二醇以降低水的凝固点，这样可以防止水箱中的水因结冰而体积膨大，胀裂水箱。

【例 6-4】 为防止汽车水箱在寒冬季节冻裂，需使水的凝固点降低到－20℃，则在每 1000 g 水中应加入甘油多少克？已知甘油的摩尔质量为 $92\ g \cdot mol^{-1}$，水的 K_f 值为 $1.86\ K \cdot kg \cdot mol^{-1}$。

解 $\Delta T_f = 20\ K$

$b_B = \Delta T_f / K_f = (20/1.86)\ mol \cdot kg^{-1} = 10.8\ mol \cdot kg^{-1}$

$b_B = n_B / m_A = m_B / (M \cdot m_A)$

$m_B = b_B \cdot M \cdot m_A = (10.8 \times 92 \times 1.000)\ g = 990\ g$

4. 渗透现象和渗透压

把一个 U 形管的中间用一种膜隔开，然后两侧分别放入等体积的水和蔗糖的水溶液。如果这层隔膜允许分子自由通过，那么蔗糖分子会从高浓度的一侧透过膜，向另一侧扩散(diffuse)，物质这种从高浓度向低浓度扩散的过程是自发的。经过一段时间达到平衡状态之后，U 形管两边液面水平相同，而且两边的蔗糖浓度也相同。

假如将中间的隔膜换成半透膜(semi-permeable membrane),又会是一种什么情况呢?所谓的半透膜是一种特殊的膜,它的特点是允许某些分子透过,而同时阻止另外一些分子的通过。究竟阻止哪些分子通过取决于膜的性质。如人工制备的火棉胶膜、玻璃纸及羊皮纸等,可以让小分子包括溶剂水分子、小的溶质分子或离子透过,但生物大分子如蛋白质和高分子化合物则不能透过。一些半透膜允许通过的分子的大小可以人工控制,这些膜在生物化学实验中常常用到,如透析袋(dialysis tubing)和超滤膜(ultra-filtration membrane)。生物膜,如萝卜皮、肠衣、膀胱内皮、血管壁和细胞膜等也都是半透膜,但生物膜的透过性能就更为特殊和复杂。

让我们接着上面继续讨论,如果用来分隔水和蔗糖溶液的半透膜只允许溶剂水分子自由通过,而溶质蔗糖分子不能通过。放置一段时间后,会发现蔗糖一侧的水位升高,溶剂一侧的水位降低(图 6-2)。说明溶剂水分子通过半透膜进入了蔗糖溶液,而这一过程可以使两侧的溶液间产生一定的压力差,将这种扩散过程叫做渗透(osmosis)。在两侧的液面水平差别达到一定的高度,或者说两侧压力差达到一定大小时,渗透过程达到动态平衡,不再观察到溶剂水分子跨过半透膜进入蔗糖溶液一侧。

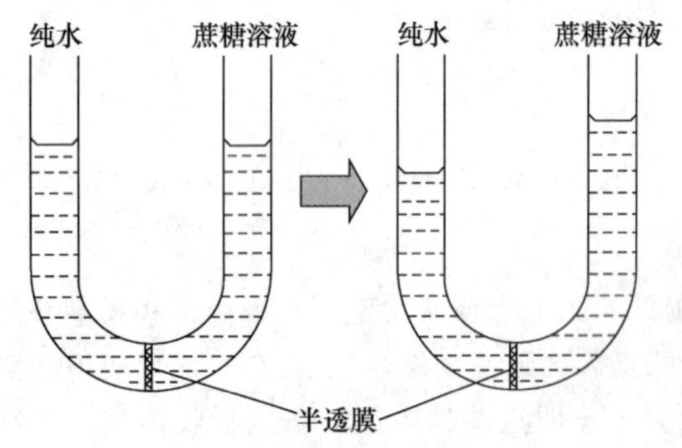

图 6-2 渗透过程的 U 形管实验示意图

产生渗透现象的必要条件:一是必须有半透膜的存在,二是半透膜两侧单位体积内溶剂分子数不相等。渗透的方向总是溶剂分子从纯溶剂一方向溶液一方渗透,或是从单位体积内溶剂分子数多的一方往溶剂分子数少的一方,即溶剂分子从稀溶液向浓溶液渗透。

达到渗透平衡后,两侧溶液的压力差(Δp)称为渗透压(osmotic pressure),用希腊字母 Π 表示,单位为 kPa。可以推论,如果被半透膜所隔开的溶液与纯溶剂之间不发生渗透现象,必须在溶液的一侧外加一个大小等于渗透压的额外压力。而当外加在溶液上的压力超过了渗透压,就会使溶液中的溶剂向纯溶剂方向流动,使纯溶剂的体积增加。这种过程称为反向渗透(reverse osmosis),简称反渗。反渗可以用于从海水中快速提取淡水,还可用于废水治理中除去有毒有害物质。由于渗透压通常很高,反渗装置需要特殊的高强度的半透膜,这使得反渗装置目前难以普及。

荷兰物理化学家范托夫(van't Hoff)研究发现了稀溶液的渗透压与溶液的浓度和温度的定量关系式,有趣的是,它同理想气体的方程式一致:

$$\Pi V = n_B RT \quad \text{或} \quad \Pi = c_B RT$$

式中 Π 是渗透压(kPa),V 是溶液体积,n_B 是溶质 B 的摩尔数(mol),c_B 是溶液的摩尔浓度,R 是气体常数,T 是绝对温度。

渗透压也是溶液的依数性质,它仅与溶液中溶质粒子的浓度有关,而与粒子的本性无关。在范托夫公式中,溶质的量或浓度指的是溶液中溶质粒子的物质的量或浓度。由于一些物质会在溶液中发生解离或缔合作用,如 1 个 NaCl 会在水中成为 2 个溶质粒子($Na^+ + Cl^-$),这些溶质粒子对产生渗透现象都有贡献。将溶液中产生渗透效应的所有溶质粒子(分子、离子)

统称为渗透活性物质。溶液中所有渗透活性物质的浓度之和称为渗透浓度,用符号 c_{os} 表示,单位为 $mol \cdot L^{-1}$ 和 $mmol \cdot L^{-1}$。医学上常用渗透浓度来指示渗透压的大小。

【例 6-5】 计算生理盐水 NaCl 溶液($9.00\ g \cdot L^{-1}$)的渗透浓度和 37℃ 时的渗透压大小。

解 NaCl 的摩尔质量为 $58.5\ g \cdot mol^{-1}$,1 个 NaCl 分子在溶液中产生 1 个 Na^+ 和 1 个 Cl^-,因此,$9.00\ g \cdot L^{-1}$ NaCl 溶液的渗透浓度为

$$c_{os} = \frac{9.00\ g \cdot L^{-1} \times 1000}{58.5\ g \cdot mol^{-1}} \times 2 = 308\ mmol \cdot L^{-1}$$

$$\Pi = c_B RT = c_{os} RT$$
$$= 0.308\ mol \cdot L^{-1} \times 8.31\ J \cdot mol^{-1} \cdot K^{-1} \times 310\ K = 793\ J/L = 793\ kPa$$ ①

【例 6-6】 将 2.00 g 蔗糖($C_{12}H_{22}O_{11}$)溶于水配成 50.0 mL 溶液,求溶液的渗透浓度和在 37℃ 时的渗透压力。

解 $C_{12}H_{22}O_{11}$ 的摩尔质量为 $342\ g \cdot mol^{-1}$,则

$$c(C_{12}H_{22}O_{11}) = \frac{n}{V} = \frac{2.00\ g}{342\ g \cdot mol^{-1} \times 0.0500\ L} = 0.117\ mol \cdot L^{-1}$$

蔗糖分子不发生解离或缔合,因此

$c_{os} = c_B = 0.117\ mol \cdot L^{-1}$

$\Pi = c_B RT = 0.117\ mol \cdot L^{-1} \times 8.314\ J \cdot K^{-1} \cdot mol^{-1} \times 310\ K = 302\ kPa$

【例 6-7】 5.0 g 马的血红素溶于 1.00 L 溶液中,在 298K 时测得溶液的渗透压为 1.82×10^2 Pa,求溶液的凝固点降低值和血红素的摩尔质量。

解 $\Pi = 1.82 \times 10^2\ Pa = 0.182\ kPa$

$c_B = \Pi / RT = [0.182/(8.31 \times 298)]\ mol \cdot L^{-1} = 7.35 \times 10^{-5}\ mol \cdot L^{-1}$

$\Delta T_f = K_f b_B = K_f c_B = (1.86 \times 7.35 \times 10^{-5})℃ \approx 0.00℃$

$c_B = n_B / V = m_B / (M \cdot V)$

$M = m_B / (c_B \cdot V) = [5.0/(7.35 \times 10^{-5} \times 1.00)]\ g \cdot mol^{-1} = 6.80 \times 10^4\ g \cdot mol^{-1}$

从上面例子可以看到,用渗透压法来测定较大分子的摩尔质量时要比凝固点降低方法灵敏得多。因此,大分子的摩尔质量通常用渗透压法来测定。

6.2.3 渗透压的医学意义

渗透压在生物体内极为重要,是调节细胞内外水分和组织间体液平衡的主要机制。体液(body fluid)包括血浆、细胞内液和组织间液。它们都是电解质(如 NaCl,KCl,$NaHCO_3$ 等)、小分子物质(如葡萄糖、尿素、氨基酸等)和高分子物质(如蛋白质、糖类、脂质等)溶解于水而形成的复杂的体系。这些体液的渗透压是由这些溶质的渗透浓度决定的。表 6-3 列出了正常人血浆、组织间液和细胞内液中各种渗透活性物质的渗透浓度。

---

① 最后一步,由 J/L→kPa,需进行单位换算:$1\ J/L = 1\ N \cdot m/(10^{-3}\ m^3) = 1\ N/m^2 = 1\ kPa$。

表 6-3　正常人血浆、组织间液和细胞内液中各种渗透活性物质的渗透浓度

渗透活性物质	浓度/($mmol \cdot L^{-1}$)			渗透活性物质	浓度/($mmol \cdot L^{-1}$)		
	血浆	组织间液	细胞内液		血浆	组织间液	细胞内液
Na^+	144	137	10	肌肽			14
K^+	5	4.7	141	氨基酸	2	2	8
Ca^{2+}	2.5	2.4		肌酸	0.2	0.2	9
Mg^{2+}	1.5	1.4	31	乳酸盐	1.2	1.2	1.5
Cl^-	107	112.7	4	三磷酸腺苷			5
HCO_3^-	27	28.3	10	一磷酸己糖			3.7
HPO_4^{2-},$H_2PO_4^-$	2	2	11	葡萄糖	5.6	5.6	
SO_4^{2-}	0.5	0.5	1	蛋白质	1.2	0.2	4
磷酸肌酸			45	尿素	4	4	4
总浓度	303.7	302.2	302.2				

我们先来看血浆和组织间液的渗透平衡问题。血液和组织之间的隔膜是毛细血管壁。毛细血管壁可以通透多数的小分子化合物,而大分子蛋白质则不能任意通过。我们看到,血浆的渗透浓度稍微大于组织液,其差别主要来自血液中蛋白质的浓度的差异。在医学上,由血浆中高分子物质产生的渗透压叫做胶体渗透压;而由电解质和小分子物质产生的渗透压叫做晶体渗透压。血浆中大分子渗透浓度的差异可以带来大约 19 mmHg 的渗透压差,这个渗透压差具有重要意义。毛细血管内的血液与组织间液之间存在 25～10 mmHg 的血压差,此渗透压差的存在抵消了血压的影响,防止水分从血液向组织间液移动、引起组织水肿。

再来看组织间液和细胞液之间的渗透问题。组织间液和细胞液之间的分隔是细胞膜。细胞膜只允许氧分子、二氧化碳以及水分子自由通透,而对其他物质均有选择性,如 Na^+,K^+,Mg^{2+},Ca^{2+} 等均不透过细胞膜,所以细胞内外离子成分差别很大。这种差别对细胞功能是非常重要的(见生物化学有关课程)。从表 6-3 可以看出,细胞液和组织液的总渗透浓度是相同的,两者没有渗透压差,属于等渗溶液。

细胞外溶液与细胞内液保持接近乃至相同的渗透压对于维持细胞形状和功能是至关重要的。因此,临床上规定渗透浓度在 280～320 $mmol \cdot L^{-1}$ 范围内的溶液为等渗溶液(isotonic solution),如生理盐水、12.5 $g \cdot L^{-1}$ 的 $NaHCO_3$ 溶液都是等渗溶液。渗透浓度大于 320 $mmol \cdot L^{-1}$ 的溶液为高渗溶液(hypertonic solution),渗透浓度小于 280 $mmol \cdot L^{-1}$ 的溶液为低渗溶液(hypotonic solution)。

溶液是否等渗可能引起细胞的变形和破坏。以红细胞为例,说明在不同浓度的氯化钠溶液中细胞的形态变化(图 6-3)。将红细胞置于渗透浓度为 280～320 $mmol \cdot L^{-1}$ 的等渗氯化钠溶液中,在显微镜下观察,可见红细胞可以保持正常形态。若将红细胞置于高渗氯化钠溶液中,可见红细胞逐渐皱缩。这是因为红细胞内液渗透浓度低,于是细胞内液中的水分子透过细胞膜渗透到氯化钠溶液中。如将红细胞置于低渗的氯化钠溶液中,则可见红细胞逐渐胀大,最后破裂,释放出红细胞内的血红蛋白使溶液染成红色,称为溶血(hemolysis)。临床上大量补液时必须考虑溶液的渗透浓度,尽量使用等渗溶液如生理盐水和 5%葡萄糖溶液,避免血细胞特别是红细胞遭到破坏。

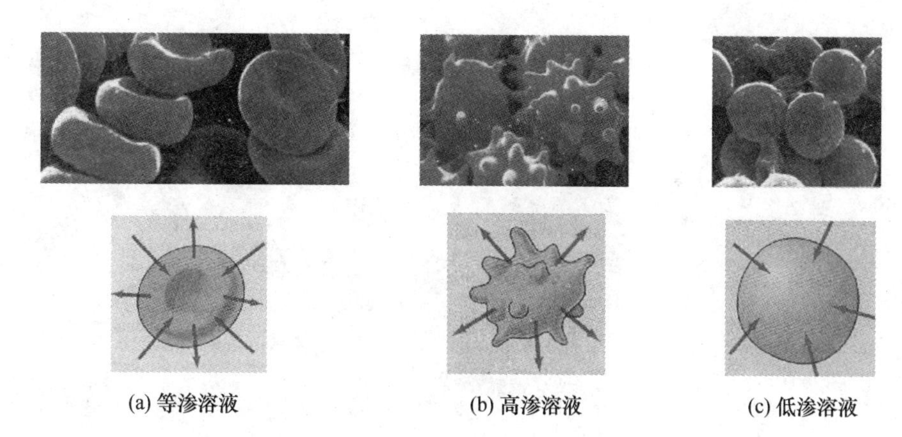

图 6-3 不同渗透强度下的红细胞状态
箭头表示溶剂水的迁移方向

6.3 电解质溶液

电解质(electrolytes)是一类对溶液性质影响重大的溶质。电解质溶于溶剂或熔化时能解离形成带电荷的离子,从而使溶液或熔融液体具有导电能力。

电解质在溶剂(如 H_2O)中解离成正、负离子的现象叫电离。根据电解质解离的完全程度分为强电解质(strong electrolytes)和弱电解质(weak electrolytes)。强电解质在溶液中全部或近乎全部解离,成为一个个独立存在的正、负离子,如 NaCl,HCl,KOH 等在水中是强电解质。弱电解质在溶液中只有一部分解离,正、负离子与未解离的电解质分子间存在解离平衡,如 CH_3COOH,NH_3等在水中为弱电解质。这两类电解质溶液的性质有较大差别。

6.3.1 电解质在水中的溶解过程

电解质的溶解过程是一个复杂的过程,包括了电解质解离形成正、负离子,然后离子与溶剂分子作用而被稳定化。因此,电解质解离程度(或者说强弱性)除与电解质本身性质有关外,还取决于解离形成的离子和溶剂的作用情况。例如,CH_3COOH 在水中属弱电解质,而在液氨中则全部解离,属强电解质。本节仅分析水溶液的情况。

1. 离子的水合——水合离子的形成

阿伦尼乌斯(Arrhenius)提出的电离理论认为,当电解质在水中解离成正、负离子时,由于水分子是极性分子,两者便产生离子-偶极分子之间的作用:正离子与 H_2O 的 δ^- 端相吸引,负离子与 H_2O 的 δ^+ 端相吸引。正、负离子与水分子之间的这种相互作用,称为水合作用。水合作用使每个离子周围形成一个水的氛围(hydration sphere),或称为水合膜。所以电解质溶液中正、负离子并非是"裸露"的自由离子,而是被水分子紧紧包围的水合离子(图 6-4)。由于水的介电常数较高,水合离子的相互吸引或排斥作用被大大减弱,在极稀的溶液中可以忽略不计,因此正、负离子一个个独立存在于水中为游离离子。由于参加水合的水分子数目并不固定,所以在书写时仍以简单离子的符号表示,如 H^+,OH^-,Na^+,Cl^- 离子等。

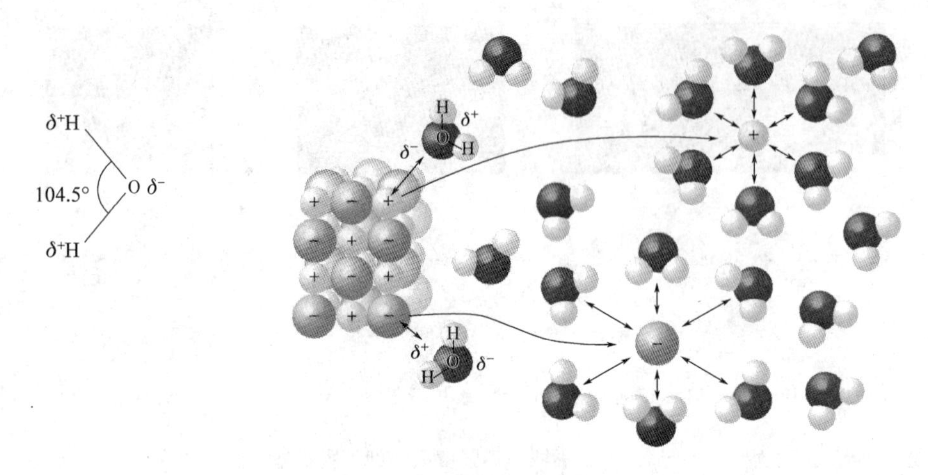

图 6-4　离子的水合示意图

从热力学角度分析电解质溶液的形成过程。根据热力学,判断一种物质是否能够在等温等压条件下自发地溶解在另一种物质中,要看该过程的 ΔG 的大小。我们知道,$\Delta G=\Delta H-T\Delta S$。对于电解质的溶解过程,$\Delta S$ 非常重要,因为固体的有序度远远大于它溶解在水中所形成离子之后的体系,所以溶解过程是熵增加过程,这有助于溶解的自发进行。而另一个因素 ΔH 根据溶质情况的不同而不同,有些溶解过程是放热的(如强酸的溶解),而有些则是吸热的(如多数的弱电解质)。对于吸热的溶解过程来说,升高温度显然有助于溶解的自发进行。

2. 弱电解质的解离平衡和解离度

弱电解质在水溶液中,一部分是以分子的形式存在于溶液中,另有一部分解离成离子,这些离子又互相吸引,一部分重新结合成分子,因而弱电解质的解离过程是可逆的,在溶液中建立一个动态的解离平衡。例如醋酸的解离:

$$\mathrm{HAc} \rightleftharpoons \mathrm{H^+ + Ac^-}$$

$$K=\frac{[\mathrm{H^+}][\mathrm{Ac^-}]}{[\mathrm{HAc}]} \tag{6-4}$$

上式表明,一定温度下,醋酸的解离达到平衡时,溶液中 H^+ 的浓度乘以 Ac^- 的浓度再除以未解离的 HAc 分子的浓度,得一个常数 K,K 叫做弱酸的解离平衡常数。

弱电解质溶液的一个重要的参数是解离度(degree of dissociation),符号是 α,其定义为电解质达到解离平衡时,已解离的电解质分子数占电解质分子总数之比:

$$\alpha=\frac{\text{已解离的分子数}}{\text{原有分子总数}} \tag{6-5}$$

根据上式,醋酸的解离度为

$$\alpha=\frac{[\mathrm{H^+}]}{c_{\mathrm{HAc}}}$$

式中$[H^+]$是醋酸溶液中氢离子浓度,表示已解离醋酸的浓度;c_{HAc}是醋酸的总浓度。弱酸的解离平衡常数和解离度之间的换算关系将在第 7 章详细讨论。

一些解离度较大的弱电解质,可通过测定电解质溶液的依数性如 ΔT_f,ΔT_b或 Π 等求得 α 值,从而得到其解离平衡常数。

【例 6-8】 某一弱电解质 HA 溶液，其质量摩尔浓度 $b(HA)$ 为 0.1 mol·kg^{-1}，测得此溶液的 ΔT_f 为 0.21℃，求该物质的解离度和解离平衡常数。

解 设该物质的解离度为 α，HA 在水溶液中达到解离平衡时，则有

$$HA \rightleftharpoons H^+ + A^-$$

$$\text{平衡时} \quad 0.1-0.1\alpha \qquad 0.1\alpha \qquad 0.1\alpha$$

溶液中所含未解离部分和已解离成离子部分的总浓度为

$$[HA]+[H^+]+[A^-]=0.1-0.1\alpha+0.1\alpha+0.1\alpha=0.1(1+\alpha)$$

查表 6-2 知 $K_f=1.86$ K·kg·mol^{-1}，代入 $\Delta T_f=K_f b$：

$$0.21=1.86\times0.1(1+\alpha)$$

$$\alpha=0.129=12.9\%$$

$$K=\frac{[H^+][Ac^-]}{[HAc]}=\frac{(0.1\alpha)^2}{0.1(1-\alpha)}=1.91\times10^{-3}\ \text{mol}\cdot\text{L}^{-1}$$

弱电解质在生命体系中是非常重要的，其中弱酸和碱、金属配合物等在生命体系中意义重大，将在后面专门章节进行讨论。

6.3.2 强电解质溶液的性质

强电解质在水溶液中是完全解离的，其中不存在分子，全部都以离子的形式存在。但是，正、负离子必然发生较强的相互作用，特别是当溶液的浓度较高时。因此，强电解质溶液的性质需要考虑离子的活度问题。

1. 电解质溶液中的有效离子浓度——离子活度

由表 6-4 可看出，几种电解质溶液的依数性的实验值和理论值有着较大的差异。说明在溶液中由于离子的相互作用，每个离子不能完全自由地发挥它作为溶质粒子的作用，即表观上离子的浓度好像比实际浓度要小一些。于是，我们引入了一个新概念——离子活度(activity)。

表 6-4 几种溶液的凝固点

电解质	c/(mol·L^{-1})	ΔT_f(计算值)/K	ΔT_f(实验值)/K	比 值[a]
KCl	0.20	0.744	0.673	0.905
KNO_3	0.20	0.744	0.664	0.892
$MgCl_2$	0.10	0.558	0.519	0.930
$Ca(NO_3)_2$	0.10	0.558	0.461	0.826

[a] 比值 $=\Delta T_f$(实验值)/ΔT_f(计算值)。

离子活度表示电解质溶液中实际上能起作用的离子浓度，即有效浓度，通常用 a 表示。实际浓度 c 与活度 a 是有差别的，两者的关系为

$$a=\gamma c \tag{6-6}$$

式中 γ 称为活度因子(activity factor)或活度系数，反映了溶液中离子间相互牵制作用的大小。活度系数大，表示离子牵制作用弱，离子活动的自由程度大。由于离子的活度一般都比浓度小，所以 $\gamma\leqslant1$。

因为电解质溶液中必定同时存在阳离子和阴离子，溶液的活度一般指溶液的平均活度 $a_\pm$；实验无法单独测出阳离子或阴离子的活度系数。通常实验给出一个电解质的阳、阴离子的平均活度系数 $\gamma_\pm$，表 6-5 列举了 25℃时一些强电解质的离子平均活度系数。平均活度和平

均活度系数的关系为

$$a_{\pm}=\gamma_{\pm}\cdot c$$

表 6-5 一些强电解质的离子平均活度系数(25℃)

$\gamma_{\pm}$ \ $b_i/(\text{mol}\cdot\text{kg}^{-1})$ 强电解质	0.001	0.005	0.01	0.05	0.1	0.5	1.0
HCl	0.966	0.928	0.904	0.803	0.796	0.753	0.809
KOH	0.96	0.93	0.90	0.82	0.80	0.73	0.76
KCl	0.965	0.927	0.901	0.815	0.769	0.651	0.606
H_2SO_4	0.830	0.637	0.544	0.340	0.265	0.154	0.130
$Ca(NO_3)_2$	0.88	0.77	0.71	0.54	0.48	0.38	0.35
$CuSO_4$	0.74	0.53	0.41	0.21	0.16	0.068	0.047

溶液中离子的活度系数 γ 的主要影响因素是离子的浓度和离子电荷的大小：

(1) 强电解质溶液浓度越小，离子间距离越大，相互作用越弱，则 γ 越趋近于 1，a 就越接近 c。当溶液无限稀释时，γ 等于 1，这时离子的运动完全自由，离子活度就等于离子浓度。对于弱电解质溶液、难溶强电解质溶液，因其离子浓度很小，在作近似计算时一般可以把它们的 γ 当做 1，可用 c 代替 a 进行计算。

溶液浓度越大，则 γ 越小，a 与 c 相差越大。但浓度很高时，随着浓度增大，γ 越会增大，有时甚至大于 1。这是因为离子的水合作用，自由水分子数减少，离子的有效浓度相应增加，从而使 γ 增大。

(2) 离子电荷数越大，离子间的相互吸引越强，则 γ 越小。离子电荷数对 γ 的影响甚至比离子浓度更大。通常把溶液中的中性分子的 γ 视为 1。

在考虑离子活度时，强电解质溶液依数性的公式可以修正为：

对沸点升高： $\Delta T_b=K_b a'=K_b\cdot i\cdot a_{\pm}=K_b\cdot i\cdot\gamma_{\pm}\cdot b_B$

对凝固点降低： $\Delta T_f=K_f a'=K_f\cdot i\cdot a_{\pm}=K_f\cdot i\cdot\gamma_{\pm}\cdot b_B$

对渗透压： $\Pi=a'RT=i\cdot a_{\pm}\cdot RT=i\cdot\gamma_{\pm}\cdot c_B\cdot RT$

其中 i 是每摩尔电解质溶于溶液后产生溶质粒子的摩尔数。如 NaCl，每摩尔溶解产生总数 2 mol 溶质粒子(1 mol Na^+ +1 mol Cl^-)，因此 NaCl 的 i 值为 2。

2. 电解质溶液中离子的相互作用理论

关于强电解质溶液中离子的相互作用，德拜(Debye)和休克尔(Hückle)提出了强电解质离子相互作用理论(ion interaction theory)。这一理论认为，强电解质在水溶液中是完全电离的，但由于离子间的相互作用，同号电荷的离子相斥，异号电荷的离子相吸，每个离子都被异号电荷离子所包围。在阳离子附近阴离子要多一些，在阴离子附近阳离子要多一些。任何一个离子都好像被一层球形对称的异号电荷离子所包围着。这层在中心阳离子周围所构成的球体，叫做离子氛(ionic atmosphere)，见图 6-5。而整个溶液可看成是由处在溶剂中的许许多多的中心离子及其离子氛所组成的系统。

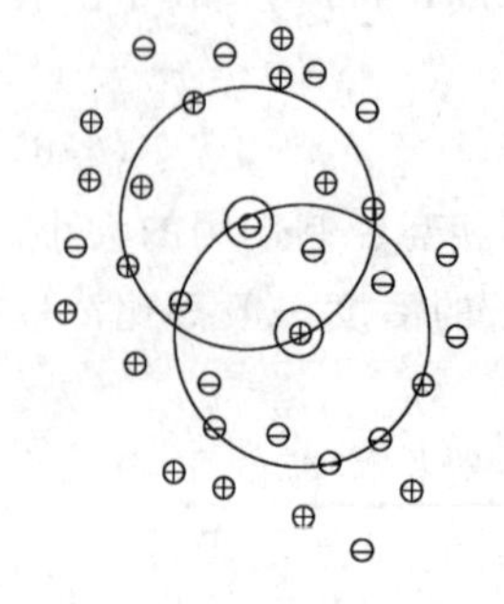

图 6-5 离子氛示意图

溶液中的离子不断运动,使离子氛随时拆散,又随时形成。在离子氛的影响下,溶液中的离子受到带有相反电荷离子氛的影响,使离子之间互相牵制,而不能完全自由活动,使强电解质溶液中的离子不能百分之百地发挥应有的效能。这就是强电解质溶液离子的活度一般小于实际浓度的原因之一。

在强电解质溶液中,不但有离子氛存在,而且带相反电荷的离子还可以缔合成"离子对"作为一个独立单位而运动,离子对的存在也使自由离子的浓度下降。此外,对于电荷正好抵消的中性离子对,它们没有导电能力,导致溶液的导电能力下降。

离子氛和离子对的形成显然与溶液的浓度和离子电荷有关。溶液越浓,离子所带的电荷越多,上述效应越显著。

3. 溶液的离子强度和稀溶液中离子活度系数的估算

为了表述溶液中离子浓度和电荷对离子相互作用的影响,路易斯(Lewis)提出了一个新的溶液参数——离子强度(ionic strength)。离子强度可衡量溶液中离子和它的离子氛(包括电解质自身离子和溶液中存在的其他电解质离子)之间相互作用的强弱,是溶液中存在的离子所产生的电场强度的量度,它仅与溶液中各离子的浓度和电荷有关,而与离子本性无关。

离子强度的计算公式为

$$I = \frac{1}{2}\sum_i b_i z_i^2 \tag{6-7}$$

式中,I 表示离子强度($mol \cdot kg^{-1}$),b_i 和 z_i 分别为溶液中第 i 种离子的质量摩尔浓度和电荷数。上式表明,溶液中离子浓度越大,电荷数越多,则溶液的离子强度越大,离子间的相互牵制作用就越强。

在稀溶液中近似计算时,可以用 c_i 代替 b_i。上式可写成

$$I = \frac{1}{2}\sum_i c_i z_i^2 \tag{6-8}$$

【例 6-9】 求下列溶液的离子强度。

(1) $0.1\ mol \cdot L^{-1}$ $MgCl_2$ 溶液的离子强度。

(2) $0.1\ mol \cdot kg^{-1}$ 盐酸和 $0.1\ mol \cdot kg^{-1}$ $CaCl_2$ 溶液等体积混合,求混合后溶液的离子强度。

解 (1) $I = \frac{1}{2}\sum_i b_i z_i^2$

$= \{[0.1\times(+2)^2 + 2\times0.1\times(-1)^2]/2\}\ mol \cdot kg^{-1} = 0.30\ mol \cdot kg^{-1}$

(2) $I = \frac{1}{2}\sum_i b_i z_i^2$

$= \{[0.05\times(+1)^2 + 0.05\times(-1)^2$

$+ 0.05\times(+2)^2 + 2\times0.05\times(-1)^2]/2\}\ mol \cdot kg^{-1}$

$= 0.2\ mol \cdot kg^{-1}$

离子强度反映了离子间作用力的强弱,I 值越大,离子间的作用力越大,活度因子就越小;反之,I 值越小,离子间的作用力越小,活度因子就越大。路易斯根据实验得出:在稀溶液中,某离子的活度因子 γ_i 与溶液的离子强度关系如下:

$$\lg \gamma_i = -Az_i^2\sqrt{I} \tag{6-9}$$

式中 I 为离子强度;z_i 为第 i 种离子的电荷数;A 为常数,在 25℃(298.15 K)的水溶液中 A 值为 0.509。

若求溶液中离子的平均活度因子,则上式可改为

$$\lg \gamma_{\pm} = -A|z_+ \cdot z_-|\sqrt{I} \tag{6-10}$$

z_+ 和 z_- 分别是正、负离子所带的电荷数。上式只适用于离子强度小于 0.01 mol·kg^{-1} 的稀溶液。

【例 6-10】 试计算 0.015 mol·kg^{-1} NaCl 溶液在 25℃时的离子强度、活度因子、活度和渗透压。

解 $I = \frac{1}{2}\sum_i b_i z_i^2 = \left\{\frac{1}{2}[0.015\times(+1)^2 + 0.015\times(-1)^2]\right\}$ mol·kg^{-1}

$= 0.015$ mol·kg^{-1}

$\lg \gamma_{\pm} = -0.509|z_+ \cdot z_-|\sqrt{I} = -0.509\times|(+1)\times(-1)|\times\sqrt{0.015} = -0.062$

$$\gamma_{\pm} = 0.87$$

$$a_{\pm} = \gamma_{\pm} \cdot c_B = (0.087\times 0.015)\ \text{mol}\cdot\text{L}^{-1} = 0.013\ \text{mol}\cdot\text{L}^{-1}$$

根据 $\Pi = a'RT = i\cdot a_{\pm}\cdot RT = i\cdot\gamma_{\pm}\cdot c_B\cdot RT,\quad i=2$

$$\Pi = (2\times 0.013\times 8.314\times 298.15)\ \text{kPa} = 64.4\ \text{kPa}$$

如果上述计算时不考虑活度,则结果为

$$\Pi = icRT = (2\times 0.015\times 8.314\times 298.15)\ \text{kPa} = 74.4\ \text{kPa}$$

考虑与不考虑活度的计算值相差 10 kPa。

4. 电解质溶液的导电机制

强电解质溶液的一个重要特性是导电性。电解质溶液为什么能够导电?这是因为电解质在溶液中解离出带电荷的离子。研究表明,溶液的导电能力决定于其中所含离子的数目、离子的电荷数和离子的移动能力。

对于强电解质来说,它们在溶液中全部以离子的形式存在,其溶液中离子的浓度和离子的电荷决定了溶液的电荷总数。因此,在溶液中电荷总数相同的情况下,强电解质溶液的导电能力主要决定于溶液中各种离子的移动能力。离子移动能力的电化学术语是离子淌度(ion mobility),实验测定了一些离子的极限淌度,列于表 6-6 中。

表 6-6 一些离子的极限淌度

离子	极限淌度 cm^2·s^{-1}·V^{-1}	离子	极限淌度 cm^2·s^{-1}·V^{-1}	离子	极限淌度 cm^2·s^{-1}·V^{-1}
H^+	0.00362	OH^-	0.00206	$\frac{1}{2}Cu^{2+}$	0.00059
Li^+	0.00040	Cl^-	0.00079	$\frac{1}{2}Zn^{2+}$	0.00055
Na^+	0.00052	Br^-	0.00081	$\frac{1}{2}Ba^{2+}$	0.00066
K^+	0.00076	I^-	0.00080	$\frac{1}{2}CO_3^{2-}$	0.00072
NH_4^+	0.00076	NO_3^-	0.00074	$\frac{1}{2}SO_4^{2-}$	0.00083
Ag^+	0.00064	Ac^-	0.00042		

从表中可以看到，一般离子在水溶液中的淌度在 0.0005～0.001 $cm^2 \cdot s^{-1} \cdot V^{-1}$之间，比电子在金属汞中的淌度 3 $cm^2 \cdot s^{-1} \cdot V^{-1}$要小得多，因此溶液的导电能力比金属要小得多。此外，有 3 点值得重视：

(1) 对比 Li^+，Na^+，K^+ 3 种碱金属离子，Li^+ 的半径最小，但移动能力最小，其原因是离子在水溶液中的存在形式是水合离子，由于 Li^+ 的半径最小，z/r 最大，所以离子的电场强度较大，因此吸引水分子的数目就多，水合离子的尺寸就大，所以在水中的移动能力最小，K^+ 的移动能力最大。

(2) H^+ 和 OH^- 离子的移动能力显著高于其他离子，而且 H^+ 较高。其原因在于 H_3O^+ 和 OH^- 离子在水中和水分子形成氢键网，它们在氢键网中的移动如同我们玩“击鼓传花”一样，是通过水分子传递过去的，因此移动能力比其他离子高得多。H^+ 在水溶液中的存在形式是 H_3O^+，比 OH^- 离子的尺寸更大。

(3) 在离子中，淌度最为接近的是 K^+ 和 Cl^-。设想在一段溶液中，假如正、负离子的移动能力不一样，一定时间内从这一段溶液出来的正、负离子数量就会不一样，于是溶液中就会出现净的电荷。在生命体系中，细胞中的主要电解质之所以选择 K^+ 和 Cl^-，正是这个原因。不过，细胞外液中的主要电解质却是 Na^+ 和 Cl^-，因为借助 Na^+ 和 K^+ 淌度的差异，一些细胞如神经细胞可以在细胞膜上产生电势差，将在第 9 章详细介绍。

5. 强电解质在生物体中的作用

强电解质在生物体中的作用主要包括以下方面：

(1) 维持体液的渗透压和体液平衡。体液内起渗透作用的溶质主要是电解质，对维持细胞内、外液的正常渗透压起重要作用。体液中有很多种溶质粒子，包括生物大分子、生物小分子和盐类。其中盐类的含量最大，构成晶体渗透压，承担了 99%以上细胞渗透压部分，在维持体液平衡中发挥了重要作用。

电解质是调节细胞内、外水(体液)平衡的主要驱动力。例如，人体必须饮用淡水止渴，正是因为水的吸收依靠的就是渗透作用。肾脏每天会生产几百升的原尿，而最后形成的尿液每天不到 2 L，多数的水分重新在肾小管被吸收了，怎么做到的呢？原来在肾小管上皮细胞膜上有很多离子载体，可以从原尿中吸收 Na^+ 和 Cl^- 离子，从而带动作为溶剂的水的移动，从原尿中重新回到血液。当人体电解质平衡不正常时，就会发生体液代谢的障碍如水肿等。

(2) 参与细胞膜电位的形成和维持。将在第 9 章介绍。

(3) 作为第二信使，参与细胞内信息的传递，如 Ca^{2+}。将在第 10 章介绍。

(4) 难溶性强电解质作为体内硬组织如骨骼、牙齿等的构成成分。将在第 8 章介绍。

6.4 胶体溶液

胶体分散系是指分散相粒子大小在 1～100 nm 之间的体系。物质一般以气、液和固 3 种状态存在，凡是在固、液、气相中含有固、液、气微粒并且微粒的大小在 1～100 nm 之间的体系，都属于胶体的范围。通常将胶体分为溶胶、高分子溶液和缔合胶体，下面一一介绍。

6.4.1 溶胶体系

在溶胶中,分散质的粒子称为胶粒,它是许多小分子的聚集体。根据溶胶的物态,溶胶又可分为气溶胶(aerosol),如雾、云、烟等;固溶胶(gel),如水晶、有色玻璃等;液溶胶(sol)。这里以液溶胶为例来说明溶胶的性质。

1. 溶胶的特点

1) 溶胶粒子的运动和扩散

在一个静止放置的溶液中,悬浮存在的微粒究竟是静止的还是运动的呢?英国植物学家布朗(Brown)在显微镜下观察到悬浮在液面上的花粉粉末不断地做不规则的运动。后来又发现,许多其他物质,只要颗粒足够小,也都有类似的现象。人们称微粒的这种运动为布朗运动。微粒的布朗运动是不停地热运动的分散介质分子对微粒不断撞击的结果。微粒处在液体分子的包围之中,液体分子一直不停地热运动,从不同方向撞击着微粒,如果粒子足够小,那么在某一瞬间,微粒由于受到来自各个方向的力不平衡,就向某一方向移动,而在下一时刻,微粒可能向另一方向移动,造成微粒的不规则运动。随着粒子增大,在瞬间受到的撞击次数增多且方向分布更加均匀,因而作用力可相互抵消,布朗运动减少。当微粒的半径大于 5 μm 时,布朗运动消失。在超显微镜下观察溶胶,胶粒的布朗运动显著。

由于胶粒的布朗运动,溶胶体系中存在浓差时,胶粒也有扩散现象。研究表明,粒子的半径越小,介质的黏度越小,温度越高,则扩散系数越大,粒子就越容易扩散。胶体粒子比一般小分子的体积大,这使得它的扩散能力远远小于小分子溶质。如小分子或离子的扩散系数约为 $10^{-9}\ m^2 \cdot s^{-1}$,胶体粒子的扩散系数约为 $10^{-11} \sim 10^{-13}\ m^2 \cdot s^{-1}$。

2) 溶胶粒子的沉降

溶胶粒子的比重一般大于介质,在重力场中,溶胶粒子易发生沉降(sedimentation),使得溶胶下部的浓度高、上部的浓度低。由于浓差的存在,又引起了溶胶的扩散作用。胶粒一方面受到重力吸引而下降,另一方面由于扩散运动促使浓度趋于均一,沉降和扩散作用恰恰相反。当作用于粒子上的重力与扩散力相等时,粒子的分布达到平衡,粒子的浓度随高度不同形成一个稳定的浓度梯度。这种平衡称为沉降平衡(sedimentation equilibrium)。

研究表明,若胶体粒子半径为 r,密度为 ρ,分散介质的密度为 ρ_0,黏度为 η,重力加速度为 g,则溶胶粒子的沉降速度 v 为

$$v = \frac{2r^2(\rho - \rho_0)g}{9\eta}$$

上式表明,粒子密度与介质差别越大,颗粒越大,则沉降速度越快。如红血球大小的颗粒,直径为数微米,就可以在通常重力作用下观察到它们的沉降过程。此外,重力场的加速度越大则沉降越快。

溶胶粒子的尺寸在 1～100 nm,在普通的重力场中其沉降速度很小。增加重力加速度的方法是使用离心力场。在离心机中,产生的离心力加速度相当于重力加速度,但离心力场的加速度随转速的平方增加。超速离心机的转速可达到 $1\times10^5 \sim 1.6\times10^5$ r/min①,其离心力最大可达重力场的 10^6 倍(1000000g),这样可以增加胶粒的沉降速度,使其沉淀下来。如蛋白质或病毒,它

① r/min:即每分钟的转数(rotation per minute, rpm)。

们在溶液中成胶体或半胶体状态，在重力场下粒子基本不沉降，可以用超速离心机将它们分离出来，并可根据沉降速度来估算它们的大小。超速离心机主要用于在生物实验中分离和纯化各种细胞器以及蛋白质、核酸等生物大分子，并且测定其分子量，是医学、生物等领域中的重要工具。

3）光散射现象——丁铎尔效应

我们来做一个实验：在一烧杯中加入蒸馏水，加热至沸腾，然后向沸水中滴加 $FeCl_3$ 饱和溶液，生成红褐色液体——$Fe(OH)_3$ 溶胶。将该液体与 $CuSO_4$ 溶液均置于暗处，使一束光（手电筒光源）射向两杯液体，从侧面观察现象。可以看到，光束通过红褐色液体时，形成一条光亮的"通路"；光束通过 $CuSO_4$ 溶液时，没有看到这样的现象。如果换用 NaCl，KNO_3 等溶液做同样的实验，也不会看到形成光亮通路的现象。溶胶的这种现象为丁铎尔（Tyndall）发现，称为丁铎尔效应（图 6-6）。

图 6-6　丁铎尔效应

丁铎尔效应的本质是溶胶粒子对光的散射（scattering）。光是一种电磁波，当光束通过分散体系时，一部分自由通过，其余部分则被吸收、反射或散射。光的吸收主要取决于体系的化学组成，而光的反射或散射的强弱则与体系中的颗粒大小有关：① 当粒子的直径大于入射光的波长时，粒子能起反射作用；② 当粒子的大小和光波波长接近或稍小时，光波就被粒子向各个方向散射，称为散射光或乳光；③ 当粒子的直径远远小于入射光的波长时，光波绕过粒子前进不受阻碍。

可见光的波长约在 400～700 nm 之间，而溶胶粒子的大小在 1～100 nm 之间，因此光波会透过溶胶，同时会发生散射，这样在暗背景下可以看见一条光柱。对于粗分散体系，由于粒子大于入射光的波长，主要发生反射，使体系呈现混浊。对于分子溶液，主要发生透射，溶液完全透明。丁铎尔效应可以成为判别溶胶与分子溶液的最主要的特征。

瑞利（Rayleigh）研究了光的散射现象，得出粒径小于 $\lambda/20$ 的球形质点的散射公式——瑞利公式：

$$I = \frac{24\pi^3 \nu V^2}{\lambda^4}\left(\frac{n_2^2 - n_1^2}{n_1^2 + 2n_2^2}\right)^2 I_0$$

式中 I 和 I_0 分别为散射光和入射光的强度，λ 为入射光波长，V 为单个粒子的体积，ν 为单位

体积内的粒子数,n_1和 n_2分别为分散相和分散介质的折射率。从瑞利公式可得出如下结论:

(1) 散射光强度和分散体系的浓度成正比,粒子越多,散射光越强。

(2) 散射光强度和质点的体积成正比。直径小于光波波长的胶粒,体积越大,散射光越强。

(3) 散射光强度与入射光波长的4次方成反比。入射光波长越短,光被散射越多,可见光中,蓝光比红光易散射。所以,无色溶胶的散射光通常呈蓝色。

(4) 分散相与分散介质的折射率相差越大,散射光也越强。由于分子溶液的溶质分子较小,溶液十分均匀,并且溶剂化作用使分散相和分散介质折射率相差不大,所以分子溶液的散射光很难观察到。

4) 溶胶的电泳和电渗

在U形管内装入红棕色的 $Fe(OH)_3$溶胶,小心地在溶胶面上注入无色电解质溶液,使溶胶与电解质溶液间有一清晰的界面。在电解质溶液中分别插入正、负电极,接通直流电,可以观察到负极一侧的界面上升而正极一侧的界面下降,见图6-7(a)。这种溶胶粒子在外加电场作用下定向移动的现象称为电泳(electrophoresis)。电泳现象表明,胶粒是带电荷的。大多数金属氢氧化物溶胶[如 $Fe(OH)_3$溶胶]粒子带正电,向负极迁移,称为正溶胶;而大多数金属硫化物、硅酸,及贵金属等胶粒带负电,向正极迁移,称为负溶胶。

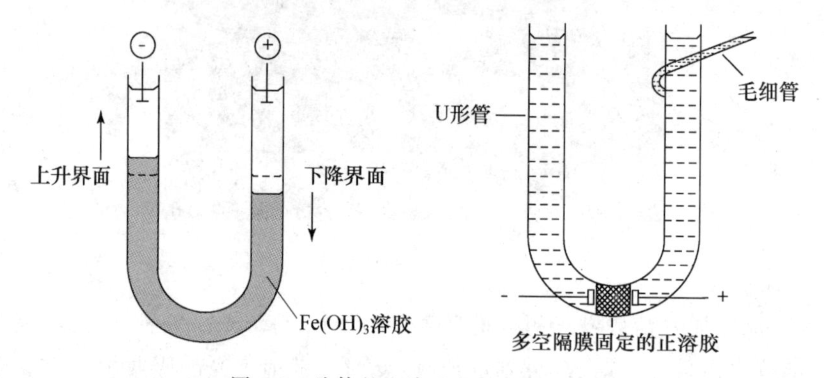

图6-7 胶体的电泳现象和电渗现象

假如在上述实验中,我们将溶胶粒子固定下来,然后外加电场作用,会发现通电后正极的液面会上升。这是由于带电的胶粒被固定后,与之相反电荷的溶质粒子的运动使在运动方向的溶质粒子浓度增加,这样因为渗透作用的原因,这些溶质粒子的运动带动了溶剂分子随之运动,这种溶剂介质的定向移动现象称为电渗(electro-osmosis),见图6-7(b)。

2. 溶胶粒子的结构

溶胶粒子是带电荷的分子聚集体,颗粒大小在1~100 nm,一个非常重要的特征是胶粒与分散介质之间存在相界面。因此,溶胶粒子的结构包括纳米大小的胶核和胶核表面带电荷的表面层(图6-8)。

图6-8 溶胶颗粒的基本结构示意图

1) 胶核——纳米粒子

纳米粒子是指粒度在1~100 nm之间的粒子,胶体粒子即属于纳米粒子的范畴。纳米粒子处于原子簇和宏观物体之间的过渡区,处于微观体系和宏观体系之间,是由数目不多的原子或分子组成的集团,因此它们既非典型的微观系统,亦非典型的宏观系统。

纳米粒子由于粒径小、表面曲率大,内部产生很高的额外压力。纳米粒子具有下列几个方面的效应:

(1) 体积效应。当纳米粒子的尺寸与传导电子的德布罗意波长相当或更小时,粒子的很多物理性质都较普通粒子发生了很大的变化。例如,纳米粒子的熔点远低于块状本体;利用等离子共振频移随颗粒尺寸变化的性质,可以改变颗粒尺寸,控制吸收的位移,制造具有一种频宽的微波吸收纳米材料,用于电磁屏蔽、隐形飞机等。

(2) 表面效应。表面效应是指纳米粒子表面原子与总原子数之比随着粒径的变小而急剧增大后所引起的性质上的变化。从粒子尺寸与表面原子数的关系可以看出,随粒径减小,表面原子数迅速增加,表面原子的晶体场环境和结合能与内部原子不同。表面原子周围缺少相邻的原子,有许多悬空键,具有不饱和性质,易与其他原子相结合而稳定下来,因而表现出很大的化学和催化活性。

(3) 量子尺度效应。纳米粒子内部电子在各方向上的运动都受到局限,所以量子局限效应(quantum confinement effect)特别显著。量子局限效应会导致类似原子的不连续电子能级结构,并取决于粒子的大小。一个例子是量子点(quantum dot)。由ⅡB~ⅥB或ⅢB~ⅤB族元素组成的半导体纳米颗粒是一种荧光量子点,受激后可以发射荧光,可以通过调整粒子尺寸得到不同颜色的荧光。此外,不同颜色的量子点可以由同一波长的光激发。量子点的这些独特性质给生物分析带来很大的方便,在生命科学研究中获得了很多应用。

2) 溶胶粒子的表面电荷层

溶胶粒子之所以能够稳定存在于溶液中,是因为胶粒带有一定的电荷,使胶粒之间相互排斥而不聚集。胶粒带电的原因可归结为如下几个方面:

(1) 纳米胶核粒子能够吸附分散介质中的正、负离子而获得电荷。胶粒带电多属于这种类型。但是胶核吸附离子是有选择性的,优先吸附与胶核中化学组成相同的某种离子,称为法扬斯规则(Fajans's rule)。这是因为胶粒表面上容易吸附能继续形成结晶的离子,通过同离子效应使胶核不易溶解。若无相同离子,则首先吸附水合能力较弱的负离子。阳离子的水合能力一般比阴离子强,而水合能力强的离子往往留在溶液中,水合能力弱的离子则容易被固体表面吸附,所以胶粒带负电的可能性比带正电的可能性大。自然界中的胶粒大多带负电,如泥浆水、豆浆等都是负溶胶。

(2) 溶胶粒子表面分子的解离。例如,硅胶胶核表面的 H_2SiO_3 发生解离时,若溶液呈酸性,则解离反应为

$$H_2SiO_3 \longrightarrow HSiO_2^+ + OH^-$$

结果使胶粒带正电荷;若溶液呈碱性,则解离反应为

$$H_2SiO_3 \longrightarrow HSiO_3^- + H^+$$

$$HSiO_3^- \longrightarrow SiO_3^{2-} + H^+$$

结果使胶粒带负电。像蛋白质分子,表面有许多羧基和氨基,在 pH 较高的溶液中,离解生成 P-COO$^-$ 离子而带负电;在 pH 较低的溶液中,生成 P-NH$_3^+$ 离子而带正电。

(3) 晶格取代。主要是黏土矿物,在成矿过程中,有些 Al^{3+} 的位置被 Ca^{2+},Mg^{2+} 所取代,正电荷减少,使其带有多余的负电荷。

3) 典型无机溶胶粒子的结构

现以 AgI 溶胶为例说明溶胶的形成过程和结构特点。

(1) 胶核的形成。若将 $AgNO_3$ 稀溶液与 KI 稀溶液混合后,发生的化学反应如下:

$$AgNO_3 + KI = AgI + K^+ + NO_3^-$$

多个 AgI 分子聚集生成$(AgI)_m$固体粒子,其中 m 约为 10^3 个,直径在 1~100 nm 范围,形成胶核。

(2) 胶核的选择性吸附。体系中存在多种离子,如 Ag^+,I^-,K^+,NO_3^- 等离子时,胶核选择性地吸附与胶粒化学组成相同的离子,即 Ag^+或 I^-。在制备 AgI 溶胶时,如果 KI 过量,溶液中 I^- 浓度较大,那么胶核优先吸附 I^-,从而带负电荷;反之,如果 $AgNO_3$过量,胶核则会优先吸附 Ag^+离子而带正电荷。

(3) 相反电荷离子的吸附。胶核因吸附一定量的离子而带电荷,之后通过静电引力在其周围进一步吸附少量带相反电荷的离子。如 KI 过量时,胶核吸附 I^- 离子而带负电荷,就会继续吸附 K^+;当 $AgNO_3$过量,胶核吸附 Ag^+ 离子而带正电荷时,就会继续吸附 NO_3^-。

于是我们看到,一个胶粒的结构包含 3 个部分:胶核、胶核表面吸附的带电离子以及少量的相反电荷离子。胶核表面吸附的所有离子称为胶粒的吸附层,胶核和吸附层构成胶粒。带电荷的胶粒在溶液中会有相反电荷离子包围,以保持溶液的电中性。这个包围胶粒的带相反电荷的氛围,称为胶粒的扩散层。胶粒和扩散层形成一个电中性的胶团,胶粒和扩散层之间的表面称为滑动面。图 6-9 表示了两种 AgI 溶胶的胶团结构。

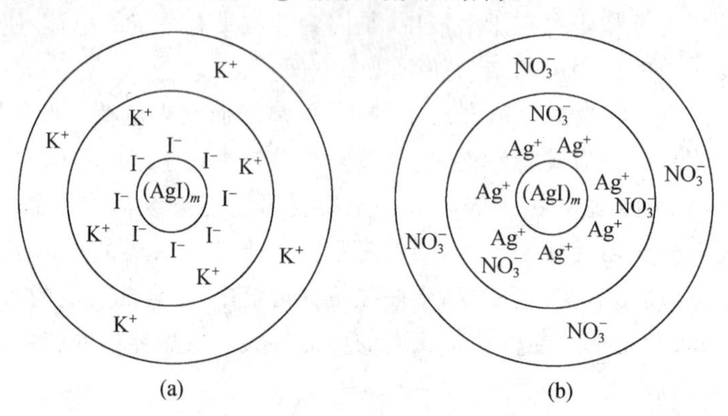

图 6-9 两种 AgI 溶胶的胶团结构

(a) 为 KI 过量形成的溶胶,(b) 为 $AgNO_3$过量时形成的溶胶

从胶团的结构来看,在外电场下作电泳的是胶粒(包括胶核及其吸附层)。若胶粒不能移动,在外电场下,扩散层中的反离子的移动则导致电渗现象的发生。

我们可以用一种简单的化学式表示溶胶胶团的结构,仍以 AgI 溶胶为例。如果 $AgNO_3$过量,假定胶核吸附 n 个 Ag^+,胶粒带 x 个正电荷,则 AgI 胶团的结构如下:

$$\underbrace{\underbrace{[\underset{\text{胶核}}{(AgI)_m} \cdot \underset{\text{吸附层}}{nAg^+ \cdot (n-x)NO_3^-}]^{x+}}_{\text{胶粒}} \cdot \underset{\text{扩散层}}{xNO_3^-}}_{\text{胶团}}$$

若KI过量，所形成的AgI胶团的结构式为

$$[(AgI)_m \cdot nI^- \cdot (n-x)K^+]^{x-} \cdot xK^+$$

再如，$FeCl_3$水解形成氢氧化铁溶胶，发生的反应如下：

$$Fe^{3+} + 3H_2O \longrightarrow Fe(OH)_3 + 3H^+$$

溶液中部分$Fe(OH)_3$与HCl作用，形成FeO^+离子：

$$Fe(OH)_3 + H^+ \longrightarrow FeO^+ + 2H_2O$$

$Fe(OH)_3$胶团的结构式为

$$\{[Fe(OH)_3]_m \cdot nFeO^+ \cdot (n-x)Cl^-\}^{x+} \cdot xCl^-$$

4）溶胶粒子的电动电位ζ

溶胶胶粒因为电荷的相互排斥才不会发生聚集而保持稳定，因而胶粒带电荷的多少对胶粒的性质和溶胶的稳定性非常重要。带电荷的胶粒如同一个微小的电容器，根据电容和其载荷的关系($C=U/Q$)，胶粒的带电量Q可以反映在表面的静电电位上。从胶粒表面(即滑动面)到溶液内部电势为零处的电位差叫做电动电位(electrokinetic potential)，用ζ表示(图6-10)。可以看到，电动电位的零点就是扩散层的终点。

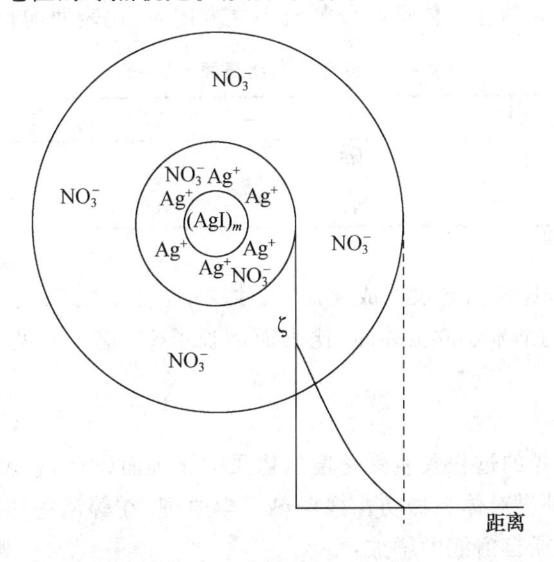

图6-10　AgI正溶胶粒子的电动电位ζ示意图

从胶核对电荷的吸附机制来看，电动电位的大小取决于：① 胶核选择性吸附离子的多少；② 进入吸附层的相反电荷所抵消胶核电荷的多少。因此，电动电位对溶液中电解质的浓度十分敏感。向溶胶中加入一定量电解质时，解离出来的离子会使扩散层中相反电荷离子的浓度增加，其中一部分反离子能够由扩散层进入吸附层，导致电动电位降低和扩散层变薄。若溶胶中电解质浓度达到一定程度，胶核表面的电荷基本上被进入吸附层中的反离子中和，电动电位和扩散层厚度降低至零，胶粒也就不带电。这时溶胶便不再稳定，容易发生絮凝或聚沉等现象。

3. 溶胶粒子形成的物理化学——表面化学原理

溶胶粒子形成的过程中，我们面临一个理论问题：为什么胶粒会选择性地吸附一些离子而带电荷呢？这可由表面化学原理解释。

将一大块固体物质打碎成若干小块颗粒然后分散到另一种介质中，这一过程是需要做功的，因大块物质分散成小颗粒时要打破固体中存在的化学键而克服各种分子间引力。由于固体颗粒和液态溶剂的物相不同，两者之间存在明显的界面(interface)，溶胶体系正是这么一个非均匀的体系，胶体粒子高度分散在溶剂分子中，但彼此之间存在着相界面。

电解质离子是通过和溶剂分子形成水合离子而获得稳定的，但在胶体溶液中，由于界面的存在，溶胶粒子却不能通过水合作用获得稳定。因此，胶体溶液是一种能量较高的分散系统；分散系的胶体溶液与大块固体放置到溶剂之中相比，胶体溶液系统的自由能(想一想为什么用自由能衡量能量高低)就较高。胶体溶液这种高出来的自由能可以用界面的大小来衡量，因此称为表面自由能。

1) 分散度和比表面(积)

首先需要对分散度进行定量的描述。分散度可以用比表面(specific surface area) S_0 来衡量，即指单位体积物质所具有的总表面积。

$$S_0 = S/V$$

式中，V，S，S_0 分别代表物质的总体积、总表面积和比表面。比表面越大，则物质的分散度越大。例如，把边长为 1 cm 的立方体逐渐分割成小立方体时，比表面增长情况见表 6-7。

表 6-7　分散度和比表面[a] 的关系

边长 l/m	1×10^{-2}	1×10^{-3}	1×10^{-5}	1×10^{-7}	1×10^{-9}
立方体数	1	10^3	10^9	10^{15}	10^{21}
S_0/m^{-1}	6×10^2	6×10^3	6×10^5	6×10^7	6×10^9

[a] 比表面 $S_0 = S/V = 6l^2/l^3 = 6/l$。

从表 6-7 可以看出，比表面与尺寸成反比，尺寸越小，比表面越大。当将边长为 10^{-2} m 的立方体分割成 10^{-9} m 的纳米小立方体时，比表面增长了 10^7 倍。可见达到 nm 级的超细微粒具有巨大的比表面。

2) 表面自由能和表面张力

将物质分散成小颗粒的过程其实就是增加物质的比表面(当然总表面积也跟着同时增加)的过程，这个过程需要外界对体系做功。根据热力学原理，在等温等压下，外界对体系所做的非体积功等于体系吉布斯自由能的增加：

$$-W = \Delta G$$

同样，若使体系的表面积增加 ΔS(注意：这里的 S 代表的是面积而不是系统的熵)而需要对体系做的功为 W，则有

$$-W = \Delta G_S = \sigma \Delta S$$

写成积分的形式：

$$G_S = \sigma \cdot S$$

式中 G_S 为表面吉布斯自由能，简称表面自由能(surface free energy)；σ 称为比表面自由能(specific surface energy)。某一温度下，σ 通常是一个常数，它表示在等温等压下，可逆地增加单位表面积时，体系吉布斯自由能的增加量。σ 的单位是 J·m^{-2}，进行单位分析可以发现一个有趣的现象：

$$\text{J}\cdot\text{m}^{-2} = \text{N}\cdot\text{m}\cdot\text{m}^{-2} = \text{N}\cdot\text{m}^{-1}$$

这是一种力的形式，所以也称其为表面张力。

为理解表面张力的概念，我们以简单的液体-气体表面为例来说明。如图 6-11 中的金属框 A 上面装一根可滑动的金属丝 B，将它们浸在肥皂水中，然后将金属丝向上作可逆的拉动，我们可以在金属框上获得一层肥皂薄膜。假定这个过程无摩擦，则向上的拉力 F 所做的功为

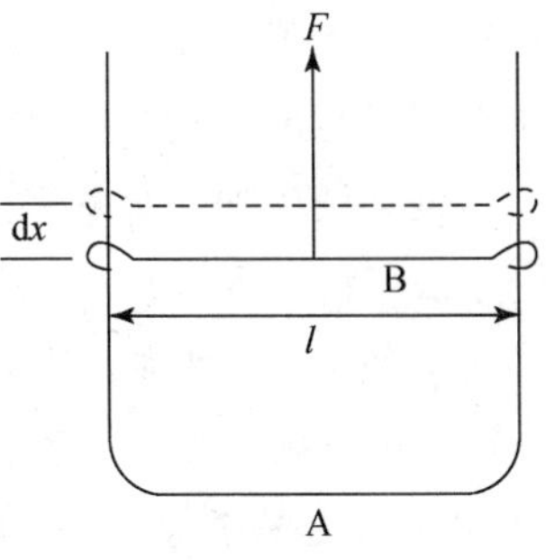

图 6-11　表面张力

$$-W=F\mathrm{d}x$$

形成肥皂薄膜增大的液体表面积为 $\Delta S=l\cdot \mathrm{d}x$，因此表面自由能增加为

$$\Delta G_S=\sigma\Delta S=\sigma\cdot l\cdot \mathrm{d}x$$

因此

$$F=\sigma\cdot l \quad 或 \quad \sigma=F/l$$

也就是说，比表面自由能(或者表面张力)代表可逆拉动单位长度的表面所需要的力的大小。

3) 表面吸附可以降低表面张力

将表面自由能公式 $G_S=\sigma\cdot S$ 进行微分则得

$$\mathrm{d}G_S=\sigma\cdot \mathrm{d}S+S\cdot \mathrm{d}\sigma$$

热力学原理表明，自发过程的自由能是减少的。因此，我们可以推断两种自发的表面过程：

(1) 当表面张力 σ 为常数时，$\mathrm{d}G_S=\sigma\cdot \mathrm{d}S$，这意味着 $\mathrm{d}S<0$，则 $\mathrm{d}G_S<0$；也就是说，物体表面有自发缩小的趋势。如水滴常呈球形，因为球形的比表面最小，表面自由能最小；对于溶液中存在的微粒来说，表现为微粒自发地聚集或融合成团，从而减少表面积。

(2) 如果要使一个分散系保持稳定，即这个体系微粒的表面积不变，即 $\mathrm{d}G_S=S\cdot \mathrm{d}\sigma$，那么表面能的减小只能用减小表面张力的办法进行。也就是说，分散系微粒表面将自发地用某种机制降低它的表面张力，而这个机制就是表面选择性吸附作用。当表面吸附一些和界面两侧的不同物相都能相容或亲和的离子或分子时，表面张力便会因此降低，体系的能量也因此降低。

现在我们明白为什么胶粒会吸附某些离子：溶胶粒子都是纳米颗粒，有着很大的比表面积，表面自由能很高。因此，溶胶颗粒有两种趋势，一种是自发聚集的趋势，另一种是胶粒表面主动吸附一些和胶粒结构相容的离子，从而降低胶粒的表面张力。

4. 溶胶体系的破坏

1) 溶胶稳定性的原因

溶胶是一个比表面很大、表面能很高的体系，虽然表面吸附可以降低表面张力，有利于溶胶的稳定性，但是胶粒相互聚集成大颗粒而沉降析出的趋势仍然是存在的，仍然有着靠聚集进一步降低体系自由能的自发倾向。因此，溶胶是热力学不稳定体系。

不过，实际上一些溶胶往往可保持数月甚至数年也不会沉降析出。溶胶稳定的主要原因有三，包括胶体粒子荷电、吸附层的溶剂化以及胶粒的布朗运动。

(1) 胶粒的静电排斥作用。胶粒吸附离子后带有一定的电荷，具有一定的表面电位 ζ。由于同性电荷的相互排斥，阻止了胶粒间的靠近和聚集。胶粒荷电量越大，胶粒间斥力越大，溶胶越稳定。

(2) 胶粒表面水合膜(或其他溶剂化膜)的保护作用。在水溶液中,胶粒吸附层的离子都可以溶剂化形成水合膜。水合膜犹如一层弹性的外壳,起到了防止运动中的胶粒在碰撞时胶核距离太近的作用,有利于溶胶的稳定性。溶胶的稳定性与胶粒的水合膜层厚度有密切关系。水合膜层越厚,胶粒越稳定。

向溶胶中加入足够多的某些大分子化合物如明胶、蛋白质、淀粉等,这些大分子也可以吸附于胶粒的表面。由于这些大分子中的亲水基团较多,可以增加胶粒水合膜的厚度,从而增加溶胶的稳定性。例如,胃肠道造影剂硫酸钡合剂常用阿拉伯胶来增加制剂的稳定性。

(3) 胶粒的布朗运动。胶粒在不停地做布朗运动,使胶粒能够克服重力场的影响,不会下沉,溶胶的这种性质称为动力学稳定性。

2) 电解质对溶胶体系的聚沉作用

从胶体稳定性的因素,可以知道溶胶对电解质非常敏感。在溶胶体系中加入电解质后,增加体系中离子的浓度,将有较多的反离子"挤入"吸附层,从而减少甚至完全中和胶粒所带电荷,使电动电位 ζ 降低以至消失,导致胶粒聚集并从溶胶中聚沉下来。电解质是溶胶的一种聚沉剂。

不同电解质对溶胶的聚沉能力是不同的。通常用聚沉值来比较各种电解质的聚沉能力。所谓聚沉值是使一定量的溶胶在一定时间内完全聚沉所需电解质的最小浓度,它表征某种电解质对溶胶的聚沉能力。聚沉值越大的电解质,聚沉能力越小;反之,聚沉值越小的电解质,其聚沉能力越大。表 6-8 列出了不同电解质对几种溶胶的聚沉值。

表 6-8 不同电解质对几种溶胶的聚沉值

As_2S_3(负溶胶) 聚沉值/($mmol \cdot L^{-1}$)		AgI(负溶胶) 聚沉值/($mmol \cdot L^{-1}$)		Al_2O_3(正溶胶) 聚沉值/($mmol \cdot L^{-1}$)	
LiCl	58	$LiNO_3$	165	NaCl	43.5
NaCl	51	$NaNO_3$	140	KCl	46
KCl	49.5	KNO_3	136	KNO_3	60
KNO_3	50	$RbNO_3$	126	K_2SO_4	0.30
$CaCl_2$	0.65	$Ca(NO_3)_2$	2.40	$K_2Cr_2O_7$	0.63
$MgCl_2$	0.72	$Mg(NO_3)_2$	2.60	$K_2C_2O_4$	0.69
$MgSO_4$	0.81	$Pb(NO_3)_2$	2.43	$K_3[Fe(CN)_6]$	0.08
$AlCl_3$	0.093	$Al(NO_3)_3$	0.067		
$\frac{1}{2}Al_2(SO_4)_3$	0.096	$La(NO_3)_3$	0.069		
$Al(NO_3)_2$	0.095	$Ce(NO_3)_3$	0.069		

从表中可以总结出影响电解质聚沉能力的因素:

(1) 反离子所带的电荷数。反离子的价数越高,聚沉能力越强,聚沉值越小。例如,聚沉负溶胶时,有关电解质的聚沉能力次序为

$$AlCl_3 > MgCl_2 > NaCl$$

聚沉正溶胶时,有关电解质的聚沉能力次序为

$$K_3[Fe(CN)_6] > K_2SO_4 > KCl$$

(2) 价数相同的离子的聚沉能力虽然接近，但也略有不同。通常与水合离子的半径有关。反离子的水合半径越小，越易靠近胶体粒子，其聚沉能力越强。例如聚沉负溶胶时，有关电解质的聚沉能力的次序为

$$H^+ > Cs^+ > Rb^+ > NH_4^+ > K^+ > Na^+ > Li^+$$

聚沉正溶胶时，有关电解质的聚沉能力次序为

$$F^- > H_2PO_4^- > Cl^- > Br^- > I^- > CNS^-$$

(3) 一些有机物离子具有非常强的聚沉能力。有机离子除了可以破坏胶粒的电动电位 ζ 外，还可以增加胶粒之间的疏水性作用。因此，和同价的小离子相比，有机物离子的聚沉能力要大得多。如聚沉 AgI 负溶胶，$NaNO_3$ 的聚沉值是 140 $mmol \cdot L^{-1}$，$C_{12}H_{25}(CH_3)_2N^+Cl^-$ 的聚沉值是 0.01 $mmol \cdot L^{-1}$。

将两种带相反电荷的溶胶以适当的比例混合，也能发生聚沉。与电解质聚沉作用的不同之处在于，它要求的两种溶胶的浓度比较严格，只有两种溶胶的胶粒所带电荷完全中和时，才会完全聚沉，否则只能发生部分聚沉或者不聚沉。如水中的杂质粒子一般为带负电的胶粒，明矾 $KAl(SO_4)_2 \cdot 12H_2O$ 在水中水解生成 $Al(OH)_3$ 正溶胶，它可与水中带负电的杂质胶粒发生相互聚沉，以达到净化水的目的。

以上所讲的虽然是水溶液胶体，其原理是可以推广到气溶胶体系的。空气中的灰尘一般带有正电荷，因此增加空气中阴离子的浓度可以减少空气中的灰尘含量。森林中和雷雨过后的空气里，阴离子的浓度较高，使空气格外洁净和清新。当空气中灰尘含量减少后，细菌等病原体也减少了传播的载体，有利于人体的健康。

6.4.2 表面活性剂和缔合胶体

1. 表面活性剂

当表面吸附一些和界面两侧的不同物相都能相容或亲和的离子或分子时，会降低表面张力。表面张力很大的两相是油和水。将油用剧烈搅拌的方式分散在水中形成乳浊液后，小油滴会自动聚集融合，形成大油滴，大油滴进一步聚集融合导致油水分相。如果向水中加入一定量的既亲油又亲水的物质，然后再制成乳浊液，那么这种乳浊液可以稳定存在很长时间。其原因是，加入的这些油水两亲的物质可以吸附在油水两相的界面上，使表面张力大大降低，从而使体系能够稳定存在。例如，牛奶中含大量的奶油微滴，这些奶油微滴表面吸附蛋白质等具有疏水结构的带电荷分子，在油滴表面形成电荷层，因此牛奶可以稳定存放数星期乃至更长。而如果向牛奶中加入一定量的食盐，则可以破坏奶油微滴表面的电荷结构，使奶油析出。这种能使表面张力降低的(油水)两亲物质称为表面活性剂，日常生活中我们称之为去污剂(detergent)。

表面活性剂分子一般由非极性的疏水(hydrophobic)基团和极性的亲水(hydrophilic)基团构成。疏水基团一般是烃链，亲水基团如—OH，—COOH，$—NH_2$，—SH 及 $—SO_3H$ 等。根据表面活性剂的极性基团的电荷特性，可将表面活性剂分为下列类别：

(1) 阴离子表面活性剂。其亲水基团在水溶液中会解离形成阴离子。常见的如脂肪酸盐类(通式为 $RCOO^-M^+$)，即肥皂的主要成分；硫酸酯盐类(通式为 $R—O—SO_3^-M^+$)，常用的是十二

烷基硫酸钠(SDS)、十六烷基硫酸钠等;有机磺酸盐或苯磺酸盐(通式分别为 $R—SO_3^- M^+$ 或 $RC_6H_5—SO_3^- M^+$),常用的品种有十二烷基苯磺酸钠等。甘胆酸钠、牛磺胆酸钠等胆酸盐常用做胃肠道脂肪的乳化剂。

(2) 阳离子表面活性剂。这类表面活性剂的亲水基团是有机的季铵离子(阳离子)。常见品种有苯扎氯铵和苯扎溴铵等。

(3) 非离子表面活性剂。这类表面活性剂的结构中含有较多的羟基(—OH)或醚键(—O—)结构,这些基团可以和水形成氢键,因此有良好的亲水性,但在水中不解离形成离子。根据亲水基种类,有多元醇[$R—COOCH_2C(CH_2OH)_3$]和聚乙二醇[$R—O—(CH_2CH_2OH)_2$]两种类型。多元醇型中的聚氧乙烯山梨醇脂肪酸盐,商品名为吐温(Tween),常用做增溶剂,来溶解难溶性药物;或者作为乳化剂,制备药物乳剂。

2. 表面活性剂的溶液状态——缔合溶胶的形成

表面活性剂溶解在水中时,根据浓度不同而存在状态不同。当浓度很低时,表面活性剂绝大多数吸附在水/油(或空气)的界面,其亲水基团朝向水相而亲油基团朝向油相(或空气),形成有序排列的单分子层。在中学化学实验中,用硬脂酸来测定阿伏加德罗常数正是利用了表面活性剂的这种性质。

当表面活性剂在油水表面的吸附达到饱和后,如果增加溶液中表面活性剂的浓度,则部分分子转入溶液中。当浓度超过某一临界浓度后,表面活性剂分子会聚集起来,形成缔合体,称为胶束(micelles)。在胶束中,表面活性剂分子的疏水基团向内、而亲水基团向外,形成各种胶束结构,形状有球状、棒状或层状(图 6-12)。由胶束形成的溶液称为缔合胶体。

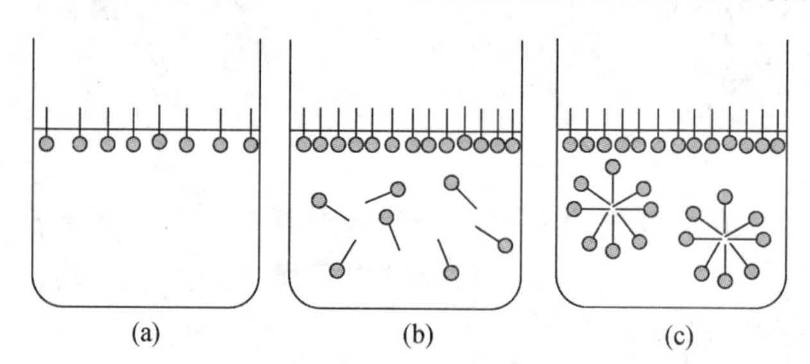

图 6-12 表面活性剂分子在溶液中的存在状态

(a) 低浓度时吸附在界面形成单分子层;(b) 浓度较高时,单分子层饱和,少量表面活性剂存在于溶液;(c) 浓度高于 cmc 时,形成缔合溶胶胶束

表面活性剂缔合形成胶束的最低浓度即为临界胶束浓度(critical micell concentration, cmc)。表面活性剂浓度超过 cmc 的程度对形成的胶束的形状影响很大。在浓度接近 cmc 的缔合胶体中,胶束基本呈球形结构;当表面活性剂浓度超过 cmc 较多时,胶束倾向于形成圆柱形、板层形等复杂结构(图 6-13)。例如,形成细胞膜的磷脂的 cmc 非常小,因此很容易在溶液中形成封闭的脂双层(bilayer sheet)结构——脂质体(liposome)。细胞膜正是以脂双层膜为基础组装起来的一种超分子体系。

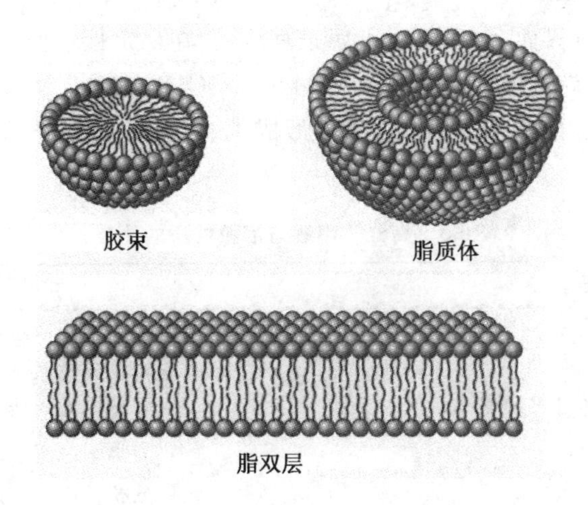

图 6-13　各种胶束形状示意图

3. 表面活性剂的增溶和变性作用

增溶是表面活性剂的一个重要应用。在溶液中加入表面活性剂,使一些不溶或微溶于水的物质包裹在胶束中,从而增加其溶解度,这种作用称为增溶(solubilization)。肥皂或合成洗涤剂的去污机制就是利用它们的增溶作用将衣服上的油渍洗掉。胆汁对脂肪有增溶作用,促进脂肪在小肠的消化吸收过程。

细胞膜如果因表面活性剂而溶解,那么就会导致膜结构的破坏和细胞的死亡。溶血是红细胞膜破坏的结果。非离子表面活性剂的溶血作用较轻微,而 0.001%十二烷基硫酸钠溶液就有强烈的溶血作用。阳离子表面活性剂对细胞膜的破坏作用要高于阴离子表面活性剂,因此,阳离子表面活性剂如苯扎氯铵常用做杀菌消毒剂。

在蛋白质分子结构中有一个疏水的内腔,因此表面活性剂分子可以通过疏水作用和蛋白质结合。在中性或弱碱性的溶液中,多数蛋白质分子带有负电荷,如果蛋白质分子结合了大量的阴离子型表面活性剂如十二烷基磺酸钠(SDS),那么蛋白质表面的负电荷密度大大增加,负电荷间的强烈的静电斥力将撑开蛋白质分子的折叠结构,使蛋白质分子形状像一个被撑直的小棒,这自然将导致蛋白质发生变性。

6.4.3　高分子溶液

高分子(macromolecule)是分子量大于 10^4 的分子。自然界中存在着大量高分子化合物,如天然橡胶、淀粉、纤维、蛋白质、核酸等等。合成高分子化合物如塑料在生活和医药领域都有非常广泛的应用。在生物学中,高分子如蛋白质、核酸等通常被称为生物大分子(biological macromolecule),有关性质将在生物化学和结构生物学中仔细讲解。

由于分子很大,高分子溶液中溶质粒子的大小已进入胶体范围,因此高分子溶液也被列入胶体体系。高分子溶液具有某些与溶胶相似的物理化学性质,如二者的扩散速度都比较慢,且都不能通过半透膜,两种溶液在一定条件下都出现沉降现象等;但高分子溶液与溶胶之间有着本质的差异,高分子溶液本质上属于真溶液,是均相的热力学稳定体系(表 6-8)。

1. 高分子溶液独特的性质

(1) 稳定性。高分子溶液中,高分子是以单个的分子分散在溶剂中,高分子与溶剂有较强的亲和力,两者之间没有界面存在,本质上属于真溶液,在稳定性方面它与真溶液相似。另外,由于高分子化合物具有许多极性基团(如—OH,—COOH,—NH_2等),当其溶解在水中时,其极性基团与水分子结合,在高分子化合物表面形成了一层水合膜,分子之间不易靠近,增加了体系的稳定性。

表 6-8 高分子溶液与溶胶性质的比较

高分子溶液	溶　胶
溶质粒子扩散速度小	溶质粒子扩散速度小
均相分散系统	非均相分散系统
溶质粒子不能透过半透膜	溶质粒子不能透过半透膜
热力学稳定系统	热力学不稳定系统
黏度和渗透压较大	黏度和渗透压小
表面张力比分散介质小	表面张力与分散介质接近
分散相与分散介质亲和力强	分散相与分散介质亲和力弱
丁铎尔现象不明显	丁铎尔现象明显
电解质引起盐析	电解质导致聚沉
在一定条件下可形成凝胶	粒子聚结沉淀后不易再分散

(2) 高黏度。高分子溶液的黏度很大,这是它的主要特征之一。高分子溶液的黏度与分子的大小、形状及溶剂化程度直接相关。高分子化合物在溶液中常形成线形、分枝状或网状结构,束缚了大量的溶剂分子,使部分溶剂失去流动性,故表现为高黏度。另外,在较高浓度的溶液中,高分子之间的相互作用也是具有高黏度的重要原因。

(3) 渗透压。高分子化合物形成溶液时,高分子表面和内部空隙束缚着大量溶剂分子,使得单位体积内溶剂的有效分子数明显减小。另外,高分子可以在空间形成具有相对独立性的结构域(即相当较小分子的结构单位),使得一个高分子相当于多个小分子。因此高分子溶液不是理想溶液,高分子溶液的渗透压比相同浓度的小分子溶液大得多。

2. 高分子电解质溶液

高分子电解质可以分为阳离子(如聚溴化 4-乙烯-N-正丁基吡啶)、阴离子(如聚丙烯酸钠)、两性离子(如蛋白质)三类。高分子电解质通常有许多个可解离的基团,这些基团处于同一个分子的狭小空间内,相互间的静电作用比较强,因此,其可解离基团的解离常数与这些基团单独存在时有较大差别。例如,组氨酸侧链咪唑基的解离常数 pK_a[①] 为 6.0,而在蛋白质分子中,其 pK_a 的大小可在 5～8 之间变化,因蛋白质种类和结构而不同。

比较有意思的是,蛋白质这一类两性高分子电解质,在其结构中同时含有弱酸性基团(—COOH)和弱碱性基团(—NH_2)。在水溶液中,—COOH 解离形成—COO^-,产生一个负电荷,其解离度随溶液的 pH 升高而升高;而—NH_2 解离形成—NH_3^+,产生一个正电荷,其解离度随溶液的 pH 升高而降低。因此,对蛋白质来说,在某一 pH 条件下,蛋白质所带正电荷与负电荷量相等。此时的溶液 pH 就称为该蛋白质的等电点(isoelectric point),以 pI 表示。当将蛋白质置于 pH＞pI 的溶液中时,蛋白质—COOH 基团的解离占优势,分子所带的负电荷

① K_a 是弱酸的解离常数,详见第 7 章。

多于正电荷的数目,因此蛋白质分子以阴离子状态存在;反之,如果蛋白质溶液的 pH<pI 时,那么,蛋白质弱碱性基团—NH_2的解离占优势,分子就以阳离子状态存在。

由于蛋白质分子上酸性基团和碱性基团的数量不同,故其 pI 值不同。例如人血清白蛋白的 pI 是 4.64,而血红蛋白的 pI 是 6.8。表 6-9 中显示了某些蛋白质的等电点值。

表 6-9 一些蛋白质的等电点值

蛋白质	来 源	等电点 pI	蛋白质	来 源	等电点 pI
鱼精蛋白	鲑鱼精子	12.0~12.4	乳清蛋白	牛乳	5.1~5.2
细胞色素 c	马心	9.8~10.3	白明胶	动物皮	4.7~4.9
肌红蛋白	肌肉	7.0	卵白蛋白	鸡卵	4.6~4.9
血红蛋白	兔血	6.7~7.1	胃蛋白酶	牛乳	4.6
肌凝蛋白	肌肉	6.2~6.6	酷蛋白	猪胃	2.7~3.0
胰岛素	牛	5.3~5.35	丝蛋白	蚕丝	2.0~2.4

在等电点时,蛋白质处于净电荷为零的状态。此时,蛋白质分子之间的静电斥力最小,同时蛋白质分子的水合程度降低。因此,在等电点时,蛋白质的①溶解度较其他 pH 条件为最小,②在外加电场中不发生泳动。蛋白质纯化的方法如等电点沉淀法和等电点聚焦法,正是根据等电点时蛋白质分子的上述两个特殊性质实现的。

3. 高分子溶液的盐析

虽然高分子溶液是热力学稳定体系,但如果向溶液中加入足够量的强电解质时,也可使高分子化合物从溶液中析出,这就是盐析(salting out)。盐析作用的实质是由于强电解质离子具有更强的水合作用,强电解质的加入在一定浓度下可以使高分子化合物分子脱水。失去水合层后,高分子化合物的溶解度大大降低,因而会沉淀下来。盐析得到的高分子沉淀,当加入新的溶剂后,可以重新形成水合层,使沉淀溶解、再次形成溶液。

盐析原理常用于纯化蛋白质。蛋白质盐析时常用的强电解质盐是硫酸铵[$(NH_4)_2SO_4$]。硫酸铵的溶解度很大,在 25℃时其饱和溶液浓度可达 4.1 mol・L^{-1},而且不同温度下饱和溶液的浓度变化不大。向蛋白质溶液中逐渐加入研磨很细的硫酸铵粉末或饱和溶液,当溶液中硫酸铵达到一定的浓度时,所要的蛋白质就会沉淀下来,通过离心便可将蛋白质沉淀收集起来。盐析得到的蛋白质沉淀,蛋白质结构并没有被变性破坏,可以很方便地重新溶解得到具有生物活性的蛋白质。实际上,许多蛋白质分子在盐析沉淀状态更为稳定,因此商品蛋白质制剂常常被保存在一定浓度的硫酸铵溶液中。

不同的蛋白质分子,在盐析时需要的盐浓度不同。一般,分子量大的蛋白质比分子量小的蛋白质更容易沉淀。例如,2.0 mol・L^{-1}硫酸铵可以使球蛋白从血清中析出,蛋血清白蛋白此时仍然溶解在溶液中;当提高盐浓度至约 3 mol・L^{-1}时,可以得到血清白蛋白的沉淀;而加入$(NH_4)_2SO_4$即使到饱和程度,血红蛋白也不会析出。利用这一原理,我们可以用不同浓度的盐溶液使不同蛋白质分别析出沉淀,这种分离蛋白质的方式叫做硫酸铵分级沉淀法。

6.4.4 凝胶

某些高分子溶液或溶胶粒子,在浓度较高时,溶液中高分子或胶粒会相互连接,形成一定的空间网状结构,网状结构一般存在大量的空隙,溶剂分子(或者其他分散介质)填充在空隙中。但整个溶液体系失去了流动性,变为有弹性的半固体状态,这种体系叫做凝胶(gel)。凝胶结构中的分散介质是水,称为水凝胶;分散介质是空气的,称为气凝胶。

凝胶的结构特点有三:① 由高分子或胶粒形成的网络结构是相对固定的,这使凝胶具有固体的性质;② 凝胶结构中有大量的空隙结构,空隙的大小和形成凝胶的高分子(或胶粒)的大小以及浓度有关,这些特定大小的空隙结构可以起到分子筛的作用;③ 凝胶的空隙结构中填充的分散介质是连续的、流动的,这使得凝胶又兼具液体(对气凝胶来说是气体)的性质。

凝胶的独特结构使之具有很多优异的物理化学特性,从日常生活到生命科学等领域有着很多卓越的应用。这里我们略举几例:

1. 果冻和细菌培养基

果冻(jello)是大家爱吃的食品,它是一种可以咀嚼的果汁。食用果冻比直接饮用相同成分的果汁口感要好。使果汁凝固下来的方法是加入约1%的生物大分子胶,这些高分子胶在煮沸时完全溶解于水,形成高分子溶液。加入了高分子胶的果汁在一定温度下冷凝后,便形成了外观晶莹、色泽鲜艳、口感软滑、清甜滋润的"食物冻"凝胶。

用来制作果冻的大分子胶主要有两种,一种是动物来源的明胶(gelatin),俗称鱼胶,是一种蛋白质,通过水煮动物的皮、骨或韧带组织而制成;另一种是植物来源的卡拉胶和甘露胶,它们都是天然植物高分子多糖。

和果冻类似的是凝固的肉汤——皮冻。肉汤含有丰富的营养,是各种细菌生长的良好介质。但细菌如果生长在液体的肉汤中会混杂在一起,并且难以分离出来。肉汤的凝胶是培养和筛选细菌的理想培养基。现在的生物实验室中常用的固体培养基是琼脂培养基——肉汤的琼脂凝胶。琼脂也是一种植物高分子多糖,其优点是形成的凝胶有非常好的机械性能。

2. 气凝胶玻璃

凝胶内部的空腔结构使凝胶成为一种非常良好的隔热材料。电影特技中一些人体着火燃烧的镜头,即是由于这些特技演员身体上都涂有保护性凝胶。相对于水

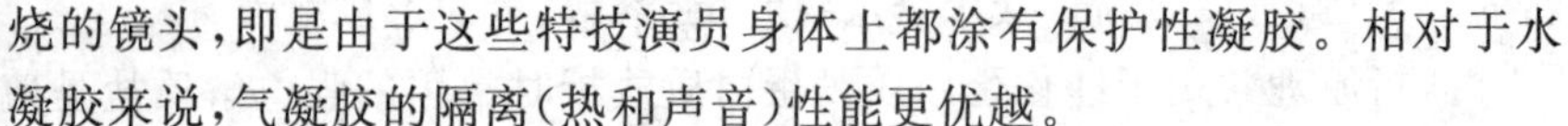
凝胶来说,气凝胶的隔离(热和声音)性能更优越。

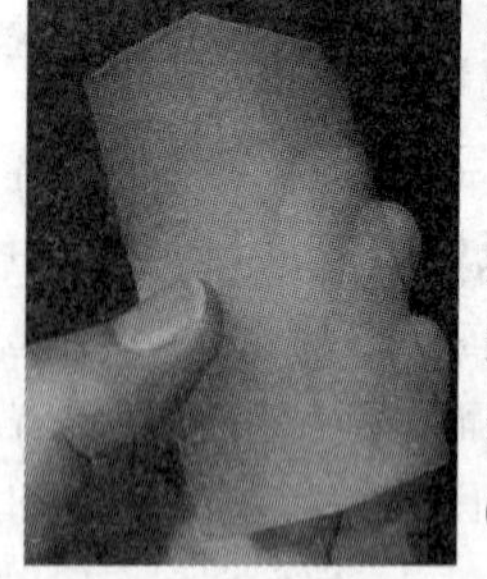
图 6-14 硅气凝胶

硅气凝胶也称为气凝胶玻璃,是将二氧化硅的水凝胶用超临界干燥技术将溶剂除去而制成(图 6-14)。气凝胶玻璃在透明度方面逊色于普通玻璃,但许多优点却是普通玻璃远不及的。例如热稳定性,即使从 1300℃高温状态下将它放入水中,也不会破裂;它的密度很小,仅为 0.07～0.25 $g \cdot cm^{-3}$,是普通玻璃的几十分之一;隔热保暖性能绝好,传热性能仅为普通玻璃的1/12,在两层普通玻璃中间夹一层气凝胶玻璃,传热系数从 3 $W \cdot m^{-2} \cdot K^{-1}$下降到 0.5 $W \cdot m^{-2} \cdot K^{-1}$;它不燃烧,是良好的防火材料;还具有良好的隔音性能,比一般金属和玻璃高 4 倍以上。

3. 凝胶吸水剂和尿不湿

凝胶可分为刚性凝胶和弹性凝胶两大类。刚性凝胶的粒子间交联强,网状骨架坚固,将其干燥脱水后,凝胶的体积和外形无明显变化,如硅胶、氢氧化铁凝胶等就属于此类。弹性凝胶一般是由高分子化合物形成,高分子具有柔性,这类凝胶经干燥后,体积明显缩小。干燥的弹性凝胶如再放到水中,可以重新吸收水分再变为凝胶,这种现象称为膨胀作用,又叫溶胀,它是弹性凝胶的特性之一。

一些干燥凝胶的吸水膨胀可以非常迅速,而且吸收相当于干燥凝胶体积几十倍的水分。

婴儿用的尿不湿纸尿片正是使用了这些凝胶来快速吸收尿液。在堵车非常严重的地方，有公司为司机们生产方便尿袋，也是应用了这种吸水凝胶(图 6-15)。

图 6-15 凝胶车用方便尿袋

4. 凝胶色谱和凝胶电泳

凝胶色谱技术是 20 世纪 60 年代初发展起来的一种快速而又简单的分离技术，在生物大分子如蛋白质和核酸的分离中应用非常广泛。凝胶色谱的基本原理是利用凝胶结构中空隙的分子筛效应。将凝胶制作成小颗粒，填充在一个色谱柱中。凝胶颗粒的内部结构中具有空隙结构，空隙的孔径大小可以通过控制制备凝胶的方法调节。当被分离样品溶液流经色谱柱时，小于凝胶内部微孔大小的分子容易陷入微孔、被滞留在凝胶中，而大分子则被排阻于凝胶颗粒外。这样，当样品溶液通过色谱柱时，大分子在色谱柱内停留时间短，首先流出色谱柱；小分子物质在色谱柱内停留时间长，落后于大分子物质流出来。因此，这些流经色谱柱的分子就会按照分子大小的顺序，先大分子、后小分子依次流出色谱柱，达到分离的目的。

蛋白质和核酸等生物大分子都是带电荷的分子，在电场下会发生电泳。这些分子电泳速度的快慢取决于分子的大小、形状以及所带电荷的多少。因此通过在电场中进行电泳，可以将不同的蛋白质或核酸分子按照一定的方式(如大小)区分出来。当这些生物分子的电泳结束后，如果没有一定的介质支撑并限制蛋白质分子的自由扩散运动，那么已经被分开的不同蛋白质分子就会重新混合起来。因此在蛋白质电泳时，我们需要一个兼有液体和固体性质、而且内部有很多空隙的支持介质。显然，中性的凝胶非常适合此用。

两种凝胶常用来进行生物分子的电泳分离：① 琼脂糖凝胶非常适合分离核酸；② 聚丙烯酰胺凝胶常用于电泳分离蛋白质。聚丙烯酰胺凝胶是由单体丙烯酰胺(acrylamide)聚合形成，在制备凝胶时通常加入一些 N,N-甲叉双丙烯酰胺(N,N-methylene-bisacylamide)交联剂来增加凝胶的机械强度。在进行蛋白质电泳时，蛋白质样品一般会用十二烷基磺酸钠(SDS)处理一下，经这种表面活性剂处理可以使蛋白质分子的结构伸展开，这样在电泳时分子的电泳迁移率主要取决于它的分子大小。蛋白质的 SDS-聚丙烯酰胺凝胶电泳(简称 SDS-PAGE)是目前生物化学中的一个常规分析手段，有关详细内容将在生物化学和分子生物学的课程中介绍。

思 考 题

6-1 人体平均每 100 mL 血液中含有 19 mg K^+ (M=39 g·mol^{-1})，计算血液中 K^+ 的物质的量浓度。

6-2 400 g 水中，加入 95%(质量分数，g/g)的 H_2SO_4 100 g，测得该溶液的密度为 1.13 g·mL^{-1}，试计算 H_2SO_4 溶液的物质的量浓度、质量摩尔浓度、摩尔分数各为多少？

6-3 计算下列各溶液的离子强度和平均活度系数：

(1) 0.0025 mol·L^{-1}的 Na_2HPO_4；(2) 0.0025 mol·L^{-1}的 NaCl；(3) 0.0025 mol·L^{-1}的 $MgSO_4$；(4) 0.0025 mol·L^{-1}的 $LaCl_3$。

6-4 某患者需补充 Na^+ 4.0 g，如用生理盐水补充[$\rho(NaCl)=9.0$ g·L^{-1}]，应需多少毫升的生理盐水？

6-5 对淀粉、蛋白质等高分子溶于水形成的分散系，为什么有时称其为溶液，有时又称其为胶体？

6-6 溶胶与高分子溶液具有稳定性的原因是哪些？用什么方法可以破坏它们的稳定性？

6-7 试解释浮在海面上的冰山的含盐量非常低的原因。

6-8 0.1 mol·kg^{-1}的糖水、盐水以及酒精的沸点是否相同？说明理由。

6-9 现需 1500 g 86.0%(质量分数)的酒精作溶剂，问如何用 95.0%(质量分数)的酒精进行配制？

6-10 将海洛因样品 0.100 g 溶于 1.00 g 水中，该溶液的凝固点下降 0.44 K，计算海洛因的摩尔质量。

6-11 烟草的有害成分尼古丁的实验式为 C_5H_7N，现称取 4.96 g 尼古丁溶于 100 g 水中，测得该溶液在标准大气压下的沸点为 100.17℃，试写出尼古丁的化学式。

6-12 计算 1 kg 水中需加多少甲醇，才能保证它在－10℃不结冰？

6-13 将 101 mg 胰岛素溶于 10.0 mL 水，该溶液在 25.0℃时的渗透压是 4.34 kPa，求：

(1) 胰岛素的摩尔质量；

(2) 溶液蒸气压下降 Δp(已知在 25℃水的饱和蒸气压是 3.17 kPa)。

6-14 木苏糖是一种多聚糖，水解时可生成单糖($C_6H_{12}O_6$)。298.15 K 时测得浓度为 10 g·L^{-1}的木苏糖水溶液的渗透压为 37.2 kPa，求木苏糖的摩尔质量并判断它为几聚糖。

6-15 人体正常体温为 37℃，测得血浆的凝固点为－0.501℃，计算人体血液的渗透压。

6-16 分别用浓度和活度计算 25℃ 时 0.05 mol·L^{-1} KNO_3溶液的渗透压(已知 $\gamma_{\pm}=0.92$)。

6-17 密闭钟罩内有两杯溶液，甲杯中含 1.68 g 蔗糖($C_{12}H_{22}O_{11}$)和 20.00 g 水，乙杯中含 2.45 g 某非电解质和 20.00 g 水。在恒温下放置足够长的时间达到动态平衡，甲杯水溶液总质量变为 24.90 g。求该非电解质的摩尔质量。

6-18 溶解 1.15 g 纯净甲酸(HCOOH)于水中，制成 250 mL 溶液。若此溶液中甲酸的解离度 α 为 4.6%，求溶液中[H^+]，[$HCOO^-$]与[HCOOH]各为多少？解离常数为多少？

6-19 100 mL 水溶液中含有 2.00 g 白蛋白，25 ℃时此溶液的渗透压力为 0.717 kPa。求白蛋白的摩尔质量。

6-20 人的血浆渗透压为 7.78×10^5 Pa(37℃)，今需要配制与人体血浆渗透压相等的葡萄糖-盐水溶液供病人静脉注射，若上述 500 mL 葡萄糖-盐水溶液中含 11 g 葡萄糖，问其中食盐为多少克？

6-21 10 mL 0.01 mol·L^{-1} $AgNO_3$ 与 10 mL 0.02 mol·L^{-1} KI 混合，生成的沉淀物的胶粒带何种电荷？写出胶团的结构式。

6-22 25℃时将半径为 1 mm 的水滴分散成半径为 10^{-3} mm 的小水滴，此时水的表面张力为 72.8×10^{-3} N·m^{-1}。问：比表面增加了多少倍？表面能增加了多少？完成该变化时，环境至少需要做功多少？

6-23 何谓等电点 pI？当溶液的 pH 分别大于、等于或小于 pI 时，对高分子电解质的带电情况、电泳方向及稳定性有何影响？

6-24 什么是盐析？盐析的作用机制是什么？蛋白质的盐析与溶胶的聚沉有何不同？

6-25 将人血清蛋白(pI＝4.64)和血红蛋白(pI＝6.90)溶于一缓冲溶液(组成：0.05 mol·L^{-1} KH_2PO_4 和 0.02 mol·L^{-1} Na_2HPO_4)中，在电场中进行电泳，试确定两种蛋白的电泳方向。

第7章 酸碱反应——质子转移的反应

在水溶液中,酸碱反应是最普遍也是最重要的电解质反应,它涉及溶液中最重要的溶质之一——质子(proton)。质子是一个体积很小的正电荷,具有较高的正电荷密度(z/r)。当质子与某个分子结合,不仅给这个分子带来一个正电荷,而且由于质子所带电荷的影响,可以导致质子结合部位共价键的极化,从而改变分子的化学反应性能。维持生命活动的生物催化剂——酶只有在一定的溶液质子浓度(pH)时才能发挥其生物活性。人体各组织器官都有其特异的pH环境,酸碱反应几乎是认识和理解病理、生理和药理作用中所有生物化学过程的基础。因此,本章我们将详细讨论酸碱反应的化学机制。

7.1 酸碱质子理论和酸碱反应的本质

7.1.1 酸碱质子理论和共轭酸碱对

对溶液中酸碱本质的认识,经历了一个长期的探索过程。人们很早就知道物质可区分成酸性和碱性物质,并可以根据物质的水溶液导致石蕊的变色来进行区分。18世纪后期,化学家们试图发现酸碱的化学组成规律。1884年瑞典化学家阿伦尼乌斯(Arrhenius)提出酸碱电离理论,认为水溶液中能电离产生出 H_3O^+ 的物质是酸,而能电离产生出 OH^- 的物质是碱。直到1923年洛里(Lowry)和布朗斯特(Bronsted)才分别同时提出了酸碱质子理论,对水溶液中酸碱及其反应的本质进行了完整的阐明。

酸碱质子理论(proton theory of acid and base)认为:凡是能给出质子的分子或离子都是酸(acid),凡是能接受质子的分子或离子都是碱(base)。换言之,酸是质子的给体,碱是质子的受体。上述酸碱定义不仅适用于水溶液,也同样适用于非水溶液。

酸和碱不是孤立存在的,因为能给出质子的分子,其给出质子后的产物必然能够接受质子,便成为了碱;同样,碱在接受质子后,其产物必然能够将获得的质子再次给出,成为了酸。由此可见,酸和碱既相互依存,又可以相互转化,构成一种共轭关系:

$$\text{酸} \rightleftharpoons \text{质子} + \text{碱}$$

上述关系式称为酸碱半反应(half reaction of acid-base),反应两边的一对酸、碱物质分别互称为共轭酸(conjugate acid)和共轭碱(conjugate base)。之所以称为半反应,是因为质子不可能独立存在,它从一个给体分子中出来后,必然将与另一个受体分子结合。例如,质子和溶剂水分子结合形成水合氢离子 H_3O^+。再例如,NH_4^+ 失去一个质子后转化成为 NH_3,NH_4^+ 是酸,而 NH_3 是碱,NH_4^+ 和 NH_3 为一对共轭酸碱对:

$$NH_4^+ \rightleftharpoons H^+ + NH_3$$

更多的例子:

$$HAc \rightleftharpoons H^+ + Ac^-$$

$$[Al(H_2O)_6]^{3+} \rightleftharpoons H^+ + [A1(H_2O)_5OH]^{2+}$$

$$HF \rightleftharpoons H^+ + F^-$$

有的分子比较特殊,它同时具有给出和接受质子的能力,因此可以形成两组不同的共轭酸碱对,这个分子在一对共轭酸碱对中是酸,但在另一对共轭酸碱对中是碱,这种物质被称为两性物质(amphoteric substance)。例如 H_2O:

作为酸: $$H_2O \rightleftharpoons H^+ + OH^-$$

作为碱: $$H_2O + H^+ \rightleftharpoons H_3O^+$$

对于 HCO_3^-:

作为酸: $$HCO_3^- \rightleftharpoons H^+ + CO_3^{2-}$$

作为碱: $$HCO_3^- + H^+ \rightleftharpoons H_2CO_3$$

*7.1.2 酸碱的电子理论

1923 年,路易斯(Lewis)提出酸碱的电子理论(electron theory of acid and base),将酸碱的涵义进行了进一步的推广。按照酸碱电子理论,酸是能够接受电子对的物质,又称电子对的受体;碱是能够给出电子对形成配位键的物质,又称电子对的给体。

酸碱反应的产物为酸碱配合物:

$$\underset{\text{酸}}{A} + \underset{\text{碱}}{:B} \rightleftharpoons \underset{\text{酸碱配合物}}{A:B}$$

由上述反应可知,酸与具有孤对电子的物质成键,所以酸又称为亲电试剂;碱与酸中电子不足的原子芯(atomic kernel)共享电子对,因此碱又称为亲核试剂。例如

$$BF_3 + [:\ddot{F}:]^- \rightleftharpoons [F_3B \leftarrow F]^-$$

$$SO_3 + [:\ddot{O}:]^{2-} \rightleftharpoons [O_3S \leftarrow O]^{2-}$$

$$Cu^{2+} + 4NH_3 \rightleftharpoons [Cu(\leftarrow NH_3)_4]^{2+}$$

根据酸碱电子理论,可把酸碱反应分为以下 4 种类型:

酸碱加合反应,如 $Ag^+ + 2NH_3 \rightleftharpoons [H_3N \rightarrow Ag \leftarrow NH_3]^+$

碱取代反应,如 $[Cu(NH_3)_4]^{2+} + 2OH^- \rightleftharpoons Cu(OH)_2 + 4NH_3$

酸取代反应,如 $[Cu(NH_3)_4]^{2+} + 4H^+ \rightleftharpoons Cu^{2+} + 4NH_4^+$

双取代反应,如 $HCl + NaOH \rightleftharpoons NaCl + H_2O$

由于化合物中普遍存在配位键,所以路易斯酸碱范围相当广泛,酸碱配合物几乎无所不包。可以说,金属离子皆是酸,与金属离子结合的阴离子或中性分子皆是碱。所有按照阿伦尼乌斯酸碱理论所谓的盐类、金属氧化物和各种配合物都是酸碱配合物,许多有机化合物也可看做酸碱配合物。例如乙醇,其中乙基离子($C_2H_5^+$)是酸,羟基离子(OH^-)是碱;又如乙酸乙酯,其中乙酰离子(CH_3CO^+)是酸,乙氧离子($C_2H_5O^-$)是碱。甚至烷烃也可想象为 H^+ 和烃阴离子(R^-)所形成的酸碱配合物。由此可见,酸碱电子理论所定义的酸碱包罗的物质种类极为广泛,远非其他酸碱理论可比。因此,为了区别它们,一般把酸碱电子理论所定义的酸和碱,分别称为路易斯酸和路易斯碱,又称广义酸和广义碱。

酸碱电子理论扩大了酸碱的范围,并可把酸碱概念用于许多有机反应和无溶剂系统,这是它的优点。而带来的缺点是,酸碱概念过于笼统,特别是其生物学应用是很有限的。

7.1.3 酸碱反应的实质——质子转移反应

无论酸(质子给体)和碱(质子受体),它们其实都是溶液中的质子载体,是质子存在的形式;只不过是酸已经负载了质子,而碱尚是空的载体,质子必然在酸和碱中进行传递。当一个酸如醋酸(HAc)失去质子时,

$$HAc \rightleftharpoons H^+ + Ac^-$$

同时必然有一个碱如溶剂 H_2O 接受这个质子:

$$H^+ + H_2O \rightleftharpoons H_3O^+$$

两式相加得总反应:

$$HAc(酸_1) + H_2O(碱_2) \rightleftharpoons H_3O^+(酸_2) + Ac^-(碱_1)$$

从以上反应可以看出:一种酸(酸$_1$)和一种碱(碱$_2$)的反应,其结果是产生了一种新酸(酸$_2$)和一种新碱(碱$_1$),其中酸$_1$和碱$_1$组成一对共轭酸碱对,碱$_2$和酸$_2$组成另一对共轭酸碱对。也就是说,酸碱反应的实质是两对共轭酸碱对之间的质子传递反应(protolysis reaction)。

那么,质子传递的方向是怎样的呢?根据热力学原理,酸碱反应总是由较强的酸和较强的碱作用,向着生成较弱的酸和较弱的碱的方向进行;也就是说,强酸失去质子,转化为它的共轭碱——弱碱;而强碱获得强酸失去的质子,转化为它的共轭酸——弱酸。相互作用的酸和碱越强,反应就进行得越完全。例如

$$HCl + NH_3 \rightleftharpoons NH_4^+ + Cl^-$$

因 HCl 的酸性比 NH_4^+ 的强,NH_3 的碱性比 Cl^- 的强,故上述反应强烈地向右方进行。而下列反应:

$$H_2O + Ac^- \rightleftharpoons HAc + OH^-$$

因 HAc 的酸性比 H_2O 的强,OH^- 的碱性比 Ac^- 的强,故上述反应明显地偏向左方。

7.2 水溶液中的质子转移反应和质子浓度

7.2.1 水溶液中质子和质子传递的动力学

质子不能单独存在,在水溶液中,它的存在形式是水合氢离子 H_3O^+,通常简写成 H^+(后面我们都将使用 H^+ 代表 H_3O^+)。H^+ 具有比其他离子高得多的移动能力,其淌度为 $0.00362\ cm^2 \cdot s^{-1} \cdot V^{-1}$,是 K^+ 淌度($0.00076\ cm^2 \cdot s^{-1} \cdot V^{-1}$)的 4.8 倍。$H^+$ 之所以有如此高的移动能力,是因为质子可以借助水中的氢键网络进行传递:

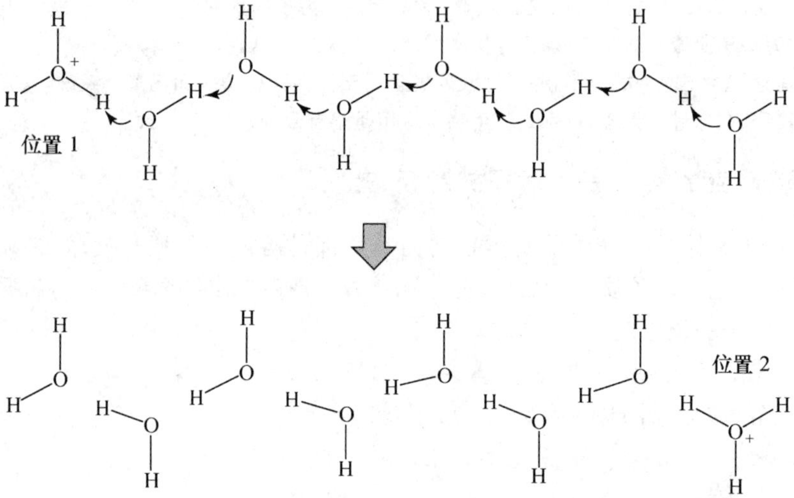

位置 1

位置 2

水溶液中质子的这种借助氢键网快速传递的动力学机制具有下列意义:① 酸碱反应是水溶液中的速率非常快的一类反应;② 溶液中某酸 HA 向某碱 B 传递质子,必然是该酸 HA 先将质子递给溶剂水,然后由 H^+ 将质子递给碱 B 分子,即

(1) 酸 HA 解离: $HA\ (+H_2O) \longrightarrow H_3O^+ + A^-$

(2) H^+ 迁移: H_3O^+(位置 1)$\longrightarrow$ H_3O^+(位置 2)

(3) 碱 B 质子化: $H^+ + B \longrightarrow HB^+$

由此可知,酸在水中的解离以及解离产生的 H^+ 浓度是溶液进行反应的关键参数。这将是我们下面讨论的重点。

7.2.2 水溶液中 H^+ 浓度和 pH 定义

通常,水溶液中的质子的浓度是很低的,例如血清中$[H^+]$仅为 $3.98\times10^{-8}\ mol \cdot L^{-1}$,即使在酸度最高的胃液中,$[H^+]$也不过 $0.01\sim0.1\ mol \cdot L^{-1}$。然而,人体中$[H^+]$的变动范围为 $0.1\sim10^{-8}\ mol \cdot L^{-1}$,其动态变化超过 7 个数量级的大小。因此,我们需要一种更为方便的 H^+ 浓度标度。1909 年,丹麦化学家索伦森(Sorensen)建议用氢离子活度(a_{H^+})的负对数即 pH 来衡量溶液的酸碱度,这个建议被大家广泛接受。pH 的定义为

$$pH = -\lg a_{H^+}$$

在稀溶液中，浓度和活度的数值十分接近，因此可以用浓度代替活度：

$$pH=-\lg[H^+]$$

采用 pH 法后，比较跨度范围很大的酸碱度就变得十分简便了。不仅如此，这样做还可以将一些溶液体系中的某些非线性方程线性化，使各变量之间的数学关系变得简单。

根据 pH 大小，可以将溶液区分成不同酸度：

(1) 中性溶液：$pH=7.00$，$[H^+]=[OH^-]=1.0\times10^{-7}\ mol\cdot L^{-1}$；

(2) 酸性溶液：$pH<7$；

(3) 碱性溶液：$pH>7$；

(4) 近中性溶液：$pH=6\sim8$，绝大多数的生理反应都在近中性的条件下进行。

pH 的使用范围在 1～14，表示溶液中的$[H^+]$为 $0.1\sim1\times10^{-14}\ mol\cdot L^{-1}$。如果溶液中的$[H^+]$或$[OH^-]$大于 $0.1\ mol\cdot L^{-1}$时，通常直接用其浓度来表示。

7.2.3 纯水中的质子自递平衡和 pH

H_2O 是两性物质，既可给出质子又可接受质子。因此，纯水中，H_2O 分子间也可发生质子传递反应，称为水的质子自递反应(proton self-transfer reaction)：

$$H_2O+H_2O \rightleftharpoons OH^-+H_3O^+$$

或简化为

$$H_2O \rightleftharpoons OH^-+H^+$$

因此，水的质子自递反应也就是 H_2O 的解离平衡。由于稀溶液中 H_2O 的浓度很高(约 $55\ mol\cdot L^{-1}$)，而 H_2O 解离的量则很少，因此 H_2O 仍然可以作为纯溶剂处理。根据热力学平衡原理，H_2O 解离反应的平衡常数表达式为

$$K_w=[H^+][OH^-]$$

式中 K_w 称为水的质子自递平衡常数，又称水的离子积(ion product of water)。K_w 的大小受温度影响变化，但在常温(5～37℃)，其变动是可以忽略的。在 298.15 K 时，$K_w=1.0\times10^{-14}$，因此纯水中离子的浓度为

$$[H^+]=[OH^-]=\sqrt{K_w}=1.0\times10^{-7}\ mol\cdot L^{-1}$$

7.2.4 强酸/强碱溶液的 pH

强酸/强碱是强电解质，在溶液中完全电离产生 H^+ 或 OH^-，例如：

$$HCl = H^+ + Cl^-$$

$$NaOH = Na^+ + OH^-$$

在强酸水溶液中，H^+ 总量由酸电离出的 H^+ 和水电离出的 H^+ 共同组成，假定酸的初始浓度为 c，则有

$$[H^+]=[H^+]_{酸}+[H^+]_{水}=c+[H^+]_{水}$$

由于水中存在质子自递平衡，即

$$[H^+][OH^-]=(c+[H^+]_{水})[OH^-]=K_w=1.0\times10^{-14}$$

其中，OH^- 来源于水分子的解离。因此有

$$[OH^-]=[H^+]_{水}<10^{-7}$$

由此可知：

(1) 若 $c>10^{-4}$ mol·L^{-1},则$[H^+]_水$可以忽略,因此$[H^+]=c$,$[OH^-]=1.0\times10^{-14}/c$;

(2) 若 $c<10^{-4}$ mol·L^{-1},则$[H^+]_水$不可以忽略,$[H^+]$需要精确计算(想一想怎么做?)。

同样,在强碱水溶液中,OH^-总量由碱电离出的OH^-和水电离出的OH^-共同组成,假定碱的浓度为 c,则有

$$[OH^-]=[OH^-]_{碱}+[OH^-]_水=c+[OH^-]_水$$

于是

$$[H^+][OH^-]=[H^+](c+[OH^-]_水)=K_w=1.0\times10^{-14}$$

其中,H^+来源于水分子的解离。即

$$[H^+]=[OH^-]_水<10^{-7}$$

因此,如果强碱的浓度 $c>10^{-4}$ mol·L^{-1},那么$[OH^-]_水$可以忽略,则$[OH^-]=c$,$[H^+]=1.0\times10^{-14}/c$;否则,溶液中的$[OH^-]$需要进行精确计算。

7.2.5 一元弱酸/碱水溶液中的质子转移反应和 pH

1. 弱酸和弱碱的解离平衡

每分子的一元酸(或碱)能够提供(或接受)一个质子,例如醋酸(HAc)、氢氰酸(HCN)、铵离子(NH_4^+)、抗坏血酸(维生素 C, $HC_6H_7O_6$)、盐酸硫胺素(维生素 B_1, $HC_{12}H_{17}ON_4SC_{12}$)等都是一元弱酸。在水溶液中,弱酸只有一部分的分子解离,给出H^+,失去质子的弱酸则变为其共轭碱,解离平衡可用下式表示:

$$HB+H_2O \rightleftharpoons B^-+H_3O^+$$

或写成简式

$$HB \rightleftharpoons B^-+H^+$$

其平衡常数为

$$K_a=\frac{[H^+][B^-]}{[HB]}$$

式中 K_a称为酸的解离平衡常数(dissociation constant of acid)。像一切平衡常数一样,温度一定时,K_a值一定。弱酸的 K_a值通常较小,为了使用简便,通常用 K_a的负对数——pK_a来表示。

K_a是水溶液中酸强度的量度,它的大小表示酸在水中释放质子能力的大小。K_a值越大,说明酸的解离反应进行得越彻底。表 7-1 列出了水溶液中(25℃)一些弱酸的 pK_a值。

类似地,一元弱碱(如弱酸 HB 的共轭碱 B^-)在水溶液中有下列平衡:

$$B^-+H_2O \rightleftharpoons HB+OH^-$$

$$K_b=\frac{[HB][OH^-]}{[B^-]}$$

式中 K_b为碱的解离平衡常数(dissociation constant of base)。K_b值的大小表示该碱在水中接受质子能力的大小。K_b值越大,说明碱的质子化进行得越彻底。

K_a值与 K_b值的大小分别表明了酸性和碱性的强弱。K_a值越大,酸性越强;K_b值越大,碱性越强。例如,HAc,NH_4^+和 HCN 在水溶液中的 K_a分别为 1.74×10^{-5},5.59×10^{-10}和 6.16×10^{-10},所以这些酸的强弱顺序为 HAc>HCN>NH_4^+。$NH_3\cdot H_2O$,Ac^-是弱碱,它们的 K_b值分别为 1.79×10^{-5}和 5.88×10^{-10},所以这些碱的强弱顺序为 $NH_3\cdot H_2O>Ac^-$。

表 7-1 在水溶液中的共轭酸碱对和 pK_a 值(25℃)

共轭酸 HA	pK_a(aq)	共轭碱 A^-
H_3O^+	0	H_2O
$H_2C_2O_4$	1.23	$HC_2O_4^-$
H_2SO_3	1.85	HSO_3^-
HSO_4^-	1.99	SO_4^{2-}
H_3PO_4	2.16	$H_2PO_4^-$
HNO_2	3.25	NO_2^-
HF	3.20	F^-
HCOOH	3.75	$HCOO^-$
$HC_2O_4^-$	4.19	$C_2O_4^-$
HAc	4.76	Ac^-
H_2CO_3	6.35	HCO_3^-
HSO_3^-	7.2	SO_3^{2-}
H_2S	7.05	HS^-
$H_2PO_4^-$	7.21	HPO_4^{2-}
HCN	9.21	CN^-
NH_4^+	9.25	NH_3
HCO_3^-	10.33	CO_3^{2-}
H_2O_2	11.62	HO_2^-
HPO_4^{2-}	12.32	PO_4^{3-}
H_2O	14.0	OH^-

（左侧箭头：酸性增强↑；右侧箭头：碱性增强↓）

观察弱酸的 K_a 及其共轭碱的 K_b，可以发现两者之间存在下列关系：

$$K_a \cdot K_b = \frac{[H^+][B^-]}{[HB]} \frac{[HB][OH^-]}{[B^-]} = [H^+][OH^-] = K_w$$

或

$$pK_a + pK_b = pK_w = 14.00$$

从上面关系式可知，弱酸的 K_a 与其共轭碱的 K_b 成反比。若酸越强，其共轭碱越弱；碱越强，其共轭酸越弱。若已知酸的解离平衡常数 K_a，就可求出其共轭碱的解离平衡常数 K_b；反之亦然。书后附录三中给出了一些弱酸和弱碱的 pK_a 和 K_b 值，它们对应的共轭碱/酸的解离常数可以据上述关系求得。

【例 7-1】 已知 25℃时麻黄素(一元碱)的 K_b 为 1.4×10^{-4}，试求其共轭酸的 K_a。

解 $K_a = K_w/K_b = 1.00\times10^{-14}/(1.4\times10^{-4}) = 7.1\times10^{-11}$

2. 一元弱酸/弱碱溶液的 pH

* 1) 弱酸/碱溶液 pH 计算推导

设弱酸 HA 溶液的浓度为 $c(\text{mol}\cdot\text{L}^{-1})$，它在水溶液中有下列解离平衡：

$$HA \rightleftharpoons H^+ + A^- \qquad K_a = \frac{[H^+][A^-]}{[HA]}$$

$$H_2O \rightleftharpoons H^+ + OH^- \qquad K_w = [H^+][OH^-]$$

除了上述平衡外，溶液中还存在着其他 3 种平衡：物料平衡、电荷平衡和质子平衡。

物料平衡(mass or material balance)：即质量守恒定律的变形，是指某组分在溶液中的总浓度（通常称为该组分的分析浓度）应该等于该组分各物种的平衡浓度的总和。例如对于浓度为 c 的 HAc 溶液，其物料平衡为

$$c(\mathrm{HAc})=[\mathrm{HAc}]+[\mathrm{Ac^-}]$$

又如浓度为 c 的 H_3PO_4 溶液的物料平衡为

$$c(\mathrm{H_3PO_4})=[\mathrm{H_3PO_4}]+[\mathrm{H_2PO_4^-}]+[\mathrm{HPO_4^{2-}}]+[\mathrm{PO_4^{3-}}]$$

电荷平衡(charge balance)：是指溶液中所有正离子电荷的总和与所有负离子电荷的总和相等，即溶液必须保持电中性。例如浓度为 c 的 NaCN 溶液，电荷平衡为

$$[\mathrm{H^+}]+[\mathrm{Na^+}]=[\mathrm{CN^-}]+[\mathrm{OH^-}]$$

质子平衡(proton balance)：是物料平衡和电荷平衡针对质子转移反应的一个综合形式，即酸碱反应达到平衡时，酸失去的质子的量和碱得到的质子的量必然相等。回到弱酸 HA 的解离平衡，可以写出反应的质子平衡为

$$[\mathrm{H^+}]=[\mathrm{A^-}]+[\mathrm{OH^-}]$$

代入解离平衡表达式，得到

$$[\mathrm{H^+}]=[\mathrm{A^-}]+[\mathrm{OH^-}]=\frac{K_a[\mathrm{HA}]}{[\mathrm{H^+}]}+\frac{K_w}{[\mathrm{H^+}]}$$

于是得

$$[\mathrm{H^+}]=\sqrt{K_a[\mathrm{HA}]+K_w}$$

式中[HA]并不知道。根据物料平衡，有

$$[\mathrm{HA}]=c-[\mathrm{A^-}]$$

又根据电荷平衡，有

$$[\mathrm{A^-}]=[\mathrm{H^+}]-[\mathrm{OH^-}]=[\mathrm{H^+}]-K_w/[\mathrm{H^+}]$$

因此

$$[\mathrm{HA}]=c-[\mathrm{H^+}]+K_w/[\mathrm{H^+}]$$

将[HA]代入，可得

$$[\mathrm{H^+}]=\sqrt{K_a(c-[\mathrm{H^+}]+K_w/[\mathrm{H^+}])+K_w}$$

或者写为一元高次方程式的形式

$$[\mathrm{H^+}]^3+K_a[\mathrm{H^+}]^2-(K_ac+K_w)[\mathrm{H^+}]-K_aK_w=0$$

上式是计算一元弱酸溶液 H^+ 浓度的精确公式，直接求解十分繁琐，更主要的是在实际工作中也没有必要。我们可以根据计算 H^+ 浓度时的允许误差，采用合适的方式进行近似计算。

当弱酸的酸性比水强，$K_ac \geqslant 20K_w$ 时，可以忽略水的解离，于是得到

$$[\mathrm{H^+}]=\sqrt{K_a(c-[\mathrm{H^+}])}$$

$$[\mathrm{H^+}]=\frac{-K_a+\sqrt{K_a^2+4K_ac}}{2}$$

如果弱酸的酸性不太强，$c \geqslant 500K_a$（即其解离度 $\alpha<5\%$）时，可近似认为 $c-[\mathrm{H^+}]\approx c$。这时可以进一步将计算公式简化为

$$[\mathrm{H^+}]=\sqrt{K_ac}$$

2) 一元弱酸/碱溶液 pH 计算

从前面的推导可知，对于一元弱酸来说，如果其酸性比水强得多（即 $K_ac \geqslant 20K_w$），那么，此弱酸水溶液的$[\mathrm{H^+}]$的计算公式为

$$[\mathrm{H^+}]=\sqrt{K_a(c-[\mathrm{H^+}])} \quad 或 \quad [\mathrm{H^+}]=\frac{-K_a+\sqrt{K_a^2+4K_ac}}{2} \tag{7-1}$$

如果此酸的酸性不是很强($c \geqslant 500\ K_a$),则可以用最简化公式计算:

$$[H^+]=\sqrt{K_a c} \tag{7-2}$$

同样,对于一元弱碱来说,如果其碱性比水强得多(即 $K_b c \geqslant 20\ K_w$),那么,此弱碱水溶液的$[OH^-]$的计算公式为

$$[OH^-]=\sqrt{K_b(c-[OH^-])} \quad 或 \quad [OH^-]=\frac{-K_b+\sqrt{K_b^2+4K_b c}}{2} \tag{7-3}$$

如果此碱的碱性不是太强($c \geqslant 500\ K_b$),则可以用最简化公式计算:

$$[OH^-]=\sqrt{K_b c} \tag{7-4}$$

对于大多数的情况,使用上面的最简化计算公式就足够了。一般地,我们可以先用最简化计算公式估算一下溶液中的$[H^+]$(或$[OH^-]$),然后将计算结果与酸碱的浓度 c 进行比较。如果 $c \geqslant 20[H^+]$(或$[OH^-]$),那么最简式计算就足够了;否则,我们需要用式(7-1)或(7-3)的精确公式进行计算,或使用数值计算中的迭代法①计算结果。

【例 7-2】 计算 25℃时 0.100 mol·L^{-1} HAc 溶液的 pH。

解 查附录三得到 $K_a=1.74\times10^{-5}$,

$(K_a c=1.74\times10^{-6})>(20\ K_w=2\times10^{-13})$,而$(c=0.100)>(500\ K_a=8.7\times10^{-3})$

故可用最简式计算:

$$[H^+]=\sqrt{0.100\times1.74\times10^{-5}}\ \text{mol}\cdot\text{L}^{-1}=1.32\times10^{-3}\ \text{mol}\cdot\text{L}^{-1}$$

$$\text{pH}=-\lg(1.32\times10^{-3})=2.88$$

【例 7-3】 已知 $K_b(NH_3)=1.79\times10^{-5}$,计算 0.100 mol·L^{-1} NH_4Cl 溶液的 pH。

解 因 NH_4^+-NH_3 为共轭酸碱对,因此

$$K_a=K_w/K_b=10^{-14}/(1.79\times10^{-5})=5.59\times10^{-10}$$

判断可以使用最简式计算:

$$[H^+]=\sqrt{K_a c}=\sqrt{5.59\times10^{-10}\times0.100}\ \text{mol}\cdot\text{L}^{-1}=7.48\times10^{-6}\ \text{mol}\cdot\text{L}^{-1}$$

$$\text{pH}=-\lg(7.48\times10^{-6})=5.13$$

【例 7-4】 计算 25℃时 0.100 mol·L^{-1} NaAc 溶液的 pH。

解 已知 $K_a=1.74\times10^{-5}$,

$$K_b=K_w/K_a=10^{-14}/(1.74\times10^{-5})=5.75\times10^{-10}$$

判断可以使用最简式计算:

$$[OH^-]=\sqrt{K_b c}=\sqrt{5.75\times10^{-10}\times0.100}\ \text{mol}\cdot\text{L}^{-1}=7.58\times10^{-6}\ \text{mol}\cdot\text{L}^{-1}$$

$$[H^+]=K_w/[OH^-]=(10^{-14}/7.58\times10^{-6})\ \text{mol}\cdot\text{L}^{-1}=1.32\times10^{-9}\ \text{mol}\cdot\text{L}^{-1}$$

$$\text{pH}=-\lg(1.32\times10^{-9})=8.88$$

---

① 迭代法是计算机方法中常用的一种数值计算方法。例如,计算 0.10 mol·L^{-1}氯乙酸($K_a=1.4\times10^{-3}$)溶液的 pH,可以先用最简式估算得到$[H^+]=\sqrt{0.10\times1.4\times10^{-3}}=0.012$ mol·L^{-1},于是氯乙酸的校正浓度 $c'=0.10-0.012=0.088$ mol·L^{-1};将此 c' 再次带入最简公式计算,则$[H^+]=\sqrt{0.088\times1.4\times10^{-3}}=0.011$ mol·L^{-1},于是再次得到氯乙酸的校正浓度 $c'=0.10-0.011=0.089$ mol·L^{-1}。依次迭代,最终得到$[H^+]=0.11$ mol·L^{-1}。这种方法计算的结果和用精确计算公式的结果是完全一致的(请读者验算)。

【例 7-5】 已知 HAc 的 $K_a=1.74\times10^{-5}$,计算 0.20 和 0.020 mol·L^{-1} HAc 溶液的解离度 α 及 $[H^+]$。

解 对于 0.20 mol·L^{-1} HAc 溶液:

$$[H^+]=\sqrt{K_a c}=\sqrt{1.74\times10^{-5}\times0.20}\ \text{mol}\cdot\text{L}^{-1}=1.86\times10^{-3}\ \text{mol}\cdot\text{L}^{-1}$$

$$\alpha=[Ac^-]/c=[H^+]/c=1.86\times10^{-3}/0.20=0.932\%$$

对于 0.020 mol·L^{-1} HAc 溶液:

$$[H^+]=\sqrt{1.74\times10^{-5}\times0.020}\ \text{mol}\cdot\text{L}^{-1}=5.90\times10^{-4}\ \text{mol}\cdot\text{L}^{-1}$$

$$\alpha=[H^+]/c=5.90\times10^{-4}/0.020=2.95\%$$

【例 7-6】 已知 HAc 的 $K_a=1.74\times10^{-5}$,计算 0.010 mol·L^{-1} HCl + 0.010 mol·L^{-1} HAc 混合溶液的 $[H^+]$ 和 HAc 的解离度 α。

解

$$\begin{array}{ccccc} HAc & \rightleftharpoons & H^+ & + & Ac^- \\ 0.010(1-\alpha) & & 0.010+0.010\alpha & & 0.010\alpha \end{array}$$

$$K_a=\frac{[H^+][Ac^-]}{[HAc]}=\frac{(0.010+0.010\alpha)0.010\alpha}{0.010(1-\alpha)}$$

解之,可得

$$\alpha=0.17\%,\quad [H^+]=0.010\ \text{mol}\cdot\text{L}^{-1}$$

在上面两个例子中,我们看到弱酸 HAc 的解离度随弱酸浓度的变化而变化,也随着溶液的酸度变化。当 HAc 的浓度较小时,解离度 α 增大,但溶液的酸度仍然随浓度减小而减小;而当溶液中有强酸存在时,HAc 的解离则受到严重抑制,解离度 α 大大减小,溶液的酸度基本上取决于强酸的浓度。

7.2.6 多元弱酸/碱水溶液中的解离平衡和 pH

多元酸可以提供两个以上的质子。例如,碳酸(H_2CO_3)、邻苯二甲酸($H_2C_8H_4O_4$)是二元酸;磷酸(H_3PO_4)、柠檬酸(H_3Cit)是三元酸。

多元弱酸在水中的质子转移反应是分步进行的,例如 H_3PO_4 的质子解离分三步进行,每一步都有相应的解离平衡:

第一步解离:

$$H_3PO_4 \rightleftharpoons H_2PO_4^- + H^+ \qquad K_{a_1}=\frac{[H_2PO_4^-][H^+]}{[H_3PO_4]}=6.92\times10^{-3}$$

第二步解离:

$$H_2PO_4^- \rightleftharpoons HPO_4^{2-} + H^+ \qquad K_{a_2}=\frac{[HPO_4^{2-}][H^+]}{[H_2PO_4^-]}=6.23\times10^{-8}$$

第三步解离:

$$HPO_4^{2-} \rightleftharpoons PO_4^{3-} + H^+ \qquad K_{a_3}=\frac{[PO_4^{3-}][H^+]}{[HPO_4^{2-}]}=4.79\times10^{-13}$$

其中 K_{a_1},K_{a_2},K_{a_3} 称为逐级解离常数。可以看出,其解离能力是逐级递减的,这是因为随着质子的离去,酸根带有越来越多的负电荷,对带正电荷的质子的结合力随之增强。

在上述的逐级解离平衡中,H_3PO_4,$H_2PO_4^-$ 和 HPO_4^{2-} 为酸,它们对应的共轭碱分别为 $H_2PO_4^-$,HPO_4^{2-},PO_4^{3-}。其中 $H_2PO_4^-$ 和 HPO_4^{2-} 为两性离子。根据 K_a 和 K_b 的关系,我们可以

算出上述各共轭碱离子的碱解离常数为

$$PO_4^{3-} + H_2O \rightleftharpoons HPO_4^{2-} + OH^- \qquad K_{b_1} = K_w/K_{a_3} = 2.09\times10^{-2}$$

$$HPO_4^{2-} + H_2O \rightleftharpoons H_2PO_4^- + OH^- \qquad K_{b_2} = K_w/K_{a_2} = 1.61\times10^{-7}$$

$$H_2PO_4^- + H_2O \rightleftharpoons H_3PO_4 + OH^- \qquad K_{b_3} = K_w/K_{a_1} = 1.44\times10^{-12}$$

多元弱酸溶液存在多重解离平衡，情形较复杂，精确计算$[H^+]$和各物种的浓度非常麻烦，因此，需要进行必要的简化，近似处理的原则可以归纳为：

(1) 当某酸一级解离的 $K_{a_{(n)}} \cdot c \geqslant 20\,K_w$，忽略水的解离影响；

(2) 当相邻两级解离常数差别较大，即 $K_{a_{(n)}}/K_{a_{(n+1)}} > 100$ 时，则其下一步解离产生的$[H^+]$可以忽略不计。一般来说，常见多元弱酸(除柠檬酸外)的第二级解离常数 K_{a_2} 与第一级常数 K_{a_1} 相差可达 $10^4 \sim 10^5$，因此溶液中的$[H^+]$主要来自第一级解离，可按一元弱酸进行计算，即：

若 $c \geqslant 500\,K_{a_1}$，则可以用最简式计算溶液的$[H^+]$：

$$[H^+] = \sqrt{K_{a_1} c}$$

否则，用精确计算法：

$$[H^+] = \frac{-K_{a_1} + \sqrt{K_{a_1}^2 + 4K_{a_1} c}}{2}$$

对于多元弱碱来说，上述的近似处理方法同样适用，也就是说，如果多元弱碱的第一步解离常数与第二步解离相差较大($K_{b_1}/K_{b_2} > 100$)，而且第一步解离能力比水强得多($K_{b_1} \cdot c \geqslant 20\,K_w$)，则此多元弱碱可以按照一元弱碱处理。即：

若 $c \geqslant 500\,K_{b_1}$，则可以用最简式计算：

$$[OH^-] = \sqrt{K_{b_1} c}$$

否则，用精确计算法：

$$[OH^-] = \frac{-K_{b_1} + \sqrt{K_{b_1}^2 + 4K_{b_1} c}}{2}$$

【例 7-7】 计算0.10 mol·L^{-1}邻苯二甲酸($C_8H_6O_4$，H_2A)溶液的pH，并求$[C_8H_5O_4^-]$(HA^-)，$[C_8H_4O_4^{2-}]$(A^{2-})和$[OH^-]$。

解 已知 $K_{a_1} = 1.3\times10^{-3}$，$K_{a_2} = 3.9\times10^{-6}$，$c = 0.10$ mol·L^{-1}。

由于 $K_{a_1}/K_{a_2} \approx 300$，$c < 500\,K_{a_1} \approx 0.6$，因此可用一元酸的精确计算方法：

$$[H^+] = \frac{-K_{a_1} + \sqrt{K_{a_1}^2 + 4K_{a_1} c}}{2} = 1.08\times10^{-2}\ \text{mol}\cdot\text{L}^{-1}$$

$$\text{pH} = -\lg(1.08\times10^{-2}) = 1.96$$

$$[OH^-] = K_w/[H^+] = 9.3\times10^{-13}\ \text{mol}\cdot\text{L}^{-1}$$

由于 HA^- 的进一步解离很少，因此$[HA^-]$和第一步解离得到的$[H^+]$相近，即

$$[C_8H_5O_4^-] \approx [H^+] = 1.08\times10^{-2}\ \text{mol}\cdot\text{L}^{-1}$$

$$[C_8H_4O_4^{2-}] = K_{a_2}[HA^-]/[H^+] \approx K_{a_2} = 3.9\times10^{-6}\ \text{mol}\cdot\text{L}^{-1}$$

【例 7-8】 已知 H_2CO_3 的 $K_{a_1}=4.46\times10^{-7}$，$K_{a_2}=4.68\times10^{-11}$，计算 0.100 mol·L^{-1} Na_2CO_3 溶液的 pH。

解 Na_2CO_3 溶液是多元弱碱 CO_3^{2-} 溶液，CO_3^{2-} 与 HCO_3^- 为共轭酸碱对，因此

$$K_{b_1}=K_w/K_{a_2}=1.0\times10^{-14}/(4.68\times10^{-11})=2.14\times10^{-5}$$

而 HCO_3^- 与 H_2CO_3 为共轭酸碱对，因此

$$K_{b_2}=K_w/K_{a_1}=1.0\times10^{-14}/(4.46\times10^{-7})=2.24\times10^{-8}$$

可见，$K_{b_1}/K_{b_2}>10^2$，$c_b>500\ K_{b_1}$，故可按最简式计算：

$$[OH^-]=\sqrt{K_{b_1}c}=\sqrt{2.14\times10^{-4}\times0.100}\ \text{mol}\cdot\text{L}^{-1}=4.63\times10^{-3}\ \text{mol}\cdot\text{L}^{-1}$$

$$pH=14.00+\lg(4.63\times10^{-3})=11.67$$

7.2.7 两性酸碱水溶液中的质子转移反应和 pH

两性物质分为两性阴离子(如 HCO_3^-，$H_2PO_4^-$，HPO_4^{2-})、弱酸弱碱盐(如 NH_4Ac)和氨基酸(如 $NH_3^+\cdot CH_2\cdot COO^-$)3 种类型，它们在溶液中既能给出质子又能接受质子，酸式解离和碱式解离同时发生，其质子传递平衡比较复杂。

设浓度为 c 的两性阴离子钠盐 NaHA，其溶液中[①]解离平衡为

碱式解离：　$HA^-+H_2O \rightleftharpoons OH^-+H_2A$　　$K=K_w/K_{a_1}$

酸式解离：　$HA^- \rightleftharpoons H^++A^{2-}$　　$K=K_{a_2}$

多数情况下，HA^- 的酸式解离和碱式解离的倾向都很小，同时 HA^- 的浓度足够大，可以忽略水的解离等因素影响，因此可以得到下列最简式：

$$[H^+]=\sqrt{K_{a_1}K_{a_2}} \quad 或 \quad pH=(pK_{a_1}+pK_{a_2})/2 \tag{7-5}$$

可以看到，符合近似条件时，两性物质的 pH 与浓度 c 无关。只需要知道两性物质作为二元弱酸时的两级解离常数就足够了。

下面我们对 3 种类型的两性物质分别举例说明。

---

① 在此溶液中，电荷平衡：

$$[H^+]+[Na^+]=[HA^-]+2[A^{2-}]+[OH^-]$$

物料平衡：

$$[Na^+]=c$$

质子平衡：

$$[H_2A]+[H^+]=[A^{2-}]+[OH^-]$$

弱酸解离平衡：

$$[H_2A]=[H^+][HA^-]/K_{a_1}$$

$$[A^{2-}]=K_{a_2}[HA^-]/[H^+]$$

$$[OH^-]=K_w/[H^+]$$

将上述平衡方程式联立，解得

$$[H^+]=\sqrt{\frac{K_{a_1}(K_{a_2}[HA^-]+K_w)}{K_{a_1}+[HA^-]}}$$

这是计算两性物质溶液$[H^+]$的精确式。

(1) 两性阴离子。例如 $NaHCO_3$,其在水中的相关二级解离反应为

前一级解离：　$H_2CO_3 \rightleftharpoons H^+ + HCO_3^-$　　$K_{a_1}=4.46\times10^{-7}$

后一级解离：　$HCO_3^- \rightleftharpoons H^+ + CO_3^{2-}$　　$K_{a_2}=4.68\times10^{-11}$

当 $cK_{a_2}>20\ K_w$,且 $c>20\ K_{a_1}$ 时，

$$[H^+]=\sqrt{K_{a_1}K_{a_2}} \quad 或 \quad pH=(pK_{a_1}+pK_{a_2})/2$$

【例 7-9】 计算 0.50 mol·L^{-1} NaH_2PO_4 和 Na_2HPO_4 溶液的 pH。已知 H_3PO_4 的 $pK_{a_1}=2.16$, $pK_{a_2}=7.21$, $pK_{a_3}=12.32$。

解 对于 NaH_2PO_4 溶液，其两种解离反应分别为

前一级解离：$H_3PO_4 \rightleftharpoons H^+ + H_2PO_4^-$　　$K_{a_1}=K_{a_1}(H_3PO_4)$

后一级解离：$H_2PO_4^- \rightleftharpoons H^+ + HPO_4^{2-}$　　$K_{a_2}=K_{a_2}(H_3PO_4)$

可知符合近似公式计算条件，可按近似公式计算：

$$pH=[pK_{a_1}(H_3PO_4)+pK_{a_2}(H_3PO_4)]/2=(2.16+7.21)/2=4.68$$

对于 Na_2HPO_4 溶液，其两种解离反应分别为

前一级解离：$H_2PO_4^- \rightleftharpoons H^+ + HPO_4^{2-}$　　$K_{a_1}=K_{a_2}(H_3PO_4)$

后一级解离：$HPO_4^{2-} \rightleftharpoons H^+ + PO_4^{3-}$　　$K_{a_2}=K_{a_3}(H_3PO_4)$

可知也符合近似公式计算条件，所以

$$pH=[pK_{a_2}(H_3PO_4)+pK_{a_3}(H_3PO_4)]/2=(7.21+12.32)/2=9.76$$

(2) 弱酸弱碱盐。例如 NH_4Ac,其在水中的相关二级解离反应为

弱碱的共轭酸的解离：$HAc \rightleftharpoons H^+ + Ac^-$　　$K_{a_1}=K_a(HAc)$

弱酸的解离：　$NH_4^+ \rightleftharpoons H^+ + NH_3$　　$K_{a_2}=K_a(NH_4^+)$

为了区别，我们以 K_a 表示阳离子酸(NH_4^+)的解离常数，K_a' 表示阴离子碱 Ac^- 的共轭酸(HAc)的解离常数。当 $cK_a>20\ K_w$,且 $c>20\ K_a'$ 时，这类两性物质溶液的 H^+ 浓度为

$$[H^+]=\sqrt{K_aK_a'} \quad 或 \quad pH=(pK_a+pK_a')/2$$

【例 7-10】 计算 0.10 mol·L^{-1} NH_4CN 溶液的 pH。已知 NH_4^+ 的 K_a 为 5.59×10^{-10},HCN 的 K_a' 为 6.17×10^{-10}。

解 由于 $cK_a>20\ K_w$,且 $c>20\ K_a'$,故 NH_4CN 溶液的 pH 为

$$pH=(pK_a+pK_a')/2=(9.25+9.21)/2=9.23$$

(3) 氨基酸型两性物质。氨基酸的通式为 $NH_3^+\cdot CHR\cdot COO^-$,式中—$NH_3^+$ 基团可给出质子，—COO^- 基团可以接受质子，故是两性物质。以甘氨酸($NH_3^+\cdot CH_2\cdot COO^-$)为例，它在水溶液中的质子传递平衡为

氨基酸作为碱其共轭酸的解离：

$NH_3^+\cdot CH_2\cdot COOH \rightleftharpoons H^+ + NH_3^+\cdot CH_2\cdot COO^-$　　$K_{a_1}=K_a(—COOH)$

氨基酸作为酸的解离：

$NH_3^+\cdot CH_2\cdot COO^- \rightleftharpoons H^+ + NH_2\cdot CH_2\cdot COO^-$　　$K_{a_2}=K_a(—NH_3^+)$

计算氨基酸水溶液中 H^+ 浓度的近似式与上面类似，即

$$[H^+]=\sqrt{K_aK_a'}=\sqrt{1.56\times10^{-10}\times4.46\times10^{-3}}\ mol\cdot L^{-1}=8.34\times10^{-7}\ mol\cdot L^{-1}$$

$$pH=-\lg(8.34\times10^{-7})=6.08$$

7.2.8 弱酸及其共轭碱的盐溶液的 pH

在弱酸 HB 溶液中,加入一些易溶性共轭碱的盐 NaB。由于 NaB 是强电解质,在水溶液中全部解离为 B^-,使溶液中 B^- 的浓度增大。按照平衡移动规律,HB 的解离平衡将向左移动,导致 HB 的解离度降低,即

$$HB \rightleftharpoons H^+ + B^-$$

平衡移动方向 ←

$$B^- + Na^+ \longleftarrow NaB$$

这种在弱酸(或弱碱)溶液中,加入与弱酸(或弱碱)有相同离子的易溶性强电解质,使弱酸(或弱碱)的解离度降低的现象称为同离子效应(common ion effect)。

在这种弱酸及其共轭碱同时存在的溶液中,由于同离子效应,弱酸的解离度很低。假定溶液中弱酸的浓度为 c_1,加入的共轭碱盐的浓度为 c_2,则溶液中

$$[HB]=c_1-[H^+]\approx c_1$$

$$[B^-]=[B^-]_{解离}+[B^-]_{盐}\approx[B^-]_{盐}=c_2$$

此时解离平衡常数为

$$K_a=\frac{[H^+][B^-]}{[HB]}$$

因此,溶液的$[H^+]$为

$$[H^+]=\frac{[HB]}{B}K_a=\frac{c_1}{c_2}K_a$$

或

$$pH=pK_a-\lg\frac{[HB]}{[B]}=pK_a+\lg\frac{[B]}{[HB]}=pK_a+\lg\frac{c_2}{c_1} \qquad (7\text{-}6)$$

可见,在弱酸及其共轭碱盐组成的溶液中的$[H^+]$仅取决于弱酸的解离常数 K_a 和弱酸及其共轭碱盐的浓度比值。

【例 7-11】 在 0.10 mol·L^{-1} HAc 溶液中加入固体 NaAc,使其浓度为 0.10 mol·L^{-1}(设溶液体积不变),计算溶液的$[H^+]$和解离度 α。

解 $[H^+]=(c_{HAc}/c_{Ac^-})K_a=[(0.10/0.10)\times1.74\times10^{-5}]\ mol\cdot L^{-1}$

$=1.74\times10^{-5}\ mol\cdot L^{-1}$

$\alpha=[H^+]/c_{HAc}=1.74\times10^{-5}/0.10=0.0174\%$

在前面的计算中,我们知道了 0.10 mol·L^{-1} HAc 溶液的 $\alpha=1.32\%$,$[H^+]=1.32\times10^{-3}$ mol·L^{-1}。与上例比较,可见在同离子效应的影响下,HAc 的解离度降低约 76 倍。因此可利用同离子效应来控制弱酸的解离和溶液的 pH。

7.2.9 溶液中离子的酸碱性总结

从上面弱酸和弱碱的解离及溶液 pH 计算的介绍可以知道,溶液中的离子对溶液酸度的作用是不同的,强电解质离子如 Cl^-,NO_3^-,Na^+,K^+ 等不影响溶液的酸度,而弱电解质离子则

可分成下列情形(总结在表 7-2 中):

(1) 碱性阴离子,如 F^-,CO_3^{2-},S^{2-},CN^-,PO_4^{3-} 等。阳离子不会使溶液显碱性。

(2) 酸性离子,有阳离子如 NH_4^+,Al^{3+} 和一些过渡金属离子,也有阴离子如 HSO_4^-。

(3) 对于两性离子,如 HCO_3^-,HPO_4^{2-},$H_2PO_4^-$ 来说,如果其酸式解离作用比较强,则溶液显酸性,如 $H_2PO_4^-$;若其碱式解离作用较强,则溶液显碱性,如 HCO_3^- 和 HPO_4^{2-}。

表 7-2 溶液中离子酸碱性总结

	中 性	碱 性	酸 性
阴离子	Cl^-, Br^-, I^-, NO_3^-, SO_4^{2-}, ClO_4^-	F^-, CO_3^{2-}, S^{2-}, CN^-, PO_4^{3-}, Ac^-, NO_2^-, HCO_3^-, HPO_4^{2-}	HSO_4^-, $H_2PO_4^-$
阳离子	Li^+, Na^+, K^+, Mg^{2+}, Ca^{2+}, Ba^{2+}	—	NH_4^+, Al^{3+}, TiO^+, VO^{2+}, Cr^{3+}, Fe^{3+}

7.3 缓冲溶液

溶液中 H^+ 浓度对于生物大分子的功能是非常关键的。不同组织维持正常功能的 pH 不一样,表 7-3 列出了正常人各种体液的 pH 范围。胃蛋白酶需要较高的酸度(pH=1～2)才能发挥消化功能,而正常人血液的 pH 范围为 7.35～7.45,大于 7.8 或小于 7.0 就会有生命危险。总之,pH 的稳定对于生命体生理功能的正常运转至关重要,对于生命体以外的大量化学反应同样是必备条件。怎样才能使溶液(或体液)的 pH 基本恒定,是一个在化学和医学上都同样重要的问题。这个问题的解决是通过缓冲溶液来实现的。

表 7-3 人体各种体液的 pH

体 液	pH	体 液	pH
血清	7.35～7.45	大肠液	8.3～8.4
成人胃液	1～2	乳汁	6.0～6.9
婴儿胃液	5.0	泪水	≈7.4
唾液	6.35～6.85	尿液	4.8～7.5
胰液	7.5～8.0	脑脊液	7.35～7.45
小肠液	6.5～7.6		

7.3.1 缓冲溶液的组成和作用机制

把能抵抗少量外来强酸、强碱或一定程度的稀释,而溶液的 pH 基本保持不变或改变较小的溶液称为缓冲溶液(buffer solution)。什么样的溶液组成能够具备缓冲作用呢?

在较浓的强酸(如 HCl)或较浓的强碱(如 NaOH)溶液中,加入少量的强酸或强碱,其 pH 改变并不大,所以较浓的强酸(碱)溶液具有缓冲能力。但这对于生命体系来说,显然是没有任何意义的。

在前面弱酸碱溶液的 pH 计算中,我们知道对于弱酸体系来说,如果加入强酸的话,弱酸的电离迅速受到抑制,溶液的酸性受到加入强酸的影响巨大;对于弱碱,其 H^+ 离子浓度受到加入强碱的量影响甚巨。所以,单纯弱酸或弱碱的溶液不能成为缓冲溶液。而对于弱酸及其共轭碱盐共存的体系,由于同离子效应,弱酸的解离受到抑制,溶液的酸度取决于弱酸的解离常数 K_a 和弱酸及其共轭碱盐的浓度比值,只要弱酸及其共轭碱盐的浓度足够大,溶液被稀释或加入少量的强酸或强碱不会显著改变弱酸及其共轭碱盐的浓度比值,因此溶液的 pH 能够维持恒定。

因此,缓冲溶液一般是由足够浓度的弱酸及其共轭碱两种物质组成。组成缓冲溶液的共轭酸碱对的两种物质称为缓冲对(buffer pair)。一些常见的缓冲体系列在表 7-4 和附录三中。

表 7-4　常见的缓冲体系

缓冲体系	弱　酸	共轭碱	质子转移平衡	pK_a(25℃)
HAc-NaAc	HAc	Ac^-	$HAc \rightleftharpoons Ac^- + H^+$	4.76
H_3PO_4-NaH_2PO_4	H_3PO_4	$H_2PO_4^-$	$H_3PO_4 \rightleftharpoons H_2PO_4^- + H^+$	2.16
Tris[a]-HCl	$TrisH^+$	Tris	$TrisH^+ \rightleftharpoons Tris + H^+$	7.85
$H_2C_8H_4O_4$-$KHC_8H_4O_4$[b]	$H_2C_8H_4O_4$	$HC_8H_4O_4^-$	$H_2C_8H_4O_4 \rightleftharpoons HC_8H_4O_4^- + H^+$	2.89
NH_4Cl-NH_3	NH_4^+	NH_3	$NH_4^+ \rightleftharpoons NH_3 + H^+$	9.25
CH_3NH_3-HCl	$CH_3NH_3^+$	CH_3NH_2	$CH_3NH_3^+ \rightleftharpoons CH_3NH_2 + H^+$	10.63
NaH_2PO_4-Na_2HPO_4	$H_2PO_4^-$	HPO_4^{2-}	$H_2PO_4^- \rightleftharpoons HPO_4^{2-} + H^+$	7.21
Na_2HPO_4-Na_3PO_4	HPO_4^{2-}	PO_4^{3-}	$HPO_4^{2-} \rightleftharpoons PO_4^{3-} + H^+$	12.32

[a] 三(羟甲基)甲胺盐酸盐-三(羟甲基)甲胺。

[b] 邻苯二甲酸-邻苯二甲酸氢钾。

7.3.2　缓冲溶液 pH 的精确计算

已知,弱酸 HB 及其共轭碱 B^- 溶液的$[H^+]$为

$$[H^+]=\frac{[HB]}{B}K_a=\frac{c_{酸}}{c_{碱}}K_a$$

或

$$pH=pK_a-\lg\frac{[HB]}{[B]}=pK_a+\lg\frac{[B]}{[HB]}=pK_a+\lg\frac{c_{碱}}{c_{酸}} \tag{7-7}$$

这个方程式称为 Henderson-Hasselbalch 公式,式中 K_a 为共轭酸碱对中弱酸的解离平衡常数。共轭酸碱对 B^- 与 HB 浓度之和,称为缓冲溶液的总浓度。

【例 7-12】　向 25.00 mL 0.1000 mol·L^{-1} HAc 中加入 0.2000 mol·L^{-1} NaOH 5.00 mL组成缓冲溶液,计算溶液的 pH。

解　混合后 NaOH 和 HAc 反应生成 NaAc。混合后 HAc 的浓度为

$$(0.1000\times25.00-0.2000\times5.00)/(25.00+5.00)$$

NaAc 的浓度为

$$0.2000\times5.00/(25.00+5.00)$$

所以

$$[NaAc]/[HAc]=0.2000\times5.00/(0.1000\times25.00-0.2000\times5.00)=0.67$$

查表 7-4 知 $pK_a(HAc)=4.76$,则

$$pH=pK_a+\lg([NaAc]/[HAc])=4.76+\lg 0.67=4.58$$

用 Henderson-Hasselbalch 公式只是对缓冲溶液的 pH 进行估算。缓冲溶液需要足够高的浓度来维持溶液 pH 的稳定性。另外，生理条件下也具有一定的盐浓度，溶液一般具有较高的离子强度，这会降低溶液中各离子的活度系数。我们需要引入活度因子进行更为精确的 pH 计算：

$$\begin{aligned}\mathrm{pH} &= \mathrm{p}K_\mathrm{a} + \lg\frac{a[\mathrm{B}^-]}{a[\mathrm{HB}]} = \mathrm{p}K_\mathrm{a} + \lg\frac{[\mathrm{B}^-]\cdot\gamma(\mathrm{B}^-)}{[\mathrm{HB}]\cdot\gamma(\mathrm{HB})}\\ &= \mathrm{p}K_\mathrm{a} + \lg\frac{[\mathrm{B}^-]}{[\mathrm{HB}]} + \lg\frac{\gamma(\mathrm{B}^-)}{\gamma(\mathrm{HB})}\\ &= \mathrm{pH}_{估算} + 校正系数 \end{aligned} \tag{7-8}$$

式中的校正系数可以查表获得。表 7-5 列出了 20℃时不同电荷数 z 的弱酸缓冲体系在不同离子强度 I 下的校正系数。0～30℃的校正系数都可以用 20℃时的数值代替。

表 7-5　电荷数 z 的弱酸缓冲体系在离子强度 I 下的校正系数(20℃)

I	$z=+1$	$z=0$	$z=-1$	$z=-2$
0.01	+0.04	−0.04	−0.13	−0.22
0.05	+0.08	−0.08	−0.25	−0.42
0.10	+0.11	−0.11	−0.32	−0.53

【例 7-13】 取 0.10 mol·L^{-1} KH_2PO_4 和 0.050 mol·L^{-1} NaOH 各 50 mL 混合组成缓冲溶液。假定混合后溶液的体积为 100 mL，求此缓冲溶液的近似的和准确的 pH。

解 (1) 求缓冲溶液的近似 pH：当两种溶液混合时，$H_2PO_4^-$ 的一部分与 NaOH 反应生成 HPO_4^{2-}，形成 $H_2PO_4^-$-HPO_4^{2-} 缓冲体系。$H_2PO_4^-$ 和 HPO_4^{2-} 的物质的量分别为

$$n(\mathrm{H_2PO_4^-}) = (0.10\times50 - 0.050\times50)\ \mathrm{mmol} = 2.5\ \mathrm{mmol}$$

$$n(\mathrm{HPO_4^{2-}}) = (0.050\times50)\ \mathrm{mmol} = 2.5\ \mathrm{mmol}$$

因为在相同体积的溶液中，故

$$[\mathrm{H_2PO_4^-}]/[\mathrm{HPO_4^{2-}}] = n(\mathrm{H_2PO_4^-})/n(\mathrm{HPO_4^{2-}}) = 2.5/2.5 = 1$$

查表 7-4 知 $H_2PO_4^-$ 的 $\mathrm{p}K_{\mathrm{a}_2}=7.21$，代入 Henderson-Hasselbalch 公式，得溶液的近似 pH 为

$$\mathrm{pH} = 7.21 + \lg 1.0 = 7.21$$

(2) 求缓冲溶液的准确 pH：在缓冲溶液中 K^+，Na^+，$H_2PO_4^-$ 和 HPO_4^{2-} 的浓度分别为

$$c(\mathrm{K^+}) = 0.10/2 = 0.050\ \mathrm{mol\cdot L^{-1}},\qquad c(\mathrm{Na^+}) = 0.050/2 = 0.025\ \mathrm{mol\cdot L^{-1}}$$

$$c(\mathrm{H_2PO_4^-}) = 2.5/100 = 0.025\ \mathrm{mol\cdot L^{-1}},\quad c(\mathrm{HPO_4^{2-}}) = 2.5/100 = 0.025\ \mathrm{mol\cdot L^{-1}}$$

则此缓冲溶液的离子强度为

$$\begin{aligned} I &= \frac{1}{2}\sum_i (c_i z_i^2)\\ &= \frac{1}{2}\times[0.050\times1^2 + 0.025\times1^2 + 0.025\times(-1)^2 + 0.025\times(-2)^2]\ \mathrm{mol\cdot L^{-1}}\\ &= 0.10\ \mathrm{mol\cdot L^{-1}} \end{aligned}$$

此缓冲溶液的 I 为 0.10 mol·L^{-1}，弱酸 $H_2PO_4^-$ 的 z 为 −1，查表 7-5 得校正系数为 −0.32。因此，缓冲溶液的准确 pH 为

$$\mathrm{pH} = \mathrm{pH}_{估算} + 校正系数 = 7.21 + (-0.32) = 6.89$$

此准确计算值与实际测定值 6.86 相当接近。

7.3.3 缓冲溶液的性质参数

1. 缓冲范围

缓冲溶液的缓冲能力是有一定限度的，当向一个缓冲溶液中加入酸或碱时，可以看到溶液的 pH 随之变化(图 7-1)。但在(pK_a-1)～(pK_a+1)的范围内，溶液 pH 的变化较为平缓；超过这个范围，同样量的酸碱会引起较大的 pH 变化。因此，一般认为，在弱酸 $pK_a\pm1$ 的范围为有效缓冲区间，称为缓冲溶液的缓冲范围(buffer effective range)。不同缓冲系，因各自弱酸的 pK_a值不同，所以缓冲范围也各不相同。我们可以选择不同的弱酸及其共轭碱组成缓冲对，构建不同缓冲范围的缓冲溶液。

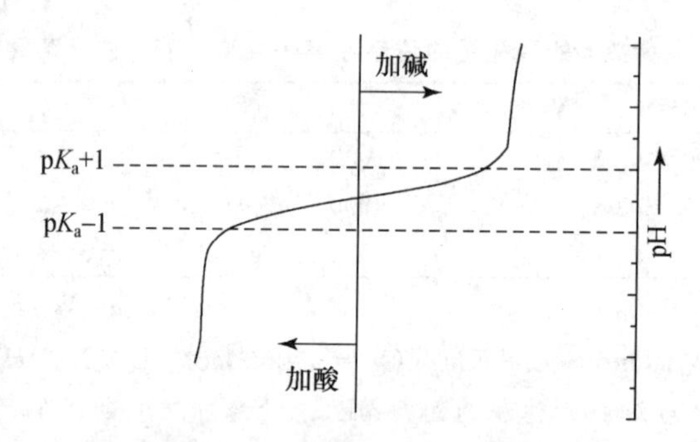

图 7-1 向缓冲溶液加入酸碱后引起溶液的 pH 变化曲线

2. 缓冲容量

假如向一缓冲溶液($HB+B^-$)中加入一定量 δc_B 的强碱，有 $\delta c_B=-\delta[HB]=\delta[B^-]$。将 Henderson-Hasselbalch 公式微分处理，可以导出溶液 pH 的改变量为

$$\delta pH=\frac{1}{2.303}\left(-\frac{1}{[HB]}\delta[HB]+\frac{1}{[B^-]}\delta[B^-]\right)$$
$$=\frac{\delta c_B}{2.303}\left(\frac{1}{[HB]}+\frac{1}{[B^-]}\right)=\frac{[HB]+[B^-]}{2.303[HB][B^-]}\delta c_B$$

于是得到

$$\frac{\delta c_B}{\delta pH}=\frac{2.303[HB][B^-]}{[HB]+[B^-]}=\frac{2.303[HB][B^-]}{c_{总}}$$

若向缓冲溶液中加入一定量 δc_A 的强酸，则同理可以推导出

$$\frac{\delta c_A}{\delta pH}=\frac{2.303[HB][B^-]}{[HB]+[B^-]}=\frac{2.303[HB][B^-]}{c_{总}}$$

我们现在定义一个新的函数——缓冲容量(buffer capacity)，用 β 表示：

$$\beta=\frac{\delta c_B}{\delta pH}=\frac{\delta n_B}{V\cdot\delta pH}\quad 或\quad \beta=\frac{\delta c_A}{\delta pH}=\frac{\delta n_A}{V\cdot\delta pH}$$

可以看到，缓冲容量 β 的物理意义是单位体积的缓冲溶液的 pH 改变一个单位时，所需加入的一元强碱的物质的量 δn_B(或一元强酸的物质的量 δn_A)。因此，β 可以作为衡量缓冲能力大小的量度。β 值越大，缓冲溶液的缓冲能力越强；反之，则缓冲能力越弱。

可以作进一步推导得出缓冲容量的计算公式：

$$\beta=\frac{2.303[\mathrm{HB}][\mathrm{B}^-]}{[\mathrm{HB}]+[\mathrm{B}^-]}=\frac{2.303[\mathrm{HB}][\mathrm{B}^-]}{c_{总}}=2.303c_{总}\cdot\frac{r}{(r+1)^2}$$

其中 r 称为缓冲比，即缓冲对中两种物质的浓度比例：

$$r=\frac{[\mathrm{HB}]}{[\mathrm{B}^-]}\quad 或\quad r=\frac{[\mathrm{B}^-]}{[\mathrm{HB}]}$$

于是，可以知道影响缓冲容量的因素包括：

(1) 缓冲溶液的总浓度。缓冲比 r 一定时，缓冲容量 β 随缓冲物质的总浓度 $c_{总}$ 增大而增大；总浓度增大一倍，缓冲容量也增大一倍。

(2) 缓冲溶液的缓冲比 r。当总浓度 $c_{总}$ 一定时，缓冲容量随着缓冲比的变化而变化，这是一个二次曲线关系(图 7-2)。

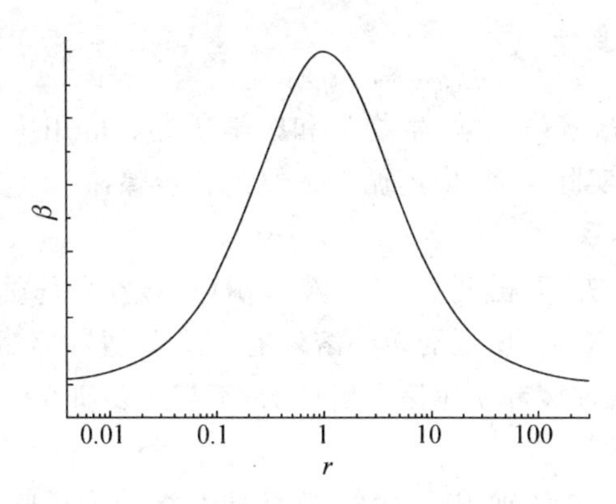

图 7-2 缓冲容量随缓冲比的变化关系曲线

可见，当 $r=1$ 时，缓冲容量 β 达到极大值为

$$\beta_{\max}=0.576\cdot c_{总}$$

此时，缓冲溶液的 pH 为

$$\mathrm{pH}=\mathrm{p}K_a+\lg([\mathrm{B}^-]/[\mathrm{HB}])=\mathrm{p}K_a+\lg1=\mathrm{p}K_a$$

也就是说，缓冲溶液在 $\mathrm{pH}=\mathrm{p}K_a$ 时缓冲能力最强。否则，若缓冲比 r 偏离 1 越大，pH 偏离 $\mathrm{p}K_a$ 越远，则缓冲容量越小。

当使用缓冲溶液时，缓冲溶液的缓冲容量应当大于我们将向溶液中加入的(或溶液中反应产生的)酸或碱的量。

【例 7-14】 今有总浓度为 $0.2000\ \mathrm{mol\cdot L^{-1}}$ 的 HAc-NaAc 缓冲溶液，HAc 的 $\mathrm{p}K_a=4.76$，试求其 pH 为 4.88 时的缓冲容量。

解 根据 Henderson-Hasselbalch 公式：

$$\mathrm{pH}=\mathrm{p}K_a+\lg([\mathrm{NaAc}]/[\mathrm{HAc}])$$

即

$$4.88=4.76+\lg([\mathrm{NaAc}]/[\mathrm{HAc}])$$

$$\lg([\mathrm{NaAc}]/[\mathrm{HAc}])=0.12,\qquad [\mathrm{NaAc}]/[\mathrm{HAc}]=r=1.32$$

$$\begin{aligned}\beta&=2.303c_{总}\cdot\frac{r}{(r+1)^2}\\&=[2.303\times0.2000\times1.32/(1.32+1)^2]\ \mathrm{mol\cdot L^{-1}\cdot pH^{-1}}\\&=0.11\ \mathrm{mol\cdot L^{-1}\cdot pH^{-1}}\end{aligned}$$

3. 缓冲溶液的稀释值

理论上,缓冲溶液稀释不会改变溶液的缓冲比,因此不应当引起溶液 pH 的变化。但是,稀释可以引起溶液离子强度的改变,导致缓冲对中离子活度的变化,因此缓冲溶液的 pH 会因稀释而产生一些变化。

缓冲溶液稀释引起的 pH 改变一般用稀释值表示,即缓冲溶液被纯水稀释一倍时,稀释后与稀释前的 pH 之差,符号为 $\Delta pH_{1/2}$。公式如下:

$$\Delta pH_{1/2} = (pH)_{c/2} - (pH)_{c}$$

故稀释值可以为正值(稀释引起 pH 增大),也可以为负值(稀释引起 pH 减小)。一个好的缓冲溶液应该有较小的稀释值。

7.3.4 缓冲溶液的配制方法

配制一定 pH 的缓冲溶液是化学、生物学和医学研究和应用中的一个基本操作。为了使制备的溶液体系能够满足实际需要,应遵循以下原则和步骤:

1. 选择合适的缓冲体系

选取的要点有两条:一是所配制的缓冲溶液的 pH 应该在所选缓冲对的缓冲范围($pK_a \pm 1$)之内,并尽量接近弱酸的 pK_a,使所配的缓冲溶液有较大的缓冲容量;二是对于所要研究的化学体系或化学反应来说,所选缓冲系应该是惰性的,不与所要研究体系中的重要物质发生化学反应。

例如,欲配制 pH 为 7.40 的细胞培养液,选择什么缓冲物质呢?候选缓冲对如下:醋酸 HAc-NaAc($pK_a = 4.76$),次氯酸-次氯酸钠($pK_a = 7.53$),磷酸二氢钠-磷酸氢二钠($pK_{a_2} = 7.21$),HEPES-HEPES 钠[N-(2-羟乙基)哌嗪-N′-2-乙烷磺酸,$pK_a = 7.47$],碳酸氢钠-碳酸钠($pK_{a_2} = 10.25$)。我们看到,其缓冲范围 $pK_a \pm 1$ 涵盖 7.40 的有 3 种:次氯酸-次氯酸钠(6.53～8.53),磷酸二氢钠-磷酸氢二钠(6.21～8.21),HEPES-HEPES 钠(6.47～8.47)。其中,次氯酸是强氧化剂,对细胞有毒性;磷酸二氢盐是多种细胞培养基的营养组分之一,会参与细胞的代谢过程;HEPES 对细胞无毒性作用,不参与细胞代谢,性质稳定,能较长时间控制恒定的 pH 范围。因此,可以选择 HEPES 缓冲体系。

2. 确定缓冲溶液的总浓度

缓冲溶液需要具备足够的缓冲容量,在确定了缓冲溶液的 pH 后,我们无法调节缓冲比 r,只能靠调节缓冲溶液的总浓度来调节缓冲容量。如果缓冲溶液的总浓度太低,缓冲容量过小,不能满足实际工作需要;总浓度太高时,有可能造成溶液离子强度太大或渗透压过高,并且会造成试剂的浪费。在实际应用中,在满足最小缓冲容量的前提下,一般选用的总浓度在 $0.05 \sim 0.2\ mol \cdot L^{-1}$ 范围内。

3. 计算缓冲比和所需缓冲物质的量

我们可以用 Henderson-Hasselbalch 公式和弱酸缓冲体系在不同离子强度下的校正系数表估算缓冲溶液中弱酸及其共轭碱浓度的比值:

$$pH = pK_a + \lg \frac{[B^-]}{[HB]} + 校正系数$$

$$\lg \frac{[HB]}{[B^-]} = \lg r = pK_a + 校正系数 - pH$$

由于校正系数一般比较小，而且最后通常要进行溶液 pH 的校正，因此在估算时可以先忽略校正系数（即认为校正系数为 0）。

知道了所需[HB]和[B⁻]的总浓度 $c_{总}$ 和比例 r 后，所需[HB]和[B⁻]的量则分别为

$$[\mathrm{HB}]=c_{总}\cdot r/(r+1),\qquad n_{\mathrm{HB}}=V\cdot[\mathrm{HB}]=V\cdot c_{总}\cdot r/(r+1)$$

$$[\mathrm{B}^-]=c_{总}/(r+1),\qquad n_{\mathrm{B}^-}=V\cdot[\mathrm{B}^-]=V\cdot c_{总}/(r+1)$$

不过，我们仍然有下列 3 种配制缓冲溶液的方式可选择：

(1) 分别称/量取一定量的弱酸 HB 和共轭碱 B^-，溶于一定体积的水，配制成溶液。

(2) 称/量取一定量的弱酸 HB，加入 n_{B^-} 量的强碱 NaOH（或 KOH），溶于一定体积 V 的水，配制成溶液。NaOH 在溶液中与弱酸反应生成所需量的 B^-。

(3) 称/量取一定量的共轭碱 B^-，加入 n_{HB} 量的强酸 HCl，溶于一定体积 V 的水，配制成溶液。HCl 在溶液中与共轭碱反应生成所需量的 HB。

在实际的工作中，为了配制方便、避免过多计算，通常将计算好的缓冲物质的用量制作成一种适合应用的配方表。表 7-6 中列出了 25℃时配制一定 pH 的 0.050 mol·L^{-1} $H_2PO_4^-$-HPO_4^{2-} 缓冲溶液的配方。

表 7-6 配制 0.050 mol·L^{-1} KH_2PO_4-Na_2HPO_4 缓冲溶液配方表(25℃)[a]

pH	x[b]	β	pH	x[b]	β
5.80	3.6	—	7.00	29.1	0.031
5.90	4.6	0.010	7.10	32.1	0.028
6.00	5.6	0.011	7.20	34.7	0.025
6.10	6.8	0.012	7.30	37.0	0.022
6.20	8.1	0.015	7.40	39.1	0.020
6.30	9.7	0.017	7.50	41.1	0.018
6.40	11.6	0.021	7.60	42.8	0.015
6.50	13.9	0.024	7.70	44.2	0.012
6.60	16.4	0.027	7.80	45.3	0.010
6.70	19.3	0.030	7.90	46.1	0.007
6.80	22.4	0.033	8.00	46.7	—
6.90	25.9	0.033			

[a] 0.1 mol·L^{-1} KH_2PO_4储备液：13.6 g KH_2PO_4 溶于 1.00 L 去离子水。

[b] 50 mL 10.1 mol·L^{-1} KH_2PO_4＋x mL 0.1 mol·L^{-1} NaOH，稀释至 100 mL。

4. 计算缓冲溶液中其他物质的量

生理缓冲溶液(physiological media)中一般还含有其他物质，如加入一定量浓度的 Mg^{2+} 以维持某些酶的活性，或加入 NaCl 以维持溶液的渗透压等。在生物化学研究中一种常用的溶液是在 0.050 mol·L^{-1} $H_2PO_4^-$-HPO_4^{2-} 溶液中加入 8.50 g·L^{-1} NaCl，这种溶液通常称为磷酸缓冲生理盐水(phosphate buffered saline，PBS)。

5. 配制溶液并进行 pH 校正

按照上面的计算结果，称取(或量取)所需量的弱酸、共轭碱和其他物质，溶于体积为 80%～90%终体积的去离子水中，并混合均匀。由于上面的计算只是估算，按照计算结果配制的溶液其 pH 与期待值一般都有一些出入。因此，在溶液最后定容之前，通常在 pH 计上对所

配缓冲溶液的 pH 进行测量[①]。如果偏离较大时,可以滴加强酸(如 HCl)或强碱(NaOH)溶液,将 pH 调节到所需的大小。经这一步 pH 校正后,最后用去离子水将溶液定容。

【例 7-15】 现要研究 pH 5.0 条件下的反应,要求 pH 变动在±0.5 之内:

$$\underset{0.0020\ \text{mol}\cdot\text{L}^{-1}}{Fe^{3+}} + \underset{0.0020\ \text{mol}\cdot\text{L}^{-1}}{H_2EDTA^{2-}} = FeEDTA^{-} + 2H^{+}$$

如果使用 HAc-NaAc 缓冲体系,那么缓冲溶液的最小浓度是多少?

解 上述反应产生的氢离子浓度:

$$c_{H^+}=(2\times0.0020)\ \text{mol}\cdot\text{L}^{-1}=0.0040\ \text{mol}\cdot\text{L}^{-1}$$

故所需缓冲溶液的缓冲容量为

$$\beta=\frac{\delta c_B}{\delta pH}=\frac{0.0040}{0.50}\ \text{mol}\cdot\text{L}^{-1}\cdot\text{pH}^{-1}=0.0080\ \text{mol}\cdot\text{L}^{-1}\cdot\text{pH}^{-1}$$

查表 7-4 知 HAc 的 $pK_a=4.76$,忽略离子活度造成的校正系数。根据 Henderson-Hasselbalch 公式,此 pH 5.0 溶液的缓冲比为

$$\lg([HAc]/[Ac^-])=\lg r=pK_a+\text{校正系数}-pH=4.76-0-5.0=-0.24$$

$$r=0.58$$

根据公式 $\beta=2.303c_{总}\cdot\dfrac{r}{(r+1)^2}$

因此 $c_{min}=[0.0080(0.58+1)^2/(2.303\times0.58)]\ \text{mol}\cdot\text{L}^{-1}=0.015\ \text{mol}\cdot\text{L}^{-1}$

即缓冲溶液的最小浓度为 $0.015\ \text{mol}\cdot\text{L}^{-1}$。在实验室中,通常使用的缓冲溶液浓度为 $0.05\sim0.2\ \text{mol}\cdot\text{L}^{-1}$。

【例 7-16】 在提取质粒 DNA 所用的细胞裂解液Ⅰ中,缓冲溶液为 $25\ \text{mmol}\cdot\text{L}^{-1}$ pH=8.0 的 Tris-HCl 缓冲液。欲配制 100 mL 此缓冲溶液,需多少克 Tris 碱($M=121\ \text{g}\cdot\text{mol}^{-1}$, $pK_b=5.92$)和 $0.100\ \text{mol}\cdot\text{L}^{-1}$的 HCl 多少毫升?

解 Tris 碱的酸性形式为 $TrisH^+$,其 pK_a 为

$$pK_a=pK_w-pK_b=14-5.92=8.08$$

Tris 的总浓度为 $25\ \text{mmol}\cdot\text{L}^{-1}$,因此 100 mL 需要 Tris 碱的量为

$$m_{Tris}=M\cdot V\cdot c=(121\times0.100\times0.025)\ \text{g}=0.30\ \text{g}$$

忽略校正系数,此 pH 8.0 溶液的缓冲比为

$$\lg([TrisH^+]/[Tris])=\lg r=pK_a-pH=8.08-8.0=0.08$$

$$[TrisH^+]/[Tris]=r=1.2$$

所以溶液中 $TrisH^+$ 的量为

$$n_{TrisH^+}=V\cdot c_{总}\cdot r/(r+1)=[0.100\times0.025\times1.2/(1.2+1)]\ \text{mol}$$

需要相应盐酸的体积为

$$V=n_{HCl}/c_{HCl}=n_{TrisH^+}/c_{HCl}=\{0.100\times0.025\times1.2/[(1.2+1)\times0.100]\}\ \text{L}=14\ \text{mL}$$

【例 7-17】 用 $1.00\ \text{mol}\cdot\text{L}^{-1}$ NaOH 和 $1.00\ \text{mol}\cdot\text{L}^{-1}$ 丙酸(用 HPr 代表,$pK_a=4.86$)储备液配制 pH=5.00、总浓度为 $0.100\ \text{mol}\cdot\text{L}^{-1}$的缓冲溶液 1.00 L。请设计配制方法。

---

① 关于 pH 测量,请参见 9.5.2 小节。

解 忽略校正系数,此 pH 5.0 溶液的缓冲比为

$$\lg([\mathrm{HPr}]/[\mathrm{Pr}^-])=\lg r=\mathrm{p}K_a-\mathrm{pH}=4.86-5.00=-0.14$$

$$[\mathrm{HPr}]/[\mathrm{Pr}^-]=r=0.72$$

所需丙酸溶液的体积为

$$V\cdot c_{总}/c_{\mathrm{HPr}}=(1.00\times0.100/1.00)\ \mathrm{L}=100\ \mathrm{mL}$$

其中 Pr^- 的量为

$$n_{\mathrm{Pr}^-}=V\cdot[\mathrm{Pr}^-]=V\cdot c_{总}/(r+1)=[1.00\times0.100/(1+0.72)]\ \mathrm{mol}=0.058\ \mathrm{mol}$$

丙酸钠是由 NaOH 中和部分丙酸生成的

$$\mathrm{HPr}+\mathrm{NaOH}\rightleftharpoons\mathrm{NaPr}+\mathrm{H_2O}$$

因此,所需 NaOH 溶液的体积为

$$V=n_{\mathrm{NaOH}}/c_{\mathrm{NaOH}}=n_{\mathrm{Pr}^-}/c_{\mathrm{NaOH}}=(0.058/1.00)\ \mathrm{L}=58\ \mathrm{mL}$$

配制方法为:量取 100 mL 丙酸储备液和 58 mL NaOH 储备液,混合均匀,并用去离子水稀释至约 900 mL,在 pH 计上调节 pH=5.00,最后用去离子水定容到 1.00 L,即得到所需的缓冲溶液。

7.3.5 人体内的缓冲体系和体液 pH 调节策略

人体内各种体液都有一定的较稳定的 pH 范围,离开正常范围太大,就可能引起机体内许多功能失调。在体液中,主要存在 3 种类型的缓冲体系:

(1) 碳酸盐系统:$CO_2(H_2CO_3)$-$NaHCO_3$

(2) 磷酸盐系统:$H_2PO_4^-$-HPO_4^{2-}

(3) 蛋白质分子系统:H^+-protein-Na^+/K^+-protein

它们的总浓度和缓冲容量列于表 7-7 中。

表 7-7 血浆和细胞内主要缓冲体系的总浓度和缓冲容量

	碳酸盐	磷酸盐	蛋白质
血浆中	24 $\mathrm{mmol\cdot L^{-1}}$ ($\beta\approx2.5\ \mathrm{mmol\cdot L^{-1}\cdot pH^{-1}}$)	2 $\mathrm{mmol\cdot L^{-1}}$ ($\beta\approx1\ \mathrm{mmol\cdot L^{-1}\cdot pH^{-1}}$)	1.2 $\mathrm{mmol\cdot L^{-1}}$
细胞内	10 $\mathrm{mmol\cdot L^{-1}}$ ($\beta\approx1\ \mathrm{mmol\cdot L^{-1}\cdot pH^{-1}}$)	11 $\mathrm{mmol\cdot L^{-1}}$ ($\beta\approx6.3\ \mathrm{mmol\cdot L^{-1}\cdot pH^{-1}}$)	4 $\mathrm{mmol\cdot L^{-1}}$

可以看到,血浆中和细胞内的缓冲体系是不同的。在血浆中,以碳酸盐缓冲体系在血液中浓度最高,缓冲容量最大;而在细胞内,磷酸盐系统的缓冲容量相对较高,在维持细胞内正常 pH 中发挥最主要的作用。不过,体内总体上采用的是一种低容量的缓冲策略。下面我们讨论一下血液中维持 pH 平衡的碳酸盐缓冲体系。

在血液中,溶解 CO_2 存在下列平衡:

$$\mathrm{CO_{2(溶解)}}+\mathrm{H_2O}\rightleftharpoons\mathrm{H_2CO_3}\rightleftharpoons\mathrm{H^+}+\mathrm{HCO_3^-}$$

此平衡可以简写为

$$\mathrm{CO_{2(溶解)}}+\mathrm{H_2O}\rightleftharpoons\mathrm{H^+}+\mathrm{HCO_3^-}$$

在普通条件下,CO_2 的水合解离速率是较慢的,但在人体中,有一种含 Zn^{2+} 的酶——碳酸酐酶催化上述反应,使 CO_2 能够迅速地水合或者释放。

因此,可以看到,在血液中溶解 CO_2 和 HCO_3^- 形成一对表观的缓冲体系。其中 $CO_{2(溶解)}$ 是弱酸,HCO_3^- 是弱碱。血液中表观的碳酸盐缓冲溶液的 pH 方程式为

$$pH = pK_a' + \lg \frac{[HCO_3^-]}{[CO_2]_{溶解}}$$

其中 pK_a'为 37℃时校正后的 CO_2 水合解离常数,$pK_a' = 6.10$。正常人血浆中$[HCO_3^-]$和$[CO_2]_{溶解}$分别为 0.024 mol·L^{-1}和 0.0012 mol·L^{-1},将其代入得到血液的正常 pH 为

$$pH = 6.10 + \lg \frac{[HCO_3^-]}{[CO_2]_{溶解}} = 6.10 + \lg \frac{20}{1} = 7.40$$

我们很容易看出其中的一个问题是,正常血浆中碳酸盐系统的缓冲比为 20/1,这个数值已经超出一般缓冲溶液的有效缓冲比范围(10/1～1/10)。理论上,这个缓冲系的缓冲能力应该很小。那么血液为什么会采用这么一种碳酸盐缓冲体系呢?

我们注意到,虽然血液中的碳酸盐体系不在有效的缓冲比内,但事实上血液的 pH 维持得相当好,正常人血液的 pH 维持在 7.35～7.45 的狭小范围。这是因为人体是一个"开放系统",由于 CO_2 是气体,可以通过肺呼吸作用很容易地排出体外,而 HCO_3^- 也很容易被肾脏通过尿液排出体外;同时 CO_2 是人体正常代谢的产物,在体内不断产生,正常人在基础代谢状态下每天体内可产生约 15 mol(336 L)CO_2。因此,人体可以通过肺和肾脏的功能,通过控制 CO_2 和 HCO_3^- 的排出速度,有效地控制体内 CO_2 和 HCO_3^- 的浓度,从而控制缓冲对的比值,维持 pH 不变。

血液中碳酸盐缓冲体系中拥有较高的共轭碱 HCO_3^- 浓度,被称为血液碱储。若体液中$[H^+]$升高时,将和 HCO_3^- 结合,在碳酸酐酶的催化下转变成 CO_2 可以被迅速地释放出去。在这种条件下,任何其他形式的酸都可以通过 CO_2 气体的形式被快速地排出,而且这种排出酸的速度是其他动力学途径(如肾脏排出)所无法比拟的。这是机体选择碳酸盐缓冲体系的一个巨大的优势。

体内多数的代谢过程都是产生酸的过程,低碳水化合物和高脂肪食物都会引起代谢酸的增加,然而身体可以简单地通过加快呼吸的速度,来排除多余的酸。不过,如果人体因肺部疾病导致肺部换气不足时,便可能导致体内 pH 降低过多($pH < 7.35$),引起酸中毒;或者反过来,如果人体因高烧(CO_2 溶解度降低)和气喘换气过速等原因引起 CO_2 浓度过低,或因肾脏疾病导致 HCO_3^- 不能正常排泄时,则都会引起血液碱性增加($pH > 7.45$),可能引起碱中毒。

机体采用碳酸盐缓冲体系的另一个优点是,将酸碱平衡的维持同体内 O_2/CO_2 气体交换过程偶联在一起。

但是,机体采用的这种低容量的缓冲策略在非开放系统的条件下,就会有一些问题。例如在口腔中,唾液的缓冲能力是非常低的。白天,由于进食、说话等各种原因,人们经常张口,口腔内氧气含量较高。口腔细菌可以进行有氧发酵,不会产生太多的酸,并且有唾液不停冲刷,可以保持口腔正常的 pH(6.35～6.85)。但是到了夜晚,口腔长时间闭合,细菌主要进行无氧发酵,可以产生大量的酸性物质,引起口腔酸性增加,这可能导致龋齿发生。因此,我们需要健康的生活方式来维持口腔的正常 pH,这个问题将在 8.1.4 小节进行讨论。

7.4 酸碱滴定分析法

化学分析在生物和医学诊断与研究中是一种非常重要的手段。化学分析是用一种已知量(通常是过量的)化学物质 R(称为分析试剂)和浓度待测的物质 A 进行化学反应。假定只有

一种生成物P,即

$$aA+bR \longrightarrow cP$$

反应会有下列两种情形：

(1) 反应的产物P的量可以进行直接测量。假如P是一种沉淀,可以将P过滤分离出来,然后称量P的量;或者P是一种有颜色的物质,可以根据其吸光度[①]计算它的量等。总之,当知道了P的量,根据化学反应的剂量关系,就可以知道待测物质A的量。

例如测定溶液中SO_4^{2-}离子的量。向未知量的SO_4^{2-}溶液中加入过量的$BaCl_2$,使全部的SO_4^{2-}都转化为$BaSO_4$沉淀：

$$SO_4^{2-}+Ba^{2+}(\text{过量}) = BaSO_4\downarrow$$

过滤或离心得到沉淀后,可以直接称量$BaSO_4$重量,进一步计算出SO_4^{2-}的量。这种方法就是常量分析中最简单实用的重量分析法。

(2) 分析试剂R的浓度可以被监测。因此,可以通过确定R是否刚刚过量,从而确定该化学反应是否正好定量完成,这时被反应消耗的R的量便正好和待测物质A的量符合反应方程式的计量关系,于是便可以得出A的量。为了更好地确定反应正好达到化学计量关系,通常将分析试剂R分成若干小份,一份份地加入;对于溶液来说,便是一滴一滴地加入,所以这一类定量分析方法被称为滴定(titration)。

例如测定果汁中抗坏血酸(维生素C)的含量。维生素C可以被I_2氧化,发生下列反应：

$$\text{抗坏血酸}+I_2 = 2HI+\text{脱氢抗坏血酸}$$

在溶液中加入一些淀粉,然后一滴一滴地加入I_2溶液,在抗坏血酸被全部氧化以前,加入的I_2都会被还原成I^-,不会和淀粉形成蓝色的复合物;而当抗坏血酸被全部氧化后,加入的一点点过量的I_2就会使溶液显示出鲜明的蓝色来。如果加入的每一滴I_2的量足够小,最后的这一滴过量的I_2相对于加入I_2的总量是可以忽略的,那么,我们就可根据所加入的I_2的总量得到溶液中抗坏血酸的总量。

酸碱滴定分析正是一种化学滴定分析,它的特点是利用强酸或强碱作为分析试剂进行未知物质(碱或酸)的定量分析。下面进行详细介绍。

7.4.1 酸碱滴定分析的基本原理

回答了下列几个问题,我们便清楚了酸碱滴定分析的基本原理。

1. 问题一：如何显示溶液中酸碱浓度的变化？——酸碱指示剂的使用

在酸碱滴定中,强酸或强碱作为滴定分析试剂,通常称为滴定剂(titrant)。在滴定过程中,第一个需要解决的问题是如何监测滴定过程中溶液$[H^+]$或pH的变化。当然,使用pH计是一个很好的选择,事实上,越来越多的实验室中直接使用pH计显示滴定终点。不过,有一种简单易行、并可以用肉眼观察的pH指示方法——酸碱指示剂法。

酸碱指示剂(acid-base indicator)是一类自身的颜色可以(在特定pH范围内)随溶液pH的变化而改变的分子。酸碱指示剂其实是一些有机弱酸/碱,它们的酸式结构和碱式结构具有不同的颜色。例如酚酞,在溶液中存在以下酸解离平衡：

---

① 吸光度是物质颜色深浅的一种量度,吸光度的大小和物质的浓度成正比。利用吸光度进行物质的定量称为分光光度分析法,将在第10章中介绍。

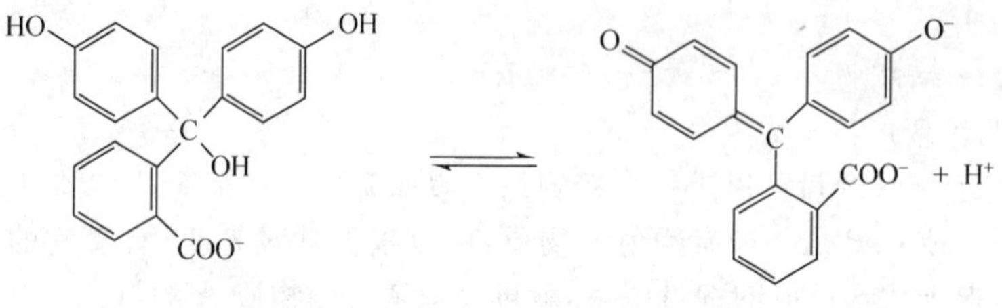

无色 (羧酸盐式，酸色形) ⇌ 红色 (醌式，碱色形)

假定某指示剂的酸式 HIn 和碱式 In^- 的颜色不同。在溶液中，指示剂的解离平衡为

$$HIn \rightleftharpoons H^+ + In^- \quad K_{HIn} = \frac{[H^+][In^-]}{[HIn]}$$

可以推导出，在某 pH 下，溶液中$[In^-]$和$[HIn]$的比值为

$$\lg \frac{[In^-]}{[HIn]} = pK_{HIn} - pH$$

可见，溶液的 pH 决定了$[In^-]$与$[HIn]$的比值。当 pH 发生变化时，指示剂在溶液中显现的颜色随之改变：

(1) 当 $pH = pK_{HIn}$时，$[In^-]/[HIn]=1$，指示剂在溶液中显现的颜色是酸式和碱式两种显色成分等量混合的中间混合色。此时溶液的 pH 称为指示剂的理论变色点(color change point)。

(2) 当 $pH \geqslant pK_{HIn}+1$ 时，$[In^-]/[HIn] \geqslant 10$，人的视觉一般只能分辨出碱式 In^- 的颜色；相反地，当 $pH \leqslant pK_{HIn}-1$ 时，$[In^-]/[HIn] \leqslant 0.1$，人的视觉只能看到 HIn 的颜色；当 pH 在 $pK_{HIn} \pm 1$ 的范围内变化时，人们可以观察到指示剂从碱形色↔过渡色↔酸形色的颜色变化过程。因此，将 $pK_{HIn} \pm 1$ 称为指示剂的理论变色范围(color change interval)。不过人的视觉对不同颜色的敏感程度不同，因此每个人所实际观察的变色点和变色范围与理论值不完全一致。如酚酞的 $pK_{HIn}=9.1$，其理论变色范围为 8.1～10.1，而实际变色范围为 8.0～9.6。一些常用酸碱指示剂的变色范围及其变色情况列于表7-8，实际变色范围一般小于 2 个 pH 单位。

表 7-8　常用酸碱指示剂

指示剂	实际变色范围/pH	酸形色	过渡色	碱形色	pK_{HIn}
百里酚蓝(第一次变色)	1.2～2.8	红色	橙色	黄色	1.7
甲基橙	3.1～4.4	红色	橙色	黄色	3.7
溴酚蓝	3.1～4.6	黄色	蓝紫	紫色	4.1
溴甲酚绿	3.8～5.4	黄色	绿色	蓝色	4.9
甲基红	4.4～6.2	红色	橙色	黄色	5.0
溴百里酚蓝	6.0～7.6	黄色	绿色	蓝色	7.3
中性红	6.8～8.0	红色	橙色	黄色	7.4
酚酞	8.0～9.6	无色	粉红	红色	9.1
百里酚蓝(第二次变色)	8.0～9.6	黄色	绿色	蓝色	8.9
百里酚酞	9.4～10.6	无色	淡蓝	蓝色	10.0

2. 问题二：如何确定反应达到了化学计量点？

滴定分析的第一个关键就是要知道反应什么时候达到化学计量点。回答这个问题我们需要先分析一下在逐滴加入强酸或强碱试剂的过程中，溶液的 H^+ 离子浓度变化的过程——称之为酸碱滴定曲线(acid-base titration curve)。下面分别讨论各种类型酸碱滴定的曲线。

1) 强酸强碱的滴定曲线

强酸强碱的滴定反应是

$$H^+ + OH^- = H_2O$$

因此，滴定剂和待测物之间的化学计量关系是 1∶1 的等量关系。

用强酸滴定强碱和用强碱来滴定强酸，其情形是非常相似的。因此，这里仅以强碱(0.1000 mol·L^{-1} NaOH)滴定未知浓度的强酸(假定也是 0.1000 mol·L^{-1} HCl)溶液为例，来分析滴定过程中溶液 pH 的变化情况。假定 HCl 的体积为 25.00 mL，图 7-3 显示了滴定过程的 pH 变化曲线。

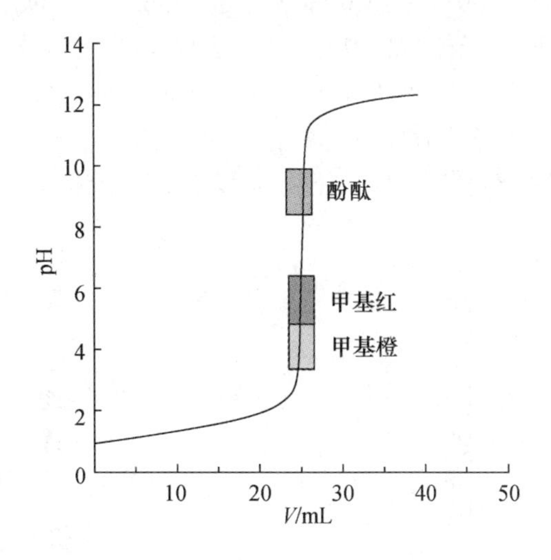

图 7-3 0.1000 mol·L^{-1} NaOH 滴定 25.00 mL 0.1000 mol·L^{-1} HCl 的滴定曲线

在这个 pH 变化曲线中有下列关键点或区域值得注意：

(1) 从滴定开始一直到加入 NaOH 的体积接近 25.00 mL，溶液 pH 一直较平缓地增加。

(2) 在加入 NaOH 的体积等于 25.00 mL 时，达到化学计量点，即加入 NaOH 的量正好等于 HCl 的量。此时溶液的组成为 NaCl，溶液的[H^+]由水的解离决定，即

$$[H^+]=[OH^-]=1.00\times10^{-7}\text{mol}\cdot L^{-1},\quad pH=7.00$$

(3) 滴定突跃。在化学计量点前后，可以看到曲线中段有一个接近于垂直的 pH 急剧变化的区域，这个区域称为滴定突跃(titration jump)。突跃所在的 pH 范围，称为突跃范围。在本例中，滴定突跃为 pH 4.3～9.7。

(4) 突跃产生后，继续加入 NaOH 溶液。此时曲线又转为平缓，溶液 pH 的变化再次变得比较缓慢。

在滴定曲线中，非常重要的区域是滴定突跃，因为在突跃范围内，滴定剂 NaOH 的加入量无论是过量还是不足，其误差都是很小的(一般小于 0.1%)。也就是说，只要在滴定突跃的范

围内停止加入滴定剂 NaOH,那么滴定剂 NaOH 的量就等于待测物 HCl 的量,其测定的误差将是很小的(小于±0.1%)。

当我们用指示剂显示溶液 pH 的变化、确定滴定反应的终点时,最理想的指示剂应恰好在反应的计量点——pH=7.00 时变色,但这样的指示剂是很难找到的,而且实际上也没有这个必要。因为根据滴定突跃的原理,只要在突跃范围内能发生颜色变化的指示剂,都能满足分析结果所要求的准确度。根据这一原则,由于强酸强碱滴定的 pH 突跃范围较大,可以选用甲基橙(3.1～4.4)、酚酞(8.0～9.6)或甲基红(4.4～6.2)等作指示剂。

在实际滴定工作中,指示剂的选择还应考虑人的视觉对颜色变化的敏感性。通常人的视觉对由浅到深的颜色变化更加敏感。如酚酞由无色变为粉红色、甲基橙由黄色变为橙色更容易被辨别。因此,用强碱滴定强酸时,常选用酚酞作指示剂;而用强酸滴定强碱时,常选用甲基橙指示滴定终点。

突跃范围的宽窄,对于选择指示剂和滴定分析的可行性是非常重要的。突跃范围与滴定酸碱的浓度有关。例如,用 1.000,0.1000 和 0.01000 mol·L^{-1} NaOH 溶液分别滴定相同浓度的 HCl 溶液,它们的 pH 突跃范围分别为 3.3～10.7,4.3～9.7 和 5.3～8.7(图 7-4);酸/碱的浓度每降低 10 倍时,突跃范围减少 2 个 pH 单位。显而易见,在使用第三种浓度的 HCl 溶液滴定时,其突跃范围已经不适合使用甲基橙作指示剂了。由实验和计算可知,如果酸、碱的浓度小于10^{-4} mol·L^{-1}时,其滴定突跃已不明显,无法用一般指示剂指示滴定终点,故不能准确进行滴定。

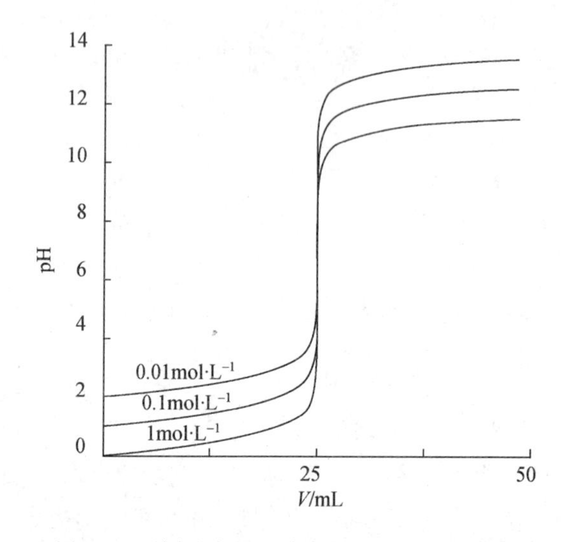

图 7-4 不同浓度的强碱滴定强酸的滴定曲线

2) 一元弱酸和一元弱碱的滴定曲线

以强碱(0.1000 mol·L^{-1} NaOH)来滴定弱酸(HAc)为例来进行说明。强碱 NaOH 滴定弱酸 HAc 的反应为

$$NaOH + HAc = NaAc + H_2O$$

两者化学计量关系仍然是简单的 1∶1 关系。假定 HAc 溶液的体积为 25.00 mL,滴定过程中溶液 pH 的曲线如图 7-5。

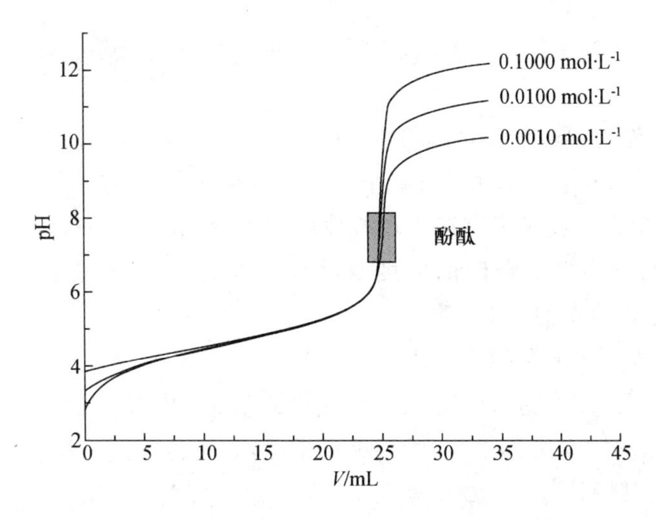

图 7-5　0.1000 mol·L^{-1} NaOH 滴定 25.00 mL 不同浓度 HAc 的滴定曲线

可以看出,强碱滴定一元弱酸有以下特点:

(1) 滴定开始后至计量点前的一段曲线较平缓,这一段变化平缓的 pH 范围在 3.76～5.76[pK_a(HAc)±1]之间。而且,不论弱酸的浓度如何,这一段平缓区域是基本上重合的。这是由于随着滴定的进行,生成了 NaAc,于是形成 HAc-NaAc 的缓冲体系,使溶液的 pH 的变化幅度变小。由于其 pH 仅取决于溶液中[Ac^-]与[HAc]的比值,而与弱酸的总浓度无关,因此不同浓度的弱酸滴定曲线能够重合在一起。滴定突跃只能在缓冲区域过后发生。

(2) 计量点不在 pH 7.00。滴定达计量点时,HAc 与 NaOH 恰好反应完全生成 NaAc,而 Ac^- 是弱碱,所以溶液呈弱碱性。溶液的[OH^-]=$\sqrt{K_b c}$,可知对于 0.1 mol·L^{-1}的 HAc 来说,计量点时 pH=8.73。

(3) 由于突跃前缓冲区的存在,使滴定突跃范围变得较窄。对于 0.1 mol·L^{-1}的 HAc 来说,突跃在 pH 7.8～9.7 之间。同强酸强碱滴定一样,在弱酸的滴定中,突跃范围的大小与弱酸的浓度有关,随着弱酸浓度下降,滴定突跃范围减小。此外,突跃范围还与弱酸的强度有关。如用 0.1000 mol·L^{-1}NaOH 滴定 0.1000 mol·L^{-1}不同 K_a的弱酸,其滴定曲线如图 7-6 所示。总的来说,若弱酸的 $K_a c<10^{-8}$时,滴定突跃已经变得太小,无法使用酸碱指示剂来指示滴定了。

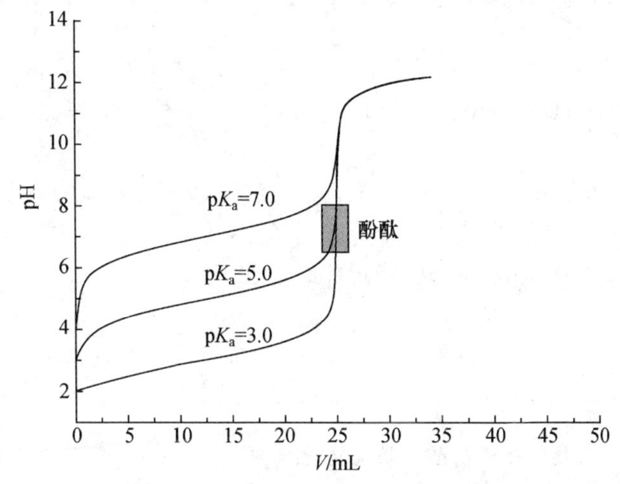

图 7-6　0.1000 mol·L^{-1} NaOH 滴定 0.1000 mol·L^{-1}不同 K_a的弱酸的滴定曲线

(4) 由于滴定突跃处在碱性范围内,用强碱滴定弱酸时应选择在碱性范围内变色的指示剂,如酚酞。

对于用强酸滴定一元弱碱,其情况与用强碱滴定一元弱酸基本相似,这里不再详细讨论。深入的内容可以参考分析化学有关著作。值得注意的是,强酸滴定一元弱碱时,其滴定突跃的pH在酸性范围内,因此这类滴定应选择在酸性范围内变色的指示剂,如甲基橙和甲基红等。此外,其突跃范围的大小也与弱碱的强度及其浓度有关,用强酸直接滴定弱碱时,通常以$K_b c \geqslant 10^{-8}$作为能准确滴定的依据。

3) 多元弱酸和多元弱碱的滴定曲线

用强碱滴定多元弱酸为例进行讨论,而强酸滴定多元碱时,由于情况类似,在此略去有关讨论。

多元弱酸有多个质子,因此被(一元)强碱滴定时,其化学剂量关系较复杂。例如,用强碱来滴定某二元弱酸,其情景可以分成下列几种:

(1) 弱酸的酸性太弱,且两个质子的解离能力近似,因此无法进行准确的滴定。如用0.1000 mol·L^{-1} NaOH 滴定 16.00 mL 0.1 mol·L^{-1} Na_2H_2EGTA①,其 pH 滴定曲线如图7-7。

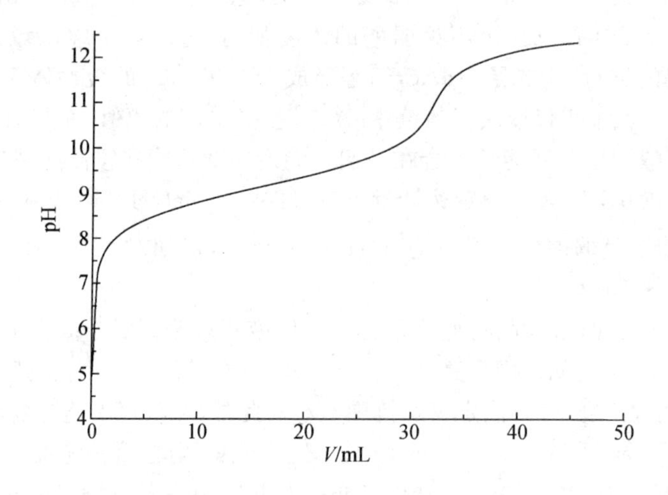

图 7-7 0.1000 mol·L^{-1} NaOH 滴定 16.00 mL 0.1 mol·L^{-1} Na_2H_2EGTA 的滴定曲线

Na_2H_2EGTA 两个质子的解离常数分别为:$pK_{a_1}=8.85$,$pK_{a_2}=9.46$。可以看到,滴定在化学计量比为 NaOH∶Na_2H_2EGTA=2∶1 的地方只有一个较小突跃发生,因此无法进行滴定分析。

(2) 弱酸的两个质子中一个酸性较强,一个酸性较弱,两者的解离常数差别较大,其$\Delta pK_a>4$,因此两个质子之一可以被滴定分析。例如,用 0.1000 mol·L^{-1} NaOH 滴定 16.00 mL 0.1000 mol·L^{-1}的盐酸甘氨酸,其 pH 滴定曲线如图 7-8。

---

① EGTA(乙二醇二乙醚二胺四乙酸),是生物化学中常用的螯合剂,其特点是结合 Ca^{2+} 但不结合 Mg^{2+}。

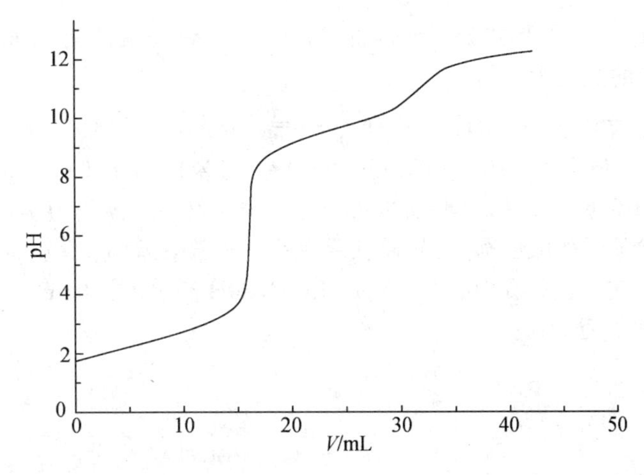

图 7-8 0.1000 mol·L^{-1} NaOH 滴定 16.00 mL 0.1000 mol·L^{-1}盐酸甘氨酸的滴定曲线

盐酸甘氨酸两个质子的解离常数分别为：$pK_{a_1}=2.5$，$pK_{a_2}=9.7$。可以看到，滴定曲线在化学计量比为 NaOH∶盐酸甘氨酸=1∶1 的地方有一个较大的突跃，说明盐酸甘氨酸的第一个质子可以被准确滴定，滴定反应为

$$NaOH+NH_3^+\cdot CH_2\cdot COOH = NH_3^+\cdot CH_2\cdot COONa+H_2O$$

在化学计量点时弱酸显示为两性电解质的形式，因此化学计量点的 pH 为

$$pH=(pK_{a_1}+pK_{a_2})/2=(2.5+9.7)/2=6.1$$

由于突跃范围在 pH 4～8，所以可以选用甲基红作为滴定指示剂。

滴定曲线在计量比 2∶1 处只有一个较小突跃发生，这个突跃范围无法进行滴定分析。

(3) 弱酸的两个质子的酸性都较强，但是两者的解离常数差别较小，其 $\Delta pK_a<4$，因此两个质子的滴定不能够被区分，只能一次滴定完成。例如，用 0.1000 mol·L^{-1} NaOH 滴定 16.00 mL 0.1000 mol·L^{-1}草酸，其 pH 滴定曲线如图 7-9。

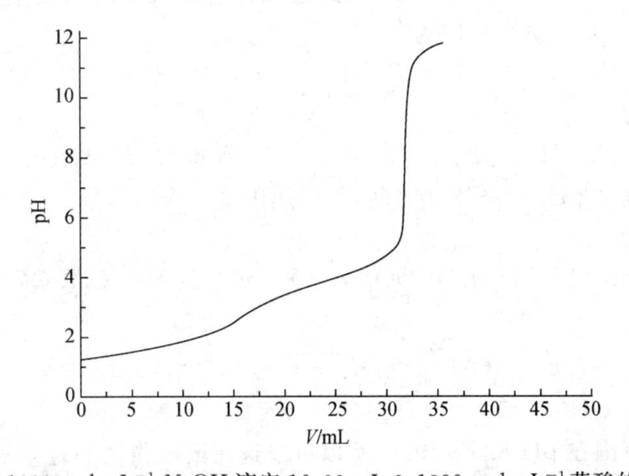

图 7-9 0.1000 mol·L^{-1} NaOH 滴定 16.00 mL 0.1000 mol·L^{-1}草酸的滴定曲线

草酸的两个质子的解离常数分别为：$pK_{a_1}=1.1$，$pK_{a_2}=4.0$。可以看到，滴定曲线在化学计量比为 NaOH∶$H_2C_2O_4$=2∶1 的地方有一个很大的突跃，而在计量比为 1∶1 处基本上看不到突跃发生。因此，草酸的两个质子可以被一次准确滴定，滴定反应为

$$2NaOH+H_2C_2O_4 = Na_2C_2O_4+2H_2O$$

在化学计量点时,$H_2C_2O_4$ 的形式为二元弱碱 $C_2O_4^{2-}$。二元弱碱的第一步解离决定溶液的酸度,因此化学计量点的酸度为

$$pK_{b_1}=14-pK_{a_2}=10.0,\quad [OH^-]=\sqrt{K_{b_1}\cdot c}=\sqrt{10^{-10}\times 0.1/3}=5.7\times 10^{-6}\ mol\cdot L^{-1}$$

$$[H^+]=K_w/[OH^-]=10^{-14}/(5.7\times 10^{-6})=1.7\times 10^{-9}\ mol\cdot L^{-1},\quad pH=8.8$$

由于突跃范围在 pH 5.6～10.7 之间,所以可以选用甲基红或酚酞作为滴定指示剂。

(4) 弱酸的两个质子的酸性都较强,而且两者的解离常数差别较大,其 $\Delta pK_a>4$,因此两个质子都能够分别被滴定。例如,用 0.1000 mol·L⁻¹ NaOH 滴定 16.00 mL 0.1000 mol·L⁻¹ 马来酸①,其 pH 滴定曲线如图 7-10。

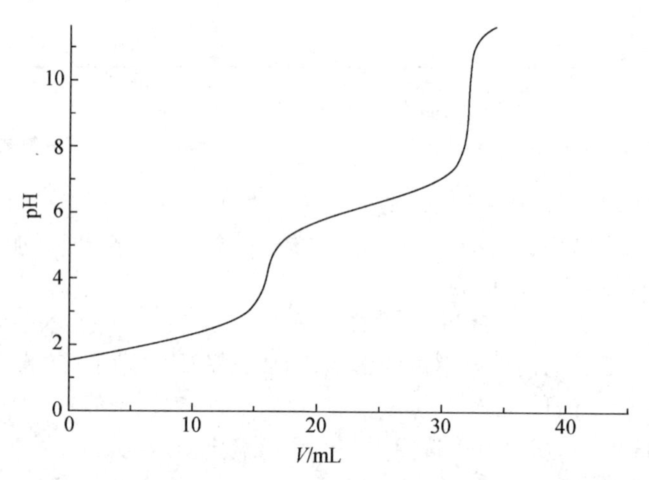

图 7-10 0.1000 mol·L⁻¹ NaOH 滴定 16.00 mL 0.1000 mol·L⁻¹ 马来酸的滴定曲线

马来酸的两个质子的解离常数分别为:$pK_{a_1}=1.9$,$pK_{a_2}=6.2$。可以看到,滴定曲线在化学计量比为 NaOH∶马来酸=1∶1 和 2∶1 的地方都有较大的突跃发生,说明马来酸可以进行分步滴定分析,第一步的滴定反应为

$$NaOH+HOOCCH{=}CHCOOH \longrightarrow HOOCCH{=}CHCOONa+H_2O$$

此步的计量点 pH 为

$$pH=(pK_{a_1}+pK_{a_2})/2=(1.9+6.2)/2=4.1$$

此步的滴定突跃范围在 pH 3.5～4.8 之间,可以用甲基橙作指示剂。

第二步的滴定反应为

$$NaOH+HOOCCH{=}CHCOONa \longrightarrow NaOOCCH{=}CHCOONa+H_2O$$

此步的计量点 pH 为

$$pK_{b_1}=14-pK_{a_2}=7.8,\quad [OH^-]=\sqrt{K_{b_1}\times c}=\sqrt{10^{-7.8}\times 0.1/3}=7.1\times 10^{-5}\ mol\cdot L^{-1}$$

$$[H^+]=K_w/[OH^-]=10^{-14}/(7.1\times 10^{-5})=1.4\times 10^{-10}\ mol\cdot L^{-1},\quad pH=9.8$$

这一步的滴定突跃范围在 pH 8.5～10.7,所以可以选用酚酞作为滴定指示剂。

总结上面二元弱酸的滴定,可知多元弱酸能否被滴定需要做出下列判断:

(1) 两步解离之间是否 $\Delta pK_a>4$[即 $K_{a_{(n)}}/K_{a_{(n+1)}}>10^4$]? 如果是,则可以进行分步滴定;否则不能够分开滴定。

---

① 马来酸(maleic acid)又称失水苹果酸,学名顺丁烯二酸。

(2) 如果不能够分开滴定，那么最后一步是否存在 $K_a c \geqslant 10^{-8}$？如果是，则弱酸的质子可以被一次滴定完成；否则不能够滴定。

(3) 如果各步解离差别大，可以进行分步滴定，那么每一步是否满足 $K_a c \geqslant 10^{-8}$？哪一步满足此条件，哪一步则可以被滴定。

【例 7-18】 用 0.1000 mol·L^{-1} NaOH 滴定 10.00 mL 相同浓度的 H_3PO_4，请判断滴定的情况。

解 NaOH 滴定 H_3PO_4 的反应分三步进行：

$$H_3PO_4 + NaOH \longrightarrow NaH_2PO_4 + H_2O \qquad pK_{a_1} = 2.16$$

$$NaH_2PO_4 + NaOH \longrightarrow Na_2HPO_4 + H_2O \qquad pK_{a_2} = 7.21$$

$$Na_2HPO_4 + NaOH \longrightarrow Na_3PO_4 + H_2O \qquad pK_{a_3} = 12.32$$

第一步和第二步的($\Delta pK_a \approx 5$)>4，而且显然 $K_{a_1} c \geqslant 10^{-8}$，因此第一步质子可以被单独滴定。此步滴定的产物是 NaH_2PO_4，化学计量点 pH 为

$$pH = (pK_{a_1} + pK_{a_2})/2 = (2.16 + 7.21)/2 = 4.68$$

第二步和第三步的($\Delta pK_a \approx 5$)>4，而且显然 $K_{a_2} c$ 接近 10^{-8}，因此第二步质子也可以被单独滴定。在此步滴定的产物是 Na_2HPO_4，化学计量点 pH 为

$$pH = (pK_{a_2} + pK_{a_3})/2 = (7.21 + 12.32)/2 = 9.76$$

第三步的 $K_{a_3} c$ 显然远小于 10^{-8}，因此第三步滴定没有明显突跃发生，不能被滴定分析。

H_3PO_4 的滴定曲线如图 7-11 所示。第一步滴定可选用甲基橙作指示剂，第二步滴定可选用酚酞作指示剂。

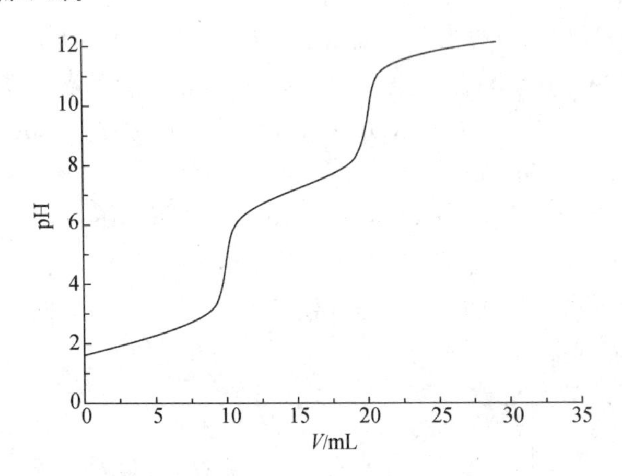

图 7-11 0.1000 mol·L^{-1} NaOH 滴定 10.00 mL 0.1000 mol·L^{-1} H_3PO_4 的滴定曲线

对于多元碱的滴定，也需要根据每步反应 $K_b c \geqslant 10^{-8}$ 和相邻 K_b 的比值是否大于 10^4 的原则，来判断能否被滴定以及能否被分步滴定。

3. 问题三：怎样配制具有准确浓度的强酸/强碱溶液？——标准溶液

进行酸碱滴定的前提是有准确浓度的强酸或强碱溶液，称为标准溶液。通常用 HCl 或 NaOH 溶液作标准强酸或强碱溶液。但是，盐酸是挥发性很强的酸，商品盐酸试剂的浓度大约为 12 mol·L^{-1}，其值并不准确，而商品 NaOH 固体极容易吸潮和吸收空气中的 CO_2，其含量也并非很确定。那么怎样才能以浓度或含量不确定的试剂配制出浓度准确的标准溶液呢？

答案是采用标定(standardization)的方法配制,即先用商品试剂配制出大约浓度的标准溶液,然后用一定准确量的一级标准物质(primary standard substance)来测定其浓度。作为一级标准物质需具备下列性质:① 纯度很高,至少是分析纯或优级纯;② 化学组成确定,如果含有结晶水,其数目是确定的;③ 存放过程中较为稳定,即使有吸潮现象,也容易通过加热等简单方法完全干燥;④ 可以被准确滴定。

标定 HCl 溶液,通常采用无水碳酸钠(Na_2CO_3)或硼砂($Na_2B_4O_7 \cdot 10H_2O$)作标准物质;标定 NaOH 溶液,通常采用草酸晶体($H_2C_2O_4 \cdot 2H_2O$)或邻苯二甲酸氢钾($KHC_8H_4O_4$)。

【例 7-19】 称取分析纯草酸晶体($H_2C_2O_4 \cdot 2H_2O$, $M = 126.1\ g \cdot mol^{-1}$)1.500 g,配制成 250.0 mL 标准溶液。取 25.00 mL 此标准溶液,用粗配制的 NaOH 溶液进行滴定,用酚酞作指示剂,滴定至终点时消耗 NaOH 的体积为 24.10 mL。请计算此 NaOH 溶液的准确浓度。

解 草酸解离常数为:$pK_{a_1} = 1.1$, $pK_{a_2} = 4.0$,因此两个质子被一次滴定。滴定反应为

$$2NaOH + H_2C_2O_4 \xlongequal{} Na_2C_2O_4 + 2H_2O$$

草酸标准溶液的浓度为

$$c_{ox} = 1.500\ g/(126.1\ g \cdot mol^{-1} \times 0.2500\ L) = 0.04759\ mol \cdot L^{-1}$$

因此 NaOH 溶液的准确浓度为

$$c_{NaOH} = \frac{2V_{ox} \cdot c_{ox}}{V_{NaOH}} = \frac{2 \times 0.04759\ mol \cdot L^{-1} \times 25.0\ mL}{24.10\ mL} = 0.09873\ mol \cdot L^{-1}$$

用 Na_2CO_3 标定 HCl 溶液时,有一个需要注意的问题。Na_2CO_3 是二元碱,其酸形式的解离常数分别为:$K_{a_1} = 4.47 \times 10^{-7}$, $K_{a_2} = 4.68 \times 10^{-11}$;相对应的碱解离常数分别为:$K_{b_1} = 2.14 \times 10^{-4}$, $K_{b_2} = 2.24 \times 10^{-8}$。由于 $\Delta pK_b \approx 4$,但 0.1 $mol \cdot L^{-1}$ 时,$K_{b_2}c < 10^{-8}$。因此理论上 Na_2CO_3 仅可以被滴定一步,即

$$Na_2CO_3 + HCl \xlongequal{} NaHCO_3 + H_2O + NaCl$$

实际上,由于第二步滴定的产物是 H_2CO_3,很容易加热分解生成 CO_2 而释放。因此,我们可以在滴定过程中适度加热除去生成的 CO_2,这样使滴定曲线发生变化(图 7-12)。

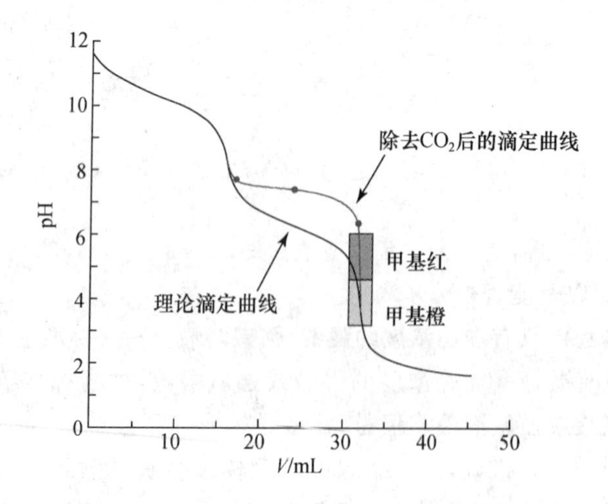

图 7-12 0.1000 $mol \cdot L^{-1}$ HCl 溶液滴定 16.00 mL 0.1000 $mol \cdot L^{-1}$ Na_2CO_3 的滴定曲线

这时滴定反应为

$$Na_2CO_3 + 2HCl \Longrightarrow 2NaCl + CO_2\uparrow + H_2O$$

由于其滴定突跃变得较大，可以使用甲基橙或甲基红作为指示剂进行滴定。

7.4.2 酸碱滴定的应用举例

酸碱滴定在生物化学分析、医学检验和药物分析等方面有着多方面的应用，这里仅举两个例子。

1. 二氧化碳结合力(CO_2 combing power, CO_2CP)测定

二氧化碳结合力 CO_2CP 实际上就是血浆中 HCO_3^- 的总量。血浆中 HCO_3^- 称为“碱储”，正常值为 24～27 mmol · L^{-1}。CO_2CP 是判断代谢性酸碱中毒的一个参数，在呼吸性酸碱中毒时，CO_2CP 改变不大；而在代谢性酸中毒时，CO_2CP 显著减少，在代谢性碱中毒时，CO_2CP 则明显增加。

测定 HCO_3^- 可以采用酸碱滴定分析法。首先，向血浆样品中加入过量的硫酸标准溶液并适当加热溶液，使 HCO_3^- 全部反应生成 CO_2 释放；然后，用 NaOH 滴定过量酸的量，从而计算出血浆中 HCO_3^- 的浓度。滴定反应过程为

$$HCO_3^- + H^+ \longrightarrow CO_2\uparrow + 2H_2O$$

$$H^+(\text{过量}) + OH^- \longrightarrow H_2O$$

分析中采用了一次强酸碱滴定方法。

【例 7-20】 取 5.000 mL 血浆样品，加入 1.00 mL 0.1000 mol · L^{-1}的 H_2SO_4，加热除去产生的 CO_2。然后用 0.0200 mol · L^{-1}的 NaOH 溶液滴定，至终点时消耗 NaOH 的体积为3.60 mL。请计算血浆中 HCO_3^- 的总浓度。

解 消耗 NaOH 的量为

$$(3.60 \times 0.0200)\ \text{mmol} = 0.0720\ \text{mmol}$$

血浆中碱储的浓度为

$$[(2 \times 1.00 \times 0.1000 - 0.0720)/5.00]\ \text{mol} \cdot L^{-1} = 25.6\ \text{mmol} \cdot L^{-1}$$

此血浆样品中 HCO_3^- 的浓度处于正常范围。

用酸碱滴定法测定血浆中碱储浓度现在已经不常用了，因为这需要较大量的血浆体积。更简单的方法是使用酸碱指示剂进行直接测定。方法是，首先在血浆样品中加入过量的酸，将 HCO_3^- 全部转化成 CO_2 释放，将释放的 CO_2 收集吸收到一个含有碱性指示剂(例如酚酞钠盐)的溶液中，于是发生下列反应：

$$\underset{(\text{醌式，红色，吸收峰 550 nm})}{\text{酚酞}} + CO_2 + H_2O \rightleftharpoons \underset{(\text{酸式，无色})}{\text{酚酞}} + HCO_3^-$$

这样可以通过测定 550 nm 的光吸收，监测醌式酚酞的浓度变化，醌式酚酞减少的量就等于释放 CO_2 的量，因此 HCO_3^- 的浓度可以用醌式酚酞的红色吸光度的减少来测定。这种方法只需要很少的血浆体积(<10 μL)。

2. 凯氏定氮法

这是由 Kjeldahl 设计的利用酸碱滴定分析测定有机物中元素 N 含量的方法。迄今为止，凯氏定氮法在有机物分析中(例如食品分析和有机污染物总量测定等)仍是一个常用的方法。

凯氏定氮法是将有机物在$CuSO_4$催化下，在硫酸溶液中完全分解，其中N元素全部转变成NH_4^+的形式：

$$\text{待测含N样品} \xrightarrow{\text{浓硫酸/硫酸铜}} (NH_4)_2SO_4$$

然后加入过量的浓NaOH溶液，将NH_4^+转化成NH_3后蒸馏出来：

$$(NH_4)_2SO_4 + 2NaOH = 2NH_3\uparrow + Na_2SO_4$$

NH_3在一个吸收瓶中被确定量的HCl标准溶液吸收，其中HCl是过量的：

$$NH_3 + HCl = NH_4Cl$$

最后剩余的盐酸用NaOH标准溶液滴定，并进而计算样品中的N含量：

$$HCl(\text{过量}) + NaOH = H_2O$$

对于生物样品(包括食品)，凯氏定氮法是测定蛋白质含量的经典方法，其原理是，蛋白质中的氮含量一般为15%～17.6%，平均为16%，测定出蛋白质的含氮量即可计算出其含量。公式为

$$\text{蛋白质的含量} = \text{蛋白质的含氮量} \times 6.25$$

式中，6.25为换算系数①。

【例 7-21】 取0.5000 g某奶粉样品，经过浓硫酸/$CuSO_4$消化，NaOH处理蒸馏后，所产生的NH_3用25.00 mL 0.0500 mol·L^{-1}的HCl溶液吸收，然后用0.0500 mol·L^{-1}的NaOH溶液滴定剩余HCl，至终点时消耗NaOH的体积为22.10 mL。请计算奶粉中的N含量。按照WHO与中国的婴幼儿配方奶粉标准，婴儿配方奶粉每100 g的蛋白质含量在10.0～20.0 g。此奶粉是否合格?

解 HCl吸收的NH_3量为

$$(25.00 \times 0.0500 - 22.10 \times 0.0500)\ \text{mmol} = 0.145\ \text{mmol}$$

样品中含N量为

$$0.145\ \text{mmol} \times 14.01\ \text{g}\cdot\text{mol}^{-1} / 0.5000\ \text{g} = 0.406\%$$

奶粉中蛋白质含量为

$$0.406\% \times 6.25 = 2.54\%$$

此奶粉是不合格产品。

思 考 题

7-1 酸碱质子理论对酸碱是如何定义的？酸或碱的强度由哪些因素决定？

7-2 (1) 写出下列各物质的共轭碱：NH_4^+，HCO_3^-，$NH_3^+CH_2COO^-$，Tris·HCl，HPO_4^{2-}，H_2S；

(2) 写出下列各物质的共轭酸：$H_2PO_4^-$，CN^-，OH^-，$NH_3^+CH_2COO^-$，$[Al(H_2O)_5OH]^{2+}$，Tris；

(3) 根据酸碱质子理论，下列物质哪些是酸、碱、两性物质？$H_2PO_4^-$，Ac^-，H_2S，H_2O，CO_3^{2-}，NH_4^+，$[Fe(H_2O)_6]^{3+}$。

7-3 25℃时测得0.500 mol·L^{-1} HCOOH的解离度为1.88%，计算HCOOH的K_a。

7-4 将0.10 mol·L^{-1} HAc稀释至0.010 mol·L^{-1}，计算稀释前后溶液的pH和解离度α，利用计算结果说明浓度变化对弱酸pH和解离度的影响是什么？

---

① 其他食品的换算系数为：小麦5.70，大米5.95，乳制品6.38，大豆5.17，动物胶5.55，花生5.46。

7-5 某一弱电解质 HA 溶液，其质量摩尔浓度 b(HA)为 0.10 mol·kg^{-1}，测得此溶液的冰点为-0.21℃，求该物质的解离度和 K_a。

7-6 巴豆酸是一元弱酸，$K_a=3.9\times10^{-5}$。

(1) 计算 0.20 mol·L^{-1}巴豆酸溶液的 pH；

(2) 若向该溶液中加入等体积的 0.20 mol·L^{-1} NaOH，pH 又是多少？

7-7 计算 0.10 mol·L^{-1} H_2S 溶液中各物种的浓度(已知 $K_{a_1}=8.9\times10^{-8}$，$K_{a_2}=1.12\times10^{-12}$)。

7-8 HCN 的 $K_a=4.9\times10^{-11}$，计算 0.10 mol·L^{-1} HCN 溶液的 pH。如果向 1.0 L 该溶液中加入 NaCN 固体 4.9 g，溶液的 pH 变为多少？若改为加入 58.5 g NaCl，溶液的 pH 是多少？

7-9 0.10 mol·L^{-1} NH_4CN 溶液的 pH 是多少？

7-10 不计算比较 0.10 mol·L^{-1}下列溶液的 pH 大小：NaAc，NaCN，H_3PO_4，$(NH_4)_2SO_4$，NH_4Ac。

7-11 计算下列溶液的 pH：

(1) 0.20 mol·L^{-1} HCl 溶液与 0.20 mol·L^{-1} $NH_3\cdot H_2O$ 等体积混合；

(2) 0.20 mol·L^{-1} HAc 溶液与 0.20 mol·L^{-1} $NH_3\cdot H_2O$ 等体积混合；

(3) 0.20 mol·L^{-1} HCl 溶液与 0.20 mol·L^{-1} Na_2CO_3溶液等体积混合；

(4) 0.20 mol·L^{-1} NaOH 溶液与 0.20 mol·L^{-1} NaH_2PO_4溶液等体积混合。

7-12 缓冲溶液为什么能够抵抗外来酸碱对 pH 的改变？决定缓冲容量的因素有哪些？

7-13 下列各组物质中哪些组合可能形成缓冲对？

(1) Na_2CO_3+NaOH；　(2) $H_3PO_4+NaH_2PO_4$；　(3) Tris+HCl；

(4) NaAc+ HCl；　(5) KCN+NaHS；　(6) Na_2SO_4+ $NaHSO_4$。

7-14 配制 pH=5.00 的缓冲溶液 1.00 L，需 0.10 mol·L^{-1} HAc 和 0.10 mol·L^{-1} NaAc 溶液的体积各为多少毫升[已知 K_a(HAc)$=1.74\times10^{-5}$]？

7-15 37℃时需 pH=7.40 的 0.0500 mol·L^{-1} Tris·HCl-Tris 缓冲溶液 500 mL，应取 0.100 mol·L^{-1} Tris 溶液和 0.100 mol·L^{-1} HCl 溶液各多少毫升[已知 pK_a(Tris·HCl)=7.85]？

7-16 配制 pH=10.00 的缓冲溶液，需要向 100 mL 0.050 mol·L^{-1}的 $NH_3\cdot H_2O$ 加入多少克固体 NH_4Cl？此缓冲溶液的缓冲容量 β 是多少？

7-17 为研究 Ca^{2+} 与钙调蛋白的作用，需要配制 pH=8.50、缓冲容量 β 不少于 0.020 mol·L^{-1}·pH^{-1}的缓冲溶液 200 mL。实验室中现有储备液包括：NaH_2PO_4，Na_2HPO_4，$NaHCO_3$，Na_2CO_3，Tris，NaOH，HCl，浓度均为 0.200 mol·L^{-1}。问如何配制所需要的缓冲溶液？

7-18 现有 0.20 mol·L^{-1}的 H_3PO_4溶液和 0.10 mol·L^{-1}的 NaOH 溶液，欲用上述溶液混合配制下列缓冲溶液各 1.00 L，需上述两种溶液各多少毫升？(1) $c_{总}=0.070$ mol·L^{-1}，pH=3.00 的缓冲溶液；(2) $c_{总}=0.050$ mol·L^{-1}，pH=7.00 的缓冲溶液。

7-19 说明化学计量点和滴定终点的关系。

7-20 甲基红的 pK_{HIn}=5.0，其理论变色范围是多少？在 pH=2，5，10 的溶液中为什么颜色？

7-21 0.1000 mol·L^{-1} NaOH 溶液滴定浓度未知的 HAc 溶液 25.00 mL，滴定终点时消耗 NaOH 溶液 25.48 mL，此 HAc 溶液的浓度是多少？

7-22 柠檬酸的三级解离平衡常数分别为：pK_{a_1}=3.14，pK_{a_2}=4.77 和 pK_{a_3}=6.39。若用 0.1000 mol·L^{-1} NaOH 溶液滴定 0.1000 mol·L^{-1}的柠檬酸溶液，会有几个滴定突跃？选取何种指示剂？

7-23 称取混合碱试样(可能含 NaOH，Na_2CO_3，$NaHCO_3$中的 1～2 种)1.2960 g，溶解并定容于 250 mL 容量瓶中，用 25 mL 移液管移取 2 份，用 0.05000 mol·L^{-1} HCl 滴定。一份以酚酞为指示剂，消耗 10.34 mL；另一份以甲基橙为指示剂，消耗 28.15 mL。问该试样的组成是什么？

7-24 花生中含有 28%的蛋白质成分。某花生食品由花生添加食物纤维制成。取此食品 0.5000 g，经过浓硫酸/$CuSO_4$消化，NaOH 处理蒸馏后，所产生的 NH_3用 25.00 mL 0.1000 mol·L^{-1}的 HCl 溶液吸收，然后用 0.1000 mol·L^{-1}的 NaOH 溶液滴定剩余 HCl，至终点时消耗 NaOH 的体积为 10.05 mL。请计算此食品中花生的含量。

8

第8章

沉淀反应

溶液中，金属离子和某些无机或有机阴离子反应，可以生成溶解度较小的物质——金属难溶盐。形成难溶盐的过程称为沉淀(precipitation)。例如，在水溶液中，Ag^+和Cl^-作用产生白色的AgCl沉淀：

$$Ag^+ + Cl^- \longrightarrow AgCl\downarrow$$

在结构上，金属难溶盐固体是一种离子晶体，它其实是一种难溶的强电解质。因此，金属难溶盐的溶解(dissolution)过程是离子晶体中阴、阳离子解离形成溶液离子的过程。如同弱电解质在溶液中的解离过程一样，金属难溶盐的溶解过程也是一个可逆过程，形成一种热力学平衡——沉淀平衡。不同的是，难溶盐是一种固体(固相)，而溶解出的金属离子和阴离子是以液相存在，在固相的难溶盐和液相的溶液离子间存在着相表面。因此，金属难溶盐的沉淀和溶解过程涉及表面化学的原理。

下面从热力学和动力学两个方面对沉淀反应进行论述。

8.1 沉淀反应的热力学——溶度积和溶度积规则

8.1.1 溶度积

以AgCl为例，将AgCl固体放入水中，于是微量的Ag^+和Cl^-溶解形成饱和溶液；或者将一定浓度的Ag^+和Cl^-混合，形成AgCl沉淀。将反应写成溶解反应的形式：

$$AgCl(s) \underset{沉淀}{\overset{溶解}{\rightleftharpoons}} Ag^+(aq) + Cl^-(aq)$$

在一定温度和压力条件下，当沉淀与溶解的速率相等时，反应达到平衡(对AgCl来说过程是很快的)。根据化学反应平衡原理，此平衡的标准平衡常数$K^\ominus$为

$$K^\ominus = K_{sp} = ([Ag^+]/c^\ominus)([Cl^-]/c^\ominus) = [Ag^+][Cl^-]$$

对于沉淀平衡而言，$K^\ominus$称为溶度积常数(solubility product constant)，常以K_{sp}表示，简称溶度积。在形式上，K_{sp}是溶液中Ag^+和Cl^-离子饱和浓度的乘积。

溶度积K_{sp}的大小一般由实验测定，也可以从热力学数据计算获得。根据化学反应的标准摩尔自由能变化$\Delta_r G_m^\ominus$和标准平衡常数$K^\ominus$的关系，K_{sp}和沉淀反应的$\Delta_r G_m^\ominus$有

$$RT\ln K_{sp} = -\Delta_r G_m^\ominus$$

对于 AgCl 溶解反应来说：

$$\begin{aligned}\Delta_r G_m^\ominus &= \Delta_f G_m^\ominus(Ag^+) + \Delta_f G_m^\ominus(Cl^-) - \Delta_f G_m^\ominus(AgCl) \\ &= [77.12 + (-131.26) - (-109.80)]\ kJ \cdot mol^{-1} \\ &= 55.66\ kJ \cdot mol^{-1}\end{aligned}$$

则可计算出

$$K_{sp}(AgCl) = 1.76 \times 10^{-10}$$

上面是一个具体例子。可以推广到任意沉淀反应，对于任意 A_aB_b 型的难溶电解质，其溶解反应为

$$A_aB_b(s) \rightleftharpoons aA^{n+} + bB^{m-}$$

则其溶度积常数 K_{sp} 为

$$K_{sp} = [A^{n+}]^a [B^{m-}]^b$$

上式表明，在一定温度下，难溶电解质的饱和溶液中离子浓度幂之乘积为一常数。严格地说，溶度积应需要用离子活度幂之乘积来表示，但在稀溶液中(难溶盐的溶解度一般都很小)，离子强度很小，活度因子趋近于 1，通常可用离子浓度代替其活度。

在附录四中，列出了一些常见难溶性电解质的 K_{sp} 数值。

8.1.2 溶度积规则

K_{sp} 表示沉淀与溶解达到平衡时，系统各离子浓度幂的乘积。如果计算任一条件下溶液中离子浓度幂的乘积(即此条件时沉淀反应的反应商)Q_i 为

$$Q_i = IP = c^a(A^{n+})c^b(B^{m-})$$

Q_i 常称为反应的离子积(ion product, IP)。那么根据热力学原理，比较 K_{sp} 和 IP 的大小可以得出下列结论

(1) $IP = K_{sp}$，表示溶液是饱和的。这时溶液中的沉淀与溶解达到动态平衡，既无沉淀析出又无沉淀溶解。

(2) $IP < K_{sp}$，表示溶液是不饱和的。溶液无沉淀析出，若加入难溶电解质，则会继续溶解。

(3) $IP > K_{sp}$，表示溶液为过饱和。溶液会有沉淀析出。

以上称为溶度积规则，它是难溶电解质溶解-沉淀平衡移动规律的总结，也是判断沉淀生成和溶解的依据。

8.1.3 根据溶度积 K_{sp} 计算难溶盐溶解度和判断沉淀的形成

1. 溶度积和难溶盐溶解度的换算

溶度积 K_{sp} 反映了难溶盐溶解能力的大小，因此可以根据一定温度下 K_{sp} 的大小计算该难溶盐在水中的溶解度。反之，根据水中的溶解度大小，也可以计算此条件下的难溶盐的溶度积。

【例 8-1】 已知 AgCl 在 25℃ 时的溶解度为 $1.91 \times 10^{-3}\ g \cdot L^{-1}$，求其溶度积。

解 已知 AgCl 的摩尔质量为 $143.4\ g \cdot mol^{-1}$，则以 $mol \cdot L^{-1}$ 表示的 AgCl 的溶解度为

$$\frac{1.91 \times 10^{-3}}{143.4}\ mol \cdot L^{-1} = 1.33 \times 10^{-5}\ mol \cdot L^{-1}$$

AgCl 溶于水时,1 mol AgCl 溶解产生 1 mol Ag^+ 和 1 mol Cl^-,所以在 AgCl 的饱和溶液中,

$$[Ag^+]=[Cl^-]=1.33\times10^{-5}\ mol\cdot L^{-1}$$

$$K_{sp}(AgCl)=[Ag^+][Cl^-]=(1.33\times10^{-5})^2=1.77\times10^{-10}$$

【例 8-2】 已知 Ag_2CrO_4 在 25℃时的溶解度为 $6.54\times10^{-5}\ mol\cdot L^{-1}$,计算其溶度积。

解 $$Ag_2CrO_4(s)\rightleftharpoons 2Ag^+(aq)+CrO_4^{2-}(aq)$$

在 Ag_2CrO_4 饱和溶液中,每生成 1 mol CrO_4^{2-},同时生成 2 mol Ag^+,即

$$[Ag^+]=2\times6.54\times10^{-5}\ mol\cdot L^{-1},\qquad [CrO_4^{2-}]=6.54\times10^{-5}\ mol\cdot L^{-1}$$

$$K_{sp}(Ag_2CrO_4)=[Ag^+]^2[CrO_4^{2-}]=(2\times6.54\times10^{-5})^2\times(6.54\times10^{-5})=1.12\times10^{-12}$$

【例 8-3】 $Mg(OH)_2$ 在 25℃时的 K_{sp} 值为 5.61×10^{-12},求该温度时 $Mg(OH)_2$ 的溶解度。

解 $$Mg(OH)_2(s)\rightleftharpoons Mg^{2+}+2OH^-$$

设 $Mg(OH)_2$ 的溶解度为 s,在饱和溶液中,$[Mg^{2+}]=s$,$[OH^-]=2s$。

$$K_{sp}(Mg(OH)_2)=[Mg^{2+}][OH^-]^2=s(2s)^2=4s^3=5.61\times10^{-12}$$

$$s=\sqrt[3]{5.61\times10^{-12}/4}\ mol\cdot L^{-1}=1.12\times10^{-4}\ mol\cdot L^{-1}$$

由 K_{sp} 计算难溶盐在纯水中的溶解度,我们可以推广到一般情形,如 A_aB_b 型难溶电解质的溶解度 s:

$$\begin{array}{ccc} A_aB_b(s) \rightleftharpoons & aA^{n+} & +bB^{m-} \\ s & as & bs \end{array}$$

因此有

$$K_{sp}=[A^{n+}]^a[B^{m-}]^b=(as)^a(bs)^b$$

$$s=\sqrt[a+b]{\frac{K_{sp}}{a^a\cdot b^b}}$$

可见,对于同类型的难溶电解质来说,溶度积越大,溶解度也越大。例如,A_2B 型或 AB_2 型的难溶电解质的溶解度与溶度积的关系为

$$\frac{s_2}{s_1}=\frac{\sqrt[3]{K_{sp_2}/4}}{\sqrt[3]{K_{sp_1}/4}}=\sqrt[3]{K_{sp_2}/K_{sp_1}}$$

但是对于不同类型的难溶电解质,不能直接根据溶度积来比较溶解度的大小。对上述例题的结果作一个小结,列于表 8-1 中。

表 8-1 不同类型难溶电解质溶度积和溶解度的关系

难溶电解质	电解质类型	溶解度 $s/(mol\cdot L^{-1})$	溶度积 K_{sp}
AgCl	AB	1.33×10^{-5}	1.77×10^{-10}
Ag_2CrO_4	A_2B	6.54×10^{-5}	1.12×10^{-12}
$Mg(OH)_2$	AB_2	1.12×10^{-4}	5.61×10^{-12}

从表中可见,AgCl 的溶度积比 Ag_2CrO_4 的大,但 AgCl 的溶解度反而比 Ag_2CrO_4 的小。这是由于 Ag_2CrO_4 的溶度积的表示式与 AgCl 的不同,前者与 Ag^+ 浓度的平方成正比。

由于影响难溶电解质溶解度的因素很多,因此,运用 K_{sp} 与溶解度之间的相互关系直接换算应注意:

(1) 溶解度概念用来表示各类物质(包括电解质和非电解质、易溶电解质和难溶电解质)的溶解性能,而溶度积常数只用来表示难溶电解质的溶解性能。例如,可以表示出 NaCl 在水中的溶解度,但不能将饱和 NaCl 水溶液中两种离子浓度的乘积叫溶度积。

(2) K_{sp} 值是个常数,不受外加的共同离子和其他电解质离子浓度的影响,而溶解度则不同。例如,在 $BaSO_4$ 饱和溶液中加入 $BaCl_2$,尽管外加了 Ba^{2+} 离子,达到新的平衡后 K_{sp} 值仍然不变,但 $BaSO_4$ 的溶解度却减小了(见下面关于同离子效应的讨论)。

(3) 用溶度积常数比较难溶电解质的溶解性能时,只能在相同类型化合物之间进行。例如,同为 AB 型,如 $BaSO_4$ 和 AgCl;或同为 A_2B 型,如 Ag_2CrO_4 和 Ag_2CO_3。

2. 有相同电解质离子存在条件下难溶盐的溶解度——同离子效应

当溶液中存在和难溶盐离子相同的离子时,根据化学平衡移动原理,相同离子的存在会导致平衡向着形成沉淀的方向移动,使难溶盐的溶解度降低。这种因加入含有共同离子的强电解质,而使难溶电解质的溶解度降低的效应称为沉淀平衡中的同离子效应(common ion effect)。我们以下例说明。

【例 8-4】 分别计算 Ag_2CrO_4 (1) 在 0.10 mol·L^{-1} $AgNO_3$ 溶液中的溶解度;(2) 在 0.10 mol·L^{-1} Na_2CrO_4 溶液中的溶解度。[已知 $K_{sp}(Ag_2CrO_4)=1.12\times10^{-12}$]

解 (1) 达到平衡时,设 Ag_2CrO_4 的溶解度为 s,此时溶液中$[Ag^+]$为 $AgNO_3$ 的浓度加上 Ag_2CrO_4 溶解产生的 Ag^+ 浓度,即

$$Ag_2CrO_4(s) \rightleftharpoons 2Ag^+ \quad + \quad CrO_4^{2-}$$

$$\text{平衡时} \quad s \qquad 2s+0.10\approx0.10 \qquad s$$

则有

$$K_{sp}(Ag_2CrO_4)=1.12\times10^{-12}=[Ag^+]^2[CrO_4^{2-}]=0.10^2\cdot s$$

$$s=(1.12\times10^{-12}/0.10^2)\ \text{mol}\cdot\text{L}^{-1}=1.12\times10^{-10}\ \text{mol}\cdot\text{L}^{-1}$$

在此情况下,Ag_2CrO_4 的溶解度比在纯水中时的 6.54×10^{-5} mol·L^{-1}(例 8-2)小得多。

(2) 设 Ag_2CrO_4 的溶解度为 s,则有

$$Ag_2CrO_4(s) \rightleftharpoons 2Ag^+ \quad + \quad CrO_4^{2-}$$

$$s \qquad 2s \qquad 0.10+s\approx0.10$$

$$K_{sp}(Ag_2CrO_4)=[Ag^+]^2[CrO_4^{2-}]=(2s)^2(0.10)=0.40s^2$$

$$s=\sqrt{K_{sp}/0.4}=\sqrt{1.12\times10^{-12}/0.4}\ \text{mol}\cdot\text{L}^{-1}=1.7\times10^{-6}\ \text{mol}\cdot\text{L}^{-1}$$

可见,Ag_2CrO_4 此时的溶解度比在纯水中降低了几十倍。

以上计算结果说明:在 Ag_2CrO_4 的沉淀平衡系统中,若加入含有共同离子 Ag^+ 或 CrO_4^{2-} 的试剂后,都会有更多的 Ag_2CrO_4 沉淀生成,致使 Ag_2CrO_4 溶解度降低。同离子效应是难溶电解质的一个重要性质。例如,在尿结石形成中,钙离子和草酸形成草酸钙:

$$Ca^{2+}+C_2O_4^{2-} \longrightarrow CaC_2O_4$$

因为草酸根离子推动草酸钙沉淀平衡向生成更多沉淀的方向移动,草酸钙在尿液里的沉淀受草酸根浓度的影响。为减少结石形成的可能,尿结石病人应该尽可能地减少草酸的摄入,即少吃菠菜、韭菜等草酸含量高的食物。

3. 有较高浓度电解质存在下难溶盐的溶解度——盐效应

当溶液中存在大量强电解质物质时,由于溶液的离子强度较大,会导致离子的活度减小,因此会使难溶盐的溶解度增大。例如,在 $BaSO_4$ 和 AgCl 的饱和溶液中,若加入一定量的强电解质 KNO_3 时,这两种沉淀物的溶解度都比在纯水中的溶解度要大。这种因加入强电解质增大了离子强度而使沉淀溶解度略微增大的效应称为盐效应(salt effect)。也用一个例子来说明。

【例 8-5】 已知 $K_{sp}(Ag_2CrO_4)=1.12\times10^{-12}$,估算 Ag_2CrO_4 在 1 mol·L^{-1} KNO_3 溶液中的溶解度。

解 1 mol·L^{-1} KNO_3 溶液的离子强度为

$$I=\frac{1}{2}[1\times1^2+1\times(-1)^2]=1$$

因此溶液中各离子的活度系数 γ 可以估算为

$$\lg\gamma(Ag^+)=-0.509\cdot1^2\cdot\sqrt{1}=-0.509,\qquad \gamma(Ag^+)=0.31$$

$$\lg\gamma(CrO_4^{2-})=-0.509\cdot(-2)^2\cdot\sqrt{1}=-2.04,\qquad \gamma(CrO_4^{2-})=0.0091$$

设 Ag_2CrO_4 的溶解度为 s,则有

$$Ag_2CrO_4 \rightleftharpoons 2Ag^+ \quad + \quad CrO_4^{2-}$$

$$a(Ag^+)=2s\cdot\gamma(Ag^+)\quad a(CrO_4^{2-})=s\cdot\gamma(CrO_4^{2-})$$

于是

$$K_{sp}(Ag_2CrO_4)=a^2(Ag^+)\cdot a(CrO_4^{2-})=4s^3\cdot\gamma^2(Ag^+)\cdot\gamma(CrO_4^{2-})$$

$$\approx3.5\times10^{-3}s^3=1.12\times10^{-12}$$

$$s=6.8\times10^{-4}\ mol\cdot L^{-1}$$

可见在 1 mol·L^{-1} KNO_3 中 Ag_2CrO_4 的溶解度比纯水中大了许多。值得说明的是,同离子效应与盐效应的效果相反,但前者比后者显著得多。当有两种效应共存时,可忽略盐效应的影响。

8.1.4 沉淀的形成和溶解

1. 沉淀的形成

根据溶度积规则,当溶液中的反应商——离子积 IP>K_{sp}时,就会生成沉淀。

【例 8-6】 请判断下列条件下是否有沉淀生成(均忽略体积的变化):

(1) 将0.020 mol·L^{-1} $CaCl_2$溶液 10 mL 与等体积同浓度的 $Na_2C_2O_4$溶液相混合;

(2) 在1.0 mol·L^{-1} $CaCl_2$溶液中通入 CO_2 气体至饱和。

解 (1) 溶液等体积混合后,$[Ca^{2+}]=0.010$ mol·L^{-1},$[C_2O_4^{2-}]=0.010$ mol·L^{-1},此时

$$IP(CaC_2O_4)=c(Ca^{2+})\cdot c(C_2O_4^{2-})$$

$$=(1.0\times10^{-2})\times(1.0\times10^{-2})$$

$$=1.0\times10^{-4}>K_{sp}(CaC_2O_4)=2.32\times10^{-9}$$

因此溶液中有 CaC_2O_4 沉淀析出。

(2) 饱和 CO_2 水溶液中 CO_2 溶解形成碳酸 H_2CO_3,根据前面酸碱计算可知,二元酸的酸根浓度等于其二级酸碱解离常数 K_{a_2},即

$$[CO_3^{2-}]=K_{a_2}=4.68\times10^{-11}\ mol\cdot L^{-1}$$

因此

$$IP(CaCO_3)=[Ca^{2+}][CO_3^{2-}]$$
$$=1.0\times(4.68\times10^{-11})$$
$$=4.68\times10^{-11}<K_{sp}(CaCO_3)=2.32\times10^{-9}$$

因此不会析出 $CaCO_3$ 沉淀。

2. 沉淀的溶解

根据溶度积规则，要使处于沉淀平衡状态的难溶电解质向着溶解方向转化，就必须降低该难溶电解质饱和溶液中某一离子的浓度，以使其 $IP<K_{sp}$。减少离子浓度的方法有：

(1) 溶液 pH 对溶解度的影响。许多难溶电解质的溶解性受溶液酸度的影响，其中以氢氧化物沉淀和硫化物沉淀最典型。氢离子可以和氢氧根反应生成水，从而使氢氧化物溶解；此外，氢离子可以和弱酸酸根离子(如 S^{2-})反应，使酸根质子化，降低酸根浓度，而使沉淀溶解。

例如，$Mg(OH)_2$ 可溶于 HCl：

$$Mg(OH)_2(s) \rightleftharpoons Mg^{2+} + 2OH^-$$
$$+$$
$$2H^+(HCl)$$
$$\rightleftharpoons$$
$$2H_2O$$

平衡移动方向

加入 HCl 后，与 OH^- 反应生成 H_2O，使 OH^- 浓度降低，当离子积 $IP(Mg(OH)_2)<K_{sp}(Mg(OH)_2)$时，沉淀溶解。实际上，$Mg(OH)_2$ 不必用强酸如盐酸溶解，它可以溶解在 NH_4Cl 溶液中，因为 NH_4^+ 也是酸，同样可使 OH^- 浓度降低。

$$Mg(OH)_2(s) \rightleftharpoons Mg^{2+} + 2OH^-$$
$$+$$
$$2NH_4^+ + 2Cl^- \longleftarrow 2NH_4Cl$$
$$\rightleftharpoons$$
$$2NH_3+2H_2O$$

平衡移动方向

再例如，$CaCO_3$ 可溶于 HCl。碳酸盐中的 CO_3^{2-} 与酸生成难解离的 H_2CO_3(分解为 CO_2 气体)：

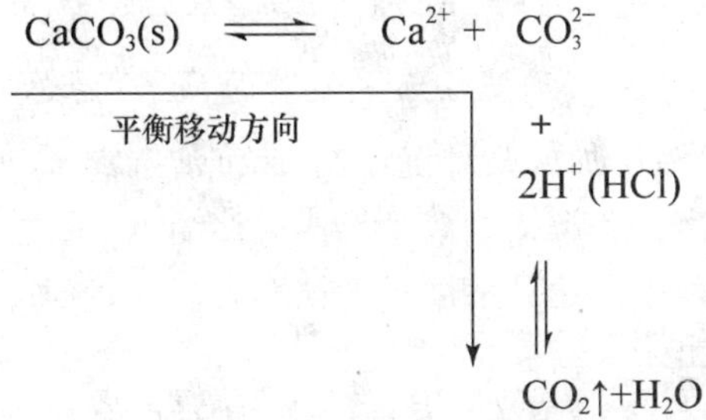

(2) 利用氧化还原反应使沉淀溶解。金属硫化物的 K_{sp} 值相差很大,故其溶解情况大不相同。ZnS,PbS,FeS 等 K_{sp} 值较大的金属硫化物都能溶于盐酸,而 HgS,CuS 等 K_{sp} 值很小的金属硫化物就不能溶于盐酸。在这种情况下,只能通过加入氧化剂,使某 S^{2-} 离子被氧化成单质硫,从而 S^{2-} 被极大地降低,达到溶解的目的。

例如,CuS($K_{sp}=1.27\times10^{-36}$)可溶于 HNO_3,反应如下:

$$CuS(s) \rightleftharpoons Cu^{2+} + S^{2-}$$

$$+ \; HNO_3$$

$$\rightleftharpoons$$

$$S\downarrow + NO\uparrow$$

平衡移动方向

上述总反应式为

$$3CuS + 8HNO_3 = 3Cu(NO_3)_2 + 3S\downarrow + 2NO\uparrow + 4H_2O$$

(3) 形成难解离的配离子。金属离子可以和一些分子或离子形成难解离的金属配合物(见第 9 章)。形成配合物后金属离子浓度可被大大降低,导致难溶盐沉淀的溶解。

例如,AgCl 沉淀溶于氨水的反应:

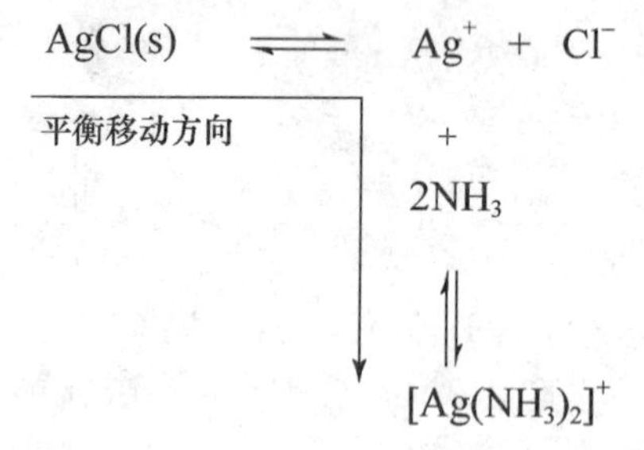

由于 Ag^+ 可以和氨水中的 NH_3 结合成难解离的配离子 $[Ag(NH_3)_2]^+$,使溶液中 $[Ag^+]$ 降低,导致 AgCl 沉淀溶解。

再如,在 $PbSO_4$ 沉淀中加入 NH_4Ac,Pb^{2+} 能形成可溶性但难解离的金属配合物 $Pb(Ac)_2$,使溶液中 $[Pb^{2+}]$ 降低,沉淀溶解。反应示意如下:

$$PbSO_4(s) \rightleftharpoons Pb^{2+} + SO_4^{2-}$$

$$+ \; 2Ac^- + 2NH_4^+ \longleftarrow 2NH_4Ac$$

$$\rightleftharpoons$$

$$Pb(Ac)_2$$

平衡移动方向

3. 分级沉淀

当向含有多种离子的溶液中加入某种沉淀剂,而沉淀剂离子和这些离子都能够形成沉淀,这时我们会发现,由于不同离子和沉淀剂离子形成沉淀的 K_{sp} 有差别,因此,这些离子根据 K_{sp} 的大小被依次沉淀下来,过程中先达到溶度积者被率先沉淀,这种现象叫分级沉淀。通过分级沉淀,可以将这些离子分离出来。

我们用一个例子来说明。在含有 Cl^- 离子和 I^- 离子(浓度均为 0.010 mol·L^{-1})的溶液

中滴加 $AgNO_3$ 溶液，会生成 AgCl 和 AgI 沉淀。那么，沉淀的顺序是什么呢？在第二种离子开始沉淀之初，第一种离子是否已经沉淀完成了呢？

查表可知，$K_{sp}(AgCl)=1.77\times10^{-10}$，$K_{sp}(AgI)=8.51\times10^{-17}$。由各自的 K_{sp} 值可以计算 AgCl 开始沉淀所需要的 Ag^+ 离子浓度为

$$c(Ag^+)\geqslant\frac{K_{sp}(AgCl)}{c(Cl^-)}=\frac{1.77\times10^{-10}}{0.01}=1.77\times10^{-8}\ mol\cdot L^{-1}$$

AgI 开始沉淀时所需 Ag^+ 浓度为

$$c(Ag^+)\geqslant\frac{K_{sp}(AgI)}{c(I^-)}=\frac{8.51\times10^{-17}}{0.01}=8.51\times10^{-15}\ mol\cdot L^{-1}$$

可见，沉淀 I^- 离子所需的 Ag^+ 浓度仅为 $8.51\times10^{-15}\ mol\cdot L^{-1}$，所以 AgI 先沉淀。

在 AgI 沉淀的过程中，Ag^+ 的浓度随着 I^- 浓度的减小而逐渐增大。在此过程中，由于 AgI 沉淀平衡的存在而将维持下列浓度关系：

$$[Ag^+][I^-]=K_{sp}(AgI)=8.51\times10^{-17}$$

随着 $AgNO_3$ 溶液的不断滴加，当 Ag^+ 浓度增加到 $1.77\times10^{-8}\ mol\cdot L^{-1}$ 时，AgCl 便会开始沉淀。在这种情况下，$[Ag^+]$，$[I^-]$ 和 $[Cl^-]$ 同时满足 AgI 和 AgCl 的溶度积常数表达式，即下列关系同上面的浓度关系一起存在：

$$[Ag^+][Cl^-]=K_{sp}(AgCl)=1.77\times10^{-10}$$

于是，我们可以计算出 AgCl 开始沉淀时的 I^- 浓度为

$$[I^-]=8.51\times10^{-17}/(1.77\times10^{-8})=4.8\times10^{-9}\ mol\cdot L^{-1}$$

在 AgCl 开始沉淀时，$[Cl^-]/[I^-]=0.010/(4.8\times10^{-9})=2.1\times10^{6}$。这就是说，AgCl 开始沉淀时，$I^-$ 已沉淀完全。

8.2 难溶盐沉淀的形成过程——沉淀反应的动力学问题

从热力学方面考虑，决定沉淀生成的是所谓溶度积规则，即当溶液中的反应商——离子积 $IP>K_{sp}$ 时，就会生成沉淀。对于 $IP>K_{sp}$ 的溶液，称为过饱和溶液(supersaturation solution)。过饱和溶液是一种热力学不稳定状态，将以形成沉淀达到沉淀平衡结束，但形成沉淀的过程却可长可短。例如，AgI 沉淀的形成一般可以瞬间发生，然而在浓度较低的条件下混合 $AgNO_3$ 和 KI，则很容易形成 AgI 溶胶(见 6.4 节)；而黄色磷钼酸铵通常需要摩擦试管壁来诱发沉淀的形成。实际上，动力学因素在沉淀形成过程中非常重要，下面我们进行讨论。

8.2.1 沉淀的类型

主要按照沉淀颗粒的大小将沉淀分为三种类型：晶形沉淀、无定形沉淀和凝乳状沉淀。

(1) 晶形沉淀：沉淀的结构为晶体，晶体中离子有规则地排列、结构紧密。沉淀颗粒直径通常大约在 0.1～1 μm 之间。由于颗粒一般较大，晶形沉淀极易沉降于容器的底部。比如 $BaSO_4$，$MgNH_4PO_4$ 即等属于晶形沉淀。

(2) 无定形沉淀：沉淀的内部离子排列杂乱无章，并且包含有大量水分子。沉淀颗粒很小，其直径大约在 0.02 μm 以下。但因为沉淀的结构疏松，显得沉淀的体积较大，有很大的比表面积。比如，$Fe(OH)_3$ 和 $Al(OH)_3$ 等就属于无定形沉淀，因此也常写成 $Fe_2O_3\cdot nH_2O$ 和 $Al_2O_3\cdot nH_2O$。

(3) 凝乳状沉淀。沉淀颗粒大小介于晶形沉淀与无定形沉淀之间,其直径大约在 0.02~1 μm之间,因此它的性质也介于二者之间,属于二者之间的过渡形。AgCl 就属于凝乳状沉淀。

沉淀的结构类型主要取决于构成沉淀的离子的性质。不同的结构类型意味着沉淀形成时的不同动力学过程。

8.2.2 沉淀的形成过程

沉淀形成的微观过程是极其复杂的,一般都可将沉淀的形成大致分为 3 个阶段,包括形成晶核(nucleation)、晶粒的成长(growth)和后续沉淀过程(图 8-1)。后续沉淀过程主要包括晶粒的聚集和内部晶体结构转化。

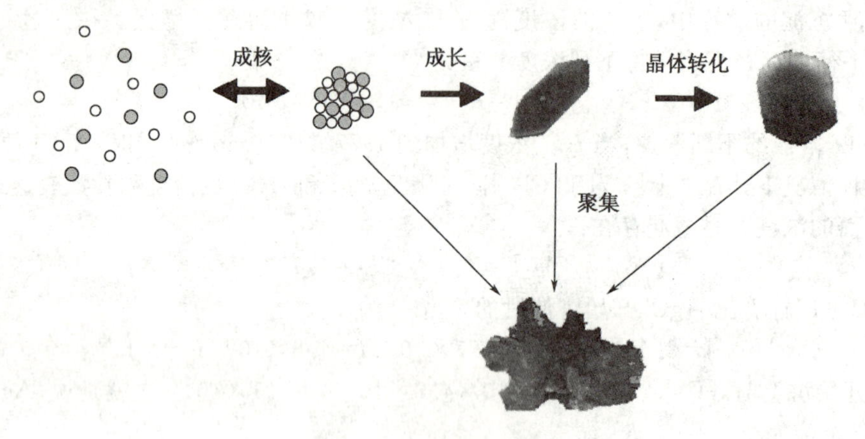

图 8-1 沉淀的形成过程

1. 成核阶段

过饱和溶液中离子相互结合形成沉淀微粒,于是溶液中形成了新相——沉淀固相。在形成新相的过程中,体系的自由能变化 ΔG 如图 8-2 表示。分析可知,ΔG 包含两项:

$$\Delta G = \Delta G_1 + \Delta G_2$$

其中,ΔG_1 为沉淀离子结合形成难溶盐微粒所释放的自由能,为负值;而 ΔG_2 为固相微粒的表面自由能增加,因此为正值。从图 8-2 中可见,ΔG 存在一个极大值点($\Delta G = \Delta G_N$,微粒半径$r = r^*$),这一点代表了体系的一个临界点,称为临界晶核。

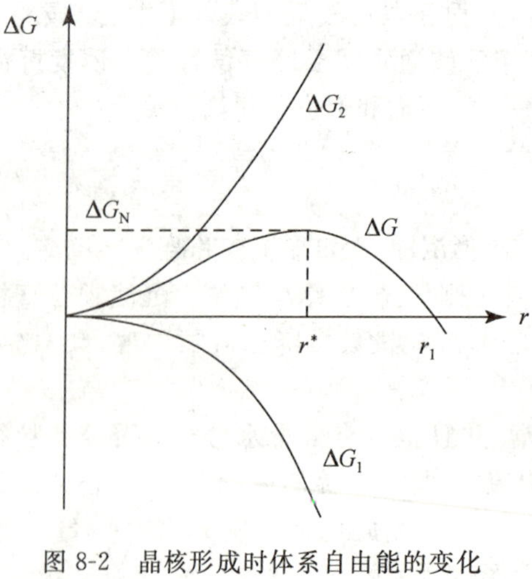

图 8-2 晶核形成时体系自由能的变化

在沉淀微粒的大小比临界晶核小($r \leqslant r^*$)时,这时的沉淀微粒是不稳定的,将自发地溶解缩小,不会形成沉淀的新相。只有微粒的大小超过临界晶核,固体沉淀相才会出现;也就是说,从溶液中一旦析出晶粒,其大小必然大于临界晶核。最初出现的晶粒称为晶核,晶核是晶粒的最小极限值。从图 8-2 可见,晶核并不是热力学稳定的沉淀相,它具有自发长大的趋势。当晶核逐渐成长、微粒的大小超过 r_1 后,体系的总自由能变化 ΔG 从此成为负值,这时的晶粒在热力学意义上是稳定的。

综上所述,从饱和溶液中自发形成沉淀固相需要克服一种如图 8-2 中所示的临界点能垒,称为成核过程的活化能 ΔG_N。理论推导出从均相溶液形成晶核的活化能 ΔG_N 为

$$\Delta G_N = \frac{16\pi\sigma^3 V^2}{3\ (kT\ln s)^2}$$

式中,s 为过饱和度(s=溶液浓度 c/饱和浓度 c_0),V 为晶体的摩尔体积,k 为玻尔兹曼(Boltzmann)常数,T 为绝对温度,σ 为沉淀固体的比表面自由能。

从上式可以看出,如果要降低晶核形成的活化能、提高晶核的形成速度和沉淀形成,有两种可供选择的方式:一是提高过饱和度,二是降低比表面能。向过饱和溶液中加入其他固体微粒作为晶种,使晶核在固体微粒的表面形成,这样便可很大程度地降低表面自由能,从而降低成核过程的活化能。在一些沉淀反应的实验中(如形成磷钼酸铵沉淀),我们经常用玻璃棒摩擦试管壁以促进沉淀生成。摩擦试管壁可以产生细小的玻璃微粒,进入溶液后,这些微粒成为晶种从而诱导了沉淀的发生。

2. 成长阶段

晶核形成后,微粒晶体将自发成长为大颗粒晶体。研究表明,晶粒的成长速率 v 主要取决于溶液的过饱和程度 s:

$$v = gA(c-c_0)^2 = gAc_0^2(s-1)^2$$

式中 A 为晶粒的表面积,g 为结晶成长速率常数。在晶形沉淀形成过程中,如果成核速率大于成长速率,则得到非常细小的结晶;而如果成长速率大于成核速率,则得到较大的晶体。

从上述可知,过饱和度是一个可以影响成核速率和晶粒成长速率的重要因素。有效地控制过饱和度就可以调节成核速率和成长速率的比例,从而获得所需的晶体大小。在药物制剂中,药物晶体的大小控制是很重要的,较小的药物晶体可以提高药物溶出速率,增加药效,但在回收及再加工方面可能引起问题。在实际操作中,药物的结晶通常是控制药物溶液的冷却速度,从而控制药物溶液的过饱和程度。一般在开始阶段,过饱和度比较小,然后逐渐升高,成核速率大于成长速率;当结晶继续析出至一定程度时,再使溶液过饱和度下降,所以,得到的结晶粒子较大而数量较少。

3. 后续沉淀过程

最初形成的难溶盐的微晶因吸附溶液中的离子而带电。如果晶粒较小($\leqslant$100 nm)和带较多的电荷,则可能形成稳定的胶体溶液,如 $Fe(OH)_3$ 和 AgI 溶胶。但当晶粒的体积达到一定程度,表面电荷不足以支持晶粒的悬浮,于是晶粒沉淀下来,形成晶形沉淀;或者因其他原因(如溶液中存在一定浓度的电解质等),导致晶粒表面电荷减少,于是悬浮的颗粒会聚集而沉淀,根据不同的聚集方式形成晶形、无定形或凝乳状沉淀。

在后续沉淀过程中,常常会发生固相晶体构型的转化。例如,将磷酸根离子和钙离子在中性生理条件下混合,最初形成的一般是磷酸八钙晶粒[$Ca_8H_2(PO_4)_6$],但磷酸八钙微晶逐渐地转变为更稳定、溶解性更小的羟基磷灰石[碱式磷酸钙,$Ca_{10}(OH)_2(PO_4)_6$]。

8.3 生物体内的重要矿物及其形成

经过 20 亿年的物竞天择的优化,生物体结构几乎是完美无缺的。被生物摄入的金属离子,除构成一些具有生物活性的配合物外(见第 10 章),还通过形成生物矿物,构成骨骼等硬组

织。这些硬组织所包含的矿物质如羟基磷灰石、方解石等,从组成上看,与自然界岩石相同,因此称为“生物矿物”。

自然界选择了钙来构建岩石圈,并利用钙所形成的难溶于水的盐类支撑生物体。至今已知生物体内矿物有60多种,含钙矿物约占总数的一半,其中碳酸盐是最为广泛利用的无机矿物,磷酸盐次之。磷酸钙(包括羟基磷灰石、磷酸八钙和无定形磷酸钙)主要构成脊椎动物的内骨骼和牙齿;碳酸钙主要构成无脊椎动物的外骨骼。和组成相同的天然矿物相比,由于生物矿物受控于特殊的生物过程和特殊的生物环境,常常具有极高的选择性和方向性,因而所生成的晶体表现出特殊的性能(如具有极高的强度、良好的断裂韧性、减震性能)以及特殊的功能等。生物矿物除了具有保护和支持两大基本功能外,还有很多其他的特殊功能,例如,同是碳酸钙矿物,方解石是三叶虫的感光器官,而在哺乳动物内耳里则作为重力和运动感受器;文石在头足类动物的贝壳里作为浮力装置,但大多数情况下和方解石一样存在于软体动物的外骨骼中。

除了构成生物体外,一些生物矿物则是生物体病理过程的产物,如草酸钙是人体泌尿结石的主要矿物成分。只有了解草酸钙如何在体内形成结石的过程,才能发现治疗乃至预防尿结石发病的方法。

生物矿物的形成非常复杂,许多机制特别是动力学过程人们都还不清楚。下面我们用上述沉淀反应的原理对羟基磷灰石和草酸钙的形成反应进行一些讨论。

8.3.1 羟基磷灰石:骨骼和牙齿的组成成分

在3.1.3小节中,我们已经涉及了羟基磷灰石如何组成骨骼与牙齿的问题。这里我们将讨论有关羟基磷灰石形成和溶解的下列几个问题:

1. 羟基磷灰石从溶液中沉淀出来的原因

生理条件为弱碱性,pH=7.4。在此条件下,磷酸根离子的主要存在形式为 HPO_4^{2-} 和 $H_2PO_4^-$:

$$H_2PO_4^- \rightleftharpoons H^+ + HPO_4^{2-}$$

在体系中,HPO_4^{2-} 是主要的物种形式,因此在生物化学中 HPO_4^{2-} 常被称为正磷酸根,简写成Pi。其与 Ca^{2+} 的可能反应包括:

$$Ca^{2+} + HPO_4^{2-} + 2H_2O \rightleftharpoons CaHPO_4 \cdot 2H_2O \downarrow$$

$$3Ca^{2+} + 2HPO_4^{2-} + 2OH^- \rightleftharpoons Ca_3(PO_4)_2 \downarrow + 2H_2O$$

$$8Ca^{2+} + 6HPO_4^{2-} + 4OH^- + H_2O \rightleftharpoons Ca_8(HPO_4)_2(PO_4)_4 \cdot 5H_2O \downarrow$$

$$10Ca^{2+} + 6HPO_4^{2-} + 8OH^- \rightleftharpoons Ca_{10}(OH)_2(PO_4)_6 \downarrow + 6H_2O$$

根据沉淀的 K_{sp} 可以计算出各种形式的沉淀在不同 pH 条件的溶解度(以浓度 Ca^{2+} 计)(图8-3)。

从图8-3可以看到,羟基磷灰石[$Ca_{10}(OH)_2(PO_4)_6$]的溶解度是最小的,从热力学意义上是最稳定相。然而,热力学稳定性仅仅是形成沉淀的一个基本前提。前面我们说过,如果一个分子可以同时发生几种不同反应的话,恰恰是哪个反应的速度快,那个反应将占主导地位。因此,从生理条件下究竟会主要生成哪种沉淀类型,不仅要考虑它们的 K_{sp},更要考虑它们的沉淀形成速率。如果一个溶液对几种盐都呈过饱和的话,先析出的并不一定是热力学上反应趋

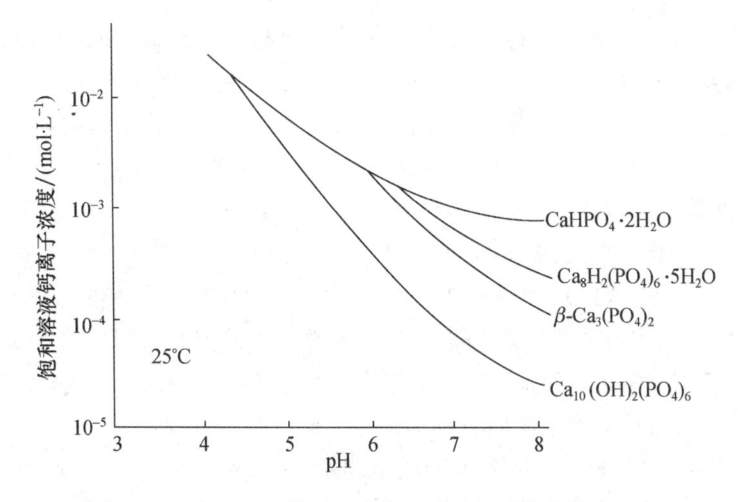

图 8-3 不同 pH 条件下几种主要磷酸钙难溶盐的溶解度

势最大的，而往往是先析出成核和晶体成长速率最快的。从上面沉淀过程的动力学机制看，过饱和度是决定沉淀形成的最重要因素。实验研究发现，在 37℃ pH＝7.4 的条件下，当浓度较大的 Ca^{2+} 和磷酸根离子混合时，由于沉淀反应的速率问题，会首先生成动力学上形成沉淀较快但热力学上相对稳定性较低的磷酸八钙或无定形磷酸钙，而不是羟基磷灰石。然而在放置过程中，磷酸八钙或无定形磷酸钙会自发地经历晶体构型转化，形成羟基磷灰石。

那么，体内的情形究竟是怎样的呢？情况比较复杂，具体机制还不太清楚。我们不知道在羟基磷灰石沉淀形成过程中，是否发生了上述首先形成磷酸八钙或无定形磷酸钙，然后晶粒自发转化成羟基磷灰石的过程；还是生物体通过控制沉淀形成条件而直接形成羟基磷灰石（如控制过饱和度或分泌某种蛋白质分子催化羟基磷灰石晶核的形成速率）。在骨骼形成过程中，一种称为成骨细胞的细胞负责骨骼的生物矿化过程。成骨细胞可以向形成骨组织的部位分泌钙离子和磷酸根离子，此外成骨细胞和其他形成骨骼有关的细胞也同时分泌一些称为基质蛋白

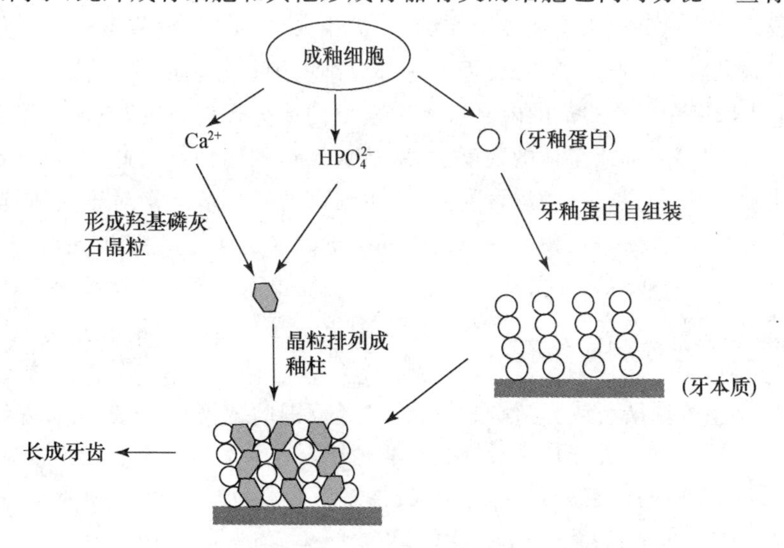

图 8-4 牙釉质形成过程的一个假设机制

的分子。这些基质蛋白主要有两种作用：① 促进沉淀晶核的形成，使沉淀较快地进行；② 基质蛋白可以自发组装成一些特殊的超分子结构，指导形成的羟基磷灰石晶粒按照一定的方式聚集形成骨骼的结构。在骨骼和牙本质(图 8-4)中，羟基磷灰石晶粒排列形成层状结构，而在牙釉质中，晶粒则纵向排列形成一个个的釉柱(见 3.1.3 小节)。

2. 影响羟基磷灰石溶解的因素

羟基磷灰石的溶解平衡反应为

$$Ca_{10}(OH)_2(PO_4)_6 \rightleftharpoons 10Ca^{2+} + 6PO_4^{3-} + 2OH^- \qquad K_{sp} = 10^{-117}$$

根据沉淀溶解的原理，可以知道影响羟基磷灰石溶解的主要因素包括：

(1) 溶液中 Ca^{2+} 配体的浓度，如柠檬酸根。Ca^{2+} 同各种配体形成配合物可以降低溶液中游离 Ca^{2+} 的浓度，从而使溶解平衡向右移动。

(2) 溶液的酸度——pH。这是由于磷酸是弱酸($pK_{a_1} = 2.12$，$pK_{a_2} = 7.21$，$pK_{a_3} = 12.67$)，PO_4^{3-} 容易与 H^+ 结合，因此溶液酸度增加将降低磷酸根的浓度。此外，酸度增加会降低溶液 OH^- 的浓度，因此，溶液酸度增加会显著影响羟基磷灰石的溶解度。如图 8-3 所示，当溶液的 pH 降低到 5.0 以下时，羟基磷灰石的溶解度增加上百倍。因此溶液的酸度对羟基磷灰石的溶解是最重要的因素。

3. 羟基磷灰石的沉淀和溶解机制对保护骨骼和牙齿的启示

在医学中，羟基磷灰石的沉淀和溶解是非常重要的生理过程，因为骨骼的成长是在不断的沉淀和溶解过程中进行的。此外，羟基磷灰石溶解涉及很多病理过程，例如龋齿和骨质疏松等。龋齿的原因是牙釉质(通常包括一部分的牙本质)溶解。上面说过，羟基磷灰石溶解的主要原因是由于酸的腐蚀，而口腔中酸的来源是细菌分解食物残渣特别是食物中的糖分形成的。由于釉柱是竖向排列，因此龋齿的发生是由牙齿表面的一点开始，逐渐深入到牙齿内部，由于牙骨质比釉质疏松，更易被酸蚀形成内部空洞，然后空洞由内部向外侵蚀到达牙齿表面。

既然侵蚀牙齿的酸是由细菌分解糖分而来，减少吃糖或使用不能被细菌分解的糖类如木糖醇就可以有效地降低龋齿的发生概率。也许有人认为，将口腔中的细菌全部杀死应该是预防龋齿的手段。其实这完全没有必要。实际上，健康人口腔中的细菌形成一个多样性的群落，虽然一部分细菌分解糖分产生有机酸，而另一部分细菌则正好利用并分解这些酸性物质，从而使口腔中的 pH 保持在正常的范围内。口腔中残留的糖分过多，产酸量超过了分解这些酸的能力，这才会导致口腔局部或整体的酸度过高，造成牙齿的腐蚀。因此，在正常情况下没有必要使用消毒液漱口来预防龋齿；相反，保持口腔中细菌的微环境平衡对于人体健康是有益的。从羟基磷灰石的溶解机制来看，预防龋齿发生的关键因素是保持口腔和牙齿的清洁，不使食物(特别是糖分)在口腔中残留。要保持口腔清洁，方法简单而方便——坚持每天认真刷牙。

8.3.2 草酸钙的形成和尿结石

泌尿系结石(俗称尿结石或肾结石)是一种世界范围的常见病、多发病。尿结石的类型有很多种，多数尿结石的主要成分是草酸钙。草酸钙结石在人类肾结石中最为常见，发达国家里70%～80%的肾结石病例由它引起。草酸钙的溶解平衡反应是

$$CaC_2O_4 \rightleftharpoons Ca^{2+} + C_2O_4^{2-} \qquad K_{sp} = 2.32 \times 10^{-9}$$

可见草酸钙的溶解很小，在水里的溶解度仅为 $1.2 \times 10^{-5}\ mol \cdot L^{-1}$。正常的尿液中，$Ca^{2+}$ 的

表观浓度约为 $5\times10^{-3}\ mol\cdot L^{-1}$，$C_2O_4^{2-}$ 的浓度约为 $1\times10^{-5}\ mol\cdot L^{-1}$。按照此浓度计算，则尿中草酸钙的离子积 $IP=5\times10^{-8}>K_{sp}(CaC_2O_4)$，即它是过饱和溶液，应该形成草酸钙沉淀。那么为什么正常人没有形成尿结石呢？

尿结石成为疾病，其原因是结石附着于肾组织并逐渐长大，难以通过输尿管或尿道。这样造成尿路堵塞或随着结石在尿路移动，引起患者剧烈的疼痛。理论上，如果结石的颗粒很小，可以轻易随尿液排出体外，则不会引起任何病痛。

前面计算表明，正常人与结石患者的尿液中草酸钙的离子积均超过其溶度积，理应生成草酸钙沉淀，研究发现，在正常人和结石患者尿液中，的确都存在草酸钙沉淀，但是其晶体类型却大不一样。草酸钙沉淀有 3 种形式：一水草酸钙($CaC_2O_4\cdot H_2O$,COM)、二水草酸钙($CaC_2O_4\cdot 2H_2O$,COD)、三水草酸钙($CaC_2O_4\cdot 3H_2O$,COT)。其中 COM 是热力学最稳定的，COD 次之，而 COT 是热力学最不稳定的。在正常人尿液中，草酸钙微晶包括 COM 和 COD 两种类型，但含有较多的 COD 晶体，而在结石患者的尿液中，则多为更稳定的 COM 晶体。COT 晶体在正常人与结石患者的尿液中都非常少见。

从图 8-5 可以看出，正常人尿液中形成的草酸钙结晶小而形状圆钝，而结石患者尿液中形成的草酸钙结晶大而棱角分明，和生理盐水中析出的结晶类似。研究表明，COM 草酸钙结晶比 COD 对细胞膜有更强的亲和力，更容易附着在肾小管细胞表面；此外，COM 由于颗粒较大和晶形整齐，就更容易聚集和沉淀。现在我们清楚了，正常人尿液中并不是不会形成草酸钙沉淀，但是形成的是小颗粒、容易悬浮并与肾组织亲和力小的晶体，这些小颗粒可以随尿液排出体外。而在结石病人的尿液中，大颗粒的草酸钙结晶容易附着而停留在尿路中，从而逐渐聚集和长大形成可以引起病人巨大痛苦的结石。

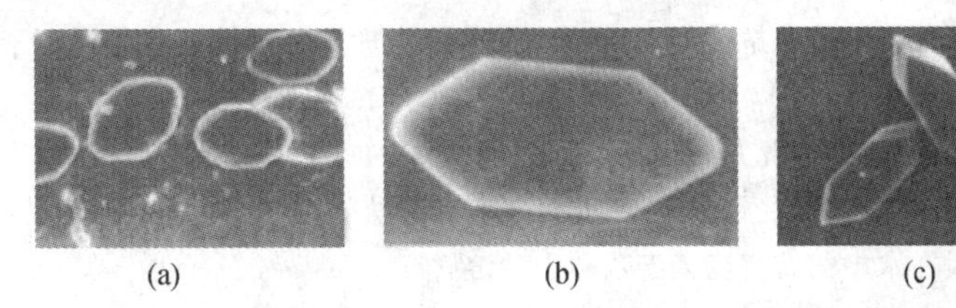

图 8-5 正常人(a)与结石患者(b)的尿液中以及生理盐水(c)中形成的草酸钙晶体的电镜照片

什么条件下容易形成 COM 结晶呢？前面说过，影响晶核形成和晶体生长的一个重要因素是溶液的过饱和度。实验发现，当初始过饱和度比较低时，容易形成 COD 晶体；而过饱和度较大时，有利于形成 COM 晶体。正常的尿液中含有大量柠檬酸根、焦磷酸根、葡胺聚糖(GAGs)和一些蛋白质等阴离子，它们可与钙离子结合，降低了游离钙离子的浓度，从而降低了草酸钙的过饱和度；此外，这些离子也能稳定小颗粒的草酸钙晶体，使它们容易在尿液中悬浮而不容易聚集。因此，正常尿液中不易形成草酸钙沉淀或形成的是容易排除的 COD 和小颗粒悬浮晶体。而在结石患者尿液中，可能是由于 Ca^{2+} 和 $C_2O_4^{2-}$ 的浓度过高或者缺乏上述溶液阴离子因素，容易形成大量的大颗粒的草酸钙结晶。

草酸钙沉淀形成的化学机制对于治疗和预防尿结石有哪些启示呢？首先，对于结石患者和有结石形成倾向的人，应当减少草酸的摄入量(少吃含草酸丰富的食物，如韭菜和菠菜等)。从而降低尿中草酸浓度、降低尿中草酸钙的过饱和程度，有利于 COD 晶体的形成。值得说明的是，为预防结石而降低 Ca^{2+} 摄入量是没有意义的，因为尿中 Ca^{2+} 的浓度已经较高，有限度

地增加 Ca^{2+} 摄入量对尿中钙离子的浓度变化幅度有限;相反,限制 Ca^{2+} 的摄入可促进肠道草酸盐的吸收,引起高草酸尿,反而增加了尿中草酸钙的过饱和程度。事实表明,减少 Ca^{2+} 摄入量反倒促进了结石的形成和增加结石的复发率。其次,要预防结石形成,应当适当补充有利于络合 Ca^{2+} 和促进 COD 晶体形成的分子,如柠檬酸盐和一些中草药物等。美国食品药物管理局(FDA)于 1985 年批准了柠檬酸钾治疗低柠檬酸尿性草酸钙结石、尿酸结石及轻中度高尿酸尿性草酸钙结石。作为临床药物,柠檬酸盐具有无毒、价廉、副作用小、可长期服用等优点而被广泛应用。

思 考 题

8-1 回答下列问题:

(1) 溶解度和溶度积都能表示难溶电解质在水中的溶解趋势,两者有何异同?

(2) 在含 AgCl 固体的饱和溶液中,分别加入下列物质,对 AgCl 的溶解度有什么影响?并解释之:① 盐酸;② $AgNO_3$;③ KNO_3;④ 氨水。

(3) 在 $ZnSO_4$ 溶液中通入 H_2S,为了使 ZnS 沉淀完全,往往先在溶液中加入 NaAc,为什么?

(4) 利用 $BaCl_2$ 与 Na_2SO_4 反应制备 $BaSO_4$ 沉淀,要得到易于过滤的晶形沉淀,操作过程中应注意什么?

(5) 怎样才算达到沉淀完全?为什么沉淀完全时溶液中被沉淀离子的浓度不等于零?

8-2 判断下列说法是否正确:

(1) 难溶电解质的溶解度均可由其溶度积计算得到;

(2) 溶解度大的沉淀可以转化为溶解度小的沉淀,而溶解度小的沉淀不可能转化为溶解度大的沉淀;

(3) 在分步沉淀中,K_{sp} 小的物质总是比 K_{sp} 大的物质先沉淀;

(4) 同离子效应可以使沉淀的溶解度降低,因此,在溶液中加入与沉淀含有相同离子的强电解质越多,该沉淀的溶解度越小;

(5) 氢硫酸是很弱的二元酸,因此其硫化物均可溶于强酸中;

(6) 与同离子效应相比,盐效应往往较小,因此可不必考虑盐效应;

(7) 难溶性强电解质在水中的溶解度大于乙醇中的溶解度;

(8) AgCl 水溶液的导电性很弱,所以 AgCl 为弱电解质。

8-3 写出难溶电解质 $PbCl_2$,AgBr,$Ba_3(PO_4)_2$,Ag_2S 的溶度积表达式。

8-4 在室温下,$BaSO_4$ 的溶度积为 1.07×10^{-10},计算每升饱和溶液中所溶解 $BaSO_4$ 为多少克?

8-5 已知 25℃时,1 L 水中可溶解 0.10 g 的 $FeC_2O_4 \cdot 2H_2O$,求 $FeC_2O_4 \cdot 2H_2O$ 的溶度积。

8-6 通过计算说明下列情况有无沉淀生成?

(1) $0.010\ mol \cdot L^{-1}$ $SrCl_2$ 溶液 2 mL 和 $0.10\ mol \cdot L^{-1}$ K_2SO_4 溶液 3 mL 混合[已知 $K_{sp}(SrSO_4)=3.81\times10^{-7}$];

(2) 1 滴 $0.001\ mol \cdot L^{-1}$ $AgNO_3$ 溶液与 2 滴 $0.0006\ mol \cdot L^{-1}$ K_2CrO_4 溶液混合[1 滴按 0.05 mL 计算,已知 $K_{sp}(Ag_2CrO_4)=1.12\times10^{-12}$];

(3) 在 $0.010\ mol \cdot L^{-1}$ $Pb(NO_3)_2$ 溶液 100 mL 中,加入 1 g 固体 NaCl[忽略体积改变,$K_{sp}(PbCl_2)=1.17\times10^{-5}$]。

8-7 在含 $0.10\ mol \cdot L^{-1}$ Mn^{2+} 的溶液中加入 Na_2S,直至其浓度为 $0.10\ mol \cdot L^{-1}$,问首先沉淀的是 MnS 还是 $Mn(OH)_2$?

8-8 在 Cl^- 和 CrO_4^{2-} 离子浓度都是 $0.100\ mol \cdot L^{-1}$ 的混合溶液中逐滴加入 $AgNO_3$ 溶液(忽略体积改变)时,问 AgCl 和 Ag_2CrO_4 哪一种先沉淀?当 Ag_2CrO_4 开始沉淀时,溶液中 Cl^- 离子浓度是多少?

8-9 已知 $K_{sp}(PbS)=9.04\times10^{-29}$，$K_{sp}(CuS)=1.27\times10^{-36}$，$K_a(HAc)=1.76\times10^{-5}$，$H_2S$ 的 $K_{a_1}=9.1\times10^{-8}$，$K_{a_2}=1.1\times10^{-12}$。计算下列反应的平衡常数，并估计反应的方向：

(1) $PbS+2HAc \rightleftharpoons Pb^{2+}+H_2S+2Ac^-$；

(2) $Cu^{2+}+H_2S \rightleftharpoons CuS(s)+2H^+$。

8-10 100 mL 溶液中含有 1.0×10^{-3} mol NaI、2.0×10^{-3} mol NaBr 及 3.0×10^{-3} mol NaCl，若将 4.0×10^{-3} mol 的 $AgNO_3$ 加入其中，最后溶液中残留的 I^- 离子浓度为多少？（提示：加入的 $AgNO_3$ 溶液 1.0×10^{-3} mol与 I^- 作用，2.0×10^{-3} mol 与 Br^- 作用，1.0×10^{-3} mol 与 Cl^- 作用，计算溶液中剩余 Cl^- 浓度，溶液中同时存在 AgI，AgBr，AgCl 的沉淀溶解平衡）

8-11 大约 50％的肾结石是由 $Ca_3(PO_4)_2$ 组成的。正常人每天排尿量为 1.4 L，其中约含 0.10g Ca^{2+}。为了不使尿中形成 $Ca_3(PO_4)_2$ 沉淀，其中 PO_4^{3-} 离子最高浓度为多少？对肾结石病人来说，医生总是让他多喝水，试简单说明原因。

8-12 人的牙齿表面有一层釉质，其组成为羟基磷灰石[$Ca_{10}(OH)_2(PO_4)_6$]（$K_{sp}=6.8\times10^{-37}$）。为了防止龋齿，人们常用加氟牙膏，牙膏中的氟化物可以使羟基磷灰石转化为氟磷灰石[$Ca_{10}(PO_4)_6F_2$]（$K_{sp}=1.0\times10^{-60}$）。请写出羟基磷灰石转化为氟磷灰石的离子方程式，并计算出该转化反应的标准平衡常数。

第9章

氧化还原反应

自从1897年发现电子后，人们又进一步认识到，元素电荷的变化实质就是它们在反应过程中有无电子得失。人们依此将化学反应分为两类：一类反应是参加反应的物质各元素在反应前后都没有电子得失，即参与反应的物质中各元素所带的电荷不变。例如：

$$NaOH+HCl \xlongequal{} NaCl+H_2O$$

$$CaCO_3 \xlongequal{} CaO+CO_2\uparrow$$

另一类反应，参加反应的物质中某些元素在反应前后失去或得到了电子。例如：

$$2H_2+O_2 \xlongequal{} 2H_2O$$

$$Zn+CuSO_4 \xlongequal{} ZnSO_4+Cu$$

反应前后，元素所带的电荷发生了改变，这类反应称为氧化还原反应(oxidation-reduction reaction)。氧化还原反应的实质是电子在反应物之间的转移，所以氧化还原反应又称为电子转移反应(electron transfer reaction)。而没有电子转移的反应，称为非氧化还原反应。

电子转移反应是一类广泛存在的重要反应，它不仅存在于无机化合物的反应中，也存在于有机化合物的反应中。同时它还在生物氧化过程中扮演着十分重要的角色，如光合作用、呼吸过程、能量转换、新陈代谢、神经传导，等等。生命的基础是活的细胞，而细胞之所以能够存活，必须不断地吸收能量，而能量是靠食物成分的氧化产生的。例如糖类的氧化：

$$C_nH_{2n}O_n+nO_2 \longrightarrow nCO_2+nH_2O+\text{能量}$$

从某种意义上说，生命过程就是氧化还原反应。

本章讨论氧化还原反应发生的机制、热力学和动力学问题，以及电池反应的几个基本概念如电极电势等。另外，我们也将简单讨论一下生物氧化等问题。

9.1 氧化还原反应的基本概念

9.1.1 氧化数

判别一个反应是不是氧化还原反应，可以看参与反应的元素是否有氧化数的变化。氧化数(oxidation number)的IUPAC[①]定义是某元素一个原子的表观电荷数，这个电荷数是假设

① IUPAC是国际纯粹与应用化学联合会(International Union of Pure and Applied Chemistry)的英文缩写。

把每个化学键的电子指定给电负性较大的原子而求得的。氧化数是一个经验值，是一个人为规定的形式电荷数。

按照氧化数的上述规定，不管是离子键中电子的得失还是共价键中电子的偏移，总认为电负性较大的原子获得电子，电负性较小的原子失去电子。若获一个电子，则该原子的氧化数为−1；获两个电子，则该原子的氧化数为−2；以此类推。而失去一个电子，其氧化数为+1；失去两个电子，其氧化数为+2，……例如，在 NaCl 中，钠的氧化数为+1，氯的氧化数为−1；在H_2O中，H 的氧化数为+1，氧的氧化数为−2。

确定元素氧化数有以下几个原则：

(1) 在单质中，元素的氧化数为零。例如 O_2，S_8中 O，S 的氧化数都为零。

(2) 在单原子离子中，元素的氧化数等于该离子所带的正、负电荷数。例如，NaCl 中 Na^+ 的氧化数为+1，Cl^- 的氧化数为−1。

(3) 在多原子离子团中，各元素氧化数的代数和等于离子团所带的电荷。例如，SO_4^{2-} 带两个负电荷，O 的氧化数为−2，故 S 的氧化数为+6。

(4) 在大多数化合物中，氢的氧化数为+1。但在活泼金属的氢化物如 NaH，CaH_2，$NaBH_4$，$LiAlH_4$中氢的氧化数为−1。

(5) 通常，氧在化合物中的氧化数一般为−2。但也有例外，例如，在过氧化物如 H_2O_2，Na_2O_2中，氧的氧化数为−1；在 KO_2中，氧的氧化数为−1/2；此外，氧在与比它电负性更强的氟结合生成的 OF_2中氧化数为+2。

(6) 在所有氟化物中，氟的氧化数为−1。

(7) 分子中各元素氧化数的代数和等于零。

(8) 元素的氧化数可以是整数也可以是分数(或小数)。

【例 9-1】 求 $Cr_2O_7^{2-}$ 中 Cr 和 $Na_2S_4O_6$ 中 S 的氧化数。

解 设 $Cr_2O_7^{2-}$ 中 Cr 的氧化数为 x，由于氧的氧化数为−2，则

$$2x+7\times(-2)=-2, \qquad x=+6$$

故 Cr 的氧化数为+6。

设 $Na_2S_4O_6$ 中 S 的氧化数为 x，由于氧的氧化数为−2，钠的氧化数为+1，则

$$2\times(+1)+4x+6\times(-2)=0, \qquad x=+5/2$$

故 S 的氧化数为+5/2。

9.1.2 氧化还原反应的概念

在化学发展的初期，氧化是指物质与氧结合的过程，还原是指物质失去氧的过程。例如，铁与氧化合生成氧化铁时，铁被氧化：

$$4Fe+3O_2 = 2Fe_2O_3$$

相反地，当氧化铁分解成铁和氧时，氧化铁失去氧被还原成铁：

$$2Fe_2O_3 = 4Fe+3O_2$$

后来，氧化还原的概念扩大了，目前普遍接受的观点是从氧化数的概念出发，氧化还原反应是指参与反应的元素的氧化数在反应前后发生了改变的反应。元素的氧化数改变的实质是元素

发生了电子转移(或偏移)的表现,氧化还原反应的实质是参与反应的物质之间的电子转移过程。

在氧化还原反应中,元素的氧化数升高表明物质失去电子,称为氧化(oxidation),该物质被称为还原剂(reducing agent),它因为失去电子自己被氧化(be oxidized);元素的氧化数降低表明物质得电子,称为还原(reduction),该物质称为氧化剂(oxidizing agent),它因为得到电子自己被还原(be reduced)。一个有用的记忆方法:"LEO the lion says GER (Loss of Electrons is Oxidation; Gain of Electrons is Reduction)"。在任何化学反应中,氧化和还原总是同时发生、互相依存的,因为自由电子不能存在于溶液中。若有得电子的物质,必有失电子的物质,而且得失电子总数一定相等。

例如,在反应

$$Zn + Cu^{2+} \xlongequal{} Zn^{2+} + Cu$$

中,每个 Zn 失去两个电子,变为 Zn^{2+},其氧化数由零升高到+2,Zn 被氧化,是还原剂;每个 Cu^{2+} 接受两个电子,变为 Cu,氧化数由+2 降低到零,Cu^{2+} 被还原,是氧化剂。因此,每个氧化还原反应都可以拆分成两个半反应:

氧化半反应: $Zn - 2e \longrightarrow Zn^{2+}$

还原半反应: $Cu^{2+} + 2e \longrightarrow Cu$

酸碱质子理论根据质子的转移方向不同,把得质子的物质称为碱,把失质子的物质称为酸;把酸及其对应的碱称为共轭酸碱对。类似地,氧化还原反应中,根据电子的转移方向不同,氧化剂得电子,是电子的受体(receptor),还原剂失电子,是电子的给体(donor),氧化剂和还原剂之间也存在共轭关系。同样,某氧化剂和其得到电子形成的还原剂(或者某还原剂和其失去电子形成的氧化剂)称为共轭的氧化还原电对。

在上例中,还原剂 Zn 失去电子,其产物为氧化剂 Zn^{2+};氧化剂 Cu^{2+} 得到电子,其产物为还原剂 Cu。这样,Zn 与 Zn^{2+},Cu^{2+} 与 Cu 构成了两个共轭的氧化还原电对,习惯上写成氧化型/还原型(Ox/Red)形式:

Zn^{2+}/Zn (氧化剂) (还原剂)　　　Cu^{2+}/Cu (氧化剂) (还原剂)

同共轭酸碱对酸碱强度变化相似,如果还原剂的还原性越强(失去电子的能力越大),则其共轭氧化剂的氧化性越弱(得到电子的能力越小);反之,如果氧化剂的氧化性越强,则其共轭还原剂的还原性越弱。例如,在 $Cr_2O_7^{2-}/Cr^{3+}$ 电对中,$Cr_2O_7^{2-}$ 是一个强氧化剂,Cr^{3+} 是一个弱还原剂。

我们来分析一个发生在生物呼吸作用中的有机化学反应:乙醛(CH_3CHO)被还原成乙醇(CH_3CH_2OH):

$$CH_3CHO + H^+ + NADH \longrightarrow CH_3CH_2OH + NAD^+$$

其中,NADH 是一种生物体内非常重要的还原剂分子,它的共轭氧化形式是 NAD^+,也是生物体内常见的氧化剂。上述反应可以看成是下列两个半反应之和:

氧化半反应: $NADH - 2e \longrightarrow NAD^+ + H^+$

还原半反应: $CH_3CHO + 2H^+ + 2e \longrightarrow CH_3CH_2OH$

在生物化学中常用图示表示反应的电子转移过程：

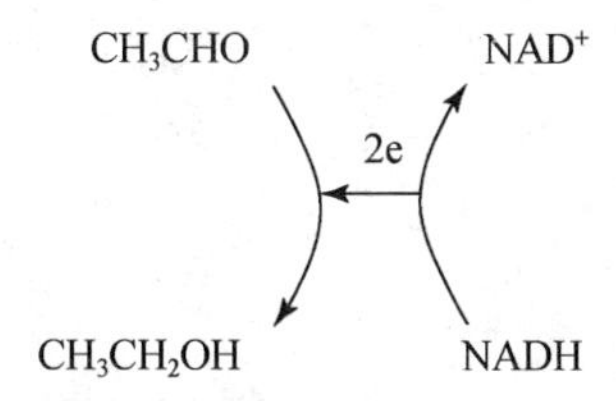

9.1.3 氧化还原方程式的配平

中学阶段我们曾学习过用氧化数法配平氧化还原方程式，这里介绍一种新的离子-电子法(the ion-electron method)。用一个例子来说明：

【例 9-2】 用离子-电子法配平氧化还原反应方程式：

$$MnO_4^- + H_2O_2 + H^+ \longrightarrow Mn^{2+} + O_2 + H_2O$$

解 (1) 先将反应物和产物以离子或分子的形式列出(难溶物、弱电解质和气体均以分子式表示)：

$$MnO_4^-, H_2O_2, H^+, Mn^{2+}, O_2, H_2O$$

(2) 将反应式分成两个半反应——一个是氧化反应，另一个是还原反应：

$$MnO_4^- \longrightarrow Mn^{2+}$$

$$H_2O_2 \longrightarrow O_2$$

(3) 分别配平两个半反应(关键步骤)。先判断离子反应是在酸性、还是在碱性介质中。在酸性介质中，去氧加 H^+，添氧加 H_2O；在碱性介质中，去氧加 H_2O，添氧加 OH^-。另外，加一定数目的电子和介质，使半反应两边的原子个数和电荷数相等。如上述反应显然是在酸性条件下进行：

$$MnO_4^- + 8H^+ - 5e \longrightarrow Mn^{2+} + 4H_2O \quad ①$$

$$H_2O_2 + 2e \longrightarrow O_2 + 2H^+ \quad ②$$

(4) 根据氧化还原反应中得失电子数必须相等，求最小公倍数，并将两个半反应乘以相应的系数，消去电子，合并成一个配平的离子方程式，即按①×2+②×5，得

$$2MnO_4^- + 5H_2O_2 + 6H^+ = 2Mn^{2+} + 5O_2 + 8H_2O$$

9.2 原 电 池

将一块锌片放入 $CuSO_4$ 溶液中，会看到锌的表面上有金属铜生成。发生的反应如下：

$$Zn + Cu^{2+} = Cu + Zn^{2+}$$

在此反应中，锌片上的 Zn 原子失去电子成为 Zn^{2+} 溶解在溶液中，而溶液中的 Cu^{2+} 得到电子成为金属 Cu 沉积在锌片上。总的来说，反应中锌原子将它的电子转移给铜离子。

由于锌片和硫酸铜溶液直接接触，溶液中的铜离子可以自由运动，Zn 和 Cu^{2+} 之间电子的转移直接进行，溶液中不会形成定向的电流。反应的化学能转变成热能释放出来，导致溶液温度升高。

如果上述的氧化还原反应通过另外一种装置完成，情况就不同了。现将锌片和铜片分别

插入盛有 $ZnSO_4$ 和 $CuSO_4$ 溶液的烧杯中，两溶液之间用盐桥(salt bridge)连接，然后用一条金属导线连接锌片和铜片，并在导线中连接一个灯泡或电流表(图 9-1)。在这个装置中，锌片和 $CuSO_4$ 溶液不直接接触，锌原子不能直接将电子转移给铜离子。实验发现，电流表指针发生偏转或者灯泡发光，说明导线上有电流通过。

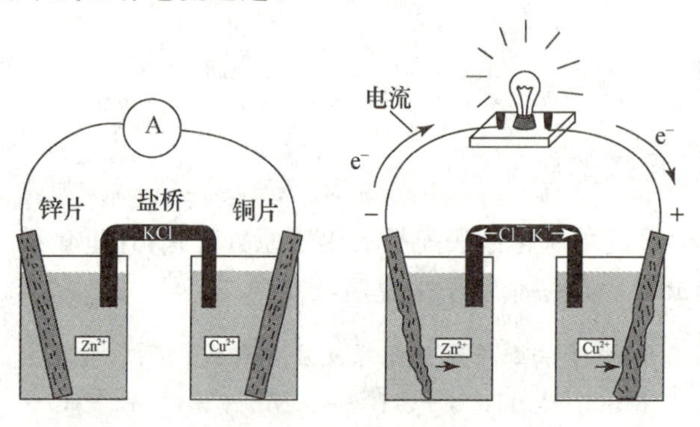

图 9-1 铜-锌原电池

此实验中，Zn 失去的电子沿着导线转移给 Cu^{2+}。锌原子失去电子，成为 Zn^{2+} 进入溶液中，发生的反应为

$$Zn - 2e \longrightarrow Zn^{2+}$$

而在铜片一方，溶液中 Cu^{2+} 从铜片上得到电子成为 Cu 原子在铜片上析出，发生的反应为

$$Cu^{2+} + 2e \longrightarrow Cu$$

总反应为

$$Zn + Cu^{2+} = Cu + Zn^{2+}$$

这个反应的 $\Delta G_m^\ominus = -212.6\ kJ \cdot mol^{-1}$，是个自发反应。正是反应的自由能推动电子沿导线运动，使灯泡发亮或电流表偏转。这种借助氧化还原反应将化学能转变为电能的装置称为原电池(伽伐尼电池，Galvanic cell)。上述由铜、锌及其对应溶液所组成的原电池叫做铜-锌原电池。

原电池中所进行的氧化还原反应的一个特点是，反应不在一个容器内完成，而是分两处进行，一处进行氧化反应，另一处进行还原反应。也就是，原电池由两个半电池组成，分别构成电池的两个电极。按照电池电极的规定，电流从正极流向负极，电子从负极流向正极。因此，发生还原反应、接受电子的电极为正极；发生氧化反应、流出电子的是负极。在铜-锌原电池中，锌和锌盐溶液组成的为负极，铜和铜盐溶液组成的为正极。

电池回路有两个部分，电池外的电流通路和电池内部的电流通路。在原电池中，电池内部的连接通过盐桥进行，盐桥是内装饱和 KCl 溶液的琼脂凝胶。琼脂凝胶阻止了两个电极溶液的相互混合，但导通了两个电极溶液的电流——原电池内部的电流显然是通过离子流动进行的，这和电池外部的电子流动是不同的。在电池反应的不断进行中，盐桥中的 Cl^- 不断流向负极 $ZnSO_4$ 溶液，正好中和了溶液中逐渐增多的 Zn^{2+}；同时，K^+ 不断流向正极 $CuSO_4$ 溶液中，抵消由于 Cu^{2+} 减少而造成正极溶液正电荷的减少。因此，电池反应得以持续进行。一个理想的盐桥是正、负离子能够不断地流出，特别是正、负离子向两侧电极溶液流出的速度是相同的。所以我们常用饱和 KCl 溶液作盐桥，正是由于 K^+ 和 Cl^- 的流动能力——淌度非常接近(见6.3.2小节)。

原电池由两个电极构成，按照电极的构成或电极上的反应类型，我们可以将电极的种类分为：

(1) 金属电极：将金属板(或柱体)插入到含该金属离子的溶液中制成。在金属电极中，金属既是电极的导体柱，同时金属本身也参加电极反应。例如，将 Zn 板插入 Zn^{2+} 的溶液中，构成锌电极；Cu 插入 Cu^{2+} 的溶液中，构成铜电极。书写方式如下：

锌电极：

电极符号　　$Zn|Zn^{2+}(c)$

电极反应　　$Zn^{2+}+2e \longrightarrow Zn$

铜电极：

电极符号　　$Cu|Cu^{2+}(c)$

电极反应　　$Cu^{2+}+2e \longrightarrow Cu$

有些金属如 K，Na 等性质比较活泼，在空气或水中不能稳定存在，不能作为电极导体柱，可以把金属溶于汞中作成电极。如钠电极：

钠电极：

电极符号　　$Hg, Na|Na^{+}(c)$

电极反应　　$Na^{+}+e \longrightarrow Na$

(2) 气体电极：将气体通入其相应离子溶液中，由于气体不能作为电极导体柱，必须使用惰性金属(Pt 等)或碳棒作电极，气体通入电极表面以进行电极反应。如氢电极和氯电极：

氢电极：

电极符号　　$Pt, H_2(p)|H^{+}(c)$

电极反应　　$2H^{+}+2e \longrightarrow H_2$

氯电极：

电极符号　　$Pt, Cl_2(p)|Cl^{-}(c)$

电极反应　　$Cl_2+2e \longrightarrow 2Cl^{-}$

(3) 金属难溶盐电极：将金属浸入含有能与该金属离子形成难溶盐的负离子的溶液中，通电处理使表面覆盖一层该金属难溶盐薄膜。如氯化银电极和甘汞电极：

氯化银电极：

电极符号　　$Ag, AgCl(s)|Cl^{-}(c)$

电极反应　　$AgCl+e \longrightarrow Ag+Cl^{-}$

甘汞电极：

电极符号　　$Hg, Hg_2Cl_2|KCl(c)$

电极反应　　$Hg_2Cl_2+2e \longrightarrow 2Hg+2Cl^{-}$

(4) 普通氧化还原电极：在含有某氧化还原电对的溶液中，插入一惰性电极。例如 Fe^{3+}/Fe^{2+} 电极和醌-氢醌电极：

Fe^{3+}/Fe^{2+} 电极：

电极符号　　$Pt|Fe^{3+}(c_1), Fe^{2+}(c_2)$

电极反应　　$Fe^{3+}+e \longrightarrow Fe^{2+}$

醌-氢醌电极：

电极符号　　$Pt|C_6H_4O_2(c_1), C_6H_6O_2(c_2), H^{+}(c_3)$

电极反应　　$C_6H_4O_2+2H^{+}+2e \longrightarrow C_6H_6O_2$

将电极用盐桥(书写符号是双线“‖”)连接起来即构成一个原电池。关于书写电极和电池

的符号,有以下几点说明:

(1) 一般将负极写在左边,正极写在右边,并用"－","＋"标示。

(2) 单线"|"通常用来表示相界,因此极板与电极其余部分需要用"|"隔开。

(3) 同一物相中不同物质之间以及电极中的相界面用逗号","隔开。

(4) 写出电池中各物质的化学组成,并注明物态(g,l,s),溶液要注明浓度(c),气体应标明压力(p)。

(5) 在书写电极反应时,一般都写成还原反应的形式。

【例 9-3】 将氧化还原反应:$Sn^{2+}+2Fe^{3+}=\!=\!=Sn^{4+}+2Fe^{2+}$设计成一个原电池,写出电极反应及电池符号。

解 电极反应

负极: $Sn^{2+}-2e \longrightarrow Sn^{4+}$

正极: $Fe^{3+}+e \longrightarrow Fe^{2+}$

电池反应: $2Fe^{3+}+Sn^{2+}=\!=\!=2Fe^{2+}+Sn^{4+}$

电池表示式: $(-)Pt \mid Sn^{2+}(c_1), Sn^{4+}(c_2) \parallel Fe^{3+}(c_3), Fe^{2+}(c_4) \mid Pt(+)$

9.3 原电池的热力学

9.3.1 原电池的电动势和电池反应的吉布斯(Gibbs)自由能

电池的电动势(electromotive force)表示电池产生电流的能力,用E表示,它等于正极的电极电势与负极的电极电势之差。

$$E=\varphi^{+}-\varphi^{-} \tag{9-1}$$

原电池是将氧化还原反应释放的自由能引出去做电功的装置。根据物理学原理,一个原电池的最大电功等于电池电动势E与流过电流的电量Q的乘积:

$$W_{max}=-QE=-nFE \tag{9-2}$$

式中,F为法拉第(Faraday)常量,$F=96485\ C \cdot mol^{-1}$;$n$为该原电池反应转移的电子数。由于电池反应在恒温恒压下进行,这个最大电功应该等于系统的吉布斯自由能变化,即

$$\Delta_r G_m=W_{max} \tag{9-3}$$

由上述两式得

$$\Delta_r G_m=-nFE \tag{9-4}$$

或

$$E=-\Delta_r G_m/nF \tag{9-5}$$

如果电池反应是在标准状态下进行,E即是$E^{\ominus}$,则

$$\Delta_r G_m^{\ominus}=-nFE^{\ominus} \tag{9-6}$$

或

$$E^{\ominus}=-\Delta_r G_m^{\ominus}/nF \tag{9-7}$$

上面几个式子将电池反应的$\Delta_r G_m$和E联系在一起。若已知电池电动势E,可以求出电池反应的$\Delta_r G_m$;反之亦然。

判断化学反应自发进行方向的判据是$\Delta_r G_m$。根据$\Delta_r G_m$与E之间的关系,可以用E代替$\Delta_r G_m$判断反应的方向:

(1) $\Delta_r G_m < 0$，$E > 0$，反应正向自发进行；

(2) $\Delta_r G_m > 0$，$E < 0$，反应逆向自发进行；

(3) $\Delta_r G_m = 0$，$E = 0$，反应达到平衡。

我们知道，$\Delta_r G_m$是个广度状态函数，其值大小和参与反应的物质量有关。从 $\Delta_r G_m$和 E 的关系可以看出，E 本质上是单位电子转移的电池反应所释放的自由能，因此是个强度状态函数。

9.3.2 标准电极电势

原电池的电动势来源于电极之间的电势差。如何衡量每个电极的电势呢？实际上，绝对意义上的电极电势值是无法测定的。我们可以测定的只是电池的电动势，即两个电极之间的电势差值。因此，我们需要设立一个相对电极电势系统，即选择某一个电极为零标准，将各种待测电极与它组成原电池，以待测电极和零标准的电势差作为该电极的电极电势(electrode potential)。

1. 标准氢电极

国际上把标准(状态)氢电极作为零标准电极。标准氢电极(standard hydrogen electrode, SHE)是指 H^+ 离子浓度为 1 mol · L^{-1}，氢气的压力为 100 kPa 的电极。在 298.15 K 时，标准氢电极的电极电势定义为零，即

$$\varphi^{\ominus}_{H^+/H_2} = 0.00\ \mathrm{V}$$

标准氢电极的装置如图 9-3 所示。将一铂片插入到 H^+ 离子浓度(严格地说应为活度 a)为 1 mol · kg^{-1}的硫酸溶液中，不断通入压力为 100 kPa 的 H_2。为了降低氢电极的超电势(见 9.4 节)，铂片上电镀一层疏松而又多孔的铂黑。氢电极的电极反应为

$$2H^+ + 2e \longrightarrow H_2$$

从实验的角度来看，很难制得标准氢电极(图 9-2)。实际工作中常常使用饱和甘汞电极(参见图 9-9)代替氢电极作为标准。饱和甘汞电极的电势是恒定的，为 0.2415 V。

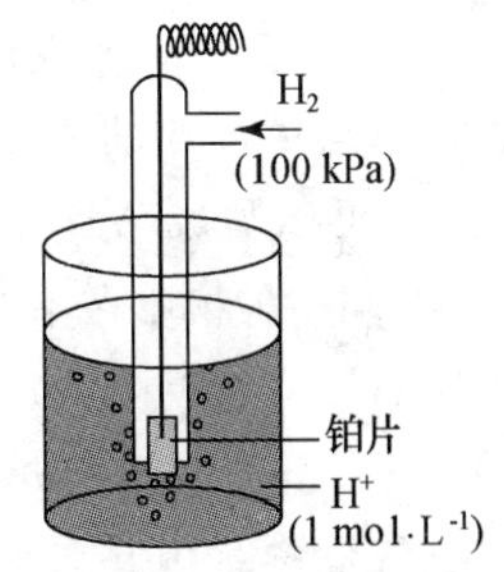

图 9-2 标准氢电极装置示意图

2. 标准电极电势

在确定了电极电势的零点后，其他电极的标准电极电势便可以确定了。一个电极的标准电极电势是指使参与电极反应的各种物质均处于标准状态(即溶液中各离子浓度为 1 mol · L^{-1}，若有气体参加，则气体的压力为 100 kPa)的电极电势。

测定一个电极标准电极电势的方法是：将标准氢电极与待测电极组成原电池，假定标准氢电极为负极，待测电极为正极。用电压表测定该原电池的电动势 E 就等于待测电极的标准电极电势：$\varphi^{\ominus} = E$。

例如，测定标准铜电极的标准电极电势。将标准铜电极与标准氢电极组成原电池：

$$(-)\mathrm{Pt} \mid H_2(100\ \mathrm{kPa}),\ H^+(1\ \mathrm{mol \cdot L^{-1}}) \parallel Cu^{2+}(1\ \mathrm{mol \cdot L^{-1}}) \mid Cu(+)$$

298.15 K 时，测得电池电动势 $E = +0.3402$ V，则

$$\varphi^{\ominus}_{Cu^{2+}/Cu} = 0.3402\ \mathrm{V}$$

再如，测定锌电极的标准电极电势，将标准锌电极与标准氢电极组成原电池：

$$(-)\mathrm{Pt} \mid H_2(100\ \mathrm{kPa}),\ H^+(1\ \mathrm{mol \cdot L^{-1}}) \parallel Zn^{2+}(1\ \mathrm{mol \cdot L^{-1}}) \mid Zn(+)$$

298.15 K 时，测得 $E = -0.7628$ V，则

$$\varphi^{\ominus}_{Zn^{2+}/Zn} = -0.7628\ \mathrm{V}$$

需要说明的是,生物体系中标准状态的定义与物理化学中不完全相同:凡是电极反应中涉及 H^+ 参加的电极反应,生化标准电极电势与物理化学标准电极电势不一样;而不涉及 H^+ 参与的电极反应,则两者相同。物理化学中的标准态是各种物质的浓度均为 $1\ mol \cdot L^{-1}$时的状态。而设立生化标准电极电势时,指 H^+ 离子的标准浓度为中性溶液中的 H^+ 离子浓度 $10^{-7}\ mol \cdot L^{-1}$、其他物质的浓度为 $1\ mol \cdot L^{-1}$时的电极电势。

附录五中列出了 298.15 K 时,水溶液中一些氧化还原电对的标准电极电势。在使用标准电极电势表时,应注意以下几点:

(1) 标准电极电势表中,电极反应都写成还原反应的方式:

$$氧化型(Ox)+ne \longrightarrow 还原型(Red)$$

因此,表中给出的是氧化还原电对中氧化型物质——氧化剂的"还原电势",它表示了氧化剂的氧化能力的强弱。即若 $\varphi^\ominus$越正,则氧化剂的氧化能力越强,其相应的共轭还原剂的还原能力越弱;若 $\varphi^\ominus$越负,则氧化剂的氧化能力越弱,而其共轭原性剂还原能力越强。例如 $\varphi^\ominus_{Cu^{2+}/Cu} > \varphi^\ominus_{Zn^{2+}/Zn}$,因此 Cu^{2+} 的氧化能力比 Zn^{2+} 强,而 Zn 的还原能力比 Cu 强。

(2) 与电极反应对应,标准电极电势的符号写法为 $\varphi^\ominus_{Ox/Red}$。

(3) 同电池电动势 $E(E^\ominus)$一样,电极电势 $\varphi_{Ox/Red}(\varphi^\ominus_{Ox/Red})$也是一个强度状态函数。不同的是,$E$ 是整个电池反应的单位自由能释放,而 $\varphi_{Ox/Red}$是一个电池半反应的单位自由能释放,即存在下列关系:

$$\Delta G_m(电极半反应)=-nF\varphi,\quad \Delta G^\ominus_m(电极半反应)=-nF\varphi^\ominus$$

因此 $\varphi^\ominus$值与半反应的书写无关,即与电极反应中物质的计量系数无关。例如,Ag/Ag^+ 电极的电极反应可以写成 $Ag^+ + e \longrightarrow Ag$ 或 $2Ag^+ + 2e \longrightarrow 2Ag$,但 $\varphi^\ominus_{Ag^+/Ag}$ 均为+0.7996 V。

(4) 同一种物质在不同的电极中可以为氧化剂,也可以是还原剂。例如 Fe^{2+},在 Fe^{3+}/Fe^{2+} 电极中($\varphi^\ominus_{Fe^{3+}/Fe^{2+}}=0.77$ V)是氧化还原电对中的还原剂,而在 Fe^{2+}/Fe 电极中($\varphi^\ominus_{Fe^{2+}/Fe}=-0.88$ V),Fe^{2+} 则是氧化剂。

3. 标准电极电势表的应用

1) 利用标准电极电势判断氧化剂、还原剂的相对强弱

标准电极电势表示了标准状态下,共轭氧化还原电对中氧化剂的氧化能力。$\varphi^\ominus$越正,氧化型物质得电子能力越强;$\varphi^\ominus$越负,还原型物质失电子能力越强。附录五所列的各物质中,F_2 是最强的氧化剂,K 是最强的还原剂。

【例 9-4】 已知下列钒等金属离子的标准电极电势:

$\varphi^\ominus_{V(V)/V(IV)}=1.00$ V, $\varphi^\ominus_{V(IV)/V(II)}=0.31$ V

$\varphi^\ominus_{Zn^{2+}/Zn}=-0.76$ V, $\varphi^\ominus_{Fe^{3+}/Fe^{2+}}=0.77$ V, $\varphi^\ominus_{Sn^{4+}/Sn^{2+}}=0.15$ V

请从 Zn,Sn^{2+},Fe^{2+} 中选择适当的还原剂,实现钒 V^{V} 到 V^{IV} 的转变。

解 从不同氧化数的钒的标准电极电势看,若要在标准状态下将 V^{V} 还原为 V^{IV},同时不让 V^{IV} 进一步还原为 V^{II},那么我们需要一个还原剂,其电位符合:$0.31\ V < \varphi^\ominus < 1.00\ V$。所以,只能选 Fe^{2+} 离子作还原剂。

2) 判断氧化还原反应自发进行的方向

前面说过,可以用 E 代替 $\Delta_r G_m$ 判断反应的方向。因此在标准状态下:

(1) $E^\ominus > 0$,反应正向自发进行;

(2) $E^\ominus<0$，反应逆向自发进行；

(3) $E^\ominus=0$，反应达到平衡。

【例 9-5】 根据标准电极电势，计算下列反应的 $\Delta_r G_m^\ominus$ 并判断反应是否能自发进行：

$$MnO_4^- + 5Fe^{2+} + 8H^+ \longrightarrow Mn^{2+} + 5Fe^{3+} + H_2O$$

解 首先将氧化还原反应拆成两个半反应，

正极反应： $MnO_4^- + 8H^+ + 5e \longrightarrow Mn^{2+} + 4H_2O$ $\quad \varphi_+^\ominus = 1.507\ V$

负极反应： $Fe^{3+} + e \longrightarrow Fe^{2+}$ $\quad \varphi_-^\ominus = 0.771\ V$

因此，可计算得到电池电动势：

$$E^\ominus = \varphi_+^\ominus - \varphi_-^\ominus = (1.507 - 0.771)\ V = 0.736\ V$$

故反应在标准状态下正向自发进行。

其中电子转移的总数 $n=5$，所以 $\Delta_r G_m^\ominus$ 为

$$\Delta_r G_m^\ominus = -nFE^\ominus = (-5 \times 96485 \times 0.736)\ J \cdot mol^{-1} = -355\ kJ \cdot mol^{-1}$$

3) 计算电池反应平衡常数 $K^\ominus$

可以推导得出

$$\ln K^\ominus = \frac{nFE^\ominus}{RT} \quad 或 \quad E^\ominus = \frac{RT \ln K^\ominus}{nF}$$

在 298.15 K 下，将 $R=8.314\ J \cdot K^{-1} \cdot mol^{-1}$，$F=96485\ C \cdot mol^{-1}$ 代入上式得

$$\lg K^\ominus = \frac{nE^\ominus}{0.059}$$

式中，n 是配平的氧化还原反应方程式中转移的电子数。

【例 9-6】 求反应 $Zn + Cu^{2+} \rightleftharpoons Cu + Zn^{2+}$ 在 298.15 K 时的 $K^\ominus$。

解 先将反应设计成原电池，该原电池的两个半反应分别为

正极反应： $Cu^{2+} + 2e \longrightarrow Cu$ $\quad \varphi_+^\ominus = 0.34\ V$

负极反应： $Zn^{2+} + 2e \longrightarrow Zn$ $\quad \varphi_-^\ominus = -0.76\ V$

电池电动势：

$$E^\ominus = \varphi_+^\ominus - \varphi_-^\ominus = [0.34 - (-0.76)]\ V = 1.10\ V$$

$$\lg K^\ominus = 2 \times 1.10 / 0.059 = 37.3$$

故 $K^\ominus = 2 \times 10^{37}$，反应进行的程度非常大。

不仅氧化还原反应的平衡常数可以通过电池电动势求得，一些非氧化还原反应的平衡常数如沉淀平衡常数、酸(碱)质子转移平衡常数等也可以通过将反应设计成合适的原电池来计算。

【例 9-7】 求反应 $AgCl \longrightarrow Ag^+ + Cl^-$ 在 298.15 K 时的 K_{sp}。

解 若在反应式的两边各加一个 Ag，方程式变成：

$$AgCl + Ag \longrightarrow Ag^+ + Cl^- + Ag$$

于是该反应便可以拆分成两个电极反应式：

正极反应： $AgCl + e \longrightarrow Ag + Cl^-$ $\quad \varphi_+^\ominus = 0.2223\ V$

负极反应： $Ag^+ + e \longrightarrow Ag$ $\quad \varphi_-^\ominus = 0.7996\ V$

则

$$E^\ominus = \varphi_+^\ominus - \varphi_-^\ominus = (0.2223 - 0.7996)\ V = -0.5773\ V$$

故

$$\lg K^{\ominus}=\lg K_{sp}(AgCl)=1\times(-0.5773)/0.059=-9.75$$

$$K_{sp}=1.8\times10^{-10}$$

9.3.3 非标准状态下的电极电势和能斯特(Nernst)方程

1. 能斯特方程

标准电极的标准电势可以查标准电极电势表得到，那么，非标准电极的电极电势如何求得呢？热力学告诉我们，标准状态下反应自由能的变化和非标准状态时自由能变化的关系为

$$\Delta_r G_m=\Delta_r G_m^{\ominus}+RT\ln Q \tag{9-8}$$

代入 ΔG_m 和电极电势 E(和 φ)的关系，得

$$-nFE=-nFE^{\ominus}+RT\ln Q \tag{9-9}$$

$$-nF\varphi=-nF\varphi^{\ominus}+RT\ln Q_{半} \tag{9-10}$$

即

$$E=E^{\ominus}-\frac{RT}{nF}\ln Q \tag{9-11}$$

或

$$\varphi=\varphi^{\ominus}-\frac{RT}{nF}\ln Q_{半} \tag{9-12}$$

带入 298.15 K 时常数，$R=8.314\ J\cdot K^{-1}\cdot mol^{-1}$，$F=96485\ C\cdot mol^{-1}$，得

$$E=E^{\ominus}-\frac{0.0591}{n}\lg Q \tag{9-13}$$

或

$$\varphi=\varphi^{\ominus}-\frac{0.0591}{n}\lg Q_{半} \tag{9-14}$$

上述方程式称为能斯特方程，反映了可逆电池的电动势(或电极电势)与参加电池(或电极)反应的各物质浓度之间的关系。

假定电池反应为

$$a\mathrm{Ox}_1+b\mathrm{Red}_2 \rightleftharpoons d\mathrm{Red}_1+e\mathrm{Ox}_2$$

其中，正极反应： $a\mathrm{Ox}_1+ne \longrightarrow d\mathrm{Red}_1$

负极反应： $e\mathrm{Ox}_2+ne \longrightarrow b\mathrm{Red}_2$

那么，对于电池总反应来说，反应商 Q 为

$$Q=\frac{(c_{\mathrm{Red}_1})^d(c_{\mathrm{Ox}_2})^e}{(c_{\mathrm{Ox}_1})^a(c_{\mathrm{Red}_2})^b}$$

对于两个电极反应来说，反应商 $Q_{半}$ 分别为

$$Q_+=\frac{(c_{\mathrm{Red}_1}/c^{\ominus})^d}{(c_{\mathrm{Ox}_1}/c^{\ominus})^a}=\frac{(c_{\mathrm{Red}_1})^d}{(c_{\mathrm{Ox}_1})^a},\quad Q_-=\frac{(c_{\mathrm{Red}_2})^b}{(c_{\mathrm{Ox}_2})^e}$$

电极反应可写成如下的通式：

$$p\mathrm{Ox}+ne \longrightarrow q\mathrm{Red}$$

因此，可将电极反应的能斯特方程整理成为

$$\varphi=\varphi^{\ominus}+\frac{RT}{nF}\ln\frac{(c_{\mathrm{Ox}})^p}{(c_{\mathrm{Red}})^q} \tag{9-15}$$

或代入 298.15 K 时常数，上式为

$$\varphi=\varphi^{\ominus}+\frac{0.0591}{n}\ln\frac{(c_{Ox})^{p}}{(c_{Red})^{q}} \tag{9-16}$$

在使用能斯特方程时，应注意以下几点：

(1) 电极电势不仅与电极的本性有关，影响电极电势的因素还有反应时的温度，氧化剂、还原剂及其介质浓度，以及压力等。

(2) 若电极反应式中有纯固体、纯液体或介质水时，不列入方程式中；若有气体物质，则反应商中气体物质 B 的浓度为 $p_B/p^{\ominus}$，其中 $p^{\ominus}$ 为标准压力(100 kPa)。

(3) 方程式中氧化型、还原型物质浓度的指数是电极反应式中它们的系数。

例如，298.15 K 时，重铬酸电极 $Cr_2O_7^{2-}+14H^{+}+6e \longrightarrow 2Cr^{3+}+7H_2O$ 的能斯特方程为

$$\varphi=\varphi^{\ominus}+\frac{0.0591}{6}\lg\frac{[Cr_2O_7^{2-}][H^{+}]^{14}}{[Cr^{3+}]^{2}}$$

再如，298.15 K 时，氢电极 $2H^{+}+2e \longrightarrow H_2\uparrow$ 的能斯特方程为

$$\varphi=\varphi^{\ominus}+\frac{0.0591}{2}\lg\frac{[H^{+}]^{2}}{(p_{H_2}/100)}=0+\frac{0.0591}{2}\lg\frac{[H^{+}]^{2}}{(p_{H_2}/100)}$$

2. 能斯特方程的应用

1) 计算非标准状态下的电极电势

【例 9-8】 计算 298.15 K，锌离子浓度为 0.01 mol·L^{-1} 时，Zn^{2+}/Zn 电极的电极电势。

解 电极反应 $Zn^{2+}+2e \longrightarrow Zn$

$[Zn^{2+}]=0.01$ mol·L^{-1}，$\varphi^{\ominus}=-0.76$ V，则

$$\begin{aligned}\varphi&=\varphi^{\ominus}+(0.0591/2)\lg[Zn^{2+}]\\&=[-0.76+(0.0591/2)\lg 0.01]\ \text{V}=-0.82\ \text{V}\end{aligned}$$

【例 9-9】 判断反应 $Zn+Cu^{2+} \longrightarrow Cu+Zn^{2+}$ 在标准状态下及$[Zn^{2+}]=10.0$ mol·L^{-1}，$[Cu^{2+}]=0.1$ mol·L^{-1}时的反应方向。

解 (1) 标准状态下

$$\begin{aligned}E^{\ominus}&=\varphi^{\ominus}_{+}-\varphi^{\ominus}_{-}=\varphi^{\ominus}(Cu^{2+}/Cu)-\varphi^{\ominus}(Zn^{2+}/Zn)\\&=[0.34-(-0.76)]\ \text{V}=1.10\ \text{V}>0\end{aligned}$$

所以反应正向进行。

(2) 当$[Zn^{2+}]=10.0$ mol·L^{-1}，$[Cu^{2+}]=0.1$ mol·L^{-1}时

$$\begin{aligned}E&=\varphi^{+}-\varphi^{-}\\&=\varphi(Cu^{2+}/Cu)-\varphi(Zn^{2+}/Zn)\\&=\left[\varphi^{\ominus}(Cu^{2+}/Cu)+\frac{0.0591}{2}\lg[Cu^{2+}]\right]-\left[\varphi^{\ominus}(Zn^{2+}/Zn)+\frac{0.0591}{2}\lg[Zn^{2+}]\right]\\&=\left[\left(0.34+\frac{0.591}{2}\lg 0.1\right)-\left(-0.76+\frac{0.591}{2}\lg 10\right)\right]\text{V}\\&=1.04\ \text{V}>0\end{aligned}$$

所以反应正向进行。

【例 9-10】 当$[Pb^{2+}]=0.0010$ mol·L^{-1}，$[Sn^{2+}]=0.100$ mol·L^{-1}，判断反应 $Pb^{2+}+Sn \longrightarrow Pb+Sn^{2+}$ 进行的方向。

解 (1) 标准状态下

$$\begin{aligned}E&=\varphi^{\ominus}_{+}-\varphi^{\ominus}_{-}=\varphi^{\ominus}(Pb^{2+}/Pb)-\varphi^{\ominus}(Sn^{2+}/Sn)\\&=(-0.1262+0.1375)\ \text{V}=0.00113\ \text{V}>0\end{aligned}$$

所以反应正向自发进行。

(2) 当$[Pb^{2+}]=0.0010\ mol \cdot L^{-1}$，$[Sn^{2+}]=0.100\ mol \cdot L^{-1}$时

$$
\begin{aligned}
E &= \varphi^{+} - \varphi^{-} \\
&= \varphi(Pb^{2+}/Pb) - \varphi(Sn^{2+}/Sn) \\
&= \left[\varphi^{\ominus}(Pb^{2+}/Pb) + \frac{0.0591}{2}\lg[Pb^{2+}]\right] - \left[\varphi^{\ominus}(Sn^{2+}/Sn) + \frac{0.0591}{2}\lg[Sn^{2+}]\right] \\
&= \left[\left(-0.1262 + \frac{0.591}{2}\lg 0.0010\right) - \left(-0.1375 + \frac{0.591}{2}\lg 0.10\right)\right]\ V \\
&= -0.0479\ V < 0
\end{aligned}
$$

所以反应逆向自发进行。

从上述计算结果看出，若电对氧化型的各物种浓度或分压增大，以及还原型一侧各物种浓度或分压减小，都将使电极电势增大；反之，电极电势将减小。电极反应中各物种浓度或分压对电极电势的影响符合勒夏特列原理。

2）酸度对电极电势的影响

【例 9-11】 298.15 K 有一原电池：

$$
Zn(s) \mid Zn^{2+}(c_1) \parallel MnO_4^-(c_2), Mn^{2+}(c_3) \mid Pt
$$

若 pH=2.00，$c(MnO_4^-)=0.12\ mol \cdot L^{-1}$，$c(Mn^{2+})=0.001\ mol \cdot L^{-1}$，$c(Zn^{2+})=0.015\ mol \cdot L^{-1}$，计算：

(1) 两电极的电极电势；

(2) 该电池的电动势。

解 (1) 可知正极为 MnO_4^-/Mn^{2+}，正极反应：$MnO_4^- + 8H^+ + 5e \longrightarrow Mn^{2+} + 4H_2O$。

正极电势：

$$
\begin{aligned}
\varphi(MnO_4^-/Mn^{2+}) &= \varphi^{\ominus}(MnO_4^-/Mn^{2+}) + \frac{0.0591}{5}\lg\frac{[MnO_4^-][H^+]^8}{[Mn^{2+}]} \\
&= \left(1.512 + \frac{0.0591}{5}\lg\frac{0.12 \times 0.01^8}{0.0010}\right)\ V \\
&= 1.35\ V
\end{aligned}
$$

负极为 Zn^{2+}/Zn，负极反应：$Zn^{2+} + 2e \longrightarrow Zn$。

负极电势：

$$
\begin{aligned}
\varphi(Zn^{2+}/Zn) &= \varphi^{\ominus}(Zn^{2+}/Zn) + \frac{0.0591}{2}\lg[Zn^{2+}] \\
&= \left(-0.7621 + \frac{0.0591}{2}\lg 0.015\right)\ V \\
&= -0.816\ V
\end{aligned}
$$

(2) 电池的电动势

$$
E = \varphi(MnO_4^-/Mn^{2+}) - \varphi(Zn^{2+}/Zn) = [1.347 - (-0.816)]\ V = 2.163\ V
$$

【例 9-12】 某氢电极 $2H^+ + 2e \longrightarrow H_2$，若 H_2 的分压保持 100 kPa 不变，将溶液换成 1 $mol \cdot L^{-1}$ HAc，求氢电极电势 φ 的值。

解 根据 Nernst 方程，氢电极电势：

$$
\varphi = 0 + \frac{0.0591}{2}\lg\frac{[H^+]^2}{(p_{H_2}/100)}
$$

$1\ mol \cdot L^{-1}$ HAc 溶液中

$$[H^+]=\sqrt{K_a c}=\sqrt{1.8\times10^{-5}\times1.0}\ mol\cdot L^{-1}$$

代入上式得

$$\varphi=\left(0+\frac{0.059}{2}\lg\frac{1.8\times10^{-5}}{1}\right)V=-0.14\ V$$

3）沉淀对电极电势的影响

在电极反应中，加入沉淀试剂时，由于生成沉淀，会使离子的浓度改变，结果导致电极电势发生变化。

【例 9-13】 已知：

$Ag^+ + e \longrightarrow Ag \qquad \varphi^\ominus=0.799\ V$

$AgI \longrightarrow Ag^+ + I^- \qquad K_{sp}(AgI)=1.0\times10^{-16}$

求 298.15 K 时 $AgI+e\longrightarrow Ag+I^-$ 的 $\varphi^\ominus$ 值。

解 方法一：从 ΔG 的加和关系计算。

电极反应①： $AgI+e\longrightarrow Ag+I^-$

电极反应②： $Ag^+ + e\longrightarrow Ag$

沉淀反应③： $AgI\longrightarrow Ag^+ + I^-$

可知：①＝③＋②，所以 $\Delta G_1^\ominus=\Delta G_2^\ominus+\Delta G_3^\ominus$，即

$$-nF\varphi_1^\ominus=-nF\varphi_2^\ominus+(-RT\ln K_{sp})$$

$$\varphi_1^\ominus=\varphi_2^\ominus+RT\ln K_{sp}/nF=\varphi_2^\ominus+0.0591\lg K_{sp}$$

$$=[0.799+0.0591\lg(1.0\times10^{-16})]\ V=-0.145\ V$$

方法二：从能斯特方程计算。

分析可知，电极 $Ag^+ + e\longrightarrow Ag$ 和 $AgI+e\longrightarrow Ag+I^-$ 在本质上是相同的，在电极上发生反应的均为 Ag^+，得电子生成单质 Ag。但是，电极反应 $AgI+e\longrightarrow Ag+I^-$ 的标准态是指$[I^-]=1\ mol\cdot L^{-1}$，由于存在 AgI 沉淀溶解平衡，此时，$[Ag^+]$的浓度不是 $1\ mol\cdot L^{-1}$。所以，它的 $\varphi^\ominus$ 相当于已知电极 $Ag^+ + e\longrightarrow Ag$ 的非标准态的电极电势 φ，其大小由$[Ag^+]$决定的，是指$[I^-]=1\ mol\cdot L^{-1}$时 AgI 沉淀溶解平衡时 Ag^+ 的浓度。

由反应 $AgI\longrightarrow Ag+I^-$ 得

$$[Ag^+]=K_{sp}(AgI)/[I^-]=1.0\times10^{-16}$$

将$[Ag^+]$代入电极反应 $Ag^+ + e\longrightarrow Ag$ 的能斯特方程中

$$\varphi^\ominus(AgI/Ag)=\varphi(Ag^+/Ag)=\varphi^\ominus(Ag^+/Ag)+0.0591\lg[Ag^+]$$

$$=[0.799+0.0591\lg(1.0\times10^{-16})]\ V$$

$$=-0.145\ V$$

从上面计算可知，$\varphi^\ominus(AgI/Ag)$要远远小于 $\varphi^\ominus(Ag^+/Ag)$，即当电对的“氧化型”与沉淀剂结合生成沉淀之后，氧化型的浓度变低，致使 φ 值减小。可以推论，若氧化型与不同的沉淀剂生成相同类型的沉淀，则沉淀物的 K_{sp} 越小，会导致该电极的 $\varphi^\ominus$ 值变得越小。例如：

$AgCl+e\longrightarrow Ag+Cl^- \qquad K_{sp}(AgCl)=1.6\times10^{-10}$，$\varphi^\ominus(AgCl/Ag)=0.221\ V$

$AgBr+e\longrightarrow Ag+Br^- \qquad K_{sp}(AgBr)=5.35\times10^{-13}$，$\varphi^\ominus(AgBr/Ag)=0.073\ V$

$AgI+e\longrightarrow Ag+I^- \qquad K_{sp}(AgI)=8.52\times10^{-17}$，$\varphi^\ominus(AgI/Ag)=-0.145\ V$

可见由于 $K_{sp}(AgCl)>K_{sp}(AgBr)>K_{sp}(AgI)$,则 $\varphi^{\ominus}(AgCl/Ag)>\varphi^{\ominus}(AgBr/Ag)>\varphi^{\ominus}(AgI/Ag)$。

4) 配位化合物的生成对电极电势的影响

氧化还原电对的氧化型或还原型与配体生成配位化合物之后,会导致电对的氧化型或还原型的浓度改变,从而使 φ 值发生改变。若氧化型生成配位化合物,使氧化型的浓度变小,则 φ 变小;若还原型生成配位化合物,使还原型的浓度变小,则 φ 变大。具体的计算将在第 10 章介绍。

9.4 氧化还原反应速率和超电势

同其他反应一样,氧化还原反应的速率决定于反应物的浓度、反应温度和反应活化能的大小;而反应温度、特别是反应活化能决定氧化还原反应的速率常数大小。我们知道,反应的活化能因反应历程(即反应机制)的不同而不同。一般来说,除了某些简单的电子转移反应速率较快外,绝大多数直接进行电子转移的氧化还原反应的活化能较高,因而速率较慢。例如将氢气和氧气混合,如果不点燃的话,氢氧混合气体可以稳定地存在很久也不发生反应生成水。而点燃氢氧混合气体,氢氧化合的反应可以通过自由基链式反应的方式迅速进行,并可发生爆炸。

氧化还原反应的实质是电子转移反应,其速率也就是电子在反应物之间流动的速率。当我们使氧化还原反应通过原反应电池的方式进行时,可以得到能做有用功的定向的电子流动——电流;此时,氧化还原反应的速率可以用原电池的电流强度来表征。这给予我们一个新的探讨氧化还原反应速率的思路。

理论上,一个原电池只要它的正极电势高于负极电势,即 $E>0$,则电池反应就能够自发进行,电路中就会有电流通过,电流 I 的大小取决于电池电动势 E 的大小和电流回路的电阻 R,即

$$I=\frac{E}{R}$$

但是,实际上若要观察到氧化还原反应的电流,通常需要 E 超过某一特定的值 η,即

$$I=\frac{E-\eta}{R}$$

当 $E<\eta$ 时,电路中电流为零,氧化还原反应并不能够发生;只有当 $E>\eta$ 时,电路中才会有电流,氧化还原反应才实际发生。这个特定值 η 称为超电势(overpotential)。

在本质上,超电势 η 是氧化还原反应活化能的一种表现形式。η 越高,则反应的活化能越大,反应速度越慢。例如,下列电极反应

$$MnO_4^- + 4H^+ + 3e \longrightarrow MnO_2 + 2H_2O \qquad \varphi^{\ominus}=1.679\ V$$

相对于 O_2 还原生成水的反应

$$O_2 + 4H^+ + 4e \longrightarrow 2H_2O \qquad \varphi^{\ominus}=1.229\ V$$

可以明显看到,MnO_4^- 具有氧化 H_2O、释放 O_2 的能力:

$$4MnO_4^- + 4H^+ + 6H_2O = 4MnO_2 + 8H_2O + 3O_2 \qquad E^{\ominus}=0.450\ V$$

但实际上,MnO_4^- 能稳定地存在于水中。MnO_4^- 溶液(灰锰氧)是临床上常用的外用消毒剂,可以存放相当长的时间。MnO_4^- 之所以在水溶液中并不迅速发生氧化 H_2O 的反应,正是由于此反应具有很大的超电势。

活化能的大小取决于不同的反应历程和催化剂的存在;同样,超电势 η 的大小和电极的性质有关,例如 H^+ 的电极反应

$$2H^+ + 2e \longrightarrow H_2$$

在铂黑电极上,几乎没有超电势($\eta \approx 0$),但在铁电极上 η 接近于 10 V。电镀[1]锌正是利用了超电势的原理,铁制品上常常电镀上一层金属锌防锈。假定用 1 $mol \cdot L^{-1}$ 的 $ZnCl_2$ 溶液进行电镀,此时,Zn^{2+} 的电极反应为

$$Zn^{2+} + 2e \longrightarrow Zn \qquad \varphi = \varphi^{\ominus} = -0.76\ V$$

此时,假定溶液中$[H^+] = 10^{-7}\ mol \cdot L^{-1}$,外部氢气压力 $p_{H_2} \approx 1$ kPa,则此时的 $\varphi(H^+/H_2)$ 为

$$\varphi = \frac{0.0591}{2} \lg \frac{[H^+]^2}{(p_{H_2}/100)} = \frac{0.0591}{2} \lg \frac{10^{-14}}{10^{-2}} \approx -0.36\ V$$

显然,$\varphi(H^+/H_2) > \varphi(Zn^{2+}/Zn)$,溶液中 H^+ 的氧化能力要比 Zn^{2+} 强,从热力学角度上,H^+ 将优先于 Zn^{2+} 得到电子。如果仅有热力学因素决定得电子的优先权,那么电镀时我们只能得到 H_2 而得不到金属锌的电镀层。幸运的是,在铁和锌的电极上,H^+ 的超电势 η 都很大,因此,H^+ 实际上并不反应,只有 Zn^{2+} 从电极板上获得电子,形成金属锌电镀层。

9.5 浓差电池、膜电势和电化学分析法

9.5.1 浓差电池

从电极的能斯特方程可知,相同种类的电极如果其中氧化还原电对的浓度不同,则其电极电势会不同。将这两个电极种类相同但电极电势不一样的电极连接起来形成原电池,也会产生电池电动势。这种电池称为浓差电池(concentration cell),例如下面的电池:

$$Zn \mid ZnCl_2(c_1) \parallel ZnCl_2(c_2) \mid Zn$$

在这个电池中,正极和负极都是锌电极,两极之间的不同在于溶液中的 Zn^{2+} 浓度有差别。假定 $T = 298.15$ K,$c_2 > c_1$,分析可知两个电极的电极电势分别为

正极: $Zn^{2+}(c_2) + 2e \longrightarrow Zn \qquad \varphi_+ = \varphi^{\ominus}(Zn^{2+}/Zn) + (0.0591/2)\lg c_2$

负极: $Zn^{2+}(c_1) + 2e \longrightarrow Zn \qquad \varphi_- = \varphi^{\ominus}(Zn^{2+}/Zn) + (0.0591/2)\lg c_1$

电池总反应: $Zn^{2+}(c_2) \longrightarrow Zn^{2+}(c_1)$

电池电动势: $E = \varphi_+ - \varphi_- = (0.0591/2)\lg(c_2/c_1)$

由上可知,浓差电池的电动势取决于两侧电极溶液的浓度差别。浓差电池产生电动势的过程就是一种电极物质从浓溶液向稀溶液转移的过程;当两池的溶液浓度相等时,即浓差消失时,电池电动势变为零。

---

① 电镀是一种电解池,其电化学过程和原电池正好相反,即给电极外加一定电压使电池反应的逆反应发生。在电镀时,需要被镀的金属或其他制品作为电解池的阴极,电解池中的金属离子在阴极上获得电子,形成金属单质并沉淀在被镀的制品的表面上,形成一金属薄层的电镀层。

【例 9-14】 计算下面浓差电池的电动势：

(−)Pt, H_2(100 kPa)|HCl(0.0010 mol·L^{-1})‖HCl(0.010 mol·L^{-1})|H_2(100 kPa), Pt(+)

解 正极反应： $2H^+(0.010\ \text{mol}\cdot L^{-1})+2e \longrightarrow H_2(100\ \text{kPa})$

负极反应： $2H^+(0.0010\ \text{mol}\cdot L^{-1})+2e \longrightarrow H_2(100\ \text{kPa})$

电池反应： $2H^+(0.010\ \text{mol}\cdot L^{-1}) \longrightarrow 2H^+(0.0010\ \text{mol}\cdot L^{-1})$

于是，正、负极的电极电势和电池电动势分别为

$$\varphi_+=\varphi^\ominus+\frac{0.0591}{2}\lg\frac{[H^+]^2}{(p_{H_2}/p^\ominus)}=\left(\frac{0.0591}{2}\lg\frac{[10^{-2}]^2}{1}\right)\text{V}$$

$$\varphi_-=\varphi^\ominus+\frac{0.0591}{2}\lg\frac{[H^+]^2}{(p_{H_2}/p^\ominus)}=\left(\frac{0.0591}{2}\lg\frac{[10^{-3}]^2}{1}\right)\text{V}$$

$$E=\varphi_+-\varphi_-=\left(\frac{0.0591}{2}\lg\frac{[10^{-2}]^2}{[10^{-3}]^2}\right)\text{V}=0.059\ \text{V}$$

9.5.2 膜电势及其意义和应用

1. 跨膜浓差形成的膜电势

我们来分析下面一种情形：将不同浓度的 HCl 用一种特殊的膜隔开——这种膜仅允许 H^+ 透过，是一种选择性通透膜。于是，H^+ 会从高浓度 c_2 的一侧向低浓度 c_1 的一侧进行扩散。但是，由于 Cl^- 不能同时扩散通过，这样跨过膜的 H^+ 在低浓度的一侧形成正电荷层，而滞留于高浓度一侧的 Cl^- 则形成负电荷层，形成跨膜电势(membrane potential)，见图 9-3。

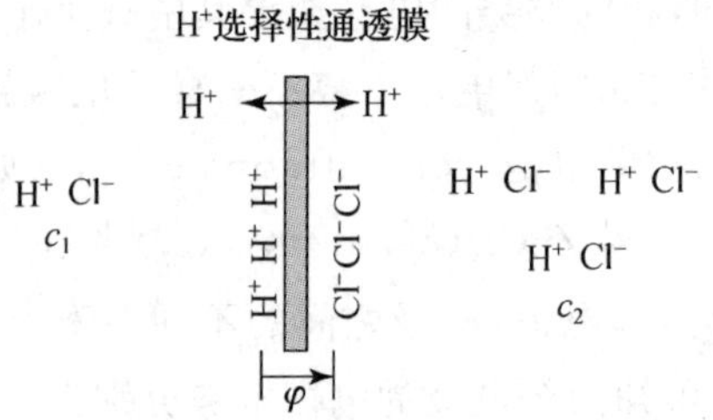

图 9-3 跨膜电势的形成

这种跨膜电势使 H^+ 逆着浓度梯度的方向运动；当跨膜电势随着 H^+ 的浓差扩散变得足够大时，达到跨膜电势和扩散平衡，即

$$-zF\varphi=RT\ln Q=RT\ln(c_1/c_2)$$

于是

$$\varphi=(RT/zF)\ln(c_2/c_1)$$

其中 z 是跨膜离子 H^+ 的电荷数。在 37℃体温条件下，对于电荷数为 $z=+1$ 的离子，上式可以变换为

$$\varphi=0.0615\lg(c_2/c_1)$$

于是，通过跨膜浓差电势，将膜两侧的浓度差别和膜本身的电信号相互联系起来。这对于生命体系和化学分析具有重要意义，下面将一一分析。

2. 细胞膜电势和神经电信号

神经系统的信号传导是通过神经细胞产生脉冲电信号进行的，而神经细胞脉冲信号则是通过细胞膜电势的变化实现的。其原理正是上面所说的浓差跨膜电势。

我们知道，细胞膜内外电解质有重要不同。细胞内部阳离子主要是 K^+，浓度约 140 mmol·L^{-1}；而在细胞膜外，K^+ 浓度仅约为 5 mmol·L^{-1}。细胞外液中，阳离子主要为 Na^+，浓度约 145 mmol·L^{-1}；而在细胞膜内，Na^+ 浓度约为 10 mmol·L^{-1}。可见，在细胞膜内外两侧，K^+ 和 Na^+ 浓度有很大的差别。

细胞膜是一种超分子体系，其主体结构是磷脂双层。离子是不能通过磷脂双层膜的，但在磷脂双层中，组装了一些具有各种功能的蛋白质分子。其中一些蛋白质分子负责控制离子穿越细胞膜的自由扩散过程，这些蛋白质分子称为离子通道(ion channels)。

在神经细胞膜上，同时存在了 K^+ 通道和 Na^+ 通道。在细胞处于安静状态时，Na^+ 通道关闭，而 K^+ 通道开放(图 9-4)。细胞内高浓度的 K^+ 向细胞外扩散，于是在细胞膜上形成了外侧为正、内侧为负的跨膜电势，这个过程称为膜的极化(polarization)。

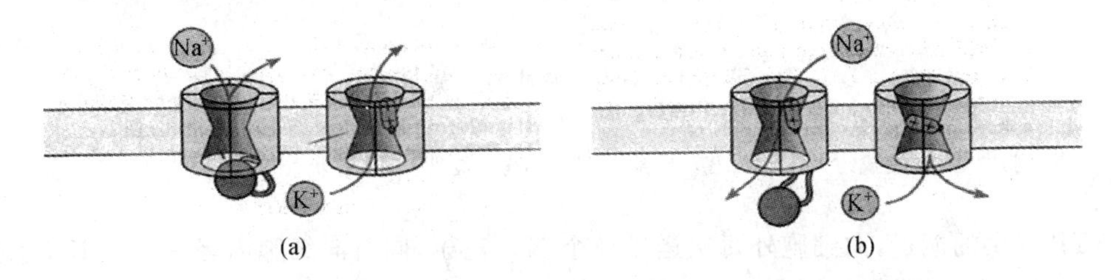

图 9-4 细胞膜的极化与 K^+ 通道与 Na^+ 通道的开放与关闭状态

(a) 细胞膜极化过程中 Na^+ 通道关闭，而 K^+ 通道开放；

(b) 细胞膜去极化过程中 K^+ 通道关闭，而 Na^+ 通道开放

根据上述的浓差膜电势原理，K^+ 的平衡膜电势 E_K 为

$$E_K = 0.0615 \lg(5/140) \approx -0.090 \text{ V} = -90 \text{ mV}$$

这个 E_K 是理论的最大值。实际上 Na^+ 通道不可能 100% 完全封闭，因此实际的细胞膜电势要比这个理论平衡值小。一般地，安静状态极化的细胞膜(内侧)电势在 −50～−70 mV(平均 −60 mV)左右。

当细胞受到某种因素刺激而激动时，会发生 K^+ 通道关闭、而 Na^+ 通道开放的过程。在这个过程中细胞外高浓度的 Na^+ 向细胞内流入，首先抵消了 K^+ 的膜电势，并且随着 Na^+ 向内扩散的进一步进行，细胞膜两侧的电荷状态被反转过来，此时膜内侧电势升高到 +40 mV 左右。这个过程称为细胞膜的去极化(depolarization)过程。

当细胞刺激结束，K^+ 通道会再次开放，而 Na^+ 通道重新关闭。于是，细胞膜重新被极化(repolarization)，回到安静状态时的膜电势。这样经过去极化和再极化过程，细胞完成一次电脉冲信号过程(图 9-5)。

在每一次膜电势脉冲形成中，都会有 K^+ 的外流和 Na^+ 的内流过程，造成细胞内外 K^+，Na^+ 浓度的暂时变化。不过，细胞膜上还存在一种称为 Na^+，K^+-三磷酸腺苷酶(Na^+，K^+-ATPase)的蛋白质。Na^+，K^+-ATPase 是一种特殊的离子运输分子(ion transporter)，它可以

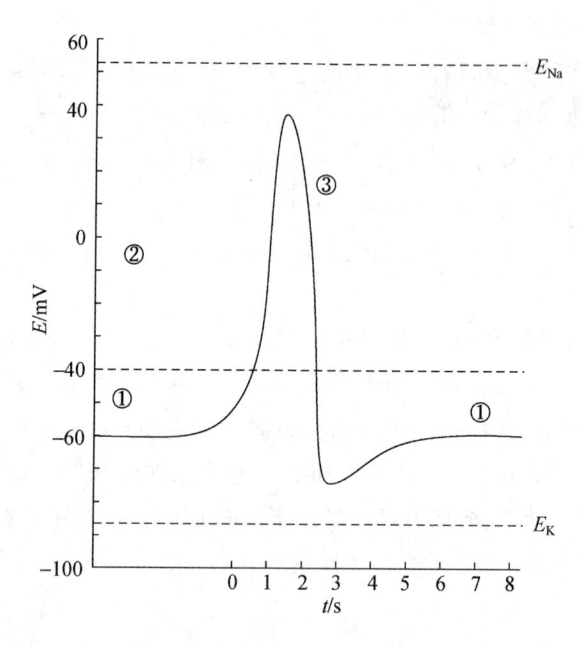

图 9-5 细胞电脉冲的形成过程

① 细胞安静状态时细胞膜极化，膜内侧电势约−60 mV；② 细胞激动，膜开始去极化过程，膜内侧电势变成约+40 mV；③ 细胞激动结束，膜再次极化回到安静状态时的电势

利用 ATP 提供的能量，向细胞外每次运送 3 个 Na^+ 离子，同时向细胞内运送 2 个 K^+，使细胞内外 K^+，Na^+ 浓度重新回到原来的状态。Na^+，K^+-ATPase 是细胞中消耗 ATP 的主要分子之一，它消耗的 ATP 量可占安静时细胞消耗 ATP 总量的 1/4。

3. 离子选择电极和电化学分析

根据膜电势的形成原理，如果我们能够找到一种离子选择性膜，那么就可以将跨膜的某种离子的浓度差别转换成膜电势。如果已知膜一侧的离子浓度，于是当我们测定了膜电势的大小后，就可以计算出膜另一侧的离子的浓度来。

为了测定膜电势的大小，我们需要两个电极电势已知的测量电极来组成一个测定膜电势大小的电路。在实际操作中，这个测量电路可以做成两个工作电极：离子选择电极和参比电极。在测量时，将两个工作电极连上电位计，然后同时插入待测溶液中，就可以测定某离子的浓度了。

1) 离子选择电极

离子选择电极(ion selective electrode)的主体部分由电极引线、电极杆、内参比电极、内参比溶液(内参液)和离子选择性膜组成。其中内参液同时提供了内参比电极所需的电极溶液和离子选择性膜一侧的已知浓度离子溶液；内参液在功能上是合二为一的，无需再使用盐桥连接两种溶液。离子选择电极的工作原理见图 9-6。

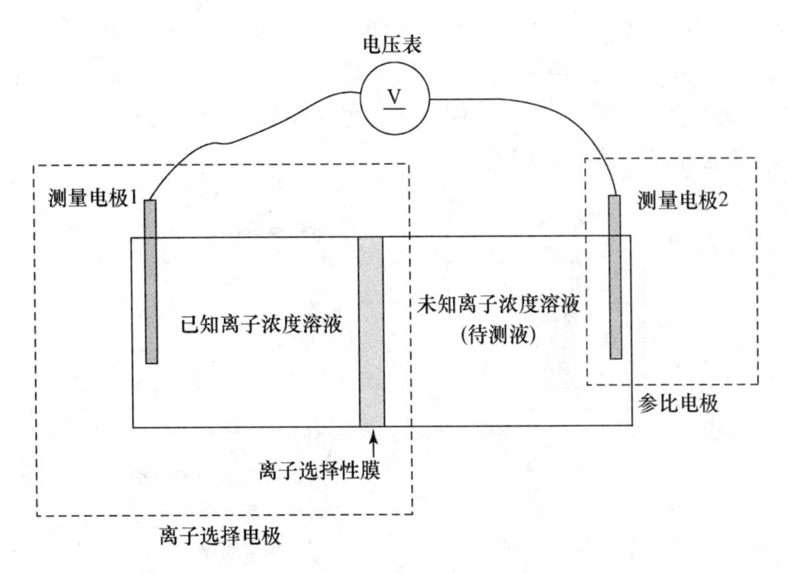

图 9-6 离子选择电极的工作原理

例如 K^+ 电极，其结构如图 9-7 所示。K^+ 选择性膜是一层很薄的塑料膜，膜中溶解了一种称为冠醚的分子，冠醚分子中有一个孔穴结构。含有 6 个 O 原子且总共有 18 个原子的冠醚环(图 9-7)，其大小正好可以通过一个水合 K^+，而 Na^+ 由于水合层较厚，水合离子较大而不能通过。内参比电极通常用金属难溶盐电极如 $AgCl/Cl^-$ 电极，可以选用 1.0 $mol \cdot L^{-1}$ KCl 溶液作为内参液。其中 K^+ 作为离子选择性膜一侧的已知浓度溶液，Cl^- 则是 $AgCl/Cl^-$ 电极所需的电极溶液离子。由于 Cl^- 浓度确定，因此内参比电极的电极电势是已知的。

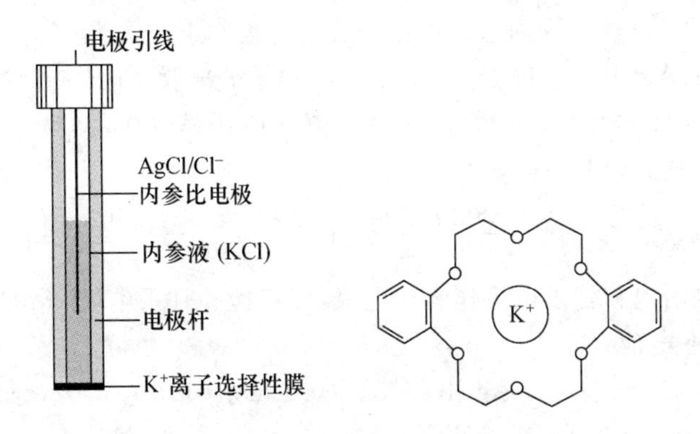

图 9-7 K^+ 电极和合成 K^+ 载体分子——冠醚的结构示意图

2) 参比电极

(外)参比电极(reference electrode)与内参比电极的功能一样，电极电势均稳定且已知其准确数值。在电化学分析应用中，常用的是饱和甘汞电极(saturated calomel electrode, SCE)。

饱和甘汞电极的组成式为：Pt, Hg(l), Hg_2Cl_2(s) | KCl(饱和)。电极反应式为

$$Hg_2Cl_2 + 2e \longrightarrow 2Hg + 2Cl^- \qquad \varphi_{SCE,298.15} = 0.2412\ V$$

电极中的 KCl 溶液是饱和的，并与 KCl 晶体共存，$[Cl^-]$为定值，故饱和甘汞电极的电极电势 φ_{SCE} 为定值。

饱和甘汞电极由内、外两个玻璃套管组成(图 9-8)。内管上部为汞,连接电极引线,汞的下方充填甘汞(Hg_2Cl_2)和汞的糊状物;内管的下端用石棉封口。外管中加入饱和 KCl 溶液,通过石棉封口浸透甘汞/汞糊;外管的下端有多孔的素烧瓷,素烧瓷浸透 KCl 溶液后可以形成盐桥,使电极溶液与外部待测溶液相通。

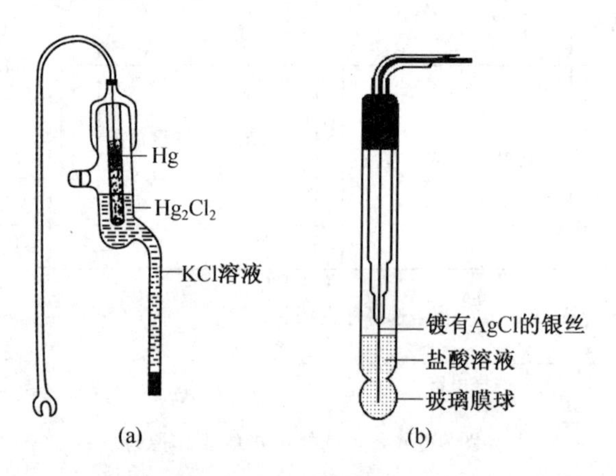

图9-8 饱和甘汞电极(a)和玻璃电极(b)的构造示意图

3) 玻璃膜电极和溶液 pH 的测定

离子选择电极一个最广泛而意义重大的应用就是 pH 计(pH meter),从而使溶液酸度的测量成为一件十分简单的实验室常规操作。pH 计的核心部件就是 pH 敏感的玻璃电极。

玻璃电极的构造如图 9-8 所示。在玻璃电极管的下端有一个厚度为 50~100 μm 的半球形玻璃薄膜,膜内盛有 0.1 mol·L^{-1} 盐酸的内参比溶液。在参比溶液中插入一根附有 AgCl 的银丝,构成 AgCl/Cl^- 电极,为内参比电极。玻璃电极的组成式为

$$\text{Ag,AgCl(s)} \mid \text{HCl}(0.1\ \text{mol}\cdot\text{L}^{-1}) \mid \text{玻璃膜} \mid \text{pH 待测溶液}$$

玻璃膜是对 H^+ 敏感的选择性交换膜,与选择性离子通透膜一样,其膜电位取决于两侧[H^+]的差别。玻璃电极的能斯特方程式为

$$\varphi_{玻璃}=\varphi^{\ominus}_{玻璃}+\frac{2.303\,RT}{F}\lg[\text{H}^+]=\varphi^{\ominus}_{玻璃}-\frac{2.303\,RT}{F}\text{pH}$$

实际测定时,常用饱和甘汞电极作参比电极,即将饱和甘汞电极和 pH 玻璃电极同时置于待测溶液中组成如下电池:

$$\text{Ag, AgCl(s)}\mid\text{Cl}^-(0.1\ \text{mol}\cdot\text{L}^{-1}),$$
$$\text{H}^+(0.1\ \text{mol}\cdot\text{L}^{-1})\mid\text{玻璃膜}\mid\text{待测溶液}\parallel\text{KCl(饱和)}\mid\text{Hg}_2\text{Cl}_2\text{(s)},\text{Hg(l)}$$

此电池中,玻璃电极为负极,甘汞电极为正极,则电池的电动势为

$$E=\varphi_{甘汞}-\varphi_{玻璃}=\varphi_{甘汞}-\varphi^{\ominus}_{玻璃}+\frac{2.303\,RT}{F}\text{pH}$$
$$=K+\frac{2.303\,RT}{F}\text{pH}$$

上式为溶液 pH 与电池电动势 E 的关系式。测出 E 值后,若不知道常数 K 的数值,还是不能算出 pH。常数 K 受玻璃电极和 pH 计上其他多种仪器条件的影响,因此不同 pH 计或者相同 pH 计更换电极后,常数 K 要发生变化。因此每次测量时,我们都需要对仪器的常数 K 进行测量。这个过程称为仪器的校正。

通常我们先测量一已知 pH 的标准缓冲溶液。若此标准溶液为 pH_s，测出电动势为 E_s，则有

$$E_s = K + \frac{2.303RT}{F}pH_s$$

$$K = E_s - \frac{2.303RT}{F}pH_s$$

然后，测量待测 pH_x 溶液的电池电动势为 E_x，则可以得出

$$pH_x = pH_s + \frac{(E_x - E_s)F}{2.303RT}$$

上式称为 pH 的操作定义。在 25℃，代入各常数可得

$$pH_{试} = pH_{标} + \frac{E - E_{标}}{0.0591}$$

在 pH 测量中，常用的标准缓冲溶液有下列几种：

(1) 酸性 pH 标准缓冲溶液：0.050 mol·L^{-1} 邻苯二甲酸氢钾（$KHC_8H_4O_4$），pH＝4.00（25℃）；

(2) 中性 pH 标准缓冲溶液：0.050 mol·L^{-1} KH_2PO_4-Na_2HPO_4，pH＝6.86（25℃）；

(3) 碱性 pH 标准缓冲溶液：0.010 mol·L^{-1} 硼砂溶液，pH＝9.18（25℃）；或 0.010 mol·L^{-1} 硼酸盐-硼酸溶液，pH＝10.00（25℃）。

【例 9-15】 在 25℃测量溶液的 pH。当测量 pH＝4.0 的标准缓冲溶液时，测得电池的电动势为 0.209 V；当测量某未知溶液时，电动势读数为 0.312 V。计算该未知溶液的 pH。

解 $pH_{试} = pH_{标} + (E - E_{标})/0.059$

$= 4.0 + (0.312 - 0.209)/0.059 = 5.75$

*9.6 生物体内的氧化还原反应

氧化还原反应是生物体内非常重要的反应。一方面，生物分子如糖、脂肪和蛋白质等被氧化，最终生成二氧化碳和水，同时释放能量生成 ATP，为生物体所利用、维持生物的新陈代谢等生命活动；另一方面，生命分子的氧化会导致这些分子失去功能，从而导致生物体的疾病、衰老和死亡。因此，生物体需要有效地控制上面两类不同作用的氧化还原反应，才能维持生命的存在。

生物氧化还原过程主要在细胞的线粒体中进行，线粒体中的电子传递过程称为线粒体呼吸链。在生物化学课程中，呼吸链电子传递过程是一个非常重要的内容，这里不作详细介绍，而仅讨论生物氧化还原反应控制策略的化学原理。

1. 酶催化

生物分子的氧化反应在热力学上都是自发进行的过程，然而作为电子转移反应，生物分子在中性和常温条件下直接被 O_2 氧化的反应速率是非常慢的，这给予了生物体对氧化反应进行有效控制的机会。生物体通过酶来加快生命所需的氧化反应，同时用抗氧化剂去淬灭可能引发不利氧化反应的活泼分子，将不利氧化反应的速率降至最低程度。

生物通过酶催化进行氧化还原反应意味着电子转移不是从生物分子直接给予 O_2，而是通过了酶分子来传递电子，即生物分子先将电子传递给酶分子。在这个过程中生物分子被氧化，酶分子被还原；然后酶分子再将电子传递给 O_2，在这个过程中酶分子被氧化、回到原始状态，而 O_2 被还原生成水。这里，酶发挥了运载电子的作用。

2. 分步进行

碳水化合物等生物分子被氧化生成 CO_2 和 H_2O 的电极电势比氢电极低。假如以氢电极电位为生物分子电极电位的代表，在 pH=7 的条件下，$\varphi^{\ominus'}(H^+/H_2)=-0.41$ V，而 O_2 的 $\varphi^{\ominus'}(O_2/H_2O)=0.82$ V，两者的跨度是 $\Delta\varphi^{\ominus'}=1.23$ V。实际上，在碳水化合物的氧化过程中，反应分成了许多的步骤(表 9-1)。其中电子经过了 NADH，CoQ 和细胞色素 c(Cyt c)等中间电子载体分子传递给 O_2，3 个主要电势台阶的跨度介于 0.2～0.6 V 之间。这样不仅大大提高了反应速率，而且增加了过程的可逆性，使反应释放的自由能得到最大的利用。同时，反应过程中可以产生很多有用的中间产物，用来合成其他生物分子。

表 9-1　线粒体生物氧化过程中一些主要中间电子载体的电极电势(pH=7.0)

氧化还原半反应	$\varphi^{\ominus'}$/V	氧还电位跨度/V
$2H^+ + 2e \longrightarrow H_2$	−0.41	
$NAD^+ + 2H^+ + 2e \longrightarrow NADH + H^+$	−0.32	0.09
$CoQ + 2H^+ + 2e \longrightarrow CoQH_2$	0.05	0.37
$Cyt\ c(Fe^{III}) + e \longrightarrow Cyt\ c(Fe^{II})$	0.25	0.20
$O_2 + 4H^+ + 4e \longrightarrow H_2O$	0.82	0.57

3. O_2 的还原过程控制

电子最后传递给 O_2 的过程是在线粒体膜上的复合体Ⅳ中进行的，这里 O_2 连续获得 4 个电子而被还原成 H_2O。过程看似简单，其实有许多微妙的问题。O_2 获得第一个电子的 $\varphi^{\ominus'}=-0.45$ V(表 9-2)。假定体内 O_2 的分压 $p_{O_2}/p^{\ominus}=0.2$，$\cdot O_2^-$ 的浓度约 10^{-11} mol·L^{-1}，则实际的电极电势 φ 为

$$\varphi=\varphi^{\ominus}+0.0591\lg(0.2/10^{-11})\approx 0.17\ \text{V}$$

表 9-2　O_2 得电子还原过程中各步的标准电极电势(pH=7.0)

氧化还原半反应	$\varphi^{\ominus'}$/V	氧化还原半反应	$\varphi^{\ominus'}$/V	氧化还原半反应	$\varphi^{\ominus'}$/V
$O_2 + e \longrightarrow \cdot O_2^-$	−0.45				
$\cdot O_2^- + 2H^+ + e \longrightarrow H_2O_2$	1.05	$O_2 + 2H^+ + 2e \longrightarrow H_2O_2$	0.30	$O_2 + 4H^+ + 4e \longrightarrow 2H_2O$	0.82
$H_2O_2 + H^+ + e \longrightarrow \cdot OH + H_2O$	0.32	$H_2O_2 + 2H^+ + 2e \longrightarrow 2H_2O$	1.34		
$\cdot OH + H^+ + e \longrightarrow H_2O$	1.80				

这是理论上 O_2 还原生成$\cdot O_2^-$时的最大电极电势值。而 Cyt c 的标准电势约 0.25 V，比 O_2 还原的第一步的电势要略高一些，因此不会自发将电子给 O_2。因此 O_2 必须一次获得两个电子，这样加合反应的电极电势达到了 0.30 V，O_2 才能被顺利还原成 H_2O_2：

$$O_2 + 2H^+ + 2e \longrightarrow H_2O_2 \qquad \varphi^{\ominus'}=0.30\ \text{V}$$

一旦生成 H_2O_2 后，后面的反应由于有较大的电极电势，能够自发进行。复合体Ⅳ采用的这个双电子转移策略有效避免了活性氧自由基$\cdot O_2^-$的生成。实际上，在线粒体中产生$\cdot O_2^-$的地方主要是在复合体Ⅰ、Ⅲ——即由 NADH 还原 CoQ 的过程中(想一想为什么)。

4. 氧化还原反应释放的能量储存于线粒体的跨膜质子势

碳水化合物氧化释放的能量是用来合成 ATP。前面说过，化学反应偶联的条件是一个反应的产物是另一个反应的反应物，而碳水化合物的氧化与 ATP 的合成反应没有任何交叉的反应物，是不能直接偶联的。不过，由于电子的转移可以改变分子的电荷状态，从而可以改变分子的 H^+ 解离能力。因此，氧化还原反应可以被利用来推动 H^+ 的跨生物膜流动。在线粒体中，蛋白质复合体Ⅰ，Ⅲ和Ⅳ都会利用每一步氧化还原反应释放的自由能将 H^+ 从线粒体内腔基质(matrix)搬运到内膜到外膜的膜间隙(intermembrane space)(图 9-9)，形成跨膜电势 $\Delta\varphi_m$ 和内膜两侧[H^+]梯度。

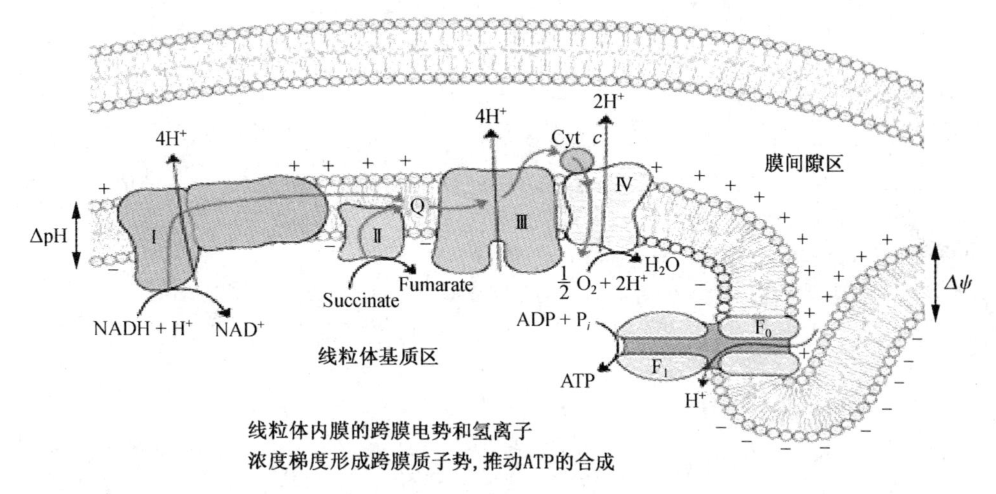

图 9-9 线粒体蛋白质复合体Ⅰ，Ⅲ和Ⅳ利用氧化还原反应释放的能量从基质将 H^+ 搬运到膜间隙

根据电化学原理，跨膜电势和 H^+ 浓度差储存的总自由能 ΔG 为

$$\Delta G=\Delta G_{膜电势}+\Delta G_{浓度梯度}=-z_{H^+}F\Delta\varphi_m+RT\ln([H^+]_m/[H^+]_{is})=-[F\Delta\varphi_m+RT\ln([H^+]_{is}/[H^+]_m)]$$

其中，$[H^+]_m$ 是基质内 H^+ 浓度，$[H^+]_{is}$ 是膜间内 H^+ 浓度。上式可以进一步变换为

$$\Delta p=-\Delta G/F=\Delta\varphi_m+(RT/F)\ln([H^+]_{is}/[H^+]_m)$$

在 37℃时

$$\Delta p=\Delta\varphi_m+0.061\lg([H^+]_{is}/[H^+]_m)=\Delta\varphi_m+0.061(pH_m-pH_{is})=\Delta\varphi_m+0.061\Delta pH$$

Δp 在生物化学中称为跨膜质子势，大小约 200～230 mV。这是线粒体用来合成 ATP 的动力。

5. 避免不利的氧化反应

生物体内的氧化损伤大都是氧自由基$\cdot O_2^-$和$\cdot OH$ 造成的。H_2O_2 被单电子过程还原是产生$\cdot OH$ 的主要原因。要避免不利氧化反应，必须降低$\cdot O_2^-$的浓度和减少 H_2O_2 被单电子还原的反应。

线粒体中$\cdot O_2^-$主要来自于由 NADH 向 CoQ 传递电子时漏出了一些电子给 O_2。虽然只有不到 1%的电子漏出来，但是由于电子传递是不断持续进行，产生的$\cdot O_2^-$的总量还是很大的。$\cdot O_2^-$的特点是既有较强的氧化性，又有较强的还原性，容易发生歧化反应：

$$\cdot O_2^- + \cdot O_2^- + 2H^+ \longrightarrow H_2O_2 + O_2$$

大名鼎鼎的 SOD 酶(超氧化物歧化酶)正是利用上述反应，使高度活泼的$\cdot O_2^-$转变成相对安全的 H_2O_2。

体内 H_2O_2 的浓度约 10^{-8} mol·L^{-1}。假如体内控制使$[\cdot OH]<10^{-9}$ mol·L^{-1}，可以算出此时 H_2O_2 的电极电势最小为

$$\varphi=\varphi^{\ominus'}+0.0591\lg([H_2O_2]/[\cdot OH])=0.32+0.0591\approx 0.38\ V$$

也就是说，溶液中电极电势<0.38 V 的物质都可能导致 H_2O_2 还原生成$\cdot OH$。虽然体内有很多还原剂如 NADH，$CoQH_2$ 等，它们的电极电势都小于 0.38 V，但由于超电势都比较大，它们很少直接产生$\cdot OH$。体内最主要的导致 H_2O_2 还原的分子是 Fe^{2+} 离子及其配合物。多数如 Fe^{II} 配合物的电极电势较低(如 Fe^{II}-EDTA，$\varphi^{\ominus'}=0.090$ V)，而且氧化反应的超电势很小，容易发生 Fenton 反应：

$$Fe^{II}L + H_2O_2 \longrightarrow Fe^{III}L + \cdot OH + OH^-$$

其中，$Fe^{III}L$ 可以很快地被体内其他还原剂还原成 $Fe^{II}L$，这样便会不断地诱导$\cdot OH$ 生成。

有幸的是，并非所有的 Fe^{II} 配合物的电极电势都低于 0.38 V，如 Fe^{II}-水杨酸配合物的 $\varphi^{\ominus'}$ 就高于这个门槛值。因此，水杨酸可以降低$\cdot OH$ 的生成。实际上，水杨酸(即药物阿司匹林)具有很好的抗炎作用，可以预防心血管疾病的发生。许多非激素类的抗炎药物都具有类似水杨酸和铁形成稳定配合物的作用。

思 考 题

9-1 指出下列物质中元素符号右上角标 * 元素的氧化值：

Na_2O^*，CuI^*，$K_2O_2^*$，H^*F，NaH^*，NaN_3^*，$Na_2S_4^*O_6$，Cl^*O_2，$N_2^*O_5$，$Cr^*O_4^{2-}$，$Mn^*O_4^-$。

9-2 配平下列氧化还原反应方程式(必要时添加反应介质)：

(1) $MnO_4^- + H_2C_2O_4 + H^+ \longrightarrow Mn^{2+} + CO_2 + H_2O$

(2) $Cr_2O_7^{2-} + Fe^{2+} + H^+ \longrightarrow Cr^{3+} + Fe^{3+} + H_2O$

(3) $FeS + NO_3^- \longrightarrow Fe^{3+} + SO_4^{2-} + NO$

(4) $S_2O_3^{2-} + I_2 \longrightarrow S_4O_6^{2-} + I^-$

(5) $Cl_2 + OH^- \longrightarrow Cl^- + ClO_3^- + H_2O$

(6) $I^- + H_2O_2 + H^+ \longrightarrow I_2 + H_2O$

(7) $HgCl_2 + SnCl_2 \longrightarrow Hg_2Cl_2 + SnCl_4$

(8) $KClO_3 + HCl \longrightarrow Cl_2\uparrow + KCl + H_2O$

9-3 下列物质中,哪些离子的氧化性质受溶液的 pH 影响?

Hg_2^{2+},$Cr_2O_7^{2-}$,MnO_4^-,Cl_2,Cu^{2+},H_2O_2。

9-4 试将下列化学反应设计成电池。

(1) $Zn + H_2SO_4 \longrightarrow ZnSO_4 + H_2$

(2) $H_2 + I_2(s) \longrightarrow 2HI$

(3) $AgCl + I^- \longrightarrow AgI + Cl^-$

(4) $Ag^+ + Cl^- \longrightarrow AgCl(s)$

9-5 计算 25℃ 时下列各电池的电动势。

(1) $(-)Cu(s)|Cu^{2+}(0.2\ mol \cdot L^{-1}) \| Ag^+(0.2\ mol \cdot L^{-1})|Ag(s)(+)$

(2) $(-)Pt(s)|Fe^{2+}(0.1\ mol \cdot L^{-1}), Fe^{3+}(1\ mol \cdot L^{-1}) \| Cl^-(0.1\ mol \cdot L^{-1})|Cl_2(100\ kPa)|Pt(s)(+)$

(3) $(-)Pt(s)|H_2(100\ kPa) | H^+(0.1\ mol \cdot L^{-1}) \| Cl^-(1\ mol \cdot L^{-1})|Hg_2Cl_2(s)|Hg(l)|Pt(s)(+)$

9-6 由下列热力学数据,计算 298.15 K 时 Mg^{2+}/Mg 电对的标准电极电势。

$Mg(s) + \frac{1}{2}O_2(g) = MgO(s)$ $\qquad \Delta G_m^\ominus = -537\ kJ \cdot mol^{-1}$

$MgO(s) + H_2O(l) = Mg(OH)_2(s)$ $\qquad \Delta G_m^\ominus = -31\ kJ \cdot mol^{-1}$

$H_2(g) + \frac{1}{2}O_2(g) = H_2O(l)$ $\qquad \Delta G_m^\ominus = -241\ kJ \cdot mol^{-1}$

$H_2O(l) = H^+ + OH^-$ $\qquad \Delta G_m^\ominus = 80\ kJ \cdot mol^{-1}$

$Mg(OH)_2(s) = Mg^{2+}(aq) + 2OH^-(aq)$ $\qquad K_{sp} = 5.5 \times 10^{-12}$

9-7 若溶液中$[MnO_4^-]=[Mn^{2+}]$,分别计算 pH 为 3.0 和 7.0 时,MnO_4^- 能否氧化 Cl^-,Br^-,I^-?

9-8 根据 $\varphi^\ominus$ 值计算下列反应的平衡常数,并比较反应进行的程度。

(1) $Fe^{3+} + Ag = Fe^{2+} + Ag^+$

(2) $6Fe^{2+} + Cr_2O_7^{2-} + 14H^+ = 6Fe^{3+} + 2Cr^{3+} + 7H_2O$

(3) $2Fe^{3+} + 2I^- = 2Fe^{2+} + I_2$

9-9 已知 pH=7.0 时,$\varphi^{\ominus'}(NAD^+/NADH) = -0.32\ V$,$\varphi^{\ominus'}(O_2/H_2O) = 0.82$。试求电池反应:

$$NADH + H^+ + \frac{1}{2}O_2 \longrightarrow NAD^+ + H_2O$$

在 pH=7.0,298.15 K 时的标准电池电动势 $E^\ominus$ 和 $K^\ominus$,此反应理论上可以生产多少 ATP(每 mol ATP 储能约30 $kJ \cdot mol^{-1}$)?

9-10 根据附录五的热力学数据，求电极反应 $H_2O_2+2H^++2e \longrightarrow 2H_2O$ 在 pH=7.0，298.15 K 时的标准电极电势。

9-11 已知 $\varphi^{\ominus}(MnO_4^-/Mn^{2+})=1.51$ V，$\varphi^{\ominus}(Cl_2/Cl^-)=1.36$ V，若将此两电对组成电池，请写出：

(1) 该电池的电池符号和电极符号；

(2) 计算电池反应在 25℃时的电动势 E 和自由能变化 ΔG，并判断标准状态下此反应进行的方向；

(3) 当 pH=2，其他物质均为标准态时，求此电池在 25℃时的电动势 E 及自由能变化 ΔG，并判断反应进行的方向。

9-12 已知 $\varphi^{\ominus}(Ag^+/Ag)=0.7991$ V。25℃时下列原电池

$$(-)Ag \mid AgBr \mid Br^-(1.00\ mol \cdot L^{-1}) \parallel Ag^+(1.00\ mol \cdot L^{-1}) \mid Ag(+)$$

的电动势为 0.7279 V，计算 AgBr 的 K_{sp}。

9-13 已知 $\varphi^{\ominus}(Ag^+/Ag)=0.80$ V，$\varphi^{\ominus}(Cu^{2+}/Cu)=0.34$ V，$K_{sp}(AgI)=1.0\times10^{-18}$。298.15 K 时，在 Ag^+/Ag 电极中加入过量 I^-，设达到平衡时$[I^-]=0.10\ mol \cdot L^{-1}$，而另一个电极为 Cu^{2+}/Cu，$[Cu^{2+}]=0.010\ mol \cdot L^{-1}$，现将两电极组成原电池，写出原电池的符号、电池反应式，并计算电池反应的平衡常数。

9-14 在 25℃下，有一原电池 $(-)A|A^{2+} \parallel B^{2+}|B(+)$，当$[A^{2+}]=[B^{2+}]=0.500\ mol \cdot L^{-1}$时，其电动势为 0.360 V。现在若使$[A^{2+}]=0.100\ mol \cdot L^{-1}$，$[B^{2+}]=1.00\times10^{-4}\ mol \cdot L^{-1}$，问此时该电池的电动势为多少？

9-15 已知下列电对的标准电极电势：

$VO_2^+ +2H^+ +e \longrightarrow VO^{2+} +H_2O$ $\qquad \varphi^{\ominus}=0.991$ V

$VO^{2+} +2H^+ +e \longrightarrow V^{3+} +H_2O$ $\qquad \varphi^{\ominus}=0.337$ V

$V^{3+} +e \longrightarrow V^{2+}$ $\qquad \varphi^{\ominus}=-0.255$ V

$V^{2+} +2e \longrightarrow VO^{2+}$ $\qquad \varphi^{\ominus}=-1.175$ V

$Fe^{3+} +e \longrightarrow Fe^{2+}$ $\qquad \varphi^{\ominus}=0.771$ V

$Sn^{4+} +2e \longrightarrow Sn^{2+}$ $\qquad \varphi^{\ominus}=0.151$ V

$Zn^{2+} +2e \longrightarrow Zn$ $\qquad \varphi^{\ominus}=-0.762$ V

在酸性溶液中，分别用 $1.0\ mol \cdot L^{-1}$ 的 Fe^{2+}，$1.0\ mol \cdot L^{-1}$ 的 Sn^{2+} 和 Zn 还原 $1.0\ mol \cdot L^{-1}$ 的 VO_2^+ 时，最终得到的产物是什么？

9-16 $PbSO_4$ 的 K_{sp} 可用如下方法测得：选择 Cu^{2+}/Cu，Pb^{2+}/Pb 两电对组成一个原电池，在 Cu^{2+}/Cu 半电池中使 $c(Cu^{2+})=1.0\ mol \cdot L^{-1}$，在 Pb^{2+}/Pb 半电池中加入 SO_4^{2-}，产生 $PbSO_4$ 沉淀，并调至 $c(SO_4^{2-})=1.0\ mol \cdot L^{-1}$。实验测得电动势 $E=0.62$ V(已知铜为正极)，计算 $PbSO_4$ 的 K_{sp}。

9-17 已知：

$Fe^{3+} +e \longrightarrow Fe^{2+}$ $\qquad \varphi^{\ominus}=0.771$ V

$I_2 +2e \longrightarrow 2I^-$ $\qquad \varphi^{\ominus}=0.535$ V

若$[Fe^{3+}]=1.0\times10^{-3}\ mol \cdot L^{-1}$，$[Fe^{2+}]=1.0\ mol \cdot L^{-1}$，$[I^-]=1.0\times10^{-3}\ mol \cdot L^{-1}$，试问：反应 $2Fe^{3+}+2I^- \rightleftharpoons 2Fe^{2+}+I_2$ 向哪个方向进行？

9-18 已知 $\varphi^{\ominus}(Ag^+/Ag)=0.799$ V，$\varphi^{\ominus}([Ag(S_2O_3)_2]^{3-}/Ag)=0.017$ V，$K_{sp}(AgBr)=5.0\times10^{-13}$。计算：

(1) $[Ag(S_2O_3)_2]^{3-}$ 的稳定常数；

(2) 若将 0.10 mol 的 AgBr 固体完全溶解在 1 L 的 $Na_2S_2O_3$ 溶液中，$Na_2S_2O_3$ 的最小浓度应为多少？

9-19 已知：$\varphi^{\ominus}(A^{2+}/A)=-0.1296$ V，$\varphi^{\ominus}(B^{2+}/B)=-0.1000$ V。将 A 金属插入金属离子 B^{2+} 的溶液中，开始时 $c(B^{2+})=0.110\ mol \cdot L^{-1}$，求平衡时 A^{2+} 和 B^{2+} 的浓度各是多少？

9-20 根据以下电池求出胃液的 pH：Pt，H_2(100 kPa) | 胃液 ‖ SCE。298.15 K 时 $E=0.420$ V。

9-21 已知 Ag^+/Ag 和 Cu^{2+}/Cu 电对的 $\varphi^{\ominus}$ 值分别为 0.8 V 和 0.34 V，在室温下将过量的铜屑置于 $1.0\ mol \cdot L^{-1}$ $AgNO_3$ 溶液中，计算达平衡时溶液中 Ag^+ 的浓度。

9-22 将氢电极插入含有 $0.50\ mol \cdot L^{-1}$ HA 和 $0.10\ mol \cdot L^{-1}$ A^- 的缓冲溶液中，作为原电池的负极；将银电

极插入含有 AgCl 沉淀和 1.0 mol·L^{-1} Cl^- 的溶液中。已知 $p(H_2)=p^\ominus$ 时测得原电池的电动势为 0.450 V,$\varphi^\ominus(Ag^+/Ag)=0.80$ V,$K_{sp}(AgCl)=1.7\times10^{-10}$。

(1) 计算原电池的标准电动势;

(2) 计算 HA 的解离常数。

9-23 已知 $\varphi^\ominus(Fe^{3+}/Fe^{2+})=0.77$ V,$\varphi^\ominus(O_2/OH^-)=0.40$ V,$K_{sp}(Fe(OH)_3)=1.1\times10^{-36}$,$K_{sp}(Fe(OH)_2)=1.6\times10^{-14}$。试求:

(1) 电极反应 $Fe(OH)_3+e \longrightarrow Fe(OH)_2+OH^-$ 的 $\varphi^\ominus$;

(2) 电池反应 $4Fe(OH)_2+O_2+2H_2O \rightleftharpoons 4Fe(OH)_3$ 的 $K^\ominus$。

9-24 电池 Pt, H_2(100 kPa) | H^+(x mol·L^{-1}) ‖ KCl(0.1 mol·L^{-1}) | Hg_2Cl_2+Hg(l) 可用来测定含 H^+ 溶液的 pH。若用 pH=6.86 的磷酸缓冲液时,E=0.741 V;当测定某未知溶液时,E=0.610 V。计算该溶液的 pH。

9-25 用玻璃电极组成电池:玻璃电极|缓冲溶液‖饱和甘汞电极。在 298.15 K,测定 pH=4.00 标准缓冲溶液的电动势为 0.212 V。换成一未知 pH 的缓冲溶液后,测得电动势为 0.387 V,求此缓冲溶液的 pH。

9-26 什么是超电势?铁制品上为什么可以电镀上一层锌而不产生大量的 H_2?

9-27 从血浆产生胃液,要求 H^+ 从 pH=7 的血液中迁移到 pH=1 的胃消化液中,求在 310 K 时为分泌胃酸,每分泌 1 mol H^+ 需要消耗多少 ATP(1 mol ATP 储能约 30 kJ·mol^{-1})?

第10章 配位化合物

我们知道人体内存在很多微量的金属元素，如铁、铜和锌等。这些微量元素缺少或者过多，都会引起人体的疾病。现在，我们讨论一个问题，体内的微量元素铁(Fe)存在的化学物种(specie)会是怎样呢？以自然界几种 Fe 的存在形式逐一分析：

(1) 单质 Fe。单质 Fe 是一种金属，不溶于水，并具有很高的强度，因此它不可能是体内 Fe 的存在形式。

(2) Fe^{2+} 水合离子。Fe^{2+} 可与 OH^- 形成 $Fe(OH)_2$ 沉淀，其 $K_{sp}=5\times10^{-17}$，在 pH=7.4 的条件下，计算 Fe^{2+} 溶解度为

$$s(Fe^{2+})=K_{sp}/[OH^-]^2=5\times10^{-17}/10^{-(14-7.4)\times2}\approx8\times10^{-4}\ mol\cdot L^{-1}$$

Fe^{2+} 也可以和 CO_3^{2-} 形成 $FeCO_3$ 沉淀，其 $K_{sp}=3.2\times10^{-11}$，在 pH=7.4 和 $[HCO_3^-]=0.024\ mol\cdot L^{-1}$ 的条件下，计算 Fe^{2+} 溶解度为

$$[CO_3^{2-}]=K_{a_2}[HCO_3^-]/[H^+]=4.8\times10^{-11}\times0.024/10^{-7.4}\approx3\times10^{-5}\ mol\cdot L^{-1}$$

$$s(Fe^{2+})=K_{sp}/[CO_3^{2-}]=3.2\times10^{-11}/(3\times10^{-5})\approx10^{-6}\ mol\cdot L^{-1}$$

因此，在 HCO_3^- 存在的生理条件下 Fe^{2+} 溶解度很小。此外，Fe^{3+}/Fe^{2+} 的标准电极电势为 $\varphi^\ominus(Fe^{3+}/Fe^{2+})=0.77\ V$，而 O_2 在中性条件下的标准(生物化学)电极电势为 $\varphi^\ominus(O_2/H_2O)=0.81\ V$，$Fe^{2+}$ 可能被空气中的 O_2 所氧化。因此，Fe^{2+} 水合离子也不可能是体内 Fe 的存在形式。

(3) Fe^{3+} 水合离子。Fe^{3+} 可与 OH^- 形成 $Fe(OH)_3$ 沉淀，其 $K_{sp}=3\times10^{-39}$，在 pH=7.4 的条件下，计算 Fe^{3+} 溶解度为

$$s(Fe^{3+})=K_{sp}/[OH^-]^3=3\times10^{-39}/10^{-(14-7.4)\times3}\approx2\times10^{-19}\ mol\cdot L^{-1}$$

溶解度接近于零。因此，Fe^{3+} 水合离子也不可能是体内 Fe 的存在形式。

(4) Fe^{2+} 或者 Fe^{3+} 的某种小分子或生物大分子的配离子。$Fe^{II/III}$ 的配离子不仅可以有很好的溶解度，而且具有一定范围的电极电势，可以稳定存在于溶液之中。体内 Fe 存在的化学形式正是 $Fe^{II/III}$ 的各种配离子。

在体内，大多数的过渡金属离子和+3 价的主族金属离子其实都是以配离子的形式存在。配离子的形成和性质正是本章要学习的内容。

10.1 配位化合物的结构

10.1.1 配合物的简史

1597 年,利巴维阿斯(Libavius)发现铜盐与过量氨水作用会得到一种深蓝色溶液。现在我们知道其深蓝色是$[Cu(NH_3)_4]^{2+}$离子所致。1704 年,德国柏林染料制造商狄斯巴赫(Diesbach)制得一种蓝色染料,并将其命名为普鲁士蓝。现知道其组成为$KFe[Fe(CN)_6]$,它被称为历史上的“第一个配合物”。1798 年,法国化学家塔萨厄尔(B. M. Tassaert)在放置过夜的$CoCl_2$和过量氨水的混合溶液中,意外地得到了化学组成是$CoCl_3 \cdot 6NH_3$[①]的橙黄色晶体,从此拉开了化学家对配合物进行系统研究的序幕。

经过化学家们持续了近一个世纪的大量研究,人们开始对无机配位化合物的性质有了许多的了解,例如:

(1) $CoCl_3$和NH_3之间可以形成的一系列颜色各异的化合物,如橙黄的$CoCl_3 \cdot 6NH_3$,紫红的$CoCl_3 \cdot 5NH_3$,绿色的和紫色的$CoCl_3 \cdot 4NH_3$;

(2) $PtCl_2$和NH_3之间形成的氨分子含量不同的化合物,如$PtCl_2 \cdot 2NH_3$,$PtCl_2 \cdot 3NH_3$,$PtCl_2 \cdot 4NH_3$;

(3) $PtCl_4$,KCl 和NH_3之间形成的系列化合物,如$2KCl \cdot PtCl_4$,$KCl \cdot PtCl_4 \cdot NH_3$,$PtCl_4 \cdot 2NH_3$,$PtCl_4 \cdot 3NH_3$,$PtCl_4 \cdot 4NH_3$,$PtCl_4 \cdot 5NH_3$,$PtCl_4 \cdot 6NH_3$等等。

配位化合物的性质非常特殊,它们的水溶液有导电性;在上面的化合物中,NH_3相当稳定,不会因温热而失去,而且在水溶液中一般不易和酸发生中和反应等。

人们对新配制的$CoCl_3 \cdot 6NH_3$溶液中化合物的分子结构进行了分析。当向溶液中加入$AgNO_3$溶液时,可以使其中的 3 个Cl^-立即沉淀下来。对$CoCl_3 \cdot 5NH_3$做同样的实验,发现仅有两个Cl^-立即沉淀。对一系列$CoCl_3$和NH_3反应的不同颜色的生成物进行同样的实验,可以发现分子中Cl^-被沉淀的能力是不同的,显示Cl^-在分子结构中的位置不同,其差别的原因是一些Cl^-与Co^{3+}形成了配位化学键(表 10-1)。请注意,两个化学组成同为$CoCl_3 \cdot 4NH_3$的配合物,其颜色是不同的,表明其内部结构并不一样,其中绿色的是反式(*trans-*)化合物,而紫色的是顺式(*cis-*)化合物(图 10-1)。这种顺反异构是配位化合物的一个重要特性。

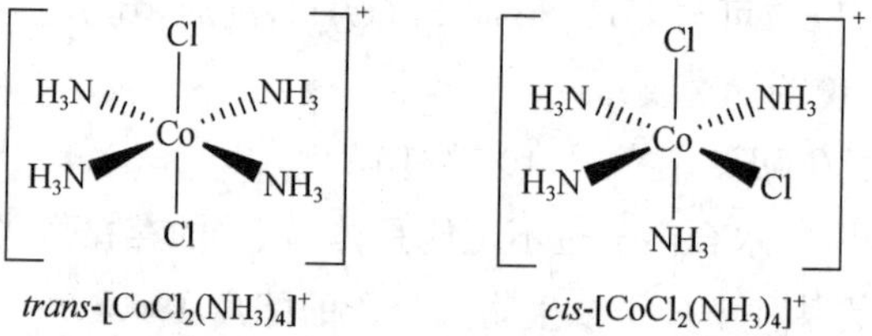

trans-$[CoCl_2(NH_3)_4]^+$　　*cis*-$[CoCl_2(NH_3)_4]^+$

图 10-1 $[CoCl_2(NH_3)_4]^+$的两种顺反异构体

① 此时钴已经由 Co(Ⅱ)被空气氧化成 Co(Ⅲ)。

表 10-1 Co(Ⅲ)氯氨化合物沉淀为 AgCl 的氯离子数

化学组成式	颜色	电导率	立即沉淀的 Cl^- 数	与 Co^{3+} 配合的 Cl^- 数	化学结构式
$CoCl_3 \cdot 6NH_3$	橙黄	高	3	0	$[Co(NH_3)_6]Cl_3$
$CoCl_3 \cdot 5NH_3$	紫红	中	2	1	$[CoCl(NH_3)_5]Cl_2$
$CoCl_3 \cdot 4NH_3$	绿	低	1	2	*trans*-$[CoCl_2(NH_3)_4]Cl$
$CoCl_3 \cdot 4NH_3$	紫	低	1	2	*cis*-$[CoCl_2(NH_3)_4]Cl$

由于配合物的结构复杂，不能用经典原子价理论解释，因此早期人们把 H_2O，NH_3，$CoCl_3$，CH_4等原子价已经饱和的化合物称为简单化合物(simple compound)，而把由简单化合物按确定比例进一步结合而形成的稳定化合物称为复杂化合物(complex compound)，中文译为络合物。1893 年，由德国化学家维尔纳(A. Werner)首先提出络合物的形成理论，之后鲍林(L. C. Pauling)用配位键(coordination bond)理论成功地解释了络合物的结构。因此，目前多数研究者将上述的金属离子通过配位键和其他分子或离子形成的化合物称为配位化合物(coordination compound)，简称配合物。

10.1.2 配合物的化学组成

配合物的结构单元(称为配位单元)由作为结构中心的金属离子或原子(统称中心原子)和围绕在它周围的若干阴离子或中性分子(统称配位体，简称配体)以配位键相结合而成。配位单元都具有一定的组成和空间构型。带正电荷的配位单元常称为配阳离子，如$[Co(NH_3)_6]^{3+}$；带负电荷的配位单元常称为配阴离子，如$[Fe(CN)_6]^{3-}$；不带电荷的配位单元称为配位分子，如$[PtCl_2(NH_3)_2]$。配位分子和含有配离子的化合物统称配合物。

1. 内界和外界

含有配离子的化合物通常分成内界和外界两个部分。例如$[Co(NH_3)_6]Cl_3$：

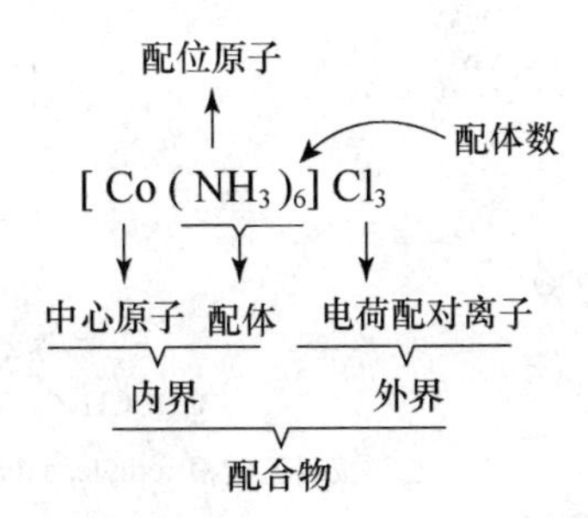

配离子是配合物的内界(inner sphere)，由中心原子和一定数目的配体组成，是配合物的特征部分。在书写时，内界配离子部分常用方括号"[ ]"括起来；方括号之外是为了维持分子的电中性、与配离子带相反电荷的"电荷配对离子"，是配合物的外界(outer sphere)。配合物的内界和外界之间以离子键结合，在水溶液中完全解离：

$$[Co(NH_3)_6]Cl_3 \longrightarrow [Co(NH_3)_6]^{3+} + 3Cl^-$$

由于配位分子不带电荷，也就不需要电荷配对离子，因此无外界结构。如$[Ni(CO)_4]$，$[PtCl_2(NH_3)_2]$等。

2. 中心原子

中心原子(central atom)位于配离子或配位分子的中心位置,它是配合物的形成体。绝大多数中心原子是带正电的金属离子,如$[Co(NH_3)_6]^{3+}$中的Co^{3+},$[Cu(NH_3)_4]^{2+}$中的Cu^{2+}等。金属原子也可以作为中心原子,如$[Ni(CO)_4]$中的Ni原子。此外,个别高氧化态的非金属元素也能作中心原子,如$[SiF_6]^{2-}$中的Si(Ⅳ),$[PF_6]^-$中的P(Ⅴ)等。

3. 配体和配位原子

在配合物中,与中心原子以配位键结合的阴离子或中性分子称为配体(ligand,简称L),如$[Co(NH_3)_6]^{3+}$中的NH_3,$[Ni(CO)_4]$中的CO都是配体。配体中直接与中心原子成键的原子称为配位原子(ligating atom),如NH_3分子中的N原子,H_2O分子中的O原子以及CO分子中的C原子[①]等。常见的配位原子主要是含有孤对电子的非金属原子N,O,S,C,F,Cl,Br,I等。

$$-\ddot{\mathrm{O}}\!:\quad -\ddot{\mathrm{S}}\!:\quad -\ddot{\mathrm{N}}-\quad :\!\mathrm{C}\!\equiv\quad :\!\mathrm{X}^-$$

根据配体中所含配位原子的多少,可将配体分成单齿配体(monodentate ligand)和多齿配体(polydentate或multidentate ligand)。只含有一个配位原子的配体称为单齿配体。例如:

$:F^-$	$:Cl^-$	$:Br^-$	$:I^-$	$:NH_3$	$:OH_2$	$:CO$
	卤素离子					羰基(作配体时)

$:SCN^-$	$:NCS^-$	$:CN^-$	$:NC^-$	$:ONO^-$	$:NO_2^-$
硫氰酸根	异硫氰酸根	氰根	异氰根	亚硝酸根	硝基

含有两个或两个以上配位原子的配体称为多齿配体,见图10-2。

$H_2\ddot{N}CH_2CH_2\ddot{N}H_2$ 乙二胺(en)　　$H_2\ddot{N}CH_2CO\ddot{O}^-$ 氨基乙酸根(gly)　　$^-\ddot{O}OC—CO\ddot{O}^-$ 草酸根(ox)

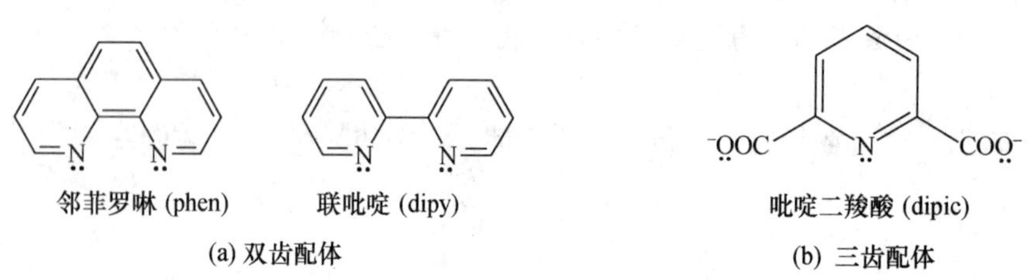

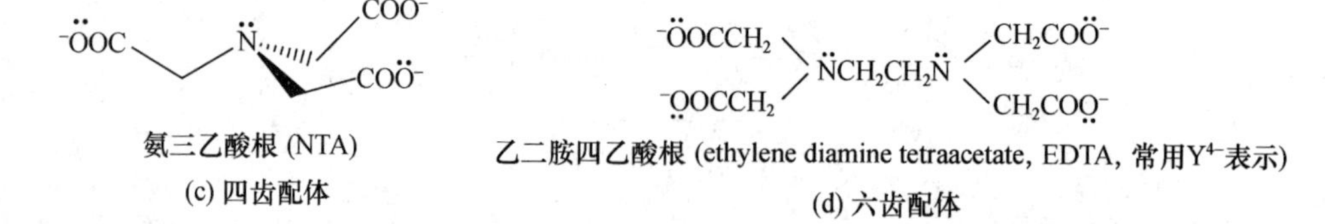

图10-2　各种多齿配体

有少数配体虽有两个原子可作为配位原子,但是由于它们靠得太近,无法同时与一个中心原子结合,只能使用其中一个原子作为配位原子,故它们仍属单齿配体。此类配体称为两可配体(ambident ligand)。例如硫氰酸根离子SCN^-和异硫氰酸根离子NCS^-,在游离阴离子的状

① CO分子中的C原子略带负电荷,O原子略带正电荷(见3.2.2小节),所以C原子为配位原子。

态时，两者实际上是同一种离子。硫氰酸根离子中的 S 和 N 都可以作为配位原子，但每次只能有一个原子成为配位原子。当金属离子是 Ag^+ 时，S 为配位原子，形成$[Ag(SCN)_2]^-$①，称为二(硫氰酸根)合银(Ⅰ)配离子；而当 Fe^{3+} 作为中心原子时，则 N 为配位原子，形成$[Fe(NCS)_6]^{3-}$，称为六(异硫氰酸根)合铁(Ⅲ)配离子。常见的两可配体还有亚硝酸根 ONO^- 和硝基 NO_2^-、氰根 CN^- 和异氰根 NC^- 等。

4. 配位数

在配体中，直接与中心原子以配位键结合的配位原子的总数目称为该中心原子的配位数(coordination number)。配位数实际上就是中心原子与配体形成配位键的数目。如果配体均为单齿配体，配体的数目就是该中心原子的配位数。例如，配离子$[Cu(NH_3)_4]^{2+}$中 Cu^{2+} 的配位数是 4，配合物$[CoCl_3(NH_3)_3]$中 Co^{3+} 的配位数为 6。如果配体中有多齿配体，配体的数目则与该中心原子的配位数不相等。例如，配离子$[Cu(en)_2]^{2+}$中的配体乙二胺(en)是双齿配体，一个 en 分子中有 2 个 N 原子与 Cu^{2+} 键合，因此 Cu^{2+} 的配位数是 $2\times2=4$；配离子$[CoCl(NH_3)(en)_2]^{2+}$中 Co^{3+} 的配位数是 $1+1+2\times2=6$。

中心原子的配位数常有相对不变的数值，对某一个中心原子来说，常有一特征配位数。但配位数也不是固定不变的，实际配位数的多少与中心原子、配体的大小、电荷及形成配合物时的条件有关。表 10-2 列出了一些常见金属离子的特征配位数。

表 10-2 常见金属离子的配位数

配位数	金属离子	示 例
2	Ag^+，Cu^+，Au^+	$[Ag(NH_3)_2]^+$，$[Cu(NH_3)_2]^+$
4	Cu^{2+}，Zn^{2+}，Cd^{2+}，Hg^{2+}，Al^{3+}，Sn^{2+}，Pb^{2+}，Co^{2+}，Ni^{2+}，Pt^{2+}，Fe^{3+}，Fe^{2+}	$[Cu(NH_3)_4]^{2+}$，$Zn(CN)_4]^{2-}$，$[HgI_4]^{2-}$，$[PtCl_2(NH_3)_2]$
6	Cr^{3+}，Al^{3+}，Pt^{4+}，Fe^{3+}，Fe^{2+}，Co^{3+}，Co^{2+}，Ni^{2+}，Pb^{4+}	$[CrCl_2(NH_3)_4]^+$，$[Fe(CN)_6]^{3-}$，$[Ni(NH_3)_6]^{2+}$，$[PtCl_6]^{2-}$

5. 中心原子的氧化数

中心原子的氧化数是决定配离子电荷的主要因素之一。配离子的电荷数等于中心原子和配体总电荷的代数和，由此可以判断中心原子的氧化数。例如，在$[PtCl_6)]^{2-}$中，每个 Cl^- 只带一个负电荷，而配阴离子带 2 个负电荷，所以中心原子 Pt 的氧化数一定是$(-2)-6\times(-1)=+4$；在$[CoCl(NH_3)_5]Cl_2$中，因为外界是 2 个 Cl^- 离子，所以内界是带两个正电荷的配阳离子，由于 NH_3 是中性分子，因此中心原子 Co 的氧化数为$+2-(-1)=+3$。

10.1.3 配合物的命名

化合物的命名是由 IUPAC 制定标准，各国依据这些标准再制定各自语言文字的命名原则。1980 年中国化学会无机专业委员会制订了配合物的汉语命名原则②，这里简单介绍如下：

---

① 书写两可配体的化学式时，把配位原子写在前面。

② 根据中国化学会.无机化学命名原则[M].北京：科学出版社，1980。1990 年 IUPAC 又编写了新的《无机化合物命名法》(Nomenclature of Inorganic Chemistry[M]. 3rd ed. Oxford: Blackwell Scientific Publication, 1990)，中国化学会的无机化学命名原则尚未出新版。

1. 配位单元的命名

配位单元中配体的名称列在中心原子之前,二者之间以“合”字连接;配体的数目用汉语数字二、三、四等数字表示;较复杂的配体名称要加括号以免混淆;在中心原子名称之后用加括号的罗马数字表示出中心原子的氧化数。即

配体数 配体名称 “合”中心原子名称 (氧化数)

例如:

$[PtCl_6]^{2-}$　　六氯合铂(Ⅳ)离子

$[Co(NH_3)_6]^{3+}$　　六氨合钴(Ⅲ)离子

$[Co(en)_3]^{3+}$　　三(乙二胺)合钴(Ⅲ)离子

如果配体不只一种,配体排列顺序为:阴离子配体名在先,中性分子配体名在后;无机配体在先,有机配体在后;不同的配体名称之间用中圆点“·”分开。例如:

$[CoCl_3(NH_3)_3]$　　三氯·三氨合钴(Ⅲ)

$[PtCl_2(py)_2]$　　二氯·二(吡啶)合铂(Ⅱ)

$[Fe(OH)_2(H_2O)_4]^+$　　二羟基·四水合铁(Ⅲ)离子

同类配体按配位原子元素符号的英文字母顺序排列,例如:

$[Co(NH_3)_5H_2O]^{3+}$　　五氨·一水合钴(Ⅲ)离子

$[PtCl(NO_2)(NH_3)_4]^{2+}$　　一氯·一硝基·四氨合铂(Ⅳ)离子

2. 离子型配合物的命名

含有配阳离子的配合物,例如:

$[Cu(NH_3)_4]SO_4$　　硫酸四氨合铜(Ⅱ)

$[Ag(NH_3)_2]OH$　　氢氧化二氨合银(Ⅰ)

$[Co(NH_3)_2(en)_2]Cl_3$　　三氯化二氨·二(乙二胺)合钴(Ⅲ)

含有配阴离子的配合物,例如:

$H_2[PtCl_6]$　　六氯合铂(Ⅳ)酸

$Na_3[Ag(S_2O_3)_2]$　　二(硫代硫酸根)合银(Ⅰ)酸钠

$K[Co(NO_2)_4(NH_3)_2]$　　四硝基·二氨合钴(Ⅲ)酸钾

阳离子和阴离子都是配离子的配合物,例如:

$[Pt(py)_4][PtCl_4]$　　四氯合铂(Ⅱ)酸四(吡啶)合铂(Ⅱ)

3. 其他注意事项

无论是无机配体,还是有机配体,如果只有一个,则表示配体数目的“一”字可以略去。

没有外界的配合物,即配位分子,可不必标出中心原子的氧化数。例如,$[Ni(CO)_4]$:四羰基合镍;$[Fe(CO)_5]$:五羰基合铁。

一些常见的配合物有其习惯上沿用的名称(即俗称),不一定符合命名原则。例如,$[Ag(NH_3)_2]^+$称为银氨配离子,$[Cu(NH_3)_4]^{2+}$称为铜氨配离子,$K_3[Fe(CN)_6]$称为铁氰化钾或赤血盐,$K_4[Fe(CN)_6]$称为亚铁氰化钾或黄血盐,$H_2[SiF_6]$称为硅氟酸,$H_2[PtCl_6]$称为氯铂酸等。

10.1.4 配位键和配合物的几何构型——价键理论

1931 年,美国化学家鲍林把杂化轨道理论应用到配合物中,提出了配合物的价键理论。这一理论的基本要点包括:

(1) 中心原子与配体中的配位原子之间以配位键结合。在形成配位键的过程中,配位原子提供孤对电子,中心原子提供价层空轨道,从而形成配位键。

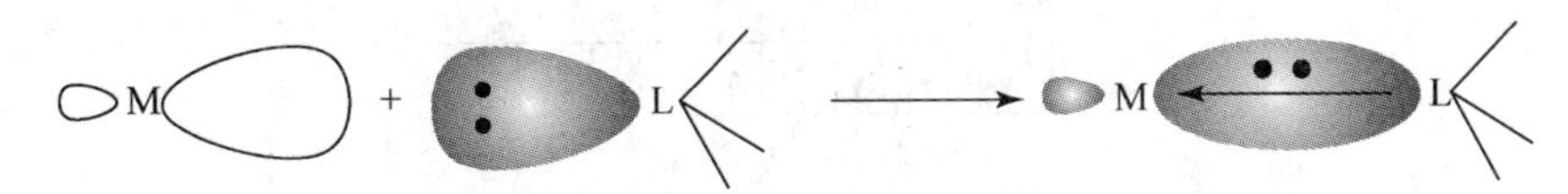

(2) 为了提高成键能力和形成结构匀称的配合物,中心原子所提供的空轨道必须首先进行杂化,形成数目一定、能量相同、具有一定空间伸展方向的杂化轨道。中心原子的杂化轨道与配位原子的孤对电子占据的轨道相互接近,发生最大重叠成键。

(3) 中心原子所提供的杂化轨道数目和类型,决定了中心原子的配位数、配合物的空间构型和稳定性等性质。

1. 杂化轨道的类型和配合物的空间构型

常见的金属元素主要是第三和第四周期的金属元素。对于第三周期的金属元素 Na,Mg,Al,其价层电子构型为 $3s^{1\sim2}$ $3p^{0\sim1}$,因此其失去价电子形成的金属离子的空轨道可包括 3s,3p 和 3d;而第四周期的金属元素的价层电子构型为 $3d^{0\sim10}$ $4s^{1\sim2}$,因此其失去价电子形成的金属离子的空轨道可包括 3d,4s,4p 和 4d 轨道。可见,第三周期的金属离子配合物的结构较为简单,因此下面我们以第四周期的金属离子配合物的结构进行说明。

1) 二配位配合物

以$[Ag(NH_3)_2]^+$配离子的形成为例。在 3.2.2 小节曾讲道,可以形成两个共价键的只有 sp 杂化轨道。中心原子 Ag^+ 的价层电子构型为 $4d^{10}$,$n=5$ 的轨道则是全空的。当 Ag^+ 与 NH_3 形成$[Ag(NH_3)_2]^+$时,Ag^+ 的 1 个 5s 和 1 个 5p 空轨道杂化形成 2 个能量相同的 sp 杂化轨道,每一个空的 sp 杂化轨道接受 1 个 NH_3 中的 N 原子提供的一对孤对电子形成 2 个配位键。其形成过程示意如下:

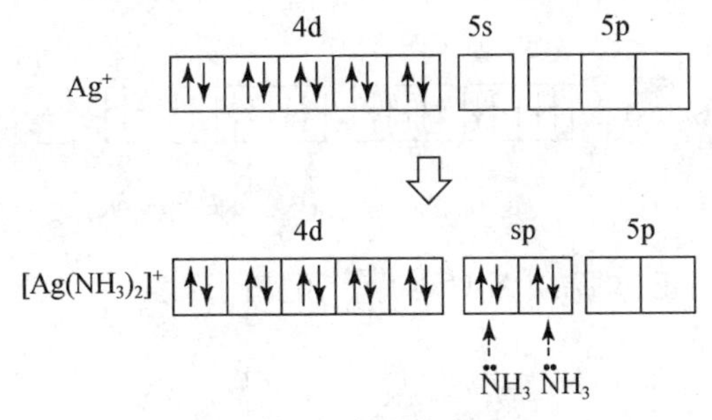

由于 sp 杂化轨道夹角为 180°,故$[Ag(NH_3)_2]^+$为一个线形离子:

$$[H_3N—Ag—NH_3]^+$$

2) 四配位配合物

四配位配合物的空间构型有两种:四面体和平面正方形。

(1) $[NiCl_4]^{2-}$配离子。Ni^{2+}的价层电子构型为 $3d^8$。当 Ni^{2+} 与 Cl^- 形成$[NiCl_4]^{2-}$配离

子时，Ni^{2+} 的 4s 和 4p 空轨道杂化，形成 4 个能量相同的 sp^3 杂化空轨道，每一个 sp^3 杂化轨道接受 1 个 Cl^- 提供的一对孤对电子，形成 4 个配位键：

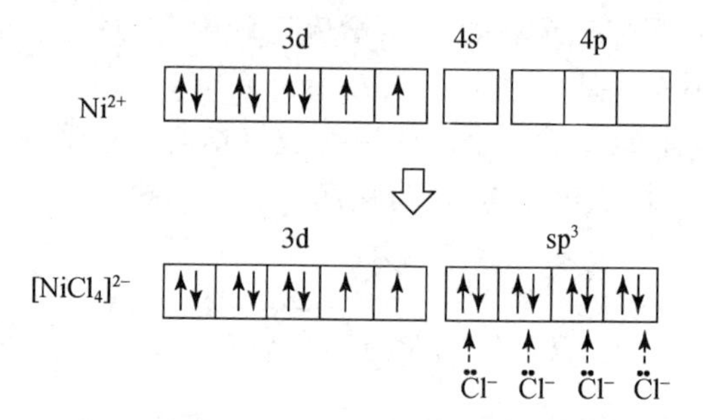

sp^3 杂化轨道为正四面体形，因此$[NiCl_4]^{2-}$的空间构型为正四面体：

(2) $[Ni(CN)_4]^{2-}$配离子。$[Ni(CN)_4]^{2-}$配离子的形成过程中，由于 CN^- 的成键作用较强，当 4 个 CN^- 接近 Ni^{2+} 时，在 CN^- 影响下，Ni^{2+} 的 3d 电子发生重排，2 个成单电子合并到 1 个3d 轨道上，空出的 1 个 3d 轨道与 1 个 4s 轨道和 2 个 4p 轨道组合，形成 4 个能量相同的 dsp^2 杂化轨道。每一个空的 dsp^2 轨道接受 1 个 CN^- 中的 C 原子提供的一对孤对电子，形成 4 个配位键：

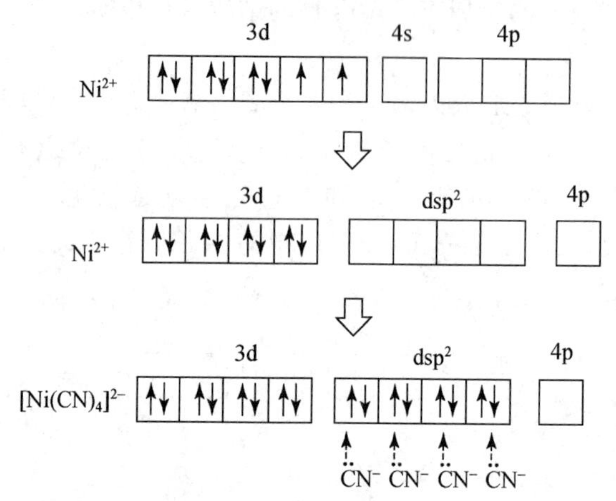

从而形成空间构型为平面正方形的$[Ni(CN)_4]^{2-}$配离子：

3）六配位配合物

能形成 6 个杂化轨道的方式有两种：sp^3d^2 和 d^2sp^3，两种方式杂化轨道的空间构型是一样的，都是正八面体形。

(1) $[FeF_6]^{3-}$配离子的形成。Fe^{3+} 的价层电子构型为 $3d^5$，当 Fe^{3+} 与 F^- 形成$[FeF_6]^{3-}$配

离子时，Fe^{3+} 利用 1 个 4s、3 个 4p 和 2 个 4d 轨道杂化，形成 6 个能量相同的 sp^3d^2 杂化空轨道，分别接受 1 个 F^- 提供的一对孤对电子，形成 6 个配位键：

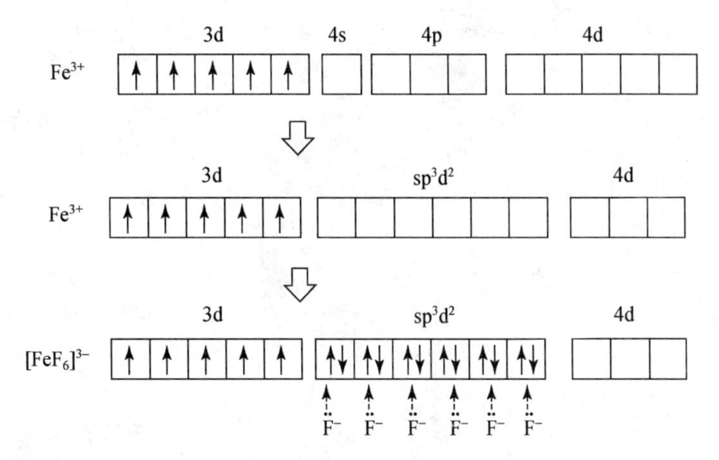

形成的$[FeF_6]^{3-}$配离子的空间构型为正八面体：

$$\left[\begin{array}{c} \text{F} \\ \text{F}\diagdown \quad | \\ \text{F—Fe—F} \\ |\quad \diagdown\text{F} \\ \text{F} \end{array}\right]^{3-}$$

(2) $[Fe(CN)_6]^{3-}$ 配离子的形成。与$[FeF_6]^{3-}$有所不同，当 6 个 CN^- 接近 Fe^{3+} 时，在 CN^- 影响下，Fe^{3+} 的 3d 电子发生了重排，5 个单电子被挤入到 3 个 3d 轨道中，空出的 2 个 3d 轨道与 1 个 4s 轨道和 3 个 4p 轨道组合，形成 6 个能量相同的 d^2sp^3 杂化轨道。每一个 d^2sp^3 空轨道接受 1 个 CN^- 中的 C 原子提供的一对孤对电子，形成 6 个配位键，从而形成空间构型为正八面体的$[Fe(CN)_6]^{3-}$配离子：

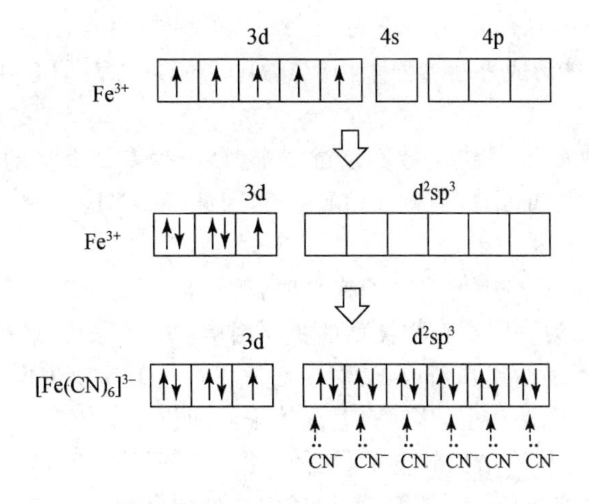

常见的各种杂化轨道类型和配合物空间构型的关系列于表 10-3 中。

表 10-3 杂化轨道与配合物空间构型的关系

配位数	杂化类型	空间构型	结构示意图	举 例
2	sp	直线形	L——M——L	$[Ag(NH_3)_2]^+$,$[Ag(CN)_2]^-$
4	sp^3	四面体		$[NiCl_4]^{2-}$,$[Co(SCN)_4]^{2-}$,$[Hg(CN)_4]^{2-}$,$[Zn(CN)_4]^{2-}$
4	dsp^2	平面四方形		$[Ni(CN)_4]^{2-}$,$[PtCl_4]^{2-}$,$[PtCl_2(NH_3)_2]$,$[PtC_2O_4(NH_3)_2]$
6	sp^3d^2	八面体		$[CoF_6]^{3-}$,$[Fe(NCS)_6]^{3-}$,$[FeF_6]^{3-}$,$[Ni(NH_3)_6]^{2+}$
	d^2sp^3			$[Fe(CN)_6]^{3-}$,$[Fe(CN)_6]^{4-}$,$[Co(NH_3)_6]^{3+}$,$[PtCl_6]^{2-}$

2. 外轨型配合物和内轨型配合物

在上面形成杂化轨道时,中心原子的次外层的 d 轨道有时参与杂化轨道形成,有时不参与杂化轨道形成。因此,根据中心原子杂化时所提供的空轨道所属电子层的不同,可将配合物分为两种:

外轨型配合物(outer-orbital coordination compound):中心原子全部用最外层空轨道(ns,np,nd)进行杂化成键。

内轨型配合物(inner-orbital coordination compound):中心原子利用了$(n-1)$d 空轨道和最外层空的 ns,np 轨道进行杂化成键。

那么,什么情况下形成外轨型配合物,什么情况下形成内轨型配合物呢?

(1) 当中心原子的$(n-1)$d 轨道全充满(d^{10})时,如 Zn^{2+},Hg^{2+},Ag^+ 等离子,由于没有可利用的$(n-1)$d 空轨道,只能形成外轨型配合物。例如,$[Zn(CN)_4]^{2-}$,$[HgI_4]^{2-}$,$[Ag(NH_3)_2]^+$ 等均为外轨型配离子。

(2) 当中心原子的$(n-1)$d 电子数不超过 3 个时,至少有 2 个空的$(n-1)$d 轨道,所以总是形成内轨型配合物。例如,Cr^{3+} 有 3 个 3d 电子,因此$[Cr(NH_3)_6]^{3+}$,$[CrCl_3(NH_3)_3]$等均为内轨型配合物。

(3) 当中心原子具有 d^4~d^8 价层电子构型时,既可以形成外轨型配合物又可以形成内轨型配合物,这时配体就成为决定配合物类型的主要因素。一般来说,若配体中的配位原子的电负性较大(如 F 和 O),不易给出孤对电子,对中心原子$(n-1)$d 轨道电子排布影响较小,只能占据最外层 nd 轨道而形成外轨型配合物;若配体中的配位原子的电负性较小(如 CO,CN^- 中的 C;NO_2^- 中的 N 等),容易给出孤对电子,配体对中心原子的$(n-1)$d 电子排布影响较大,会强制$(n-1)$d 电子重排,空出$(n-1)$d 轨道,形成内轨型配合物。

因为$(n-1)$d 轨道比 nd 轨道的能量低,同一中心原子所形成的内轨型配合物比相应的外轨型配合物要稳定。

配合物是内轨型还是外轨型，一般通过测定配合物的磁矩来确定。物质的磁性与其内部单电子的存在有关。电子具有自旋的性质(2.2.2 小节)，因此单个电子因自旋而产生磁效应。如果物质内部的电子全部配对，则电子自旋产生的磁效应相互抵消，在外加磁场下这种物质表现出反磁性。如果物质内部有单电子，电子自旋产生的磁效应不能抵消，在外加磁场下这种物质表现出顺磁性。在磁场中，反磁性物质的重量会变轻，顺磁性物质的重量则加重(图 10-3)。

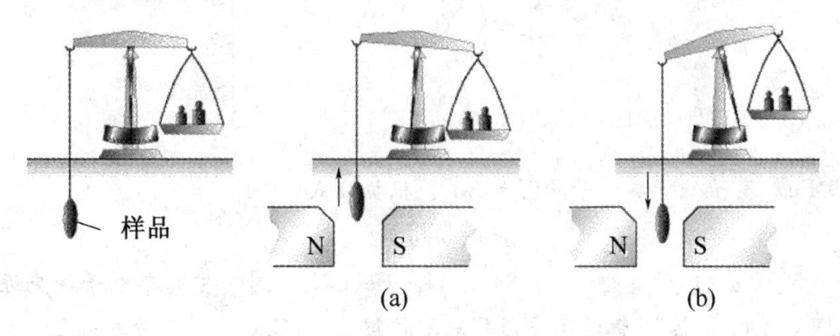

图 10-3 在磁场中，反磁性物质的重量会变轻(a)，顺磁性物质的重量则加重(b)

物质磁性的强弱用磁矩(magnetic quadrature)来衡量，以 μ 表示。反磁性物质的磁矩为零，顺磁性物质的磁矩大于零。物质的磁矩大小可以利用磁天平来测量。研究发现，一种物质的磁矩与其结构中单电子数目 n 具有如下关系：

$$\mu \approx \sqrt{n(n+2)}\mu_B \tag{10-1}$$

式中 μ_B 为玻尔磁子($\mu_B = 9.27\times10^{-24}$ A · m^2)，是磁矩的单位。可见，单个电子数越多，μ 值越大。若电子都已配对，则 $\mu=0$。

根据测得的配合物的磁矩，通过公式(10-1)可以推算出配合物中心原子的单电子数，如果为外轨型配合物，中心原子内层$(n-1)$d 轨道上的电子排布不变，单电子数就不变；相反，如果形成内轨型配合物，中心原子内层的$(n-1)$d 电子大多会重排，单电子数也随之而变。表 10-4 中列出了不同单电子数 n 对应的磁矩近似值。

表 10-4 含不同单电子数 n 的物质的磁矩近似值

n	0	1	2	3	4	5
μ/μ_B	0.00	1.73	2.83	3.87	4.90	5.92

外轨型配合物中，配位键的共价性较弱，离子性较强；外轨型配合物的中心离子仍保持自由离子状态的电子构型，单电子数不变，磁矩较大，故称高自旋配合物(high-spin coordination compound)。相反，内轨型配合物中，配位键的共价性较强，离子性较弱；同时内轨型配合物的中心离子的$(n-1)$d 轨道上的电子发生重排，单电子数目减少，磁矩降低，故称低自旋配合物(low-spin coordination compound)。

【例 10-1】 实验测得$[Fe(C_2O_4)_3]^{3-}$和$[Fe(CN)_6]^{4-}$配离子的磁矩分别为 5.75 μ_B 和 0，试推测配合物的空间构型，并指出是内轨型还是外轨型配合物。

解 (1) $[Fe(C_2O_4)_3]^{3-}$配离子中，中心原子为 Fe^{3+}，配体是双齿配体 $C_2O_4^{2-}$，配位数为 6，因此$[Fe(C_2O_4)_3]^{3-}$配离子的空间构型为八面体：

自由 Fe^{3+} 离子的价层电子构型为 $3d^5$。根据公式(10-1)：

$$\mu \approx \sqrt{n(n+2)}\mu_B$$

当 $\mu=5.75\ \mu_B$ 时，计算得 $n=4.84\approx5$，即$[Fe(C_2O_4)_3]^{3-}$中的单电子数应近似为 5。因此，Fe^{3+} 离子的 5 个 3d 轨道不参与形成配位键，$[Fe(C_2O_4)_3]^{3-}$为外轨型配合物：

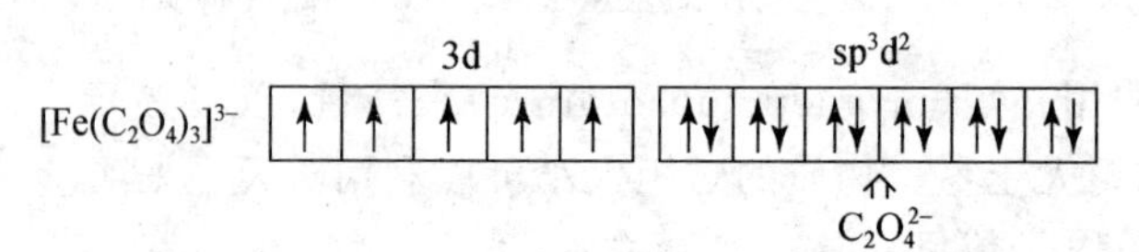

(2) $[Fe(CN)_6]^{4-}$配离子中，中心原子为 Fe^{2+}，配体为单齿配体 CN^-，配位数也是 6，因此$[Fe(CN)_6]^{4-}$配离子的空间构型为八面体：

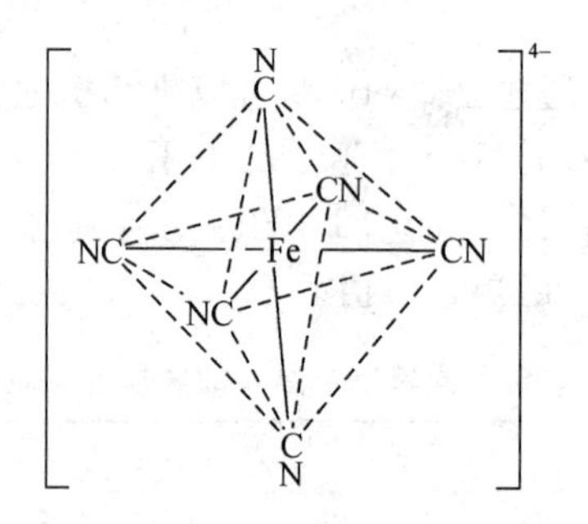

自由 Fe^{2+} 离子的价层电子构型为 $3d^6$。实验测得$[Fe(CN)_6]^{4-}$的磁矩为零，说明 Fe^{2+} 的电子已全部成对了。因此，$[Fe(CN)_6]^{4-}$配离子中 Fe^{2+} 的 3d 电子仅占据 3 个轨道，而有两个 3d 轨道参与了配位键的形成。所以$[Fe(CN)_6]^{4-}$属于内轨配合物：

3d　　d^2sp^3

$[Fe(CN)_6]^{4-}$　↑↓ ↑↓ ↑↓　↑↓ ↑↓ ↑↓ ↑↓ ↑↓ ↑↓

CN^-

3. 多核配合物

通常的配合物只有一个金属中心，但也有不少配合物具有两个或多个中心原子，称为多核配合物。例如，醋酸铜晶体(参见图 2-29)、$[ClAgNH_2CH_2CH_2H_2NAgCl]$配合物和水溶液中 Fe^{3+} 部分水解的产物$[(Fe(H_2O)_4)_2(OH)_2]^{4+}$等(图 10-4)。

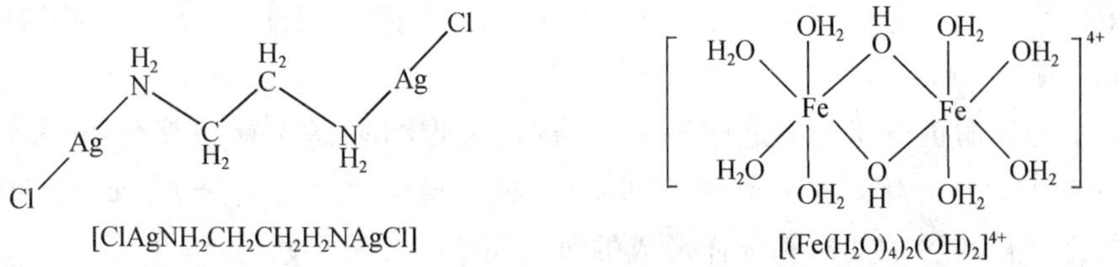

$[ClAgNH_2CH_2CH_2H_2NAgCl]$

$[(Fe(H_2O)_4)_2(OH)_2]^{4+}$

图 10-4 通过桥联配体形成的双核配合物

多核配合物需要桥联配体(bridging ligand,简称桥基)将两个中心原子连接起来。桥基通常是多齿配体、两可配体或者配位原子具有两对(或更多)孤对电子的单齿配体。

多核配合物在生物体内也很常见,例如铁硫蛋白中,存在一类以 S^{2-} 原子作为桥基的多核铁配合物,通常称为铁硫簇状配合物(图 10-5)。Fe-S 簇中的 Fe 的氧化数通常既有+2 也有+3,这样,通过 $Fe^{3+} + e \rightleftharpoons Fe^{2+}$ 可逆变化过程,铁硫蛋白可以进行效率高和方向性好的电子传递,在生物电子传递中发挥非常重要的作用。

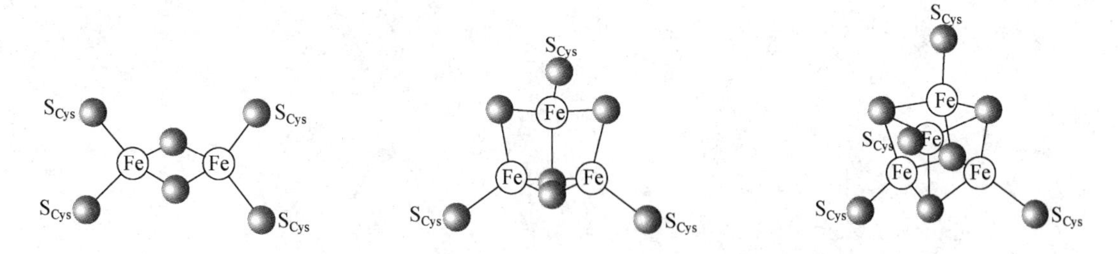

图 10-5 铁硫蛋白中的一些常见铁硫簇状配合物

图中 Cys 代表半胱氨酸

10.1.5 d 轨道能级分裂和配合物的物理化学性质——晶体场理论

价键理论主要解决配合物的价键结构以及配合物分子的几何(空间)构型,但是对配合物的物理化学性质并不涉及或者其解释是较弱的,如配合物的特征颜色、内轨型和外轨型配合物产生的原因以及配合物的稳定性等问题。这些性质的探讨涉及物质能量结构——能级的理论。这里我们介绍一个非常简单,但是十分有效的配合物结构理论——晶体场理论。

1. 晶体场理论的基本内容

1930 年,物理学家贝特(H. Bethe)和范弗莱克(J. H. van Vleck)首先提出晶体场理论,并用于说明晶体的颜色和磁性。从 1951 年,化学家开始将这一物理学理论应用到配位化合物,成功地解释了过渡金属配合物的光谱以及配合物的许多已知性质(结构、磁性、光学性质和反应机制)。

配合物的晶体场理论的基本要点包括:

(1) 配体可以视为一种负电荷点(point charge),以特定的几何构型围绕中心原子形成一种具有一定几何形状的负电荷场。

(2) 中心原子和配体之间以静电引力相互作用,这种作用类似于离子晶体中正负离子之间的静电作用,因此可以进行类似的数学处理。

(3) 配体形成的负电荷场与中心原子 d 轨道中电子的相互排斥,使 d 轨道的能量总体上升高。

(4) 由于配体的负电荷场不是球形对称结构,因此,d 轨道的能量变化不一致,导致原先能量一样的 5 个简并 d 轨道成为能级不同轨道,这一现象称为能级分裂。d 轨道的能级分裂取决于配体形成配位键的能力和配体形成的负电荷场的几何形状。

(5) 中心原子的 d 电子在分裂的 d 轨道重新排布,形成配合物的特征性质。

根据上述要点,我们来分析一下六配位的正八面体配合物的 d 轨道能级分裂的情形。设定 6 个配体分别位于 x,y,z 坐标轴方向(图 10-6),这样配体形成的八面体负电荷场作用于 5 个d 轨道时,其中 $d_{x^2-y^2}$ 和 d_{z^2} 的电子云角度分布极大值正好与配体处于迎头相撞,受到配体负电荷的排斥作用较强,因而能量升高较多;而 d_{xy},d_{xz},d_{yz} 轨道因处于配体的空隙之间,受配体负电荷的影响小,所以能量升高的较少。于是便造成中心原子 d 轨道分裂成两组(图 10-7):一组是能量较高的 $d_{x^2-y^2}$ 和 d_{z^2},为二重简并轨道,称为 d_γ 或 e_g 轨道①;另一组是能量较低的 d_{xy},d_{xz},d_{yz},为三重简并轨道,称为 d_ε 或 t_{2g} 轨道。

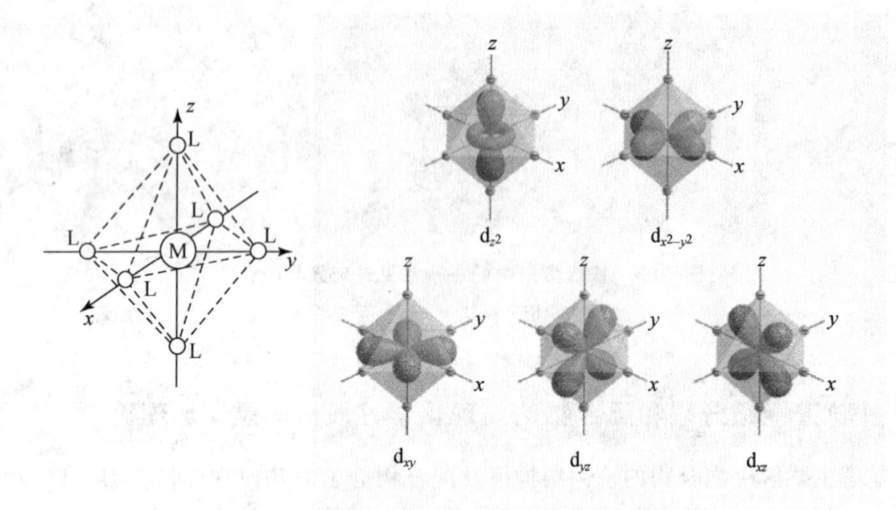

图 10-6 八面体配合物中 d 轨道与配体的相对位置

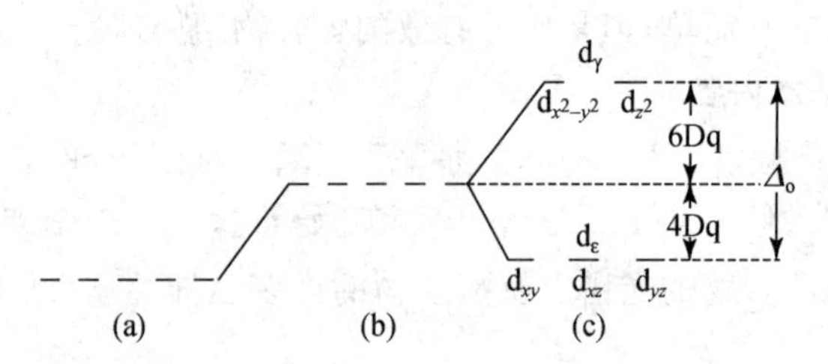

图 10-7 正八面体场中 d 轨道能级的分裂

(a) 自由离子中的 d 轨道;(b) 球形场中的 d 轨道;(c) 正八面体场中的 d 轨道

① d_γ 和 d_ε 是晶体场理论中使用的符号,e_g 和 t_{2g} 是群论中所用的符号。

分裂的 5 个 d 轨道的平均能量相当于 d 轨道在球形场中的能级。所谓球形场，就是假设 6 个配体的电荷沿一个球面均匀分布形成的球形负电荷场。在球形场中，d 轨道不会发生能级分裂现象。显然，在配体的“晶体场”中分裂的 d 轨道，d_γ轨道的能量要高于球形场中 d 轨道的能量，而 d_ε轨道的能量要低于球形场中 d 轨道的能量。

分裂的两组轨道之间的能量差称为分裂能(splitting energy)，用 Δ_o表示①。一般将 Δ_o分成 10 等份，每份为 1Dq。若以球形场中 d 轨道的能量为零点，则有

$$2E_{d_\gamma}+3E_{d_\varepsilon}=0$$

$$\Delta_o=E_{d_\gamma}-E_{d_\varepsilon}=10\text{Dq}$$

解此方程组得

$$E_{d_\gamma}=6\text{Dq},\quad E_{d_\varepsilon}=-4\text{Dq}$$

也就是说，相对球形场，在八面体场中的 d_γ轨道能量比分裂前高 6Dq，而 d_ε轨道能量比分裂前低 4Dq。

分裂能的大小可由配合物的光谱来测定。根据大量的光谱实验数据和理论研究结果，总结出了同一种构型的配合物的分裂能变化规律如下：

(1) 当配体相同时，同一种中心离子的电荷越高，分裂能也越大。例如：

$[Fe(H_2O)_6]^{2+}$ $\Delta_o=124\ \text{kJ}\cdot\text{mol}^{-1}$； $[Fe(H_2O)_6]^{3+}$ $\Delta_o=164\ \text{kJ}\cdot\text{mol}^{-1}$

$[Co(H_2O)_6]^{2+}$ $\Delta_o=112\ \text{kJ}\cdot\text{mol}^{-1}$； $[Co(H_2O)_6]^{3+}$ $\Delta_o=223\ \text{kJ}\cdot\text{mol}^{-1}$

(2) 对于相同配体，同族同氧化态的中心离子，分裂能随中心离子所在周期数的增加而增大。例如：

$[Co(NH_3)_6]^{3+}$ $\Delta_o=280\ \text{kJ}\cdot\text{mol}^{-1}$

$[Rh(NH_3)_6]^{3+}$ $\Delta_o=412\ \text{kJ}\cdot\text{mol}^{-1}$

$[Ir(NH_3)_6]^{3+}$ $\Delta_o=495\ \text{kJ}\cdot\text{mol}^{-1}$

(3) 对于同一中心原子，分裂能随配体的种类不同而不同。根据光谱数据，总结出八面体配合物部分配体导致分裂能大小的顺序如下：

$$I^-<Br^-<Cl^-<F^-<OH^-<C_2O_4^{2-}<H_2O<\text{EDTA}<NCS^-<NH_3<\text{en}<NO_2^-<CN^-\approx CO$$

习惯上，我们将配体导致分裂能大小的能力称为配体的“场强”。一般将 H_2O 和 NH_3作为场强的两个分界线，配体的场强大于 NH_3的配体称为强场配体(strong field ligand)，如 CN^- 和 CO 等；而场强比 H_2O 弱的配体称为弱场配体(weak field ligand)，如 I^-，Br^-，Cl^-，F^- 等。

由于能级分裂是中心原子和配体相互作用的结果，因此分裂能的大小能够反映配体和中心原子形成配位键的能力，配位能力较强的配体，一般导致较大的分裂能。换言之，强场配体的配位能力通常大于弱场配体。

2. d-d 跃迁和配合物的颜色

在 3.2.3 小节提到，物质的颜色来源于其分子对光的吸收，而分子吸收光子的原因是分子内部的电子跃迁(参见图 3-28)。当分子中某些轨道的能量差别正好等于某一波长的光子的能量时，处于低能级的电子便可以吸收这一波长的光子的能量，发生从低能级到高能级的跃迁。物质表现出来的色彩则是被吸收光的互补色：当白光照射到物质上，若光全部被吸收，则

---

① Δ_o 右下角的 o 代表八面体(octahedral)。在不同构型的配合物中，d 轨道的分裂方式和分裂能大小都不同。分裂能与构型的关系是：平面正方形＞八面体＞四面体。

物质呈黑色;若各种颜色的光都不被吸收,则物质呈现白色;若某些波长的光被吸收,则物质就呈现剩余的未被吸收的光所构成的颜色。表10-5列出物质颜色和吸收光波长之间的关系。

表10-5 物质颜色与其吸收光颜色的关系

物质颜色	吸收光		物质颜色	吸收光	
	颜色	波长范围/nm		颜色	波长范围/nm
黄绿	紫	400～435	紫红	绿	500～560
黄	蓝	435～450	紫	黄绿	560～580
橙黄	蓝	450～480	蓝	黄	580～600
橙	绿蓝	480～490	绿蓝	橙	600～650
红	蓝绿	490～500	蓝绿	红	650～750

根据晶体场理论,d轨道在配体的作用下将发生能级分裂。对于$d^1 \sim d^9$构型的过渡金属离子,其配合物分子由于d轨道没有充满,d电子就有可能吸收能量从低能级跳到高能级,发生d-d跃迁。d-d跃迁吸收的光子的能量就是分裂能。图10-8显示了一些第四周期过渡金属水合离子($[M(H_2O)_6]^{n+}$)对不同波长光吸收的曲线。尽管不同配合物的分裂能Δ_o不同,但其能量一般都在近紫外和可见光的能量范围内。同时,也由于分裂能Δ_o不同,发生d-d跃迁吸收光的波长也不相同,因而不同的金属离子配合物呈现出不同的颜色。例如,$[Ti(H_2O)_6]^{3+}$在493 nm处(蓝绿光)有一最大吸收峰,余下了紫光和红光或反射或透射,所以$[Ti(H_2O)_6]^{3+}$的水溶液呈紫红色(图10-9)。

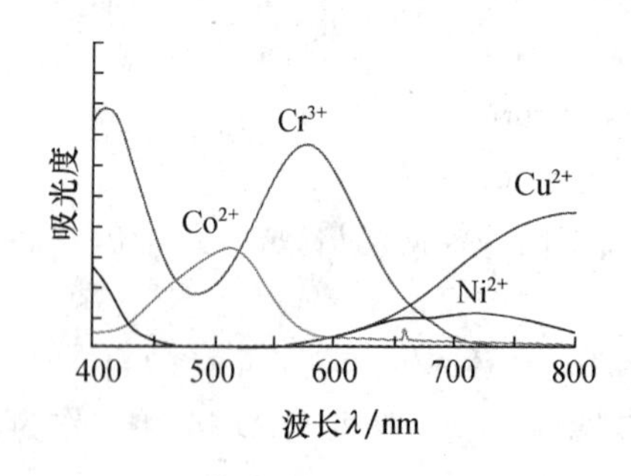

图10-8 一些水合离子的吸收光谱

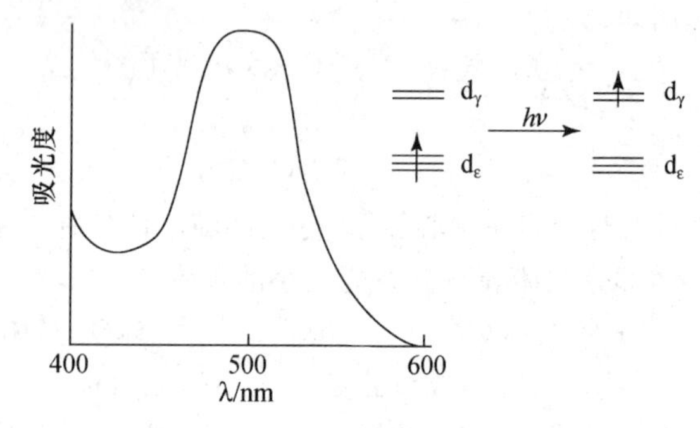

图10-9 $[Ti(H_2O)_6]^{3+}$的光吸收机制及吸收光谱

由于d-d跃迁吸收的光子的能量就是分裂能Δ,因此可以从配合物光谱的吸收峰的波长计算得到分裂能Δ的大小,即

$$\Delta = E_{光子} = h\nu = hc/\lambda = hc\tilde{\nu}$$

其中,h为普朗克常数;c为光速;$\tilde{\nu}$称为波数,$\tilde{\nu}=1/\lambda$,单位是cm^{-1}。因为$\tilde{\nu}$和E成正比关系,因此在表述分裂能Δ的大小时,经常会使用波数的值来代表能量的大小,$10^4\ cm^{-1} \approx 120\ kJ \cdot mol^{-1}$。

配合物的颜色除了由中心离子的d-d跃迁产生外,还存在配体和中心原子相互作用而生成颜色的方式,例如普鲁士蓝($KFe[Fe(CN)_6]$)的蓝色生成。此外,如果配体本身就有颜色的话,与金属离子结合后其颜色会因中心离子对配体的影响而发生改变。不过这些已经不能够用仅仅考虑到中心离子变化的晶体场模型的简单理论来阐明了,有兴趣的读者可以深入阅读配位化学的系统理论。

3. 分裂能级上的 d 电子排布和配合物的磁性

在八面体场中，中心离子的 d 轨道分裂为 d_γ和 d_ε两组。当中心离子具有 1～3 个 d 电子时，根据能量最低原理和洪特规则，这些电子应排布在低能量的 d_ε轨道上，而且自旋平行，其排布方式只有一种。

若中心离子的 d 电子数为 4，那么这第四个电子有两种选择：一是克服分裂能 Δ_o进入 d_γ轨道，二是与 d_ε轨道中的一个电子配对。前一种方式配合物的单电子较多，称为高自旋排布；后一种方式配合物的单电子较少，称为低自旋排布（图 10-10）。由于物体的磁性取决于单电子的数目，因此高自旋配合物具有较大的磁性，而低自旋配合物的相对磁性较小。

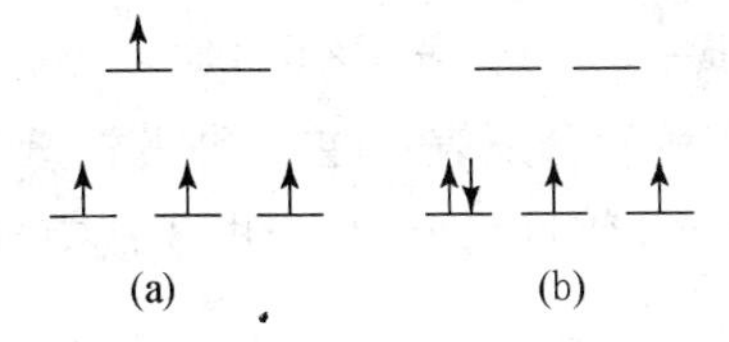

图 10-10 d^4电子构型的高自旋(a)和低自旋(b)排布

究竟是生成高自旋还是低自旋排布的配合物呢？这要看电子高自旋排布时需要克服的分裂能 Δ_o与低自旋排布时需要克服的电子成对能(electron pairing energy，用 P 表示)的相对大小。如果 $\Delta_o < P$，则电子优先进入高能量的 d_γ轨道，形成单电子数较多的高自旋配合物；而若 $\Delta_o > P$，电子则优先进入低能量的 d_ε轨道，形成单电子数较少的低自旋配合物。对于 d^4～d^7构型的离子，d 电子在分裂后的轨道中的分布状态决定了相应配合物是低自旋还是高自旋配合物。表 10-6 列出了一些 d^4～d^7构型的八面体配离子的分裂能、电子成对能及自旋状态。

表 10-6 一些八面体配合物的分裂能、成对能[a] 和自旋状态

d 电子数	中心离子	配 体	Δ_o/cm^{-1} P/cm^{-1}	自旋状态
4	Cr^{2+}	$6H_2O$	13900 < 20000	高自旋
	Mn^{3+}	$6H_2O$	21000 < 23800	高自旋
5	Mn^{2+}	$6H_2O$	7800 < 21700	高自旋
	Fe^{3+}	$6H_2O$	13700 < 26500	高自旋
6	Fe^{2+}	$6H_2O$	10400 < 15000	高自旋
	Fe^{2+}	$6CN^-$	33000 > 15000	低自旋
	Co^{3+}	$6F^-$	13000 < 17800	高自旋
	Co^{3+}	$6H_2O$	18600 > 17800	低自旋
	Co^{3+}	$6NH_3$	23000 > 17800	低自旋
	Co^{3+}	3en	23300 > 17800	低自旋
	Co^{3+}	$6CN^-$	34000 > 17800	低自旋
7	Co^{2+}	$6H_2O$	9300 < 19100	高自旋
	Co^{2+}	$6NH_3$	10100 < 19100	高自旋
	Co^{2+}	3en	11000 < 19100	高自旋

[a] $10^4\ cm^{-1} \approx 120\ kJ \cdot mol^{-1}$。

具有 d^8～d^{10}构型的离子，无论配体场的强弱，其 d 电子排布都一样。

4. 配合物的稳定性和晶体场稳定化能

前面讲过,分裂能的大小能够反映配体和中心原子形成配位键的能力,配位能力较强的配体,一般导致较大的分裂能。因此,电子在分裂后的 d 轨道排列的能量与未分裂前的能量差别应该能够反映配体和中心原子作用的强度——配合物的稳定性。

在配位场负电荷形成的“晶体场”作用下,中心原子 d 轨道发生分裂,电子在分裂后 d 轨道上排布形成的电子结构的总能量与按照未分裂前(即球形场中)的能级电子排布结构的总能量之差称为晶体场稳定化能(crystal field stabilization energy,CFSE)。对于六配位的八面体场来说,CFSE 可按下式计算:

$$\text{CFSE}=(y\times0.6-x\times0.4)\Delta_o+\Delta n_p\cdot P \tag{10-2}$$

式中,Δ_o是八面体场的分裂能,x 和 y 分别表示在 d_ε 和 d_γ 轨道上排布的电子数,Δn_p 代表晶体场和球形场的电子结构中的电子对数目之差,P 为电子成对能。一般地,CFSE 的绝对值越大,配合物的稳定性就越高。

【例 10-2】 用晶体场理论解释$[CoF_6]^{3-}$的顺磁性和$[Co(en)_3]^{3+}$的反磁性,并推测二者的相对稳定性。

解 (1) Co^{3+}的价层电子构型为 d^6。对于$[CoF_6]^{3-}$,F^- 为弱场配体,$\Delta_o<P$,所以其电子排布方式为

↑ ↑

↑↓ ↑ ↑

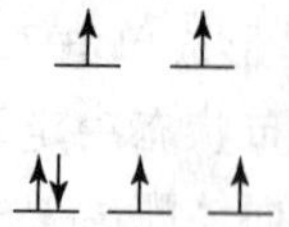

即 $d_\varepsilon^4 d_\gamma^2$。可见有 4 个单电子,为高自旋状态,配合物表现为顺磁性;

而在$[Co(en)_3]^{3+}$中,en 为强场配体,$\Delta_o>P$,所以其电子排布方式为

— —

↑↓ ↑↓ ↑↓

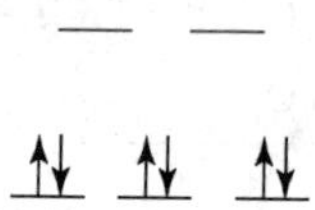

即 $d_\varepsilon^6 d_\gamma^0$。可见没有单电子,电子自旋角动量为 0,配合物表现为反磁性。

(2) 在球形场中,Co^{3+}的 d 电子排布为

↑↓ ↑ ↑ ↑ ↑

电子对数目为 1。

对于$[CoF_6]^{3-}$,其电子对数目为 1,$\Delta n_p=1-1=0$,所以晶体场稳定化能大小为

$$\text{CFSE}=(2\times0.6-4\times0.4)\Delta_{o,弱}+0\times P=-0.4\Delta_{o,弱}$$

对于$[Co(en)_3]^{3+}$,其电子对数目为 3,$\Delta n_p=3-1=2$,所以晶体场稳定化能大小为

$$\text{CFSE}=(0\times0.6-6\times0.4)\Delta_{o,强}+2P=-2.4\Delta_{o,强}+2P=-0.4\Delta_{o,强}-2(\Delta_{o,强}-P)$$

因为 $\Delta_{o,强}>\Delta_{o,弱}$,$\Delta_{o,强}>P$,可见

$$|\text{CFSE}([CoF_6]^{3-})|<|\text{CFSE}([Co(en)_3]^{3+})|$$

因此,$[Co(en)_3]^{3+}$比$[CoF_6]^{3-}$更稳定。

10.2 配位平衡

10.2.1 配位平衡常数

在 $CuSO_4$ 溶液中加入过量的氨水，能形成深蓝色的 $[Cu(NH_3)_4]^{2+}$ 配离子，其反应式为

$$Cu^{2+} + 4NH_3 \rightleftharpoons [Cu(NH_3)_4]^{2+}$$

根据化学平衡原理，其平衡常数 K_s 表达式为

$$K_s = \frac{[Cu(NH_3)_4^{2+}]}{[Cu^{2+}][NH_3]^4}$$

K_s 也称为配合物的稳定常数(stability constant)。K_s 值越大，表示配合物越稳定，在水溶液中越难解离。常见配离子的稳定常数见附录六。一般配合物的 K_s 值均很大，所以常用 $\lg K_s$ 表示。

配合物的生成是分步进行的，如 $[Cu(NH_3)_4]^{2+}$ 配离子的生成过程：

$$Cu^{2+} + NH_3 \rightleftharpoons [Cu(NH_3)]^{2+} \qquad K_{s_1} = \frac{[Cu(NH_3)^{2+}]}{[Cu^{2+}][NH_3]}$$

$$[Cu(NH_3)]^{2+} + NH_3 \rightleftharpoons [Cu(NH_3)_2]^{2+} \qquad K_{s_2} = \frac{[Cu(NH_3)_2^{2+}]}{[Cu(NH_3)^{2+}][NH_3]}$$

$$[Cu(NH_3)_2]^{2+} + NH_3 \rightleftharpoons [Cu(NH_3)_3]^{2+} \qquad K_{s_3} = \frac{[Cu(NH_3)_3^{2+}]}{[Cu(NH_3)_2^{2+}][NH_3]}$$

$$[Cu(NH_3)_3]^{2+} + NH_3 \rightleftharpoons [Cu(NH_3)_4]^{2+} \qquad K_{s_4} = \frac{[Cu(NH_3)_4^{2+}]}{[Cu(NH_3)_3^{2+}][NH_3]}$$

上述的每一步平衡都对应一个平衡常数，称为逐级稳定常数(stepwise stability constant)。若将第一和第二两步平衡反应式合并，得

$$Cu^{2+} + 2NH_3 \rightleftharpoons [Cu(NH_3)_2]^{2+}$$

其平衡常数用 β_2 表示，称为二级累积稳定常数。

$$\beta_2 = \frac{[Cu(NH_3)_2^{2+}]}{[Cu^{2+}][NH_3]^2} = \frac{[Cu(NH_3)^{2+}]}{[Cu^{2+}][NH_3]} \cdot \frac{[Cu(NH_3)_2^{2+}]}{[Cu(NH_3)^{2+}][NH_3]} = K_{s_1} \cdot K_{s_2}$$

以此类推，有

$$\beta_3 = K_{s_1} \cdot K_{s_2} \cdot K_{s_3}$$

$$\beta_4 = K_{s_1} \cdot K_{s_2} \cdot K_{s_3} \cdot K_{s_4}$$

β_3 和 β_4 分别称为三级累积稳定常数和四级累积稳定常数。显然，最后一级累积稳定常数 β_4 与配合物的稳定常数 K_s 相等。

配位平衡的多步性使配位平衡成为一个非常复杂的平衡，在溶液中同时存在很多物种，例如上面的例子中，溶液中存在着 $[Cu(NH_3)_4]^{2+}$，$[Cu(NH_3)_3]^{2+}$，$[Cu(NH_3)_2]^{2+}$，$[Cu(NH_3)]^{2+}$ 和 Cu^{2+} 等。计算配合物溶液中物种分布是一个较为麻烦的工作，有兴趣的读者可以进一步阅读分析化学中关于配位平衡计算的有关知识。不过，实际工作中，人们一般使用大大过量的配体，使金属离子基本上处于最高配位数的状态(如 $[Cu(NH_3)_4]^{2+}$)，而其他低配位数的离子可忽略不计，这样大大简化了计算和处理过程。

【例 10-3】 若将 0.10 mol $CuSO_4$ 溶解在 1.0 L 6.0 mol·L^{-1} $NH_3 \cdot H_2O$ 溶液中，计算溶液中 Cu^{2+} 的浓度(假设溶解 $CuSO_4$ 后溶液的体积不变)。

解 $CuSO_4$ 溶解在 $NH_3 \cdot H_2O$ 溶液中发生下列反应：

$$Cu^{2+} + 4NH_3 \rightleftharpoons [Cu(NH_3)_4]^{2+}$$

由于 NH_3 过量，$CuSO_4$ 的 Cu^{2+} 几乎全部生成 $[Cu(NH_3)_4]^{2+}$，剩余 NH_3 的浓度为

$$(6.0-0.10\times4)=5.6 \text{ mol}\cdot L^{-1}$$

设平衡溶液中 $[Cu^{2+}]=x$ (mol·L^{-1})，则

$$Cu^{2+} \quad + \quad 4NH_3 \quad \rightleftharpoons \quad [Cu(NH_3)_4]^{2+}$$

平衡浓度/(mol·L^{-1}) $\quad x \qquad 5.6+4x\approx5.6 \qquad 0.10-x\approx0.10$

代入平衡常数表达式，得

$$K_s=\frac{[Cu(NH_3)_4^{2+}]}{[Cu^{2+}][NH_3]^4}=\frac{0.10}{x\times5.6^4}=2.1\times10^{13}$$

$$x=4.8\times10^{-18} \text{ mol}\cdot L^{-1}$$

所以溶液中 $[Cu^{2+}]=4.8\times10^{-18}$ mol·L^{-1}。

10.2.2 配合物之间的转化

1. 配体取代(或称交换)反应

Cu^{2+} 在水溶液中，实际上是以水合铜离子($[Cu(H_2O)_4]^{2+}$)的形式存在的。我们知道，无水硫酸铜是白色的，说明没有水合的 Cu^{2+} 其实没有颜色。$[Cu(H_2O)_4]^{2+}$ 的淡蓝色是由于配位的 H_2O 造成 Cu^{2+} 的 d 轨道分裂，从而发生 d-d 跃迁而形成。由于 H_2O 是弱场配体，造成的分裂能较小，其吸收光接近于红外区，因此显示淡蓝色。

在 $[Cu(H_2O)_4]^{2+}$ 溶液中加入 $NH_3 \cdot H_2O$ 后，其实际发生的是 NH_3 取代 H_2O 配位的过程，即

$$[Cu(H_2O)_4]^{2+} + 4NH_3 \rightleftharpoons [Cu(NH_3)_4]^{2+} + 4H_2O$$

上述反应是一种配体取代反应。由于 NH_3 是强场配体，造成的分裂能较大，因此 $[Cu(NH_3)_4]^{2+}$ 的颜色表现为深蓝色。

像这样在配位平衡体系中，加入另一种能与中心原子配位的配体，是否都可能发生类似的配体取代反应？这主要取决于两种配合物的稳定常数 K_s 的相对大小。例如在 $[Ag(NH_3)_2]^+$ 溶液中，加入 NaCN，则将发生下列配体取代反应：

$$[Ag(NH_3)_2]^+ + 2CN^- \rightleftharpoons [Ag(CN)_2]^- + 2NH_3$$

该反应的平衡常数为

$$K=\frac{[Ag(CN)_2^-][NH_3]^2}{[Ag(NH_3)_2^+][CN^-]^2}=\frac{[Ag(CN)_2^-][NH_3]^2\,[Ag^+]}{[Ag^+][Ag(NH_3)_2^+][CN^-]^2}$$

$$=\frac{K_s(Ag(CN)_2^-)}{K_s(Ag(NH_3)_2^+)}=\frac{1.3\times10^{21}}{1.1\times10^7}=1.2\times10^{14}$$

由上可知，配体取代反应的平衡常数等于转化后和转化前配合物的稳定常数之比。由于 $K_s(Ag(CN)_2^-)\gg K_s(Ag(NH_3)_2^+)$，$[Ag(NH_3)_2]^+$ 会彻底地转化为 $[Ag(CN)_2]^-$。

2. 金属离子的置换反应

在配合物 ML 的溶液中加入另一种金属离子 M′后，如果新加入的 M′与该配体形成的配

合物更为稳定，则可发生金属离子置换反应：

$$ML + M' \rightleftharpoons M + M'L$$

例如，向 Ca-EDTA^{2-} (CaY^{2-})溶液中加入 Pb^{2+}，则发生铅置换钙的反应：

$$CaY^{2-} + Pb^{2+} \rightleftharpoons PbY^{2-} + Ca^{2+}$$

该反应的平衡常数为

$$K = \frac{[Ca^{2+}][PbY^{2-}]}{[Pb^{2+}][CaY^{2-}]} = \frac{[PbY^{2-}]}{[Pb^{2+}][Y^{2-}]} \cdot \frac{[Ca^{2+}][Y^{2-}]}{[CaY^{2-}]}$$

$$= \frac{K_s(PbY^{2-})}{K_s(CaY^{2-})} = \frac{1.0 \times 10^{19}}{5.0 \times 10^{10}} = 2.0 \times 10^{8}$$

可见反应的平衡常数很大，溶液中的 Pb^{2+} 都可以被转化成 PbY^{2-} 配合物。临床上发生铅(或其他重金属)中毒时，常注射 CaY^{2-} 进行解毒治疗。CaY^{2-} 在体内，可以和血液中的 Pb^{2+} 发生置换反应，生成无毒而溶解性好的 PbY^{2-}，而 PbY^{2-} 可经肾脏从尿中排出，从而达到解毒的疗效。不直接使用 EDTA^{2-} 的原因是，EDTA^{2-} 也可以和体内的必需金属离子如 Ca^{2+}，Mg^{2+}，Zn^{2+}，Cu^{2+}，Fe^{3+} 等形成配合物，造成这些必需微量元素从身体大量流失，对健康不利。

3. 金属离子对不同配体的亲和性差异、软硬酸碱理论

大量的研究发现，不同金属离子和配体之间形成配合物的能力存在较大的差别，一些金属离子如 Zn^{2+}，Cd^{2+}，Hg^{2+} 等倾向于同含有硫原子 S 为配位原子的配体结合，另一些金属离子如 Fe^{3+}，Al^{3+}，Ca^{2+} 等则喜欢和含有氧原子 O 为配位原子的配体结合，还有一些金属离子如 Fe^{2+}，Ni^{2+}，Cu^{2+} 等则容易与含有氮原子 N 为配位原子的配体形成配合物。

1963 年皮尔逊(Pearson)提出了软硬酸碱(soft and hard acids and bases，SHAB)理论来解释金属离子对配体选择性结合的规律。SHAB 理论基于路易斯酸碱电子理论而来。路易斯酸碱理论定义，所有在反应中能给出电子对的物质是碱，能接受电子对的物质是酸。在配合物中，中心离子是电子对的接受体，因此是路易斯酸；配体是电子对给予体，因此是路易斯碱。

不同酸碱对外层电子对的控制程度存在差异。一些金属离子的电荷半径比(z/r)较大，对外层电子对吸引紧，接受孤对电子能力强，而且没有易极化的电子轨道，这类金属离子可以称为“硬酸”。另有一些金属离子的 z/r 比较小，对外层电子对吸引力较小，接受电子对能力弱，而且外层电子轨道容易极化，这类金属离子可以称为“软酸”。而介于“硬酸”和“软酸”二者之间的金属离子称为“交界酸”。

同理，配体也可以分为软、硬、交界三类。那些原子电负性大、对外层电子对吸引力强、不易失去电子、电子云变形性小的配体称为“硬碱”；那些原子电负性小、对外层电子对吸引力弱、易给出电子、电子云变形性大的配体称为“软碱”；介于二者之间的就称为“交界碱”。表 10-7 和表 10-8 列出了一些常见的软硬酸碱。

表 10-7 常见金属离子的软硬分类

硬酸类	H^{+}，Li^{+}，Na^{+}，K^{+}，Be^{2+}，Mg^{2+}，Ca^{2+}，Sr^{2+}，Ba^{2+}，Sc^{3+}，La^{3+}，Ce^{4+}，Th^{4+}，VO^{2+}，Ti^{4+}，Zr^{4+}，Hf^{4+}，U^{4+}，Cr^{3+}，Mo^{3+}，Mn^{2+}，Fe^{3+}，Co^{3+}，Al^{3+}，Si^{4+}，Sn^{4+}
交界酸类	Fe^{2+}，Co^{2+}，Ni^{2+}，Cu^{2+}，Zn^{2+}，Sn^{2+}，Pb^{2+}，Sb^{3+}，Bi^{3+}
软酸类	Pd^{2+}，Pt^{2+}，Pt^{4+}，Cu^{+}，Ag^{+}，Au^{+}，Cd^{2+}，Hg^{+}，Hg^{2+}

表 10-8　常见配体的软硬分类

硬碱类	NH_3, ROH, H_2O, OH^-, Ac^-, CO_3^{2-}, NO_3^-, PO_4^{3-}, SO_4^{2-}, ClO_4^-, F^-, Cl^-
交界碱类	$C_6H_5NH_2$, C_5H_5N, N_3^-, NO_2^-, SO_3^{2-}, Br^-
软碱类	CN^-, RNC, CO, SCN^-, PR_3, $P(OR)_3$, AsR_3, SR_2, RSH, $S_2O_3^{2-}$, I^-

可将 SHAB 理论关于金属离子和配体反应的亲和性趋势总结成下面一句非常简洁的话："硬亲硬，软亲软，交界酸喜欢交界碱"。对于大多数金属离子与配体的反应，这是一个非常实用和有效的规则。SHAB 理论在我们平常的一些化学问题和化学实验中应用是十分广泛的。例如：

(1) 判断配合物的稳定性。AgCl 可以溶于氨水形成$[Ag(NH_3)_2]^+$，也可以溶于硫代硫酸钠溶液形成$[Ag(S_2O_3)_2]^{3-}$。由于 Ag^+ 是一个典型的软酸，因此与软碱 $S_2O_3^{2-}$ 形成的$[Ag(S_2O_3)_2]^{3-}$配合物比与硬碱 NH_3 形成的配合物稳定。实际上，在照片定影过程中，正是使用硫代硫酸钠溶液作为溶解未感光 AgCl/AgBr 的定影液。

(2) 判断两可配体的配位原子。两可配体 SCN^- 有两个配位原子——S 原子和 N 原子，其中 N 属于硬碱，亲硬酸，而 S 属于软碱，亲软酸。所以与硬酸 Fe^{3+} 形成配合物时，是 N 原子与 Fe^{3+} 结合，形成异硫氰酸铁配离子($[Fe(NCS)_6]^{3-}$)，而与软酸 Ag^+ 形成配合物时，是 S 原子与 Ag^+ 配位，形成硫氰酸银配离子($[Ag(SCN)_2]^-$)。

(3) 判断蛋白质分子和金属离子的结合。蛋白质分子上有很多可以与金属离子形成配位键的基团，如羧基(—COO^-)、羟基(—OH)、巯基(—SH)、咪唑基(—$C_3H_3N_2$)等。硬酸金属离子如 Mg^{2+}, Ca^{2+}, La^{3+}, Cr^{3+}, Mn^{2+}, Fe^{3+}, Co^{3+}, Al^{3+} 等倾向于结合于羧基丰富的蛋白质分子或结构区域；交界酸和软酸如 Fe^{2+}, Co^{2+}, Ni^{2+}, Cu^{2+}, Zn^{2+} 等倾向于和巯基/咪唑基含量丰富的蛋白质分子或结构区域结合。有毒重金属离子如 Pb^{2+}, Cd^{2+}, Hg^{2+} 属于交界酸或软酸，也倾向于和巯基/咪唑基含量丰富的蛋白质分子或结构区域结合，因此重金属很容易积累在肾脏、肝脏和神经系统等含巯基氨基酸丰富的人体器官和组织中，且排除较为困难。人发中含有大量含巯基的胱氨酸和半胱氨酸，因此也是重金属容易积累的地方，分析头发中微量元素含量是检测重金属慢性中毒的一个很有效的方法。

10.2.3　螯合物及其稳定性

如果配体中的两个或两个以上配位原子能够同时与一个金属离子配位形成环状结构——螯合环(chelating ring)，犹如螃蟹以双螯钳住中心原子，则这种配体称为螯合配体(chelating ligand)，生成的配合物称为螯合物(chelate)。例如二(乙二胺)合铜(Ⅱ)离子$[Cu(en)_2]^{2+}$和 CaY^{2-}：

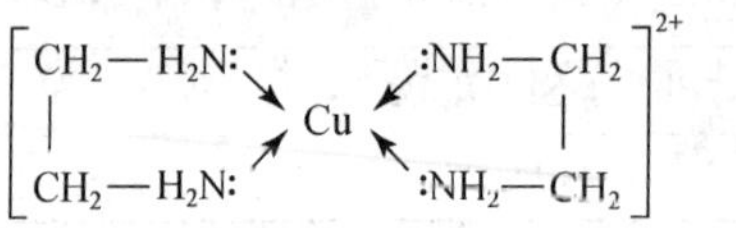

$[Cu(en)_2]^{2+}$

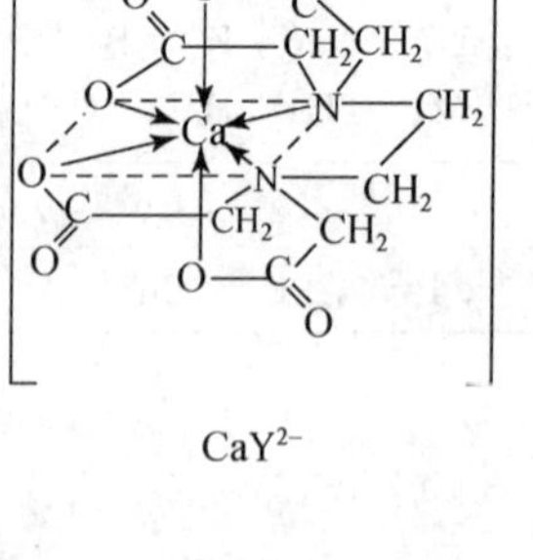

CaY^{2-}

螯合物与结构相似的单齿配体配合物相比，稳定性大大增加。例如，Cd^{2+} 可以分别与甲胺(CH_3NH_2)、乙二胺生成配位数相同、结构类似的配合物：

$[Cd(CH_3NH_2)_4]^{2+}$　　　　$[Cd(en)_2]^{2+}$

$[Cd(CH_3NH_2)_4]^{2+}$ 的 $K_s = 3.3 \times 10^6$，$[Cd(en)_2]^{2+}$ 的 $K_s = 4.3 \times 10^{10}$，后者的稳定常数比前者大 10^4 倍以上，配合物的稳定性大大提高。同一种金属离子所形成的螯合物的稳定性一般比配位数相同的非螯合物要高，这种现象称为螯合效应(chelating effect)。

研究发现，螯合效应和螯合物的稳定性主要受螯合环的大小和数量的影响：

1. 螯合环的大小

绝大多数螯合物中，以五元环和六元环的螯合物最稳定。五元环螯合物很稳定是因为五元环的夹角是 108°，与 C 的 sp^3 杂化轨道的键角 109°28 更接近，张力很小；六元环的夹角是 120°，如果配体螯合环上的 C 原子为 sp^2 杂化(如乙酰丙酮)，则两者的键角也相符，环张力也很小，可以形成稳定的六元环螯合物。

$\lg\beta_2=15.1$　　　　$\lg\beta_2=14.3$

环过大或过小，螯合物的稳定性都会降低。三元环和四元环的角度与任何杂化轨道的夹角都不相符，因此环张力太大，一般难以形成。而螯合环太大时，环的夹角受到螯合环分子构象和分子动态的影响，情形比较复杂。多数情况下，太大的环不利于螯合物的稳定性，例如表 10-9 中列出 Ca^{2+} 与 EDTA 的同系物配合物的 $\lg K_s$ 的变化，其中一个环从五元环变成八元环后，螯合物稳定性下降。

表 10-9　Ca^{2+} 与 EDTA 的同系物配合物的 $\lg K_s$

配　体	成环情况	$\lg K_s$
乙二胺四乙酸根离子	5 个五元环	11.0
丙二胺四乙酸根离子	4 个五元环，1 个六元环	7.1
丁二胺四乙酸根离子	4 个五元环，1 个七元环	5.1
戊二胺四乙酸根离子	4 个五元环，1 个八元环	4.6

2. 螯合环的数目

不言而喻，螯合物中螯合环越多，螯合物就越稳定。例如：

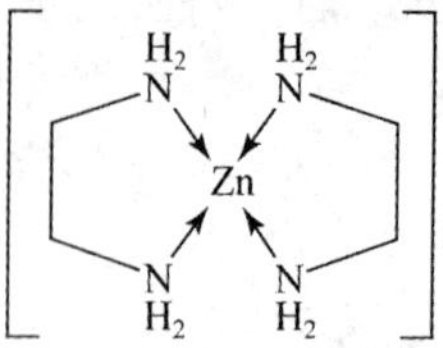

$\lg\beta_2=10.37$　　$\lg\beta=12.1$

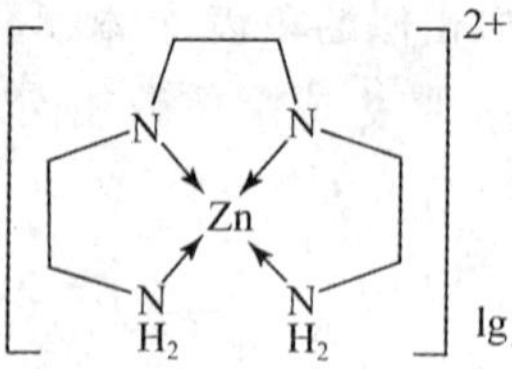

$\lg\beta_3=11.0$　　$\lg\beta=16.3$

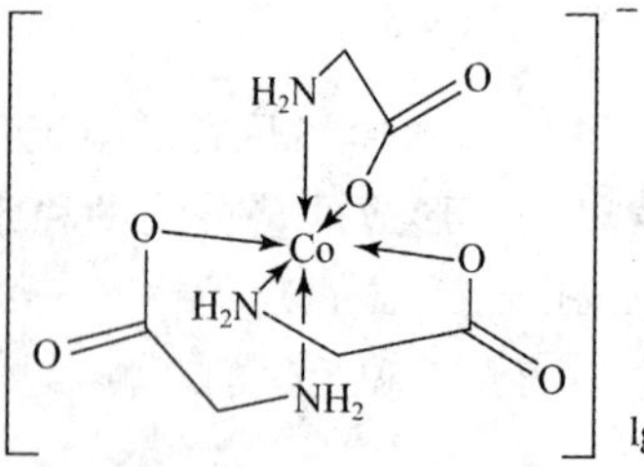

为什么螯合物比具有同样配位数的非螯合物稳定呢？对螯合物进行热力学分析便可以知道其内在的原因。根据热力学，螯合物的稳定常数 K_s 有如下关系：

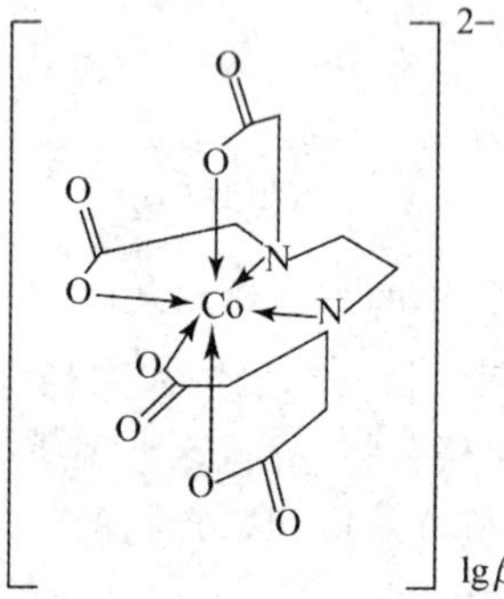

$$RT\ln K_s=-\Delta_r G_m^\ominus=-\Delta_r H_m^\ominus+T\Delta_r S_m^\ominus$$

分别测定了一些配合物生成反应的 K_s，$\Delta_r G_m^\ominus$，$\Delta_r H_m^\ominus$ 和 $T\Delta_r S_m^\ominus$ 的大小，列于表 10-10 中。从表中可知，$[Cd(CH_3NH_2)_4]^{2+}$ 和 $[Cd(en)_2]^{2+}$ 相比，二者各生成 4 个 Cd←N 配位键，其 $\Delta_r H_m^\ominus$ 相差不大，而 $[Cd(en)_2]^{2+}$ 的 $T\Delta_r S_m^\ominus$ 大得多，于是其 $\Delta_r G_m^\ominus$ 较小，K_s 较大。因此螯合物 $[Cd(en)_2]^{2+}$ 比单齿配体形成的配离子 $[Cd(CH_3NH_2)_4]^{2+}$ 要稳定。可见螯合效应是一种熵效应。

表 10-10　几种配离子的热力学数据(25℃，2 mol·L⁻¹硝酸盐溶液)

配离子	$\Delta_r H_m^\ominus/(kJ\cdot mol^{-1})$	$\Delta_r S_m^\ominus/(kJ\cdot mol^{-1}\cdot K^{-1})$	$\Delta_r G_m^\ominus/(kJ\cdot mol^{-1})$	$\lg K_s$
$[Cd(CH_3NH_2)_2]^{2+}$	−29.4	−1.92	−27.5	4.82
$[Cd(en)]^{2+}$	−29.5	3.89	−33.4	5.84
$[Cd(CH_3NH_2)_4]^{2+}$	−57.3	−20.1	−37.2	6.52
$[Cd(en)_2]^{2+}$	−56.5	4.2	−60.7	10.63

为什么生成螯合物 $[Cd(en)_2]^{2+}$ 比非螯合物 $[Cd(CH_3NH_2)_4]^{2+}$ 的 $\Delta_r S_m^\ominus$ 大呢？分析可知，在溶液中，金属离子其实是水合离子($[Cd(H_2O)_4]^{2+}$)，当它与 CH_3NH_2 形成非螯合配离子时，每个 CH_3NH_2 配体只取代一个 H_2O：

$$[Cd(H_2O)_4]^{2+}+4CH_3NH_2 \rightleftharpoons [Cd(CH_3NH_2)_4]^{2+}+4H_2O$$

反应前后分子总数不变，所以 $\Delta_r S_m^\ominus$ 不大。而它与双齿配体乙二胺形成螯合物时，一个 en 取代了两个 H_2O：

$$[Cd(H_2O)_4]^{2+}+2en \rightleftharpoons [Cd(en)_2]^{2+}+4H_2O$$

反应后产物的分子总数增加了，因而系统的熵(表示混乱度)显著增大。

10.2.4　金属缓冲溶液和游离金属离子浓度的调节

假定向某金属离子 M 的溶液中加入过量配体 L，发生下列反应：

$$M+L \rightleftharpoons ML$$

根据配位平衡，有

$$K_s=\frac{[ML]}{[M][L]}$$

$$[M]=\frac{[ML]}{[L]}\cdot\frac{1}{K_s}=\frac{[ML]}{[L]}K_d$$

$$pM=\lg K_s+\lg\frac{[L]}{[ML]}=pK_d+\lg\frac{[L]}{[ML]}$$

其中 K_d 称为配合物的解离常数(dissociation constant)，$K_d=1/K_s$。请注意，这个关系和弱酸 HA 及其共轭碱 A^- 形成的缓冲溶液的 pH 计算公式非常相似：

$$pH=pK_a+\lg\frac{[A^-]}{[HA]}$$

因此可见，一个配合物和其过量配体形成的溶液是一种类似酸碱缓冲溶液的金属缓冲溶液，溶液中游离金属离子的浓度取决于配合物的稳定常数和过量配体与配合物浓度的比值。

类似于缓冲溶液的 pH 公式，金属缓冲溶液中游离金属离子浓度 pM 为

$$pM=\lg K_s+\lg\frac{[L]}{[ML]}=\lg K_s+\lg\frac{c_L}{c_{ML}}=\lg K_s+\lg\frac{n_L}{n_{ML}}$$

【例 10-4】 欲配制总浓度为 $1.0\ \text{mmol}\cdot\text{L}^{-1}$，游离 Zn^{2+} 浓度为 $1.0\times10^{-11}\ \text{mol}\cdot\text{L}^{-1}$，pH=7.0 溶液 100 mL。现有 pH=7.0 的“10×”储备溶液[①]，$0.010\ \text{mol}\cdot\text{L}^{-1}$ EDTA 溶液，$0.010\ \text{mol}\cdot\text{L}^{-1}$ NTA 溶液和 $0.010\ \text{mol}\cdot\text{L}^{-1}$ Zn^{2+} 溶液。问如何配制上述溶液。

解 查表知 $\lg K_s(ZnY^{2-})=16.5$，$\lg K_s(\text{Zn-NTA})=10.5$，因此应当使用 Zn-NTA/NTA 金属缓冲系。

$$pZn^{2+}=\lg K_s+\lg\frac{[\text{NTA}]}{[\text{Zn-NTA}]}=\lg K_s+\lg\frac{n_{\text{NTA}}}{n_{\text{Zn-NTA}}}$$

由于 Zn^{2+} 储备液和配体 NTA 溶液的浓度相同，而且 Zn-NTA 可由 Zn^{2+} 和 NTA 配体反应获得，所以 $n_{Zn^{2+}}=n_{\text{Zn-NTA}}$，故

$$\begin{aligned}\lg\frac{n_{\text{NTA}}}{n_{\text{Zn-NTA}}}&=\lg\frac{V_{\text{NTA}}-V_{Zn^{2+}}}{V_{Zn^{2+}}}=\lg\left(\frac{V_{\text{NTA}}}{V_{Zn^{2+}}}-1\right)\\&=pZn^{2+}-\lg K_s(\text{Zn-NTA})\\&=-\lg(1.0\times10^{-11})-10.5\\&=0.50\end{aligned}$$

$$\frac{V_{\text{NTA}}}{V_{Zn^{2+}}}=4.2$$

需要配制 $V=100$ mL，$c_{Zn^{2+}}=1.0\ \text{mmol}\cdot\text{L}^{-1}=0.0010\ \text{mol}\cdot\text{L}^{-1}$ 溶液，所以

$$0.010\ \text{mol}\cdot\text{L}^{-1}\times V_{Zn^{2+}}=0.0010\ \text{mol}\cdot\text{L}^{-1}\times100\ \text{mL}$$

$$V_{Zn^{2+}}=10\ \text{mL}$$

$$V_{\text{NTA}}=4.2V_{Zn^{2+}}=(4.2\times10)\ \text{mL}=42\ \text{mL}$$

溶液的配制方法：取 $0.010\ \text{mol}\cdot\text{L}^{-1}$ Zn^{2+} 溶液 10 mL，$0.010\ \text{mol}\cdot\text{L}^{-1}$ NTA 溶液

---

① 在实际的生物化学实验中，常常将 pH 缓冲溶液配制成高浓度的储备液，注明需要稀释的倍数，如“10×”表示使用时稀释 10 倍，“2×”表示使用时稀释 2 倍，依此类推。

42 mL 和“10×”pH 缓冲储备液 10 mL 加入 100 mL 容量瓶中,用二次去离子水定容,混合均匀即可。

10.2.5 配合物的形成对酸碱、沉淀和氧化还原平衡的相互作用

配位平衡与其他化学平衡一样是一种动态平衡。当向含有配离子(ML,为方便省略了电荷)的水溶液中加入其他试剂(如酸、碱、金属离子沉淀剂或氧化还原剂)时,金属离子 M 或配体 L 可能发生新的化学反应,改变了平衡条件,平衡就会移动,结果使得原溶液中各物种的浓度发生变化。这一过程所涉及的就是配位平衡与其他各种化学平衡相互作用的多重平衡。下面我们结合实例进行讨论。

1. 配位平衡与酸碱平衡

配体如 F^-,CN^-,SCN^-,NH_3 等大多都是可以接受质子的碱。配体与 H^+ 结合、生成其共轭酸的过程称为配体的质子化。

例如,向 $CuSO_4$ 溶液中加入过量氨水,此时溶液为碱性,生成深蓝色的$[Cu(NH_3)_4]^{2+}$。若向此溶液中滴加盐酸,使 NH_3 被逐渐质子化,配位平衡向配合物分解的方向移动。当溶液酸度达到一定条件时,深蓝色的$[Cu(NH_3)_4]^{2+}$ 变成淡蓝色的$[Cu(H_2O)_4]^{2+}$:

$$Cu^{2+} + 4NH_3 \rightleftharpoons [Cu(NH_3)_4]^{2+}$$

$$4NH_3 + 4H^+ \rightleftharpoons 4NH_4^+$$

平衡移动方向

这种因溶液酸度增大而导致配离子解离的作用称为酸效应(acid effect)。配合物越不稳定,配体的共轭酸越弱,则配离子越容易被加入的酸所解离。

另一方面,如果配合物的稳定常数较高,则配位平衡移动将促进配体的质子解离。例如在 pH 4~5 的条件下(如 HAc-NaAc 缓冲溶液中),配体 EDTA 是含两个质子的形式 H_2Y^{2-}。若在此条件下,向溶液中加入 Ca^{2+},由于 CaY^{2-} 的稳定性不够($\lg K_s = 10.7$),Ca^{2+} 不会和 H_2Y^{2-} 反应。而若此条件下加入 Zn^{2+},由于 ZnY^{2-} 的稳定常数较大($\lg K_s = 16.5$),因此可以生成 ZnY^{2-} 螯合物。反应的平衡关系如下:

$$Ca^{2+} + H_2Y^{2-} \rightleftharpoons CaY^{2-} + 2H^+, \quad 2H^+ + 2Ac^- \rightleftharpoons 2HAc$$

平衡移动方向(向左)

$$Zn^{2+} + H_2Y^{2-} \rightleftharpoons ZnY^{2-} + 2H^+, \quad 2H^+ + 2Ac^- \rightleftharpoons 2HAc$$

平衡移动方向(向右)

2. 配位平衡与沉淀平衡

向配离子$[FeF_6]^{3-}$溶液中加强酸,可以使 F^- 质子化,导致配合物因酸效应解离。如果向溶液中加入强碱,提高溶液的 pH,在一定的范围内可以减少配离子的解离,增强其稳定性。

但是，如果溶液中 OH^- 达到一定浓度时，可以和中心原子 Fe^{3+} 反应生成氢氧化物沉淀，导致配离子解离：

$$Fe^{3+} + 6F^- \rightleftharpoons [FeF_6]^{3-}$$

$$+\ 3OH^- \rightleftharpoons Fe(OH)_3\downarrow$$

平衡移动方向

这种因金属离子与溶液中 OH^- 结合形成氢氧化物沉淀，而导致配离子解离的作用称为配合物的水解效应(hydrolysis effect)。

如果向配合物 $[Cu(NH_3)_4]^{2+}$ 溶液中滴加 Na_2S 溶液，由于 Cu^{2+} 可以与 S^{2-} 形成极难溶的 CuS，因此可以观察到黑色 CuS 沉淀生成：

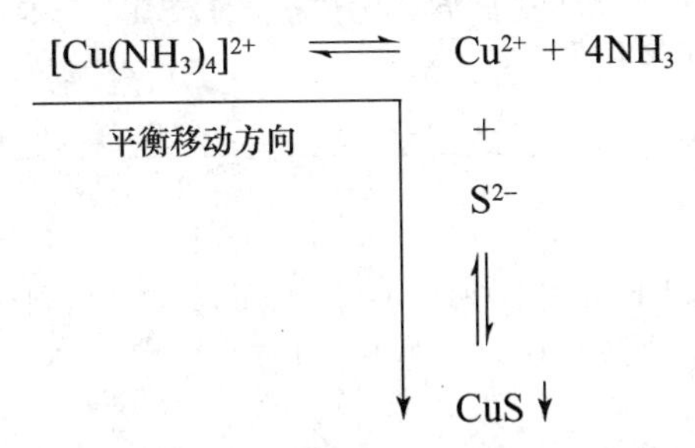

再例如，向 $AgNO_3$ 溶液中滴加 NaCl 溶液，立即有 AgCl 沉淀生成；在沉淀中滴加氨水，AgCl 沉淀逐渐溶解，生成 $[Ag(NH_3)_2]^+$ 配离子；若再向溶液中滴加 KBr 溶液，则又可见到有浅黄色的 AgBr 沉淀生成。以上过程的平衡关系为

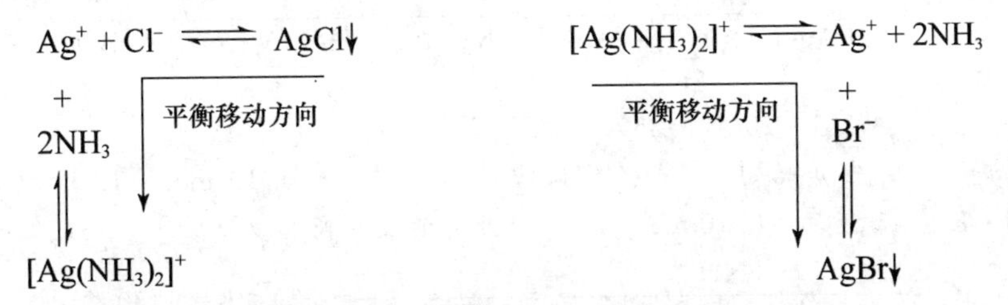

从上面看到，一些难溶物可因形成配合物而溶解，而一些配离子也可因加入沉淀剂而解离。那么，在沉淀剂和配体同时存在的条件下，究竟是生成配离子，还是生成沉淀呢？这取决于配离子的稳定性(K_s＋配体浓度)和难溶化合物的溶解度(K_{sp}＋沉淀剂浓度)的相对大小。配体的配位能力越强，沉淀的溶解度越大，平衡就越容易向沉淀溶解、生成配离子的方向移动；反之，配合物的 K_s 值和沉淀的 K_{sp} 都同时很小，那么，反应就向配合物解离、形成沉淀的方向进行。

【例 10-5】 (1) 将 0.10 mol AgCl 完全溶解在 1.0 L 氨水中，问所需氨水的最低浓度；(2) 在上述溶液中加入 KBr 固体 0.10 mol，问能否产生 AgBr 沉淀(假设加入各种试剂时溶液的体积不变)？

解 查表得知：AgCl 的 $K_{sp}=1.77\times10^{-10}$，AgBr 的 $K_{sp}=5.35\times10^{-13}$，$[Ag(NH_3)_2]^+$ 的 $K_s=1.1\times10^7$。

(1) AgCl 溶于氨水的反应式：

$$AgCl+2NH_3 \rightleftharpoons [Ag(NH_3)_2]^+ + Cl^-$$

$$K=\frac{[Ag(NH_3)_2^+][Cl^-]}{[NH_3]^2}=K_s(Ag(NH_3)_2^+)\cdot K_{sp}(AgCl)$$

$$=1.1\times10^7\times1.77\times10^{-10}=1.95\times10^{-3}$$

要使 AgCl 完全溶解，则 Ag^+ 应基本上全部转化为$[Ag(NH_3)_2]^+$配离子，即溶液中$[Ag(NH_3)_2^+]=[Cl^-]=0.10\ mol\cdot L^{-1}$。代入平衡常数表达式中，得

$$K=\frac{0.10\times0.10}{[NH_3]^2}=1.95\times10^{-3}$$

解得

$$[NH_3]=2.3\ mol\cdot L^{-1}$$

由于生成 $0.10\ mol\cdot L^{-1}$ $[Ag(NH_3)_2]^+$ 还需要 $0.20\ mol\cdot L^{-1}$ NH_3，所以若要 AgCl 沉淀完全溶解，反应开始时溶液中 NH_3 的浓度至少为

$$(2.3+0.2)\ mol\cdot L^{-1}=2.5\ mol\cdot L^{-1}$$

(2) 方法一：根据上面的计算，AgCl 溶解后，溶液中$[NH_3]=2.3\ mol\cdot L^{-1}$，代入$[Ag(NH_3)_2]^+$的稳定常数表示式：

$$K_s(Ag(NH_3)_2^+)=\frac{[Ag(NH_3)_2^+]}{[Ag^+][NH_3]^2}=\frac{0.10}{[Ag^+]\times2.3^2}=1.1\times10^7$$

解得

$$[Ag^+]=1.7\times10^{-9}\ mol\cdot L^{-1}$$

溶液中加入 0.10 mol KBr 时，$c(Br^-)=0.10\ mol\cdot L^{-1}$，则 AgBr 的离子积

$$IP=c(Ag^+)\cdot c(Br^-)=1.7\times10^{-9}\times0.10=1.7\times10^{-10}>K_{sp}(AgBr)=5.35\times10^{-13}$$

所以有 AgBr 沉淀生成。

方法二：$[Ag(NH_3)_2]^+$ 分解生成 AgBr 沉淀的反应为

$$[Ag(NH_3)_2]^+(aq)+Br^-(aq) \rightleftharpoons 2NH_3(aq)+AgBr(s)$$

此反应的平衡常数为

$$K=\frac{[NH_3]^2}{[Ag(NH_3)_2^+]\cdot[Br^-]}=\frac{1}{K_s(Ag(NH_3)_2^+)\cdot K_{sp}(AgBr)}$$

$$=\frac{1}{1.1\times10^7\times5.35\times10^{-13}}=1.70\times10^5$$

在溶液中反应开始时，$c(Ag(NH_3)_2^+)=c(Cl^-)=0.10\ mol\cdot L^{-1}$，$c(NH_3)=2.3\ mol\cdot L^{-1}$，$c(Br^-)=0.10\ mol\cdot L^{-1}$，故此时的反应商 Q 为

$$Q=\frac{c^2(NH_3)}{c(Ag(NH_3)_2^+)\cdot c(Br^-)}=\frac{2.3^2}{0.10\times0.10}=529<K=1.70\times10^5$$

由于 $Q<K$，故反应向正方向自发进行，因此有 AgBr 沉淀生成。

3. 配合物的形成对中心金属离子氧化还原能力的调节

在配位平衡体系中，加入合适的氧化剂或还原剂，由于中心原子发生氧化还原反应而使其浓度降低，导致配位平衡的移动，配离子解离。例如，I^- 可将 Fe^{3+} 还原为 Fe^{2+}，而使$[FeCl_4]^-$解离。

$$Fe^{3+}+4Cl^- \rightleftharpoons [FeCl_4]^-$$

$+$

I^- 　　平衡移动方向

$\rightleftharpoons$

$$Fe^{2+}+\frac{1}{2}I_2$$

反过来,配位平衡也可以影响氧化还原平衡,使氧化还原平衡移动,甚至使氧化还原反应改变方向,使原本不能发生的氧化还原反应在配体存在下能够发生。例如,Fe^{3+} 可以氧化 I^- 为单质 I_2。若在溶液中加入 F^-,由于生成了稳定的$[FeF_6]^{3-}$配离子,使溶液中 Fe^{3+} 浓度降低,导致氧化还原反应逆向进行:

$$Fe^{3+} + I^- \rightleftharpoons Fe^{2+} + \frac{1}{2}I_2$$

$$+\ 6F^- \rightleftharpoons [FeF_6]^{3-}$$

平衡移动方向

【例 10-6】 已知 Hg^{2+}/Hg 电极的 $\varphi^\ominus = 0.815$ V,$[HgI_4]^{2-}$ 的 $K_s = 6.8\times10^{29}$,试求 $[HgI_4]^{2-}/Hg$ 电极的 $\varphi^\ominus$ 值。

解 方法一:配位反应为

$$Hg^{2+} + 4I^- \rightleftharpoons [HgI_4]^{2-} \qquad K_s = \frac{[HgI_4^{2-}]}{[Hg^{2+}][I^-]^4}$$

故

$$[Hg^{2+}] = \frac{[HgI_4^{2-}]}{K_s \cdot [I^-]^4}$$

当$[I^-] = [HgI_4]^{2-} = 1.0\ mol\cdot L^{-1}$时,解得

$$[Hg^{2+}] = 1/K_s$$

Hg^{2+}/Hg 的电极反应为:$Hg^{2+} + 2e \longrightarrow Hg$,当$[Hg^{2+}] = 1/K_s$时,

$$\varphi(Hg^{2+}/Hg) = \varphi^\ominus(Hg^{2+}/Hg) + (0.0591/2)\lg[Hg^{2+}] = \varphi^\ominus(Hg^{2+}/Hg) - (0.0591/2)\lg K_s$$

$$= 0.851 - (0.0591/2)\lg(6.8\times10^{29}) = -0.032\ V$$

此电极电势值就是$[HgI_4]^{2-}/Hg$ 电极的的标准电极电势,即

$$[HgI_4]^{2-} + 2e \longrightarrow Hg + 4I^- \qquad \varphi^\ominus([HgI_4]^{2-}/Hg) = -0.032\ V$$

方法二:$[HgI_4]^{2-}$配离子的配位平衡为

$$Hg^{2+} + 4I^- \rightleftharpoons [HgI_4]^{2-} \qquad K_s = 6.8\times10^{29}$$

将上述平衡两边各加上一个金属 Hg,则得

$$Hg^{2+} + 4I^- + Hg \rightleftharpoons [HgI_4]^{2-} + Hg$$

于是可将上述反应看做是下列两个半反应之和:

正极反应: $Hg^{2+} + 2e \longrightarrow Hg \qquad \varphi^\ominus_+ = 0.851\ V$

负极反应: $Hg + 4I^- - 2e \longrightarrow [HgI_4]^{2-} \qquad \varphi^\ominus_- = ?$

因此在 25℃下,总反应(也就是$[HgI_4]^{2-}$配离子生成反应)的平衡常数为

$$(0.0591/n)\lg K^\ominus = (0.0591/n)\lg K_s = \varphi^\ominus_+ - \varphi^\ominus_-$$

$$\varphi^\ominus_- = \varphi^\ominus_+ - (0.0591/n)\lg K_s = 0.851 - (0.0591/2)\lg(6.8\times10^{29}) = -0.032\ V$$

即

$$\varphi^\ominus([HgI_4]^{2-}/Hg) = \varphi^\ominus_- = -0.032\ V$$

从上例可见,金属配离子/金属构成的电极,其标准电极电势显著低于金属离子/金属电极。也就是说,形成配合物后,金属离子的氧化能力降低,而金属的还原性增强。配离子越稳定,配离子/金属电极的标准电极电势 $\varphi^\ominus$降低得越多。计算可知,大约 K_s每增加 5 个数量级,$\varphi^\ominus$降低 $0.3/n$。例如 Ag^+/Ag 电极:

电极反应	$\varphi^{\ominus}$/V	配位反应	K_s
$Ag^+ + e \longrightarrow Ag$	0.800		
$[Ag(NH_3)_2]^+ + e \longrightarrow Ag + 2NH_3$	0.383	$Ag^+ + 2NH_3 \rightleftharpoons [Ag(NH_3)_2]^+$	1.1×10^{7}
$[Ag(S_2O_3)_2]^{3-} + e \longrightarrow Ag + 2S_2O_3^{2-}$	0.003	$Ag^+ + 2S_2O_3^{2-} \rightleftharpoons [Ag(S_2O_3)_2]^{3-}$	2.9×10^{13}
$[Ag(CN)_2]^- + e \longrightarrow Ag + 2CN^-$	−0.450	$Ag^+ + 2CN^- \rightleftharpoons [Ag(CN)_2]^-$	1.3×10^{21}

比较上述 K_s 和 $\varphi^{\ominus}$ 值可知,Ag^+ 形成的配离子 K_s 越大,相应的 $\varphi^{\ominus}$ 值就越小。据此,工业上将含有 Ag,Au 等贵金属的矿粉用 NaCN 溶液处理,使得 Ag,Au 易失去电子被空气氧化形成配合物进入溶液,然后富集提取。

10.3 配位化合物的反应动力学

配位化合物的一个重要特点就是兼具高的稳定性和活泼的动力学行为,这个特点来源于金属-配体形成的配位键的性质。典型的共价键具有很高的稳定性,不容易发生键的断裂,通过共价键相连接的分子基团很难进行相互位置交换。相反,由于分子间作用力很小,分子间的位置转换则很容易,但是通过分子间作用力形成的超分子体系通常并不够稳定。DNA 双链通过氢键连接,有较好的稳定性和动态变化能力,但是这种方式得益于分子中大数目氢键的形成。通过氢键不能够使分子中的一个点位置兼具稳定性和动态变化能力,而配位键却能够实现在分子中的某一点位置稳定性和动态变化的有机结合。细胞的转录因子具有特殊的"锌指"结构(见 2.3.5 小节),正是利用了配位键的上述性质。

除了中心金属离子的氧化还原反应外,配位化合物通常参与的化学反应包括配体的质子化解离、配体取代反应和中心金属离子水解或沉淀反应,这些反应的结果都是与中心原子结合的配体发生了改变,因此实质上都可以算做配体交换反应。

10.3.1 配体交换

配体交换的过程大体上有两种机制,一种是单分子的 S_N1 机制①。S_N1 机制配体交换的过程中,被交换的配体首先解离下来,然后新配体再与中心原子结合。如图 10-11 所示,假定在一个正八面体配合物中,X 是要被交换下来的配体。首先,X 与中心原子 M 的配位键断裂,X 离去,于是配合物转变成为具有四方锥形或发生形变成为三角双锥结构的中间产物。这个过程中配合物需要克服一个较大的活化能能垒,这个能垒的来源是配位键的断裂及其过程中晶体场稳定化能的损失。因此 X 的离去是个慢过程,是反应的速率控制步骤。之后新配体 Y 加入,再次形成正八面体的新配合物结构。

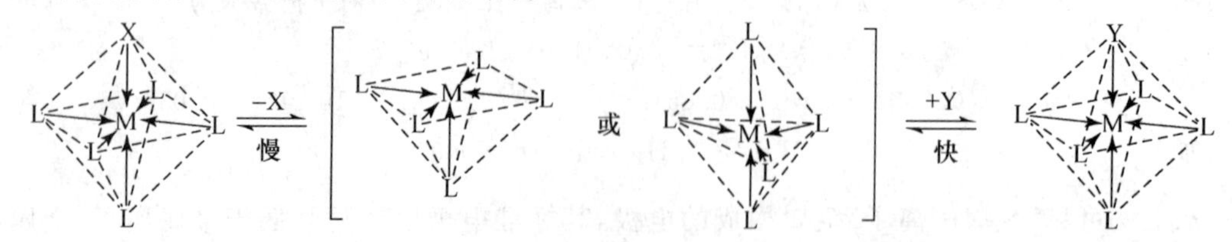

图 10-11 八面体配合物的配体交换过程(S_N1 机制)

① S_N1 是单分子亲核取代(nucleophilic substitution)的缩写符号。S_N2 符号则代表双分子亲核取代反应。有关详情,可以阅读有机化学课程中的取代反应。

另一种配体交换机制为双分子 S_N2 机制。例如平面四方形配合物的配体交换过程(图 10-12)。首先,新配体 Y 在与配位平面垂直的方向与 M 结合,形成一个四方锥形中间产物。然后,四方锥形中间物发生形变成为三角双锥结构,此时将要离去的配体 X 和新配体 Y 同处于三角双锥的中间截面上。最后,配体 X 离去,再次形成平面四方形的新配合物结构。

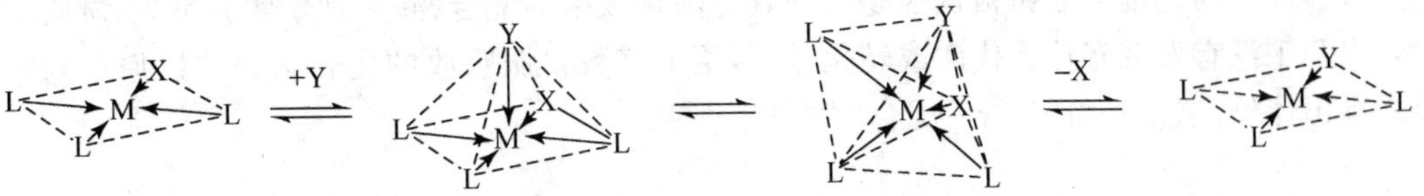

图 10-12 平面四方形配合物的配体交换过程(S_N2 机制)

在平面四方形配合物的配体交换过程中,由四方锥形中间物发生形变而成为三角双锥中间物的步骤非常关键,因为与新配体同处于三角双锥的中间截面上的配体将可能成为离去的配体。实验发现,一些配体可以促进处于其对位的配体的离去速率,这种作用称为反位效应(trans effect)。一个配体的反位效应越强,则其对面配体的取代速率越快。一些配体反位效应的顺序大致为:

$$CN^- \approx CO \approx NO > SR_2 \approx PR_3 > R\text{-}SO_3^- > NO_2^- > I^- > SCN^- \approx Br^- > Cl^- > Py > R\text{—}NH_2 > NH_3 > OH^- > H_2O$$

反位效应可以影响配体取代反应的产物。例如,在$[PtCl_4]^{2-}$中加入 NH_3 取代其中一半的配体 Cl^-,得到的产物是具有抗癌活性的化合物——顺铂:

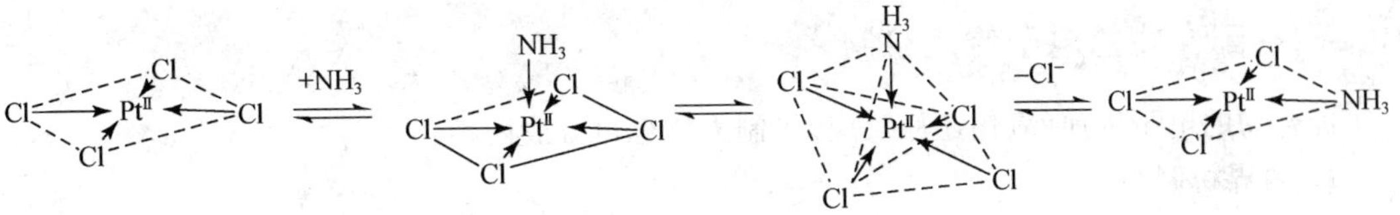

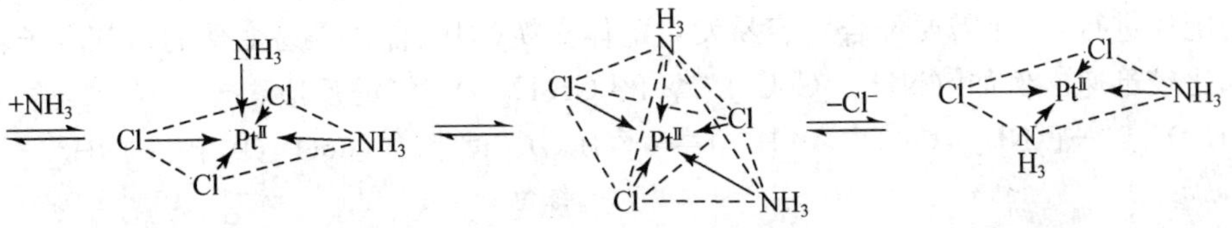

而如果在$[Pt(NH_3)_4]^{2+}$中加入 Cl^- 取代其中一半的配体 NH_3,得到的产物则是无抗癌活性的化合物——反铂:

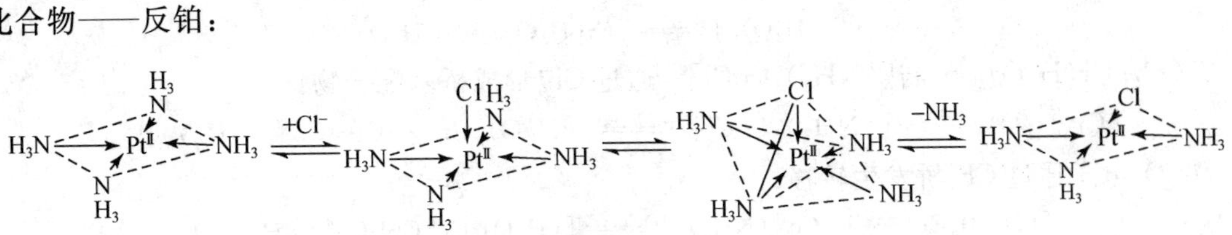

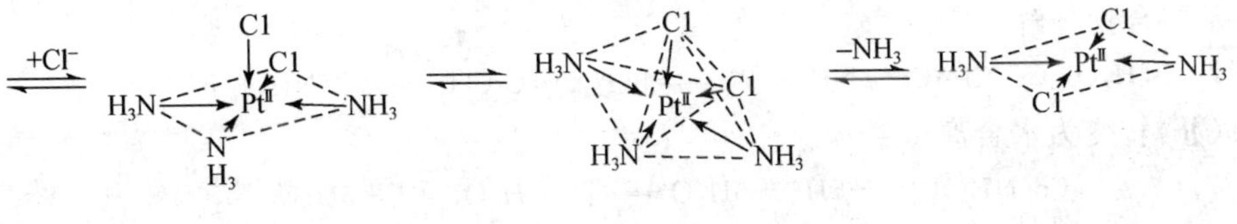

除了上面配体的取代机制和配体性质的影响外,配合物的配体交换速率也受到金属离子性质的重大影响,存在了很大的差别。图 10-13 显示了一些水合金属离子的配体水分子交换速率的大致范围。可以看到,与其他金属离子相比,Cr^{3+} 的配体交换非常慢,我们通常称这种配体交换发生非常慢的配合物为"惰性"配合物。相反地,容易发生配体交换的配合物,称为"易变性"配合物。吡咯酸铬被认为是一种具有降糖效果的配合物,药理学实验发现,吡咯酸铬在体内几乎没有发现有什么代谢或转化过程,绝大多数口服吸收的化合物很快以原形药物的形式排出体外,这正是由于 Cr^{3+} 配合物的惰性所致。

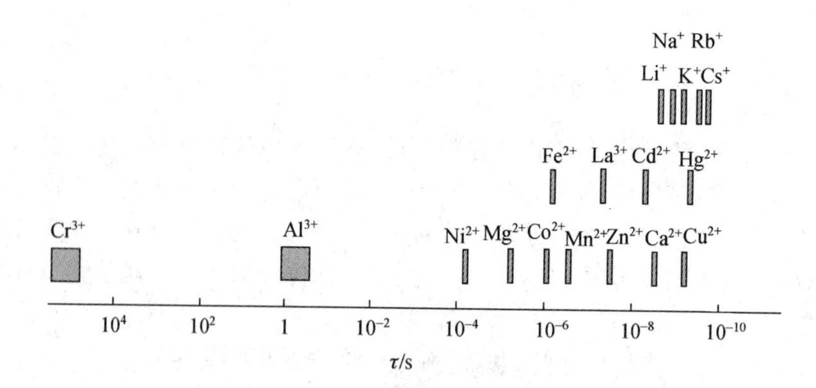

图 10-13　一些水合金属离子的配体水分子交换时间常数 τ 的大致范围

τ 和一级反应速率常数 k 的关系是:$\tau=1/k$

10.3.2 配合物的电子传递机制

配合物的电子传递(氧化还原反应)机制大体也可分成两种:

1. 内界机制

通过内界机制(inner-sphere mechanism)在配合物之间发生的电子转移过程通常需要借助一个桥基配体进行,因此需要配合物容易发生配体交换(即配合物是易变性的),其电子转移速率一般都比较迅速。例如$[(NH_3)_5CoCl]^{2+}$氧化$[Cr(H_2O)_6]^{2+}$的反应:

$$[Cr(H_2O)_6]^{2+}+[(NH_3)_5CoCl]^{2+}+5H_3^+O = [(H_2O)_5CrCl]^{2+}+[Co(H_2O)_6]^{2+}+5NH_4^+$$

绿色

实验证明此反应的机制为:

(1) $[Cr(H_2O)_6]^{2+}$配合物的解离:

$$[Cr(H_2O)_6]^{2+} \rightleftharpoons [Cr(H_2O)_5]^{2+}+H_2O$$

(2) $[Cr(H_2O)_5]^{2+}$与$[(NH_3)_5CoCl]^{2+}$通过 Cl^- 形成桥基配合物:

$$[Cr(H_2O)_5]^{2+}+[(NH_3)_5CoCl]^{2+} \rightleftharpoons [(H_2O)_5Cr^{II}\cdots Cl\cdots Co^{III}(NH_3)_5]^{4+}$$

(3) 电子通过 Cl^- 桥发生转移:

$$[(H_2O)_5Cr^{II}\cdots Cl\cdots Co^{III}(NH_3)_5]^{4+} \rightleftharpoons [(H_2O)_5Cr^{III}Cl\cdots Co^{II}(NH_3)_5]^{4+}$$

(4) 桥基配合物分解:

$$[(H_2O)_5Cr^{III}Cl\cdots Co^{II}(NH_3)_5]^{4+} \rightleftharpoons [(H_2O)_5CrCl]^{2+}+[Co(NH_3)_5]^{2+}$$

(5) Co(Ⅱ)转变为水合离子:

$$[Co(NH_3)_5]^{2+}+5H^++6H_2O = [Co(H_2O)_6]^{2+}+5NH_4^+$$

实际中一个常见的问题是：为什么$[Fe(H_2O)_6]^{2+}$在酸性溶液中的氧化速度很慢，而在中性和碱性条件下容易氧化呢？这是由于Fe^{2+}是交界酸，$[Fe(H_2O)_6]^{2+}$的配位H_2O不容易被O_2取代，因此，发生氧化反应的速率较慢。而当溶液pH升高时，$[Fe(H_2O)_6]^{2+}$将发生水解和聚合现象，Fe^{2+}之间以OH^-配体桥连接，其中会有起初慢速氧化产生的少量Fe^{3+}掺入其中。Fe^{3+}很容易与O_2结合，因此在Fe^{3+}的中介下，电子可以通过内界机制从Fe^{2+}传递给O_2：

$$Fe^{2+} \xrightarrow[\text{内界电子传递机制}]{e} Fe^{3+} \xrightarrow{e} O_2$$

于是，Fe^{2+}的氧化过程被大大加速。

2. 外界机制

除了通过配体中介的内界电子传递机制外，由于电子很小，即使配合物不发生配体变化，电子转移也能发生，这种在配合物之间直接进行电子转移的方式称为外界机制(outer sphere mechanism)。例如，惰性配合物的$[IrCl_6]^{2-}$氧化也是惰性配合物$[Fe(CN)_6]^{4-}$的反应：

$$[Fe(CN)_6]^{4-} + [IrCl_6]^{2-} = [Fe(CN)_6]^{3-} + [IrCl_6]^{3-}$$

在外界机制的电子转移过程中，配合物分子要相互靠近，形成一种邂逅复合物(encounter complex)，然后电子转移才能发生。形成邂逅复合物需要克服配离子电荷间的排斥和各自周围溶剂层的阻隔，此外，邂逅复合物还需要进行一定的分子构象调整，使电子传递顺利进行。因此，外界机制一般有较大的活化能，氧化还原反应速率一般较慢。

但是外界机制的显著优势是不涉及配合物分子结构的根本性变化，这对于需要保持一定结构的生物大分子来说非常重要。生物大分子如细胞色素c等，它们的氧化还原反应多是通过外界机制进行。在进行电子传递的蛋白质分子之间，一般都存在较强的蛋白质-蛋白质分子间相互作用，可以大大降低形成邂逅复合物及结构调整所需的活化能，使电子仍然可以比较迅速而定向地进行传递。

*10.4 生物体内的配合物举例

配合物在生物体内是非常常见的。在所有蛋白质中，含金属的蛋白质占了将近1/3的数量，说明配合物在生命过程中的重要性。下面就两个很经典的配合物进行简单介绍，一个是生物分子的血红蛋白，一个是重要药物顺铂。

10.4.1 血红素和血红蛋白运载O_2的机制

血红蛋白的主要作用是结合和运载O_2分子。血红蛋白有4个亚基，每个亚基中都含有一个血红素(heme)分子，这是血红蛋白结合O_2的部位。像血红蛋白一样结合有血红素辅基的蛋白质还有很多种，如肌红蛋白、细胞色素a，b，c，f等等。

血红素分子是一种Fe^{2+}-血卟啉配合物。血卟啉和叶绿素的结构相似，其核心是中间的卟啉环。不同的是，在叶绿素中，结合于卟啉环中心的是Mg^{2+}，而在血红素中，结合在卟啉环中心的是Fe^{2+}。卟啉环是一个平面结构，其中心有一个四方形分布的4个N原子，分别与Fe^{2+}形成4个配位键。Fe^{2+}的第5个配位点由血红蛋白侧链的组氨酸残基提供，组氨酸的配位原子也是一个N原子。Fe^{2+}的第6个配位点则留给需要运载的O_2分子(图10-14)。

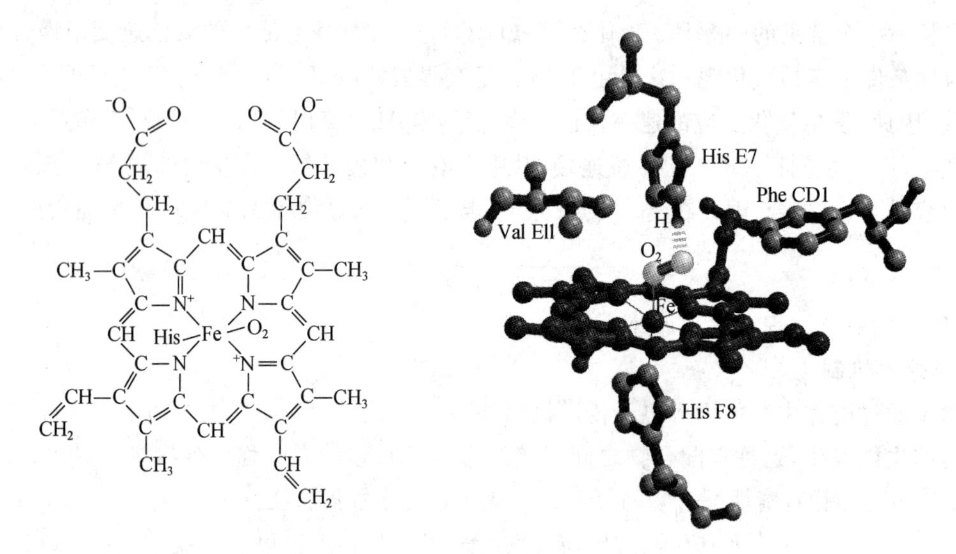

图 10-14　血红素的结构和结合 O_2 的情形

在没有结合 O_2 时,Fe^{2+} 的半径稍稍大于卟啉中心配位 N 原子围成的四方形孔穴,因此 Fe^{2+} 稍稍从卟啉分子的平面上高出,带动整个卟啉结构的轻微弯曲,使血红蛋白分子结构处于一种紧张状态(T state)。而结合 O_2 后,中心 Fe 原子半径变小,从而可以进入 N 原子围成的方形孔穴中,于是分子不再紧张,而处于相对松弛的状态(R state)(图 10-15)。

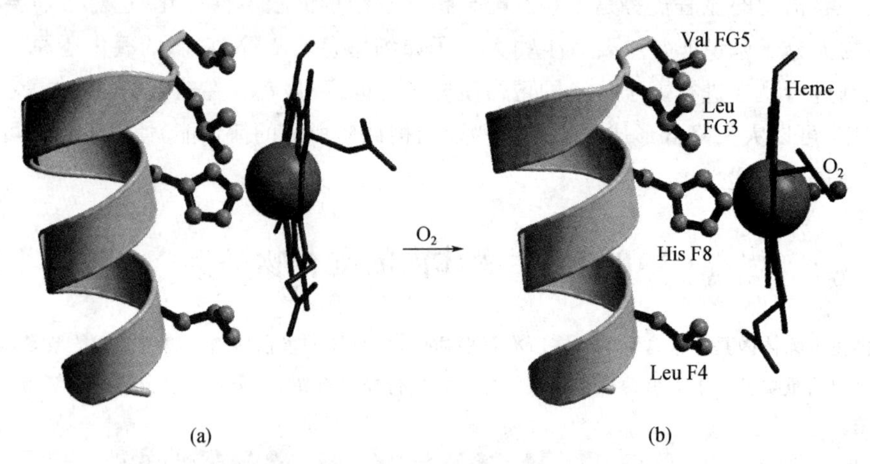

图 10-15　血红蛋白脱氧的紧张状态(a)和结合 O_2 的松弛状态(b)

O_2 分子是如何结合在卟啉的 Fe^{2+} 中心的呢?又如何能够快速释放呢?首先,Fe^{2+} 是一个交界酸,倾向于与含 N 原子的配体结合,并不倾向结合 O_2 分子。而假如将 Fe^{2+} 换成 Fe^{3+},那么中心原子与 O_2 分子结合就会比较紧密,不过 O_2 也变得不易释放。因此,血红蛋白要完成运载 O_2 分子的任务,一个理想的方式是位于血红素卟啉中的 Fe^{2+} 能够在 $Fe^{2+} \rightleftharpoons Fe^{3+}$ 之间可逆转化,在需要结合 O_2 分子的时候表现为 Fe^{3+},而需要释放 O_2 分子时变成 Fe^{2+}。那么,这种调节机制的化学策略是怎样的呢?

光谱化学的研究结果显示,当 O_2 分子与血红素结合后,会转化成超氧阴离子 $\cdot O_2^-$。说明结合 O_2 分子后,卟啉中心的状态是 $Fe^{3+}\text{-}\cdot O_2^-$。可见,血红蛋白运载 O_2 分子依赖了下列方式中心 Fe 原子的可逆的价态变化过程:

$$Fe^{2+}\text{-}O_2(\text{释放 } O_2) \rightleftharpoons Fe^{3+}\text{-}\cdot O_2^-(\text{结合 } O_2)$$

这个过程中涉及的氧化还原半反应是:

正极反应： $O_2 + e \longrightarrow \cdot O_2^-$

负极反应： $Heme\text{-}Fe^{3+} + e \longrightarrow Heme\text{-}Fe^{2+}$

9.6 节讨论过，在生理条件下，上述正极反应的电极电势 $\varphi \approx 0.12$ V。因此，负极反应的条件电位应当不大于这个值，才能发生 O_2 被还原成 $\cdot O_2^-$ 的反应，从而 O_2 才能够稳定地结合于血红蛋白被运输到身体各处。

负极反应是在 9.2.5 小节讨论的反应 $Fe^{III}L + e \longrightarrow Fe^{II}L$ 的一个情形。由于配体 L 的存在和调节作用，$\varphi^{\ominus'}(Fe^{III}L/Fe^{II}L)$ 要比 $\varphi^{\ominus}_{Fe^{3+}/Fe^{2+}} = 0.77$ V 有较大的下降。在不同蛋白质分子中，实验测定其电极电势为：

肌红蛋白： $\varphi^{\ominus'}(Heme\text{-}Fe^{3+}/Heme\text{-}Fe^{2+}) = 0.05$ V

细胞色素 a： $\varphi^{\ominus'}(Heme\text{-}Fe^{3+}/Heme\text{-}Fe^{2+}) = 0.29$ V

细胞色素 b： $\varphi^{\ominus'}(Heme\text{-}Fe^{3+}/Heme\text{-}Fe^{2+}) = 0.077$ V

细胞色素 c： $\varphi^{\ominus'}(Heme\text{-}Fe^{3+}/Heme\text{-}Fe^{2+}) = 0.22 \sim 0.254$ V

细胞色素 f： $\varphi^{\ominus'}(Heme\text{-}Fe^{3+}/Heme\text{-}Fe^{2+}) = 0.365$ V

从上可知，在不同的蛋白质分子中，$Heme\text{-}Fe^{3+}/Heme\text{-}Fe^{2+}$ 氧化还原电对的电极电势存在较大的差别。这说明蛋白质分子具有调节中心原子 Fe^{3+}/Fe^{2+} 的电极电势的作用。在血红蛋白分子中，分子结构的 T state $\rightleftharpoons$ R state的状态变化对于调节 $Heme\text{-}Fe^{3+}/Heme\text{-}Fe^{2+}$ 有着重要的意义，它可能将 $Heme\text{-}Fe^{3+}/Heme\text{-}Fe^{2+}$ 的电极电势降低到略低于 0.12 V 的大小，从而使 O_2 能够有效地结合和释放，实现血红蛋白运载 O_2 的功能。

在未结合 O_2 时，由于中心原子 Fe^{2+} 是一个交界酸，因此易同较软碱配体如 CO 和 CN^- 结合。$Heme\text{-}Fe^{2+}$ 与 CO(煤气)分子的结合稳定性要远远高于与 O_2 的结合，因此，CO 存在时，将取代 O_2 的位置，使血红蛋白不能运载 O_2，造成组织供氧中断，这便是煤气中毒的机制。

10.4.2 无机药物顺铂

顺铂(*cis*-dichlorodiammineplatinum，*cis*-platin 或 *cis*-DDP)是第一个成功合成的无机药物。在顺铂之后，一系列顺铂的类似物如碳铂等被开发出来。顺铂类药物是目前癌症化学治疗的常规药物之一。

顺铂有一个顺反异构体——反铂(图 10-16)，两种顺反异构体的物理及化学性质是有差异的。例如，顺铂为棕黄色，易溶于水，而反铂为淡黄色，难溶于水。更重要的差别是，两者的生物活性不同，顺铂具有抗癌活性，而反铂则没有。两者抗癌活性差异的原因直到顺铂抗癌机制被揭示后才得到阐明，并在此基础上发展了一些新的反铂类的具有抗癌活性的配合物。

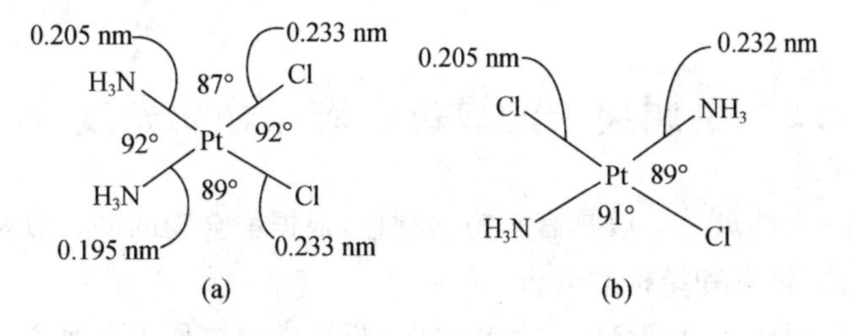

图 10-16 顺铂(a)和反铂(b)的结构

图 10-17 显示了顺铂化合物的抗癌机制。顺铂进入癌细胞后，首先发生一步较慢的水解反应，产生 $[(NH_3)_2PtCl(H_2O)]^+$ 配离子。$[(NH_3)_2PtCl(H_2O)]^+$ 离子和带负电荷的 DNA 分子相互吸引靠近，然后 DNA 分子中的一个鸟嘌呤碱基取代水分子配体与铂结合，形成 $(NH_3)_2PtCl$-DNA 配合物，这是一个较快的过程。接下来，DNA 中其他位置上的鸟嘌呤碱基缓慢取代配合物中的配体 Cl^-，形成一种交联配合物(图 10-18)，使 DNA 分子的构象发生弯曲变形。这种 DNA 的变形结构可以被一种 HMG 蛋白质分子识别，HMG 可以结合在 DNA 分子上的铂交联配合物的部位，从而抑制 DNA 的复制和修复过程。因此，癌细胞会停止细胞分裂的活动，或者发生细胞凋亡。而反铂分子无法像顺铂那样形成导致 DNA 弯曲变化的交联配合物，因此在反铂与 DNA 形成直接配合物后，不会有后续反应的发生，所以反铂没有抗癌活性。

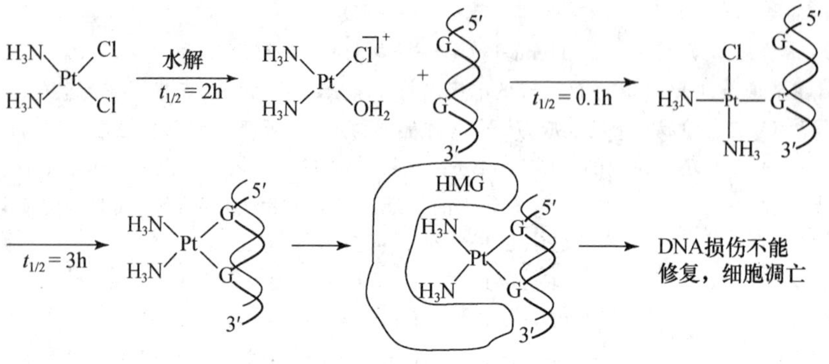

图 10-17　顺铂的抗癌机制

图中 DNA 分子中的 G 代表鸟嘌呤碱基

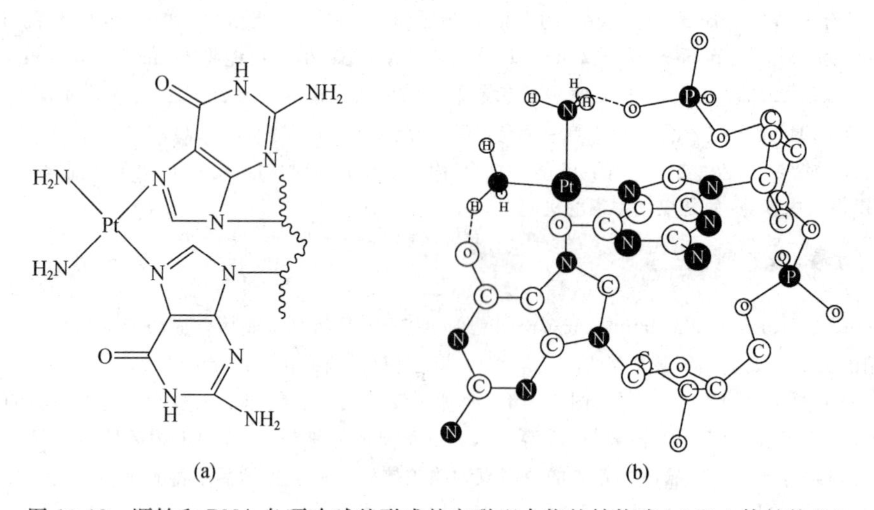

图 10-18　顺铂和 DNA 鸟嘌呤碱基形成的交联配合物的结构式(a)和立体结构(b)

10.5　金属离子的显色反应和分光光度分析

金属配合物的一个特点是一般具有鲜艳的颜色,根据配合物的颜色以及颜色的深度,可以对金属离子进行定性、定量和结构的分析。

金属离子和配体形成有色配合物的反应,在分析化学中统称为金属离子的显色反应,所用的配体称为显色剂。配合物颜色的来源主要可以分为三大机制:

(1) 配合物中心金属离子的 d-d 跃迁。例如,深蓝色的$[Cu(NH_3)_4]^{2+}$配离子(这时通常是无色的配体),由中心离子的 d-d 跃迁产生的配合物的吸收光谱具有鲜明的金属离子特色并反映了配合物的结构特征。因此,可以根据配合物这类光谱的吸收峰的波长和形状,判断金属离子的种类以及配合物的几何形状和配位原子的特性等。不过由 d-d 跃迁产生的颜色都比较浅,其吸收峰的摩尔吸光系数较小,不适于定量分析应用。

(2) 配体和中心原子相互作用。根据分子轨道理论,配体和金属离子形成配合物后,配合物将形成统一的分子轨道,因此会发生电子在中心离子的 d 轨道和配体分子轨道之间的跃迁行为,这种电子跃迁行为带来电荷在中心离子和配体之间的移动,因此称为配合物的电荷转移生色作用。这种光谱可以用来分析配体和中心原子之间的相互作用。其光谱吸收峰的摩尔吸光系数较 d-d 跃迁要大一些，因此可以应用于金属离子的定量分析。

(3) 金属离子微扰配体结构。如果配体本身是具有颜色的分子，那么当配体和金属离子结合以后，由于中心金属离子电场的作用，配体的吸收峰的波长向长波长方向移动(通常称为"红移")，因此配合物显示出与原配体不同的颜色来。例如，邻苯二酚紫(图 10-19)的吸收峰在 450 nm，而其与 Bi^{3+} 形成配合物后，配合物的吸收峰移动到了 620 nm，而且光吸收能力增强。

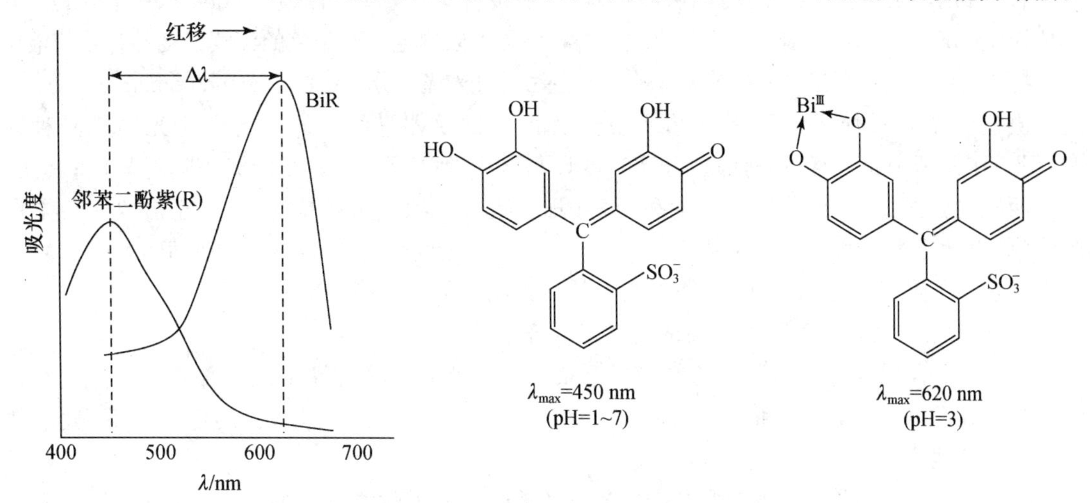

图 10-19 邻苯二酚紫及其与 Bi^{3+} 配合物的吸收光谱

表 10-11 比较了 Fe^{3+} 配合物的 3 种机制产生的吸收光谱的性质，可见第三种机制形成的配合物颜色较深，其光谱吸收峰的摩尔吸光系数很大，可以应用于高灵敏的定量分析。常用的金属离子显色试剂多是此类本身有颜色的配体，由于是复杂的有机分子，这些显色试剂统称为有机试剂。

表 10-11 一些典型 $Fe^{Ⅲ}$ 配合物的光谱吸收峰特性比较

中心原子	配 体	配合物颜色	吸收峰波长 λ/nm	摩尔吸光系数 ε $L\cdot mol^{-1}\cdot cm^{-1}$	与配体吸收峰波长差 Δλ/nm	颜色产生机制	光谱应用
Fe^{3+}	EDTA	浅黄色	360	980	—	中心原子 d-d 跃迁	定性和结构分析
	钛铁试剂	紫红色	560	4600	—	配体→中心原子的电荷转移	定性和定量分析
	PAR[a]	深红色	517	42000	132	中心离子对配体结构的微扰	高灵敏定量分析

[a] PAR 是吡啶偶氮间苯二酚的缩写符号。

如何测定配合物的颜色深浅并由此计算配合物的浓度呢？当一定波长的光束穿过某种有色物质时，因为光路中吸光物质的存在，此光束的光强会沿着光路逐渐降低。朗伯(Lambert)和比尔(Beer)分别研究发现，光线穿过有色物质后，其透射光的光强 I_t 和入射光的光强 I_0 间存在如下数学关系：

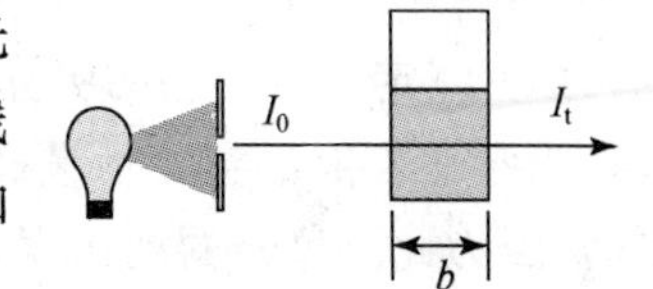

$$I_t = I_0 \times 10^{-\varepsilon bc} \quad 或 \quad -\lg(I_t/I_0) = \varepsilon bc$$

如果定义吸光度(absorbance)$A = -\lg(I_t/I_0)$,则

$$A = \varepsilon bc \tag{10-3}$$

上式称为朗伯-比尔(Lambert-Beer)公式。其中,c 是吸光物质的浓度;b 是光通过吸光物质的光路长度,称为光程,通常以 cm 为单位;ε 对于某种物质来说是一个常数,它表示了光线通过单位光程长度和单位浓度的该物质时光吸收的程度,所以称为摩尔吸光系数(molar absorptivity),其单位为$L \cdot mol^{-1} \cdot cm^{-1}$。通过朗伯-比尔公式,我们便可以测定溶液颜色的深浅程度并计算溶液中有色物质的浓度。这种定量分析的方法称为比色法或分光光度分析法(spectrophotometry)。

测量吸光度 A 使用一种紫外-可见分光光度计的仪器进行。商品的分光光度计品种繁多,但工作原理都是一样的:首先,分光光度计都将光源分成单一波长的光束通过样品;其次,进行两次光强的测定,即分别测定 I_t和 I_0。因此,测量时除了用样品溶液外,还需要一份空白溶液(称为参比溶液),用于测定 I_0的大小。由于分光光度计的仪器设计差别很大,因此使用时应注意:在使用分光光度计前,仔细阅读使用说明,弄清楚正确测量操作。

用分光光度法测定金属离子的浓度通常需要下列步骤:

(1) 选择合适的金属离子显色剂和反应条件。显色剂能够与待测金属离子形成稳定的有色配合物,配合物的吸收峰和显色剂本身的吸收峰差别足够大。此外,在测定条件下,显色剂和溶液中其他金属离子不形成有色的配合物。

(2) 选择合适的检测波长,通常是配合物光谱的最大吸收峰对应的波长。在检测波长下,配合物有比较大的摩尔吸光系数,而显色剂本身在此波长没有吸收或摩尔吸光系数很小。

(3) 查阅或测定配合物在检测波长下的摩尔吸光系数 ε。通常由于各种原因,待测配合物在确定的检测波长下的 ε 并不知道,因此常常通过已知浓度的金属离子标准溶液制作一条吸光度-金属离子浓度的线性关系曲线,称为标准工作曲线。图 10-20 是一个典型工作曲线的例子。

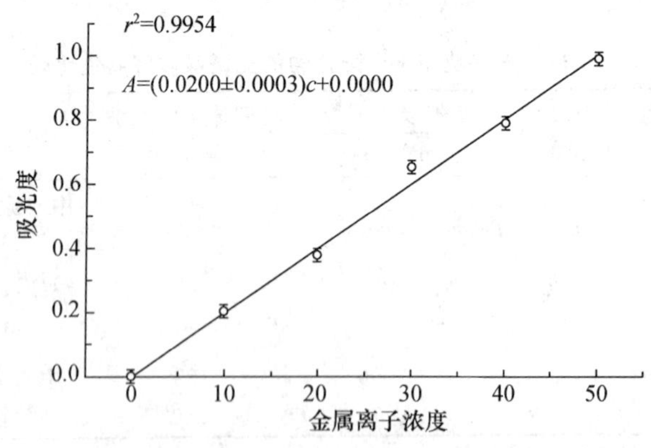

图 10-20 一个标准工作曲线的例子

左上角给出了标准工作曲线的线性回归方程,其中 r 为线性相关系数,一个好的工作曲线 r^2 通常在 0.99 以上

(4) 测定分析样品的吸光度 A 数值,在测量时通常使用不含待测金属离子的空白试剂溶液作为参比溶液。实验测量样品的 A 值的允许范围一般是 0.01～2.0(最好是落在 0.2～0.7 之间,因为此时仪器的测量误差较小)。如果超出了这个范围,需要对样品进行稀释或浓缩处理,使 A 值在允许范围内,否则测量误差过大,分析结果不可信。

(5) 如果已经知道了配合物的摩尔吸光系数 ε，可将实验测定的 A 值代入朗伯-比尔公式，计算样品中金属离子的浓度。或者将 A 值代入制作的工作曲线的回归方程，计算金属离子的浓度；或者直接在工作曲线上查出金属离子浓度。

【例 10-7】 深二氮杂菲磺酸盐比色法是 ICSH[①] 推荐的测定血清铁的方法，深二氮杂菲磺酸盐和 Fe^{2+} 形成的配合物的摩尔吸光系数 $\varepsilon=22100\ L\cdot mol^{-1}\cdot cm^{-1}$。现有一血清样品，取 2.0 mL 加入测定管内，加入蛋白沉淀剂 2.0 mL，将测定管离心，除去沉淀。取上清液 2.0 mL 与 2.0 mL 深二氮杂菲磺酸盐溶液在比色管中混匀，放置 15 min 完成显色反应后，倒入光程长度为 1 cm 的比色杯中，用分光光度计测定 535 nm 的吸光度 $A=0.2984$。计算此血清样品的铁含量。

解 根据朗伯-比尔公式：$A=\varepsilon b c$，测定液中 Fe^{2+}-深二氮杂菲磺酸配合物的浓度为

$c=A/(\varepsilon b)=0.2984/(22100\times1)=1.35\times10^{-5}\ mol\cdot L^{-1}=13.5\ \mu mol\cdot L^{-1}$

在分析过程中，样品被稀释 2 次，每次均为(2.0＋2.0)/2.0＝2 倍，总稀释倍数为 4。

因此，血清样品中 Fe 的浓度：$c_{Fe}=13.5\times4=54.0\ \mu mol\cdot L^{-1}$。这个数值比正常男性血清铁水平(13.5～34.0 $\mu mol\cdot L^{-1}$)高出很多，预示可能有肝炎发生。

用显色剂和分光光度法不仅可以测定金属离子，许多生物分子也可以用类似的显色方法(对生物分子来说，常称为染色方法)来进行定量分析。例如，考马斯亮蓝 G250 染料在酸性条件下可以和蛋白质结合生成蓝色化合物：

$$\underset{(紫红色)}{蛋白质+考马斯亮蓝\ G250} \rightleftharpoons \underset{(深蓝色)}{蛋白质\text{-}染料复合物}$$

深蓝色的蛋白质-染料复合物的吸收峰为 595 nm。由于染料分子和蛋白质分子的结合物根据实验条件会有所差异，复合物的摩尔吸光系数 ε 在每次分析时总在变动，因此用考马斯亮蓝 G250 测定蛋白质浓度时，每次测定都需要制作本次分析所用的标准工作曲线。

【例 10-8】 尿蛋白测定是确定肾脏病的一种重要指标，正常范围是 40～150 mg/24 h。现收集某人 24 h 尿液共 1.2 L，取尿液样品三份到 96 孔酶标板[②]，每份 100 μL，加入 150 μL 考马斯亮蓝显色液，混合后在室温下放置 5 min 反应。然后用酶标仪测定 596 nm吸光度 A 分别为：3.200，3.300，3.500。将尿液样品稀释 10 倍后，测定的 A 为：0.470，0.472，0.475。在样品分析的同时，制作标准工作曲线(即配制一组浓度确定的蛋白质标准溶液，同样取 100 μL 到酶标板，然后加入 150 μL 显色液，显色后测定 596 nm 吸光度)，得到工作曲线的回归方程为：$A=5.0\times10^{-3}c+0.005$($c$ 为标准溶液的蛋白质浓度，$mg\cdot L^{-1}$)。计算此人 24 小时尿蛋白总量，此人是否有肾脏病嫌疑？

解 未稀释样品测定的吸光度数值 3.200，3.300，3.500 已经超过了 2.0，测量误差可能过大，因此计算应当采用稀释后测定的结果：0.470，0.472，0.475。

三次测量的平均值：

$$\overline{A}=(0.470+0.472+0.475)/3=0.472$$

将平均值带入工作曲线的回归方程，计算稀释后样品中的蛋白浓度：

---

① International Committee for Standardization in Hematology.

② 酶标板上一般有 96 个大小和形状一样的小孔，每个孔最多可以装入 300 μL 的溶液，小孔中溶液的吸光度可以在酶标仪上直接读出。其特点是快速，读取 96 孔的吸光度数据只需要几秒到十几秒的时间。

$$c(1/10)=(0.472-0.005)/\ 5.0\times10^{-3}=93.4\ \mathrm{mg\cdot L^{-1}}$$

则样品中的蛋白浓度： $c=c(1/10)\times10=934\ \mathrm{mg\cdot L^{-1}}$

24 小时尿蛋白总量： $m_{24\ \mathrm{h}}=934\times1.2=1120\ \mathrm{mg/24\ h}$

此尿蛋白水平远远高于正常值，故有肾病嫌疑。

思 考 题

10-1 区分下列名词：

(1) 配体与配位数； (2) 单齿配体与多齿配体；

(3) 内轨型配合物与外轨型配合物； (4) 分裂能与晶体场稳定化能；

(5) d_γ轨道与 d_ε轨道； (6) 强场配体与弱场配体；

(7) 低自旋配合物与高自旋配合物； (8) 累积稳定常数与稳定常数；

(9) 螯合物与螯合效应。

10-2 命名下列配离子和配合物，并指出中心原子及其配位数、配体和配位原子。

(1) $[CoCl(NCS)(NH_3)_4]NO_3$； (2) $[CoCl(NH_3)_5]Cl_2$； (3) $[Al(OH)_4]^-$；

(4) $[Co(en)_3]Cl_3$； (5) $[PtCl(NO_2)(NH_3)_4]SO_4$； (6) $K_2Na[Co(ONO)_6]$；

(7) $Ni(CO)_4$； (8) $Na_3[Ag(S_2O_3)_2]$。

10-3 写出下列配合物的化学式。

(1) 四羟基合锌(Ⅱ)酸钠； (2) 五氯·氨合铂(Ⅳ)酸钾； (3) 四氯合铂(Ⅱ)酸四氨合铜(Ⅱ)；

(4) 硫酸氯·氨·二(乙二胺)合铬(Ⅲ)； (5) 四(异硫氰酸根)·二氨合铬(Ⅲ)酸铵。

10-4 以下各配合物中心原子的配位数均为 6，假定它们的浓度都是 $0.00100\ \mathrm{mol\cdot L^{-1}}$，试指出各溶液导电能力大小的顺序，并解释之：

(1) $[CrCl_2(NH_3)_4]Cl$； (2) $[Pt(NH_3)_6]Cl_4$； (3) $K_2[PtCl_6]$； (4) $[Co(NH_3)_6]Cl_3$。

10-5 将 Cr^{3+}，NH_3，Cl^- 和 K^+ 组合在一起可以形成一系列 7 种配合物，其中的一种是$[Cr(NH_3)_6]Cl_3$。

(1) 写出此系列中的其他 6 个配合物；

(2) 命名每一个配合物。

10-6 实验测得下列化合物中(3)，(4)是高自旋物质。试根据价键理论绘出这些配离子的杂化轨道图，它们是内轨型，还是外轨型配合物？

(1) $[Ag(NH_3)_2]^+$； (2) $[Zn(NH_3)_4]^{2+}$； (3) $[CoF_6]^{3-}$； (4) $[MnF_6]^{4-}$； (5) $[Mn(CN)_6]^{4-}$。

10-7 Cr^{2+}，Cr^{3+}，Mn^{2+}，Fe^{2+}，Fe^{3+}，Co^{2+}，Co^{3+} 离子在八面体强场和弱场中各有多少个单电子？绘图说明之。

10-8 已知高自旋$[Fe(H_2O)_6]^{2+}$配离子的 $\Delta_o=10400\ \mathrm{cm^{-1}}$，低自旋$[Fe(CN)_6]^{4-}$配离子的 $\Delta_o=33000\ \mathrm{cm^{-1}}$，两者的电子成对能均为 $15000\ \mathrm{cm^{-1}}$，分别计算它们的晶体场稳定化能。

10-9 试用晶体场理论解释为什么在空气中低自旋的$[Co(CN)_6]^{4-}$易氧化成低自旋的$[Co(CN)_6]^{3-}$。

10-10 现有物种(a)～(e)：(a) $K_2[Zn(CN)_4]$；(b) $[AlF_6]^{3-}$；(c) $[CrCl_3(H_2O)_3]$；(d) $Na_3[Co(ONO)_6]$；(e) $K[FeCl_2(C_2O_4)(en)]$。请指出：

(1) 其中哪些可能会显示颜色？哪些具有反磁性？

(2) (d)，(e)的名称及中心原子的配位数；

(3) (a)，(d)的中心原子采用的杂化轨道类型。

10-11 写出反应方程式，以解释下列现象。

(1) 用氨水处理 $Mg(OH)_2$ 和 $Zn(OH)_2$ 混合沉淀物，$Zn(OH)_2$ 溶解而 $Mg(OH)_2$ 不溶；

(2) NaOH 加入到 $CuSO_4$ 溶液中生成浅蓝色的沉淀；再加入氨水，浅蓝色沉淀溶解成为深蓝色溶液；若用 H_2SO_4 处理此溶液又能得到浅蓝色溶液；

(3) 用 NH_4SCN 溶液检出 Co^{2+} 时,加入 NH_4F 可消除 Fe^{3+} 的干扰;

(4) 医疗上向人体内注射 $Na_2[CaY]$ 治疗重金属中毒症;

(5) 氨水溶液不能盛装在铜制容器中;

(6) 用盐酸或硝酸不能溶解 HgS,但用王水(1 体积浓硝酸+3 体积浓盐酸)则可以;

(7) 向 $[Pt(NH_3)_4]^{2+}$ 溶液中加入 Cl^- 取代其中一半的配体 NH_3,能否得到抗癌药物顺铂?为什么?

(8) $(NH_4)_2Fe(SO_4)_2$ 溶液与 $FeSO_4$ 溶液相比,其溶液中 Fe^{2+} 被氧化得较慢,为什么?

10-12 计算下列配离子转化反应的平衡常数,并讨论之。

(1) $[Ag(NH_3)_2]^+ + 2CN^- \rightleftharpoons [Ag(CN)_2]^- + 2NH_3$

(2) $[Ag(NH_3)_2]^+ + 2SCN^- \rightleftharpoons [Ag(SCN)_2]^- + 2NH_3$

10-13 在溶液中,$[Cu(NH_3)_4]^{2+}$ 配离子存在解离平衡:$[Cu(NH_3)_4]^{2+} \rightleftharpoons Cu^{2+} + 4NH_3$。分别向溶液中加入少量下列物质,上述平衡向哪个方向移动?

(1) 氨水;(2) 稀盐酸;(3) Na_2S 溶液;(4) NaOH 溶液;(5) 乙二胺液体;(6) Na_2H_2Y 溶液。

10-14 已知在 25℃时,

$$Ag^+ + 2S_2O_3^{2-} \rightleftharpoons [Ag(S_2O_3)_2]^{3-} \qquad \Delta G^\ominus = -76.8\ kJ\cdot mol^{-1}$$

$$Ag^+ + Br^- \rightleftharpoons AgBr \qquad \Delta G^\ominus = -70.0\ kJ\cdot mol^{-1}$$

(1) 计算反应:$AgBr(s) + 2S_2O_3^{2-}(aq) \rightleftharpoons [Ag(S_2O_3)_2]^{3-}(aq) + Br^-(aq)$ 的标准摩尔自由能变;

(2) 计算(1)中反应的标准平衡常数;

(3) 若 $S_2O_3^{2-}$ 的浓度为 $6.0\ mol\cdot L^{-1}$,$[Ag(S_2O_3)_2]^{3-}$ 和 Br^- 的浓度均为 $1.0\ mol\cdot L^{-1}$,判断上述反应自发进行的方向。

10-15 将 10.0 mL $0.10\ mol\cdot L^{-1}$ $AgNO_3$ 溶液与 10.0 mL $1.0\ mol\cdot L^{-1}$ 氨水混合,计算反应达平衡时 Ag^+ 的浓度;若以 10.0 mL $1.0\ mol\cdot L^{-1}$ NaCN 溶液代替氨水,平衡后溶液 Ag^+ 的浓度又是多少?已知 $K_s\{[Ag(NH_3)_2]^+\} = 1.1\times10^7$,$K_s\{[Ag(CN)_2]^-\} = 1.3\times10^{21}$。

10-16 通过计算说明,当溶液中 $[CN^-] = [Ag(CN)_2^+] = 0.10\ mol\cdot L^{-1}$ 时,

(1) 加入 KI 固体使溶液中 $[I^-] = 0.10\ mol\cdot L^{-1}$,能否产生 AgI 沉淀?

(2) 加入 Na_2S 固体至溶液中 $[S^{2-}] = 0.10\ mol\cdot L^{-1}$,能否产生 Ag_2S 沉淀?(假定 KI 固体的加入不改变溶液的体积)

10-17 在含有 $0.010\ mol\cdot L^{-1}$ NH_4^+ 和 $0.010\ mol\cdot L^{-1}$ Cu^{2+} 的溶液中,加入氨水至浓度为 $0.10\ mol\cdot L^{-1}$,假定溶液体积不变,请计算说明是否有 $Cu(OH)_2$ 沉淀生成。已知 $K_s\{[Cu(NH_3)_4]^{2+}\} = 2.1\times10^{13}$,$K_{sp}(Cu(OH)_2) = 2.2\times10^{-20}$,$K_b(NH_3\cdot H_2O) = 1.8\times10^{-5}$。

10-18 已知 $[AuCl_4]^-$ 的 $K_s = 2.0\times10^{26}$,电极反应 $Au^{3+} + 3e \rightleftharpoons Au$ 的 $\varphi^\ominus = 1.52$ V。若向 $c(Au^{3+}) = 0.10\ mol\cdot L^{-1}$ 的溶液中加入足够的 NaCl 固体以形成 $[AuCl_4]^-$,并且使 $[Cl^-] = 0.10\ mol\cdot L^{-1}$,计算这时 Au^{3+}/Au 电对的电极电势(假定 NaCl 的加入不改变溶液的体积)。

10-19 已知 $[Fe(CN)_6]^{3-}$ 的 $K_s = 1.0\times10^{42}$,$[Fe(CN)_6]^{4-}$ 的 $K_s = 1.0\times10^{35}$,电极反应 $Fe^{3+} + e \longrightarrow Fe^{2+}$ 的 $\varphi^\ominus = 0.771$ V。向 $c(Fe^{2+}) = c(Fe^{3+}) = 0.010\ mol\cdot L^{-1}$ 的溶液中加入 KCN 固体,使 $[CN^-] = 1.0\ mol\cdot L^{-1}$,计算这时 Fe^{3+}/Fe^{2+} 电对的电极电势是多少(假定 KCN 的加入不改变溶液的体积)。

10-20 已知 $\varphi^\ominus(Zn^{2+}/Zn) = -0.762$ V,$\varphi^\ominus(Cu^{2+}/Cu) = 0.342$ V,$[Zn(NH_3)_4]^{2+}$ 的 $K_s = 2.9\times10^9$,$[Cu(NH_3)_4]^{2+}$ 的 $K_s = 2.1\times10^{13}$。计算下列电池的电动势:

$$(-)Zn|[Zn(NH_3)_4]^{2+}(0.100\ mol\cdot L^{-1}),NH_3\cdot H_2O(1.00\ mol\cdot L^{-1})\|$$

$$NH_3\cdot H_2O(1.00\ mol\cdot L^{-1}),[Cu(NH_3)_4]^{2+}(0.100\ mol\cdot L^{-1})|Cu(+)$$

10-21 欲配制一个总浓度 $c_{Cu^{2+}} = 1.0\ mmol\cdot L^{-1}$,游离 $[Cu^{2+}] = 1.0\times10^{-16}\ mol\cdot L^{-1}$,pH=7.2,缓冲容量不小于 $0.005\ mol\cdot L^{-1}\cdot pH^{-1}$ 的溶液 100 mL。问如何用 $0.010\ mol\cdot L^{-1}$ EDTA$[K_s(CuY^{2-}) = 2.5\times10^{15}]$,$0.010\ mol\cdot L^{-1}$ $CuSO_4$,$0.100\ mol\cdot L^{-1}$ NaH_2PO_4 和 $0.200\ mol\cdot L^{-1}$ NaOH 溶液配制上述溶液?

10-22 邻二氮菲和 Fe^{2+} 生成有色化合物,取[Fe^{2+}]=1.00 μg・mL^{-1}的溶液,用 1.00 cm 样品池测定 508 nm 吸光度为 0.198,计算铁-邻二氮菲配合物的 508 nm 摩尔吸光系数 ε。

10-23 偶氮胂Ⅲ与 La^{3+} 在 pH≈3 时形成配合物,其吸收峰 655 nm 处的 $\varepsilon=4.50\times10^4$ L・mol^{-1}・cm^{-1}。某生物样品 0.20 g,用硝酸彻底消化分解后,稀释定容到 25.0 mL,用 1.00 cm 样品池测定 655 nm 波长处吸光度为 0.2778。计算样品中 La^{3+} 的含量。

10-24 下表是一次用 Bradford 法测定尿蛋白含量的实验结果:

编　号	蛋白质标准溶液[a]/μL	尿样/μL	去离子水/μL	显色液/μL	595 nm 吸光度	备　注
空白	0	—	1000	4.00	0.0002	
S1	10	—	990	4.00	0.1775	
S2	20	—	980	4.00	0.3550	
S3	30	—	970	4.00	0.5324	
S4	40	—	960	4.00	0.7102	
S5	50	—	950	4.00	0.8876	
尿样 1	—	500	500	4.00	0.3417	24 h 尿样总体积 1.2 L

[a]蛋白质标准溶液浓度为 1.0 mg・mL^{-1}。

(1) 根据实验结果作出测定的标准工作曲线;

(2) 计算尿样 1 中尿蛋白含量。

部分思考题参考答案

第 2 章

2-3 ① 不连续性，例如微观粒子的能量只能具有分立的不连续的能级。② 量子跳跃性，即微观粒子在不同运动状态之间改变是一个跳跃的过程。③ 几率性，即测不准原理或称波粒二象性。微观粒子在能量确定后，其空间的运动位置只能用一种不确定的波函数 ψ 描述，$|\psi|^2$ 代表电子在空间某区域出现的几率密度，将几率密度乘以空间区域的尺度 $|\psi(x)|^2 dx$ 代表电子在此空间范围 dx 内出现的概率。④ 状态叠加性，即微观粒子不同状态的线性加合状态也是微观粒子可能的存在状态

2-4 2 个，因遵循泡利不相容原理

2-7 10.20 eV

2-8 合理的：(3,2,1,1/2)，(3,2,2,1/2)

2-9 5s：5,0,1。4p：4,1,3。3d：3,2,5

2-10 $2p_x(2,1,-1)$；$4s(4,0,0)$；$5d_{z^2}(5,2,0)$

2-14 不相等

2-20 (1) O；(2) Cr；(3) Fe；(4) Kr；(5) C；(6) Cu

2-24 (1)＞(2)

第 3 章

3-3 **3-7**

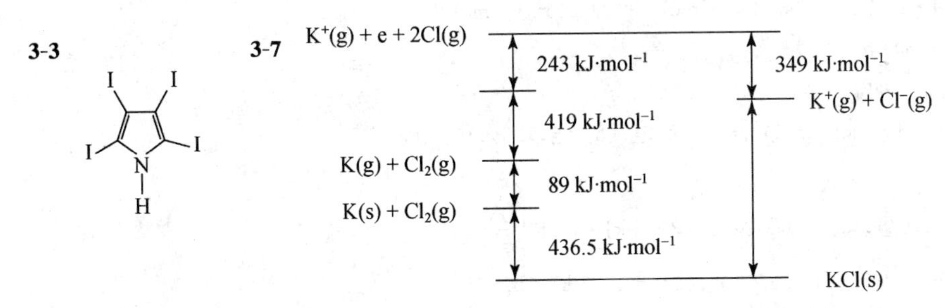

3-13 3.96×10^4

3-17 (1) HI＜HBr＜HCl＜HF； (2) $H_2O>H_2S>H_2Se>H_2Te$； (3) $CH_4<NH_3<H_2O<HF$； (4) $H_2C{=}CH_2<R_2C{=}NR<H_2C{=}O$； (5) $C{\equiv}O>HC{\equiv}N>HC{\equiv}CH$

3-18 Al_2O_3 和 ZnS 的晶格能较大

3-19 平面三角：NO_2，CO_3^{2-}；三角锥：NF_3，AsO_3^{3-}，PCl_3；四面体：SO_3^{2-}，ClO_4^-，SiF_4，NH_4^+，SO_4^{2-}；直线：CS_2；V 形：H_2S，H_2Se；三角双锥：$SbCl_5$；T 形：ICl_3；八面体：AlF_6^{3-}；平面四方：XeF_4

3-20 $COCl_2$ NH_2OH HCOOH CH_3OCH_3

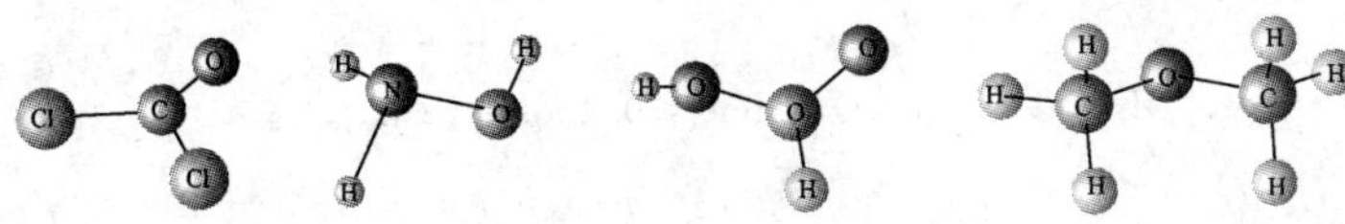

3-23 $C^{\delta-}\leftarrow O^{\delta+}$，分子中的 C←O 配位键

3-27 sp^3，sp^2，sp，sp^3，sp^2，sp^2，sp^2

3-28 sp^3，sp^3d，sp^3d(不等性)，sp^3；sp^3(不等性)；sp^3(不等性)，sp，sp^3(不等性)，sp^3(不等性)，sp^3(不等性)，sp

3-29 BF_3：sp^2，而 NF_3：sp^3(不等性)

3-30 苯，O_3，丁二烯

3-43 (1) HCl＞HI; (2) $H_2O>H_2S$; (3) $NH_3>PH_3$;(4) $CH_4=SiH_4$;
(5) $CH_4<CHCl_3$; (6) $CH_4=CCl_4$; (7) $BF_3<NF_3$

3-45 (1) He＜Ne＜Ar＜Kr＜Xe; (2) HF≫HCl＞HBr＞HI;
(3) $CH_3OH<C_2H_5OH<C_3H_7OH$; (4) $H_2O>HF>NH_3>CH_4$;
(5) $F_2<Cl_2<Br_2<I_2$; (6) $CH_3OCH_3<CH_3OH<C_2H_5OH$

第4章

4-2 (1) 系统误差;(2) 随机误差;(3) 系统误差;(4) 随机误差

4-3 3.4979,0.0001,0.003%,0.0002,0.006%

4-5 (1) 4;(2) 4;(3) 2;(4) 3;(5) 3;(6) 3;(7) 3

4-6 (1) 15.6;(2) 9.4×10^2;(3) 0.157;(4) −5.845

4-9 (1) 偏小;(2) 偏大;(3) 偏大;(4) 偏小

第5章

5-7 $\Delta U=0,\Delta H=\Delta U+\Delta(pV)=0,Q=-W=2.0$ kJ,不可逆

5-8 $\Delta U=44.0\ \text{kJ}\cdot\text{mol}^{-1},\Delta H=46.2\ \text{kJ}\cdot\text{mol}^{-1}$

5-9 $C_6H_{12}O_6\longrightarrow 2C_2H_5OH+2CO_2,\Delta H=Q_p=-69.4\ \text{kJ}\cdot\text{mol}^{-1}$

5-10 $-155.2\ \text{kJ}\cdot\text{mol}^{-1}$

5-11 (1) $-196.0\ \text{kJ}\cdot\text{mol}^{-1}$;(2) $392\ \text{kJ}\cdot\text{mol}^{-1}$;(3) $245\ \text{kJ}\cdot\text{mol}^{-1}$

5-12 (1) 减;(2) 增;(3) 增;(4) 增

5-13 $-165.2\ \text{J}\cdot\text{mol}^{-1}\cdot\text{K}^{-1}$

5-14 (1) $\Delta G_m^\ominus=2.85\ \text{kJ}\cdot\text{mol}^{-1}$;(2) 石墨较稳定;(3) 能,$1.5\times10^6$ kPa

5-16 $0.10\ \text{kPa}^{-1}$

5-17 反应式=①$-\frac{1}{2}$(②−③)−④,$\Delta G_m^\ominus=30.5\ \text{kJ}\cdot\text{mol}^{-1}$

5-18 (1) $-30.3\ \text{kJ}\cdot\text{mol}^{-1}$;(2) 3.4×10^5;(3) $-46.3\ \text{kJ}\cdot\text{mol}^{-1}$

5-19 (1) 不变;(2) 左移;(3) 右移

5-20 2.5×10^7,99.96%

5-21 $-189\ \text{kJ}\cdot\text{mol}^{-1}$

5-22 (1) $91.2\ \text{kJ}\cdot\text{mol}^{-1}$;(2) 618 K

5-23 3.6×10^{-8},$1.9\times10^{-4}\ \text{mol}\cdot\text{L}^{-1}$

5-24 (1) 1.6×10^5;
(2) [NADH]=[草酰乙酸]=$0.79\ \text{mmol}\cdot\text{L}^{-1}$,[$NAD^+$]=[苹果酸]=$9.9\ \text{mmol}\cdot\text{L}^{-1}$;
(3) $21.7\ \text{kJ}\cdot\text{mol}^{-1}$

5-25 (1) 2.3×10^{-6}; (2) $32.1\ \text{kJ}\cdot\text{mol}^{-1}$,不能够自发; (3) [Hcy]＜$0.46\ \mu\text{mol}\cdot\text{L}^{-1}$

5-26 和反应(2)相偶联

5-27 (1) 94.5%;(2) 209;(3) [HbCO]/[HbO_2]=91∶9;(4) 0.1 kPa

5-29 (1) $2.5\times10^{-5}\ \text{mol}\cdot\text{L}^{-1}\cdot\text{s}^{-1}$;(2) $2.0\times10^{-5}\ \text{mol}\cdot\text{L}^{-1}\cdot\text{s}^{-1}$,$1.5\times10^{-5}\ \text{mol}\cdot\text{L}^{-1}\cdot\text{s}^{-1}$

5-32 $v=kc(NH_4^+)c(HNO_2)$

5-33 $v=kc(H_2)c^{\frac{1}{2}}(Cl_2)$

5-34 (1) $v=kc^2(NO)c(O_2)$,该反应为三级反应;(2) $k=2.5\times10^3\ \text{L}^2\cdot\text{mol}^{-2}\cdot\text{s}^{-1}$;
(3) $3.9\times10^{-2}\ \text{mol}\cdot\text{L}^{-1}\cdot\text{s}^{-1}$

5-35 (1) $v_1/v_0=0.125$;(2) $v_2/v_0=0.037$;(3) $v_3/v_0=2$

5-36 (1) N_2O_5(g)的分解反应为一级反应,$v=kc(N_2O_5)$;(2) $k=5.79\times10^{-3}\ s^{-1}$

5-37 6.67×10^{-10} mol·L^{-1}

5-38 4.5 h

5-39 $k=5.07\times10^{-3}\ d^{-1}$,$t_{\frac{1}{2}}=137$ d,454 d

5-40 1.14 d

5-41 94 h

5-42 (1) 一级反应;(2) $k=9.64\times10^{-2}\ h^{-1}$, $t_{\frac{1}{2}}=7.19$ h

5-43 $E_a=134$ kJ·mol^{-1}

5-44 46.2 L·mol^{-1}·min^{-1}, 2.16 min

5-45 (1) 6.25%;(2) 14.3%;(3) A全部反应

5-46 75.2 kJ·mol^{-1}

5-47 271 d

5-48 (1) 0.632 L·mol^{-1}·min^{-1}; (2) 36.5%

5-49 I^-催化时:1.88×10^3;酶催化时:5.51×10^8

5-50 736 K

第6章

6-1 4.9×10^{-3} mol·L^{-1}

6-2 2.19 mol·L^{-1}, 2.39 mol·kg^{1}, 0.043

6-3 (1) 0.0075, 0.82;(2) 0.0025,0.94;(3) 0.010,0.63;(4) 0.015,0.65

6-4 1.12 L

6-9 1358 g

6-10 423 g·mol^{-1}

6-11 $(C_5H_7N)_2$

6-12 172 g

6-13 (1) 5.8×10^3;(2) 0.1 Pa

6-14 666 g·mol^{-1},四聚糖

6-15 694 kPa

6-16 248 kPa,228 kPa

6-17 610 g·mol^{-1}

6-18 4.6×10^{-3} mol·L^{-1}, 4.6×10^{-3} mol·L^{-1},0.095 mol·L^{-1}; 2.2×10^{-4}

6-19 6.9×10^4 g·mol^{-1}

6-20 2.6 g

6-21 带负电荷,$[(AgI)_m\cdot nI^-\cdot(n-x)K^+]^{x-}\ xK^+$

6-22 1×10^3,218.4 J, 218.4 J

6-25 血清蛋白:负电荷,正极;血红蛋白:正电荷,负极

第7章

7-2 (1) NH_3,CO_3^{2-},$NH_2CH_2COO^-$,Tris,PO_4^{3-},HS^-;

(2) H_3PO_4,HCN,H_2O,$NH_3^+CH_2COOH$,$[Al(H_2O)_6]^{3+}$,$TrisH^+$;

(3) 酸:H_2S,NH_4^+,$[Fe(H_2O)_6]^{3+}$;碱:Ac^-,CO_3^{2-};两性物质:$H_2PO_4^-$,H_2O

7-3 1.8×10^{-4}

7-4 2.89,1.3%;3.38,4.2%

7-5 13%,1.9×10^{-3}

7-6 (1) 2.55;(2) 8.71

7-7 pH=4.03,$[H_2S]=0.10$ mol·L^{-1},$[HS^-]=9.4\times10^{-5}$ mol·L^{-1},$[S^{2-}]=1.12\times10^{-12}$ mol·L^{-1}

7-8 5.65,10.31,5.92

7-9 9.78

7-10 NaCN>NaAc>NH_4Ac>$(NH_4)_2SO_4$>H_3PO_4

7-11 (1) 5.13;(2) 7.00;(3) 8.32;(4) 9.76

7-14 NaAc:643 mL,HAc:357 mL

7-15 Tris溶液250 mL,HCl溶液185 mL

7-16 0.048 g,0.018 mol·L^{-1}·pH^{-1}

7-17 取100 mL Tris加入18 mL盐酸,在pH计上调节到8.50,然后用水稀释到200 mL。

7-18 (1) $V(H_3PO_4)=0.35$ L, $V(NaOH)=0.062$ L;(2) $V(H_3PO_4)=0.25$ L, $V(NaOH)=0.070$ L

7-21 0.1019 mol·L^{-1}

7-22 1个,酚酞

7-23 24.20% $NaHCO_3$,42.28%Na_2CO_3

7-24 82%

第 8 章

8-2 (1) ×;(2) ×;(3) ×;(4) ×;(5) ×;(6) √;(7) √;(8) ×

8-4 2.40×10^{-3} g

8-5 $K_{sp}=3.1\times10^{-7}$

8-7 MnS

8-8 AgCl 先沉淀;1.64×10^{-5} mol·L^{-1}

8-9 (1) 2.8×10^{-9};(2) 7.9×10^{16}

8-10 1.1×10^{-8} mol·L^{-1}

8-11 6×10^{-13} mol·L^{-1}

8-12 6.8×10^{23}

第 9 章

9-3 $Cr_2O_7^{2-}$,MnO_4^-,H_2O_2

9-5 (1) 0.438 V;(2) 0.587 V;(3) 0.327 V

9-6 −2.19 V

9-9 1.14 V,3.8×10^{38},7.3 ATP/mol

9-10 1.42 V

9-11 (2) 0.150 V, −145 kJ·mol^{-1};(3) 0.040 V, 38.6 kJ·mol^{-1}

9-12 4.90×10^{-13}

9-13 2.02×10^{20},0.48 V

9-14 0.271 V

9-15 VO^{2+}, V^{3+}, V^{2+}

9-16 6.3×10^{-6}

9-18 (1) 1.6×10^{13};(2) 0.235 mol·L^{-1}

9-19 0.1 mol·L^{-1}, 0.01 mol·L^{-1}

9-20 3.02

9-21 1.2×10^{-8} mol·L^{-1}

9-22 0.450 V, 2.58×10^{-5}

9-23 (1) −0.54 V;(2) 4.2×10^{63}

9-24 4.66

9-25 6.97

9-27 1.2 mol ATP/mol H^+

第 10 章

10-4 $[Pt(NH_3)_6]Cl_4>[Co(NH_3)_6]Cl_3>K_2[PtCl_6]>[CrCl_2(NH_3)_4]Cl$

10-6 (1)~(4)为外轨型配合物,(5)为内轨型配合物

10-8 $[Fe(H_2O)_6]^{2+}$: −50 kJ·mol^{-1};$[Fe(CN)_6]^{4-}$: −590 kJ·mol^{-1}

10-10 显示颜色:$[CrCl_3(H_2O)_3]$,$Na_3[Co(ONO)_6]$,$K[FeCl_2(en)(C_2O_4)]$;
反磁性:$K_2[Zn(CN)_4]$,$[AlF_6]^{3-}$,$Na_3[Co(ONO)_6]$

10-12 (1) 1.2×10^{14};(2) 3.4

10-13 (1) 左;(2) 右;(3) 右;(4) 右;(5) 右;(6) 右

10-14 (1) −6.8 kJ·mol^{-1};(2) 15.6;(3) 反应正向自发进行

10-15 2.8×10^{-8} mol·L^{-1};2.4×10^{-22} mol·L^{-1}

10-16 (1) 没有 AgI 沉淀产生;(2) 有 Ag_2S 沉淀生成

10-17 有 $Cu(OH)_2$ 沉淀产生

10-18 1.06 V

10-19 0.36 V

10-20 0.99 V

10-21 $CuSO_4$: 10 mL;EDTA: 50 mL;NaH_2PO_4:10.0 mL;NaOH: 2.5~3.5 mL。混合后稀释到 100 mL

10-22 1.1×10^4

10-23 107 ppm

10-24 (2) 46.3 mg/24 h

附　录

附录一　单位与常数

表 1-1　国际单位制(SI)的基本单位

量的名称	单位名称	单位符号	
		中文	国际
长度	米	米	m
质量	千克	千克	kg
时间	秒	秒	s
电流	安培	安	A
温度	开尔文	开	K
物质的量	摩尔	摩	mol
光强度	坎德拉	坎	Cd

表 1-2　包括 SI 辅助单位在内的具有专门名称的 SI 导出单位

量的名称	SI 导出单位		
	名　称	符　号	用 SI 基本单位和 SI 导出单位表示
[平面]角	弧度	rad	1 rad=1 m/m=1
立体角	球面度	sr	1 sr=1 m^2/m^2=1
频率	赫[兹]	Hz	1 Hz=1 s^{-1}
力,重力	牛[顿]	N	1 N=1 kg · m/s^2
压力,压强,应力	帕[斯卡]	Pa	1 Pa=1 N/m^2
能[量],功,热量	焦[耳]	J	1 J=1 N · m
功率,辐[射能]通量	瓦[特]	W	1 W=1 J/s
电荷[量]	库[仑]	C	1 C=1 A · s
电压,电动势,电位	伏[特]	V	1 V=1 W/A
电容	法[拉]	F	1 F=1 C/V
电阻	欧[姆]	Ω	1 Ω=1 V/A
电导	西[门子]	S	1 S=1 Ω^{-1}
磁通[量]	韦[伯]	Wb	1 Wb=1 V · S
磁通[量]密度	特[斯拉]	T	1 T=1 Wb/m^2
电感	享[利]	H	1 H=1 Wb/A
摄氏温度	摄氏度	℃	1 ℃=1 K
光通量	流[明]	lm	1 lm=1 cd · sr
[光]照度	勒[克斯]	lx	1 lx=1 lm/m^2
[放射性]活度	贝可[勒尔]	Bq	1 Bq=1 s^{-1}
吸收剂量 比授[予]能 比释功能	戈[瑞]	Gy	1 Gy=1 J/kg
剂量当量	希[沃特]	Sv	1 Sv=1 J/kg

表 1-3　可与国际单位制单位并用的我国法定计量单位

量的名称	单位名称	单位符号	与 SI 单位的关系
时间	分	min	1 min=60 s
	[小]时	h	1 h=60 min=3600 s
	日,(天)	d	1 d=24 h=86400 s
[平面]角	度	°	1°=(π/180)rad
	[角]分	′	1′=(1/60)°=(π/10800)rad
	[角]秒	″	1″=(1/60)′=(π/648000)rad
体积	升	l,L	1 L=1 dm^3
质量	吨	t	1 t=10^3 kg
	原子质量单位	u	1 u≈1.660540×10^{-27} kg
旋转速度	转每分	r/min	1 r/min=(1/60)s
长度	海里	n mile	1n mile=1852 m(只用于航程)
速度	节	kn	1 kn=1n mile/h=(1852/3600)m/s(只用于航行)
能	电子伏	eV	1 eV≈1.602177×10^{-19} J
级差	分贝	dB	
线密度	特[克斯]	tex	1 tex=10^{-6} kg/m
面积	公顷	hm^2	1 hm^2=10^4 m^2

表 1-4　一些基本物理常数

量的名称	符　号	数　值	单　位	备　注
光速	c_0	2.99792458×10^8	m·s^{-1}	
真空导磁率	μ_0	1.256637×10^{-6}	H·m^{-1}	4π×10^{-7}
真空介电常数	ε_0	8.854188×10^{-12}	F·m^{-1}	$\varepsilon_0=1/(\mu_0 c_0^2)$
引力常量	G	(6.67259±0.00085)×10^{-11}	N·m^2·kg^{-2}	$F=Gm_1m_2/r^2$
普朗克常量	h	(6.6260755±0.0000040)×10^{-34}	J·s	
$\hbar=h/2\pi$	$\hbar$	(1.05457266±0.00000063)×10^{-34}		
元电荷	e	(1.60217733±0.00000049)×10^{-19}	C	
电子[静]质量	m_e	(9.1093897±0.0000054)×10^{-31}	kg	
		(5.48579903±0.00000013)×10^{-4}	u	
质子[静]质量	m_p	(1.6726231±0.0000010)×10^{-27}	kg	
		(1.007276470±0.000000012)	u	
精细结构常数	α	(7.29735308±0.00000033)×10^{-3}	1	$\alpha=\frac{e^2}{4\pi\varepsilon_0 hc}$
里德伯常量	R_∞	(1.0973731534±0.0000000013)×10^7	m^{-1}	$R_\infty=\frac{e^2}{8\pi\varepsilon_0 a_0 hc}$
阿伏加德罗常数	L, N_A	(6.0221367±0.0000036)×10^{23}	Mol^{-1}	$L=N/n$
法拉第常数	F	(9.6485309±0.0000029)×10^4	C·mol^{-1}	$F=Le$
摩尔气体常数	R	8.314510±0.000070	J·mol^{-1}·K^{-1}	$pV=nRT$
玻尔兹曼常数	k	(1.380658±0.000012)×10^{-23}	J·K^{-1}	$k=R/T$
斯忒藩-玻尔兹曼常量	σ	(5.67051±0.00019)×10^{-8}	W·m^{-2}·K^{-4}	$\sigma=\frac{2\pi^5 k4}{15h^3c^2}$
质子质量常量	m_u	(1.6605402±0.0000010)×10^{-27}	kg	原子质量单位 1 u=m_u

表 1-5　常用 SI 词头

因数	词头名称		符号	因数	词头名称		符号
	英文	中文			英文	中文	
10^9	giga	吉[咖]	G	10^{-2}	centi	厘	c
10^6	mega	兆	M	10^{-3}	milli	毫	m
10^3	kilo	千	k	10^{-6}	micro	微	μ
10^2	hecto	百	h	10^{-9}	nano	纳[诺]	n
10^1	deca	十	da	10^{-12}	pico	皮[可]	p
10^{-1}	deci	分	d	10^{-15}	femto	飞[姆托]	f

附录二　一些物质的基本热力学数据表

表 2-1　298.15 K 的标准摩尔生成焓、标准摩尔生成自由能和标准摩尔熵的数据

物　质	$\Delta_f H_m^\ominus/(kJ \cdot mol^{-1})$	$\Delta_f G_m^\ominus/(kJ \cdot mol^{-1})$	$S_m^\ominus/(J \cdot K^{-1} \cdot mol^{-1})$
Ag(s)	0	0	42.6
Ag^+(aq)	105.6	77.1	72.7
$AgNO_3$(s)	−124.4	−33.4	140.9
AgCl(s)	−127.0	−109.8	96.3
AgBr(s)	−100.4	−96.9	107.1
AgI(s)	−61.8	−66.2	115.5
Ba(s)	0	0	62.5
Ba^{2+}(aq)	−537.6	−560.8	9.6
$BaCl_2$(s)	−855.0	−806.7	123.7
$BaSO_4$(s)	−1473.2	−1362.2	132.2
Br_2(g)	30.9	3.1	245.5
Br_2(l)	0	0	152.2
C(dia)	1.9	2.9	2.4
C(gra)	0	0	5.7
CO(g)	−110.5	−137.2	197.7
CO_2(g)	−393.5	−394.4	213.8
Ca(s)	0	0	41.6
Ca^{2+}(aq)	−542.8	−553.6	−53.1
$CaCl_2$(s)	−795.4	−748.8	108.4
$CaCO_3$(s)	−1206.9	−1128.8	92.9
CaO(s)	−634.9	−603.3	38.1
$Ca(OH)_2$(s)	−985.2	−897.5	83.4
Cl_2(g)	0	0	223.1
Cl^-(aq)	−167.2	−131.2	56.5
Cu(s)	0	0	33.2
Cu^{2+}(aq)	64.8	65.5	−99.6

续表

物　质	$\Delta_f H_m^\ominus/(kJ\cdot mol^{-1})$	$\Delta_f G_m^\ominus/(kJ\cdot mol^{-1})$	$S_m^\ominus/(J\cdot K^{-1}\cdot mol^{-1})$
$F_2(g)$	0	0	202.8
$F^-(aq)$	−332.6	−278.8	−13.8
Fe(s)	0	0	27.3
$Fe^{2+}(aq)$	−89.1	−78.9	−137.7
$Fe^{3+}(aq)$	−48.5	−4.7	−315.9
FeO(s)	−272.0	−251	61
$Fe_3O_4(s)$	−1118.4	−1015.4	146.4
$Fe_2O_3(s)$	−824.2	−742.2	87.4
$H_2(g)$	0	0	130.7
$H^+(aq)$	0	0	0
HCl(g)	−92.3	−95.3	186.9
HF(g)	−273.3	−275.4	173.78
HBr(g)	−36.29	−53.4	198.70
HI(g)	26.5	1.7	206.6
$H_2O(g)$	−241.8	−228.6	188.8
$H_2O(l)$	−285.8	−237.1	70.0
$H_2S(g)$	−20.6	−33.4	205.8
$I_2(g)$	62.4	19.3	260.7
$I_2(s)$	0	0	116.1
$I^-(aq)$	−55.2	−51.6	111.3
K(s)	0	0	64.7
$K^+(aq)$	−252.4	−283.3	102.5
KI(s)	−327.9	−324.9	106.3
KCl(s)	−436.5	−408.5	82.6
Mg(s)	0	0	32.7
$Mg^{2+}(aq)$	−466.9	−454.8	−138.1
MgO(s)	−601.6	−569.3	27.0
$MnO_2(s)$	−520.0	−465.1	53.1
$Mn^{2+}(aq)$	−220.8	−228.1	−73.6
$N_2(g)$	0	0	191.6
$NH_3(g)$	−45.9	−16.4	192.8
$NH_4Cl(s)$	−314.4	−202.9	94.6
NO(g)	91.3	87.6	210.8
$NO_2(g)$	33.2	51.3	240.1
Na(s)	0	0	51.3
$Na^+(aq)$	−240.1	−261.9	59.0
NaCl(s)	−411.2	−384.1	72.1
$O_2(g)$	0	0	205.2
$OH^-(aq)$	−230.0	−157.2	−10.8

续表

物　质	$\Delta_f H_m^{\ominus}/(kJ\cdot mol^{-1})$	$\Delta_f G_m^{\ominus}/(kJ\cdot mol^{-1})$	$S_m^{\ominus}/(J\cdot K^{-1}\cdot mol^{-1})$
$SO_2(g)$	−296.81	−300.1	248.22
$SO_3(g)$	−395.7	−371.1	256.8
Zn(s)	0	0	41.6
$Zn^{2+}(aq)$	−153.9	−147.1	−112.1
ZnO(s)	−350.46	−320.5	43.65
$CH_4(g)$	−74.6	−50.5	186.3
$C_2H_2(g)$	227.4	209.9	200.9
$C_2H_4(g)$	52.4	68.4	219.3
$C_2H_6(g)$	−84.0	−32.0	229.2
$C_6H_6(g)$	82.9	129.7	269.2
$C_6H_6(l)$	49.1	124.5	173.4
$CH_3OH(g)$	−201.0	−162.3	239.9
$CH_3OH(l)$	−239.2	−166.6	126.8
HCHO(g)	−108.6	−102.5	218.8
HCOOH(l)	−425.0	−361.4	129.0
$C_2H_5OH(g)$	−234.8	−167.9	281.6
$C_2H_5OH(l)$	−277.6	−174.8	160.7
$CH_3CHO(l)$	−192.2	−127.6	160.2
$CH_3COOH(l)$	−484.3	−389.9	159.8
尿素 $H_2NCONH_2(s)$	−333.1	−197.33	104.60
葡萄糖 $C_6H_{12}O_6(s)$	−1273.3	−910.6	212.1
蔗糖 $C_{12}H_{22}O_{11}(s)$	−2226.1	−1544.6	360.2

本表数据主要摘自 David R Lide. Handbook of Chemistry and Physics[M]. 84th ed. New York：CRC Press，2003～2004：5－1～5－60.

表 2-2　一些有机化合物的标准摩尔燃烧热

化合物	$\Delta_c H_m^{\ominus}/(kJ\cdot mol^{-1})$	化合物	$\Delta_c H_m^{\ominus}/(kJ\cdot mol^{-1})$
$CH_4(g)$	−890.8	HCHO(g)	−570.7
$C_2H_2(g)$	−1301.1	$CH_3CHO(l)$	−1166.9
$C_2H_4(g)$	−1411.2	$CH_3COCH_3(l)$	−1789.9
$C_2H_6(g)$	−1560.7	HCOOH(l)	−254.6
$C_3H_8(g)$	−2219.2	$CH_3COOH(l)$	−874.2
$C_5H_{12}(l)$	−3509.0	硬脂酸 $C_{17}H_{35}COOH$ (s)	−11281
$C_6H_6(l)$	−3267.6	葡萄糖 $C_6H_{12}O_6(s)$	−2803.0
CH_3OH	−726.1	蔗糖 $C_{12}H_{22}O_{11}(s)$	−5640.9
C_2H_5OH	−1366.8	尿素 $CO(NH_2)_2(s)$	−631.7

本表数据主要摘自 David R Lide. Handbook of Chemistry and Physics[M]. 84th ed. New York：CRC Press，2003～2004.

附录三　酸碱解离常数和缓冲溶液

表 3-1　弱酸在水中的解离常数(25℃)

酸性物	化学式		K_a	pK_a
铵离子	NH_4^+		5.6×10^{-10}	9.25
砷酸	H_3AsO_4	K_{a_1}	6.3×10^{-3}	2.20
		K_{a_2}	1.0×10^{-7}	7.00
		K_{a_3}	3.2×10^{-12}	11.50
亚砷酸	$HAsO_2$		6.0×10^{-10}	9.22
硼酸	H_3BO_3		5.8×10^{-10}	9.24
碳酸	H_2CO_3	K_{a_1}	4.2×10^{-7}	6.38
		K_{a_2}	5.6×10^{-11}	10.25
铬酸	H_2CrO_4	K_{a_1}	1.8×10^{-1}	0.74
		K_{a_2}	3.2×10^{-7}	6.50
氢氟酸	HF		6.6×10^{-4}	3.20
氢氰酸	HCN		6.2×10^{-10}	9.21
过氧化氢	H_2O_2		3×10^{-12}	11.6
亚硝酸	HNO_2		5.1×10^{-4}	3.29
磷酸	H_3PO_4	K_{a_1}	6.9×10^{-3}	2.12
		K_{a_2}	6.2×10^{-8}	7.21
		K_{a_3}	4.8×10^{-13}	12.32
亚磷酸	H_3PO_3	K_{a_1}	5.0×10^{-2}	1.30
		K_{a_2}	2.5×10^{-7}	6.60
氢硫酸	H_2S	K_{a_1}	1.3×10^{-7}	6.9
		K_{a_2}	7.1×10^{-15}	14.15
硫酸	HSO_4^-		1.0×10^{-2}	1.99
亚硫酸	H_2SO_3	K_{a_1}	1.3×10^{-2}	1.90
		K_{a_2}	6.3×10^{-8}	7.20
偏硅酸	H_2SiO_3	K_{a_1}	1.7×10^{-10}	9.9
		K_{a_2}	1.6×10^{-12}	11.80
次氯酸	HClO		4×10^{-8}	7.4
甲酸	HCOOH		1.8×10^{-4}	3.74
乙酸	CH_3COOH		1.8×10^{-5}	4.74
一氯乙酸	$CH_2ClCOOH$		1.4×10^{-3}	2.86
二氯乙酸	$CHCl_2COOH$		5.0×10^{-2}	1.30
三氯乙酸	CCl_3COOH		0.23	0.64
抗坏血酸	$C_6H_8O_6$		5.0×10^{-5}	4.30
乳酸	$CH_3CHOHCOOH$		1.4×10^{-4}	3.86
草酸	$H_2C_2O_4$	K_{a_1}	5.9×10^{-2}	1.22
		K_{a_2}	6.4×10^{-5}	4.19
柠檬酸	$CH_2COOHC(OH)COOHCH_2COOH$	K_{a_1}	7.4×10^{-4}	3.13
		K_{a_2}	1.7×10^{-5}	4.76
		K_{a_3}	4.0×10^{-7}	6.40

续表

酸性物	化学式		K_a	pK_a
苯酚	C_6H_5OH		1.1×10^{-10}	9.95
乙二胺四乙酸	$H_6\text{-EDTA}^{2+}$	K_{a_1}	0.13	0.9
	$H_5\text{-EDTA}^{+}$	K_{a_2}	3.0×10^{-2}	1.6
	$H_4\text{-EDTA}$	K_{a_3}	1.0×10^{-2}	2.0
	$H_3\text{-EDTA}^{-}$	K_{a_4}	2.1×10^{-3}	2.67
	$H_2\text{-EDTA}^{2-}$	K_{a_5}	6.96×10^{-7}	6.16
	$H\text{-EDTA}^{3-}$	K_{a_6}	5.5×10^{-11}	10.26
苯甲酸	C_6H_5COOH		6.2×10^{-5}	4.21
乙酰乙酸	CH_3COCH_2COOH		2.6×10^{-4}	3.58
吡咯酸	C_5H_4NCOOH		5×10^{-3}	2.3
苹果酸	$HOOCCH_2CH(OH)COOH$	K_{a_1}	4.0×10^{-4}	3.40
		K_{a_2}	8.9×10^{-6}	5.05
马来酸（顺丁烯二酸）	$HOOCCH=CHCOOH$	K_{a_1}	1.20×10^{-2}	1.92
		K_{a_2}	6.0×10^{-7}	6.22
琥珀酸	$HOOCCH_2CH_2COOH$	K_{a_1}	6.2×10^{-5}	4.21
		K_{a_2}	2.3×10^{-6}	5.64
水杨酸	HOC_6H_4COOH	K_{a_1}	1.3×10^{-3}	2.9
		K_{a_2}	8×10^{-14}	13.1

表 3-2　弱碱在水中的解离常数(25℃)

碱性物	化学式		K_b	pK_b	共轭酸 pK_a
氨水	NH_3		1.8×10^{-5}	4.74	9.26
联氨	H_2NNH_2	K_{b_1}	3.0×10^{-6}	5.52	8.48
		K_{b_2}	7.6×10^{-15}	14.12	—
甲胺	CH_3NH_2		4.2×10^{-4}	3.38	10.62
二甲胺	$(CH_3)_2NH$		1.2×10^{-4}	3.93	10.07
三甲胺	$(CH_3)_3N$		6.3×10^{-5}	4.20	9.8
乙胺	$C_2H_5NH_2$		5.6×10^{-4}	3.25	10.75
二乙胺	$(C_2H_5)_2NH$		1.3×10^{-3}	2.89	11.11
乙二胺	$H_2NCH_2CH_2NH_2$		8.5×10^{-5}	4.07	9.93
苯胺	$C_6H_5NH_2$		7.1×10^{-8}	7.15	6.85
六次甲基四胺	$(CH_2)_6N_4$		1.35×10^{-9}	8.87	5.13
吡啶	C_5H_5N		1.8×10^{-9}	8.74	5.26
乙醇胺	$NH_2CH_2CH_2OH$		3×10^{-5}	4.5	9.50
三乙醇胺	$N(C_2H_4OH)_3$		5.8×10^{-7}	6.24	7.76
Tris	$NH_2C(CH_2OH)_3$		1.2×10^{-6}	5.92	8.08
咪唑	$C_3H_4N_2$		8.9×10^{-8}	7.05	6.95
甲基咪唑	$C_4H_6N_2$		3.3×10^{-7}	6.48	7.52
N-乙基吗啉	C_4H_5NO		4.6×10^{-7}	6.33	7.67

表 3-1 和 3-2 数据主要摘自 David R Lide. Handbook of Chemistry and Physics[M]. 84th ed. New York：CRC Press，2003～2004.

表 3-3 常用缓冲溶液

缓冲溶液	酸	共轭碱	pK_a
氨基乙酸-HCl	$^+NH_3CH_2COOH$	$^+NH_3CH_2COO^-$	2.35(pK_{a_1})
甲酸-NaOH	HCOOH	HCOO	3.76
HAc-NaAc	HAc	Ac	4.74
六亚甲基四胺-HCl	$(CH_2)_6N_4H^+$	$(CH_2)_6N_4$	5.15
马来酸-NaOH	$^-OOCCH=CHCOOH$	$^-OOCCH=CHCOO^-$	6.22(pK_{a_2})
NaH_2PO_4-Na_2HPO_4	$H_2PO_4^-$	HPO_4^{2-}	7.20(pK_{a_2})
HEPES[a]-NaOH	HEPES-SO_3H	HEPES-SO_3^-	7.47
三乙醇胺-HCl	$^+HN(CH_2CH_2OH)_3$	$N(CH_2CH_2OH)_3$	7.76
Tris-HCl	$^+NH_3C(CH_2OH)_3$	$NH_2C(CH_2OH)_3$	8.08
$Na_2B_4O_7$-HCl	H_3BO_3	$H_2BO_3^-$	9.24(pK_{a_1})
NH_3-NH_4Cl	NH_4^+	NH_3	9.26
乙醇胺-HCl	$^+NH_3CH_2CH_2OH$	$NH_2CH_2CH_2OH$	9.50
氨基乙酸-NaOH	$^+NH_3CH_2COO^-$	$NH_2CH_2COO^-$	9.60(pK_{a_2})
$NaHCO_3$-Na_2CO_3	HCO_3^-	CO_3^{2-}	10.25(pK_{a_2})

[a] HEPES 为 4-(2-羟乙基)哌嗪-1-乙磺酸。

附录四 难溶盐溶度积常数(291～298 K)

难溶化合物	K_{sp}	难溶化合物	K_{sp}
AgBr	5.35×10^{-13}	$Fe(OH)_2$	4.87×10^{-17}
AgCN	5.97×10^{-17}	$Fe(OH)_3$	2.79×10^{-39}
AgCl	1.77×10^{-10}	FeS	1.59×10^{-19}
AgI	8.52×10^{-17}	$FePO_4\cdot2H_2O$	0.91×10^{-16}
$AgIO_3$	3.17×10^{-8}	HgI_2	2.90×10^{-29}
AgSCN	1.03×10^{-12}	HgS	6.44×10^{-53}
Ag_2CO_3	8.46×10^{-12}	Hg_2Br_2	6.40×10^{-23}
$Ag_2C_2O_4$	5.40×10^{-12}	Hg_2CO_3	3.6×10^{-17}
$Ag_2C_rO_4$	1.12×10^{-12}	$Hg_2C_2O_4$	1.75×10^{-13}
Ag_2S	6.69×10^{-50}	Hg_2Cl_2	1.43×10^{-18}
Ag_2SO_3	1.50×10^{-14}	Hg_2F_2	3.10×10^{-6}
Ag_2SO_4	1.20×10^{-5}	Hg_2I_2	5.2×10^{-29}
Ag_3AsO_4	1.03×10^{-22}	Hg_2SO_4	6.5×10^{-7}
Ag_3PO_4	8.89×10^{-17}	$KClO_4$	1.05×10^{-2}
$Al(OH)_3$	1.1×10^{-33}	$K_2[PtCl_6]$	7.48×10^{-6}
$AlPO_4$	9.84×10^{-21}	$LiCO_3$	8.15×10^{-4}

续表

难溶化合物	K_{sp}	难溶化合物	K_{sp}
$BaCO_3$	2.58×10^{-9}	$MgCO_3$	6.82×10^{-6}
$BaCrO_4$	1.17×10^{-10}	$MgC_2O_4\cdot2H_2O$	4.83×10^{-6}
BaF_2	1.84×10^{-7}	MgF_2	5.16×10^{-11}
$Ba(IO_3)_2$	4.01×10^{-9}	$Mg(OH)_2$	5.61×10^{-12}
$BaSO_4$	1.08×10^{-10}	$Mg_3(PO_4)_2$	1.04×10^{-24}
$BaSO_3$	5.0×10^{-10}	$MnCO_3$	2.24×10^{-11}
$Be(OH)_2$	6.92×10^{-22}	$MnC_2O_4\cdot2H_2O$	1.04×10^{-7}
$BiAsO_4$	4.43×10^{-10}	$Mn(IO_3)_2$	4.37×10^{-7}
CaC_2O_4	2.32×10^{-9}	$Mn(OH)_2$	2.06×10^{-13}
$CaCO_3$	3.36×10^{-9}	MnS	4.65×10^{-14}
CaF_2	3.45×10^{-10}	$NiCO_3$	1.42×10^{-7}
$Ca(IO_3)_2$	6.47×10^{-6}	$Ni(IO_3)_2$	4.71×10^{-5}
$Ca(OH)_2$	5.02×10^{-6}	$Ni(OH)_2$	5.48×10^{-16}
$CaSO_4$	4.93×10^{-5}	NiS	1.07×10^{-21}
$Ca_3(PO_4)_2$	2.53×10^{-33}	$Ni_3(PO_4)_2$	4.74×10^{-32}
$CdCO_3$	1.0×10^{-12}	$PbCO_3$	7.40×10^{-14}
CdF_2	6.44×10^{-3}	$PbCl_2$	1.70×10^{-5}
$Cd(IO_3)_2$	2.50×10^{-8}	PbF_2	3.3×10^{-8}
$Cd(OH)_2$	7.2×10^{-15}	PbI_2	9.8×10^{-9}
CdS	1.40×10^{-29}	$PbSO_4$	2.53×10^{-8}
$Cd_3(PO_4)_2$	2.53×10^{-33}	PbS	9.04×10^{-29}
$Co_3(PO_4)_2$	2.05×10^{-35}	$Pb(OH)_2$	1.43×10^{-20}
$CuBr$	6.27×10^{-9}	$Sn(OH)_2$	5.45×10^{-27}
CuC_2O_4	4.43×10^{-10}	SnS	3.25×10^{-28}
$CuCl$	1.72×10^{-7}	$SrCO_3$	5.60×10^{-10}
CuI	1.27×10^{-12}	SrF_2	4.33×10^{-9}
CuS	1.27×10^{-36}	$Sr(IO_3)_2$	1.14×10^{-7}
$CuSCN$	1.77×10^{-13}	$SrSO_4$	3.44×10^{-7}
Cu_2S	2.26×10^{-48}	$ZnCO_3$	1.46×10^{-10}
$Cu_3(PO_4)_2$	1.40×10^{-37}	$ZnC_2O_4\cdot2H_2O$	1.38×10^{-9}
$Eu(OH)_3$	9.38×10^{-27}	ZnF_2	3.04×10^{-2}
$FeCO_3$	3.13×10^{-11}	$Zn(OH)_2$	3.10×10^{-17}
FeF_2	2.36×10^{-6}	ZnS	2.93×10^{-25}

本表数据主要摘自 David R Lide. Handbook of Chemistry and Physics[M]. 84th ed. New York：CRC Press，2003～2004.

附录五 一些还原半反应的标准电极电位 $\varphi^{\ominus}$(25℃)

半反应	$\varphi^{\ominus}$/V	半反应	$\varphi^{\ominus}$/V
$Li^{+}+e \rightleftharpoons Li$	−3.0401	$2H^{+}+2e \rightleftharpoons H_2$	0.00000
$Cs^{+}+e \rightleftharpoons Cs$	−3.027	$AgBr+e \rightleftharpoons Ag+Br^{-}$	0.07133
$Rb^{+}+e \rightleftharpoons Rb$	−2.943	$S_4O_6^{2-}+2e \rightleftharpoons 2S_2O_3^{2-}$	0.08
$K^{+}+e \rightleftharpoons K$	−2.931	$Sn^{4+}+2e \rightleftharpoons Sn^{2+}$	0.151
$Ra^{+}+2e \rightleftharpoons Ra$	−2.910	$Cu^{2+}+e \rightleftharpoons Cu^{+}$	0.153
$Ba^{2+}+2e \rightleftharpoons Ba$	−2.906	$SO_4^{2-}+4H^{+}+2e \rightleftharpoons H_2SO_3+H_2O$	0.172
$Sr^{+}+2e \rightleftharpoons Sr$	−2.899	$AgCl+e \rightleftharpoons Ag+Cl^{-}$	0.22233
$Ca^{2+}+2e \rightleftharpoons Ca$	−2.869	$Hg_2Cl_2+2e \rightleftharpoons 2Hg+2Cl^{-}$	0.26808
$Na^{+}+e \rightleftharpoons Na$	−2.71	$Cu^{2+}+2e \rightleftharpoons Cu$	0.3419
$La^{3+}+3e \rightleftharpoons La$	−2.362	$[Ag(NH_3)_2]^{+}+e \rightleftharpoons Ag+2NH_3$	0.373
$Mg^{2+}+2e \rightleftharpoons Mg$	−2.70	$O_2+2H_2O+4e \rightleftharpoons 4OH^{-}$	0.401
$Sc^{3+}+3e \rightleftharpoons Sc$	−2.027	$I_2+2e \rightleftharpoons 2I^{-}$	0.5355
$Be^{2+}+2e \rightleftharpoons Be$	−1.968	$MnO_4^{-}+e \rightleftharpoons MnO_4^{2-}$	0.558
$Al^{3+}+3e \rightleftharpoons Al$	−1.68	$AsO_4^{3-}+2H^{+}+2e \rightleftharpoons AsO_3^{2-}+H_2O$	0.559
$Mn^{2+}+2e \rightleftharpoons Mn$	−1.185	$H_3AsO_4+2H^{+}+2e \rightleftharpoons HAsO_2+2H_2O$	0.560
$2SiO_2+4H^{+}+4e \rightleftharpoons Si+2H_2O$	−0.9754	$MnO_4^{-}+2H_2O+3e \rightleftharpoons MnO_2+4OH^{-}$	0.595
$H_3BO_3+3H^{+}+3e \rightleftharpoons B+3H_2O$	−0.8894	$O_2+2H^{+}+2e \rightleftharpoons H_2O_2$	0.695
$2H_2O+2e \rightleftharpoons H_2+2OH^{-}$	−0.8277	$Fe^{3+}+e \rightleftharpoons Fe^{2+}$	0.771
$Zn^{2+}+2e \rightleftharpoons Zn$	−0.7618	$NO_3^{-}+2H^{+}+2e \rightleftharpoons NO_2+H_2O$	0.7989
$Cr^{3+}+3e \rightleftharpoons Cr$	−0.744	$Ag^{+}+e \rightleftharpoons Ag$	0.7991
$AsO_4^{3-}+2H_2O+2e \rightleftharpoons AsO_2^{-}+4OH^{-}$	−0.71	$Hg^{2+}+2e \rightleftharpoons Hg$	0.851
$Ga^{3+}+3e \rightleftharpoons Ga$	−0.5493	$2Hg^{2+}+2e \rightleftharpoons Hg_2^{2+}$	0.9083
$Sb+3H^{+}+3e \rightleftharpoons SbH_3$	−0.5104	$Br_2(l)+2e \rightleftharpoons 2Br^{-}$	1.066
$2CO_2+2H^{+}+2e \rightleftharpoons H_2C_2O_4$	−0.49	$2IO_3^{-}+12H^{+}+10e \rightleftharpoons I_2+6H_2O$	1.195
$In^{3+}+2e \rightleftharpoons In^{+}$	−0.445	$O_2+4H^{+}+4e \rightleftharpoons 2H_2O$	1.229
$S+2e \rightleftharpoons S^{2-}$	−0.445	$Cr_2O_7^{2-}+14H^{+}+6e \rightleftharpoons 2Cr^{3+}+7H_2O$	1.232
$Cr^{3+}+e \rightleftharpoons Cr^{2+}$	−0.407	$Tl^{3+}+2e \rightleftharpoons Tl^{+}$	1.252
$Fe^{2+}+2e \rightleftharpoons Fe$	−0.447	$Cl_2(g)+2e \rightleftharpoons 2Cl^{-}$	1.360
$Cd^{2+}+2e \rightleftharpoons Cd$	−0.4030	$HIO+2H^{+}+2e \rightleftharpoons I_2+2H_2O$	1.431
$PbI_2+2e \rightleftharpoons Pb+2I^{-}$	−0.3653	$PbO_2+4H^{+}+2e \rightleftharpoons Pb^{2+}+2H_2O$	1.458
$PbSO_4+2e \rightleftharpoons Pb+SO_4^{2-}$	−0.3555	$Au^{3+}+3e \rightleftharpoons Au$	1.50
$In^{3+}+3e \rightleftharpoons In$	−0.338	$Mn^{3+}+e \rightleftharpoons Mn^{2+}$	1.51
$Tl^{+}+e \rightleftharpoons Tl$	−0.336	$MnO_4^{-}+8H^{+}+5e \rightleftharpoons Mn^{2+}+4H_2O$	1.512

续表

半反应	$\varphi^{\ominus}/V$	半反应	$\varphi^{\ominus}/V$
$[Ag(CN)_2]^- + e \rightleftharpoons Ag + 2CN^-$	−0.31	$2HBrO_3 + 12H^+ + 10e \rightleftharpoons Br_2 + 6H_2O$	1.513
$Co^{2+} + 2e \rightleftharpoons Co$	−0.28	$Cu^{2+} + 2CN^- + e \rightleftharpoons Cu(CN)_2$	1.580
$PbBr_2 + 2e \rightleftharpoons Pb + 2Br^-$	−0.2798	$H_5IO_6 + H^+ + 2e \rightleftharpoons IO^{3-} + 2H_2O$	1.60
$PbCl_2 + 2e \rightleftharpoons Pb + 2Cl^-$	−0.2676	$2HBrO + 2H^+ + 2e \rightleftharpoons Br_2 + 2H_2O$	1.604
$Ni^{2+} + 2e \rightleftharpoons Ni$	−0.257	$2HClO + 2H^+ + 2e \rightleftharpoons Cl_2 + 2H_2O$	1.630
$V^{3+} + e \rightleftharpoons V^{2+}$	−0.255	$HClO_2 + 2H^+ + 2e \rightleftharpoons HClO + H_2O$	1.673
$N_2 + 5H^+ + 4e \rightleftharpoons N_2H_5$	−0.2138	$Au^+ + e \rightleftharpoons Au$	1.68
$CuI + e \rightleftharpoons Cu + I^-$	−0.1858	$Ce^{4+} + e \rightleftharpoons Ce^{3+}$	1.72
$AgCN + e \rightleftharpoons Ag + CN^-$	−0.1606	$H_2O_2 + 2H^+ + 2e \rightleftharpoons 2H_2O$	1.763
$AgI + e \rightleftharpoons Ag + I^-$	−0.1515	$S_2O_8^{2-} + 2e \rightleftharpoons 2SO_4^{2-}$	1.939
$Sn^{2+} + 2e \rightleftharpoons Sn$	−0.1375	$Co^{3+} + e \rightleftharpoons Co^{2+}$	1.95
$Pb^{2+} + 2e \rightleftharpoons Pb$	−0.1262	$Ag^{2+} + e \rightleftharpoons Ag^+$	1.989
$In^+ + e \rightleftharpoons In$	−0.125	$O_3 + 2H^+ + 2e \rightleftharpoons O_2 + H_2O$	2.075
$Fe^{3+} + 3e \rightleftharpoons Fe$	−0.037	$F_2 + 2e \rightleftharpoons 2F^-$	2.869
$Ag_2S + 2H^+ + 2e \rightleftharpoons 2Ag + H_2S$	−0.0366	$F_2 + 2H^+ + 2e \rightleftharpoons 2HF$	3.076

本表数据主要摘自 David R Lide. Handbook of Chemistry and Physics[M]. 84th ed. New York: CRC Press, 2003～2004.

附录六　配合物稳定常数

配体及金属离子	$\lg\beta_1$	$\lg\beta_2$	$\lg\beta_3$	$\lg\beta_4$	$\lg\beta_5$	$\lg\beta_6$
氨(NH_3)						
Co^{2+}	2.11	3.74	4.79	5.55	5.73	5.11
Co^{3+}	6.7	14.0	20.1	25.7	30.8	35.20
Cu^{2+}	4.31	7.98	11.02	13.32	(12.86)	
Hg^{2+}	8.8	17.5	18.5	19.28		
Ni^{2+}	2.8	5.04	6.77	7.96	8.71	8.74
Ag^+	3.24	7.05				
Zn^{2+}	2.37	4.81	7.31	9.46		
Cd^{2+}	2.65	4.75	6.19	7.12	6.80	5.14
氯离子(Cl^-)						
Sb^{3+}	2.26	3.49	4.18	4.72	(4.72)	(4.11)
Bi^{3+}	2.44	4.74	5.04	5.64		
Cu^+		5.5				
Pt^{2+}		11.5	14.5	16.0		
Hg^{2+}	6.74	13.22	14.07	15.07		
Au^{3+}		9.8				
Ag^+	3.04	5.04	(5.04)	(5.30)		

续表

配体及金属离子	$\lg\beta_1$	$\lg\beta_2$	$\lg\beta_3$	$\lg\beta_4$	$\lg\beta_5$	$\lg\beta_6$
氰离子(CN^-)						
Au^+		38.3				
Cd^{2+}	5.48	10.60	(15.23)	(18.78)		
Cu^+		24.0	28.59	30.30		
Fe^{2+}						35
Fe^{3+}						42
Hg^{2+}				41.4		
Ni^{2+}				31.3		
Ag^+		21.10	21.7	20.6		
Zn^{2+}				16.7		
氟离子(F^-)						
Al^{3+}	6.10	11.15	15.00	17.75	19.37	19.84
Fe^{3+}	5.28	9.30	12.06		(15.77)	
碘离子(I^-)						
Bi^{3+}	3.63			14.95	16.80	18.80
Hg^{2+}	12.87	23.82	27.60	29.83		
Ag^+	6.58	11.74	13.68			
硫氰酸根(SCN^-)						
Fe^{3+}	2.95	3.36				
Hg^{2+}		17.47		21.23		
Au^+		23		42		
Ag^+		7.57	9.08	10.08		
硫代硫酸根($S_2O_3^{2-}$)						
Ag^+	8.82	13.46	(14.15)			
Hg^{2+}		29.44	31.90	33.24		
Cu^+	10.27	12.22	13.84			
醋酸根(CH_3COO^-)						
Fe^{3+}	3.2					
Hg^{2+}		8.43				
Pb^{2+}	2.52	4.0	6.4	8.5		
柠檬酸根(按 L^{3-} 配体)						
Al^{3+}	20.0					
Co^{2+}	12.5					
Cd^{2+}	11.3					
Cu^{2+}	14.2					
Fe^{2+}	15.5					
Fe^{3+}	25.0					
Ni^{2+}	14.3					
Zn^{2+}	11.4					

续表

配体及金属离子	$\lg\beta_1$	$\lg\beta_2$	$\lg\beta_3$	$\lg\beta_4$	$\lg\beta_5$	$\lg\beta_6$
乙二胺($H_2NCH_2CH_2NH_2$)						
Co^{2+}	5.91	10.64	13.94			
Cu^{2+}	10.67	20.00	21.00			
Zn^{2+}	5.77	10.83	14.11			
Ni^{2+}	(7.52)	(13.80)	18.33			
草酸根($C_2O_4^{2-}$)						
Cu^{2+}	6.16	8.5				
Fe^{2+}	2.9	4.52	5.22			
Fe^{3+}	9.4	16.2	20.2			
Hg^{2+}		6.98				
Zn^{2+}	4.89	7.60	8.15			
Ni^{2+}	5.3	7.64	8.5			
乙二胺四乙酸(EDTA)						
Ag^{+}	7.3					
Cu^{2+}	18.8					
Fe^{2+}	14.3					
Fe^{3+}	25.1					
Zn^{2+}	16.5					
Cd^{2+}	16.5					
Ca^{2+}	10.7					
Hg^{2+}	21.8					
Bi^{3+}	27.9					
Ni^{2+}	18.6					
Al^{3+}	16.1					
Pb^{2+}	19.0					
VO^{2+}	18.8					

录自 Lange's Handbook of Chemistry[M]. 13th ed. 1985，5～7；该表中括号内的数据录自武汉大学. 分析化学[M]. 第4版. 北京：高等教育出版社，2000：324～329.

索　引

E

F

G

H

T

W

X

Y

主要参考书目

1. 〔英〕罗伯特·玛格塔. 医学的历史[M]. 李城,译. 太原：希望出版社,2003.
2. 华彤文,杨俊英,等. 普通化学原理[M]. 第3版. 北京:北京大学出版社,2005.
3. 王夔,主编. 化学原理和无机化学[M]. 北京:北京大学医学出版社,2005.
4. 北京大学《大学基础化学》编写组. 大学基础化学[M]. 北京:高等教育出版社,2003.
5. Dawson RMC,Elliott DC,Elliott WH,Jones KM,Data for Biochemical Research[M]. Third Edition. New York: Clarendon Press,1986.
6. 常文保,李克安. 简明分析化学手册[M]. 北京:北京大学出版社,1981.
7. 赵美萍,邵敏. 环境化学[M]. 北京:北京大学出版社,2005.
8. 胡常伟,主编. 大学化学[M]. 北京:化学工业出版社,2004.
9. 印永嘉,姚天杨,等. 化学原理[M]. 北京:高等教育出版社,2006.
10. 曹风岐,主编. 大学化学基础[M]. 北京:高等教育出版社,2005.
11. 吴旦,刘萍,朱红,主编. 从化学的角度看世界[M]. 北京:化学工业出版社,2006.
12. http://library.thinkquest.org/frameset.html